Flächentransistoren

Eigenschaften und Schaltungstechnik

Von

Dr. rer. nat.
Georg Rusche
VALVO GMBH

Dipl.-Phys.
Karl Wagner
VALVO GMBH

Dr. rer. nat.
Fritz Weitzsch
VALVO GMBH

Mit 237 Abbildungen

Springer-Verlag

Berlin / Göttingen / Heidelberg

1961

ISBN-13: 978-3-642-92823-9   e-ISBN-13: 978-3-642-92822-2
DOI: 10.1007/978-3-642-92822-2

Vorwort

Die immer stärker werdende praktische Ausnutzung naturwissenschaftlicher Entdeckungen hat dazu geführt, daß der Weg von der Naturforschung zur Technik kürzer geworden ist und daß eine viel größere Zahl von Physikern, Chemikern und Ingenieuren an diesem Wege teilhat, als es etwa vor wenigen Jahrzehnten noch der Fall war. Dies trifft in hohem Maße für die Entwicklung des neuen Verstärkerelementes „Transistor" zu, angefangen von grundlegenden Versuchen an halbleitenden Kristallen und der Entdeckung des Transistorprinzips bis zu den heute serienmäßig gefertigten Flächentransistoren. In fast allen Gebieten der Elektronik wird der Transistor in steigendem Maße verwendet. In Verbindung damit sind in relativ kurzer Zeit über seine Theorie und Anwendung wertvolle Beiträge in großer Zahl erschienen. Andererseits fehlte u. E. bisher in der deutschsprachigen Literatur eine methodische Behandlung der Probleme, die bei der Verwendung von Transistoren in der Praxis auftreten.

Mit dem vorliegenden Buch soll versucht werden, diese Lücke zu schließen. Wir haben uns bemüht, sorgfältig jenes Material auszuwählen und zusammenzustellen, das uns für die Einführung in die Schaltungstechnik des Transistors unerläßlich oder zumindest wichtig erscheint. Dabei haben wir uns im Hinblick auf die rasch fortschreitende Entwicklung auf grundsätzliche Gedankengänge beschränkt, wobei notwendigerweise nicht die Vielfalt der Möglichkeiten des Transistors überhaupt zum Ausdruck kommen kann. Das vorliegende Buch ist daher weniger als Handbuch anzusehen, in welchem das bisher bekannt gewordene Material aufzählend und vollständig zusammengetragen ist, sondern es enthält vielmehr neben einer allgemeinen Einführung eine Auswahl der für die Entwicklung von Transistorgeräten wichtigsten Probleme, die dann an Hand von Einzelbeispielen in angemessener Ausführlichkeit behandelt werden. Das einführende Kapitel ist teilweise etwas umfangreicher gehalten, als es für das Verständnis der Einzelbeispiele unmittelbar erforderlich ist. Es sollte jedoch dem Leser die Möglichkeit geben, sich von Fall zu Fall ein Bild über die physikalischen Hintergründe einiger Effekte zu verschaffen. Die Herleitung von Gleichungen ist im Interesse einer knappen Darstellung auf ein Mindestmaß beschränkt worden. Definitionen, Schreibweisen, längere mathematische Behandlungen u. a. m. sind in einem Anhang zusammengefaßt.

Eine besondere Schwierigkeit bildet heute die Zusammenstellung von Literaturhinweisen. Da es schon ausführliche Literaturverzeichnisse über Transistoren gibt, haben wir uns auf solche Hinweise beschränkt, die uns für die Unterstützung der Herleitungen jeweils gerade geeignet erschienen. Dabei konnte jedoch nicht vermieden werden, eine Vielzahl sonst wertvoller Beiträge zu übergehen. An einigen Stellen haben wir vermerkt, daß in solchen Beiträgen wiederum ausführliche Literaturhinweise zu finden sind.

Wir danken allen, die zur Fertigstellung des Buches beigetragen haben —, der Geschäftsleitung der Valvo GmbH für manche wohlwollende Unterstützung, besonders auch unseren Mitarbeitern für viele wertvolle Diskussionen und schließlich allen denen, die bei der Anfertigung der Manuskripte und Zeichnungen geholfen haben. Nicht zuletzt gilt unser Dank dem Verlag für die Anregung, dieses Buch zu schreiben, für die gewohnte sorgfältige Ausstattung und auch für manchen freundlichen Rat.

Hamburg, im Herbst 1961

Die Verfasser

Inhaltsverzeichnis

                                                                 Seite

I. Einleitung 1

II. Physikalische Grundlagen 3

   1. Elektrische Leitungsvorgänge im Halbleiterkristall 4
      Eigenleitung S. 4. — Störstellenleitung S. 6.

   2. Nichtgleichgewichtszustände 7
      Kontinuität S. 8. — Feld- und Diffusionsstrom S. 9. — Poissonsche
      Gleichung S. 10.

   3. p–n-Übergang 10
      Doppelschicht S. 11. — Randwertaufgabe für die Dichten S. 13. —
      Stationäre Lösung für eine Diode S. 16.

   4. Wirkungsweise des Transistors 18

III. Eigenschaften des Transistors 23

  A. Statische Eigenschaften 23

     1. Grundgleichungen, Ersatzschaltbild und Betriebsbereiche 24
     2. Aktiver Bereich 26
     3. Sperrbereich 29
     4. Übersteuerungsbereich 32

  B. Einige besondere physikalische Effekte 35

     1. Verhalten bei hohen Stromdichten 35
     2. Lawineneffekte, Durchbruchspannung 38
     3. Emitterflußpotential 42
     4. Early-Effekt, Sperrschichtberührung 43

  C. Dynamische Eigenschaften 45

     1. Ersatzschaltbild für kleine sinusförmige Signale 46
       a) Betrieb bei niedrigen Frequenzen 46
         Bedeutung des Early-Effektes S. 48. — Einfluß des Basisbahn-
         widerstandes S. 50.
       b) Betrieb bei hohen Frequenzen 54
     2. Vierpoldarstellungen 65
      Betriebsformeln bei gegebenem Generator und gegebener Last S. 68.
     3. Ersatzschaltbild für Schalteranwendungen 70

  D. Strom- und Spannungsabhängigkeit der Kennwerte 78

  E. Temperaturabhängigkeit der Kennwerte 80

Seite

F. Thermisch-elektrische Wechselwirkungen 84

  1. Sperrschichttemperatur, Wärmewiderstand und Verlustleistung . . 86
    Stationärer Fall S. 87. — Instationäre Fälle S. 89.

  2. Wanderung des Arbeitspunktes und thermische Instabilität 97
    Arbeitspunktverschiebungen S. 99. — Thermische Instabilität S. 102.

G. Rauschen 110

IV. Schaltungstechnik 117

A. Allgemeine Überlegungen 118

B. Einstellung des Arbeitspunktes 121

  1. Einfluß der Transistorkennwerte 122

  2. Stabilisierungsschaltungen mit konstanten Widerständen 125
    a) Unstabilisierte Schaltung 126
    b) Stabilisierungsschaltung mit einem Widerstand zwischen Kollektor
       und Basis 127
    c) Schaltung mit Hilfsbatterie im Basiskreis 129
    d) Schaltung mit Gegenkopplung durch einen Widerstand in der
       Emitterzuleitung 131
    e) Stabilisierung durch gemischte Gegenkopplung 134
    f) Gemeinsame Stabilisierung mehrerer Transistorstufen 135

  3. Stabilisierungsschaltungen mit temperaturabhängigen und nicht-
    linearen Widerständen 136
    a) Stabilisierung mit temperaturabhängigen Widerständen 137
    b) Stabilisierung mit nichtlinearen Widerständen 139

C. Niederfrequenzverstärker 141

  1. Verstärker für kleine Signale 142
    a) Wahl der Grundschaltung 142
    b) Verstärkerschaltungen 148
       RC-Kopplung S. 148. — Transformatorkopplung. S. 156.
    c) Verzerrungen 158
    d) Gegenkopplung 161

  2. Verstärker für große Signale 167
    a) Klasse A-Betrieb 168
    b) Gegentakt-Klasse B-Betrieb 175

D. Hochfrequenzverstärker 182

  1. Neutralisierte Verstärker 187
    a) Kopplung mit Einzelkreisen 189
    b) Kopplung mit Bandfiltern 194

  2. Verstärker mit Rückwirkung 201
    a) Schwingsicherheit einer Transistorstufe 202
    b) Veränderungen der Durchlaßkurve 207
    c) Verstärkung 211

  3. Mischstufen 214
    a) Mischstufen mit fremdem Oszillator 215

Seite

b) Selbstschwingende Mischstufen 224
Selbstschwingende Mischstufe für den Mittelwellenbereich S. 225. —
Selbstschwingende Mischstufe für Kurzwellen S. 232. — Selbst-
schwingende Mischstufe für 100 MHz S. 236.

4. Verhalten bei großen Signalen 240

a) Verstärkungsregelung und Kreuzmodulation 240
b) Störerscheinungen bei großen Kollektorwechselspannungen . . . 244

E. Impuls- und Schalterbetrieb 248

1. Statische Einstellung und Stabilisierung des Arbeitspunktes 249

a) Übersteuerungsbereich 250
b) Sperrbereich 254
c) Durchbruchsgebiet 256

2. Schaltverhalten des Transistors 258

a) Widerstandslast 260
Zeitkonstanten im aktiven Bereich S. 260. — Emitterschaltung
S. 270. — Kollektorschaltung S. 282.
b) Kapazitive Last 287
Emitterschaltung S. 288. — Kollektorschaltung S. 295.
c) Induktive Last 301
Erreichen des Durchbruchsgebietes S. 306. — Schaltungen zur
Spannungsbegrenzung S. 307.

3. Belastungsfragen 310

4. Schaltungsbeispiele 316

a) Impulsverstärker 316
Statische Einstellung S. 316. — Dynamisches Schaltverhalten S. 321.
— Spezielle Impulsverstärkerschaltungen S. 336.
b) Bistabiler Multivibrator 346
Statische Einstellung S. 347. — Dynamisches Schaltverhalten
S. 354.

Anhang 366

A. 1 Formelzeichen, Definitionen und Schreibweisen 366
A. 2 Einige Vierpolgleichungen und ihre Transformationen 373
A. 3 Herleitung einiger Gleichungen für den inneren Transistor 376
A. 4 Sperrschichtkapazität und Sperrschichtdicke 380
A. 5 Herleitung von Formeln für den Schalterbetrieb bei Widerstandslast 382
A. 6 Ersatzwerte für die Sperrschichtkapazitäten 390
A. 7 Kenndatenübersicht eines HF-Schalt-Transistors 392

Literaturverzeichnis 394
Sachverzeichnis 400

I. Einleitung

Der Flächentransistor ist ein elektronisches Bauelement, insbesondere ein Halbleiterbauelement. Halbleiter sind elektrisch leitende Stoffe, deren elektrische Leitfähigkeit sehr viel niedriger ist als die der Metalle. Innerhalb der Festkörperphysik sind schon sehr bald viele besondere und interessante Eigenschaften von halbleitenden Stoffen erkannt worden. Während jedoch diese Erkenntnisse lange Zeit keinen merklichen Einfluß auf die noch junge elektronische Technik hatten, ergab sich von der Entdeckung des sog. Transistoreffektes an ein sehr rascher Zugang der Halbleiterphysik zur Technik, so daß man heute bereits von einer speziellen Transistortechnik reden kann. Der Transistor, wie er heute in Geräten aller Art verwendet wird, ist wohl in erster Linie den Untersuchungen von BARDEEN, BRATTAIN und SHOCKLEY in den Jahren um 1949 zu verdanken. Sie haben in drei Vorträgen selbst einen ausführlichen Überblick über die historische Entwicklung gegeben [1, 2, 3]. Im folgenden wollen wir uns unmittelbar diesem neuen Bauelement zuwenden.

Der Transistor ist ein elektrisches Verstärkerelement, ähnlich wie die Hochvakuum-Verstärkerröhre. Bei der letzteren beruht die Verstärkerwirkung auf der Steuerung eines Elektronenstromes im Vakuum. Beim Transistor sind es Ladungsträger verschiedenen Vorzeichens, die in einem festen Körper, und zwar — wie erwähnt — in einem halbleitenden Kristall gesteuert werden. Von den vielen vorgeschlagenen und untersuchten Ausführungsformen des Transistors steht heute in der praktischen Anwendung der sog. „Flächentransistor" im Vordergrund, in welchem sich die elektrischen Vorgänge zwischen flächenhaft ausgedehnten Grenzschichten vollziehen. Von dieser Ausführungsform soll im Rahmen dieses Buches vorwiegend die Rede sein.

Der Kern oder das „Herz" des Transistors, der halbleitende Kristall, ist sehr klein, so daß die Transistoren mit ihrem Gehäuse äußerst kleine Abmessungen haben können. Transistoren für Verlustleistungen bis zu etwa 1 W haben Volumina von etwa 0,05 $\cdots$ 0,5 cm³, Leistungstransistoren für Verlustleistungen bis zu etwa 20 W können noch in einem Gehäuse mit einem Volumen von etwa 5 cm³ untergebracht werden. Der Transistor bedarf keiner Heizleistung, da die benutzten Ladungsträger schon im Halbleiter beweglich vorhanden sind und nicht — wie in der Elektronenröhre — erst frei gemacht werden müssen. Dies ist ein für die Wirtschaftlichkeit eines Verstärkerelementes sehr wesentlicher Punkt. Der aus der Energiebilanz folgende Wirkungsgrad ist beim Transistor sehr viel höher als bei der Elektronenröhre. Damit ist auch die insgesamt entstehende Wärme als Folge der gesamten Verlustleistung geringer, was z. B. bei Rechenmaschinen, in denen auf relativ kleinem Raum eine große Zahl von Verstärkerelementen untergebracht werden soll, sehr wichtig ist. Die fehlende Katodenheizung bedeutet ferner, daß der Transistor unmittelbar betriebsbereit ist; es gibt keine Anheizzeit wie bei allen indirekt geheizten Röhren. Schließlich sind die erforderlichen Betriebsspannungen für die Transistoren klein. Es können Batterien oder Akkumulatoren verwendet werden. Damit eröffnet sich ein großes Anwendungsgebiet in der Technik transportabler Geräte.

Transistoren sind leicht, robust und stoßfest, sie lassen sich bequem in Verdrahtungen einfügen und in der Technik gedruckter Schaltungen verwenden. Über die Lebensdauer und über Alterungserscheinungen liegen noch keine hinreichenden Erfahrungen vor; es ist jedoch anzunehmen, daß der Transistor im Hinblick auf Ausfallwahrscheinlichkeit und Konstanz der Betriebseigenschaften zuverlässiger ist als die gewöhnliche Elektronenröhre.

Aus den hier aufgezählten Gründen ließe sich schließen, daß der Transistor grundsätzlich als Ersatz der Elektronenröhre anzusehen wäre. Dies ist sicher nur bedingt richtig. Einmal gibt es einige Nachteile gegenüber der Elektronenröhre, die einen Ersatz ausschließen, zum anderen sind es einige Eigenschaften, die dem Transistor entweder eine andersartige Schaltungstechnik zuweisen oder sogar ganz neue Anwendungen eröffnen.

Zweifellos nachteilige oder zumindest störende Eigenschaften sind die folgenden. Das elektrische Verhalten des Transistors ist von der Temperatur abhängig, was häufig eine Reihe von Schaltungsmaßnahmen erforderlich macht. Der Transistor ist auf Grund seiner kleinen Abmessungen und der damit verbundenen fertigungstechnischen Schwierigkeiten mit größeren Exemplarstreuungen behaftet, als man sie von den Elektronenröhren her kennt. Auch diese erfordern besondere Überlegungen beim Aufbau von Schaltungen. Man muß jedoch diesen Nachteil als vorläufig ansehen, da nicht zu übersehen ist, in welcher Weise sich die derzeitigen Fertigungsmethoden noch ausbauen lassen werden. Es ist noch anzumerken, daß der Transistor nicht leistungslos gesteuert wird, da die Eingangsimpedanzen im allgemeinen klein sind. In den letzten Jahren wurde sehr viel Arbeit aufgewendet, um den Frequenzbereich, in welchem sinnvolle Verstärkungsfaktoren bei niedrigem Rauschen zu erreichen sind, nach höheren Frequenzen hin zu erweitern. In den Anfängen der Transistorentwicklung konnte man lediglich den

Niederfrequenzbereich beherrschen. Heute gibt es bereits seriengefertigte Transistoren für einige 100 MHz, und es ist sicher so, daß auch in dieser Richtung die Entwicklung noch keine Grenze gefunden hat.

Die Erfahrung der letzten Jahre hat gezeigt, daß es sinnvoll ist, bei vielen Betrachtungen das physikalische Bild des Transistors heranzuziehen. Ein Vergleich zwischen Transistor und Elektronenröhre ist nur gelegentlich bequem. Manche charakteristische Züge treten deutlicher in Erscheinung, wenn man den Transistor von vornherein als eigenständiges Verstärkerelement betrachtet.

Die heute vorkommenden Transistoranwendungen lassen sich in zwei Gruppen einteilen:

> Verwendung als Verstärker für NF- und HF-Signale,
> Verwendung als gesteuerte Schalter.

Bei den Verstärkeranwendungen unterteilt man noch zweckmäßig in Klein- und Großsignalverstärker. Diese Unterteilungen erweisen sich als besonders günstig und werden auch in den folgenden Abschnitten wiederkehren.

Für alle Anwendungsarten gibt es bereits reiche Erfahrungen. Transistoren sind heute zuverlässige Bestandteile seriengefertigter Geräte, angefangen von winzigen Schwerhörigenhilfen, transportablen Verstärkern und Empfangsgeräten aller Art bis zu den Steuer-, Schalt-, Zähl- und Regelgeräten der industriellen Elektronik und elektronischen Rechenmaschinen jeden Umfangs. Welche Anwendung in der Zukunft eine größere Bedeutung erlangen wird, ist sicher noch nicht abzusehen, jedoch bleibt kein Zweifel, daß der Transistor keine geringere Verbreitung erreichen wird, als die Elektronenröhre, die wie bisher kaum ein anderes technisches Bauelement in unserer Welt so vielseitige technische Funktionen ausübt. Einen Überblick über die theoretischen Grundlagen des Transistors, sowie über Geschichte und Möglichkeiten in der Zukunft sind außer in den im Literaturverzeichnis genannten Büchern in einigen ausführlichen Arbeiten [4 ··· 11] zu finden.

II. Physikalische Grundlagen

Es hat sich gezeigt, daß beim Transistor mehr als bei anderen elektronischen Bauelementen eine enge Verbindung zwischen Physik und Schaltungstechnik besteht. Das Verständnis vieler Zusammenhänge wird durch die Kenntnis der physikalischen Hintergründe der elektrischen Eigenschaften des Transistors wesentlich erleichtert. Dabei genügt es jedoch, sich auf einen Ausschnitt der heute sehr umfangreichen Disziplin ,,Halbleiterphysik'' zu beschränken, wobei wir uns vorzugsweise anschaulicher Modelle bedienen wollen.

1. Elektrische Leitungsvorgänge im Halbleiterkristall

Unter „Halbleiter" versteht man — wie eingangs bemerkt — Stoffe, deren elektrische Leitfähigkeit zwischen der Leitfähigkeit von Metallen und der von Isolatoren liegt. Heute werden vielfach unter Halbleiter im engeren Sinne auf der Basis dieser Stoffe entwickelte Bauelemente verstanden, wozu außer Transistoren auch Halbleiterdioden, Heißleiter u. a. m. gehören. Für Transistoren verwendet man überwiegend sehr reine Germanium- oder Siliziumeinkristalle. (Inzwischen gibt es intensive Bemühungen, auch andere Stoffe, insbesondere intermetallische Verbindungen aus 3- und 5-wertigen Elementen zu erforschen.)

Eigenleitung. In einem sehr reinen Kristall mit 4-wertigen Germanium- oder Siliziumatomen gibt es bei niedrigen Temperaturen nur wenige freie Elektronen, da alle Valenzelektronen dem Zusammenhalt des Kristallgitters dienen. Bei einer Vielzahl in einem Gitter vereinigter Atome sind die potentiellen Energien dieser Valenzelektronen ein wenig voneinander verschieden, so daß die sonst diskreten Energieterme aufgespalten und wegen ihrer Vielzahl kontinuierlich über ein Energieband verteilt sind. Das gleiche gilt für freie Elektronen zwischen den Gitterbausteinen. Beide Energiebänder, das Valenzband und das Leitungsband, sind um eine Energiedifferenz — bei Germanium 0,72 eV, bei Silizium 1,1 eV — voneinander getrennt. Mit wachsender Temperatur nimmt die Wahrscheinlichkeit zu, daß Valenzelektronen durch thermische Energie befreit werden und in das Leitungsband gelangen. Dabei bleibt jeweils ein Leerplatz zurück, der im Gitter eine positive Ladung, ein „Defektelektron" (auch „Loch", in der englischsprachigen Literatur „hole") darstellt. Auch die Defektelektronen sind beweglich, indem die Leerplätze durch thermische Energie von Gitteratom zu Gitteratom überwechseln. Teilweise gelangen Elektronen zurück in einen Leerplatz, d. h. Elektronen und Defektelektronen rekombinieren. Die Generation g von Ladungsträgerpaaren durch thermische Energie ist zugleich die Zunahme an Defektelektronen und Elektronen pro Zeit

$$\frac{\partial p}{\partial t} = g(T); \qquad \frac{\partial n}{\partial t} = g(T) \tag{1}$$

mit

p Dichte der Defektelektronen,
n Dichte der Elektronen,
T Temperatur.

Die Rekombination von Elektronen mit Defektelektronen ist sowohl der p-Dichte als auch der n-Dichte proportional

$$\frac{\partial p}{\partial t} = -r\,p\,n; \qquad \frac{\partial n}{\partial t} = -r\,p\,n \tag{2}$$

mit

r Rekombinationsfaktor.

Im dynamischen Gleichgewicht mit den Gleichgewichtsdichten p_0 und n_0 sind die Änderungen nach Gl. (1) und (2) gleich, und es folgt

$$g(T) = r\, p_0\, n_0; \qquad p_0\, n_0 = \mathrm{const}\,(T)\,. \tag{3}$$

Bei einem sehr reinen Kristall müssen weiterhin die Dichten der Elektronen und Defektelektronen gleich sein

$$p_0 = n_0 = n_i = \sqrt{\frac{g(T)}{r}}\,.$$

n_i nennt man „Inversionsdichte" („intrinsic-density"). Für das Quadrat der Inversionsdichte gilt dabei in Abhängigkeit von der Temperatur

$$n_i^2\Big|_T = n_i^2\Big|_{T_0} \left(\frac{T}{T_0}\right)^3 \exp\left[-\frac{q\,U_g}{k}\left(\frac{1}{T} - \frac{1}{T_0}\right)\right] \tag{4}$$

mit

$q\,U_g$ Bandabstand, 0,72 eV für Germanium, 1,1 eV für Silizium,
k BOLTZMANN-Konstante,
T Temperatur in °K.

Es ist

$$n_i\Big|_{T_0\,=\,300\,°\mathrm{K}} = \begin{cases} 2{,}5 \cdot 10^{13}\ \mathrm{cm}^{-3}\ \text{für Germanium} \\ 6{,}8 \cdot 10^{10}\ \mathrm{cm}^{-3}\ \text{für Silizium.} \end{cases}$$

Für nicht zu hohe Temperaturdifferenzen $T - T_0$ folgt aus Gl. (4)

$$n_i^2\Big|_T = n_i^2\Big|_{T_0} \exp\left[c_c(T' - T_0)\right] \tag{5}$$

mit

$$c_c = \frac{q\,U_g}{k\,T_0^2} = \begin{cases} 0{,}09\ °\mathrm{K}^{-1} \quad \text{oder} \quad °\mathrm{C}^{-1}\ \text{für Ge} \\ 0{,}14\ °\mathrm{K}^{-1} \quad \text{oder} \quad °\mathrm{C}^{-1}\ \text{für Si.} \end{cases}$$

Legt man an einen homogenen Kristall eine Spannung, dann erhält man bei konstantem Querschnitt Stromdichten j_p und j_n für die Defektelektronen und Elektronen

$$j_p = \frac{1}{\varrho_p}\,E; \qquad j_n = -\frac{1}{\varrho_n}\,E \tag{6}$$

mit

E Feldstärke,

$$\varrho_p = \frac{1}{q\,\mu_p\,n_i}; \qquad \varrho_n = \frac{1}{q\,\mu_n\,n_i}\,.$$

ϱ_p und ϱ_n sind die spezifischen Widerstände für p- bzw. n-Leitung, die mit Gl. (5) exponentiell mit der Temperatur abnehmen. μ_p und μ_n sind die Beweglichkeiten für die Ladungsträger. q ist die Elementarladung. Die Gesamtstromdichte j ist

$$j = j_p - j_n = q(\mu_p + \mu_n)\,n_i\,E\,. \tag{7}$$

(j_n ist als Vektor in der Richtung der Teilchenströmung gezählt.) Die Beweglichkeit μ_p für Defektelektronen ist kleiner als μ_n für Elektronen. Der gesamte spezifische Widerstand beträgt z. B. für Germanium mit $\mu_p = 1{,}7 \cdot 10^3$ cm^2 V^{-1} s^{-1}, $\mu_n = 3{,}6 \cdot 10^3$ cm^2 V^{-1} s^{-1}

$$\varrho_i = \frac{1}{q\,(\mu_p + \mu_n)\,n_i} = 47 \;\Omega\,\text{cm}. \tag{8}$$

Dieser Widerstand ist sehr groß gegenüber dem spezifischen Widerstand von Metallen (z. B. Kupfer $1{,}7 \cdot 10^{-6}$ Ω cm). Der Widerstand eines Halbleiters kann jedoch bedeutend verringert werden, wenn Gitterbaufehler vorhanden sind oder Unreinheiten, Fremdatome, sog. Störstellen, zugesetzt sind.

Störstellenleitung. Der Transistor ist auf der Basis eines Störstellenhalbleiters aufgebaut. Diese Störstellen sind in der Regel 3- und 5-wertige Atome, die nach einem Schmelzvorgang und nach Rekristallisation sich an Stellen des Gitters befinden, die vorher von Germanium- bzw. Siliziumatomen eingenommen wurden.

Bei Zugabe von 5-wertigen Störstellenatomen (z. B. Antimon) bleibt in dem 4-wertigen Kristallverband ein Elektron ungebunden. Die Störstellen geben schon bei niedrigen Temperaturen je ein Elektron an das Leitungsband ab. Man nennt sie daher „Donatoren". Abb. 1 zeigt eine Skizze der Lage der Energieniveaus. Das Donatorenniveau liegt dicht

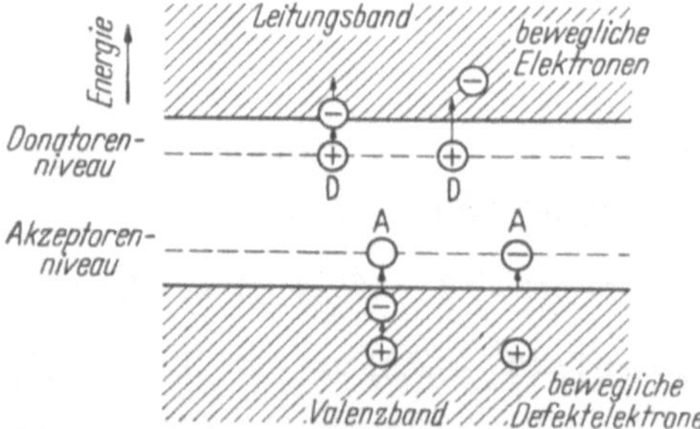

Abb. 1. Vereinfachtes Energietermschema eines Halbleiterkristalls mit Störstellenleitung. Die Störstellen sind im Gitter mit 4-wertigen Germanium- oder Siliziumatomen eingebaut. Die 5-wertigen „Donatoren" können leicht Elektronen an das Leitungsband abgeben, die 3-wertigen „Akzeptoren" nehmen leicht Elektronen aus dem Valenzband auf. Die zurückbleibenden Leerplätze können sich infolge der thermischen Energie des Gitters von Gitterbaustein zu Gitterbaustein bewegen und wirken wie quasifreie positive Ladungsträger, d. h. wie „Defektelektronen"

unterhalb des Leitungsbandes. Es ist das Niveau, das ein Elektron hat, wenn es noch an den Donator gebunden ist. Nach Abgabe der Elektronen bleiben ionisierte, d. h. positiv geladene Donatoren zurück. Die Zahl der Elektronen wird auf diese Weise beträchtlich erhöht. Bei 300 °K sind die Donatoren fast vollständig ionisiert, so daß die Dichte der Elektronen im Gleichgewicht

$$n_0 \approx N_D^+ \approx N_D \tag{9}$$

ist. N_D ist die Dichte der Donatoren, N_D^+ ist die Dichte der Donator-Ionen. Zugleich wird wegen der Gleichgewichtsbeziehung (3) die Dichte der

Defektelektronen vermindert

$$p_0 = \frac{n_i^2}{n_0} \approx \frac{n_i^2}{N_D}.\tag{10}$$

Eine mit Donatoren versehene Kristallzone nennt man auch n-Zone, bzw. n-dotierte Zone, da die Elektronen in der Majorität, die Defektelektronen in der Minorität vorhanden sind. Wir werden im folgenden auch die Wörter „Majoritätsladungsträger" und „Minoritätsladungsträger" verwenden.

Bei Zugabe von 3-wertigen Störstellenatomen (z. B. Indium) bedarf es bei jedem Atom nur geringer Energien, um jeweils die — von der Gitterstruktur her gesehene — vierte Valenz abzusättigen. Die Störstelle kann relativ leicht ein Elektron aufnehmen, wobei sie ein negatives Ion wird. Die Störstelle nimmt in der Regel nicht die freien Elektronen auf, sondern vielmehr Valenzelektronen benachbarter Gitteratome, was auch aus dem Energieschema in Abb. 1 deutlich wird. Diese Art von Störstellen nennt man Akzeptoren. Das Akzeptorenniveau ist das Niveau eines Elektrons, wenn es an den Akzeptor angelagert ist. Akzeptoren erhöhen beträchtlich die Zahl der Defektelektronen. Es gilt hier analog zu Gl. (9)

$$p_0 \approx N_A^- \approx N_A,\tag{11}$$

wenn N_A die Dichte der Akzeptoren und N_A^- die der Akzeptor-Ionen ist. Sind nur Akzeptoren vorhanden, dann gilt für die Minoritätsdichte, (und zwar sind jetzt die Elektronen Minoritätsladungsträger)

$$n_0 = \frac{n_i^2}{p_0} \approx \frac{n_i^2}{N_A}.\tag{12}$$

Es liegt eine p leitende bzw. p-dotierte Kristallzone vor. Bei praktischen Halbleiterbauelementen sind stets Störstellen beider Sorten zugleich in einer Zone enthalten, so daß tatsächlich nur eine *überwiegende* p-Dotierung bzw. *überwiegende* n-Dotierung vorliegt.

. Die physikalisch-elektrischen Eigenschaften beruhen auf veränderten Leitungsbedingungen bei einer Aufeinanderfolge verschieden dotierter Kristallzonen. Bei der Betrachtung der Leitungsvorgänge kann man die beweglichen Ladungsträger als Partikel im Sinne der Gastheorie ansehen, wofür die Diskussion der Bewegungsgleichungen für die Ladungsträger erforderlich ist.

2. Nichtgleichgewichtszustände

Wenn kein homogen mit Störstellen versehener Kristall vorliegt, gelten die Gleichgewichtsbeziehungen nicht mehr — Generation und Rekombination nach Gl. (1) und (2) sind meist nicht mehr im Gleichgewicht. Für die Beschreibung der Bewegungen der Ladungsträger benötigt man die Transportgleichungen für Masse, Impuls und Energie. Da hier geladene Teilchen vorliegen, sind dies zugleich die Gleichungen für den Ladungstransport. Bei konstanter Temperatur verbleiben je zwei Gleichungen für den Massentransport (Kontinuitätsgleichungen) und den Impulstransport (Gleichungen für die Stromdichte). Hinzu kommt eine Gleichung für die Beziehung zwischen der Felddivergenz und den auftretenden Raumladungen, die POISSONsche Gleichung.

Kontinuität. Würde die Zahl der beweglichen Ladungsträger konstant bleiben, also keine Generation und Rekombination erfolgen, dann müßte für beide Sorten der Erhaltungssatz der Masse oder die Gleichung für den „Massentransport" gelten

$$\frac{\partial p}{\partial t} = - \operatorname{div}(p\,v_p); \qquad \frac{\partial n}{\partial t} = - \operatorname{div}(n\,v_n), \tag{13}$$

(v_p, v_n sind die Vektoren der Strömungsgeschwindigkeiten der Ladungsträger.) Bei Vorhandensein von Generation und Rekombination, d. h., wenn infolge der Strömungsverhältnisse lokal und momentan kein Gleichgewicht herrscht, sind die Massentransport- oder „Kontinuitätsgleichungen" mit den Gln. (1) und (2) zu erweitern (wobei die Divergenz gleich für das hier interessierende Modell mit eindimensionaler Teilchenbewegung geschrieben werden soll)

$$\frac{\partial p}{\partial t} + \frac{\partial}{\partial x}(p\,v_p) = -r(p\,n - p_0\,n_0), \tag{14}$$

$$\frac{\partial n}{\partial t} + \frac{\partial}{\partial x}(n\,v_n) = -r(p\,n - p_0\,n_0) \tag{15}$$

mit

$$r\,p_0\,n_0 = g.$$

An Stelle von $p v_p$ und $n v_n$ können noch die Stromdichten j_p und j_n geschrieben werden, wobei wir per definitionem die Vektoren in Richtung der Teilchenströmung festlegen wollen

$$j_p = q\,p\,v_p; \qquad j_n = q\,n\,v_n.$$

Eine Gleichung für die resultierende Gesamtstromdichte $j = j_p - j_n$ erhält man aus der Subtraktion von Gl. (14) und (15)

$$\frac{\partial}{\partial t}(p - n) + \frac{1}{q}\frac{\partial}{\partial x}j = 0, \tag{16}$$

und im stationären Fall $\partial/\partial t = 0$ ist notwendigerweise die Gesamtstromdichte $j = \text{const}$ für einen konstanten Querschnitt des Stromflusses.

Feld- und Diffusionsstrom. Bei der Herleitung der Gleichungen für den Impuls- und Energietransport tauchen die sog. „Transportphänomene" auf, insbesondere das Phänomen der Diffusion. Die Diffusion entsteht bei unterschiedlichen Dichten oder Geschwindigkeiten oder Temperaturen durch die thermische Bewegung der Ladungsträger. Es können sowohl Masse, als auch Impuls und Energie durch Diffusion transportiert werden.[1] Im allgemeinen werden diese Größen gemeinsam an der Bewegung teilhaben.

Aus der kinetischen Gastheorie lassen sich für den Impulstransport die Gleichungen herleiten (ebenfalls für ein eindimensionales Modell)

$$\frac{\partial}{\partial t}(p\,v_p) + \frac{\partial}{\partial x}\left(p\,v_p^2 + p\,\frac{k\,T}{m}\right) - \frac{q\,p\,E}{m} = -\frac{1}{\mu_p}\,\frac{q\,p\,v_p}{m}\,,$$

$$\frac{\partial}{\partial t}(n\,v_n) + \frac{\partial}{\partial x}\left(n\,v_n^2 + n\,\frac{k\,T}{m}\right) + \frac{q\,n\,E}{m} = -\frac{1}{\mu_n}\,\frac{q\,n\,v_n}{m}$$

mit

T Temperatur in °K,
m Teilchenmasse,
E Feldstärke.

Links vom Gleichheitszeichen stehen die Ausdrücke für den Impulstransport und die wirkenden Kräfte, rechts stehen die aus den Wechselwirkungen zwischen Ladungsträgern und Gitterbausteinen folgenden Terme. Die Erfahrung zeigt, daß die ersten beiden Terme mit $p\,v_p$ und $p\,v_p^2$, sowie $n\,v_n$ und $n\,v_n^2$ vernachlässigt werden können, so daß in einer anderen Schreibweise die „Feld- und Diffusionsstromgleichungen" entstehen (für $T = $ const)

$$j_p = q\,\mu_p\,p\,E - q\,D_p\,\frac{\partial p}{\partial x}\,, \tag{17}$$

$$j_n = -q\,\mu_n\,n\,E - q\,D_n\,\frac{\partial n}{\partial x} \tag{18}$$

mit

$$D_p = \frac{k\,T}{q}\,\mu_p; \qquad D_n = \frac{k\,T}{q}\,\mu_n.$$

Dies sind die Diffusionskonstanten, die aus der sog. EINSTEINschen Beziehung [12] folgen (und die heute aus der strengen kinetischen Gastheorie hergeleitet werden können). Der erste Teil von (17) und (18) entspricht dem schon mit Gl. (7) angegebenen OHMschen Gesetz. Es sind die spezifischen Leitfähigkeiten σ_p und σ_n

$$\sigma_p = \frac{1}{\varrho_p} = q\,\mu_p\,p; \qquad \sigma_n = \frac{1}{\varrho_n} = q\,\mu_n\,n. \tag{19}$$

---

[1] Die Massendiffusion ist als eine „echte Diffusion", die Impulsdiffusion als eine „innere Reibung" und schließlich die Energiediffusion als das Phänomen der „Wärmeleitung" anzusehen.

Der zweite Teil von (17) und (18) besagt, daß ein zusätzlicher Diffusionsstrom fließt, wenn ein Dichtegefälle vorhanden ist. Die Stromdichten bestehen daher aus einem Feldanteil und einem Diffusionsanteil.

Poissonsche Gleichung. Als letztes muß man in Rechnung stellen, daß in Halbleiterbauelementen, wie wir noch sehen werden, auch Raumladungen vorkommen können, wofür man lediglich die einzige[1] der Elektrodynamik, d. h. den Maxwellschen Feldgleichungen entnommene Poissonsche Gleichung benötigt (eindimensionales Modell)

$$\frac{\partial E}{\partial x} = -\frac{\partial^2 U}{\partial x^2} = \frac{q}{\varepsilon\,\varepsilon_0}\,(p - n + N_D^+ - N_A^-), \qquad (20)$$

$\varepsilon\,\varepsilon_0$ Produkt aus relativer und absoluter Dielektrizitätskonstante (im AVc s-System).

Diese Gleichung ist zugleich Neutralitätsbedingung, wenn die Divergenz des Feldes verschwindet. In einem Gebiet ohne Raumladungen muß die Summe der Ladungen pro Volumen, die Raumladungsdichte Q^* von Defektelektronen, Elektronen, Donator-Ionen und Akzeptor-Ionen

$$Q^*/q = p - n + N_D^+ - N_A^- = 0 \qquad (20\,\text{a})$$

sein, oder, wenn nur Abweichungen vom Gleichgewicht betrachtet werden

$$p - n - (p_0 - n_0) = 0. \qquad (20\,\text{b})$$

Damit sind die für die Beschreibung der statischen und dynamischen Zustände der beweglichen Ladungsträger erforderlichen Gleichungen abgeschlossen.

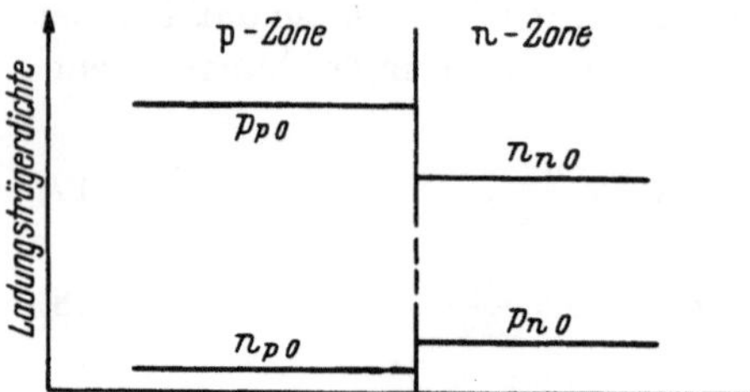

Abb. 2. Gleichgewichtsdichten von Defektelektronen (p) und Elektronen (n) in einem Kristall mit verschieden dotierten Zonen. Die p-Zone ist hier höher dotiert als die n-Zone. An der Übergangsstelle bildet sich eine elektrische Doppelschicht

3. p–n-Übergang

Die für den Transistor charakteristischen physikalisch-elektrischen Vorgänge vollziehen sich zwischen zwei dicht benachbarten Übergängen verschieden dotierter Zonen. Wir betrachten zunächst einen solchen Übergang von einer p-Zone zu einer n-Zone, d. h. von einer mit überwiegend Akzeptoren versehenen Zone zu einer überwiegend mit Donatoren versehenen Zone. In Abb. 2 sind die Gleichgewichtsdichten skizziert. Es sei ein großer Kristall mit der Übergangsebene bei $x = 0$ als Modell zugrunde gelegt. Für $x < 0$ ist der Kristall überwiegend

---

[1] Von magnetischen Wirkungen, insbesondere von dem für die Meßtechnik an Halbleiterkristallen und auch für einige spezielle Anwendungen wichtigen Hall-Effekt soll hier abgesehen werden.

p-dotiert, im Gebiet $x > 0$ überwiegend n-dotiert. Die Gleichgewichtsdichte der Majoritätsladungsträger p_{p0} in der p-Zone ist in dem gezeigten Beispiel höher als die der Majoritätsladungsträger n_{n0} in der n-Zone. In der p-Zone gilt

$$p_{p0}\, n_{p0} = n_i^2 = \text{const,} \qquad (21\,\text{a})$$

in der n-Zone

$$n_{n0}\, p_{n0} = n_i^2 = \text{const.} \qquad (21\,\text{b})$$

Doppelschicht. Nun ist leicht einzusehen, daß die Dichten in der Nähe des Überganges sicher nicht so verbleiben werden. Es werden nach Gl. (17) und (18) aus der p-Zone Defektelektronen in die n-Zone diffundieren und Elektronen aus der n-Zone in die p-Zone, wie in Abb. 3 skizziert ist. Das bedeutet, daß beiderseits des Überganges Raumladungen entstehen, wie ebenfalls in Abb. 3 gezeigt ist, die mit Gl. (20) ein Feld E entstehen lassen. Dieses wiederum wirkt den Diffusionskräften entgegen, bis sich ein dynamischer Gleichgewichtszustand einstellt. Man erhält eine elektrische Doppelschicht, die, wie Berechnungen zeigen, relativ kleine Dicken aufweist ($10^{-3} \cdots 10^{-6}$ cm, vgl. Anhang A. 4). Die Doppelschicht soll in ihrer inneren Struktur vorläufig nicht weiter betrachtet werden, weil nur die Bedingungen an deren Rändern in der weiteren Behandlung eine Rolle spielen. Ziel dieser Behandlung ist es, die Stromdichten zu ermitteln, wenn über dem p–n-Übergang eine Spannung liegt, die von außen her verschieden groß gemacht werden kann.

Das Problem läßt sich in zwei Teilaufgaben gliedern. Einmal sind die an den Rändern der Doppelschicht sich einstellenden Dichten als Funktion der Spannung zu ermitteln; zum anderen ist mit den so gewonnenen Randbedingungen je eine Randwertaufgabe für die Dichten und Stromdichten in der p- und n-Zone zu lösen.

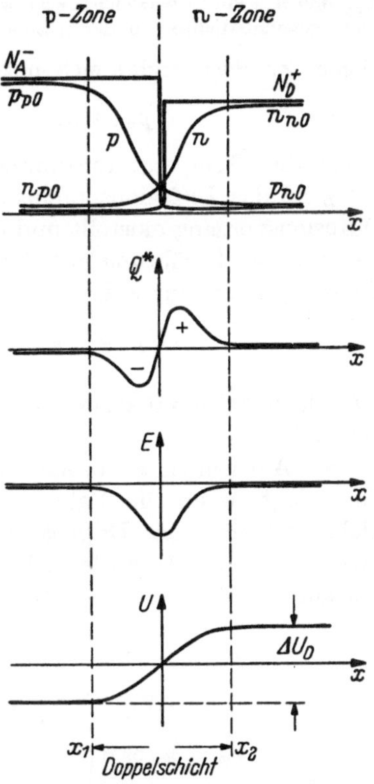

Abb. 3. Zur Erläuterung der Bildung einer elektrischen Doppelschicht (Sperrschicht) bei einem p-n-Zonenübergang durch Diffusion der Ladungsträger beiden Vorzeichens. Raumladung Q^* und Feld E führen zu einem der Sperrschicht eigenen „Diffusionspotential" ΔU_D (bei üblichen p-n-Übergängen etwa 0,2 V)

Die erste Aufgabe wird in folgender Weise approximativ behandelt. Zunächst können für den Fall, daß keine äußere Spannung angelegt wird und kein Strom fließt, die Gln. (17) und (18) über das ganze Gebiet der Doppelschicht integriert werden, woraus mit $E = -\partial U/\partial x$ und mit

$$D_p = \mu_p\, k\, T/q; \qquad D_n = \mu_n\, k\, T/q; \qquad k\, T/q = U_T$$

die Beziehungen

$$p_{n0} = p_{p0} \exp(-\Delta U_D/U_T),$$
$$n_{p0} = n_{n0} \exp(-\Delta U_D/U_T) \tag{22}$$

(p_{p0} und n_{p0} sind die Gleichgewichtsdichten in der p-Zone; n_{n0} und p_{n0} sind die Gleichgewichtsdichten in der n-Zone.)

folgen. Zugleich ergibt sich notwendig die Gleichgewichtsbedingung

$$p_{n0}\, n_{n0} = p_{p0}\, n_{p0} = n_i^2 = \text{const.}$$

U_T ist die „Temperaturspannung", die bei 300 °K etwa 26 mV beträgt. ΔU_D ist das Diffusionspotential nach Abb. 3, welches sich durch den Diffusionsvorgang einstellt und durchaus mit dem bekannten Kontaktpotential bei Berührung verschiedener Metalle verglichen werden kann. Es ist explicite für ΔU_D

$$\Delta U_D = U_T \ln\left(\frac{p_{p0}}{p_{n0}}\right) = U_T \ln\left(\frac{p_{p0}\, n_{n0}}{n_i^2}\right). \tag{23}$$

ΔU_D liegt bei praktischen p–n-Übergängen in der Größenordnung von 200 mV.

Bei Anlegen einer äußeren Spannung U zwischen p-Zone und n-Zone liegt, wenn die Bahnwiderstände außerhalb der Doppelschicht klein sind, über der Doppelschicht das Potential $\Delta U_{21} = \Delta U_D - U$ (die Grenzen der Doppelschicht nach Abb. 3 sind x_2 und x_1). Die Integration der Gln. (17) und (18) liefert jetzt

$$p_n = p_p \exp\left\{-(\Delta U_D - U)/U_T - \int\limits_{x_1}^{x_2} \frac{j_p}{q\, p\, D_p}\, \mathrm{d}x\right\},$$
$$n_p = n_n \exp\left\{-(\Delta U_D - U)/U_T + \int\limits_{x_1}^{x_2} \frac{j_n}{q\, n\, D_n}\, \mathrm{d}x\right\}. \tag{24}$$

Eine Abschätzung des Einflusses der beiden letzten Integrale zeigt, daß diese vernachlässigt werden können, wenn

$$U \gg I_p R_i; \qquad U \gg I_n R_i \tag{25}$$

gilt, worin I_p der Defektelektronenstrom durch die Sperrschicht und I_n der Elektronenstrom sowie R_i der Eigenleitungswiderstand der dünnen Doppelschicht sind. Wie wir noch sehen werden, sind die Bedingungen

(25) bei praktischen p–n-Übergängen meist erfüllt. Dann erhält man mit Verwendung der Gln. (22)

$$p_n = p_p \, \frac{p_{n0}}{p_{p0}} \, \exp(U/U_T),$$

$$n_p = n_n \, \frac{n_{p0}}{n_{n0}} \, \exp(U/U_T). \tag{26}$$

Um alle vier Größen in (26) zu bestimmen, benötigt man zwei weitere Gleichungen. Diese folgen aus der Neutralitätsbedingung (20b), wenn man annimmt, daß außerhalb der Sperrschicht diese Bedingung nicht von Raumladungen gestört wird

$$p_n - n_n = p_{n0} - n_{n0},$$

$$p_p - n_p = p_{p0} - n_{p0}. \tag{27}$$

Nach Auflösung der Gln. (26) und (27) erhält man mit $n_{p0} \ll p_{p0}$; $p_{n0} \ll n_{n0}$ für die Minoritätsladungsträgerdichten an den Rändern der Doppelschicht

$$p_n \approx p_{n0} \exp(U/U_T),$$

$$n_p \approx n_{p0} \exp(U/U_T), \tag{28}$$

während die Dichten der Majoritätsladungsträger direkt aus den Gln. (27) abgelesen werden können. Das Diffusionspotential ist eliminiert worden, doch werden wir auf dessen physikalische Bedeutung im Zusammenhang mit den Stromdichten noch zurückkommen.

Randwertaufgabe für die Dichten. Zwecks Formulierung der Randwertaufgabe für die Dichten und Stromdichten in den Zonen (oder „Bahngebieten") wollen wir ein qualitatives Bild vorausnehmen. In Abb. 4 sind in zwei Teilbildern die Ortsfunktionen der Dichten und Stromdichten skizziert. Im linken Teil ist die Spannung $U > 0$. In den Gln. (24) wird das Diffusionspotential mehr oder weniger aufgehoben und die Zonen werden von den jeweils aus der anderen Zone gekommenen Majoritätsladungsträgern „überschwemmt". Die Dichten der Minoritätsladungsträger sind an den Rändern angehoben. Nun kann man an Hand von Abschätzungen zeigen, daß die Zonen praktisch neutral bleiben, daß außerhalb der Doppelschicht also keine Raumladungen existieren und daß die Dichtekurven daher gleiche Abstände haben. Die Dichten für die Majoritätsladungsträger muß man sich in der Skizze um einige Zehnerpotenzen höher denken. Alle Dichten klingen allmählich auf ihre Gleichgewichtswerte infolge von Rekombination ab. Innerhalb der Doppelschicht ist die Rekombination — bezogen auf die pro Zeiteinheit durch die Schicht tretenden Ladungsträger —

geringfügig, so daß die Stromdichten an der Doppelschicht stetig sein müssen. Das bedeutet, daß wir nur die Stromdichten entweder der Minoritätsladungsträger oder die der Majoritätsladungsträger berechnen müssen, da an der Stelle $x = 0$

$$j_{p\,(\mathrm{p})} = j_{p\,(\mathrm{n})}; \qquad j_{n\,(\mathrm{p})} = j_{n\,(\mathrm{n})} \tag{29}$$

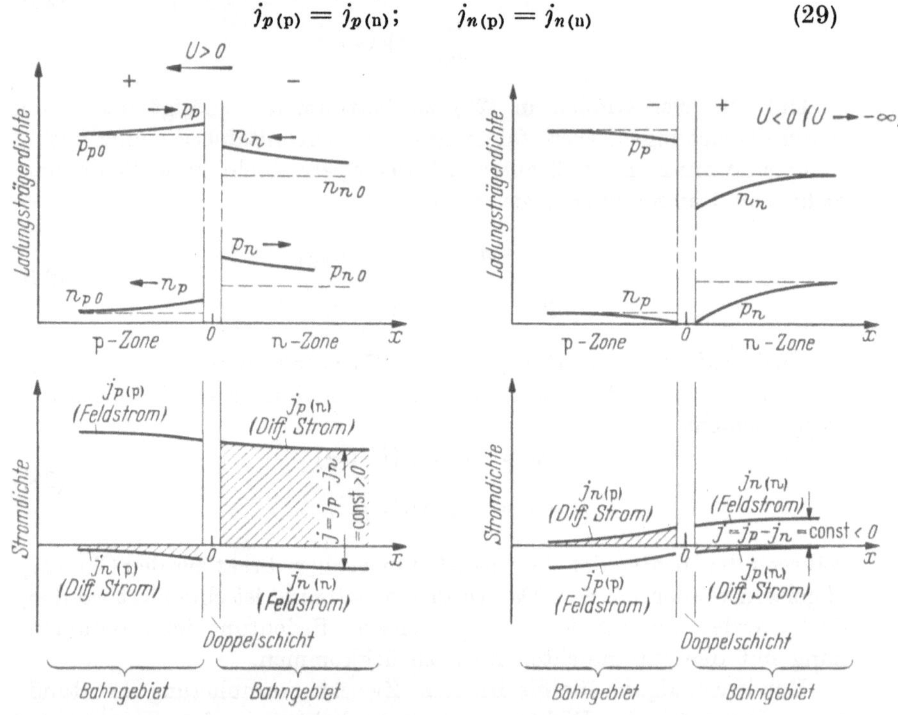

Abb. 4. Ladungsträgerdichten und Stromdichten bei einem p–n-Übergang. Die Feldströme setzen sich jeweils auf der anderen Seite der Doppelschicht als Diffusionsströme fort. Links: Durchlaßzustand; rechts: Sperrzustand

gilt. Schreibt man die Gln. (17) und (18) für die p-Zone in der Form

$$j_{p\,(\mathrm{p})} = q\,\mu_p \left\{ \quad p_p\,E - U_T\,\frac{\partial p}{\partial x} \right\},$$

$$j_{n\,(\mathrm{p})} = q\,\mu_n \left\{ - n_p\,E - U_T\,\frac{\partial n}{\partial x} \right\}, \tag{30}$$

dann ist nach Eliminieren von E und mit $p_p \gg n_p$ sowie $\partial p_p/\partial x \approx \partial n_p/\partial x$

$$j_{n\,(\mathrm{p})} = - j_{p\,(\mathrm{p})} \left(\frac{\mu_n}{\mu_p} \right) \frac{n_p}{p_p} - q\,\mu_n\,U_T\,\frac{\partial n_p}{\partial x} \tag{31a}$$

und in analoger Schreibweise für die n-Zone

$$j_{p\,(\mathrm{n})} = - j_{n\,(\mathrm{n})} \left(\frac{\mu_p}{\mu_n} \right) \frac{p_n}{n_n} - q\,\mu_p\,U_T\,\frac{\partial p_n}{\partial x}. \tag{31b}$$

An den Rändern der Doppelschicht $x = 0$ ist mit den Beziehungen (29) sowie mit den gleichen Näherungen

$$j_p \approx - q\,D_p \left(\frac{\partial p_n}{\partial x} - \frac{p_n}{n_n}\,\frac{\partial p_p}{\partial x}\right)\bigg|_{x=0},$$

$$j_n \approx - q\,D_n \left(\frac{\partial n_p}{\partial x} - \frac{n_p}{p_p}\,\frac{\partial n_n}{\partial x}\right)\bigg|_{x=0}. \tag{32}$$

Bei gleicher Größenordnung der Gradienten erhält man mit den Näherungen: für alle x sei $p_n \ll n_n$; $n_p \ll p_p$

$$j_p \approx - q\,D_p \frac{\partial p_n}{\partial x}\bigg|_{x=0},$$

$$j_n \approx - q\,D_n \frac{\partial n_p}{\partial x}\bigg|_{x=0} \tag{33}$$

Das bedeutet, daß die Minoritätsladungsträgerströme praktisch keinen Feldstromanteil haben, sondern vielmehr reine Diffusionsströme sind. Die Majoritätsladungsträgerströme hingegen sind umgekehrt vorwiegend Feldströme; die Ladungsträger laufen gegen ihr eigenes Dichtegefälle an. Wie in Abb. 4 zu erkennen ist, pflanzen sich die Feldströme der Majoritätsladungsträger jeweils auf der anderen Seite der Doppelschicht stetig als Diffusionsströme der Minoritätsladungsträger fort. Die Berechnung der Gesamtstromdichte $j = j_p - j_n$ kann daher allein mit Hilfe der Diffusionsströme erfolgen

$$j = j_p - j_n = - q \left(D_p \frac{\partial p_n}{\partial x} - D_n \frac{\partial n_p}{\partial x}\right)\bigg|_{x=0}. \tag{34}$$

Die Randwertaufgaben für die Minoritätsladungsträger ergeben sich nun aus den Kontinuitätsgleichungen und Diffusionsgleichungen. Für die n-Zone erhält man aus Gl. (14) mit $n_n \gg p_n$ sowie mit Einführung der Stromdichte j_p

$$\frac{\partial p_n}{\partial t} + \frac{1}{q}\,\frac{\partial j_p}{\partial x} = - \frac{1}{\tau_p}\,(p_n - p_{n0}) \tag{35}$$

mit

$$\tau_p = \frac{1}{r\,n_{n0}}.$$

τ_p ist die Rekombinationszeit, mit der in einer homogenen Zone ($\partial/\partial x = 0$) die Differenz $p_n - p_{n0}$ auf den $1/e$-fachen Wert abklingt. Bei Einsetzen der auf reinen Diffusionsanteil reduzierten Gl. (17) erhält man

$$\frac{1}{D_p}\,\frac{\partial p_n}{\partial t} = \frac{\partial^2 p_n}{\partial x^2} - \frac{1}{L_p^2}\,(p_n - p_{n0}) \tag{36}$$

mit

$$L_p = \sqrt{D_p \tau_p} = \sqrt{\frac{D_p}{r\,n_{n0}}}.$$

L_p ist die Diffusionslänge für die p-Ladungsträger, d. h. diejenige Länge, mit der im stationären Fall $(\partial/\partial t = 0)$ die Differenz $p_n - p_{n0}$ als Funktion des Ortes auf den $1/e$-fachen Wert abklingt.

Bei Kenntnis der Anfangsbedingung $p_n(x, t = 0)$ und der Randbedingungen $p_n(x_1, t)$, $p_n(x_2, t)$ ergibt sich mit Gl. (36) die gewünschte Randwertaufgabe für die Berechnung von $p_n(x, t)$ und $\partial p_n/\partial x$ $(x = 0)$. Für die p-Zone erhält man eine analoge Aufgabe

$$\frac{1}{D_n} \frac{\partial n_p}{\partial t} = \frac{\partial^2 n_p}{\partial x^2} - \frac{1}{L_n^2} (n_p - n_{p0}) \tag{37}$$

mit

$$L_n = \sqrt{D_n \tau_n} = \sqrt{\frac{D_n}{r\, p_{p0}}}\,.$$

Die eingeführten Vernachlässigungen setzen voraus, daß die Stromdichten nicht allzu groß sind. Wir werden später eine Abschätzung für höhere Stromdichten zeigen.

Stationäre Lösung für eine Diode. Die Randwertaufgaben (36) und (37) haben im stationären Fall $(\partial/\partial t = 0)$ Exponentialfunktionen als Lösung. Und zwar ist mit den Randbedingungen (28)

$$\begin{aligned}
n_p &= n_{p0} \{1 + [\exp(U/U_T) - 1]\exp(x/L_n)\}\,, \\
p_n &= p_{n0} \{1 + [\exp(U/U_T) - 1]\exp(-x/L_p)\}\,.
\end{aligned} \tag{38}$$

Die Ortskoordinate x ist von der (dünnen) Doppelschicht an gezählt, die Spannung U ist die zwischen p- und n-Zone angelegte Spannung. Im linken Teil der Abb. 4 war $U > 0$. Im rechten Teil ist der Fall $U \to -\infty$ skizziert. Die Dichten der Minoritätsladungsträger verschwinden an der Stelle $x = 0$. Die Stromdichten werden sehr klein und die Gesamtstromdichte hat ihr Vorzeichen gewechselt. Der p-n-Übergang hat daher Gleichrichtereigenschaften. In den Gln. (24) wird das Diffusionspotential ΔU_D unterstützt, d. h. die Diffusion wird behindert. Die Doppelschicht wird daher auch mit „Sperrschicht" bezeichnet (vielfach auch dann, wenn sie nicht in Sperrichtung vorgespannt ist).

Der Gesamtstrom I

$$I = \int j\, \mathrm{d}F$$

berechnet sich aus den Gln. (34) und (38) bei einem Querschnitt F des Stromflusses

$$\begin{aligned}
I &= F(j_{p(\mathrm{n})} - j_{n(\mathrm{p})}) = F\,q \left(D_p \frac{\partial p_n}{\partial x} - D_n \frac{\partial n_p}{\partial x} \right)\Bigg|_{x=0}, \\
I &= -I_S\,[\exp(U/U_T) - 1]
\end{aligned} \tag{39}$$

mit

$$-I_S = F\,q \left(p_{n0} \frac{D_p}{L_p} + n_{p0} \frac{D_n}{L_n} \right),$$

$$U_T = \frac{k\,T}{q} = 26\,\mathrm{mV} \quad \text{für} \quad T = 300\,°\mathrm{K}.$$

Dies ist die Gleichung einer statischen Diodenkennlinie, wie sie im Zusammenhang mit den Transistorcharakteristiken noch öfter auftauchen wird.

Der Strom I_S ist der Sättigungs- oder Sperrstrom der Diode. Wir können mit den Gln. (21) und mit Einführung der spezifischen Widerstände $\varrho_p = 1/(q\,\mu_p\,p_{p0})$ und $\varrho_n = 1/(q\,\mu_n\,n_{n0})$ noch eine Umformung vornehmen

$$-I_S = q\,F\,n_i^2\sqrt{r\,\mu_p\,\mu_n\,k\,T}\,\left(\sqrt{\varrho_p} + \sqrt{\varrho_n}\right). \tag{40}$$

Bei den meisten p–n-Übergängen ist eine der beiden Zonen sehr viel höher dotiert als die andere. Dann überwiegt in dem letzten Ausdruck jener spezifische Widerstand, der der niedriger dotierten Zone entspricht. Diese besteht im allgemeinen aus dem Grundmaterial (die Höherdotierung der anderen Zone wird erst durch den Legierungsvorgang und Rekristallisation hervorgebracht). Mit ϱ ist im folgenden der spezifische Widerstand des Grundmaterials gemeint. Weiter wächst nach Gl. (5) n_i^2 mit der Temperatur und es ist

$$-I_S \sim \sqrt{\varrho}\,\exp\left[c_c\,(T - T_0)\right].$$

Je „hochohmiger" die Diode ist, um so höher ist der Sperrstrom. Der Sperrstrom wächst bei Germanium etwa um den Faktor 9 bei einem Anstieg der Temperatur von 25 °C auf 50 °C. Bei hohen Spannungen setzt bei den in der Sperrschicht auftretenden hohen Feldstärken eine Stoßionisation ein, wobei durch eine stabile Lawinenbildung ein steiles Anwachsen des Sperrstromes erfolgt. (Es wird später darüber noch mehr gesagt werden.) Die Spannung, bei der dies erfolgt, wächst mit ϱ, so daß sich insgesamt statische Diodenkennlinien nach Abb. 5 ergeben.

Wie aus Gl. (39) zu erkennen ist, wird infolge des exponentiellen Anstiegs des Stromes mit der Spannung der Durchlaßwiderstand bei hohen Strömen sehr klein. Er kommt dann bald in die Größen-

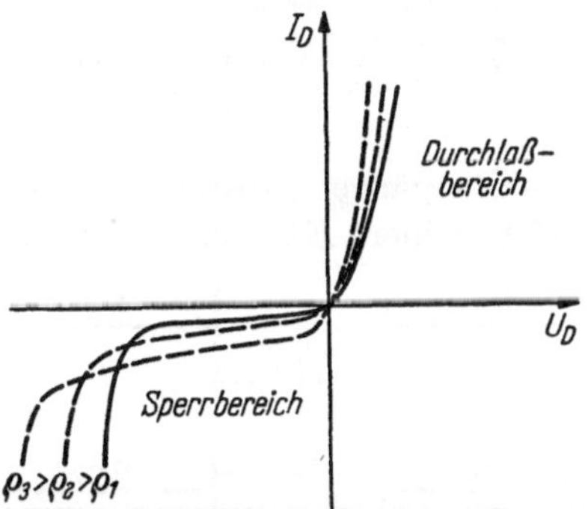

Abb. 5. Kennlinien verschiedener Dioden mit verschiedenen spezifischen Widerständen des Grundmaterials. Mit wachsendem spezifischen Widerstand werden die Durchlaßspannungen kleiner, die Sperrströme größer und die Durchbruchspannungen höher

ordnung der reinen Bahnwiderstände der Zonen, die bisher vernachlässigt wurden. Schließlich überwiegen die Bahnwiderstände, und die Diodencharakteristik wird linear.

Zum Diffusionspotential ΔU_D in den Gln. (24) ist noch zu vermerken, daß dieses nach außen hin nicht in Erscheinung tritt. An den Übergängen der Zonen und der Metallanschlüsse entstehen Kontaktpotentiale, die (bei konstanter Temperatur) in jedem Stromkreis genau das Diffusionspotential aufheben. Während die Doppelschicht Gleichrichtereigenschaft hat, sind die anderen Übergänge jedoch sperrschichtfrei.

4. Wirkungsweise des Transistors

Das „Herz" eines Transistors besteht aus einem Kristallplättchen mit im allgemeinen zwei dicht benachbarten p–n-Übergängen. Als Beispiel zeigt Abb. 6 einen p–n–p-Flächentransistor. Der Schnitt ist rotationssymmetrisch zu denken. Auf beiden Seiten eines n-dotierten Plättchens sind zwei Kügelchen (meist aus Indium) einlegiert. Bei einem bestimmten Temperaturverlauf des Legierungsverfahrens kann man erreichen, daß das p-Material der Kügelchen flächenhaft in das Plättchen eindringt. Nach der Rekristallisation bleiben zwei p-dotierte Zonen und damit zwei dicht benachbarte

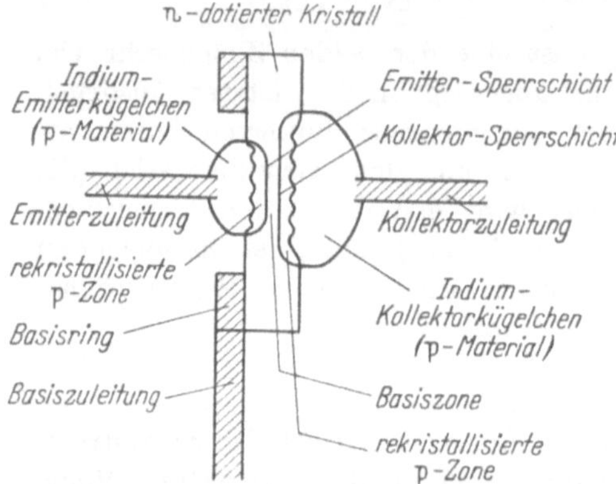

Abb. 6. Skizze des Aufbaus eines legierten p–n–p-Flächentransistors. In ein n-dotiertes Kristallscheibchen ist in Form von kleinen Kügelchen Indium einlegiert. An den Legierungsfronten sind die charakteristischen Sperrschichten und p-Zonen beim Auskristallisieren stehengeblieben, die den Kristall in die Zonenfolge p–n–p unterteilen

p–n·Übergänge (Abstand etwa $5 \cdot 10^{-4} \cdots 5 \cdot 10^{-3}$ cm) stehen. Das meist kleinere Kügelchen wird mit „Emitter" bezeichnet, das größere mit „Kollektor". Die n-Zone in der Mitte heißt „Basiszone". Die beiden p–n-Übergänge nennt man auch „Emitterdiode" und „Kollektordiode".

Der hier skizzierte p–n–p-Transistor ist ein „Flächentransistor" (in der englischsprachigen Literatur „junction-transistor") im Gegensatz zum Punktkontakt- oder Spitzentransistor, bei welchem sich die p–n-Übergänge in der Umgebung einer aufsitzenden Metallspitze ausbilden.

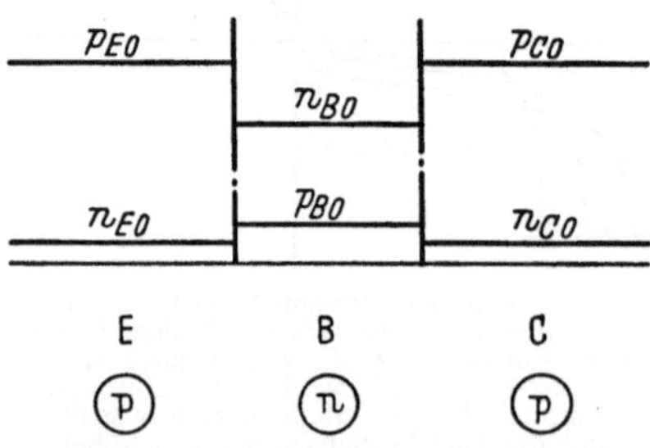

Abb. 7. Skizze der Gleichgewichtsdichten in einem p–n–p-Transistor, in welchem die drei aufeinanderfolgenden Zonen mit „Emitter", „Basis" und „Kollektor" bezeichnet sind. Je nachdem, ob die p- oder n-Dichte überwiegt (in der „Majorität" vorhanden ist), nennt man die Zone p- bzw. n-Zone

Alle weiteren Betrachtungen sollen sich auf ein eindimensionales Modell, also auf einen kleinen Zylinder im Innern des Kristalls von Abb. 6 beziehen.

Abb. 7 zeigt schematisch die Gleichgewichtsdichten in den drei Zonen, die wir mit E (= Emitter), B (= Basis), C (= Kollektor) bezeichnet haben. Für die Berechnung der Stromdichten genügt die Betrachtung des Verhaltens der Minoritätsladungsträger.

Wenn sowohl zwischen Emitter und Basis als auch zwischen Kollektor und Basis eine negative Gleichspannung liegt, sind beide Dioden gesperrt und man erhält Ladungsträgerdichten und Stromdichten, wie sie in Abb. 8a skizziert sind. Da wir die Stromdichten in der positiven x-Richtung zählen, ist die Gesamtstromdichte des Emitters negativ und die des Kollektors positiv. Tatsächlich teilt sich also ein positiver in die Basiszone hineinfließender Strom in einen kleinen Emitter- und Kollektorsperrstrom auf.

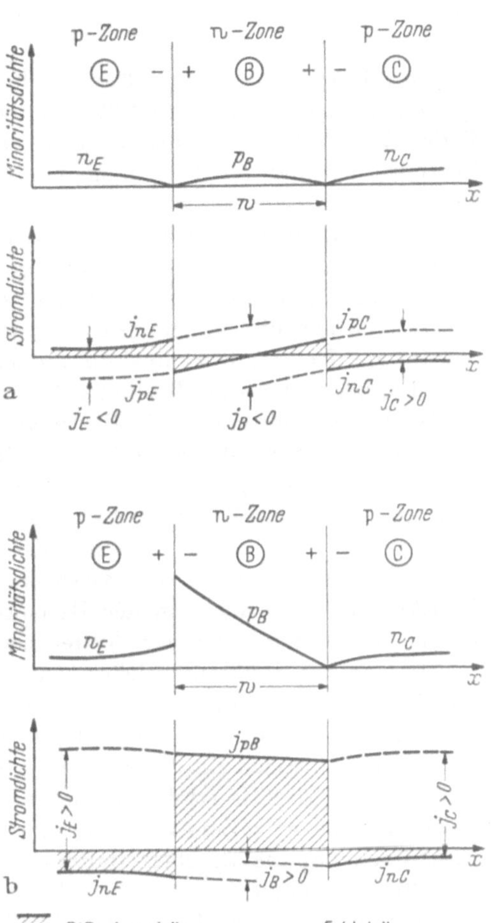

Abb. 8a—c. Dichten der Minoritätsladungsträger und Stromdichten in einem p–n–p-Transistor

a) Emitterdiode und Kollektordiode im Sperrzustand; b) Normaler Betrieb: Emitterdiode im Durchlaßzustand, Kollektordiode im Sperrzustand. Da die Basisdicke w klein gegen die Diffusionslänge L ist, ist das Dichtegefälle in der Basis annähernd linear und ein nur wenig abnehmender Strom von Defektelektronen diffundiert vom Emitter durch die ganze Basiszone hindurch zum Kollektor. (Der Mittelteil ist stark gedehnt skizziert.) Über den Basisanschluß fließen die Elektronenströme und der Rekombinationsstrom; c) Schematische Darstellung der Vorgänge bei normalem Betrieb. (Die Basisstromdichte ist in den Teilbildern a) und b) definiert durch $j_B = j_E - j_C$.)

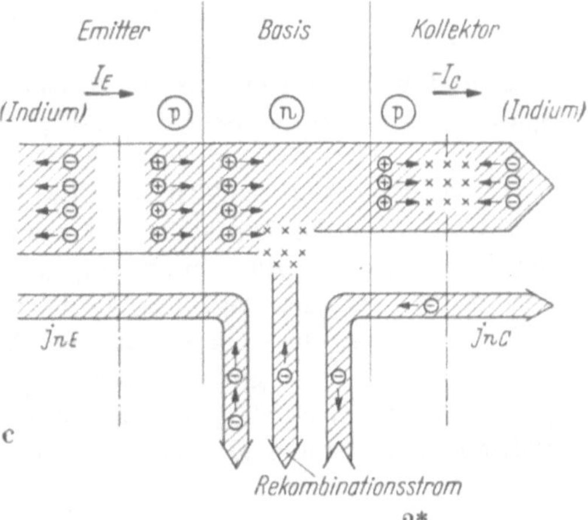

Sobald jedoch zwischen Emitter und Basis eine positive Gleichspannung angelegt wird, ändert sich das Bild. Die Emitterdiode befindet sich jetzt im Durchlaßzustand, die Kollektordiode weiterhin im Sperrzustand. Man erhält Ladungsträgerdichten und Stromdichten, wie sie in Abb. 8b skizziert sind. Die Diffusionslänge L_p ist in der Basiszone stets groß gegen die Dicke w dieser Zone, so daß man ein annähernd lineares Dichtegefälle und eine nur geringfügig abnehmende Stromdichte erhält. (Die Basiszone ist in der Skizze stark gedehnt dargestellt.) Betrachtet man die Richtungen der positiven Ströme, dann teilt sich ein in die Emitterzone hineinfließender Strom in einen Strom zur Kollektorzone und zum Basisanschluß auf.

Die Defektelektronen diffundieren also vom Emitter durch die ganze Basiszone hindurch. Wenn die Dicke w der Basiszone beliebig klein und die Elektronenströme j_{nE} und j_{nC} gleich wären, würde sich kein Strom zum Basisanschluß einstellen und die „Gleichstromverstärkung" wäre Eins. Wie man jedoch aus Abb. 8c erkennt, gibt es einen kleinen Verlust durch Rekombination in der Basiszone. Außerdem fließen noch vom Emitter zur Basis und von der Basis zum Kollektor die Elektronenströme, die voneinander verschieden sein können.

Die kleinen Indiumkügelchen haben an den Übergängen zu den rekristallisierten p-Zonen eine Schicht starker Generation und Rekombination. Emitterseitig nimmt das Indium soviel Elektronen auf, wie Defektelektronen aus der p-Zone des Emitters in die Basiszone übergehen. Kollektorseitig erfolgt eine intensive Rekombination der Defektelektronen aus der p-Zone des Kollektors mit den reichlich vorhandenen Elektronen des metallischen Indiums. Wir haben diese Vorgänge in Abb. 8c angedeutet.

Betrachtet man Emitter-Basis als Eingang und Kollektor-Basis als Ausgang eines Vierpols, dann ist der Eingangswiderstand klein, weil die Emitterdiode sich im Durchlaßzustand befindet und der Ausgangswiderstand groß, weil sich die Kollektordiode im Sperrzustand befindet. In einer Schaltung mit niederohmigem Generator im Eingangskreis und hochohmiger Last im Ausgangskreis ergibt sich daher eine Spannungsverstärkung bei annähernd gleichem Eingangs- und Ausgangsstrom, d. h., der Transistor ist ein Verstärkerelement.

Im Anhang A.3, S. 376ff. sind die Rechnungen der bei Berücksichtigung der Randbedingungen (28) auszuwertenden Randwertaufgaben für alle drei Zonen (vgl. Abb. 8) angegeben. Aus Gründen, die wir später noch erörtern werden, legt man die Richtungspfeile für Emitter-, Basis- und Kollektorstrom so fest, daß alle Ströme *zum* Kristall hin positiv gezählt werden. Dies gilt unabhängig von Transistortyp und Schaltung (vgl. Fußnote 1, S. 24). Bei dem mit Abb. 8b dargelegten normalen Betrieb sind dann z. B. der Basisstrom $I_B < 0$ und der Kollektorstrom $I_C < 0$. Mit diesen Festlegungen erhält man für den Emitter- und Kollektorgleichstrom die statischen Lösungen

$$I_E = a_{11}\,[\exp(U_{EB'}/U_T) - 1] + a_{12}\,[\exp(U_{CB'}/U_T) - 1],$$
$$I_C = a_{21}\,[\exp(U_{EB'}/U_T) - 1] + a_{22}\,[\exp(U_{CB'}/U_T) - 1]. \tag{41}$$

(Die Bedeutung von $U_{EB'}$ und $U_{CB'}$ wird noch erklärt werden.)

Die Parameter a_{ik} lassen sich als Ausdrücke leicht meßbarer Größen schreiben, es ist

$$a_{11} = -\frac{I_{EB0}}{1 - A_I A_N}, \qquad a_{12} = \frac{A_I I_{CB0}}{1 - A_I A_N},$$
$$a_{21} = \frac{A_N I_{EB0}}{1 - A_I A_N}, \qquad a_{22} = -\frac{I_{CB0}}{1 - A_I A_N}. \tag{41 a}$$

Hierin gilt

$$I_{EB0} = I_E(U_{EB'} \to -\infty;\quad I_C = 0) \qquad \text{Emitterreststrom,}$$
$$I_{CB0} = I_C(U_{CB'} \to -\infty;\quad I_E = 0) \qquad \text{Kollektorreststrom,}$$
$$A_N = \frac{-I_C + I_{CB0}}{I_E}\,(U_{CB'} \to -\infty) \qquad \begin{array}{l}\text{Gleichstromverstärkung in Vor-}\\ \text{wärtsrichtung (normal),}\end{array}$$
$$A_I = \frac{-I_E + I_{EB0}}{I_C}\,(U_{EB'} \to -\infty) \qquad \begin{array}{l}\text{Gleichstromverstärkung in Rück-}\\ \text{wärtsrichtung (invers),}\end{array}$$
$$U_T = \frac{k\,T_j}{q} \qquad \begin{array}{l}\text{,,Temperaturspannung``}\\ \text{(26 mV bei 25 °C).}\end{array}$$

Bei einem idealen Transistor ist noch $a_{12} = a_{21}$ und daher

$$A_N I_{EB0} = A_I I_{CB0}. \tag{41 b}$$

Das Gleichungssystem (41) enthält — wie zu erwarten — lineare Kombinationen der Ströme der Emitter- und Kollektordiode.

Während im allgemeinen die Bahnwiderstände der beiden p-Zonen vernachlässigt werden können, ist dies in der Basiszone nicht möglich. Man muß sich daher einen inneren Punkt B′ zwischen den Doppelschichten denken, auf den sich die Gln. (41) beziehen, und der mit dem Basisanschluß B über einen Widerstand $r_{BB'}$ verbunden ist. Es ist dann

$$U_{EB} = U_{EB'} - r_{BB'} I_B,$$
$$U_{CB} = U_{CB'} - r_{BB'} I_B. \tag{42}$$

(I_B ist der über den Basisanschluß zum Kristall hin fließende Strom.)

Bei genügend gesperrter Kollektordiode erhält man, wie im Anhang A. 3 gezeigt ist, aus den Gln. (41) eine Gleichung von der Form

$$I_C = -A_N I_E + I_{CB0}. \tag{43}$$

A_N ist, wie erwähnt, die Gleichstromverstärkung in normaler Richtung, sie ist infolge der Rekombination in der Basiszone und infolge Verlustes durch den Elektronenstrom über die Emittersperrschicht (vgl. Abb. 8 c) etwas kleiner als Eins.

Der Strom I_{CB0} ist der Reststrom der Kollektordiode, der „Kollektorreststrom". Er berechnet sich theoretisch (vgl. Anhang A. 3, S. 378) zu

$$- I_{CB0} = q\,F n_i^2 \sqrt{r\,q\,\mu_p\,\mu_n\,U_T}\,\left\{\sqrt{\varrho_{pC}} + \frac{w_0}{L_p}\sqrt{\varrho_{nB}}\right\}. \qquad (44)$$

Falls $w_0/L_p \ll \sqrt{\varrho_{pC}/\varrho_{nB}}$ gilt, ist

$$- I_{CB0} = \left(q\sqrt{r\,q\,\mu_p\,\mu_n\,U_T}\right) F\,n_i^2 \sqrt{\varrho_{pC}}. \qquad (44\,\text{a})$$

Bei hohen Dotierungen des Kollektors, d. h. niederohmiger Kollektorzone $w_0/L_p \gg \sqrt{\varrho_{pC}/\varrho_{nB}}$ ist mit

$$L_p = \sqrt{\frac{D_p}{r\,n_{B0}}} = \sqrt{\frac{U_T}{r}\,\mu_p\,\mu_n\,q\,\varrho_{nB}}$$

$$- I_{CB0} = (q\,r)\,F\,n_i^2\,w_0 \qquad (44\,\text{b})$$

(vgl. auch I_S im vorigen Abschnitt). n_i^2 ist mit Gl. (4) bzw. Gl. (5) stark temperaturabhängig. Der Reststrom wächst mit

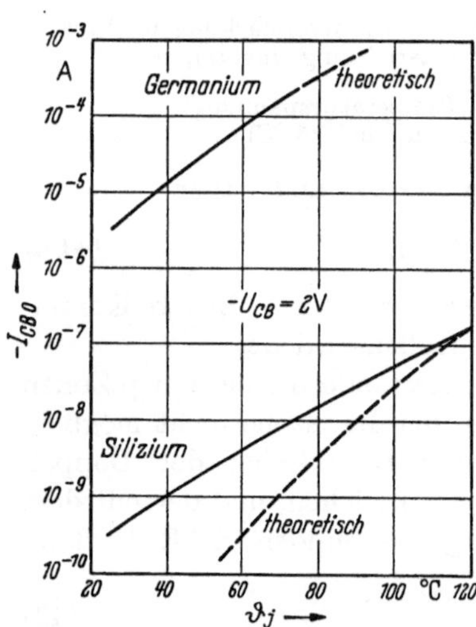

Abb. 9. Anwachsen des Kollektorreststromes mit der Temperatur am Beispiel eines Germaniumtransistors und eines Siliziumtransistors. Der Strom wächst annähernd exponentiell mit der Temperatur. (Beim Siliziumtransistor wird der Reststrom bis zu etwa 120 °C von einem Oberflächenstrom überdeckt.)

$$I_{CB0}\big|_{T_j} = I_{CB0}\big|_{T_0}(T_j/T_0)^3 \times$$
$$\times \exp\left[- \frac{q\,U_g}{k}\left(\frac{1}{T_j} - \frac{1}{T_0}\right)\right] \qquad (45\,\text{a})$$

und näherungsweise

$$I_{CB0}\big|_{T_j} = I_{CB0}\big|_{T_0}\exp\left[c_c\,(T_j - T_0)\right] \qquad (45\,\text{b})$$

mit

$$c_c = \begin{cases} 0{,}09\ °\text{K}^{-1} \quad \text{oder} \quad °\text{C}^{-1} \\ \qquad\qquad\qquad \text{für Germanium} \\ 0{,}14\ °\text{K}^{-1} \quad \text{oder} \quad °\text{C}^{-1} \\ \qquad\qquad\qquad \text{für Silizium} \end{cases}$$

T_j Sperrschichttemperatur („junction-temperature"),

T_0 Bezugstemperatur für die Kennwerte des Transistors.

n_i selbst ist bei Silizium um einen Faktor $2{,}7 \cdot 10^{-3}$ kleiner als bei Germanium. Weiter hängt die Größe des Reststromes bei weniger dotiertem Kollektor von dieser Dotierung ab (sofern die Dicke der Basiszone w genügend klein ist) und nicht, wie bei der Diode, von der des Grundmaterials. Je größer dann der spezifische Widerstand der Kollektorzone ϱ_{pC} ist, um so größer ist der Kollektorreststrom. Bei hohen Dotierungen ist der Reststrom proportional der Dicke der Basiszone. Bei praktischen Bauelementen ergibt sich, daß die Restströme von Siliziumtransistoren um etwa $3 \cdots 5$ Größenordnungen niedriger liegen als die von Germaniumtransistoren. Abb. 9 zeigt zwei Beispiele für je einen Transistortyp von ungefähr gleicher geometrischer Gestalt. Beim Germaniumtransistor fallen im Meßbereich die Meßwerte mit den nach Gl. (45a) gewonnenen zusammen. In der logarithmischen Darstellung ergibt sich annähernd eine Gerade [Gl. (45b)]. Bei Silizium wird die theoretische Kurve nicht eingehalten, da ein Oberflächenstrom ins Spiel kommt.

Es gibt eine Vielzahl von Besonderheiten, von physikalischen Effekten und Einflüssen, die die hier angegebenen Beziehungen in ihrer Anwendbarkeit beschränken. Soweit erforderlich, werden Abweichungen von dem sog. „idealen SHOCKLEYschen Transistor" [5] in den einzelnen Abschnitten behandelt werden.

III. Eigenschaften des Transistors

Das folgende Kapitel enthält eine sich an die physikalischen Grundlagen eng anlehnende Beschreibung der Eigenschaften des Transistors, wie sie sich von der Schaltungstechnik her darbieten. Außer den Abschnitten über statische und dynamische Eigenschaften haben wir einige Erscheinungen wegen ihrer Wichtigkeit in besonderen Abschnitten zusammengefaßt. Es sind dies einige physikalische Effekte, die dem Anwender immer wieder begegnen und außerdem die thermisch-elektrischen Wechselwirkungen.

A. Statische Eigenschaften

Im Abschn. II.4. wurde gezeigt, daß man sich den Transistor aus zwei gegeneinander gepolten, in Serie liegenden Gleichrichtern, der „Emitterdiode" und der „Kollektordiode" zusammengesetzt denken kann, jedoch mit der in Abb. 8c skizzierten wichtigen Eigenschaft, daß ein positiver Emitterstrom nicht zum Basisanschluß abfließt, sondern durch die Emitterdiode und Basiszone hindurchdiffundiert. Jenseits der Kollektorsperrschicht setzt sich der Defektelektronenstrom als Feldstrom fort. Dies ist die „normale" Betriebsweise als Verstärker. Der Transistor ist jedoch — abgesehen von einer geometrischen Asymmetrie — „bilateral" aufgebaut, was auch schon an der symmetrischen Form der Gln. (41) erkennbar war. Der Transistor kann daher prinzipiell auch „invers" betrieben werden, d.h. mit umgekehrter Polarität der Gleichspannungen an Emitter- und Kollektordiode. Der Defektelektronenstrom in Abb. 8c hat dann die umgekehrte Richtung, er diffundiert vom Kollektor aus durch die Basiszone.

1. Grundgleichungen, Ersatzschaltbild und Betriebsbereiche

In einer allgemeinen Ersatzschaltung, die für beliebige statische Betriebsarten gelten soll, müssen beide Dioden, die Emitterdiode und die Kollektordiode, erscheinen. Der Diffusionsprozeß durch die Basiszone kann durch je einen Stromgenerator nachgebildet werden. Diese Generatoren sind der Emitterdiode bzw. Kollektordiode als Ersatzgrößen parallelgeschaltet. Mit Berücksichtigung des Basisbahnwiderstandes $r_{BB'}$ entsteht daher ein statisches Ersatzschaltbild nach Abb. 10. Es gilt für einen p–n–p-Transistor. Beim n–p–n-Transistor muß man sich die Dioden in ihrer Polarität vertauscht denken. Zwecks einheitlicher Darstellung sollen jedoch alle folgenden Formeln und Gleichungen für den p–n–p-Transistor geschrieben werden. Die Festlegung der Spannungspfeile und Pfeile für die Stromrichtungen ist lediglich definitorisch erfolgt, gleichgültig, welche Stromrichtungen tatsächlich vorliegen und welche Polarität die zwischen Kollektor und Basis bzw. Emitter und Basis liegenden Spannungen haben.[1] Unter der Ersatzschaltung ist das gebräuchliche Transistorsymbol skizziert. (Bei n–p–n-Transistoren verwendet man einen umgekehrten Pfeil am Emitter.)

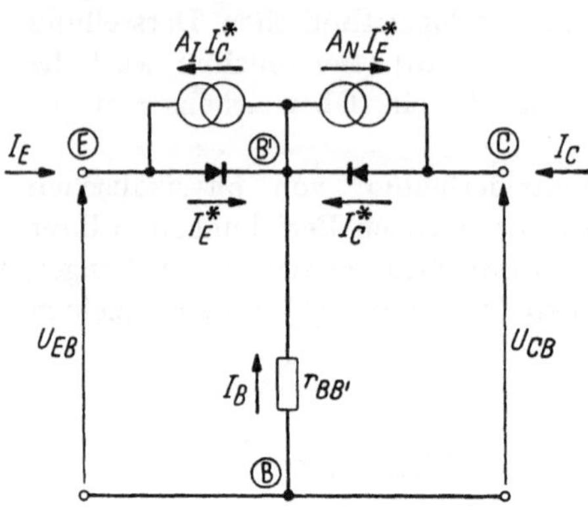

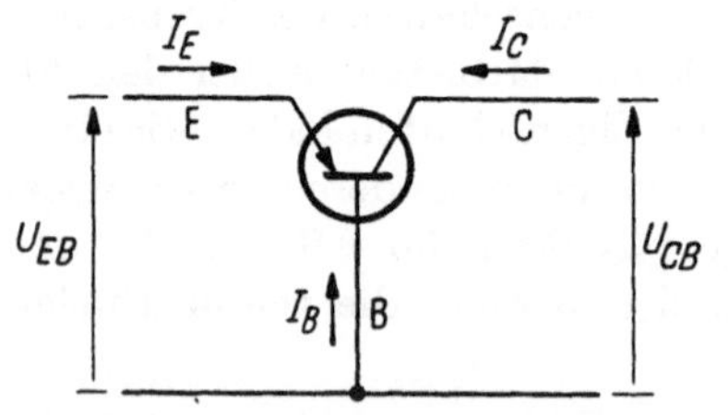

Abb. 10. Einfaches Ersatzschaltbild und Transistorsymbol für den p–n–p-Transistor. Die Diffusionsströme durch die Basiszone werden durch je einen Stromgenerator berücksichtigt. Bei normalem Betrieb ist $A_N I_E^* \gg A_I I_C^*$, da der Strom durch die gesperrte Kollektordiode (I_C^*) sehr klein ist. Der innere Bahnwiderstand der Basiszone zum Basisanschluß wird durch $r_{BB'}$ dargestellt

---

[1] Die hier gezeigte Festlegung wird sehr wahrscheinlich auch in Normblättern der internationalen und deutschen Fachnormenausschüsse verankert werden, an denen z. Z. gearbeitet wird. Die Formelzeichen für die Ströme bezeichnen stets die konventionelle positive Stromrichtung. Unter I_C = Kollektorstrom, I_E = Emitterstrom, I_B = Basisstrom versteht man den *zum Kristallinnern* gerichteten Strom. Bei normalem Betrieb eines p–n–p-Transistors sind dann die physikalischen Stromrichtungen des Kollektorstromes und Basisstromes negativ. Über weitere Schreibweisen, Indizes u. a. m. vgl. Anhang A. 1.

Die Diodenströme I_E^* und I_C^* folgen den Gleichungen

$$I_E^* = - \frac{I_{EB0}}{1 - A_I A_N} [\exp(U_{EB'}/U_T) - 1], \tag{46}$$

$$I_C^* = - \frac{I_{CB0}}{1 - A_I A_N} [\exp(U_{CB'}/U_T) - 1]. \tag{47}$$

Mit diesen Ausdrücken sind die Grundgleichungen (41) exakt durch die Ersatzschaltung Abb. 10 nachgebildet. Wir wollen die Gleichungen der Übersicht halber noch einmal vollständig angeben

$$I_E = - \frac{I_{EB0}}{1 - A_I A_N} [\exp(U_{EB'}/U_T) - 1] +$$

$$+ \frac{A_I I_{CB0}}{1 - A_I A_N} [\exp(U_{CB'}/U_T) - 1], \tag{48}$$

$$I_C = + \frac{A_N I_{EB0}}{1 - A_I A_N} [\exp(U_{EB'}/U_T) - 1] -$$

$$- \frac{I_{CB0}}{1 - A_I A_N} [\exp(U_{CB'}/U_T) - 1], \tag{49}$$

$$U_{EB'} = U_{EB} - r_{BB'}(I_E + I_C),$$
$$U_{CB'} = U_{CB} - r_{BB'}(I_E + I_C). \tag{50}$$

Außerdem ist

$$A_N I_{EB0} = A_I I_{CB0} \tag{51}$$

Die Diodencharakteristiken sind infolge der niedrigen Temperaturspannung U_T (= 26 mV bei 25 °C) sehr ausgeprägte Gleichrichterkennlinien. Für $U_{EB'}/U_T \approx -4$; $U_{CB'}/U_T \approx -4$, d.h. bei $U_{EB'} \approx -100$ mV bzw. $U_{CB'} \approx -100$ mV kann man die Dioden praktisch schon als gesperrt ansehen. Daher lassen sich die Betriebszustände des Transistors mit relativ schmalen Grenzübergängen danach unterscheiden, welche Kombination von Sperr- bzw. Durchlaßzuständen der beiden Dioden jeweils vorliegt. Insgesamt gibt es vier Kombinationen:

Betriebsbereiche	Emitterdiode	Kollektordiode
Bereich I *Sperrbereich*	Sperrzustand $U_{EB'} < 0$	Sperrzustand $U_{CB'} < 0$
Bereich II a *aktiver* (Verstärker-) *Bereich* „normal"	Durchlaßzustand $U_{EB'} > 0$	Sperrzustand $U_{CB'} < 0$
Bereich II b *aktiver Bereich* „invers"	Sperrzustand $U_{EB'} < 0$	Durchlaßzustand $U_{CB'} > 0$
Bereich III *Übersteuerungsbereich*	Durchlaßzustand $U_{EB'} > 0$	Durchlaßzustand $U_{CB'} > 0$

Bei einem Transistor mit symmetrischem Aufbau (gleich große Kügelchen und gleiche p-Dotierungen in Abb. 6) zeigen die Bereiche II a und II b gleiche elektrische Eigenschaften.

Die einzelnen Betriebsbereiche werden in den folgenden Abschnitten diskutiert werden. Während der aktive Bereich II a für den Verstärkerbetrieb wesentlich ist, sind es bei Schalteranwendungen die Bereiche I und III, deren Charakteristiken für die Schaltungstechnik eine größere Bedeutung haben.

2. Aktiver Bereich

Eliminiert man in den Gln. (48) und (49) $U_{EB'}$, dann ist

$$I_C = - A_N I_E + I_{CB0}\,[1 - \exp(U_{CB'}/U_T)]. \tag{52}$$

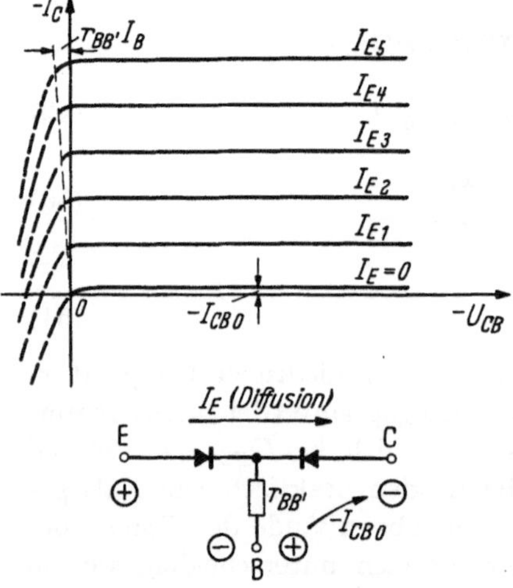

Abb. 11. Charakteristiken $-I_C = f(-U_{CB})$ eines Transistors. Die Kennlinie mit $I_E = 0$ ist die mit negativen Koordinaten dargestellte Sperrcharakteristik einer Germaniumdiode, d. h. der Kollektordiode. Der injizierte Emitterstrom ist dem Sperrstrom überlagert

Für $I_E = 0$ liegt die reine Kennlinie der Kollektordiode vor, sie ist in Abb. 11 aufgezeichnet. Wird nun vom Emitter ein Strom I_E eingeführt, dann ist dieser mit dem Faktor A_N multipliziert dem Kollektorreststrom überlagert und es entsteht ein Kennlinienfeld $-I_C = f(-U_{CB})$ mit I_E als Parameter. Nach Abb. 8c ist A_N nur wenig kleiner als Eins. Vom Emitter her werden Defektelektronen in die Basiszone „emittiert" und mit geringem Verlust vom Kollektor „kollektiert". In den flachen Kennlinienteilen in Abb. 11 ist der Widerstand der Kollektordiode sehr groß, während der Widerstand der Emitterdiode klein ist, da sich die Emitterdiode im Durchlaßzustand befindet.

Schon bei kleinen Spannungen $- U_{CB'}$ (≈ 100 mV) ist die Kollektordiode gesperrt und es folgt aus Gl. (52)

$$I_C = - A_N I_E + I_{CB0}. \tag{53}$$

Die Charakteristik $U_{EB} = f(I_E)$ folgt aus den Gln. (48) bis (51) bei gesperrter Kollektordiode

$$U_{EB} = r_{BB'}\,[I_E(1 - A_N) + I_{CB0}] +$$
$$+ U_T \ln\left\{(1 - A_N) - (1 - A_I A_N)\frac{I_E}{I_{EB0}}\right\} \quad (I_{EB0} < 0). \tag{54}$$

Für $I_E = 0$ ist

$$U_{EB} = U_{EBF} = r_{BB'} I_{CB0} + U_{EB'F}$$

$$= r_{BB'} I_{CB0} - U_T \ln\left(\frac{1}{1 - A_N}\right)$$

$$(I_{CB0} < 0) . \quad (55)$$

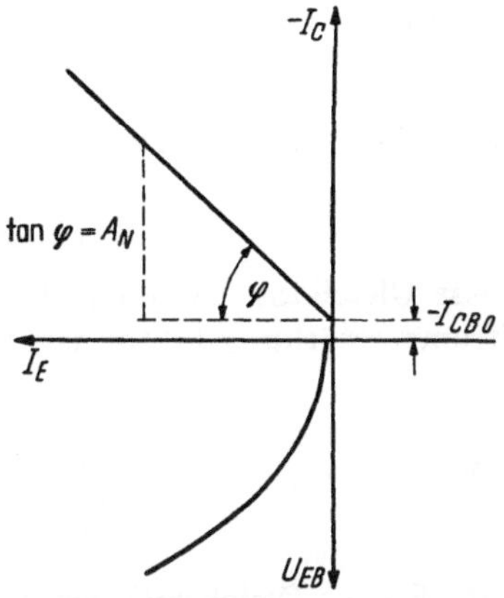

Außer einem Spannungsabfall an $r_{BB'}$ entsteht noch ein Potential $U_{EB'F} = - U_T \ln(1/(1 - A_N))$; dieses nennt man „Emitter-Fluß-Potential des inneren Transistors", auf welches später noch eingegangen werden wird. Die Gesamtspannung U_{EBF} wollen wir im folgenden „Emitterflußspannung" nennen.

Abb. 12 zeigt im linken oberen Quadranten die Darstellung der Gl. (53) — man nennt sie Stromverstärkungscharakteristik — und im linken unteren Quadranten die Darstellung der Gl. (54), dies ist die Eingangscharakteristik, wenn Emitter-Basis

Abb. 12. Charakteristiken $-I_C = f(I_E)$ und $U_{EB} = f(I_E)$. Die Neigung der ersten Charakteristik ergibt die Stromverstärkung (hier $A_N \approx 1$), die zweite ist die Eingangscharakteristik des Transistors

als Eingang eines Vierpols betrachtet wird. Ist der Transistor nach Abb. 13 geschaltet, dann ergeben kleine Spannungsänderungen ΔU_g große Spannungsänderungen an R_L, wenn R_L hinreichend groß ist und wenn die Änderungen sich im Gebiet der flachen Kennlinienteile in Abb. 11 vollziehen. Dieses Gebiet nennt man daher „aktiver Bereich". In der Schaltung Abb. 13 ist die Basis gemeinsamer Anschlußpunkt für Generator und Last. Man nennt diese Grundschaltung „Basisschaltung". Die Stromverstärkung ist $A_N \approx 1$.

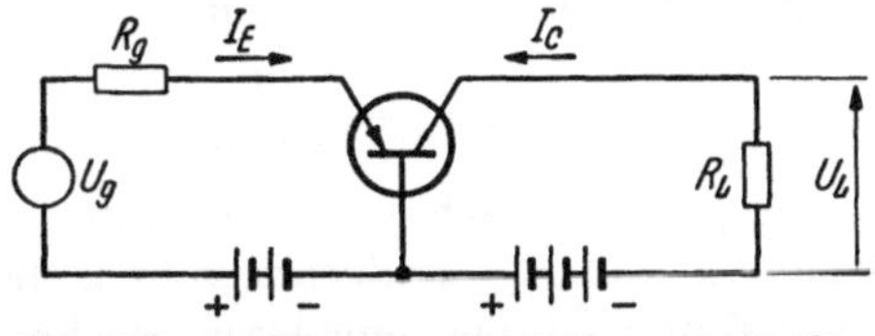

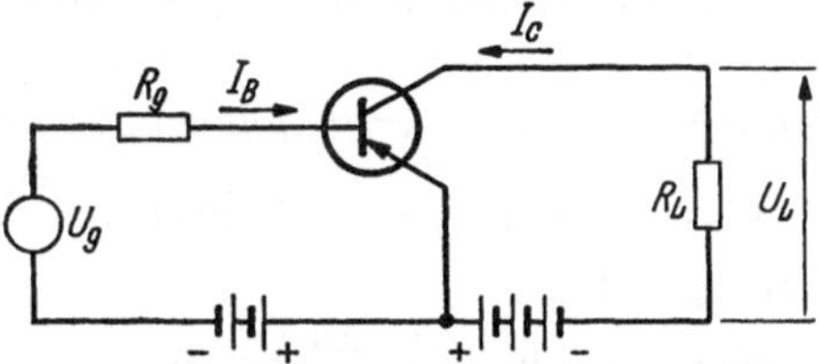

Abb. 13. Als Spannungsverstärker arbeitender Transistor in der Basisschaltung. Bei $-I_C \approx I_E$ verursachen kleine Spannungsänderungen am niederohmigen Eingang große Spannungsänderungen an einem großen Widerstand R_L

Abb. 14. Als Leistungsverstärker arbeitender Transistor in der Emitterschaltung. Es wird mit dem kleinen Basisstrom gesteuert, so daß außer einer Spannungsverstärkung auch eine Stromverstärkung erzielt wird

Es liegt nun nahe, die Schaltung so abzuändern, daß nicht mit dem Emitterstrom gesteuert wird, sondern mit dem viel kleineren Basisstrom, wie es Abb. 14 zeigt. Dies ist die „Emitterschaltung". Da definitionsgemäß

$$I_E + I_B + I_C = 0 \tag{56}$$

gilt, folgt bei gesperrter Kollektordiode aus Gl. (53)

$$I_C = \frac{A_N}{1 - A_N} I_B + \frac{1}{1 - A_N} I_{CB0}. \tag{57}$$

Diese Gleichung hat eine ähnliche Gestalt wie Gl. (53). Der wirksame Stromverstärkungsfaktor ist B_N

$$B_N = \frac{A_N}{1 - A_N} \tag{58}$$

bzw.

$$B_N = \frac{I_C - I_{CB0}}{I_B + I_{CB0}} \quad \text{für} \quad U_{CB'} \to -\infty \tag{59}$$

mit $B_N =$ „Gleichstromverstärkung (normal) in Emitterschaltung". Während A_N mit $A_N < 1$ keine „Verstärkung" im eigentlichen Sinne ist, folgt z. B. für $A_N = 0,98$ eine nunmehr „echte" Stromverstärkung $B_N = 49$.

Aus der Gl. (57) folgt mit Gl. (58)

$$I_C = B_N I_B + (1 + B_N) I_{CB0}. \tag{60}$$

Für die Größe $(1 + B_N) I_{CB0}$ wird häufig I_{CE0} als „Kollektor-Emitter-Reststrom" eingeführt

$$I_{CE0} = \frac{1}{1 - A_N} I_{CB0} = (1 + B_N) I_{CB0}, \tag{61}$$

wobei jedoch beachtet werden muß, daß I_{CE0} von der Stromverstärkung B_N und B_N wiederum vom Kollektorstrom abhängt. Die Stromverstärkung ist bei genaueren Rechnungen keine Konstante, wie wir später noch sehen werden.

Die Gl. (60) beschreibt die statische Stromverstärkungscharakteristik für die Emitterschaltung. In einer Schaltung nach Abb. 14 ergibt sich bei kleinen Änderungen von ΔU_g nicht nur eine Spannungsverstärkung, sondern auch eine Stromverstärkung. Die Eingangscharakteristik $U_{EB} = -U_{BE} = f(-I_B)$ gewinnt man aus den Gln. (54), (58) und (60)

$$-U_{BE} = -r_{BB'} I_B + U_T \ln\left\{1 + \frac{B_N}{B_I} + \frac{B_N}{B_I}\left(\frac{1 + B_I + B_N}{1 + B_N}\right)\frac{I_B}{I_{CB0}}\right\}. \tag{62}$$

Für $I_B = 0$ ist

$$-U_{BE} = U_T \ln\left(1 + \frac{B_N}{B_I}\right) > 0. \tag{63}$$

Die Eingangscharakteristik hat in der Emitterschaltung ebenfalls einen exponentiellen Verlauf (vgl. auch Abb. 32, S. 52).

Die Übergänge von den Durchlaß- zu den Sperrzuständen der Dioden und umgekehrt verlaufen mehr oder weniger kontinuierlich. Es sind daher verschiedene Definitionen für die Grenzen des aktiven

Bereiches II möglich. Wir wollen uns hier für folgende Abgrenzungen entscheiden. Abb. 15a zeigt eine Skizze des $-I_C$, $-U_{CB}$-Kennlinienfeldes für die Basisschaltung. Als Grenze der Bereiche II und III ist hier die Ordinate an der Stelle $U_{CB} = 0$ eingezeichnet, als Grenze der Bereiche II und I die Kennlinie für $I_E = 0$. In Abb. 15b für die Emitterschaltung mit den Kennlinien $-I_C = f(-U_{CE})$ erscheint die $U_{CB} = 0$-Kurve als Exponentialcharakteristik. Bis auf den Spannungsabfall am Basisbahnwiderstand entspricht diese Kurve annähernd der Eingangskennlinie $I_E = f(U_{EB})$. Die Kennlinie für $I_E = 0$ aus Abb. 15a erscheint bei einem positiven Basisstrom $I_B = -I_{CB0} > 0$.

3. Sperrbereich

Der Bereich I ist jener Bereich, in welchem beide Dioden als gesperrt betrachtet werden können. Der Widerstand der Kollektor-Basisstrecke bzw. Kollektor-Emitterstrecke liegt im Sperrbereich in der Größenordnung $M\Omega$. Wenn die Kollektordiode gesperrt ist, bestimmt die Spannung an der Emitterdiode den Sperrzustand des Transistors. Aus Gl. (49) folgt für den Kollektorstrom

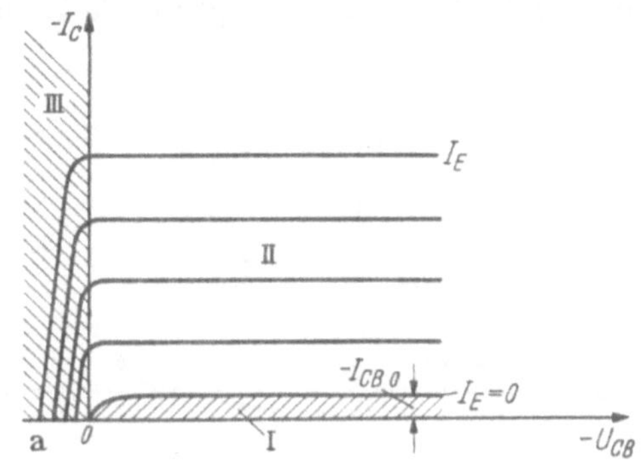

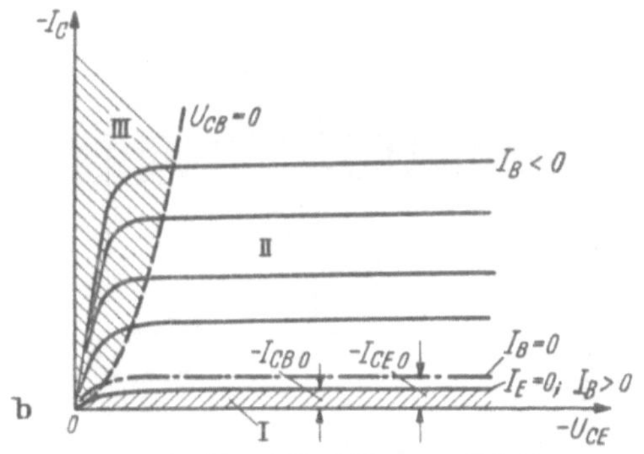

Abb. 15a u. b. Kennlinienfelder zur Erläuterung der Betriebsbereiche des Transistors

a) Basisschaltung; b) Emitterschaltung (für die Kollektorschaltung ergeben sich ganz ähnliche Kennlinien, da $I_E \approx -I_C$ ist)

Im Sperrbereich I sind Emitter- und Kollektordiode gesperrt. Im (normalen) aktiven Bereich II ist die Emitterdiode leitend und die Kollektordiode gesperrt. Im Übersteuerungsbereich III sind Emitter- und Kollektordiode leitend

$$I_C = I_{CB0}\left(\frac{1 - A_I}{1 - A_I A_N}\right)\left\{1 + \frac{A_I}{1 - A_I}\exp(U_{EB'}/U_T)\right\}$$

oder

$$I_C = I_{CB0}\left(\frac{1 + B_N}{1 + B_I + B_N}\right)\left\{1 + B_I \exp(U_{EB'}/U_T)\right\}. \qquad (64)$$

Für den Basisstrom erhält man

$$I_B = -I_{CB0}\frac{(1 + B_N)(B_I + B_N)}{B_N(1 + B_I + B_N)}\left\{1 - \frac{B_I}{B_I + B_N}\exp(U_{EB'}/U_T)\right\}. \qquad (65)$$

Man kann vier charakteristische Kollektorrestströme im Sperr-bereich unterscheiden, die in der Abb. 16 markiert sind. Wir verändern in der Meßschaltung lediglich die Emitter-Basisspannung. Bei einer positiven Spannung U_{EB} wech-selt der Basisstrom das Vor-zeichen. Über die noch als im Durchlaßzustand befindlich zu betrachtende Emitterdiode und die gesperrte Kollektor-diode fließt der *Kollektor-Emitter-Reststrom* I_{CE0}

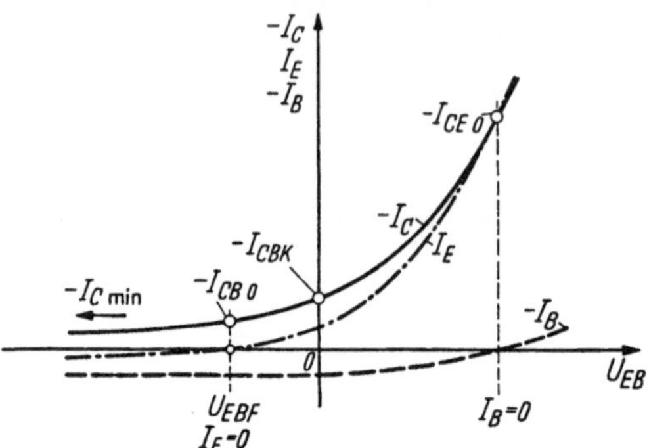

$$I_{CE0} = I_C(I_B = 0)$$

bei einer Spannung nach Gl.(63)

$$U_{EB} = U_T \ln\left(1 + \frac{B_N}{B_I}\right) > 0.$$

$$(66)$$

Wie schon mit Gl. (61) an-gegeben wurde und auch bei Einsetzen von Gl. (63) in Gl. (64) ist

$$I_{CE0} = (1 + B_N)\,I_{CB0}.$$

Mit $(1 + B_N) = 50$ z. B. ist der Kollektor-Emitter-Reststrom sehr viel größer als der Kol-lektorreststrom. Für $U_{EB} = 0$ erhält man den *Kollektor-Kurzschluß-Reststrom* I_{CBK}

$$I_{CBK} = I_C(U_{EB} = 0).$$

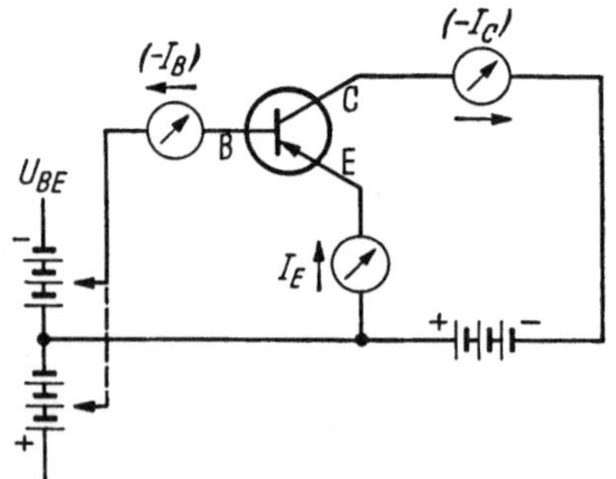

Abb. 16. Schematischer Verlauf der Transistorströme in der dargestellten Schaltung in der Umgebung $U_{BE} = 0$. Im allgemeinen werden vier charakte-ristische Kollektorrestströme definiert, und zwar jene, die bei $I_B = 0$ und $I_E = 0$ fließen, sowie zwei andere, die zu $U_{EB} = 0$ und $U_{EB} \rightarrow -\infty$ gehören

Es ist näherungsweise unter Vernachlässigung des Einflusses von $r_{BB'}$

$$I_{CBK} \approx \frac{(1 + B_I)(1 + B_N)}{(1 + B_I + B_N)}\,I_{CB0}. \qquad (67)$$

Der Basisstrom ist näherungsweise

$$I_B \approx -\frac{1}{1 + B_I}\,I_{CBK}.$$

Mit $B_N \gg 1$; $B_N \gg B_I$ ist

$$I_{CBK} \approx (1 + B_I)\,I_{CB0}; \qquad I_B \approx -I_{CB0}.$$

I_{CBK} liegt mit $B_I \ll B_N$ schon in der Nähe von I_{CB0}. I_{CB0} ist der bereits definierte, bei offenem Emitter fließende Reststrom über die Kollektordiode, der

Kollektorreststrom I_{CB0}

$$I_{CB0} = I_C(I_E = 0).$$

Die zum Erreichen dieses Stromes erforderliche Emitter-Basisspannung folgt aus Gl. (55)

$$U_{EB} = U_{EBF} = r_{BB'} I_{CB0} - U_T \ln(1 + B_N) \quad (I_{CB0} < 0). \quad (68)$$

Der Basisstrom ist notwendigerweise exakt

$$I_B = -I_{CB0}.$$

Wird die Emitterdiode noch stärker gesperrt, dann gilt mit $U_{EB'} \to -\infty$ in Gl. (64)

Minimaler Kollektorreststrom $I_{C\min}$

$$I_{C\min} = \left(\frac{1 + B_N}{1 + B_I + B_N}\right) I_{CB0}. \quad (69)$$

Für den Basisstrom erhält man

$$I_B = -I_{CB0}\left(\frac{1 + B_N}{B_N}\right)\left(\frac{B_I + B_N}{1 + B_I + B_N}\right).$$

Für $B_N \gg 1$; $B_N \gg B_I$ ist

$$I_{C\min} \approx I_{CB0}; \qquad I_B \approx -I_{CB0}.$$

Für $B_I = B_N$ bei einem symmetrischen Transistor und $B_N \gg 1$ ist

$$I_{C\min} \approx \frac{1}{2} I_{CB0}; \qquad I_B \approx -I_{CB0}; \qquad I_E \approx \frac{1}{2} I_{CB0}. \quad (70)$$

Unterscheidet man lediglich die Restströme des Transistors danach, über welche Anschlüsse der Strom fließt bei jeweils offenem dritten

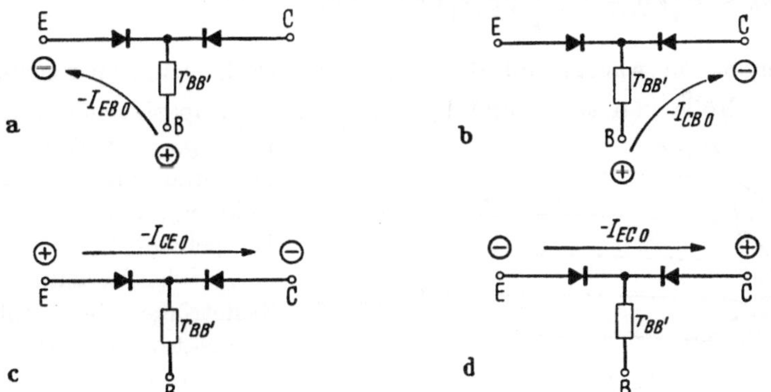

Abb. 17a—d. Zur Erläuterung der Restströme am Bilde des aus Emitter- und Kollektordiode zusammengesetzten Transistors
a) Emitterreststrom; b) Kollektorreststrom; c) Kollektor-Emitter-Reststrom; d) Emitter-Kollektor-Reststrom

Anschluß, dann ergeben sich nach Abb. 17 vier Möglichkeiten, und zwar die beiden Restströme der Dioden:

a) Emitterreststrom I_{EB0},

b) Kollektorreststrom I_{CB0},

wobei mit Gl. (51) die Beziehung gilt

$$A_N I_{EB0} = A_I I_{CB0} \tag{71}$$

oder

$$I_{EB0} = \frac{B_I}{B_N}\left(\frac{1+B_N}{1+B_I}\right) I_{CB0}.$$

Beide Ströme unterscheiden sich im allgemeinen wenig voneinander. Schließlich gibt es die beiden über Emitter- *und* Kollektordiode fließenden Ströme bei offener Basis:

c) Kollektor-Emitter-Reststrom I_{CE0} bei gesperrter Kollektordiode,

d) Emitter-Kollektor-Reststrom I_{EC0} bei gesperrter Emitterdiode.

Der letztere ist in der Schaltungstechnik im allgemeinen wenig von Interesse.

Der Kollektorreststrom I_{CB0}, auf den wir alle anderen Ströme bezogen haben, ist bei kleineren Germaniumtransistoren von der Größenordnung $1 \cdots 10\ \mu\mathrm{A}$ bei 25 °C. Mit den Gln. (44) und (45) wurde gezeigt, daß

$$I_{CB0} \sim F\left\{\sqrt{\varrho_{pC}} + \frac{w_0}{L_p}\sqrt{\varrho_{nB}}\right\}(T_j/T_0)^3 \exp\left[-\frac{q\,U_g}{k}\left(\frac{1}{T_j}-\frac{1}{T_0}\right)\right]$$

oder näherungsweise

$$I_{CB0} \sim F\left\{\sqrt{\varrho_{pC}} + \frac{w_0}{L_p}\sqrt{\varrho_{nB}}\right\} \exp\left[c_c(T_j - T_0)\right] \tag{72}$$

ist. Der Strom wächst mit der Fläche F der Kollektorsperrschicht, je nach Größe von w_0/L_p und $\sqrt{\varrho_{pC}/\varrho_{nB}}$ mit dem spezifischen Widerstand ϱ_{pC} der Kollektorzone und mit der Basisdicke w_0, sowie mit der Temperatur T_j.

Auf das Verhalten der Restströme bei hohen Kollektorbasisspannungen wird noch in Abschn. III. B. 2. eingegangen werden.

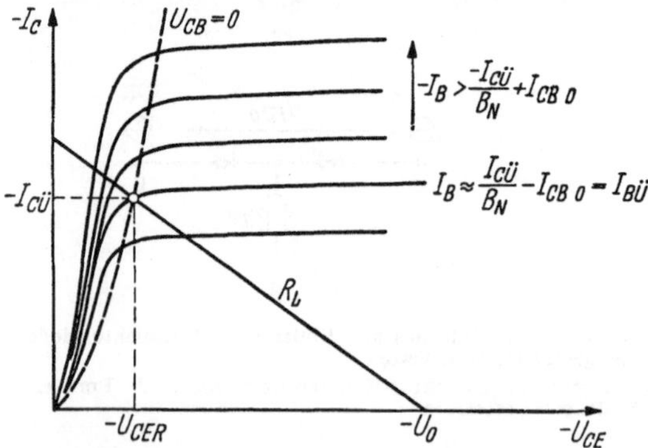

Abb. 18. Zusammenhang zwischen Kollektorrestspannung und Übersteuerung. Bei etwa $U_{CB} = 0$ geht die Kollektordiode vom Sperrzustand in den Durchlaßzustand über. Bei genügend großem Lastwiderstand R_L wächst der Kollektorstrom mit wachsendem Basisstrom oberhalb des Übersteuerungspunktes nur noch wenig an

4. Übersteuerungsbereich

Befinden sich beide Dioden im Durchlaßzustand, dann ist die Basiszone des Transistors mit

Ladungsträgern gesättigt und ein Anwachsen des Steuerstromes läßt den Kollektorstrom nur noch geringfügig anwachsen. Dies kann man aus der Skizze in Abb. 18 ablesen, in welcher eine Widerstandsgerade für den Lastwiderstand R_L eingezeichnet ist. Wie in Abb. 15b ist die Kurve $U_{CB} = 0$ eingetragen. Bei einem Anwachsen des Basisstromes über die Kennlinie mit $I_B = I_{BU}$ hinaus ist die Änderung des Kollektorstromes nur noch sehr klein. In der Emitterschaltung verbleibt für $U_{CB} = 0$ zwischen Kollektor und Emitter eine „Kollektorrestspannung" U_{CER}, deren Größe vom Kollektorstrom abhängt. Aus den Gln. (48), (49) und (50) findet man

$$- U_{CER} = - U_{CE}(U_{CB} = 0)$$

$$\approx - r_{BB'} \frac{I_C}{B_N} + U_T \ln \left\{ 1 + \right.$$

$$\left. + \frac{(1 + B_I + B_N)}{B_I(1 + B_N)} \frac{I_C}{I_{CBO}} \right\}.$$

$$(73)$$

Bei gewöhnlichen Germanium-Legierungstransistoren ist die Grenzkurve in Abb. 18 sehr steil und $- U_{CER}$ beträgt dann nur Bruchteile von einem Volt.

Die Kennlinienpunkte an den Stellen U_{CER} bzw. $U_{CB} = 0$ liegen in einem Gebiet, in welchem die differentiellen Widerstände der Kollektordiode noch verhältnismäßig groß sind.

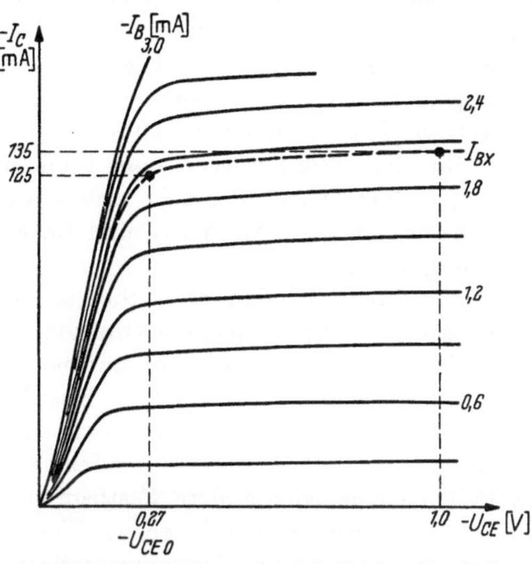

Abb. 19. Beispiel einer weiteren Definition einer Kollektorrestspannung. Es wird für eine Kennlinie, die durch einen Punkt $-I_C$ (135 mA) und z. B. $-U_{CE} = 1$ V geht, jene Spannung $-U_{CE0}$ (0,27 V) angegeben, die bei einem kleineren Strom (125 mA) bei gleichem Basisstrom I_{BX} gemessen wird

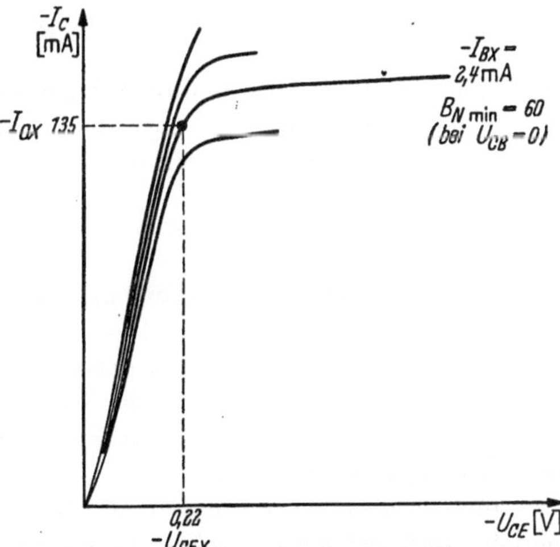

Abb. 20. Vereinfachte Definition einer Kollektorrestspannung, wenn der Transistor einen festen unteren Grenzwert für die Stromverstärkung B_N bei $U_{CB} = 0$ hat. Es wird lediglich für gegebene Ströme I_{CX} und I_{BX} die Spannung U_{CEX} angegeben

Man verwendet aus diesem Grunde gern eine andere Definition für
die Grenze zwischen den Bereichen II und III. In Abb. 19 ist aus der
Vielzahl der Kennlinien mit verschiedenem Basisstrom eine bestimmte
Kennlinie (I_{BX}) ausgewählt, die durch einen sicher noch im flachen
Kennlinienteil liegenden Punkt geht, z. B. bei $- U_{CE} = 1$ V. Man gibt
dann jene Kollektorrestspannung $- U_{CE0}$ an, bei der sich für gleichen
Basisstrom I_{BX} ein um z. B. 10% niedrigerer Kollektorstrom ergibt.
Falls für den Transistortyp eine minimale Stromverstärkung $B_{N\,min}$
für $U_{CB} = 0$ festgelegt ist, kann man auch einfacher nach Abb. 20 bei
definiertem Kollektorstrom I_{CX} und Basisstrom I_{BX} die Kollektorrestspannung U_{CEX} angeben.

Wie aus vorstehendem ersichtlich ist, ist der Begriff der „Kollektorrestspannung" ohne nähere Definition mehrdeutig. Für Verstärkeranwendungen ist mit Rücksicht auf geringe Verzerrungen die Begrenzung der noch annähernd linearen Kennlinien wichtig. Beim Schalterbetrieb möchte man in der Regel wissen, unter welchen Bedingungen
der Transistor mit Sicherheit übersteuert ist. Man wird daher von Fall
zu Fall die eine oder andere Festlegung wählen.

Die Steuerströme, bei denen die Übersteuerung einsetzt, kann man
wieder aus den Grundgleichungen herleiten. Die Spannung $U_{CB'}$ über
der Kollektordiode wird positiv, wenn

in der Basisschaltung

$$I_E > - \frac{1}{A_N} I_{CU}, \tag{74}$$

in der Emitterschaltung

$$- I_B > - \frac{1}{B_N} I_{CU} \tag{75}$$

ist. Die Grenzkurve $U_{CB} = 0$ liegt bei etwas niedrigeren Steuerströmen
infolge des Spannungsabfalls an $r_{BB'}$. Für I_{CU} gilt bei einer Speisespannung U_0 und bei einem Lastwiderstand R_L

$$I_{CU} = \frac{U_0 - U_{CER}}{R_L}. \tag{76}$$

Da die Kollektorrestspannungen $- U_{CER}$ meist nur Bruchteile von
einem Volt betragen, sind die Durchlaßwiderstände von Transistoren,
die als gesteuerte Schalter betrieben werden, sehr klein (wenige Ω).
Die Sperrwiderstände liegen in der Größenordnung $M\Omega$. Bei den niedrigen Durchlaßwiderständen sind auch die Verlustleistungen im eingeschalteten Zustand gering.

Zum thermischen Verhalten der Restspannungen ist noch zu vermerken, daß bei gewöhnlichen Transistoren die Restspannungen verhältnismäßig wenig von der Temperatur abhängen, so daß hier im
allgemeinen keine Rücksichtnahme auf das thermische Verhalten erforderlich ist.

B. Einige besondere physikalische Effekte
1. Verhalten bei hohen Stromdichten

Die Herleitungen der Transistorgleichungen im Kap. II. erfolgten unter der Voraussetzung, daß die Stromdichten unterhalb eines gewissen Wertes bleiben. Im Rahmen dieser Näherung ergab sich z. B. eine vom Emitterstrom unabhängige Stromverstärkung, während sie nach genaueren Rechnungen mit wachsender Stromdichte abnimmt [13, 14].

In Abb. 8c war zu erkennen, daß eine von Eins verschiedene Stromverstärkung durch zwei Effekte zustande kommt, einerseits durch die Rekombinationsverluste in der Basiszone und andererseits durch den von der Basis zum Emitter fließenden Elektronenstrom. Dies zeigt sich auch in dem Ausdruck für die Stromverstärkung nach Gl. (28A) im Anhang, S. 378, in welchem man sich ebenfalls A_N aus zwei Anteilen zusammengesetzt denken kann

$$A_N = A_1 A_2$$

$$A_1 = \frac{1.}{\cosh(w_0/L_p)} \; ; \quad A_2 = \frac{1}{1 + \sqrt{\dfrac{\varrho_{pE}}{\varrho_{nB}}} \tanh\left(\dfrac{w_0}{L_p}\right)} \approx \frac{1}{1 + \dfrac{w_0 \, \varrho_{pE}}{L_n \, \varrho_{nB}}} . \tag{77}$$

A_1 beruht auf den Rekombinationsverlusten, wobei man bei einem praktischen Transistor auch noch zusätzlich die Rekombination an den Oberflächen des Kristalls zu berücksichtigen hat. A_2 ist das Verhältnis

$$A_2 = \frac{j_{pE}}{j_{pE} + (-j_{nE})} \tag{78}$$

(j_{pE}, j_{nE} sind die Stromdichten an der Emitterdoppelschicht.)

und wird mit „Emitterwirkungsgrad" bezeichnet. Schreibt man Gl. (77) für die Emitterschaltung

$$B_N = \frac{B_1 B_2}{1 + B_1 + B_2}, \tag{79}$$

dann ist neben $B_1 = A_1/(1 - A_1)$

$$B_2 = \frac{j_{pE}}{-j_{nE}} . \tag{80}$$

Bei niedrigen Stromdichten ist der Emitterwirkungsgrad im allgemeinen so gut, daß mit $B_2 \gg B_1$ die Stromverstärkung B_N ausschließlich von B_1 bestimmt wird. Mit wachsender Stromdichte ändert sich B_1 nur wenig, in stärkerem Maße kommt jedoch eine Abnahme des Emitterwirkungsgrades ins Spiel.

Für eine Abschätzung von B_2 sei angenommen, daß die Rekombination bereits durch B_1 hinreichend berücksichtigt ist und daß die Bahngebiete in der Emitter- und Basiszone neutral bleiben. (Es läßt sich wiederum an Hand von Abschätzungen zeigen, daß keine merklichen Raumladungen auftreten.) Dann ergibt eine genauere Auflösung der Gln. (30), S. 14, nach Eliminieren der Feldstärke E und mit $j_{pE} - j_{nE} = j_{pB} - j_{nB}$ für die Minoritätsstromdichten in der n-Zone

$$j_p = -q D_p \left(\frac{2 p_B + (n_{B0} - p_{B0})}{p_B \left(\frac{y-1}{y} \right) + (n_{B0} - p_{B0})} \right) \frac{\partial p_B}{\partial x}$$

und in der p-Zone

$$j_n = -q D_n \left(\frac{2 n_E + (p_{E0} - n_{E0})}{-n_E(y-1) + (p_{E0} - n_{E0})} \right) \frac{\partial n_E}{\partial x}$$

mit

$$y = \frac{\mu_n}{\mu_p} B_2 = \frac{\mu_n}{\mu_p} \frac{j_{pE}}{(-j_{nE})} = \frac{\mu_n}{\mu_p} \frac{j_p}{(-j_n)} .$$

(81)

Für $p_B \ll (n_{B0} - p_{B0})$; $n_E \ll (p_{E0} - n_{E0})$ sind die Ströme reine Diffusionsströme. Sobald jedoch p_E und n_E hinreichend groß werden, sind die Feldanteile der Minoritätsströme nicht mehr zu vernachlässigen, sie sind in den Gln. (81) mittelbar enthalten. Nach Integration dieser Gleichungen, Verwendung der Randbedingungen für die Emitter- und Basiszone sowie nach Eliminieren von j_p oder j_n erhält man eine Gleichung für B_2 in der folgenden Gestalt (hierin ist lediglich $p_{B0} \ll n_{B0}$, $n_{E0} \ll p_{E0}$ gesetzt)

$$\lambda \left(1 + \frac{1}{\tilde{\mu} B_{20}} \right) = \frac{1}{2} \left(\frac{\tilde{\mu} B_2 + 1}{\tilde{\mu} B_2 - 1} \right) \times$$

$$\times \left\{ \ln \left(1 + \lambda \frac{\tilde{\mu} B_2 - 1}{\tilde{\mu} B_2} \right) - \psi \ln \left(1 - \frac{\lambda}{\psi} \frac{\tilde{\mu} B_2 - 1}{\tilde{\mu} B_{20}} \right) \right\} \quad (82)$$

mit

$$\lambda = \frac{p_B(x=0)}{n_{B0}} = \frac{p_{B0}}{n_{B0}} \exp(U_{EB'}/U_T) \approx \tilde{\mu} \frac{\varrho_B w_0}{F U_T} I_E,$$

$$\tilde{\mu} = \frac{\mu_n}{\mu_p}; \qquad B_{20} = B_2(\lambda \to 0) = \frac{L_n}{w_0} \frac{\varrho_B}{\varrho_E},$$

$$\psi = \frac{w_0}{L_n} \frac{p_{E0}}{n_{B0}} = \tilde{\mu} \frac{w_0}{L_n} \frac{\varrho_B}{\varrho_E} .$$

Für $\lambda \to 0$ wird im Grenzfall $B_2 \to B_{20}$; für $\lambda \to \infty$ wird $\tilde{\mu} B_2 \to 1$. Bei Germanium ist etwa $\tilde{\mu} \approx 2$, so daß der Emitterwirkungsgrad bei einem sehr hohen Emitterstrom mit $B_2 \to 1/2$ auf

$$A_2 = \frac{B_2}{1 + B_2} \approx \frac{1}{3}$$

reduziert wird. Die Anfangssteilheit der Funktion $B_2 = f(\lambda)$ ist

$$\frac{d B_2}{d \lambda} \bigg|_{\lambda = 0} = \left(B_{20} + \frac{1}{\tilde{\mu}} \right) \left(\frac{\psi - 1}{2 \psi} \right) > 0 \quad \text{für} \quad \psi > 1 .$$

Der Emitterwirkungsgrad nimmt daher für $\psi > 1$ zuerst ein wenig zu. Solange $\tilde{\mu}\, B_2$ noch groß gegen Eins ist, kann man Gl. (82) näherungsweise in der Form schreiben

$$B_2 \approx B_{20}\, \psi\, \frac{1}{\lambda} \times$$
$$\times \left\{ 1 - \exp\left[\frac{1}{\psi}\left(-2\lambda + \ln(1+\lambda)\right)\right]\right\}. \tag{82a}$$

Der Beitrag des zweiten Gliedes in der Klammer nimmt mit wachsendem λ rasch ab, so daß für etwa $\lambda/\psi > 5$; $B_2 > 5$ die einfache Näherung

$$B_2 \approx B_{20}\, \frac{\psi}{\lambda} = B_{20}\left(\frac{F\, U_T}{L_n\, \varrho_E}\right)\frac{1}{I_E} \tag{82b}$$

gilt.

Eine weitere Ursache für die Abnahme des Emitterwirkungsgrades liegt darin, daß die durch die Emitterdoppelschicht fließenden Ströme einen Einfluß auf die sich an den Rändern der Doppelschicht einstellenden Dichten haben. An Hand der Gln. (24), S. 12, ist zu erkennen, daß das Verhältnis p_n/n_p mit wachsender Stromdichte kleiner und daher auch der Emitterwirkungsgrad schlechter wird. Der in Gl. (25) angeschriebene Eigenleitungswiderstand der Doppelschicht liegt in der Größenordnung von $10^{-1} \cdots 10^{-2}\,\Omega$. Der Diffusionswiderstand U/I_p kann bei Emitterströmen von $2 \cdots 3$ A ebenfalls $0{,}1\,\Omega$ betragen, so daß von dorther bei bestimmten Strömen und bei bestimmten Transistortypen ein Einfluß auf die Stromverstärkung zu erwarten ist.

In Abb. 21 ist als Beispiel die theoretische Abnahme der Stromverstärkung B_N eines NF-Transistors für mittlere Leistungen dargestellt, die recht gut mit der Erfahrung übereinstimmt. Bei stetig und monoton abnehmendem B_N nimmt auch der differentielle Wert der Stromverstärkung $\beta_N = \mathrm{d}I_C/\mathrm{d}I_B$ ab. Es ist mit $B_N = B_N(I_C)$

$$\beta_N = \frac{B_N}{1 - \dfrac{I_C}{B_N}\dfrac{\mathrm{d}B_N}{\mathrm{d}I_C}}. \tag{83}$$

Im Gebiet $\mathrm{d}B_N/\mathrm{d}(-I_C) < 0$ gilt dann stets

$$0 < \beta_N < B_N. \tag{83a}$$

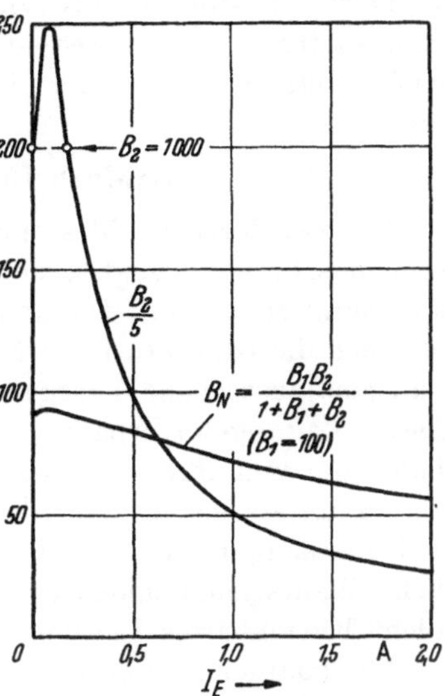

Abb. 21. Abnahme der Gleichstromverstärkung mit wachsendem Emitterstrom infolge Mitwirkung der Majoritätsströme. Häufig haben auch noch andere Effekte Einfluß auf die B_N-Abnahme. Im vorliegenden Beispiel ist angenommen: $\varrho_B = 1\,\Omega$ cm; $\varrho_E = 10^{-2}\,\Omega$cm; $w_0 = 10^{-2}$cm; $L_p = L_n = 10^{-1}$ cm; $F = 10^{-2}$ cm²; dabei ergibt sich $B_{20} = 1000$. Für B_1 ist 100 gesetzt

Der Anstieg der Stromverstärkung für kleine Emitterströme wird im übrigen wahrscheinlich weniger durch das mit Gl. (82) beschriebene Verhalten bestimmt, als vielmehr dadurch, daß mit wachsendem Emitterstrom das auftretende Feld eine Verringerung der Rekombinationsverluste und daher eine Vergrößerung von B_1 in Gl. (79) verursacht.

2. Lawineneffekte, Durchbruchspannung

In einer Sperrschicht können infolge der Raumladungen der Doppelschicht sehr hohe Feldstärken vorkommen, die mit wachsender Sperrspannung zunehmen. Dadurch können sowohl die thermische Energie als auch die translatorische Energie der Ladungsträger so groß werden, daß eine zusätzliche Paargeneration durch Stoßionisation erfolgt [15]. Diese Ladungsträgerpaare sind Valenzelektronen der Kristallgitterbausteine und ihre korrespondierenden Leerplätze. Die Stoßionisation ist zu unterscheiden von dem von ZENER beschriebenen Effekt der Feldemission, bei der die Elektronen in einem starken Feld eine endliche Wahrscheinlichkeit haben, aus dem Valenzband in ein räumlich dicht benachbartes Leitungsband gleicher Energie zu gelangen[1].

Die Paargeneration führt zu stabilen Lawinenbildungen und zu einer Multiplikation des durch die Sperrschicht fließenden Stromes. Für diesen Effekt scheint sich in Deutschland das Wort „Durchbruch" oder „Lawinendurchbruch" einzuführen (englisch: „avalanche-break- down").

Für die Berechnung der Lawinenbildung hat man die Theorie der Townsend-Entladungen herangezogen [16, 17, 18], jedoch sind die Untersuchungen noch nicht als abgeschlossen anzusehen, da sehr wahrscheinlich der Begriff des Ionisierungsfaktors hier noch einer Modifizierung bedarf. Außerdem ist anzunehmen, daß im Zusammenhang mit den Ladungsträgertemperaturen beim Lawineneffekt auch noch die in- und außerhalb der Sperrschicht sehr unterschiedlichen Wärmeleitfähigkeiten der Ladungsträger berücksichtigt werden müssen.

Einige für die Anwendung wesentliche Züge des Lawinenmechanismus sind die folgenden. Als brauchbar für die Beschreibung der Strommultiplikation in einer Sperrschicht, z. B. in der Kollektorsperrschicht, hat sich die folgende empirische Formel erwiesen

$$M = \frac{-I_C}{A_0 I_E - I_{CB00}} = \frac{1}{1 - (U_{CB'}/U_{CB'}^*)^n} \cdot \tag{84}$$

(A_0 ist die Stromverstärkung, wenn keine Multiplikation stattfindet, d. h. wenn $M = 1$ ist. Das gleiche gilt für den Kollektorreststrom I_{CB00}.)

---

[1] Bei Dioden wird die Spannung, bei der die Stoßionisation über alle Grenzen wächst — insbesondere bei einer sehr ausgeprägten steilen Charakteristik im Lawinengebiet — häufig mit „ZENER-Spannung" bezeichnet, obwohl sehr wahrscheinlich ist, daß dabei noch keine Feldemission vorliegt.

Der vom Emitter an die Kollektorschicht gelangende Strom $A_0 I_E$ und
der Kollektorreststrom I_{CB00} werden mit wachsender Spannung $U_{CB'}$
um den Faktor M multipliziert. $U^*_{CB'}$
ist die Durchbruchspannung („break-
down-voltage"), bei der M über alle
Grenzen wächst. Der Exponent n hängt
sowohl vom Kristallmaterial als auch
von den Dotierungen ab. Beim Germanium p–n–p-Transistor ist n $\approx$ 3.
$U^*_{CB'}$ wächst mit dem spezifischen
Widerstand des Basismaterials ϱ_B. In
Abb. 22 ist die Durchbruchcharakte-
ristik skizziert. Die Kennlinien sind
stabil und können reversibel durchlaufen werden. Da die Durchbruchspannungen im allgemeinen in der

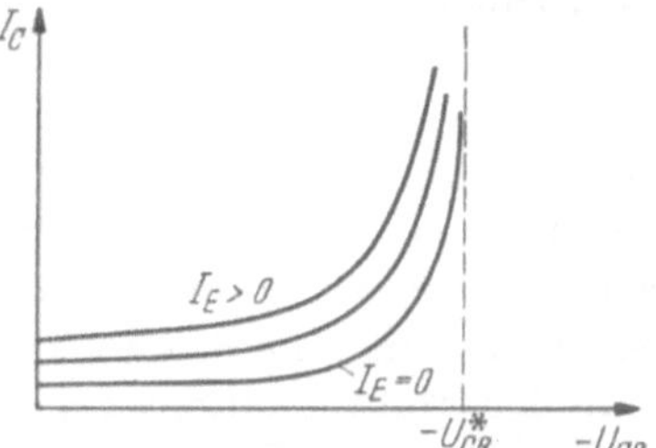

Abb. 22. Anstieg der $- I_{C_{,}} - U_{CB}$-Kenn-
linien im Durchbruchsgebiet. Bei herkömmlichen Transistoren wird der
Durchbruch durch Stoßionisation und
Strommultiplikation in der Kollektorsperrschicht bei hohen Feldstärken verursacht („avalanche-break-down")

Größenordnung einiger 10 V liegen, befindet man sich jedoch dort schon
häufig in einem Gebiet, in dem die hohen Verlustleistungen zu einer
Überschreitung der maximal zulässigen Sperrschichttemperatur führen.

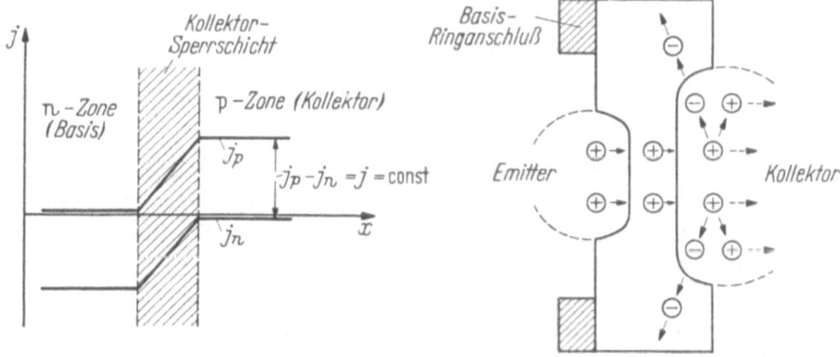

Abb. 23. Schematische Übersicht über das Verhalten beim (Lawinen-) Durchbruch. Die durch
Ladungsträgermultiplikation entstandenen Ströme sind Majoritätsströme

Ein weiteres Merkmal des Lawineneffektes ist, daß von den erzeugten Ladungsträgern die Elektronen zur n-Zone und die Defektelektronen zur p-Zone laufen. Die zusätzlichen Stromdichten sind
Majoritätsstromdichten, wie in Abb. 23 links skizziert ist. Dadurch
ergeben sich Verhältnisse, wie sie in Abb. 23 rechts schematisch dargestellt sind. Die vom Emitter her injizierten Defektelektronen erzeugen in der Kollektorsperrschicht Elektron-Defektelektron-Paare (es
ist in der Skizze nur je eines gezeichnet). Die Elektronen können dabei

nicht über den Emitter fließen, da kein merkliches Dichtegefälle für Elektronen existiert, d. h. die Elektronen bewegen sich innerhalb eines Feldstromes zum Basisanschluß.

Da bei normalem Betrieb des Transistors umgekehrt Elektronen vom Basisanschluß in das Zentrum der Basiszone wandern und dort rekombinieren, wird es einen bestimmten Multiplikationsstrom geben, bei dem der ursprüngliche Rekombinationsstrom gerade kompensiert wird. An diesem Punkt wird die Stromverstärkung A des Transistors genau Eins und die Stromverstärkung B wächst über alle Grenzen. Läßt man den Multiplikationsstrom noch weiter anwachsen, dann ist $A > 1$ und $B < 0$. Der Transistor hat in diesem Gebiet eine negative Kennlinie. Quantitativ läßt sich das Durchbruchsgebiet wie folgt beschreiben.

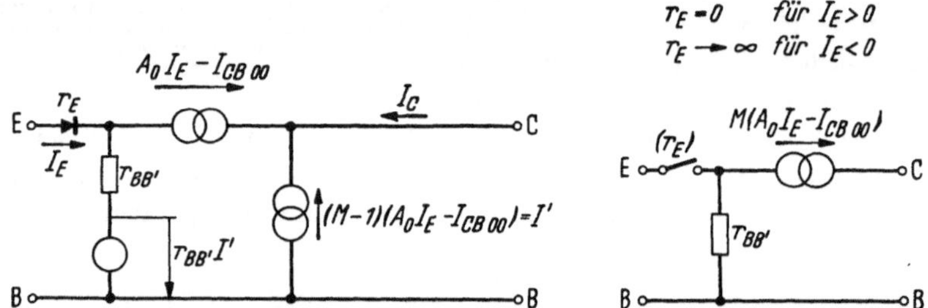

Abb. 24. Ersatzschaltbild für den Transistor im Durchbruchsgebiet. Ein Teil $(M - 1)$ des mit M multiplizierten normalen Kollektorstromes fließt über $r_{BB'}$ und verursacht dort einen Spannungsabfall. Falls der Widerstand der Emitterdiode sehr klein ist, kann das einfachere Ersatzschaltbild rechts verwendet werden

Ein einfaches Ersatzschaltbild ist in Abb. 24 angegeben. Da — wie erläutert — die aus der Multiplikation hervorgehenden Elektronen nicht über den Emitter fließen, muß man sich in die Basiszuleitung einen Spannungsgenerator $r_{BB'} I'$ eingefügt denken. Für eine Übersicht genügt es weiterhin, anzunehmen, daß r_E für $I_E > 0$ sehr klein und für $I_E < 0$ sehr groß ist. Dann vereinfacht sich das Ersatzschaltbild, wie in Abb. 24 rechts angegeben ist. Aus dieser Schaltung folgen die Gleichungen

$$I_C = \frac{1}{1 - (1 + B_0)(U_{CE}/U_{CB'}^*)^n}\left(B_0 I_B + (1 + B_0) I_{CB00}\right). \quad (85)$$

Die Gleichung gilt für $I_E > 0$ oder für

$$-I_C > M(-I_{CB00}) = \frac{1}{1 - (U_{CE}/U_{CB'}^*)^n}(-I_{CB00}). \quad (85\,\mathrm{a})$$

Für $I_E \leqq 0$ gilt

$$-I_C = \frac{1}{1 - (U_{CE}/U_{CB'}^*)^n}(-I_{CB00}). \quad (85\,\mathrm{b})$$

In Abb. 25a ist das diesen Gleichungen entsprechende Kennlinienfeld dargestellt [*19*]. Die Durchbruchspannung erscheint in der Emitterschaltung mit einem niedrigeren Wert

$$U_{CE}^* = U_{CB'}^* \frac{1}{\sqrt[n]{1 + B_0}}. \tag{86}$$

Da bei $U_{CE} = U_{CE}^*$ die tatsächliche Stromverstärkung $A = -I_C/I_E$ gerade den Wert 1 hat, und das gleiche auch etwa für den differentiellen Wert α gilt, spricht man auch von einem

„$\alpha = 1$-Durchbruch"

oder

„$\alpha = 1$-break-down".

Die Stromverstärkung B bzw. β wächst über alle Grenzen. Für positive Basisströme erhält man eine negative Widerstandscharakteristik, die bei speziellen Transistortypen für eine bistabile Arbeitsweise ausgenutzt wird. Die Stromverstärkung B ist in diesem Gebiet negativ. Die Kurve für $I_E = 0$ ist die Grenzkennlinie, bei der die leitende Emitterdiode in den Sperrzustand übergeht.

Bei Steuerung mit einer Generatorspannung U_g zwischen Basis und Emitter über einen Generatorwiderstand R_g gilt $U_g \approx (R_g + r_{BB'}) I_B$ für $-I_C > M(-I_{CB00})$. Falls

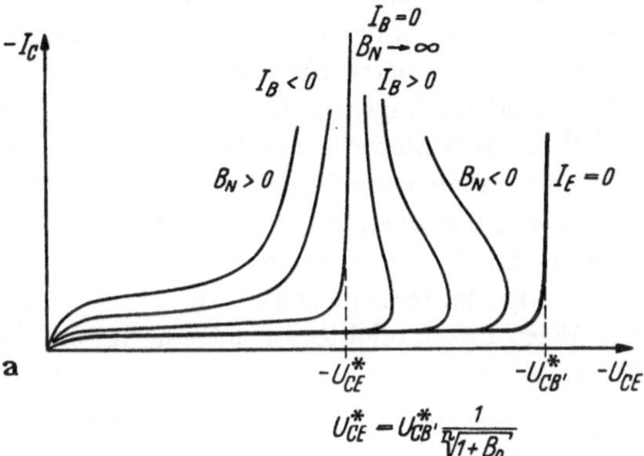

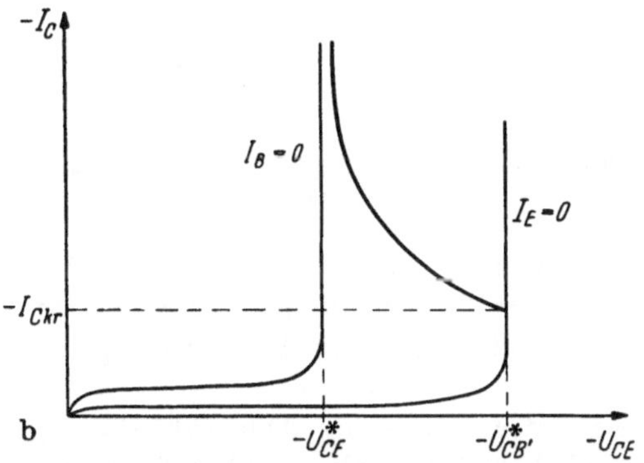

Abb. 25a u. b

a) Durchbruchscharakteristiken im $-I_C$, $-U_{CE}$-Kennlinienfeld. Für $I_B = 0$ erscheint eine niedrigere Durchbruchspannung als bei $I_E = 0$. Es gibt ein Gebiet [mit negativen Werten der Stromverstärkung B_N; b) Grenzkurve für die Möglichkeit eines Einschnüreffektes (Skizze)

$U_g > M(R_g + r_{BB'})(-I_{CB00})$ ist, wird die Emitter-Diode gesperrt und es gilt wieder die Grenzkurve nach Gl. (85b) für beliebige Spannungen U_g. Das bedeutet, daß bei gesperrter Emitterdiode keine Steuerung mehr möglich ist; der Kollektorstrom wird nur von der Kollektorspannung bestimmt.

Der Betrieb eines Transistors im Lawinengebiet ist im allgemeinen nur kurzzeitig möglich, da hohe Verlustleistungen auftreten. Hierbei muß überdies ein besonderer Effekt berücksichtigt werden, der sog. „Einschnüreffekt" (englisch: „pinch-in-effect") [20]. Bei der Berechnung der maximal auftretenden Sperrschichttemperatur wird normalerweise vorausgesetzt, daß die Verlustleistung innerhalb eines verhältnismäßig großen Kristallgebietes umgesetzt wird. Wenn sich jedoch dieses Gebiet punktförmig einschnürt, dann wächst die Temperatur so stark an, daß es zu einer Zerstörung des Transistors kommt. Eine solche Einschnürung kann beim Transistor unter bestimmten Bedingungen eintreten. Wir betrachten hierzu noch einmal Abb. 23. Der aus der Multiplikation folgende Elektronenstrom verursacht einen Spannungsabfall an dem Material der Basiszone. Es existiert ein elektrisches Feld, das von außen nach innen gerichtet ist. Für die vom Emitter her injizierten Defektelektronen entsteht dabei eine zum Zentrum hin gerichtete Kraft. Diese hat eine Verdichtung der Ladungsträger und eine Erhöhung der Stromdichte zur Folge. Aus Abschätzungen läßt sich ein Wert des Kollektorstromes herleiten, bei dem eine beliebig hohe Stromdichte an der Kollektorsperrschicht zu erwarten ist [35]. Es gibt also im Durchbruchsgebiet eine Grenze für den Kollektorstrom, die nicht überschritten werden darf. Neuere Abschätzungen ergeben hierfür

$$-I_C < \frac{B_0}{(U_{CE}/U_{CE}^*)^n - 1}\,(-I_{Ckr}) \tag{87}$$

für $\,-U_{CE} > -U_{CE}^*$

und mit

$$-I_{Ckr} = I_{Bkr} \approx \frac{4\pi w\,U_T}{\varrho_B}. \tag{87a}$$

Die Grenzkurve für $-I_C$ ist in Abb. 25b skizziert. Die Einschnürung kann nur für $I_B > 0$ erfolgen, da nur dann ein zentral nach innen gerichtetes Feld möglich ist. Für ein Beispiel $\varrho_B = 1\ \Omega$ cm; $U_T = 25$ mV; $w = 5 \cdot 10^{-3}$ cm erhält man $I_{Bkr} = 1{,}6$ mA. $-I_{Ckr} = I_{Bkr}$ ist der Endwert der Kurve in Abb. 25b für $I_E = 0$. Die Grenzkurve für den Kollektorstrom gilt unabhängig davon, ob die in herkömmlicher Weise berechnete maximal zulässige Verlustleistung überschritten wird oder nicht. Auf diese Berechnungen wird im Abschn. III. F. noch eingegangen werden.

3. Emitterflußpotential

Wenn bei einem Transistor zwischen Kollektor und Basis eine Spannung in Sperrichtung angelegt wird und dabei der Emitteranschluß offen bleibt, würde man zunächst erwarten, daß zwischen Emitter und Basis die Spannung

$$U_{EB} = r_{BB'} I_{CB0}$$

gemessen wird, da die Emitterdiode stromlos ist. Tatsächlich liegt jedoch die Spannung nach Gl. (55)

$$U_{EB} = r_{BB'}\, I_{CB0} - U_T \ln(1 + B_N) \tag{88}$$

zwischen den Anschlüssen E und B. Den Anteil $U_T \ln(1 + B_N)$ nennt man „Emitterflußpotential des inneren Transistors" („floating potential"). Dieses Potential hat mit dem Diffusionspotential nichts zu tun, da letzteres durch die Kontaktpotentiale an den Metallanschlüssen wieder kompensiert wird. Man kann das Zustandekommen des Potentials $U_T \ln(1 + B_N)$ an Hand der Skizze Abb. 26 erklären. Bei gesperrter Kollektordiode ist die Minoritätsdichte p_B in der Basis am Rande der Kollektorsperrschicht nahezu Null. Da die n-Dichte in der Emitterzone nicht verschwindet, wird zwangsweise ein Dichtegefälle der Minoritätsladungsträger aufrechterhalten. Bei stromlosem Emitter-p-n-Übergang müssen die Gradienten beiderseits des Überganges gleich sein. Beide Dichten müssen sich hierbei absenken. Es diffundieren

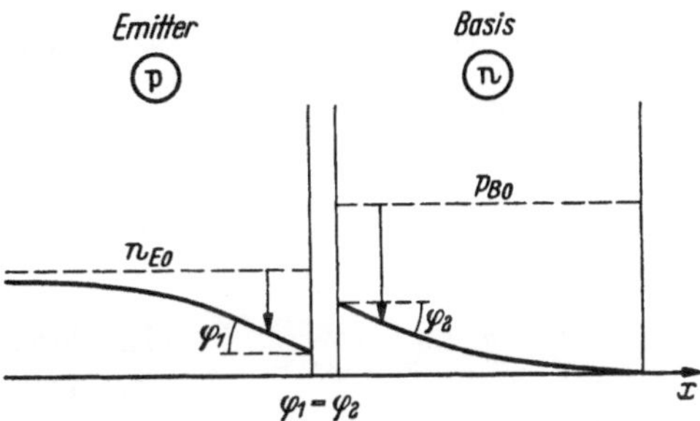

Abb. 26. Zur Erläuterung des Emitterflußpotentials. Bei verschwindendem Emitterstrom müssen die Diffusionsströme zu beiden Seiten der Emittersperrschicht gleich sein. Dabei fließen außer den Defektelektronen auch Elektronen in gleicher Zahl aus der p- in die n-Zone, so daß ein Flußpotential entsteht, das nicht durch äußere Kontaktpotentiale aufgehoben wird

sowohl Elektronen als auch Defektelektronen aus der Emitterzone in die Basiszone. Die Generation von Ladungsträgern in der Emitterzone wird durch das vom Kollektor her erzwungene Dichtegefälle erleichtert. Im Ersatzschaltbild Abb. 10 erscheint dieser Prozeß in der Kombination von Emitterdiode mit parallelliegendem Generator. Bei stromlosem Emitteranschluß und $I_C^* = I_{CB0}$ läßt der Generator einen Strom über die Emitterdiode fließen, so daß zwischen den Punkten E und B' das besprochene Potential liegt. Man hat hier den interessanten Fall einer Spannungsquelle, die weder von elektromagnetischer noch chemisch-thermodynamischer Natur ist. Die elektromotorische Kraft wird vom Kollektor her verursacht.

4. Early-Effekt, Sperrschichtberührung

Bei der Berechnung der Stromdichten in der Nachbarschaft einer p-n-Doppelschicht hatte sich die Ermittlung der Dichten als Funktion des Ortes innerhalb der Doppelschicht erübrigt. In vielen Fällen ist jedoch wenigstens die Kenntnis der Ausdehnung der Schicht und deren durch die Raumladungen bedingten statischen Kapazität wichtig.

Berechnungen der Dichten in einer sperrenden Doppelschicht haben gezeigt [5, 21], daß ihr Inneres nahezu von Elektronen und Defektelektronen entblößt ist. Dann bilden die ionisierten Störstellen praktisch allein die Raumladungen der Doppelschicht und die weiteren Rechnungen gestalten sich verhältnismäßig einfach. Im Anhang A. 4, S. 380, sind die wichtigsten Formeln hergeleitet. Bei einem abrupten Störstellenübergang erhält man für die Ausdehnungen d_1 und d_2 einer Kollektorsperrschicht nach der Skizze in Abb. 27 (für $U_{CB'} < 0$)

$$d_1 = \sqrt{(-U_{CB'}) \frac{2\,\varepsilon\,\varepsilon_0\,p_{C0}}{q\,n_{B0}(p_{C0} + n_{B0})}}, \qquad (89)$$

$$d_2 = \sqrt{(-U_{CB'}) \frac{2\,\varepsilon\,\varepsilon_0\,n_{B0}}{q\,p_{C0}(p_{C0} + n_{B0})}}$$

und es gilt

$$d_1/d_2 = p_{C0}/n_{B0}.$$

Im allgemeinen ist die Kollektor-p-Zone wesentlich höher dotiert als die Basis-n-Zone, so daß $d_1 \gg d_2$ ist. Die Sperrschicht erstreckt sich daher vorwiegend in die Basiszone hinein. Die Dicke der wirksamen Basiszone ist gegenüber dem Abstand der Störstellenübergänge kleiner. Nach Einführung des spezifischen Widerstandes des Basismaterials ϱ_B erhält man mit $d_1 \gg d_2$

$$d_1 = \sqrt{(-U_{CB'})\, 2\,\varepsilon\,\varepsilon_0\,\mu_n\,\varrho_B}, \qquad (90)$$

worin für Germanium ($\varepsilon = 16$)

$$2\,\varepsilon\,\varepsilon_0\,\mu_n = 1{,}02 \cdot 10^{-8}\,\mathrm{A\,cm\,V^{-2}}$$

ist. Bei einer Spannung $-U_{CB'} = 5\,\mathrm{V}$ und einem spezifischen Widerstand $\varrho_B = 5\,\Omega\,\mathrm{cm}$ ergibt sich zum Beispiel $d_1 = 5 \cdot 10^{-4}\,\mathrm{cm} = 5\,\mathrm{\mu m}$.

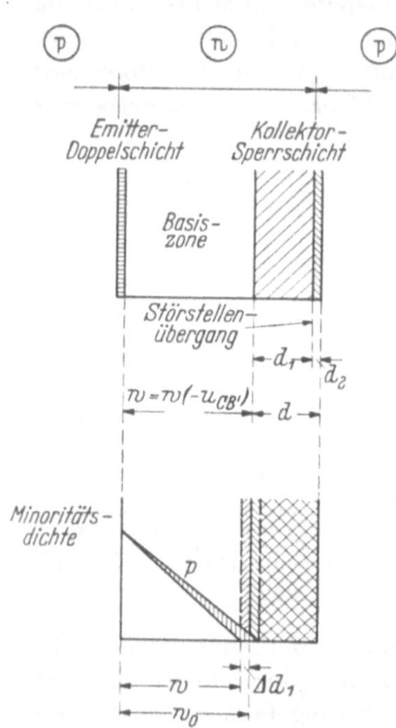

Abb. 27. Schematische Skizze der Basiszone zur Erläuterung des „EARLY-Effektes". Die Dicke der Kollektorsperrschicht wächst mit der angelegten Sperrspannung. Die Sperrschicht erstreckt sich mit ihrem basisseitigen Rand vor allem in die Basiszone hinein. Bei einer der Kollektorgleichspannung überlagerten Wechselspannung wird dann das p-Dichtegefälle und damit der Kollektorstrom im Rhythmus dieser Spannung moduliert

Die Ausdehnung der Kollektorsperrschicht in die Basiszone wächst mit der Kollektorspannung. Wir nehmen an, daß sich bei einer bestimmten Gleichspannung eine tatsächliche Dicke der Basiszone w_0 eingestellt hat (vgl. Abb. 27 unten). Das Gefälle der p-Minoritätsdichte und damit der Kollektorstrom sind bei gegebener Emitterbasisspannung so festgelegt. Ist der Kollektorspannung nun eine Wechselspannung überlagert, dann ändern sich auch das Dichtegefälle in der Basiszone und der Kollektorstrom. Man erhält einen kollektorseitigen Leitwert, der bei hohen Frequenzen auch einen Blindanteil hat. Dieser Effekt wurde von EARLY beschrieben [22]. Man redet daher vom „EARLY-Effekt" und auch von einem „EARLY-Leitwert" und einer „EARLY-Kapazität". Über die Bedeutung des EARLY-Effektes bei der Herleitung der Ersatzschaltbilder wird noch gesprochen werden.

Eine Verringerung der Basisdicke mit wachsender Spannung $-U_{CB'}$ hat noch andere Folgen. Da die Volumenrekombination mit abnehmender Basisdicke abnimmt, wird die Stromverstärkung mit wachsender Kollektorspannung größer. Weiterhin wird der Basisbahnwiderstand $r_{BB'}$ größer, da der Querschnitt für den Basisstrom verringert wird. Schließlich wird mit wachsender Kollektorspannung die in der Basiszone gespeicherte Ladungsmenge kleiner, was — wie wir noch sehen werden — einer Verringerung der Emitterdiffusionskapazität gleichkommt.

Die Kollektor-Basisspannung ist einmal begrenzt durch die Durchbruchspannung, zum anderen besteht die Möglichkeit, daß die Kollektorsperrschicht die Emittersperrschicht berührt. Welcher Fall eher eintritt, hängt vom Abstand und von der Art der Störstellenübergänge ab, außerdem von den Dotierungen und vom Zustand der Emitterdiode. Wenn die Emitterdiode sich im Durchlaßzustand befindet, erhält man bei Berührung des Randes der Kollektorsperrschicht mit der Emitterdoppelschicht eine Art Kurzschluß zwischen Kollektor und Emitter. Besonders bei HF-Transistoren kommt es vor, daß die Sperrschichtberührung bei Spannungen erfolgt, die niedriger sind, als die Durchbruchspannung.

Unter der „Sperrschichtberührungsspannung" („punch-through-voltage") wird — wenn nicht anders vermerkt — die Kollektor-Basisspannung verstanden, die bei leitendem Emitter eine Berührung der Sperrschichten bewirkt. Sie ist näherungsweise

$$ -U_{CBpt} = \frac{w_0^2}{2\,\varepsilon\,\varepsilon_0\,\mu_n\,\varrho_B}. $$

In dem oben angegebenen Beispiel und bei einer Basisdicke $w_0 = 10\,\mu\mathrm{m}$ ist $-U_{CBpt} = 20$ V.

Auch bei gesperrter Emitterdiode kann ein Kurzschluß auftreten, wenn $-U_{CE}$ größer ist als die Sperrschichtberührungsspannung $-U_{CBpt}$.

C. Dynamische Eigenschaften

Bei der Beschreibung der dynamischen Eigenschaften ist es zweckmäßig, von dem Fall kleiner Signale in der Umgebung eines Arbeitspunktes im aktiven Bereich auszugehen. Aus den hierfür herleitbaren

Ersatzschaltungen ergibt sich ein bequemer Übergang zu den Koeffizienten der allgemeinen Vierpoltheorie. Im letzten Schritt kann bei Verwendung eines vereinfachten Modells eine Ersatzschaltung hergeleitet werden, die sich für den Schalterbetrieb des Transistors eignet.

1. Ersatzschaltbild für kleine sinusförmige Signale

Im folgenden soll auschließlich der Betrieb des Transistors in dem in Abschn. III. A. 2. definierten aktiven Bereich betrachtet werden. Wir wollen zuerst beliebig langsame, quasistationäre Änderungen der Ströme und Spannungen voraussetzen. Die Gültigkeit der Ersatzschaltbilder erstreckt sich dabei für herkömmliche Transistortypen etwa auf den Tonfrequenzbereich.

a) Betrieb bei niedrigen Frequenzen. In Abb. 28 ist ein Kennlinienfeld für einen Transistor in Basisschaltung dargestellt mit einem im aktiven Bereich gewählten Arbeitspunkt A. Der rechte obere Quadrant ist das $-I_C$, $-U_{CB}$-Feld, wie es schon in Abb. 15a gezeigt wurde. In den beiden linken Quadranten $-I_C = f(I_E)$ und $U_{EB} = f(I_E)$ sind die Stromverstärkungs- und Eingangscharakteristik dargestellt. (Es ist nur je eine Kurve für eine Spannung $-U_{CB}$ eingetragen.) Der rechte untere Quadrant $U_{EB} = f(-U_{CB})$ enthält Kennlinien, aus denen die Spannungsrückwirkung abgelesen werden kann.

Bei kleinen Änderungen in der Umgebung des Arbeitspunktes A interessieren nur die differentiellen Werte der Kenn-

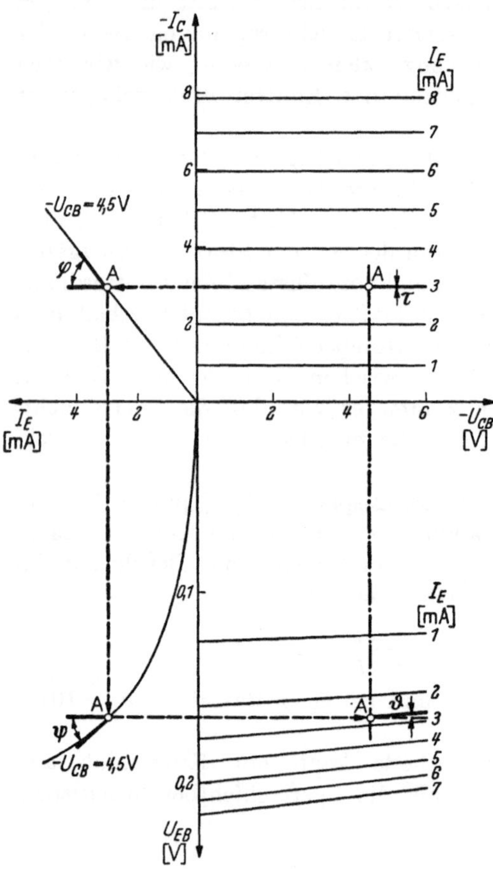

Abb. 28. Vollständiges Kennlinienfeld eines Transistors für die Basisschaltung. Die eingezeichneten Tangenten bezeichnen vier dynamische Kenngrößen des Transistors im Arbeitspunkt A, nämlich Stromverstärkung ($-\tan \varphi$), Eingangswiderstand ($\tan \psi$), Ausgangsleitwert ($\tan \tau$) und Spannungsrückwirkung ($\tan \vartheta$). (In den linken beiden Quadranten ist nur je eine Kurve der Scharen mit U_{CB} als Parameter gezeichnet.)

linien. Diese sind von der Lage des Arbeitspunktes abhängig; der Arbeitspunkt ist durch zwei Werte, z. B. durch $-I_{CA}$ und $-U_{CBA}$ eindeutig festgelegt.

Den Steigungen der Kennlinien im Arbeitspunkt entsprechen bestimmte Werte der Elemente des Ersatzschaltbildes in Abb. 10 und es kann unmittelbar ein analoges Schaltbild angegeben werden, wie es Abb. 29a zeigt. An die Stelle der Widerstände der Emitterdiode und Kollektordiode treten die Diffusionswiderstände r_e und r_c. Weiter werden A_N und A_I durch die dynamischen Größen

$$\alpha_N = \frac{-dI_C}{dI_E}\bigg|_{U_{CB'}=\text{const}}$$
$$= \frac{-i_c}{i_e}\bigg|_{u_{cb'}=0} ;$$

$$\alpha_I = \frac{-dI_E}{dI_C}\bigg|_{U_{EB'}=\text{const}}$$
$$= \frac{-i_e}{i_c}\bigg|_{u_{eb'}=0}$$

$$(91)$$

ersetzt. Dies sind die „inneren" Kurzschluß-Stromverstärkungen normal und invers in Basisschaltung. Wie wir noch sehen werden, ergibt sich kein merklicher Unterschied für die Stromverstärkung α_N, wenn an Stelle von $u_{cb'}=0$ der äußere Kurzschluß $u_{cb}=0$ hergestellt wird.

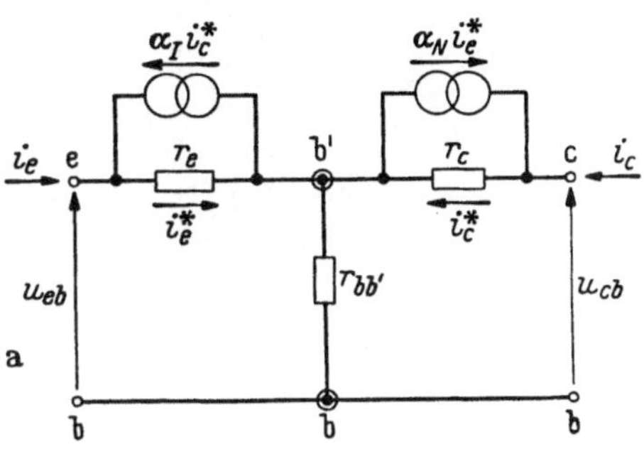

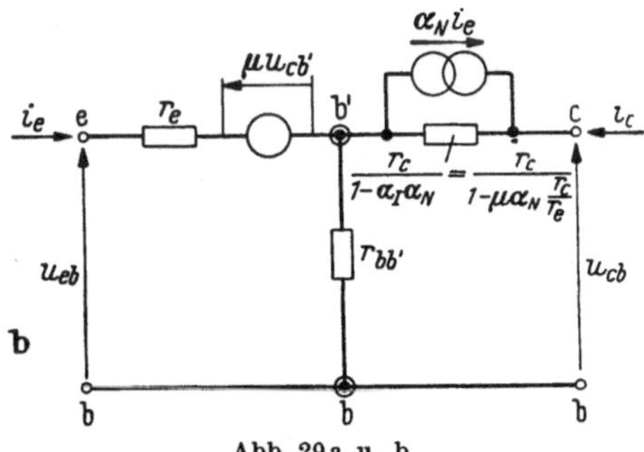

Abb. 29a u. b

a) Ersatzschaltbild für den Transistor in der Basisschaltung. Es entspricht weitgehend der Schaltung in Abb. 10. Der Kollektorwiderstand r_c wird überwiegend von den Dickenänderungen der Kollektorsperrschicht bzw. der Basiszone bestimmt. Bei normalem Betrieb ist $r_c \gg r_e$ und daher auch $\alpha_N \dot{i}_e^* \gg \alpha_I \dot{i}_c^*$; b) Ersatz des Stromgenerators $\alpha_I \dot{i}_c^*$ durch einen Spannungsgenerator $\mu u_{cb'}$ für die Darstellung der inneren Spannungsrückwirkung

Bei normal betriebenem Transistor kann man bei α_I an Stelle von $u_{eb'}=0$ jedoch nicht $u_{eb}=0$ setzen, da der Basisbahnwiderstand $r_{bb'}$ in die gleiche Größenordnung kommt wie der Diffusionswiderstand r_e.

An Stelle des Stromgenerators $\alpha_I \dot{i}_c^*$ kann auch ein Spannungsgenerator $\mu u_{cb'}$ eingeführt werden, wie in Abb. 29b gezeigt ist. Hierbei wird

$$\mu = \alpha_I \frac{r_e}{r_c}. \tag{91a}$$

Dies ist die Spannungsrückwirkung des inneren Transistors bei offenem Emitter (in Basisschaltung).

Bedeutung des Early-Effektes. In der Abb. 10 wurde noch nicht der im vorigen Abschnitt beschriebene EARLY-Effekt berücksichtigt. Einen Überblick über den Einfluß dieses Effektes gibt die Skizze in Abb. 30 im Zusammenhang mit Abb. 27. Wir nehmen an, daß in Abb. 30a der Emitterstrom konstant gehalten wird und damit das (nahezu) lineare Dichtegefälle der Minoritätsladungsträger ebenfalls konstant bleibt. Bei einer Erhöhung der Spannung $-U_{CB'}$ um einen kleinen Betrag, d. h. bei einem Signal $-u_{cb'}$, schiebt sich der Rand der Kollektorsperrschicht um ein Stück Δd_1 in die Basiszone hinein. Da die Dichteänderung am Emitter proportional $u_{eb'}$ ist, ergibt sich daher bei (wechselstrommäßig) offenem Emitter eine Proportionalität

$$u_{eb'} \sim u_{cb'}.$$

Der Proportionalitätsfaktor ist die im vorigen Abschnitt definierte Rückwirkung μ. In Abb. 30b wird ein (wechselstrommäßiger) Kurzschluß des Emitters mit dem inneren Basispunkt b′ angenommen. Bei einer Änderung Δd_1 wird das Gefälle vergrößert und damit auch der Kollektorstrom $-i_c$. Es ist

$$i_c \sim u_{cb'}.$$

Der Proportionalitätsfaktor ist ein Leitwert $g_c = 1/r_c$, der „EARLY-Leitwert".

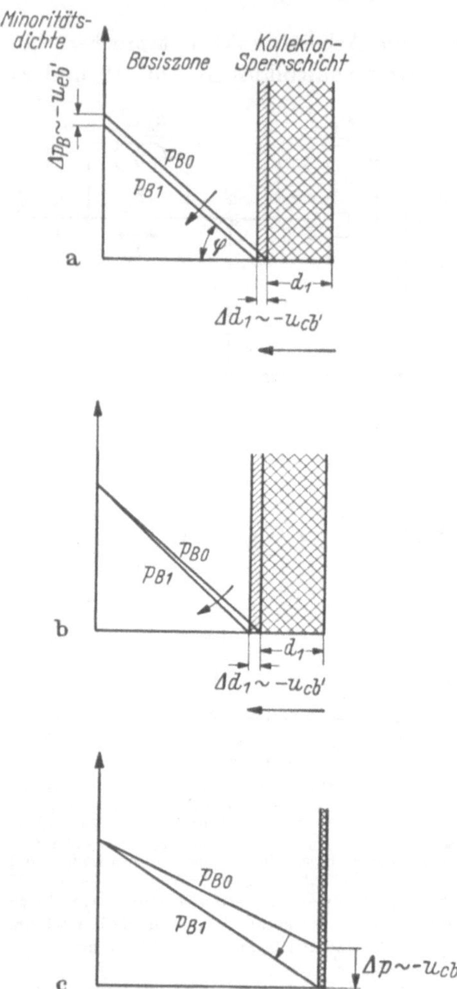

Abb. 30 a—c. Zusammenhang zwischen EARLY-Effekt und Diffusion. Bei konstantem Emitterstrom (a) ergibt sich eine Spannungsänderung $u_{eb} \sim u_{cb'}$ und daher eine Spannungsrückwirkung. Bei konstanter Emitter-Basisspannung (b) erhält man eine Kollektorstromänderung $i_c \sim u_{cb'}$ und daher einen Leitwert. Bei leitender Kollektordiode (c) gibt es ebenfalls einen Kollektorleitwert, der lediglich eine andere Größe hat und der einer anderen Gesetzmäßigkeit folgt

In Abb. 30c schließlich nehmen wir an, daß der Kollektor nicht gesperrt ist. Mit einer Änderung $-u_{cb'}$ wird der Emitterstrom größer,

d. h. es ist definitionsgemäß bei $u_{eb'} = 0$

$$i_e = -\alpha_I\, g_c\, u_{cb'}\,.$$

Die Größe des „Diffusionsleitwertes" g_c hängt von dem Arbeitspunkt der Kollektordiode ab. Man sieht nun deutlich, daß bei einem Übergang vom Durchlaßzustand der Kollektordiode in den Sperrzustand der Diffusionsleitwert zwar immer kleiner wird, daß aber infolge der Dickenänderung der Kollektordoppelschicht im Sperrzustand an die Stelle des Diffusionsleitwertes ein „EARLY-Leitwert" tritt. Die Änderung des Leitwertes g_c beim Übergang vom Durchlaßzustand zum Sperrzustand kann einige Größenordnungen betragen. Im Ersatzschaltbild ändert sich aber im Prinzip nichts, lediglich der Wert von g_c wird von anderen physikalischen Größen bestimmt. Da bei konstantem α_I die Rückwirkung μ von $g_c = 1/r_c$ abhängt, erhält μ bei gesperrtem Kollektor ebenfalls eine andere physikalische Bedeutung.

In der Literatur ist es üblich, auch den EARLY-Leitwert als Diffusionsleitwert zu bezeichnen, weil das Diffusionsgefälle in gleicher Weise geändert wird wie bei einer nicht gesperrten Doppelschicht.

Die dem Ersatzschaltbild zugehörigen Gleichungen sind

$$
\begin{aligned}
i_e &= g_e\, u_{eb'} - \alpha_I\, g_c\, u_{cb'}, \\
i_c &= -\alpha_N\, g_e\, u_{eb'} + g_c\, u_{cb'}
\end{aligned}
\tag{92}
$$

sowie

$$
\begin{aligned}
u_{eb} &= u_{eb'} + r_{bb'}\,(i_e + i_c), \\
u_{cb} &= u_{cb'} + r_{bb'}\,(i_e + i_c)\,.
\end{aligned}
\tag{92a}
$$

α_N ist für kleine Emittergleichströme theoretisch mit der Gleichstromverstärkung A_N identisch. α_N ist daher nur wenig kleiner als Eins. α_I kann je nach Transistortyp sehr verschiedene Werte annehmen. Es gibt symmetrische Transistoren mit $\alpha_I = \alpha_N$; andererseits kann α_I — z. B. bei diffusionslegierten HF-Transistoren — nahezu verschwinden[1]. $g_e = 1/r_e$ ist der Diffusionsleitwert der im Durchlaßzustand befindlichen Emitterdiode. Bei Differentiation der Gl. (48), S. 25, findet man

$$g_e \approx \frac{I_E}{U_T}, \tag{92b}$$

$g_c = 1/r_c$ ist bei gesperrter Kollektordiode proportional der Dickenänderung der Kollektorsperrschicht. Für einen abrupten Störstellenübergang (vgl. Anhang A. 3, S. 380) erhält man

$$g_c \approx \frac{1}{2}\,\frac{\sqrt{2\,\varepsilon\,\varepsilon_0\,\mu_n\,\varrho_B}}{w_0}\,\frac{I_E}{\sqrt{-U_{CB'}}}\,. \tag{92c}$$

---

[1] Die Unterschiede zwischen α_N und α_I werden wesentlich durch die verschiedenen Sperrschichtflächen von Emitter und Kollektor hervorgerufen.

Einfluß des Basisbahnwiderstandes. Der Basisbahnwiderstand $r_{bb'}$ hat einen relativ starken Einfluß auf den Basis-Emitterwiderstand des Transistors und auf die innere Rückwirkung von u_{cb} auf u_{eb}. Wir betrachten hierzu den Transistor in der Basisschaltung nach Abb. 31. Die dynamischen Eigenschaften des Transistors können auf eine mannigfaltige Weise beschrieben werden. Für eine Übersicht — insbesondere mit Rücksicht auf die Betrachtung des Einflusses des Basisbahnwider-

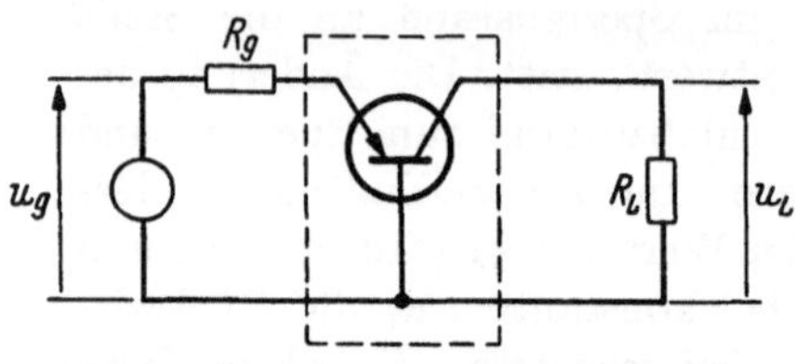

Abb. 31. Einfache Verstärkerschaltung mit einem Transistor in der Basisschaltung

standes — sollen im folgenden zunächst die Neigungen der Tangenten an die Kennlinien im Arbeitspunkt in Abb. 28 herangezogen werden. Die Tangenten der Winkel ψ, ϑ, φ, τ sind zugleich die Koeffizienten einer üblicherweise mit (h) bezeichneten Matrix zweier Vierpolgleichungen, auf welche wir im nächsten Abschnitt noch zurückkommen werden. Für die Basisschaltung haben diese Tangenten folgende Bezeichnungen und Bedeutungen

$$\tan\psi = \left.\frac{u_{eb}}{i_e}\right|_{u_{cb}=0} = h_{11b} \quad (>0)$$

$$= \text{Eingangswiderstand bei kurzgeschlossenem Ausgang,}$$

$$\tan\vartheta = \left.\frac{u_{eb}}{u_{cb}}\right|_{i_e=0} = h_{12b} \quad (>0)$$

$$= \text{Spannungsrückwirkung bei offenem Eingang,}$$

$$\tan\varphi = \left.\frac{i_c}{i_e}\right|_{u_{cb}=0} = h_{21b} \quad (<0)$$

$$= \text{Stromverstärkung bei kurzgeschlossenem Ausgang,}$$

$$\tan\tau = \left.\frac{i_c}{u_{cb}}\right|_{i_e=0} = h_{22b} \quad (>0)$$

$$= \text{Ausgangsleitwert bei offenem Eingang.}$$

Im einzelnen erhält man aus der Ersatzschaltung Abb. 29: Der Eingangswiderstand bei kurzgeschlossenem Ausgang ist

$$h_{11b} = \frac{1}{g_e}\,\frac{1 + r_{bb'}\left[g_e(1 - \alpha_N) + g_c(1 - \alpha_I)\right]}{1 + r_{bb'}\,g_c(1 - \alpha_I\,\alpha_N)}$$

und näherungsweise mit $g_c(1 - \alpha_I) \ll g_e(1 - \alpha_N)$; $r_{bb'}\,g_c(1 - \alpha_I\,\alpha_N) \ll 1$

$$h_{11b} \approx \frac{1}{g_e} + r_{bb'}(1 - \alpha_N). \tag{93}$$

Nach Gl. (92b) ist

$$g_e \approx \frac{I_E}{U_T}$$

mit $U_T = k\,T_j/q = 26\text{ mV}$ für 25 °C. Bei kleinen Emittergleichströmen überwiegt der Einfluß des Diffusionsleitwertes g_e, bei großen Strömen der des Basisbahnwiderstandes.

Die Spannungsrückwirkung u_{eb}/u_{cb} bei offenem Emitter berechnet sich zu

$$h_{12b} = \frac{1}{1 + r_{bb'}\,g_c(1 - \alpha_I\,\alpha_N)}\left(\alpha_I\,\frac{g_c}{g_e} + r_{bb'}\,g_c(1 - \alpha_I\,\alpha_N)\right),$$

sowie mit den gleichen Näherungen

$$h_{12b} \approx \alpha_I\,\frac{g_c}{g_e} + r_{bb'}\,g_c(1 - \alpha_I\,\alpha_N) \tag{94}$$

oder mit Einführung von μ nach Gl. (91a)

$$h_{12b} \approx \mu + r_{bb'}\,g_c(1 - \alpha_I\,\alpha_N).$$

Bei kleinen Emittergleichströmen überwiegt der erste Anteil, bei großen Strömen wird $r_{bb'}$ wirksam. Ist α_I an sich klein, dann ist

$$h_{12b} \approx r_{bb'}\,g_c. \tag{94a}$$

Auch die eigentliche Kurzschlußstromverstärkung wird — jedoch nur sehr wenig — vom Basisbahnwiderstand beeinflußt. Es ist (wegen der Vorzeichenfestlegung für die Ströme ist $h_{21b} < 0$)

$$h_{21b} = -\alpha_N - (1 - \alpha_N)\,\frac{r_{bb'}\,g_c(1 - \alpha_I\,\alpha_N)}{1 + r_{bb'}\,g_c(1 - \alpha_I\,\alpha_N)}\,.$$

Mit $r_{bb'}\,g_c(1 - \alpha_I\,\alpha_N) \ll \alpha_N/(1 - \alpha_N)$ folgt

$$h_{21b} \approx -\alpha_N\,. \tag{95}$$

Schließlich ist auch noch der Einfluß des Basisbahnwiderstandes auf den Ausgangsleitwert zu betrachten, wobei wir Emitter und Basis durch einen äußeren Widerstand R_g verbunden denken. Es ist dann der Ausgangsleitwert allgemein

$$\frac{i_c}{u_{cb}} = g_c\left\{\frac{(1 - \alpha_I\,\alpha_N) + \dfrac{1}{g_e\,R_g}[1 + r_{bb'}\,g_e(1 - \alpha_I\,\alpha_N)]}{1 + r_{bb'}\,g_c(1 - \alpha_I\,\alpha_N) + \dfrac{1}{g_e\,R_g}[1 + r_{bb'}(g_e(1 - \alpha_N) + g_c(1 - \alpha_I))]}\right\},$$

sowie mit den schon verwendeten Näherungen

$$\frac{i_c}{u_{cb}} \approx g_c\,\frac{(1 - \alpha_I\,\alpha_N) + \dfrac{1}{g_e\,R_g}[1 + r_{bb'}\,g_e(1 - \alpha_I\,\alpha_N)]}{1 + \dfrac{1}{g_e\,R_g}[1 + r_{bb'}\,g_e(1 - \alpha_N)]}\,. \tag{96}$$

Bei offenem Eingang folgt

$$h_{22b} = \left.\frac{i_c}{u_{cb}}\right|_{i_e=0} \approx g_c(1 - \alpha_I\,\alpha_N) \tag{96a}$$

und bei kurzgeschlossenem Eingang (diesen Leitwert nennt man g_{22b})

$$g_{22b} = \frac{i_c}{u_{cb}}\bigg|_{u_{eb}=0} \approx g_c\,\frac{1 + r_{bb'}\,g_e(1 - \alpha_I\,\alpha_N)}{1 + r_{bb'}\,g_e(1 - \alpha_N)}\,,\tag{96b}$$

g_{22b} hängt von g_e und daher vom Emittergleichstrom ab. Für große Emittergleichströme ist

$$g_{22b} = g_c\,\frac{1 - \alpha_I\,\alpha_N}{1 - \alpha_N}\,,\tag{97a}$$

für kleine Emittergleichströme folgt

$$g_{22b} = g_c\,.\tag{97b}$$

Der Kurzschlußausgangsleitwert nimmt daher mit wachsendem Emittergleichstrom zu.

Da der Eingangswiderstand des Transistors klein, der Ausgangswiderstand dagegen groß ist, erhält man bei einer Stromverstärkung in der Nähe von 1 in der Schaltung Abb. 31 eine Spannungsverstärkung.

In der Emitterschaltung wird mit dem viel kleineren Basisstrom gesteuert und es ergibt sich zusätzlich eine nunmehr „echte" Stromverstärkung. Aus

$$i_c + i_e + i_b = 0 \tag{98}$$

(per definitionem) und nach Umformung

$$\frac{i_c}{i_b} = \frac{-i_c/i_e}{1 - (-i_c/i_e)}$$

ergibt sich

$$\frac{i_c}{i_b}\bigg|_{u_{cb'}=0} = \frac{\alpha_N}{1 - \alpha_N}\,.$$

Dieser Wert ändert sich nicht merklich, wenn $u_{ce} = 0$ an Stelle von $u_{cb'} = 0$ gesetzt wird. Man erhält dann die Kurzschlußstromverstärkung in Emitterschaltung

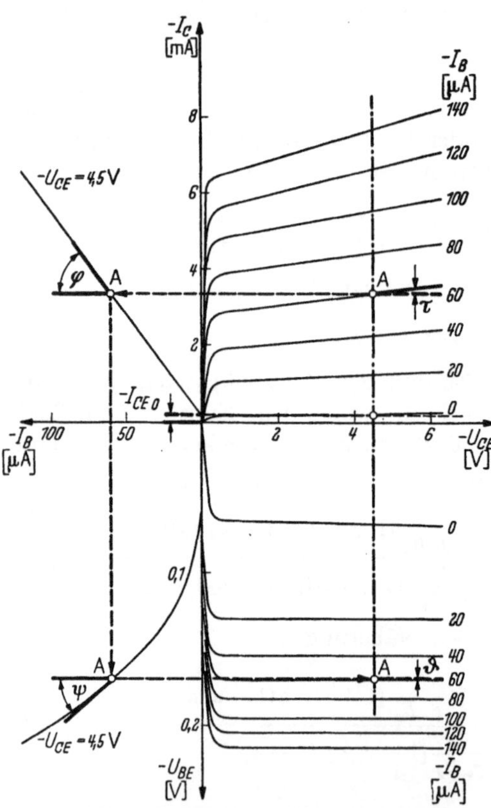

Abb. 32. Vollständiges Kennlinienfeld eines Transistors für die Emitterschaltung (vgl. hierzu Abb. 28). (In den linken beiden Quadranten ist nur je eine Kurve der Scharen mit U_{CE} als Parameter gezeichnet.)

$$\frac{i_c}{i_b}\bigg|_{u_{ce}=0} = \beta_N \approx \frac{\alpha_N}{1 - \alpha_N}\,,\tag{99}$$

eine analoge Beziehung, wie sie schon mit Gl. (58), S. 28, hergeleitet wurde. β_N liegt im allgemeinen in der Größenordnung von 20 $\cdots$ 200.

Für die Emitterschaltung lassen sich in gleicher Weise die Tangenten im Kennlinienfeld, das in Abb. 32 dargestellt ist, als h-Koeffizienten anschreiben. Man erhält mit Verwendung von Gl. (99) und $g_c(1 - \alpha_I) \ll \ll g_e(1 - \alpha_N)$:

Eingangswiderstand bei kurzgeschlossenem Ausgang

$$h_{11e} = \frac{u_{be}}{i_b}\bigg|_{u_{ce}=0} \approx \frac{1+\beta_N}{g_e} + r_{bb'}, \tag{100}$$

Spannungsrückwirkung bei offenem Eingang

$$h_{12e} = \frac{u_{be}}{u_{ce}}\bigg|_{i_b=0} \approx \frac{g_c}{g_e}(1+\beta_N)(1-\alpha_I). \tag{101}$$

Stromverstärkung bei kurzgeschlossenem Ausgang

$$h_{21e} = \frac{i_c}{i_b}\bigg|_{u_{ce}=0} \approx \beta_N, \tag{102}$$

Ausgangsleitwert bei offenem Eingang

$$h_{22e} = \frac{i_c}{u_{ce}}\bigg|_{i_b=0} \approx g_c[1+\beta_N(1-\alpha_I)]. \tag{103}$$

Der Kurzschlußeingangswiderstand ist in der Emitterschaltung um den Faktor $(1+\beta_N)$ größer als in der Basisschaltung. Der Leerlaufausgangswiderstand ist in der Emitterschaltung um $(1+\beta_N)$ kleiner als in der Basisschaltung.

Die Ersatzschaltung in Abb. 29 kann man im übrigen auf die Emitterschaltung transformieren, aus Zweckmäßigkeitsgründen in Π-Gestalt mit einem der Spannung $u_{b'e}$ proportionalen Strom des inneren Generators. Die Schaltung zeigt Abb. 33. Hierin ist

$$
\begin{aligned}
g_{b'e} &= g_e(1-\alpha_N) = \frac{g_e}{1+\beta_N}, \\
g_{b'c} &= g_c(1-\alpha_I), \\
g_m &= \alpha_N g_e - \alpha_I g_c \approx g_e, \\
g_{ce} &= \alpha_I g_c.
\end{aligned}
\tag{104}
$$

Allgemein ist noch folgendes zu bemerken. Da die Eingangswiderstände des Transistors klein sind, wird stets eine Steuerleistung für den Transistor benötigt. Daher steht bei der Dimen-

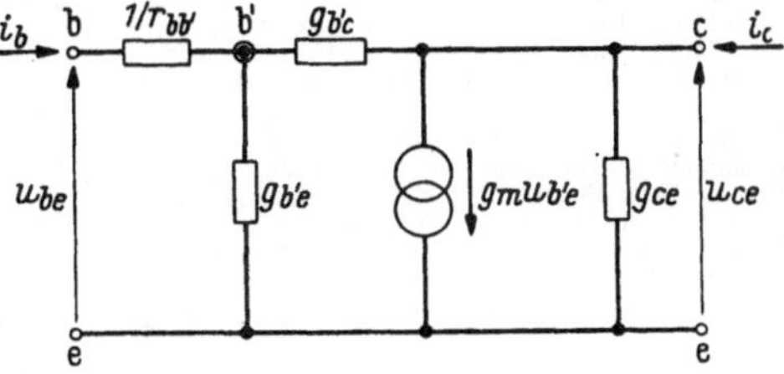

Abb. 33. Aus der Schaltung Abb. 29 hervorgehendes Ersatzschaltbild für die Emitterschaltung in Π-Gestalt. Es hat nur einen inneren Generator

sionierung von Verstärkerstufen die Leistungsverstärkung eines Transistors meist stärker im Vordergrund als die Spannungs- oder Stromverstärkung.

In der Basisschaltung liegen die Leistungsverstärkungen in der Größenordnung 10^3 (das entspricht 30 dB im log. Maßstab); in der Emitterschaltung werden Leistungsverstärkungen von 10^4 (40 dB) erreicht.

Ähnlich wie bei Elektronenröhren ist auch noch eine dritte Art von Schaltung möglich, die der Anodenbasisschaltung hier entsprechende „Kollektorschaltung". Hier ist die Spannungsverstärkung ungefähr $= 1$, während die Stromverstärkung etwa den Wert β_N der Emitterschaltung hat. Diese Schaltung wird seltener angewendet, wenngleich sie einige bestimmte vorteilhafte Eigenschaften hat, auf welche später noch eingegangen werden wird.

b) Betrieb bei hohen Frequenzen. Aus den Betrachtungen zur Physik des Transistors im Kap. II. ging hervor, daß den Strom-Spannungs-Zusammenhängen hauptsächlich die Diffusion der Minoritätsladungsträger in der Basiszone zugrunde liegt (vgl. Abb. 8, S. 19). Dieser Diffusionsvorgang ist von Natur aus träge, wie sich aus folgender einfacher Abschätzung erkennen läßt. Wir betrachten einen Transistor, der aus dem gesperrten Zustand mit Hilfe eines konstanten Emitterstromes auf einen beliebigen Arbeitspunkt im aktiven Bereich eingeschaltet wird. Dabei wird ein Dichtegefälle der p-Minoritätsladungsträger in der Basiszone aufgebaut, wie in Abb. 34 skizziert ist. Der Endwert von p_B sei $\hat{p}_B$. Im stationären Endzustand muß mit $-I_C \approx I_E$ die abgeführte Ladungsmenge gleich der zugeführten sein. Andererseits muß während des Einschaltvorganges insgesamt eine zusätzliche Ladungsmenge von Defektelektronen

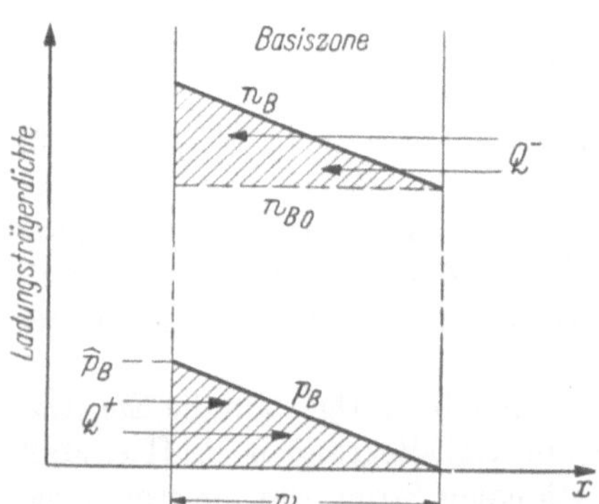

Abb. 34. Zur Herleitung der Emitterdiffusionskapazität. Bei einem Einschaltvorgang wird eine Ladungsmenge Q^+ von Defektelektronen in die Basiszone transportiert, um den normalen Betriebszustand herzustellen; die gleiche Menge Q^- von Elektronen neutralisiert die Basiszone. Die Elektronen werden jedoch durch einen Feldstrom, die Defektelektronen dagegen durch einen Diffusionsstrom zugeführt, wobei letzterer den zeitlichen Verlauf des Stromanstieges fast allein bestimmt. (In der Skizze ist $p_{B0} \ll \hat{p}_B$ angenommen.)

$$Q^+ \doteq F q \, \hat{p}_B \, \frac{w}{2}$$

(F = Fläche der wirksamen Basiszone; q = Elementarladung; w = Dicke der Basiszone.)

aufgebracht werden, damit das Dichtegefälle existieren kann. Ebenso wird eine gleich große Ladungsmenge von Elektronen vom Kollektor her zugeführt. Während jedoch die Defektelektronen durch Diffusion in die Basiszone gelangen, fließen die Elektronen als reiner Feldstrom ihrem eigenen Dichtegefälle entgegen. Bei nicht zu hohen Stromdichten spielt der Elektronenstrom aber bei den Schaltvorgängen ebensowenig eine Rolle wie bei den stationären Zuständen. Der Defektelektronenladung entspricht — obwohl die Basiszone neutral bleibt — eine Kapazität

$$C_{ed} = \frac{\mathrm{d}Q}{\mathrm{d}U_{EB'}} = F q \frac{w}{2} \frac{\mathrm{d}p_B}{\mathrm{d}U_{EB'}},$$

sofern das Dichtegefälle zu jeder Zeit linear bleibt. Es ist nach Gl. (28), S. 13,

$$p_B = p_{B0} \exp(U_{EB'}/U_T)$$

und

$$\mathrm{d}p_B = \frac{p_B}{U_T} \mathrm{d}U_{EB'},$$

so daß

$$C_{ed} = F q \frac{w}{2} \frac{p_B}{U_T}$$

folgt. Der Diffusionsstrom ist ungefähr

$$I_E = F q D_p \frac{p_B}{w}$$

und wir erhalten

$$C_{ed} = \left(\frac{w^2}{2 D_p}\right) \frac{I_E}{U_T} \tag{105}$$

bzw. mit $I_E/U_T = g_e$

$$C_{ed} = \left(\frac{w^2}{2 D_p}\right) g_e. \tag{105a}$$

Diese Kapazität nennt man Emitterdiffusionskapazität. Sie wächst mit dem Emitterstrom und nimmt mit wachsender Kollektorspannung $- U_{CB'}$ ab, da infolge des EARLY-Effektes die Basisdicke w kleiner wird.

Der Wert von Gl. (105) gilt unter der Voraussetzung, daß das Dichtegefälle linear bleibt, was, wie wir noch sehen werden, tatsächlich nicht der Fall ist. Jedoch zeigt die Erfahrung, daß Gl. (105) trotzdem eine gute Näherung darstellt.

Der EARLY-Effekt hat, wie wir in Abschn. III. B. 4. gesehen haben, auf das Dichtegefälle eine prinzipiell gleiche Wirkung wie ein als Emitter betriebener Kollektor. An Hand der Abb. 30 ist unschwer zu erkennen, daß dies auch für die kapazitiven Wirkungen gilt. Man kann sich daher kollektorseitig ebenfalls eine Kapazität denken, eine „EARLY-Kapazität" oder allgemein eine „Kollektordiffusionskapazität". In der Regel ist diese Kapazität jedoch klein gegenüber einer anderen, die sich aus den Raumladungen der Sperrschicht ergibt.

Im Anhang A. 4., S. 382, ist eine Abschätzung für diese Kapazität, d. h. für die Raumladungskapazität der Kollektorsperrschicht gezeigt. Es ergibt sich dort

$$C_{cs} = F \sqrt{\frac{\varepsilon \, \varepsilon_0}{(-U_{CB}) \, 2\mu_n \, \varrho_B}} \tag{106}$$

für einen abrupten Störstellenübergang von der Kollektorzone zur Basiszone eines Legierungstransistors bei einer Höherdotierung des Kollektors gegenüber der Basis und für $U_{CB} < 0$ (Sperrzustand). ϱ_B ist der spezifische Widerstand des Basismaterials

$$\varrho_B = \frac{1}{\sigma_B} = \frac{1}{q\,(\mu_p\,p_{B0} + \mu_n\,n_{B0})} \, ,$$

sowie mit $\mu_p\,p_{B0} \ll \mu_n\,n_{B0}$

$$\varrho_B = \frac{1}{q\,\mu_n\,n_{B0}} \approx \frac{1}{q\,\mu_n\,N_D}\bigg|_{\text{Basis}} \quad [\Omega\,\text{cm}].$$

F ist die Sperrschichtfläche. Für ein praktisches Beispiel

$$F = 5 \cdot 10^{-3}\,\text{cm}^2, \qquad\qquad \mu_n = 3{,}6 \cdot 10^3\,\text{cm}^2\,\text{V}^{-1}\,\text{s}^{-1},$$

$$\varepsilon = 16\ (\text{Germanium}), \qquad\qquad \varrho_B = 5\,\Omega\,\text{cm},$$

$$\varepsilon_0 = 10^{-11}/(9 \cdot 4\pi)\,\text{A s V}^{-1}\,\text{cm}^{-1}, \quad -U_{CB} = 5\,\text{V}$$

erhält man

$$C_{cs} = 14\,\text{pF}.$$

Die Gl. (106) gilt für die Raumladungskapazität der gesperrten Kollektordiode. Beim p–n-Übergang existiert jedoch auch im stromlosen Fall und im Durchlaßzustand eine mit Raumladungen behaftete Doppelschicht. Die Raumladungen verschwinden erst bei gänzlicher Kompensation des Diffusionspotentials. Dies ist für die Emitterseite von Bedeutung. Die Kapazität der Emitterdoppelschicht unterliegt im Durchlaßbereich einer anderen Gesetzmäßigkeit als im Sperrbereich; sie ist von der Diffusionskapazität dadurch zu unterscheiden, daß sie sehr viel weniger vom Emitterstrom abhängt. Bei kleinen Emitterströmen kann die Raumladungskapazität der Emitterdiode größer sein als die Emitterdiffusionskapazität. Dies ist z. B. bei diffusionslegierten Typen mit sehr dünnen Basiszonen der Fall. Außer kapazitiven Effekten gibt es beim Transistor auch induktive Effekte, die sich jedoch nicht mehr an Hand einfacher Abschätzungen behandeln lassen.

Bei einer genaueren quantitativen Behandlung des Transistors für den Betrieb bei hohen Frequenzen muß man von der Differentialgleichung (36), S. 15, ausgehen. Es gibt zwei praktische Wege für die Gewinnung von Näherungslösungen. Einmal kann man an Hand von Analogiebetrachtungen eine Ersatzschaltung herleiten, zum anderen können unmittelbar aus Berechnungen der Vierpoladmittanzen Ersatzdarstellungen gefunden werden.

Bei dem ersten Weg werden folgende Überlegungen angestellt. Die Gl. (36) ist eine partielle Differentialgleichung zweiter Ordnung eines Typs, der in der Physik sehr häufig vorkommt. Lösungen der zugehörigen Randwertaufgabe lassen sich ganz allgemein durch ein elektrisches Analogienetzwerk gewinnen. Das Analogienetzwerk kann in unserem speziellen Fall — wie wir sehen werden — unmittelbar in eine Ersatzschaltung übergeführt werden, die aus einem RC-Kettenleiter mit ver-

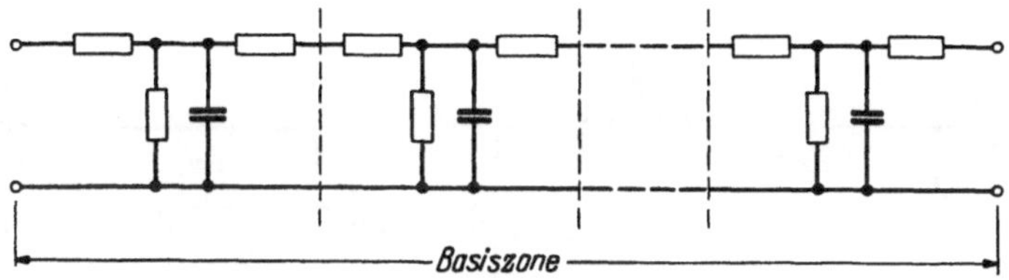

Abb. 35
Kettenleiter als Analogienetzwerk zur Darstellung des Diffusionsvorganges in der Basiszone

teiltem Längsleitwert, Querleitwert und Querkapazität besteht. In Abb. 35 ist ein Kettenleiter dargestellt. Die „Spannungen" an den einzelnen Punkten des Kettenleiters sind formal die Werte der Ladungsträgerdichten an verschiedenen Stellen der Basiszone. Die Randbedingungen für das Netzwerk werden von den Ladungsträgerdichten beiderseits der Emitter- und Kollektordoppelschicht im Zusammenhang mit den über diesen Schichten liegenden Spannungen bestimmt. In der Umgebung eines Arbeitspunktes kann man

$$u_{eb'} = m_1 \, \Delta p_B; \qquad u_{cb'} = m_2 \, \Delta d_1$$

schreiben, wenn Δp_B die Änderung der Minoritätsdichte am Emitter und Δd_1 die Änderung der Dicke der Kollektorsperrschicht ist. m_1 und m_2 sind Proportionalitätsfaktoren. Nun können die Größen des Analogienetzwerkes in Abb. 35 mit verschiedenem Maßstab gewählt werden, ohne daß eine Änderung der inneren Zeitkonstanten eintritt. Aus diesem Grunde kann für die Eingangsspannung unmittelbar $u_{eb'}$ gesetzt werden. An Stelle von Δd_1 kann nach den Betrachtungen an Hand der Abb. 30 eine virtuelle Änderung Δp_B am Kollektor angenommen werden. Daher ist lediglich eine Transformation k_u der Spannung am Ausgang des Kettenleiters erforderlich. Bei der Transformation muß berücksichtigt werden, daß der Ausgangsstrom des Kettenleiters mit dem Faktor 1 übertragen am Kollektor erscheint.

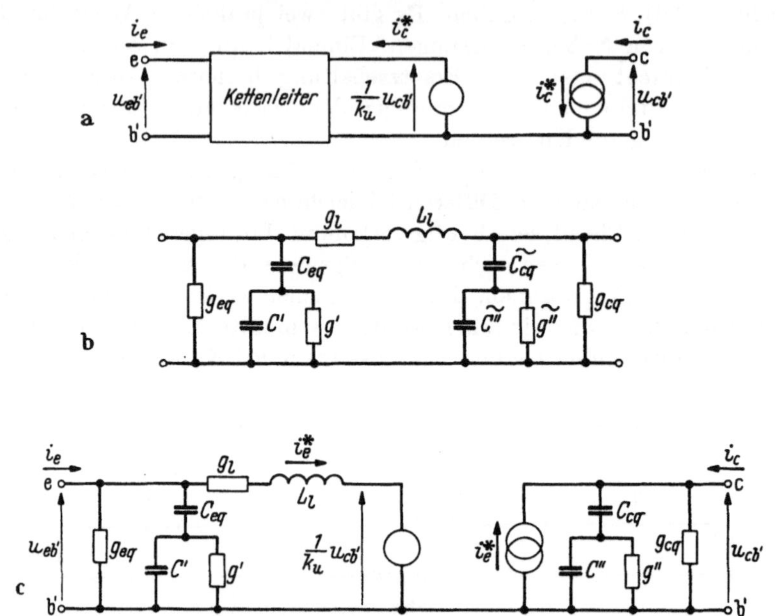

Abb. 36a—c. a) Ersatzschaltbild für den inneren Transistor mit Kettenleiter. Kollektorseitig ist eine Transformation erforderlich, um die Analogiegrößen an Spannung und Strom am Ausgang des inneren Transistors anzupassen; b) Vereinfachte Schaltung des Kettenleiters als Näherung; c) Ersatzschaltung des inneren Transistors als Kombination von a) und b)

Damit entsteht die Ersatzschaltung des inneren Transistors nach Abb. 36a. Für den Kettenleiter kann je nach dem Frequenzbereich,

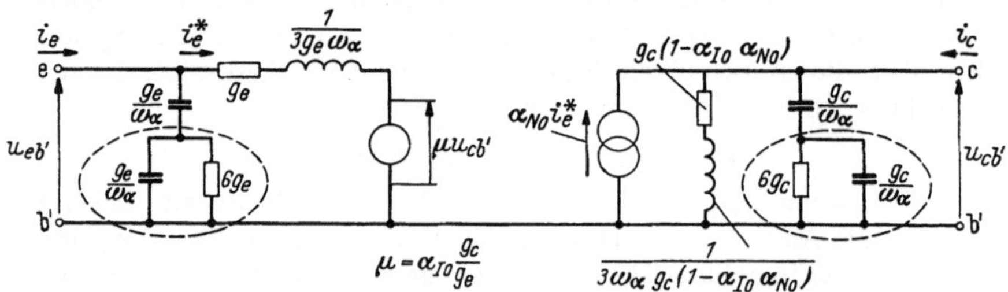

Abb. 37. Abgeänderte Ersatzschaltung nach Abb. 36c. Die Wirkung der Querleitwerte ist hier durch Einführung der Stromverstärkung α_{N0} und der Rückwirkung μ ersetzt

in welchem die Ersatzschaltung näherungsweise gelten soll, eine einfachere Kombination eingesetzt werden. Ein Beispiel zeigt Abb. 36b bei Wahl eines Π-Gliedes. Der rechte Teil kann noch auf die Kollektorseite transformiert werden, so daß eine Schaltung nach Abb. 36c entsteht. Die Querleitwerte g_{eq} und g_{cq} sind Ersatzelemente für die Rekombination. Man kann sie fortlassen, wenn man die Stromverstärkung α_{N0} einführt. Die Größen der anderen Ersatzelemente erfahren dabei kleine Änderungen. Auf diese Weise gelangen wir zu der Ersatzschaltung in Abb. 37.

Der oben angedeutete zweite Weg führt auf das gleiche Ergebnis. Im Anhang A. 3, S. 380, ist eine linearisierte Näherungslösung unter Berücksichtigung des EARLY-Effektes angegeben. (Für ein ausführliches Studium empfiehlt sich auch [23 ⋯ 27].) Man erhält für den inneren Transistor (Basisschaltung) die folgenden Vierpolgleichungen in der Leitwertdarstellung

$$i_e = y_{11b'}\, u_{eb'} + y_{12b'}\, u_{cb'},$$

$$i_c = y_{21b'}\, u_{eb'} + y_{22b'}\, u_{cb'} \tag{107}$$

mit den komplexen Leitwerten (bzw. Admittanzen)

$$y_{11b'} \approx g_e\, \frac{1 + j\, x - (x^2/6)}{1 + j\,(x/3)}, \tag{107a}$$

$$y_{12b'} \approx -\alpha_{I0}\, g_c\, \frac{1}{1 + j\,(x/3)}, \tag{107b}$$

$$y_{21b'} \approx -\alpha_{N0}\, g_e\, \frac{1}{1 + j\,(x/3)}, \tag{107c}$$

$$y_{22b'} \approx g_c\, \frac{1 + j\, x - (x^2/6)}{1 + j\,(x/3)}. \tag{107d}$$

Hierin ist

$$g_e \approx \frac{I_E}{U_T}, \tag{107e}$$

$$g_c \approx \frac{1}{2}\, \frac{I_E}{(-U_{CB})}\, \frac{d_1}{w_0} = \frac{1}{2}\, \frac{\sqrt{2\,\varepsilon\,\varepsilon_0\,\mu_n\,\varrho_B}}{w_0}\, \frac{I_E}{\sqrt{-U_{CB}}}, \tag{107f}$$

$$\alpha_{N0} \approx \frac{1}{1 + \dfrac{1}{2}\,(w/L_p)^2}. \tag{107g}$$

$$\alpha_{I0} \sim \alpha_{N0} \tag{107h}$$

(hängt stark vom Aufbau des Transistors ab),

$$x = \frac{\omega}{\omega_\alpha} = \frac{f}{f_\alpha}; \qquad \omega_\alpha = \frac{2 D_p}{w^2}. \tag{107i}$$

Zunächst sieht man, daß die Leitwerte dem Emitterstrom proportional sind. Der Basisbahnwiderstand $r_{bb'}$ ist hier allerdings noch nicht berücksichtigt. In den komplexen Brüchen sind die Diffusionskapazität auf der Emitterseite und der EARLY-Effekt auf der Kollektorseite verborgen. α_{N0} ist die Kurzschluß-Stromverstärkung des inneren Transistors in der Basisschaltung, wenn die Frequenz sehr klein ist. Sie ist in dem hier verwendeten Modell mit der Gleichstromverstärkung A_N identisch. Auf die Bedeutung von f_α werden wir noch eingehen.

Eine Ersatzschaltung, die unmittelbar den Gln. (107) genügt, ist in Abb. 38 dargestellt. Bei Einführung eines Spannungsgenerators für die Rückwirkung μ an Stelle des Stromgenerators mit α_{I0} erhält man wieder die Schaltung in Abb. 37.

Die Erfahrung hat nun gezeigt, daß der recht erhebliche Aufwand bei Rechnungen mit Ersatzschaltbildern wie in Abb. 37 und 38 nur

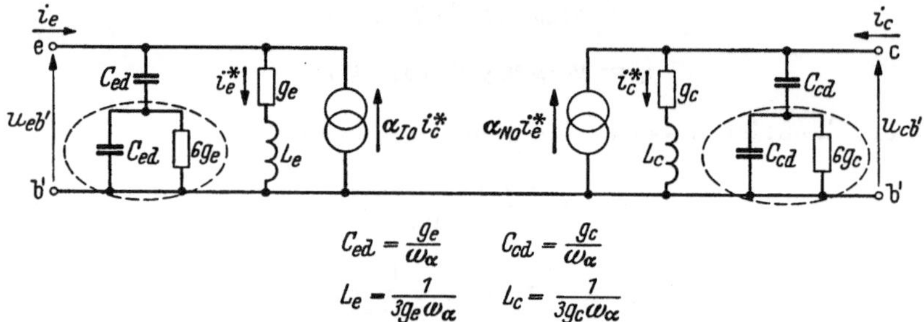

$$C_{ed} = \frac{g_e}{\omega_\alpha} \qquad C_{cd} = \frac{g_c}{\omega_\alpha}$$

$$L_e = \frac{1}{3g_e\omega_\alpha} \qquad L_c = \frac{1}{3g_c\omega_\alpha}$$

Abb. 38. Durch formale Entwicklung der Vierpoladmittanzen des inneren Transistors entstandene Ersatzschaltung. Sie ist mit der Schaltung Abb. 37 gleichwertig

in Ausnahmefällen tragbar ist. Die Hersteller gehen aus diesem Grunde immer mehr dazu über, einfach die Admittanzparameter (also Real- und Imaginärteile) für einen gegebenen schmalen Frequenzbereich in der Umgebung einer Arbeitsfrequenz für eine bestimmte Grundschaltung und für einen zweckmäßigen Arbeitspunkt anzugeben.

Für einen Überblick können jedoch die Ersatzschaltungen dienlich sein, insbesondere, wenn man noch einige Vereinfachungen vornimmt. Bei Vernachlässigung der in Abb. 37 gestrichelt umrandeten Teile erhält man die Schaltung in Abb. 39a, die durch Hinzufügung einiger Elemente des „äußeren" Transistors zum Ersatzschaltbild des ganzen Transistors ergänzt ist. In den meisten Fällen genügt hier die Berücksichtigung des Basisbahnwiderstandes $r_{bb'}$, der Kollektor-Sperrschichtkapazität C_{cs} und die Hinzunahme eines Oberflächen-Leckleitwertes g_{ce}.

Bei Transformation auf die Emitterschaltung folgt das Ersatzschaltbild in Abb. 39b. Hier können im allgemeinen wiederum die gestrichelt umrandeten Teile fortgelassen werden. Das Schaltbild wird gewöhnlich nach GIACOLETTO [24, 25] benannt.[1]

---

[1] Die physikalische Interpretation für höhere Frequenzen ist wohl schon von SHOCKLEY und EARLY [5, 23] ausgearbeitet worden. GIACOLETTO hat eine grundlegende formaltheoretische Analyse der Ersatzschaltbilder [24, 25] gegeben. Weitere Beiträge hierzu sind von ZAWELS [26, 27] veröffentlicht worden.

Um einen Eindruck von dem Näherungsgrad der Schaltung des inneren Transistors nach Abb. 38 zu erhalten, haben wir in Abb. 40 in der komplexen Ebene einige wichtige normierte Vierpolgrößen des inneren Transistors in der Basisschaltung dargestellt. Die ausgezogenen

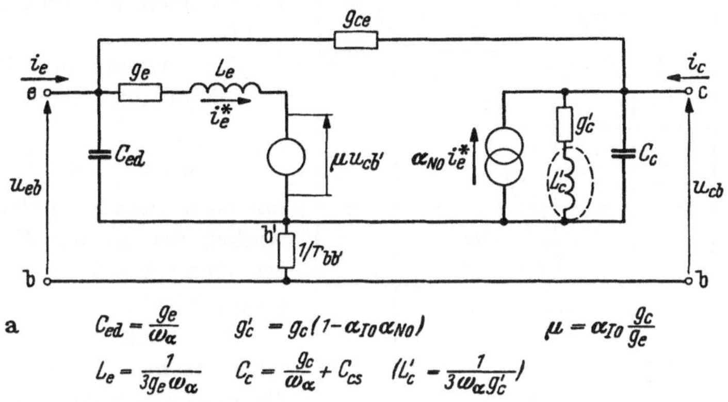

$$a \qquad C_{ed} = \frac{g_e}{\omega_\alpha} \qquad g_c' = g_c(1-\alpha_{I0}\alpha_{N0}) \qquad \mu = \alpha_{I0}\frac{g_c}{g_e}$$

$$L_e = \frac{1}{3g_e\omega_\alpha} \qquad C_c = \frac{g_c}{\omega_\alpha} + C_{cs} \qquad (L_c' = \frac{1}{3\omega_\alpha g_c'})$$

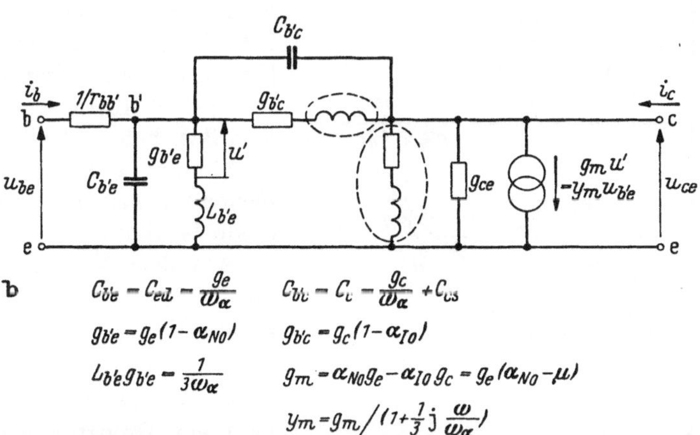

$$b \qquad C_{b'e} = C_{ed} = \frac{g_e}{\omega_\alpha} \qquad C_{b'c} = C_c = \frac{g_c}{\omega_\alpha} + C_{cs}$$

$$g_{b'e} = g_e(1-\alpha_{N0}) \qquad g_{b'c} = g_c(1-\alpha_{I0})$$

$$L_{b'e}g_{b'e} = \frac{1}{3\omega_\alpha} \qquad g_m = \alpha_{N0}g_e - \alpha_{I0}g_c = g_e(\alpha_{N0}-\mu)$$

$$y_m = g_m\Big/(1+\frac{1}{3}j\frac{\omega}{\omega_\alpha})$$

Abb. 39a u. b. a) Ersatzschaltung für die Basisschaltung. Es sind einerseits Vereinfachungen, andererseits Ergänzungen ($r_{bb'}$, C_{cs}, g_{ce}) vorgenommen worden; b) Ersatzschaltung für die Emitterschaltung, wie sie aus a) hergeleitet werden kann (GIACOLETTO)

Kurven gelten für den theoretischen Transistor, die gestrichelten Kurven für den Fall der Schaltung in Abb. 38, wenn dort die umrandeten Teile fortgelassen werden [Vernachlässigung von $x^2/6$ in den Gln. (107a) und (107d)].

Das Verhalten der normierten Eingangsadmittanz (Abb. 40a)

$$\frac{y_{11b'}}{g_e} = \frac{\Theta}{\tanh\Theta} \quad \text{mit} \quad \Theta = \sqrt{j\,2(f/f_\alpha)}$$

(vgl. Anhang A. 3) ist insofern interessant, als der Phasenwinkel sich für $f \to \infty$ theoretisch einem Wert von 45° nähert. Dieser Fall ist nur mit Hilfe eines aus unendlich vielen Widerständen und Kapazitäten oder Induktivitäten bestehenden Netzwerkes darstellbar.

Die normierte Kurzschlußsteilheit (Abb. 40b)

$$\frac{y_{21\,b'}}{-\alpha_{N0}\,g_e} = \frac{\Theta}{\sinh \Theta}$$

hat einen negativen Phasenwinkel, der in der Ersatzschaltung durch die Längsinduktivität L_e bewirkt wird.

Das Nacheilen des Kollektorstromes gegenüber der Basis-Emitterspannung entspricht der Laufzeit im Kettenleiter. Der tatsächliche Phasenwinkel der Steilheit des ganzen Transistors wird jedoch überwiegend von dem Basisbahnwiderstand in Verbindung mit dem komplexen Leitwert der Emitterdiode bestimmt.

Aus dem Verhalten der normierten Stromverstärkung (Abb. 40c)

$$\frac{\alpha_N}{\alpha_{N0}} = \frac{-y_{21\,b'}}{\alpha_{N0}\,y_{11\,b'}} = \frac{1}{\cosh \Theta}$$

kann eine Grenzfrequenz des Transistors hergeleitet werden. Wenn in der Ersatz-

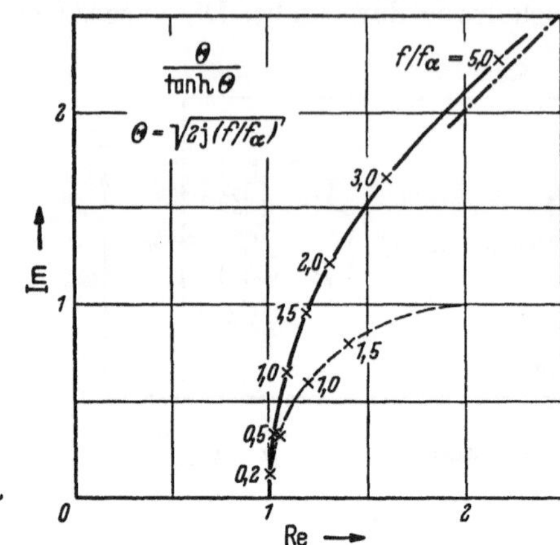

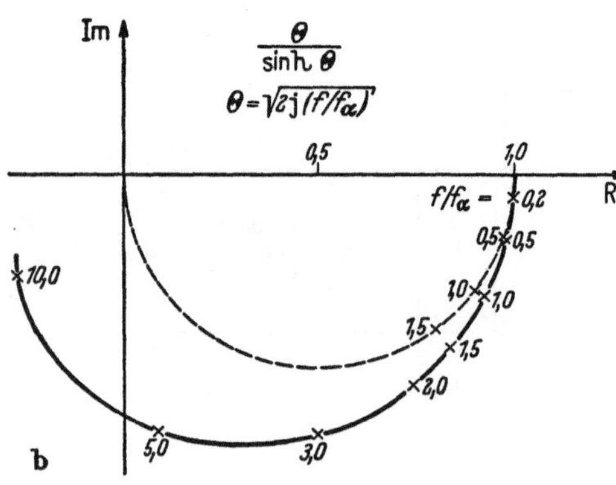

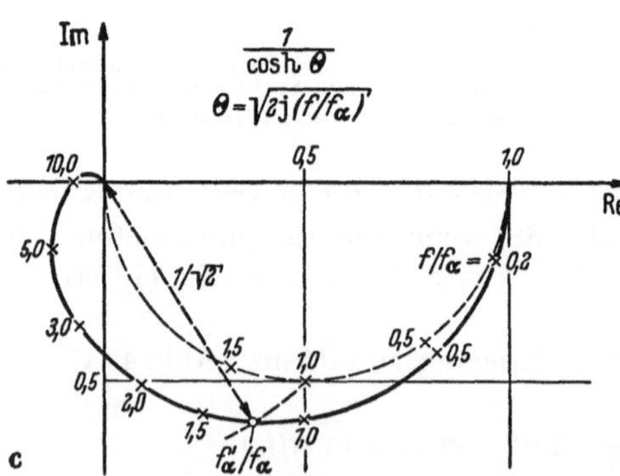

Abb. 40a—c. Normierte Charakteristiken des inneren Transistors in der komplexen Ebene. Die ausgezogenen Kurven gelten für den idealen „SHOCKLEY-Transistor"; die gestrichelten Kurven gelten für die Näherung Abb. 38, wenn dort die umrandeten Teile fortgelassen werden a) Eingangsadmittanz; b) Steilheit; c) Stromverstärkung

schaltung Abb. 38 die umrandeten Teile fortgelassen werden, gilt für die Stromverstärkung

$$\alpha_N = \frac{\alpha_{N0}}{1 + j\,(f/f_\alpha)}\,.$$ (108)

Bei Messung des Betrages von α_N

$$|\alpha_N| = \frac{\alpha_{N0}}{\sqrt{1 + (f/f_\alpha)^2}}$$ (108a)

nimmt für $f = f_\alpha$ das Verhältnis $|\alpha_N|/\alpha_{N0}$ auf den Wert $1/\sqrt{2}$ ab und man bezeichnet

$$f_\alpha = \frac{1}{2\pi}\,\frac{2D_p}{w^2}$$ (109)

als „Grenzfrequenz der Kurzschluß-Stromverstärkung in der Basisschaltung".

Wie jedoch aus Abb. 40c zu erkennen ist, wird bei einem theoretischen Transistor die Abnahme von $|\alpha_N|/\alpha_{N0}$ auf den Wert $1/\sqrt{2}$ nicht bei einer Frequenz $f = f_\alpha$ gemessen, sondern bei einer höheren Frequenz $f = f_\alpha'$.

Die genauere Rechnung mit den strengen SHOCKLEY-EARLY-Gleichungen (vgl. Anhang A. 3) ergibt für $|\alpha_N|$

$$|\alpha_N| = \alpha_{N0}\,\frac{\sqrt{2}}{\sqrt{\cosh\,(2\sqrt{x}) + \cos\,(2\sqrt{x})}}$$

mit $x = \omega/\omega_\alpha = f/f_\alpha$.

Der Wert $|\alpha_N|/\alpha_{N0} = 1/\sqrt{2}$ wird bei $x = 1{,}22$ erreicht. Das bedeutet, daß die nach der Meßvorschrift für die Grenzfrequenz f_α gemessene Stromverstärkung erst bei einer Frequenz

$$f_\alpha' = \frac{1}{2\pi}\,1{,}22\,\frac{2D_p}{w^2}$$ (110a)

auf den Wert $1/\sqrt{2}$ abgenommen hat. Nun ist die Messung der Grenzfrequenz eines Transistors an Hand der Abnahme der Stromverstärkung $|\alpha_N|$ bei hohen Frequenzen ohnehin nicht sehr bequem. Eine bessere Meßmethode ergibt sich bei der Stromverstärkung $|\beta_N|$ in der Emitterschaltung. Aus der strengen Rechnung erhält man für $|\beta_N|$

$$|\beta_N| = \frac{1}{\cosh\sqrt{x} - \cos\sqrt{x}}$$

und es wird für $x = 1$ recht genau

$$|\beta_N|_{x=1} = 1\,.$$

Aus diesem Grunde nennt man die Frequenz f_α nicht mehr α-Grenzfrequenz, sondern $f_1 = $ „$\beta = 1$-Frequenz".

Es ist

$$f_1 = \frac{1}{2\pi}\,\frac{2\,D_p}{w^2} \qquad\qquad (110\,\text{b})$$

die Frequenz, bei der der Betrag der Stromverstärkung in Emitterschaltung $|\beta_N|$ auf den Wert 1 abgenommen hat. Die aus der α-Messung gewonnene Grenzfrequenz f_α' ist beim theoretischen Legierungstransistor dagegen

$$f_\alpha' = 1{,}22\,f_1. \qquad\qquad (110\,\text{c})$$

Von Interesse ist noch, daß mit

$$\alpha_N = a - \mathrm{j}\,b$$

für β_N

$$\beta_N = \frac{a - \mathrm{j}\,b}{1 - a + \mathrm{j}\,b}; \qquad |\beta_N| = \sqrt{\frac{a^2 + b^2}{(1 - a)^2 + b^2}}$$

folgt. Für $|\beta_N| = 1$ ist gerade $a = 1/2$, so daß bei der „$\beta = 1$-Frequenz"

$$\operatorname{Re}\alpha_N = \frac{1}{2} \quad \text{für} \quad f = f_1 \qquad\qquad (111)$$

gilt. Dies ist auch aus Abb. 40c zu erkennen.

Die in den Ersatzschaltungen 37, 38 und 39 enthaltene Kapazität

$$C_{ed} = \frac{g_e}{\omega_\alpha} \qquad\qquad (112)$$

ist die Emitterdiffusionskapazität. Mit Verwendung von Gl. (109) wird

$$C_{ed} = \frac{w^2}{2\,D_p}\,g_e$$

bzw. mit Einsetzen von $g_e = I_E/U_T$

$$C_{ed} = \left(\frac{w^2}{2\,D_p}\right)\frac{I_E}{U_T}.$$

Dies ist der gleiche Wert, wie wir ihn eingangs, S. 55, mit Gl. (105) aus einer einfachen Abschätzung gewonnen hatten. Ob man für C_{ed} den Wert f_1 oder f_α' verwendet, ist eine Frage des Meßverfahrens für die Grenzfrequenz. Solange man sich an vorgegebene näherungsweise gültige Ersatzschaltungen hält, ist C_{ed} bei der Herleitung mit $C_{ed} = g_e/(2\pi\,f_\alpha)$ eindeutig definiert. Man kann dann keine geringeren Meßfehler erwarten, als jene, die gewissermaßen schon vorgegeben wurden. Andererseits ist auch ohne Ersatzschaltung die Kenntnis einer Grenzfrequenz wichtig. Hierfür ist die Unterscheidung nach f_1 und f_α' durchaus von Bedeutung.

Häufig wird auch eine Grenzfrequenz der Kurzschluß-Stromverstärkung in Emitterschaltung angegeben. Es ist

$$|\beta_N| = \frac{\beta_{N0}}{\sqrt{1 + (f/f_\beta)^2}}$$

Aus dem Ersatzschaltbild für die Emitterschaltung läßt sich herleiten, daß etwa

$$f_\beta = \frac{\alpha_{N0}}{\beta_{N0}}\, f_\alpha = \frac{1}{1 + \beta_{N0}}\, f_\alpha \tag{113}$$

gilt, d. h. die Grenzfrequenz der Stromverstärkung in Emitterschaltung ist etwa um β_{N0} niedriger als f_α.

Alle in diesem Abschnitt angegebenen Beziehungen und Zusammenhänge gelten streng nur für Legierungstransistoren. Bei Transistortypen für hohe Frequenzen gibt es eine Reihe von Besonderheiten. Fast alle diese Typen haben in der Basiszone ein sog. Driftfeld. Es ist möglich, durch eine zum Kollektor hin abnehmende Dichte der Störstellen ein elektrisches Feld zu erzeugen, welches die Diffusion der Ladungsträger durch die Basiszone begünstigt. Weiterhin muß bei diesen Typen berücksichtigt werden, daß der Basisbahnwiderstand nicht ohne Willkür durch einen einzigen Widerstand dargestellt werden kann. Man muß sich diesen Widerstand vielmehr aufgeteilt und die Abgriffe über je eine Kapazität mit dem Kollektor verbunden denken. Auch die Bahn- und Zuleitungswiderstände am Emitter und Kollektor oder sogar Zuleitungsinduktivitäten können hier ins Spiel kommen.

Im allgemeinen verzichten die Hersteller in diesen Fällen auf die Angabe von Ersatzschaltungen zugunsten von Größen der allgemeinen Vierpoltheorie.

2. Vierpoldarstellungen

Die in Abb. 28 und 32 gezeigten Kennlinienfelder sind in der praktischen Schaltungstechnik besonders geeignet, wenn man sich eine Übersicht über die statischen Eigenschaften eines Transistortyps verschaffen will, wenn man Nichtlinearitäten, Aussteuerungsgrenzen und ganz allgemein die Verhältnisse bei großen Signalen kennenlernen will. Bei kleinen Signalen kann man sich der physikalisch begründeten Ersatzschaltungen des vorigen Abschnittes bedienen, die, wie wir gesehen haben, teilweise recht unhandlich sind. Der andere Weg, die Verwendung der Gleichungen der allgemeinen Vierpoltheorie, hat den Nachteil, daß die Vierpolkoeffizienten nur in einem bestimmten Frequenzbereich als konstant betrachtet werden können. Wenngleich sich die Möglichkeit ergibt, die Frequenzabhängigkeit der Koeffizienten graphisch darzustellen, so wird jedoch die Behandlung einiger Fälle, z. B. die Auslegung von Breitbandverstärkern sehr schwierig.

Den Vierpolgleichungen können formale Ersatzschaltungen zugeordnet werden. Diese Ersatzschaltungen der allgemeinen Vierpoltheorie sind nicht spezifisch für den Transistor. Lediglich für die Festlegung der Stromrichtungen und Spannungspfeile, deren Wahl nicht an die Prinzipien der allgemeinen Vierpoltheorie gebunden ist, empfiehlt sich die folgende zweckmäßige Vereinbarung.

Da wir als positive Ströme im Sinne der konventionellen positiven Stromrichtung die zum Kristallinnern gerichteten Ströme definiert haben, ist es sinnvoll, auch die oberen Strompfeile der Vierpolersatzschaltungen stets nach innen gerichtet festzulegen, gleichgültig, welche der drei Grundschaltungen (Basis-, Emitter- und Kollektorschaltung) dargestellt wird. Als Beispiele sind in Abb. 41 zwei häufig verwendete Vierpolersatzschaltungen angegeben. Da die Ersatzelemente von Schal-

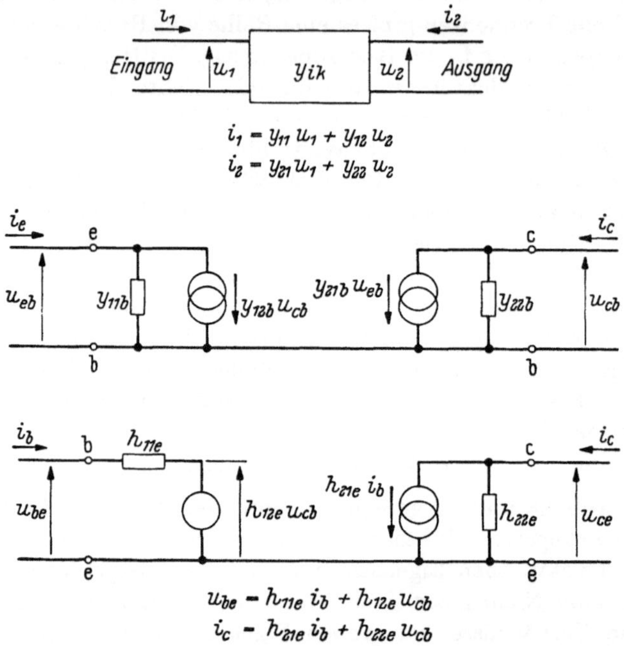

$$i_1 = y_{11} u_1 + y_{12} u_2$$
$$i_2 = y_{21} u_1 + y_{22} u_2$$

$$u_{be} = h_{11e} i_b + h_{12e} u_{cb}$$
$$i_c = h_{21e} i_b + h_{22e} u_{cb}$$

Abb. 41. Zur Festlegung von Strom- und Spannungspfeilen bei Vierpolersatzschaltungen. Als Beispiele sind die Schaltungen für die Admittanzen in Basisschaltung und für die h-Koeffizienten in Emitterschaltung angegeben

tung zu Schaltung verschieden sind, müssen die Leitwerte usw. durch Indizes besonders gekennzeichnet sein. Die Festlegung der Spannungspfeile ist zwar willkürlich, jedoch bezeichnen die Formelzeichen für die Spannungen die positiven Spannungen der oberen Klemmen gegen die unteren Klemmen und wir wollen die Spannungspfeile wie in der Abbildung angegeben, zeichnen.

Je nach dem vorliegenden Problem können die verschiedenen Matrixdarstellungen, z. B. die Leitwertmatrix, die Widerstandsmatrix und andere herangezogen werden. Diese Darstellungen sind für die Erfassung des bilateralen Verhaltens, sodann für Schaltungen mit komplexen Größen, bei Berechnung von Gegenkopplungen, Mitkopplungen, Kaskadenschaltungen u. a. m. unentbehrlich. Die Werte der Matrixkoeffizienten sind, wie erwähnt, stets vom Gleichstromarbeitspunkt und von der Frequenz abhängig. Später wird sich überdies zeigen, daß die Koeffizienten auch noch temperaturabhängig sind. Im Anhang A.2, S. 373, sind einige häufig benötigte Vierpolmatrizen zusammengestellt.

Im vorigen Abschnitt wurden h-Koeffizienten angegeben, die sich in übersichtlicher Weise aus den Tangenten an die Kennlinien in den Abb. 28 bzw. 32 ergeben. Sie sind zugleich die Koeffizienten zweier Vierpolgleichungen

$$\begin{pmatrix} u_1 \\ i_2 \end{pmatrix} = (h) \begin{pmatrix} i_1 \\ u_2 \end{pmatrix} \tag{114}$$

oder ausgeschrieben

$$u_1 = h_{11}\, i_1 + h_{12}\, u_2,$$
$$i_2 = h_{21}\, i_1 + h_{22}\, u_2, \tag{114a}$$

wenn mit dem Index 1 die Größen am Eingang und mit dem Index 2 die Größen am Ausgang des Vierpols bezeichnet werden. Wie wir schon gesehen haben, sind die h-Koeffizienten von Schaltung zu Schaltung verschieden. Einige Transformationen sind im Anhang A.2 angegeben.

Bei HF-Anwendungen, insbesondere bei selektiven Verstärkern, wird gewöhnlich die y-Matrix vorgezogen. Die Vierpolgleichungen lauten

$$\begin{pmatrix} i_1 \\ i_2 \end{pmatrix} = (y) \begin{pmatrix} u_1 \\ u_2 \end{pmatrix}, \tag{115}$$

oder ausgeschrieben

$$i_1 = y_{11}\, u_1 + y_{12}\, u_2,$$
$$i_2 = y_{21}\, u_1 + y_{22}\, u_2. \tag{115a}$$

Die y_{ik} sind Kurzschlußadmittanzen

y_{11} Eingangsadmittanz bei kurzgeschlossenem Ausgang,
y_{12} Rück- (wirkungs-) admittanz oder Rückwärtssteilheit bei kurzgeschlossenem Eingang,
y_{21} Vorwärtsadmittanz oder Vorwärtssteilheit bei kurzgeschlossenem Ausgang,
y_{22} Ausgangsadmittanz bei kurzgeschlossenem Eingang.

Im Anhang A.2 sind weitere Matrixdarstellungen sowie einige Transformationen zu finden. Die zu den Gln. (115) und (114) zugehörigen Ersatzschaltungen sind als Beispiele für Emitter- bzw. Basisschaltung in Abb. 41 angegeben.

Zur Kennzeichnung der Grundschaltung (z. B. Basis- oder Emitterschaltung) verwendet man einen zusätzlichen dritten Index, z. B. y_{21e} = Vorwärtssteilheit in Emitterschaltung. Zuweilen wird wegen der kürzeren Schreibweise an Stelle der Matrix-Zahlenindizes jeweils ein Buchstabe benutzt, z. B. h_{ib} = Kurzschluß-Eingangsimpedanz in Basisschaltung (vgl. Anhang A.2, S.376).

5*

Betriebsformeln bei gegebenem Generator und gegebener Last. Mit
Hilfe von Matrixkoeffizienten lassen sich auf einfache Weise die Betriebseigenschaften bei gegebenen Last- und Generatorwiderständen angeben, wenn man diese Koeffizienten im Arbeitspunkt kennt und sofern
kleine Signale vorliegen. Ohne Herleitung seien hier diese Eigenschaften
aufgeführt, die sich auf die Schaltung Abb. 42 beziehen. Sie gelten für
Basis-Emitter- und Kollektorschaltung, wenn man die entsprechenden
Werte für die Koeffizienten einsetzt.

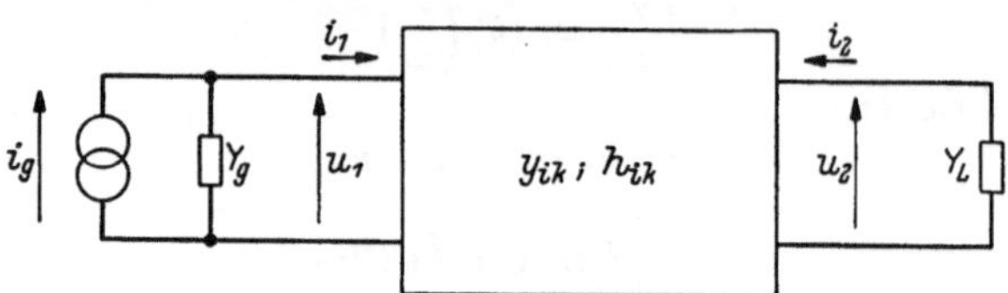

Abb. 42. Vierpolschaltung mit Stromgenerator, Generatoradmittanz und Lastadmittanz für die
Definition von Betriebsgrößen

Für die Generatoradmittanz Y_g und die Lastadmittanz Y_L haben
wir teilweise für eine bequeme Schreibweise die Impedanzen Z_g bzw.
Z_L eingesetzt. Wir schreiben bei den Admittanzdarstellungen

$$y_{ik} = g_{ik} + j\,b_{ik},$$
$$Y_g = G_g + j\,B_g, \tag{116}$$
$$Y_L = G_L + j\,B_L.$$

Die Eingangs- und Ausgangswerte, sowie die Strom- und Spannungs-
verstärkungen sind für die h- und y-Darstellung in der folgenden Tabelle
zusammengestellt (siehe nächste Seite).

Bei der Leistungsverstärkung können verschiedene Fälle unterschieden werden.

Will man die Leistungsverstärkung einer Reihe hintereinander-
geschalteter Stufen berechnen, dann benötigt man die Leistungsverstärkung als Verhältnis von Ausgangsleistung (die an einen reellen
Lastwiderstand abgegeben wird) zu aufgenommener Wirkleistung

$$\begin{aligned}
v_N &= \frac{G_L}{g_i}\left|\frac{u_2}{u_1}\right|^2 \\[2mm]
&= \frac{G_L}{g_i}\left|\frac{h_{21}}{h_{11}(h_{22}+Y_L)-h_{12}h_{21}}\right|^2 \tag{121} \\[2mm]
&= \frac{G_L}{g_i}\left|\frac{y_{21}}{y_{22}+Y_L}\right|^2 \quad \text{mit} \quad g_i = \text{Re}\,y_i.
\end{aligned}$$

Bei Berechnungen optimaler Verstärkungen nimmt man einen gegebenen
Generator an, dessen verfügbare Leistung $N_{i\,\text{max}}$

$$N_{i\,\text{max}} = \frac{1}{4}\frac{|i_g|^2}{G_g}$$

	(h)	
Eingangsimpedanz	$z_i = \dfrac{u_1}{i_1} = h_{11} - \dfrac{h_{12}h_{21}}{h_{22} + Y_L}$	(117a)
Ausgangsadmittanz	$y_o = \dfrac{i_2}{u_2} = h_{22} - \dfrac{h_{12}h_{21}}{h_{11} + Z_g}$	(118a)
Stromverstärkung	$v_i = \dfrac{i_2}{i_1} = \dfrac{h_{21}}{1 + h_{22}Z_L}$	(119a)
Spannungsverstärkung	$v_u = \dfrac{u_2}{u_1} = -\dfrac{h_{21}}{h_{11}}\left(\dfrac{1}{h_{22} + Y_L - \dfrac{h_{12}h_{21}}{h_{11}}}\right)$	(120a)

	(y)	
Eingangsadmittanz	$y_i = \dfrac{i_1}{u_1} = y_{11} - \dfrac{y_{12}y_{21}}{y_{22} + Y_L}$	(117b)
Ausgangsadmittanz	$y_o = \dfrac{i_2}{u_2} = y_{22} - \dfrac{y_{12}y_{21}}{y_{11} + Y_g}$	(118b)
Stromverstärkung	$v_i = \dfrac{i_2}{i_1} = \dfrac{y_{21}}{y_{11}}\left(\dfrac{Y_L}{y_{22} + Y_L - \dfrac{y_{12}y_{21}}{y_{11}}}\right)$	(119b)
Spannungsverstärkung	$v_u = \dfrac{u_2}{u_1} = -\dfrac{y_{21}}{y_{22} + Y_L}$	(120b)

ist. Falls eine Anpassung des Einganges und Ausganges nicht möglich ist, erhält man für die Ausgangsleistung, bezogen auf die verfügbare Leistung des Generators („transducer gain")

$$v_N^* = 4G_g G_L \left|\frac{u_2}{i_g}\right|^2$$

$$= 4G_g G_L \left|\frac{h_{21}Z_g}{(h_{11} + Z_g)(h_{22} + Y_L) - h_{12}h_{21}}\right|^2 \qquad (122)$$

$$= 4G_g G_L \left|\frac{y_{21}}{(y_{11} + Y_g)(y_{22} + Y_L) - y_{12}y_{21}}\right|^2.$$

Im Fall der Möglichkeit einer Anpassung des Ausgangs und Eingangs wird gefordert, daß die Realteile von Generator- bzw. Lastadmittanz den Realteilen von Eingangs- bzw. Ausgangsadmittanz gleich sind („available power gain")

$$G_g = \operatorname{Re} y_i = \operatorname{Re}\left(y_{11} - \frac{y_{12}y_{21}}{y_{22} + Y_L}\right),$$

$$G_L = \operatorname{Re} y_o = \operatorname{Re}\left(y_{22} - \frac{y_{12}y_{21}}{y_{11} + Y_g}\right). \qquad (123a)$$

Außerdem müssen sich die Imaginär- oder Blindanteile kompensieren

$$B_g + \operatorname{Im} y_i = 0,$$
$$B_L + \operatorname{Im} y_o = 0. \tag{123b}$$

Man erhält nach Auflösung der Gleichungen und Einsetzen in Gl. (122)

$$v_{N\,\mathrm{opt}}^{*} = \frac{|y_{21}|^2}{4 g_{11} g_{22}} \frac{1}{\Phi} \tag{124}$$

mit

$$\Phi = \frac{1}{2}\left(1 - \frac{\varrho}{2} + \sqrt{1 - \varrho - \frac{1}{4}\sigma^2}\right),$$

$$\varrho = \operatorname{Re}\left(\frac{y_{12}\,y_{21}}{g_{11}\,g_{22}}\right); \qquad \sigma = \operatorname{Im}\left(\frac{y_{12}\,y_{21}}{g_{11}\,g_{22}}\right).$$

Im rückwirkungsfreien Fall $y_{12} = 0$ ist $\Phi = 1$.

Die Anpassungsleitwerte berechnen sich zu

$$G_g = g_{11}\sqrt{1 - \varrho - \frac{1}{4}\sigma^2},$$

$$G_L = g_{22}\sqrt{1 - \varrho - \frac{1}{4}\sigma^2} \tag{125a}$$

und die Blindanteile müssen die Werte haben

$$B_g = -b_{11} + \frac{1}{2}g_{11}\,\sigma,$$

$$B_L = -b_{22} + \frac{1}{2}g_{22}\,\sigma. \tag{125b}$$

Für $\varrho + (\sigma^2/4) > 1$ gibt es keine Anpassung.

Sind alle Parameter reell, dann ist $\sigma = 0$ und es folgt

$$v_{N\,\mathrm{opt}}^{*} = \frac{g_{21}^2}{g_{11}g_{22}} \frac{1}{(1 + \sqrt{1 - \varrho})^2} \tag{126}$$

mit

$$\varrho = \frac{g_{12}g_{21}}{g_{11}g_{22}}.$$

Die hier gezeigten Formeln zeigen sehr deutlich, daß die innere Rückwirkung h_{12} bzw. Rückadmittanz y_{12} bei der Auslegung von Verstärkerstufen eine wichtige Rolle spielt. Sie kann sowohl als Gegenkopplung als auch als Mitkopplung wirksam werden. Im letzteren Fall besteht in manchen Fällen die Gefahr der Selbsterregung.

3. Ersatzschaltbild für Schalteranwendungen

Unter Schalterbetrieb eines Transistors verstehen wir Anwendungen, bei denen der Transistor einen gesteuerten Schalter vertritt. Ein idealer Schalter hat im Durchlaßzustand einen Widerstand 0, im Sperrzustand einen Widerstand ∞. Weiterhin sollte das Umschalten beliebig rasch erfolgen und es sollte keine Steuerleistung benötigt werden. Der Transistor kommt dem idealen Schalter am nächsten, wenn er einerseits im Übersteuerungsbereich, andererseits im Sperrbereich nach den mit Abb. 15, S. 29, gegebenen Definitionen betrieben wird. Die zum Schalten erforderliche Steuerleistung ist beim Transistor relativ groß, jedoch kann das Verhältnis von geschalteter Leistung zur Steuerleistung in bestimmtem Umfang beeinflußt und groß gehalten werden. Bei den meisten Schalteranwendungen ist der zeitliche Übergang vom einen in den anderen Schaltzustand von besonderem Interesse. Das Übergangsverhalten kann in verschiedener Weise beschrieben werden (vgl. hierzu das im Literaturverzeichnis zitierte Buch von B. HURLEY, sowie [28, 29]).

Es ist bequem und üblich, statisches und dynamisches Verhalten getrennt zu behandeln. Das erstere ist im Abschn. III. A. hinreichend beschrieben worden, eine Ersatzschaltung für die statischen Zustände ist mit Abb. 10, S. 24, gegeben.

Da es bei der Behandlung des dynamischen Verhaltens weniger darauf ankommt, den genauen zeitlichen Verlauf der Ströme zu ermitteln als vielmehr leicht anwendbare Formeln für die erreichbaren Schaltzeiten überhaupt zu gewinnen, kann man sich mit einer verhältnismäßig einfachen Ersatzschaltung begnügen, die wir im folgenden herleiten wollen.

Bei der Diskussion des EARLY-Effektes (vgl. Abb. 30) wurde deutlich, daß die Änderungen der Sperrschichtdicke einen Leitwert g_c und eine diesem Leitwert proportionale Kapazität

$$C_{cd} = g_c/\omega_\alpha$$

erscheinen lassen. Im Durchlaßzustand ergibt sich prinzipiell nichts anderes. Lediglich der Leitwert ist ein anderer. Wir können also bei der Herleitung der Ersatzschaltung die gleiche Schaltung der Ersatzelemente für den Durchlaßzustand und Sperrzustand der Kollektor- und auch der Emitterdiode verwenden, wenn wir berücksichtigen, daß die Leitwerte g_c bzw. g_e nicht konstant sind. Proportional dazu ändern sich die Diffusionskapazitäten. Im Sperrzustand müssen allerdings die dann überwiegenden Sperrschichtkapazitäten in Rechnung gestellt werden.

Unter diesen Umständen liegt es nahe, für die Beschreibung des Transistors bei raschen Änderungen der Schaltzustände von den für hohe Frequenzen hergeleiteten Ersatzschaltbildern auszugehen, z. B. von der Schaltung Abb. 38. Hierin sind g_e und g_c — wie besprochen — veränderliche Größen. In den Durchlaßzuständen der Emitter- und Kollektordiode haben g_e und g_c sehr große, in den Sperrzuständen sehr kleine Werte. Die letzteren entsprechen den Restströmen des Transistors, die für das Übergangsverhalten nicht wichtig sind und die wir ganz vernachlässigen wollen. Es liegt dann weiterhin nahe, sich in die Zuleitungen von g_e und g_c Schalter eingebaut zu denken, die beim Übergang vom Sperr- in den Durchlaßzustand der Emitter- bzw. Kollektordiode und umgekehrt betätigt werden.

Weiter nehmen wir vereinfachend bei den Durchlaßzuständen konstante Diffusionsleitwerte g_e und g_c an und berücksichtigen lediglich die Stromabhängigkeit der Endzustände

$$g_e = \frac{I_{EX}}{U_T}; \qquad g_c = \frac{I_{CX}}{U_T},$$

worin I_{EX} bzw. I_{CX} die Ströme im eingeschalteten Zustand der Emitter- bzw. Kollektordiode sein sollen. Weiterhin vernachlässigen wir noch

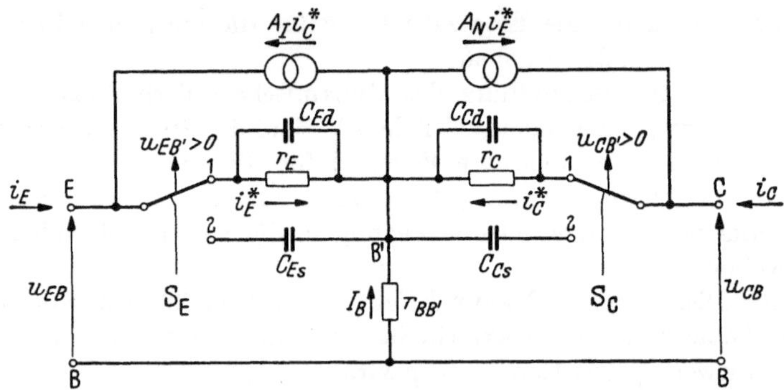

Abb. 43. Praktisches Ersatzschaltbild für die Berechnung der Übergangszeiten beim Schalterbetrieb. C_{Ed} und C_{Cd} sind die Diffusionskapazitäten, C_{Es} und C_{Cs} sind die Sperrschichtkapazitäten. Der Übergang der Emitterdiode und Kollektordiode vom Sperr- in den Durchlaßzustand und umgekehrt wird durch zwei Schalter berücksichtigt

außer den gestrichelt umrandeten Teilen in Abb. 38 die Längsinduktivitäten L_e und L_c und gelangen auf diese Weise zur Ersatzschaltung in Abb. 43.

Da wir große Signale betrachten, haben wir sinngemäß Formelzeichen mit großen Indizes verwendet. Weiter ist der Basisbahnwiderstand $r_{BB'}$ hinzugefügt und schließlich wird noch berücksichtigt, daß beim Umschalten der Dioden vom Durchlaß- in den Sperrzustand an die Stelle der Diffusionskapazitäten die Sperrschichtkapazitäten C_{Es} bzw. C_{Cs} treten. Hier muß man von Fall zu Fall „integrierte" Kapazitäten einsetzen, wie wir später S. 268 noch zeigen werden (vgl. a. Anhang A. 6).

Da die Diffusionskapazitäten im Sperrzustand nicht ganz verschwinden, kann es — besonders bei kleinen Sperrschichtkapazitäten — vorkommen, daß die Diffusionskapazitäten noch merklich an der Gesamtkapazität im Sperrzustand beteiligt sind. Es ist dann $C_E = C'_{Ed} + C_{Es}$ und $C_C = C'_{Cd} + C_{Cs}$ zu setzen. Die Kapazitäten C'_d sind etwa um den Faktor g_c/g_e kleiner als die Kapazitäten C_d im Durchlaßzustand.

Dieses hier angegebene Ersatzschaltbild ist sehr verbreitet und wird für die Berechnung der Schaltzeiten fast ausschließlich verwendet. Die etwas „gewaltsamen" Vereinfachungen und Vernachlässigungen können zu Bedenken Anlaß geben und wir wollen aus diesem Grunde im folgenden einige Fälle von der Physik des Transistors her eingehender diskutieren, um auf diese Weise Rückschlüsse auf die Brauchbarkeit der Ersatzschaltung Abb. 43 ziehen zu können. Wir gehen hierfür wieder von der Differentialgleichung (36) für die Minoritätsdichte p in der Basiszone aus

$$\frac{1}{D_p}\frac{\partial p}{\partial t} = \frac{\partial^2 p}{\partial x^2} - \frac{1}{L_p^2}(p - p_0).$$

Wenn man die Rekombinationsverluste allein durch die Stromverstärkungsfaktoren A_N und A_I berücksichtigt, erhalten wir als Ausgangsgleichung

$$\frac{1}{D_p}\frac{\partial p}{\partial t} = \frac{\partial^2 p}{\partial x^2}. \tag{127}$$

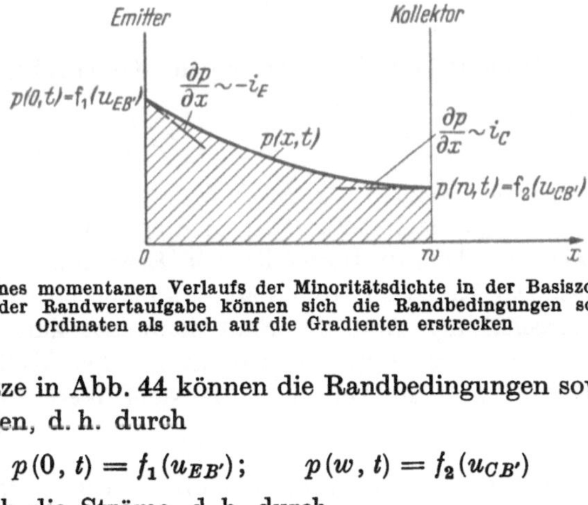

Abb. 44. Skizze eines momentanen Verlaufs der Minoritätsdichte in der Basiszone. Bei einer strengen Lösung der Randwertaufgabe können sich die Randbedingungen sowohl auf die Ordinaten als auch auf die Gradienten erstrecken

Nach der Skizze in Abb. 44 können die Randbedingungen sowohl durch die Spannungen, d. h. durch

$$p(0, t) = f_1(u_{EB'}); \qquad p(w, t) = f_2(u_{CB'}) \tag{127a}$$

als auch durch die Ströme, d. h. durch

$$\frac{\partial p}{\partial x}\bigg|_{x=0} = -\frac{i_E}{F q D_p}; \qquad \frac{\partial p}{\partial x}\bigg|_{x=w} = +\frac{i_C}{F q D_p} \tag{127b}$$

gegeben sein. (In praktischen Schaltungen treten kombinierte Randbedingungen auf.) Im Fall der gesperrten Kollektordiode ist $p(w, t) = 0$. Zwei spezielle Lösungen der Gl. (127), die diese Randbedingung erfüllen, sind z. B.

$$p = a_0\left(1 - \frac{x}{w}\right) + \sum_{n=1,3,5}^{\infty} b_n \cos\left(\frac{n\pi x}{2w}\right)\exp\left(-n^2\frac{\pi^2}{8}t/\tau\right) \tag{128a}$$

und

$$p = a_0\left(1 - \frac{x}{w}\right) + \sum_{n=1,2,3\ldots}^{\infty} c_n \sin\left(\frac{n\pi x}{w}\right)\exp\left(-n^2\frac{\pi^2}{2}t/\tau\right) \tag{128b}$$

mit

$$\tau = \frac{w^2}{2 D_p} = \frac{1}{\omega_\alpha} \quad \text{(nach Gl. (109))}. \tag{128c}$$

Die erste Lösung eignet sich bei Vorgabe der Randbedingung (127b), d. h. bei konstantem Emitterstrom, die zweite Lösung bei Vorgabe von (127a), wenn $u_{EB'}$ konstant ist, d. h. bei Spannungssteuerung.

Wir betrachten zuerst den Fall, daß ein gesperrter Transistor mit einem konstanten Emitterstrom I_{EX} eingeschaltet wird. Es ist dann

$$p(x, 0) = 0 \quad \text{für} \quad 0 < x < w$$

und

$$\frac{\partial p}{\partial x}\bigg|_{x=0} = - \frac{I_{EX}}{F q D_p} \quad \text{für} \quad t > 0.$$

Die Lösung lautet nach Berechnung der FOURIER-Koeffizienten

$$p(x, t) = \frac{I_{EX} w}{F q D_p} \times$$

$$\times \left\{ \left(1 - \frac{x}{w}\right) - \sum_{n=1,3,5}^{\infty} \frac{8}{\pi^2} \frac{1}{n^2} \cos\left(\frac{n \pi x}{2 w}\right) \exp\left(-n^2 \frac{\pi^2}{8} t/\tau\right) \right\}. \tag{129}$$

Der Kollektorstrom ist mit Verwendung der Gl. (127b)

$$\frac{-i_C}{I_{EX}} = 1 - \sum_{n=1,3,5}^{\infty} \frac{4}{\pi n} \sin\left(\frac{n \pi}{2}\right) \exp\left(-n^2 \frac{\pi^2}{8} t/\tau\right). \tag{130}$$

In Abb. 45a sind für einige Werte t/τ die Dichte $p(x, t)$ und der zeitliche Verlauf von $-i_C/I_{EX}$ dargestellt. Das Dichtegefälle wird ganz ähnlich aufgebaut wie das Temperaturgefälle bei Erwärmung eines endlich langen Stabes. Der Kollektorstrom wächst annähernd exponentiell an. In der Ersatzschaltung Abb. 43 erhält man bei kurzgeschlossenem Kollektor eine strenge Exponentialfunktion des Kollektorstromes (strichpunktierte Kurve in Abb. 45a). Bei dem Wert

$$- i_C/I_{EX} = 1 - \exp(-1)$$

erhält man jedoch in Gl. (130) recht genau $t/\tau = 1,0$, so daß bis hierher die Ersatzschaltung brauchbar erscheint. Von Interesse ist noch der etwas verzögerte Einsatz des Kollektorstromes, der bei Verwendung der Ersatzschaltung vor allem durch die Vernachlässigung der Längsinduktivität nicht in Erscheinung tritt. Definiert man eine Verzögerungszeit t_δ nach dem Muster der Abb. 45a [die gestrichelte Kurve ist das erste Glied der Reihe in Gl. (130)], dann ist

$$t_\delta = \frac{8}{\pi^2} \tau \ln\left(\frac{4}{\pi}\right) = 0,22\,\tau. \tag{131}$$

Diese Verzögerungszeit ist also von dem Diffusionsvorgang her festgelegt und existiert unabhängig davon, ob noch andere Verzögerungen, z. B. durch die Sperrschichtkapazität bei nicht kurzgeschlossenem Ausgang, auftreten.

Falls ein Einheitssprung der Spannung beim Einschalten des inneren Transistors über der Emitterdiode liegt, treten wesentlich andere Verhältnisse ein. Mit

$$\widehat{p} = f_1(U_{EBX})$$

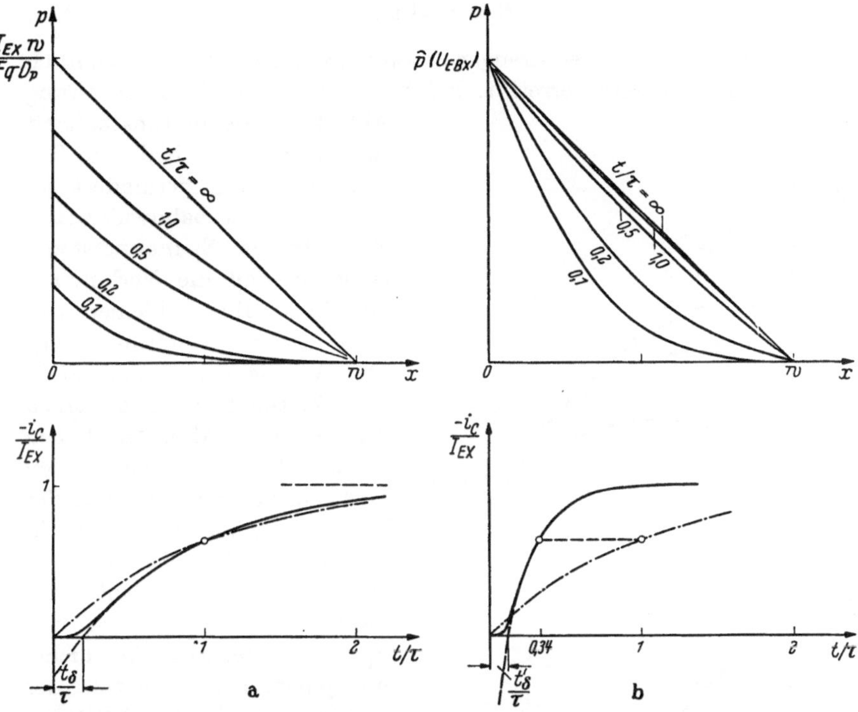

Abb. 45a u. b. a) Minoritätsdichte und Verlauf des Kollektorstromes beim Einschalten mit konstantem Emitterstrom (strenge Lösung bei Vernachlässigung der Rekombination). Die Ersatzschaltung Abb. 43 liefert für den Kollektorstrom eine Exponentialfunktion (strichpunktierte Kurve). Bei $t/\tau = 1$ ergeben sich recht genau die gleichen Werte; b) Wie a), jedoch beim Einschalten mit einer Spannung (ohne jeglichen Vorwiderstand). Es ergibt sich eine Verkürzung der Einschaltzeit. Nach Abb. 43 erhielte man eine verschwindende Einschaltzeit

sind die den Gln. (129) bzw. (130) entsprechenden Lösungen

$$p(x,t) = \widehat{p}\left\{\left(1 - \frac{x}{w}\right) - \sum_{n=1,2,3}^{\infty} \frac{2}{\pi n} \sin\left(\frac{n\pi x}{w}\right) \exp\left(-n^2 \frac{\pi^2}{2} t/\tau\right)\right\}, \quad (132)$$

$$\frac{-i_c}{I_{EX}} = 1 + \sum_{n=1,2,3}^{\infty} 2\cos(n\pi) \exp\left(-n^2 \frac{\pi^2}{2} t/\tau\right). \quad (133)$$

Diese Funktionen sind in Abb. 45b dargestellt.

Die Funktion (133) erreicht den Wert

$$-i_c/I_{EX} = 1 - \exp(-1)$$

einer Exponentialfunktion (strichpunktierte Kurve) bereits zu einer Zeit

$$t = 0{,}34\,\tau = \tau' \tag{134}$$

und die relative Verzögerungszeit ist

$$t_\delta' = 0{,}41\,\tau'. \tag{135}$$

Offensichtlich werden bei strenger Spannungssteuerung also wesentlich kürzere Einschaltzeiten erreicht. Bei Verwendung der Ersatzschaltung Abb. 43 würde die Einschaltzeit theoretisch sogar Null sein (bei $r_{BB'} = 0$). Nun verhindert jedoch der Basisbahnwiderstand eine strenge Spannungssteuerung, so daß die Verkürzung der Einschaltzeit kleiner sein wird als in der Formel (134). Die Abweichungen der effektiven Zeitkonstanten von denen des Modells Abb. 43 haben wesentlich ihre Ursache in den verschiedenen Krümmungen der Funktionen für die Dichte in Abb. 45a und b. Die hier erörterte Verschiedenheit der Zeitkonstanten bei Strom- und Spannungssteuerung hat nichts mit jenem Effekt zu tun, der in einer gegebenen Schaltung durch die Wirkung des Basisbahnwiderstandes $r_{BB'}$ zustande kommt und auf den wir später noch eingehen werden.

Beim Ausschalten eines Transistors ergeben sich ganz ähnliche Verhältnisse. In der Abb. 46a und b ist das Verhalten der Dichte beim Ausschalten mit konstantem Emitterstrom und bei $U_{EB'} = 0$ im

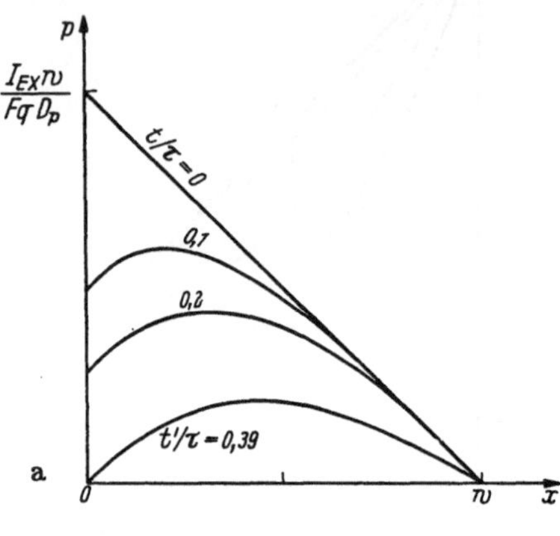

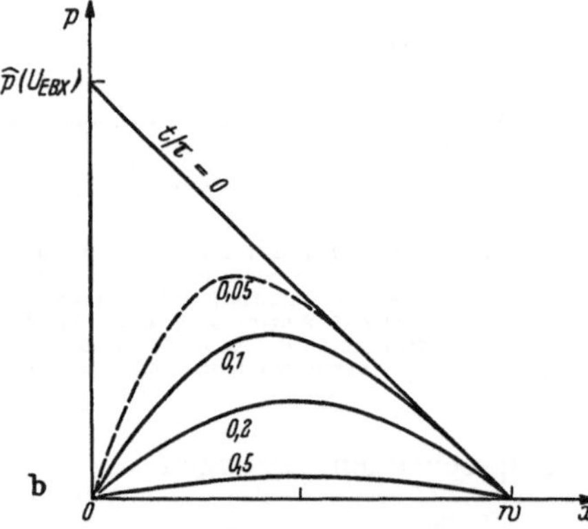

Abb. 46a u. b. Wie Abb. 45, jedoch beim Ausschalten. a) Begrenzung des Emitterstromes durch $-I_{EY} = I_{EX}$. Bei $t'/\tau = 0{,}39$ wird die vorher noch als „Kollektor" betriebene Emitterdiode gesperrt, wonach die Restladung abfließt; b) $U_{EB'} = 0$ im Ausschaltaugenblick

Ausschaltzustand dargestellt. Die gespeicherten Ladungsträger diffundieren nach beiden Seiten hin ab. Wenn — wie in Abb. 46a gezeigt — der Rückstrom durch die Emitterdoppelschicht durch einen sehr großen Widerstand auf einen Wert I_{EY} (im Beispiel ist $I_{EY} = -I_{EX}$ gewählt)

begrenzt ist, wirkt die Emitterdiode wie ein Kollektor, wobei bis zur Zeit t' die Emitterdiode noch offengehalten wird. Anschließend setzt ein Abfließen der Restladung ein, gewissermaßen über zwei normal betriebene „Kollektoren". Diese Zeit t' ist von gewissem Interesse. Während bei Verwendung der Ersatzschaltung Abb. 43 bei $u_{EB'} = 0$ die Emitterdiffusionskapazität C_{Ed} vollständig entladen ist, ergibt eine genauere Berechnung noch eine Restladung, die vom Einschaltstrom I_{EX} und vom Ausschaltstrom I_{EY} abhängt

$$\frac{Q_{\text{Rest}}}{Q_{\text{Gesamt}}} \approx \frac{-I_{EY}}{I_{EX}} \left(\frac{4 - \pi}{\pi} \right) = 0{,}27 \, \frac{-I_{EY}}{I_{EX}}. \tag{136}$$

Das bedeutet, daß der Kollektorstrom noch nicht ganz abgeklungen ist, wenn die Emitterdiode gesperrt wird. Der Abklingvorgang ist im übrigen bei Schalterdioden bestimmend für die sog. „Erholungszeit" (englisch: „recovery-time"). Beim Transistor ist sie meist weniger von Bedeutung. Der Kollektorstrom hat zur Zeit t' auf einen Wert

$$\frac{i_C(t')}{I_{CX}} \approx \frac{-I_{EY}}{I_{EX}} \left(\frac{\pi - 2}{2} \right) = 0{,}57 \, \frac{-I_{EY}}{I_{EX}} \tag{137}$$

abgenommen. Die Zeit t' selbst ist in unserem Modell

$$t' \approx \frac{8}{\pi^2} \tau \ln \left(\frac{8}{\pi^2} \left(1 + \frac{-I_{EY}}{I_{EX}} \right) \right)$$

$$\approx \tau \ln \left(1 + \frac{-I_{EY}}{I_{EX}} \right). \tag{138}$$

Beim Ausschalten mit $U_{EB'Y} < 0$ (Spannungssteuerung) ist die Emitterdiode sofort gesperrt.

Aus den voranstehenden Betrachtungen ist ersichtlich, daß die Brauchbarkeit der Ersatzschaltung Abb. 43 nicht in jedem Falle gewährleistet ist. Man wird nicht erwarten können, daß sich bei der Behandlung von bestimmten Schaltungen genaue Zahlwerte und Feinheiten der Zeitfunktionen für die Schaltvorgänge ergeben. Es ist jedoch möglich, an Hand dieser Ersatzschaltung prinzipiell wichtige Zusammenhänge — z. B. bei der Betrachtung verschiedener Grundschaltungen, verschiedener Belastungen und Ansteuerungen — zu beschreiben, wobei sich auch Richtwerte für die erreichbaren Schaltzeiten angeben lassen.

Eine strenge Behandlung beliebiger Schaltvorgänge mit Hilfe der Differentialgleichung (36) ist sehr schwierig, da in praktischen Schaltungen recht verwickelte Strom-Spannungs-Zusammenhänge vorkommen können, die über die Randbedingungen von Gl. (36) auf den Lösungsverlauf Einfluß nehmen können. Eine Lösungsmöglichkeit ergibt sich prinzipiell aus der Verwendung eines genügend feingliedrigen Analogienetzwerkes, worauf wir hier jedoch nicht eingehen wollen.

Während bei normaler Betriebsweise im aktiven Bereich die Kollektordiode gesperrt bleibt und die in den Abb. 45 und 46 skizzierten

Verhältnisse vorliegen, tritt bei Übersteuerung eine Aufladung der Kollektordiffusionskapazität C_{Cd} auf. Der Kollektorstrom wächst nach Erreichen der Übersteuerungsgrenze nur noch geringfügig und es wird eine größere Ladung in der Basiszone gesammelt, wie in Abb. 47 dargestellt ist. Beim Ausschalten aus dem übersteuerten Zustand muß erst die überzählige Ladung abgeführt werden, man erhält eine Speicherzeit („storage-time") t_s, die das Schaltverhalten eines Transistors verschlechtert.

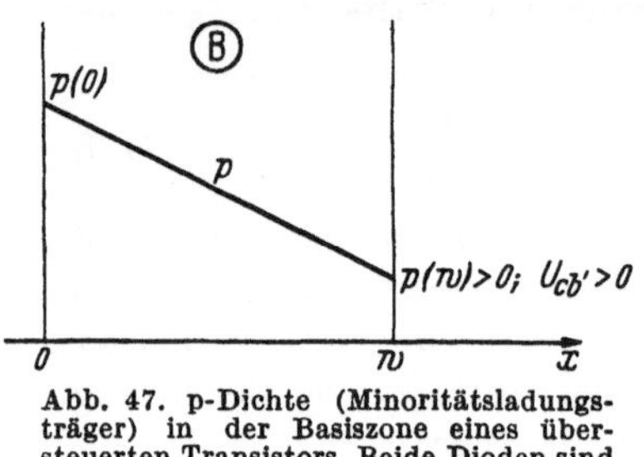

Abb. 47. p-Dichte (Minoritätsladungsträger) in der Basiszone eines übersteuerten Transistors. Beide Dioden sind im Durchlaßzustand

Die mit Gl. (128 c) angegebene Zeitkonstante

$$\tau = \frac{w^2}{2 D_p}$$

muß notwendigerweise mit der Grenzfrequenz des Transistors zusammenhängen. Es ist

$$\tau = 1/(2\pi f_\alpha) . \qquad (139)$$

Auch hier ergibt sich die Frage nach dem Meßverfahren. Im allgemeinen wird für die Bestimmung der Schaltzeiten die „$\beta = 1$-Frequenz" verwendet. Dies dürfte insofern auch richtig sein, da die aus der Lösung (130) folgende Zeitkonstante mit der der Ersatzschaltung — abgesehen von der Verzögerungszeit t_δ — bei der meist vorliegenden Stromsteuerung gleich ist.

Für Transistoren mit Driftfeld gelten die gleichen Bemerkungen wie im Abschnitt 1, b) S. 65.

D. Strom- und Spannungsabhängigkeit der Kennwerte

Die Kenntnis der Strom- und Spannungsabhängigkeit der Kennwerte eines Transistors ist für die Dimensionierung von Schaltungen von großer Bedeutung. Diese Abhängigkeiten sind lediglich formelmäßige Darstellungen für nichtlineare Kennlinien. Da es beim Transistor mehrere solcher nichtlinearer Kennlinien gibt, ist es für die Schaltungstechnik häufig vorteilhaft, die Strom- und Spannungsabhängigkeit der wichtigsten Kennwerte nebeneinander zu betrachten. Daher wollen wir die bereits in den vorigen Abschnitten angegebenen und teilweise auch in den folgenden Abschnitten noch vorkommenden Abhängigkeiten hier gedrängt zusammenstellen.

Leitwerte

Emitter-Diffusionsleitwert $g_e = \left(\dfrac{1}{U_T}\right) I_E,$ (140)

Kollektor-EARLY-Leitwert $g_c = \left(\dfrac{1}{2} \dfrac{\sqrt{2\varepsilon\,\varepsilon_0\,\mu_n\,\varrho_B}}{w_0}\right) \dfrac{I_E}{\sqrt{-U_{CB'}}}$ (141)

(für einen gewöhnlichen Legierungstransistor mit abruptem Störstellenübergang).

Kapazitäten

Emitter-Diffusionskapazität $\quad C_{ed} = \left(\dfrac{w_0^2}{2\,D_p\,U_T}\right) I_E \left(1 - \sqrt{\dfrac{-U_{CB}}{-U_{CBpt}}}\,\right)^2 \quad$ (142)

(U_{CBpt} = Sperrschichtberührungsspannung).

Kollektor-Sperrschichtkapazität $\quad C_{cs} = \left(F \sqrt{\dfrac{\varepsilon\,\varepsilon_0}{2\,\mu_n\,\varrho_B}}\right) \dfrac{1}{\sqrt{-U_{CB'}}} \quad$ (143)

(für einen gewöhnlichen Legierungstransistor mit abruptem Störstellenübergang).

Stromverstärkungen. Die Stromverstärkungen α_N, β_N nehmen mit wachsendem Emitterstrom nach einem nicht in einfacher Weise angebbaren Gesetz ab und mit wachsender negativer Kollektor-Basisspannung ein wenig zu (infolge des EARLY-Effektes und verringerter Rekombination). Die Stromverstärkung α_I kann bei normal betriebenem Transistor als annähernd konstant angesehen werden.

Spannungsrückwirkung des inneren Transistors. Mit

$$\mu = \alpha_{I0}\,g_c/g_e$$

ist

$$\mu = \alpha_{I0} \left(\frac{1}{2}\,\frac{\sqrt{2\,\varepsilon\,\varepsilon_0\,\mu_n\,\varrho_B}}{w_0}\,U_T\right) \frac{1}{\sqrt{-U_{CB'}}} \tag{144}$$

(für einen gewöhnlichen Legierungstransistor mit abruptem Störstellenübergang). ·

Basisbahnwiderstand. Die Größe des Basisbahnwiderstandes $r_{BB'}$ oder $r_{bb'}$ ist recht problematisch, da der nicht ganz ohne Willkür festgelegte innere Basispunkt b' von außen nicht zugänglich ist. Der in den Transistorgleichungen zu verwendende Wert von $r_{bb'}$ ist daher vor allem eine Frage des Meßverfahrens im Zusammenhang mit der gewählten Ersatzschaltung. Es läßt sich jedoch soviel sagen, daß der Basisbahnwiderstand mit geringer werdender Basisdicke (bei Zunahme der Spannung $-U_{CB'}$) größer wird. Bei Zunahme des Emitterstromes wird er infolge der Erhöhung der mittleren Elektronendichte in der Basiszone kleiner.

Grenzfrequenz. Sowohl die Grenzfrequenz f'_α als auch die Grenzfrequenz f_1 sind proportional

$$f \sim \frac{1}{w^2} \sim \frac{1}{\left(1 - \sqrt{-U_{CB}/(-U_{CBpt})}\right)^2} \tag{145}$$

und nehmen daher mit wachsender Kollektorbasisspannung zu. (Bei Transistoren mit Driftfeld ergibt sich eine andere Gesetzmäßigkeit, jedoch die gleiche Tendenz.) Die Grenzfrequenzen zeigen im übrigen auch noch eine nicht in einfacher Weise angebbare und herleitbare Abhängigkeit vom Emitterstrom.

Die statischen Werte sind durch die Exponentialkennlinien der Emitterdiode und Kollektordiode hinreichend beschrieben. Für den

Kollektorreststrom I_{CB0} ist lediglich noch die Durchbruchscharakteristik anzugeben

$$I_{CB0} = I_{CB00} \frac{1}{1 - (U_{CB'}/U_{CB'}^{*})^{n}} \,.$$ (146)

(I_{CB00} soll der Reststrom bei einem sehr kleinen Wert $- U_{CB'}$ sein; für Germanium-p–n–p-Transistoren ist etwa n = 3).

E. Temperaturabhängigkeit der Kennwerte

Die Temperaturabhängigkeit der Kennwerte eines Transistors beruht fast ausschließlich auf dem Energieäquivalent der Ladungsträger, welches wir in den Transistorgleichungen in der Form der Temperaturspannung

$$U_T = \frac{k\,T_j}{q}$$

geschrieben haben. T_j ist die Temperatur („junction-temperature") der Kollektorsperrschicht, wenn der Kollektor gesperrt ist. Der überwiegende Teil der zugeführten elektrischen Leistung wird in den Sperrschichten in Wärme umgesetzt. Außer bei Einschaltvorgängen und beim Einschnüreffekt ist die Temperatur im Kristall nur wenig von Ort zu Ort verschieden. Erst an den Zuleitungen und in der Umgebung des Kristalls treten die für die thermischen Betrachtungen wichtigen Temperaturgradienten auf.

Für den Kollektor- und Emitterreststrom, die beide dem Quadrat der Inversionsdichte n_i proportional sind, gilt nach Gl. (4), S. 5, z. B.

$$I_{CB0}\big|_{T_j} = I_{CB0}\big|_{T_0} \left(\frac{T_j}{T_0}\right)^{3} \exp\left[-\frac{q\,U_g}{k}\left(\frac{1}{T_j} - \frac{1}{T_0}\right) \right].$$ (147)

T_0 ist eine Bezugstemperatur, bei der der Wert I_{CB0} bekannt ist. Die Gl. (147) kann umgeschrieben werden in

$$I_{CB0}\big|_{T_j} = I_{CB0}\big|_{T_0} \exp\left[c_c(T_j - T_0)\frac{1}{1 + \varepsilon} + 3\ln(1 + \varepsilon) \right]$$ (147a)

mit

$$c_c = \frac{q\,U_g}{k\,T_0^2} = \begin{cases} 0{,}09\ {}^{\circ}\mathrm{K}^{-1} & \text{oder} & {}^{\circ}\mathrm{C}^{-1}\ \text{für Germanium,} \\ 0{,}14\ {}^{\circ}\mathrm{K}^{-1} & \text{oder} & {}^{\circ}\mathrm{C}^{-1}\ \text{für Silizium,} \end{cases}$$

$$T_0 = 298\ {}^{\circ}\mathrm{K} \quad \text{bzw.} \quad \vartheta_0 = 25\ {}^{\circ}\mathrm{C}.$$

(Mit T sollen die Temperaturen in °K, mit ϑ die Temperaturen in °C bezeichnet werden) und

$$\varepsilon = \frac{T_j - T_0}{T_0}\,.$$

Bei Vernachlässigung von ε entsteht ein relativer Fehler, der nur in der logarithmischen Skala als klein betrachtet werden kann. Abb. 48 zeigt das Temperaturverhalten der Restströme im Vergleich zwischen streng theoretischer Funktion (147a) und Näherung $\varepsilon = 0$.[1] (Vgl. auch die gemessenen Kurven in Abb. 9.) Die Vergrößerung der Restströme mit wachsender Temperatur ist schon im Bereich normaler Umgebungstemperaturen beträchtlich. Bei Zufuhr elektrischer Leistung und Sperrschichttemperaturen von $75 \cdots 90\ °C$ wächst der Kollektorreststrom gegenüber einer Bezugstemperatur von $25\ °C$ um Faktoren von $70 \cdots 200$.

Die Temperaturspannung U_T kommt außer in den Exponentialfunktionen der Restströme in den statischen Transistorgleichungen im Zusammenhang mit den Spannungen $U_{EB'}$ und $U_{CB'}$ vor. Diese Spannungen ändern sich bei konstanten Strömen daher ebenfalls mit der Temperatur.

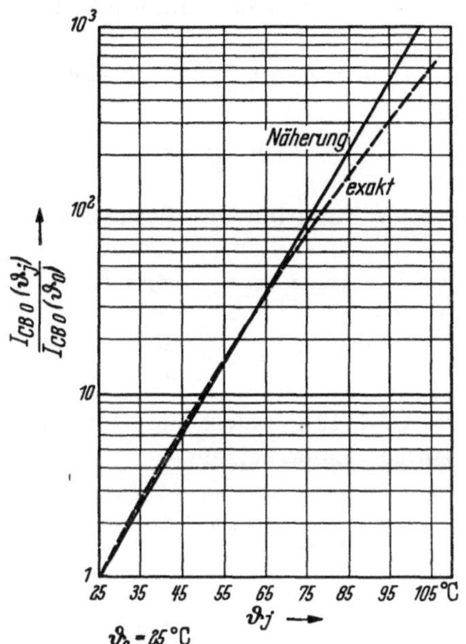

Abb. 48. Anwachsen des Kollektorreststromes I_{CB0} mit der Sperrschichttemperatur. Im allgemeinen kann als Näherung eine Exponentialfunktion verwendet werden (ausgezogene Kurve). Die Werte der exakten theoretischen Funktion nehmen mit wachsender Temperatur weniger stark zu

Das Temperaturverhalten der statischen Kennlinien läßt sich übersichtlich an Hand der Stromverstärkungs- und Eingangscharakteristik betrachten. Es ist in der Basisschaltung

$$I_C\big|_{T_j} = - A_N I_E + I_{CB0}\big|_{T_0} \exp\left[c_c(T_j - T_0)\right] \qquad (148\,\text{a})$$

und in der Emitterschaltung

$$I_C\big|_{T_j} = B_N I_B + (1 + B_N) I_{CB0}\big|_{T_0} \exp\left[c_c(T_j - T_0)\right]. \qquad (148\,\text{b})$$

Bei konstantem Basisstrom gilt für $I_C(T_j) - I_C(T_0) = \Delta I_C$

$$\Delta I_C = (1 + B_N) I_{CB0}\big|_{T_0} \left\{\exp\left[c_c(T_j - T_0)\right] - 1\right\}, \qquad (148\,\text{c})$$

[1] Es ist noch anzumerken, daß der am Transistor gemessene Reststrom bei niedrigen Temperaturen häufig von einem Oberflächenleckstrom überdeckt wird. Um die Gültigkeit der Gl. (147a) zu erhalten, ist gelegentlich den Herstellern schon vorgeschlagen worden, die Bezugstemperatur ϑ_0 bei etwa $50\,°C$ zu wählen, an Stelle von 20 oder $25\,°C$, wie es meist geschieht. Besser noch ist die Angabe einer Kurve für den maximalen Streuwert von $-I_{CB0}$ in Abhängigkeit von der Sperrschichttemperatur bei bestimmter Spannung U_{CB}.

worin noch A_N bzw. B_N eine Funktion der Temperatur sein kann. Die Änderung des Kollektorreststromes geht daher in der Emitterschaltung mit $(1 + B_N)$ multipliziert in die Änderung des Kollektorstromes ein. Für die Eingangskennlinie gilt als Funktion von I_E

$$U_{EB} = r_{BB'}\left(\frac{I_E}{1 + B_N} + I_{CB0}\right) + \frac{k\,T_j}{q}\ln\left[d_1 + d_2\,\frac{I_E}{-I_{CB0}}\right] \qquad (149\,\text{a})$$

mit

$$d_1 = \frac{1}{1 + B_N}; \qquad d_2 = \frac{B_N}{B_I}\,\frac{(1 + B_I + B_N)}{(1 + B_N)^2}$$

und als Funktion des Basisstromes

$$U_{EB} = -r_{BB'}\,I_B + \frac{k\,T_j}{q}\ln\left[b_1 + b_2\,\frac{I_B}{I_{CB0}}\right] \qquad (149\,\text{b})$$

mit

$$b_1 = 1 + \frac{B_N}{B_I}; \qquad b_2 = \frac{B_N}{B_I}\,\frac{(1 + B_I + B_N)}{(1 + B_N)}\,.$$

Die Gl. (149 a) liefert bei Differentiation von U_{EB} nach T_j bei konstantem Emitterstrom

$$\frac{d\,U_{EB}}{d\,T_j}\bigg|_{I_E = \text{const}} = r_{BB'}\,c_c\,I_{CB0} - \frac{k}{q}\left\{\frac{M}{1 + M}\,c_c\,T_j - \ln\left[d_1\,(1 + M)\right]\right\} \qquad (150\,\text{a})$$

mit

$$M = \frac{d_2}{d_1}\,\frac{I_E}{(-I_{CB0})} = \frac{B_N}{B_I}\,\frac{(1 + B_I + B_N)}{(1 + B_N)}\,\frac{I_E}{(-I_{CB0})}\,.$$

Im Bereich praktisch vorkommender Werte wird U_{EB} bei konstantem Emitterstrom mit wachsender Temperatur kleiner. Im allgemeinen ist $M \gg 1$ und der letzte Term klein gegen den ersten in der Klammer. Wir erhalten daher als Näherung

$$\Delta U_{EB} = (r_{BB'}\,I_{CB0} - U_T)\,c_c\,\Delta T_j\,. \qquad (150\,\text{b})$$

Der Temperaturkoeffizient der Emitter-Basis-Spannung ist also

$$\frac{\Delta U_{EB}}{\Delta T_j} = c_E\big|_{I_E = \text{const}} = -c_c\,(U_T - r_{BB'}\,I_{CB0}) \qquad (151)$$

$(I_{CB0} < 0)$. Bei nicht zu hohen Temperaturen $(-I_{CB0}$ klein$)$ ist etwa

$$c_E \approx -c_c\,U_T \approx -2{,}4\,\text{mV}\ {}^\circ\text{C}^{-1}\,. \qquad (152)$$

Die Gl. (149 b) liefert bei Differentiation von $U_{EB} = -U_{BE}$ nach T_j bei konstantem Strom I_B

$$\frac{d\,U_{EB}}{d\,T_j}\bigg|_{I_B = \text{const}} = -\frac{k}{q}\left\{\frac{M'}{1 + M'}\,c_c\,T_j - \ln\left[b_1\,(1 + M')\right]\right\} \qquad (153\,\text{a})$$

mit

$$M' = \frac{b_2}{b_1}\,\frac{I_B}{I_{CB0}} = \frac{B_N(1 + B_I + B_N)}{(1 + B_N)(B_I + B_N)}\,\frac{I_B}{I_{CB0}}\,.$$

Auch hier kann man sich meist mit einer Näherungsformel begnügen. Es ist mit den gleichen Bedingungen wie bei konstantem Emitterstrom

$$\Delta U_{EB} = c_E|_{I_B = \text{const}} \Delta T_j \qquad (153\,\text{b})$$

mit

$$c_E|_{I_B=\text{const}} = -c_c\,U_T = -2{,}4\,\text{mV}\,{}^\circ\text{C}^{-1}.$$

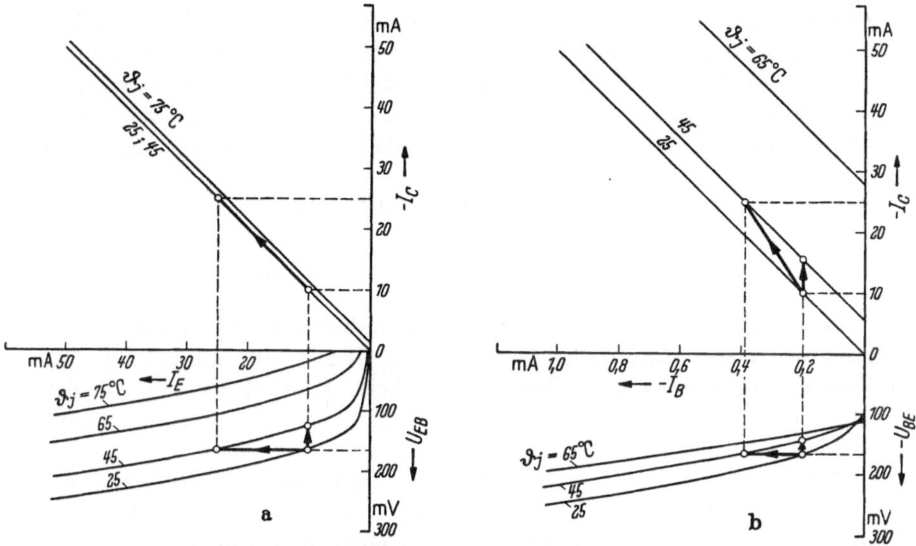

Abb. 49 a u. b. Abhängigkeit der Stromverstärkungs- und Eingangscharakteristik von der Sperrschichttemperatur

a) Abszisse: I_E; b) Abszisse: I_B

Die Arbeitspunktverschiebungen sind am geringsten bei konstantem I_E, sind größer bei konstantem $-I_B$ und werden am größten bei konstanter Spannung U_{EB}

In Abb. 49 a und b sind die aus den Gln. (148) bis (153) folgenden Kurven für ein Beispiel dargestellt. Es ist angenommen:

$$B_N = 50; \qquad B_I = 1; \qquad c_c = 0{,}09\,{}^\circ\text{C}^{-1};$$

$$-I_{CB0} = 20\,\mu\text{A} \quad \text{bei} \quad \vartheta_{ugb} = 25\,{}^\circ\text{C}; \qquad r_{BB'} = 50\,\Omega.$$

An Hand der Pfeile sind die Änderungen eines gewählten Arbeitspunktes bei Änderung der Temperatur erkennbar. Sie sind am geringsten für konstanten Emitterstrom, nehmen stark zu bei konstantem Basisstrom und werden schließlich am größten bei konstanter Basis-Emitterspannung. Die Arbeitspunktverschiebungen mit der Temperatur erfordern praktische Schaltungsmaßnahmen zu ihrer Kompensation, weil einerseits die Betriebsverhältnisse (z. B. Eingangswiderstand, Aussteuerungsgrenzen, Klirrfaktor) und andererseits die Verlustleistung sich in unzulässiger Weise ändern können.

6*

Auch die dynamischen Kennwerte sind von der Temperatur abhängig. Es gilt

Emitter-Diffusionsleitwert $\qquad g_e = g_{e0} \dfrac{T_0}{T_j} \quad (T \text{ in } °\text{K})$, $\qquad\qquad$ (154)

Emitter-Diffusionskapazität $\quad C_{ed} = C_{ed0} \dfrac{T_0}{T_j}$. $\qquad\qquad\qquad\qquad$ (155)

Der Kollektor-EARLY-Leitwert und die Kollektor-Sperrschichtkapazität sowie der Basisbahnwiderstand sind nur geringfügig von der Temperatur abhängig. Das gleiche gilt für die Grenzfrequenzen des Transistors.

Für α_N, α_I und entsprechend β_N und β_I ist ein relativ schwaches Anwachsen mit der Temperatur feststellbar. Für β_N erhält man etwa

$$\frac{\mathrm{d}\,\beta_N}{\beta_N} \bigg/ \mathrm{d}\,T_j = 10^{-2} \cdots 10^{-3}\,°\text{C}^{-1}. \qquad\qquad (156)$$

F. Thermisch-elektrische Wechselwirkungen

Transistoren sind als thermisch empfindliche Bauelemente zu betrachten. Diese Empfindlichkeit steht in engem Zusammenhang mit Fragen der Belastbarkeit, Betriebssicherheit, Alterung und — von der Anwendung her gesehen — mit den Fragen der Festlegung und Einhaltung bestimmter Grenzdaten.

Zuerst ist zu bemerken, daß für die serienmäßig gefertigten Transistoren meist zwei Arten von Grenzdaten unterschieden werden. Die erste Art bezieht sich auf die Garantie einer befriedigenden Arbeitsweise bei Anwendungen, die dem Transistortyp zugedacht sind. So kann beispielsweise ein maximaler Kollektorstrom festgelegt sein für einen verzerrungsfreien Verstärkerbetrieb oder es können maximale Kollektor-Emitterspannungen gegeben sein für die Garantie der thermischen Stabilität in einer bestimmten Schaltung.

Die zweite Art bezieht sich auf die Sicherheit gegenüber Ausfällen oder auf Fragen der Konstanz der elektrischen Eigenschaften über eine längere Zeit. Die Festlegung von Grenzwerten dieser Art ist für den Hersteller mit großen Schwierigkeiten verbunden. Die Vorgänge im Transistorkristall bei bestimmten Belastungen mit zeitlich veränderlichen Strömen und Spannungen sind noch verhältnismäßig ungenügend erforscht. Die Schwierigkeiten beginnen bereits bei der Frage, wann ein Transistor als „zerstört" zu betrachten ist. Vor der absoluten Unbrauchbarkeit eines Transistors steht noch die Alterung innerhalb einer vorgegebenen Zeit. Wenn z. B. die Stromverstärkung nach einer Anzahl von Betriebsstunden auf einen Bruchteil ihres Nennwertes abgenommen hat, muß der Transistor in vielen Fällen ebenfalls als unbrauchbar angesehen werden. Nun sind systematische Untersuchungen. an Hand von Alterungs- und Ausfallstatistiken sehr aufwendig und zeitraubend. Außerdem kommen bei der rasch fortschreitenden Entwicklung immer neue Typen auf den Markt; teilweise wird auch ein und derselbe Typ im Verlauf einiger Fertigungsperioden verbessert und daher in seinen Eigenschaften verändert. Aus diesen Gründen wird die Auswertung der Ergebnisse sehr erschwert.

Manche Alterungseigenschaften sind sehr wahrscheinlich auf Oberflächeneffekte zurückzuführen. Die Erfahrung hat gezeigt, daß unabhängig von der Berücksichtigung der thermischen Belastung im Interesse einer Brauchbarkeit des Transistors über eine gewisse Lebensdauer die Festlegung absoluter Grenzwerte für die Ströme und Spannungen erforderlich ist. In manchen Fällen unterscheiden die Hersteller auch zwischen Gleich- und Scheitelwerten für Spannungs- und Stromgrenzdaten im Zusammenhang mit einer Integrationszeit. Auch diese Angaben haben in der Regel mit der thermischen Belastung nur mittelbar etwas zu tun.

Weiterhin hat die Erfahrung gezeigt, daß — ähnlich wie bei manchen anderen elektronischen Bauelementen — in der Anfangszeit des Betriebes stärkere Änderungen der Eigenschaften möglich sind, während man später mit einer hohen Konstanz rechnen kann.

Um im Zusammenhang mit der Frage nach der Lebensdauer eines Transistors überhaupt eine Zahl zu nennen, kann bemerkt werden, daß bei größeren Kollektiven älterer Typen von im Dauerbetrieb arbeitenden Transistorexemplaren relative Ausfälle von einigen 10^{-4} pro Jahr beobachtet wurden. Dabei sind sofortige Ausfälle beim Einbau und bei Messungen nicht gezählt.

Es wird vermutet, daß es auch Ausfälle von Transistoren gibt, bei denen instabile Lawinenprozesse der quasifreien Ladungsträger eine Rolle spielen. Solche Erscheinungen erfordern tiefer gehende Untersuchungen des Impuls- und Energietransportes im Kristall, d. h. eine Untersuchung „mikrophysikalischer" Verhältnisse im Transistor. Die Vermutung stützt sich auf einige Beobachtungen, bei denen Transistoren auch dann zerstört wurden, wenn unter „makrophysikalischen" Verhältnissen eine Zerstörung nicht zu erwarten war. Diese Beobachtungen konnten jedoch noch nicht systematisch durchgeführt werden. Es besteht auch die Möglichkeit, daß in solchen Fällen nur eine ungenügende Beachtung makrophysikalischer Kriterien vorlag. Im Mittelpunkt aller makrophysikalischer Kriterien steht die Sperrschichttemperatur des Transistors. Auch hier spielen Erfahrungswerte eine große Rolle. So hat es sich gezeigt, daß die maximal zulässige Sperrschichttemperatur sehr viel niedriger gewählt werden muß, als die Schmelztemperatur des Kristalls sowie der verwendeten Metalle und Legierungen an den Anschlüssen, um eine hinreichende Betriebssicherheit garantieren zu können. Bei Germaniumtransistoren beträgt die von den Herstellern festgelegte maximal zulässige Sperrschichttemperatur meist $75 \cdots 90\,°\mathrm{C}$. bei Verwendung von Silizium beträgt sie etwa $150 \cdots 175\,°\mathrm{C}$.

Diese Temperaturen sind im Vergleich zu anderen elektronischen Bauelementen verhältnismäßig niedrig. Da dann auch die Differenz zwischen diesen Temperaturen und der stationären Umgebungstemperatur nicht sehr groß ist, erfordern die Wärmeableitverhältnisse, die Einhaltung der maximal zulässigen Verlustleistung, die Wärmeträgheit und Stabilitätsfragen besondere Beachtung.

Von der Anwendung her gesehen, kann man die thermisch-elektrischen Wechselwirkungen wie folgt einteilen

a) Fragen der Einhaltung der vom Hersteller festgelegten maximal zulässigen Sperrschichttemperatur unter stationären und instationären Bedingungen,

b) Fragen der Abhängigkeit des Arbeitspunktes von den thermischen Verhältnissen,

c) Fragen der Sicherheit des Transistors gegenüber thermisch-elektrischer „Rückkopplung", d. h. thermischer Instabilität.

1. Sperrschichttemperatur, Wärmewiderstand und Verlustleistung

Eine einfache Maßnahme, um die Sperrschichttemperatur selbst und ihre Änderungen kleinzuhalten, ist eine gute Ableitung der in der Sperrschicht erzeugten Wärme an die Umgebung. An dem Wärmetransport sind sowohl Wärmeleitung über Anschlußdrähte, Füllstoff, Gehäuse usw. als auch Strahlung und Konvektion der den Transistor umgebenden Luft beteiligt. Die Erfahrung zeigt, daß trotz des relativ komplizierten Wärmeableitungsmechanismus und trotz unterschiedlicher Geometrien bei verschiedenen Transistortypen bei normalem Betrieb eine ungefähr lineare Beziehung zwischen pro Zeit zugeführter Wärme, d. h. dem Wärmefluß $\mathrm{d}Q/\mathrm{d}t$ und der Differenz zwischen Sperrschichttemperatur T_j und Umgebungstemperatur T_{ugb} besteht

$$\frac{\mathrm{d}Q}{\mathrm{d}t} = \frac{1}{K}\,(T_j - T_{ugb}),$$

wobei K der Wärmewiderstand des ganzen Systems ist. Die pro Zeit zugeführte Wärme ist die Verlustleistung N des Transistors. Wenn Q in Einheiten von Ws an Stelle von cal (1 Ws = 0,239 cal) angegeben wird, dann ist

$$\frac{\mathrm{d}Q}{\mathrm{d}t} = N = \frac{1}{K}\,(T_j - T_{ugb}). \tag{157}$$

Der Wärmewiderstand K hat dann die Dimension $°\mathrm{K/W}$ oder $°\mathrm{C/W}$. Man kann sich Gl. (157) aus der Differentialgleichung für die Wärmeleitung entstanden denken

$$\frac{\partial T}{\partial t} = \frac{\lambda}{c_v \, \varrho} \, \nabla \nabla \, T + \frac{1}{c_v \, \varrho} \left(\frac{\partial N}{\partial V} \right). \tag{158}$$

$\nabla \nabla$.   LAPLACE-Operator,
$\partial N / \partial V$ pro Volumen zugeführte Quellenleistung,
λ Wärmeleitfähigkeit,
$c_v \, \varrho$ Produkt aus spezifischer Wärme und Dichte.

Gleichungen von diesem Typ kann man durch ein elektrisches Analogon in Form eines RC-Kettenleiters nachbilden, worin C_w die Wärmekapazität und R_w den Wärmewiderstand je eines kleinen Stückes des Materials darstellt. Im einfachsten Fall erhält man das „Wärmeersatzschaltbild" in Abb. 50. Der Wärmefluß N wird als „Strom" in das aus C_w und $R_w = K = $ Wärmewiderstand bestehende Netzwerk eingespeist. An C_w liegt die Sperrschichttemperatur T_j, an der unendlich großen Wärmekapazität

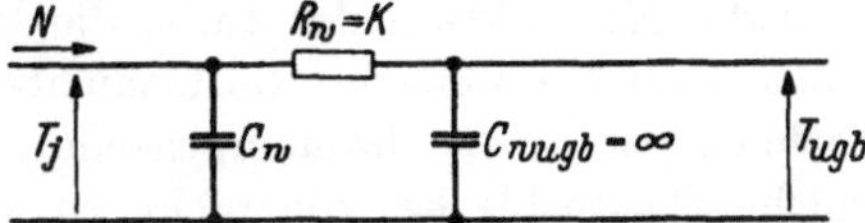

Abb. 50. „Ersatzschaltbild" für den Transport der Wärme vom Kristallinnern eines Transistors zu seiner Umgebung. Es ist formal einem elektrischen RC-Netzwerk ähnlich. Hier sind die Elemente der Wärmewiderstand K und die Wärmekapazitäten C_w. Dem Strom entspricht der Wärmestrom, d. h. die zugeführte Leistung N. Der Spannung entspricht die Temperatur T. In manchen Fällen, insbesondere für das zeitliche Anfangsgebiet eines Einschaltvorganges, reicht jedoch das einfache Ersatzmodell nicht aus

der Umgebung die Temperatur T_{ugb}. Man erhält für das Netzwerk die Gleichung

$$\tau_w \frac{\mathrm{d} T_j}{\mathrm{d} t} = K \, N - (T_j - T_{ugb}) \tag{159}$$

mit

$$\tau_w = K \, C_w.$$

Diese — allerdings nur näherungsweise gültige — Gleichung reicht vorerst für die weiteren Betrachtungen aus.

Stationärer Fall. Im stationären Fall ergibt sich die Gl. (157). Sie besagt, daß die Verlustleistung bei gegebener maximaler Sperrschichttemperatur durch den Wärmewiderstand des Transistortyps und die maximal zu erwartende Umgebungstemperatur beschränkt wird

$$N_{\max} = \frac{T_{j\max} - T_{ugb\max}}{K}. \tag{160}$$

Für N kann in den meisten Fällen die Kollektorverlustleistung N_C gesetzt werden

$$N \approx N_C = U_{CE} I_C.$$

Bei hohen Steuerleistungen muß jedoch außer der Kollektorverlustleistung zwischen Kollektor-Emitter $N_{CE} = I_C \, U_{CE}$ auch jene zwischen Basis und Emitter $N_{BE} = I_B \, U_{BE}$ berücksichtigt werden.

Der Wärmewiderstand K ist der gesamte wirksame Wärmewiderstand. Er kann bei einem gegebenen Transistorexemplar durch eine verbesserte Wärmeableitung zwischen Gehäuse und Umgebung verkleinert werden. Dies ist besonders bei Leistungstransistoren von Bedeutung. Für solche Typen wird im allgemeinen nur der Wärmewiderstand zwischen Kristall und Gehäuse angegeben. Für die in der Praxis gebräuchlichste Wärmeableitung über ein genügend großes Chassisblech ist man auf empirische Werte der Wärmewiderstände angewiesen. Die theoretische Behandlung ist vor allem deswegen schwierig, weil es unübersichtliche „Nebenschlüsse" des Wärmestromes geben kann und weil die Konvektion der Luft, die letztlich den Wärmetransport vom Chassis an die weiteren Luftschichten zu besorgen hat, schwer zu berechnen ist. Eine halbempirische, brauchbare Näherungsformel für solche Chassisbleche, die nicht zu sehr von der quadratischen Form abweichen, ist von SEUROT [30] angegeben worden

$$K_{\mathrm{Ch}} = 3{,}3 \frac{C^{1/4}}{\lambda^{1/2} d^{1/2}} + 650 \frac{C}{A}. \tag{161}$$

Hierin ist

K_{Ch} Wärmewiderstand des Chassis in °C/W,
A Chassisfläche in cm²,
λ Wärmeleitfähigkeit des Chassis in W °C⁻¹ cm⁻¹,
d Chassisdicke in mm.

Die Wärmeleitfähigkeit von Aluminium ist $2{,}1$ W °C⁻¹ cm⁻¹, die von Kupfer $3{,}8$ W °C⁻¹ cm⁻¹ und jene von Messing $1{,}1$ W °C⁻¹ cm⁻¹. C ist ein Korrekturfaktor, er hat folgende Werte

Oberfläche	Lage des Chassis	
	horizontal	vertikal
glatt	1,0	0,85
geschwärzt . .	0,5	0,43

K_{Ch} wird zu dem internen Wärmewiderstand K_{int} des Transistors addiert. Für einen gebräuchlichen Leistungstransistor mit z. B. $K_{\mathrm{int}} = 1{,}8$ °C/W, ferner bei einem glatten, vertikal aufgestellten Chassis aus Aluminium mit einer Fläche von 600 cm² und einer Dicke von 2 mm erhält man

$$K = 1{,}8 + (1{,}55 + 0{,}92) = 4{,}3 \ °\mathrm{C/W}.$$

Mit $\vartheta_j = \max 75\,°\mathrm{C}$; $\vartheta_{ugb} = \max 45\,°\mathrm{C}$ ist dann nach Gl. (160) mit

$$T_j - T_{ugb}\,[°\mathrm{K}] = \vartheta_j - \vartheta_{ugb}\,[°\mathrm{C}] = 30\ °\mathrm{C},$$

$$N_C = \max 7{,}0\ \mathrm{W}.$$

Eine teilweise beträchtliche Verringerung des gesamten wirksamen Wärmewiderstandes ist durch bewegte Kühlluft möglich, z. B. bei Verwendung von Ventilatoranordnungen. Auch geschickt angeordnete Kühlfahnen können den Wärmewiderstand herabsetzen. Schließlich ist noch zu bemerken, daß alle Wärmewiderstände mit wachsender Temperaturdifferenz ein wenig abnehmen, so daß stets der im interessierenden Temperaturbereich gemessene Wert verwendet werden sollte. Der Wärmewiderstand ist strenggenommen keine Materialkonstante.

Instationäre Fälle. Infolge der inneren Wärmezeitkonstanten τ_w in Gl. (159) folgt die Sperrschichttemperatur T_j der zugeführten Leistung N verzögert. Nun zeigt sich jedoch, daß es keine einheitliche Wärmezeitkonstante gibt, d. h., daß das Wärmeersatzschaltbild in Abb. 50 zu stark vereinfacht ist. Diese Vereinfachung hat in manchen Fällen erhebliche Auswirkungen auf die Werte der maximal zulässigen Verlustleistung bei gegebener maximaler Sperrschicht- und Umgebungstemperatur, so daß diese Vereinfachung nicht mehr tragbar ist.

Auf der anderen Seite ist eine strenge Behandlung der zur Differentialgleichung für den Wärmetransport (158) zugehörigen Randwertaufgabe außerordentlich schwierig. Ein brauchbarer Weg besteht darin, daß man ein noch mit angängigem Aufwand zu behandelndes Modell zugrunde legt

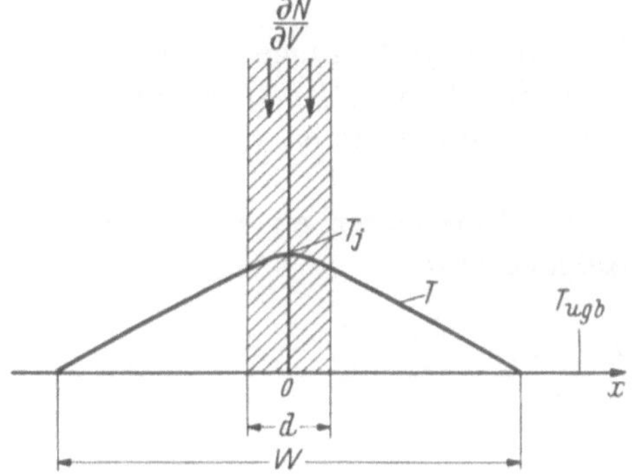

Abb. 51. Modellskizze für die Herleitung der Zeitfunktionen für die Temperatur (siehe Text)

und sorgfältig beobachtet, ob die gewählten Näherungen auf der Seite der Sicherheit im Hinblick auf die Anwendungsformeln liegen. Einige Untersuchungen dieser Art sind bereits durchgeführt worden [*31 ··· 35*]. Wir wollen uns hier darauf beschränken, einige für die meisten Betriebsfälle anwendbare Formeln herzuleiten.

Ein erfahrungsgemäß brauchbares Modell für den Wärmetransport im Transistor und in dessen unmittelbarer Umgebung ist in Abb. 51 skizziert. Wir betrachten eine Sperrschicht großer Fläche mit der Dicke d, in welcher der überwiegende Teil der Verlustleistung umgesetzt bzw. die Wärmeenergie zugeführt wird. Es wird nur ein eindimensionaler Wärmefluß senkrecht zu dieser Fläche berücksichtigt. An einem fiktiven Rand $|x| = W/2$ denken wir uns ein unendlich gut leitendes Medium mit der konstanten Umgebungstemperatur T_{ugb} angeschlossen. Die Größe von W kann später über den meßbaren Wärmewiderstand bestimmt werden. Für den erwärmten Teil $|x| < W/2$ setzen wir die Kenntnis des Produktes $c_v \varrho$ aus spezifischer Wärme c_v und Dichte ϱ sowie der Wärmeleitfähigkeit λ voraus. Die zu lösende Randwertaufgabe der Theorie des Wärmetransportes ist dann mit Verwendung von

Gl. (158) wie folgt formuliert

$$\frac{\partial T}{\partial t} = \left(\frac{\lambda}{c_v \varrho}\right) \frac{\partial^2 T}{\partial x^2} + \frac{1}{c_v \varrho}\left(\frac{N}{F d}\right), \qquad (162)$$

$$N = \begin{cases} N(t) & \text{für} \quad |x| < d/2, \\ 0 & \text{sonst} \end{cases}$$

$$T = \begin{cases} T_{ugb} & \text{für} \quad |x| > W/2, \\ \text{stetig für} & |x| = d/2, \end{cases}$$

$$\frac{\partial T}{\partial x} = 0 \qquad \text{für} \quad x = 0.$$

Die Anfangsbedingungen ergeben sich später nach Formulierung von $N(t)$. Der Wert $N/(F d)$ ist die pro Volumen in $|x| < d/2$ zugeführte Verlustleistung. F ist die Sperrschichtfläche und d die Sperrschichtdicke.

Bei Einschalten einer konstanten Leistung N_X ist eine Lösung der Aufgabe (162)

$$T = T_a + \frac{N_X W}{4 F \lambda}\left\{1 - \frac{d}{2W} - \frac{2 x^2}{d W} - \sum_n^\infty \frac{16 W}{d \pi^3 n^3} \sin\left(\frac{n \pi d}{2 W}\right) \cos\left(\frac{n \pi x}{W}\right) \times \right.$$
$$\left. \times \exp(-n^2 t/\tau_w)\right\} \qquad (163\,\text{a})$$

$$n = 1, 3, 5, \ldots \qquad\qquad\qquad \text{für} \quad 0 < |x| < d/2,$$

$$T = T_a + \frac{N_X W}{4 F \lambda}\left\{1 - \frac{2}{W}|x| - \sum_n^\infty \frac{16 W}{d \pi^3 n^3} \sin\left(\frac{n \pi d}{2 W}\right) \cos\left(\frac{n \pi x}{W}\right) \times \right.$$
$$\left. \times \exp(-n^2 t/\tau_w)\right\} \qquad (163\,\text{b})$$

$$n = 1, 3, 5, \ldots \qquad\qquad\qquad \text{für} \quad d/2 < |x| < W/2,$$

mit

$$\tau_w = \left(\frac{c_v \varrho}{\lambda}\right) \frac{W^2}{\pi^2}. \qquad (164)$$

T_a ist die Anfangstemperatur des betrachteten Einschaltvorganges, wobei T_a ein stationärer Wert gewesen sein soll. Die Reihen konvergieren sehr langsam, besonders im zeitlichen Anfangsbereich und in der Nähe $x = 0$.

Für die maximale Temperatur $T(x = 0) = T_j$ ergibt sich aus Gl. (163 a)

$$T_j = T_a + \frac{N_X W}{4 F \lambda}\left\{1 - \frac{d}{2W} - \sum_n^\infty \frac{16 W}{d \pi^3 n^3} \sin\left(\frac{n \pi d}{2 W}\right) \exp(-n^2 t/\tau_w)\right\}$$

$$n = 1, 3, 5, \ldots \qquad\qquad\qquad\qquad\qquad\qquad\qquad\qquad (165)$$

Der Anstieg im Anfangsbereich $(t = 0)$ ist

$$\frac{\partial T_j}{\partial t}\bigg|_{t=0} = \frac{N_X\, W}{4F\,\lambda\,\tau_w} \sum_{n}^{\infty} \frac{16\,W}{d\,\pi^3\,n}\, \sin\left(\frac{n\,\pi\,d}{2\,W}\right)$$

$$n = 1,\, 3,\, 5,\, \ldots$$

und mit der allgemeinen Beziehung

$$\sum_{n=1,\,3,\,5}^{\infty} \frac{\sin(n\,z)}{n} = \frac{\pi}{4} \quad \text{für} \quad 0 < z < \pi$$

$$\frac{\partial T_j}{\partial t}\bigg|_{t=0} = \frac{1}{c_v\,\varrho}\,\frac{N_X}{F\,d}\,.$$

Im Anfangsbereich kann daher

$$T_j = T_a + \frac{1}{C_{wi}}\, N_X\, t \qquad (166)$$

mit

$$C_{wi} = c_v\,\varrho\, F\, d = c_v\,\varrho\, V$$

gesetzt werden. Das bedeutet, daß man bei sehr kurzen Impulsen mit einem linearen Anstieg der Temperatur rechnen kann, der nur von der inneren Wärmekapazität C_{wi} bestimmt wird. Für z. B.

$$c_v\,\varrho = 1{,}65\,\text{Ws}\,°\text{C}^{-1}\,\text{cm}^{-3} \quad \text{(Germanium)},$$

$$F = 10^{-2}\,\text{cm}^2,$$

$$d = 6 \cdot 10^{-4}\,\text{cm} = 6\,\mu\text{m}$$

ist

$$C_{wi} \approx 10^{-5}\,\text{Ws}\,°\text{C}^{-1}.$$

Die maximal zulässige Leistung $N_{X\,\text{max}}$ ist dann

$$N_{X\,\text{max}} = \frac{C_{wi}}{t_p}\,(T_{j\,\text{max}} - T_a)\,. \qquad (167)$$

Für eine Differenz $T_{j\,\text{max}} - T_a = 30\,°\text{C}$ und eine Impulsdauer t_p von $1\,\mu\text{s}$ erhält man z. B. $N_X = 300\,\text{W}$. Dies gilt jedoch nur für einen einmaligen Impuls, wobei noch zu berücksichtigen ist, daß der Wert von C_{wi} sehr schwierig zu ermitteln ist. Weiterhin ist noch folgendes zu bemerken. Nach Gl. (167) dürfte bei einem beliebig kurzen Impuls theoretisch die zugeführte Leistung über alle Grenzen wachsen. Dann würde das gleiche aber auch bei den elementaren Stoßprozessen zwischen Ladungsträgern und Gitterbausteinen für die zugeführte Energie innerhalb einer Stoßzeit der Fall sein, d. h. diese würden mit einer theoretisch beliebig großen Energie beim Elementarstoß belastet. Die Wärmeleitungsgleichung (158) ist jedoch eine Kontinuumsgleichung für eine Vielzahl gleichmäßig belasteter Gitterbausteine. Es ist schwierig festzustellen, wo die obere Grenze der kurzzeitigen Leistung liegt. Es ist jedoch sicher, daß die von den Herstellern angegebenen absoluten Grenzwerte von Spannungen und Strömen ein Erreichen dieser Grenze verhindern.

Von Interesse ist weiterhin, daß aus Gl. (158) auch eine Ungleichung von der Form

$$T_j < T_a + \frac{1}{C_{wi}} \int\limits_0^{t_p} N(t)\,\mathrm{d}t \tag{168}$$

folgt. Das Integral ist die insgesamt in der Zeit $0 < t < t_p$ zugeführte Energie E_T. In manchen Fällen ist die Berechnung der Energie E_T leichter als die der Leistung $N(t)$ und der Impulsdauer t_p. Wir können daher auch schreiben

$$T_j < T_a + \frac{1}{C_{wi}} E_T \,.$$

Auch hier gibt es die eben erwähnte obere Grenze, die durch die (nicht bekannte) maximal zulässige Einzelbelastung von Gitterbausteinen gegeben ist.

Um den weiteren Verlauf der Funktion (165) übersichtlich beschreiben zu können, setzen wir zuerst $d = 0$. Dies ist eine im Sinne der Betriebssicherheit erlaubte Näherung. Weiter ist im stationären Zustand

$$T_j\,(t = \infty) = T_a + \frac{N_X\,W}{4\,F\,\lambda}\,,$$

so daß beim Vergleich mit Gl. (157) für den Wärmewiderstand

$$K = \frac{W}{4\,F\,\lambda} \tag{169}$$

folgt. Hieraus ließe sich der fiktive Wert W bestimmen und damit auch die Zeitkonstante τ_w in Gl. (164). In der Tat ergibt sich in der Praxis ein ungefähr richtiger Wert für τ_w. Indessen sollte τ_w experimentell bestimmt werden (vgl. z. B. [36]).

Weiterhin bedienen wir uns einer Näherungsbeziehung (vgl. [35])

$$\sum_n^\infty \frac{8}{\pi^2}\,\frac{1}{n^2}\,\exp(-n^2\,t/\tau_w) = 1 - \frac{4}{\pi\sqrt{\pi}}\,\sqrt{\frac{t}{\tau_w}} \tag{170}$$

$$n = 1,\,3,\,5,\,\ldots,$$

die für $t/\tau_w < 1$ mit einem Fehler von $< 2\%$ verwendet werden kann. Mit Einsetzen von K ergibt sich schließlich

$$T_j = T_a + K\,N_X\left(\frac{4}{\pi\sqrt{\pi}}\right)\sqrt{\frac{t}{\tau_w}}\,. \tag{171}$$

In Abb. 52 sind zum Vergleich verschiedene Erwärmungsfunktionen (normiert auf einen Endwert 1) nebeneinander aufgetragen mit logarithmischem Maßstab für t/τ_w.

Die Gültigkeit der Näherungsbeziehung (170) ist gut zu erkennen.
Bei Verwendung des zu stark vereinfachten Wärmeersatzschaltbildes

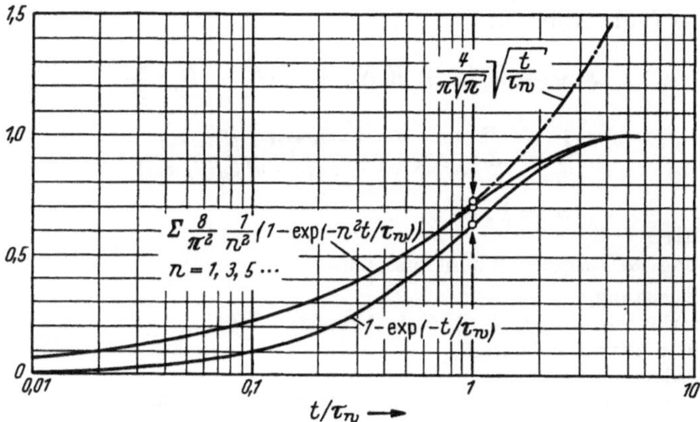

Abb. 52. Vergleich von Zeitfunktionen für die Sperrschichttemperatur beim Einschalten einer konstanten Leistung für verschiedene Modelle (Normierung auf den Wert 1). Die Werte eines streng berechneten Modells mit eindimensionalem Wärmefluß liegen höher als die Werte der einfachen — aus dem Ersatzmodell Abb. 50 folgenden — Exponentialfunktion. Die dem ersten Modell zugehörige Reihenentwicklung läßt sich bis zu einer Zeit $t = \tau_w$ durch eine mit $\sqrt{t}$ anwachsende Funktion annähern

Abb. 50 würde man eine einfache Exponentialfunktion als Lösung erhalten. Die Sperrschichttemperaturen des genaueren Modells liegen teilweise sehr viel höher, und zwar auch noch dann, wenn beide Funktionen durch eine verschiedene Zeitskala auf einen gleichen Funktionswert $1 - (1/e) = 0,63$ gebracht werden.

Bei den voranstehenden Betrachtungen wurde eine konstante und gegebene Anfangstemperatur T_a angenommen. Bei den meisten Anordnungen ist dies nicht der Fall. Bei periodischem Betrieb hängt z. B. die Temperatur T_a von dem davorliegenden Temperaturverlauf ab. Um wieder zu überschaubaren Verhältnissen zu kommen, betrachten wir einen Rechteckverlauf der Verlustleistung nach dem Muster der Abb. 53. Für die Lösung der Randwertaufgabe

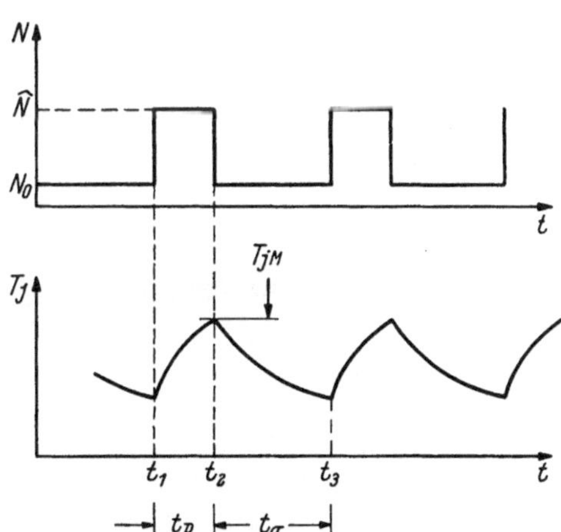

Abb. 53. Schematische Darstellung des Verlaufes der Sperrschichttemperatur bei periodischen Leistungsimpulsen. Die maximal vorkommende Temperatur T_{jM} ist eine Funktion von t_p und t_q oder des Tastverhältnisses $V_T = t_p/(t_p + t_q)$

kann man wieder allgemeine Lösungen vom Typ (163) verwenden. Wir überschlagen die in [35] angegebene Rechnung und schreiben nur die Ergebnisse an. Es ist die maximal vorkommende Temperatur T_{jM} (vgl. Abb. 53)

$$T_{jM} = T_{ugb} + K N_0 + K(\widehat{N} - N_0)\frac{1}{R} \qquad (172)$$

mit

$$\frac{1}{R} = \sum_{n}^{\infty} \frac{8}{\pi^2 n^2}\left(\frac{1 - \exp(-n^2 t_p/\tau_w)}{1 - \exp[-n^2 t_p/(V_T \tau_w)]}\right)$$

$$n = 1, 3, 5, \dots$$

Es bedeuten

N_0 Leistung im ausgeschalteten Zustand,
$\widehat{N}$ Impulsleistung,
V_T Tastverhältnis $= t_p/(t_p + t_q)$ (vgl. Abb. 53),
K gesamter Wärmewiderstand,
t_p Impulsdauer,
τ_w Wärmezeitkonstante, und zwar jene Zeitkonstante, die bei einem Einheitssprung der Verlustleistung an der Stelle $t = \tau_w$ für $\Delta T_j/\Delta T_j$ $(t \to \infty) = 0{,}71$ nach Abb. 52 gemessen wird $(\Delta T_j = T_j - T_{ugb})$.

Die zulässige Impulsleistung erhält man aus

$$\widehat{N} = N_0 + R\left\{\frac{T_{j\,max} - T_{ugb\,max}}{K} - N_0\right\} \qquad (173)$$

mit

$$R = R[(t_p/\tau_w),\, V_T].$$

Die Funktion R ist in Abb. 54 graphisch dargestellt. Es ist R über t_p/τ_w (im logarithmischen Maßstab) mit V_T als Parameter aufgetragen. Zum

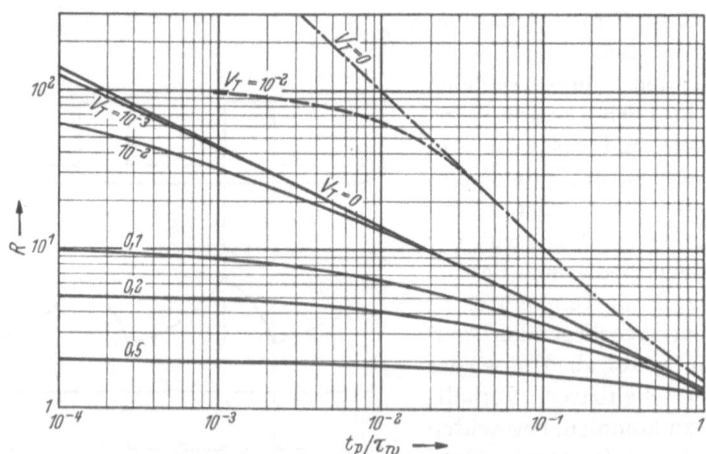

Abb. 54. Hilfskurven für die Berechnung der maximal zulässigen Spitzenleistung bei periodischem Schalterbetrieb. Diese Spitzenleistung ist proportional der Größe R (vgl. Text). Die strichpunktierte Kurve und die gestrichelte Kurve für $V_T = 10^{-2}$ wären bei der Verwendung des Ersatzmodells Abb. 50 gültig. Die tatsächlich zulässigen Werte von R liegen jedoch wesentlich niedriger

Vergleich sind zwei Kurven für $V_T = 0$ und $V_T = 10^{-2}$ eingetragen, die man erhielte, wenn man reine Exponentialfunktionen als Zeitfunktion für die Temperatur zugrunde legen würde, d. h., wenn man ein einzelnes RC-Glied eines Analogienetzwerkes als Wärmeersatzschaltbild verwenden würde. Man erkennt, daß die zulässigen Impulsleistungen wesentlich niedriger liegen, als in der offenbar nicht zulässigen Näherung bei Verwendung einer zu einfachen Wärmeersatzschaltung.

Die Konstruktion der Kurven in Abb. 54 wird erleichtert, wenn man teilweise von der Beziehung (170) Gebrauch macht.

Für $V_T \to 0$ wird im übrigen

$$R \approx R_0 = \frac{1}{0{,}718 \sqrt{t_p/\tau_w}} \qquad (t_p/\tau_w < 1). \qquad (174\,\text{a})$$

Für sehr kleine Werte von t_p/τ_w und $t_p/(V_T\,\tau_w)$ erhält man einen Grenzwert

$$\left.\frac{1}{R}\right|_{t_p/\tau_w \to 0;\ t_p/(V_T\tau_w)\to 0} \to V_T$$

bzw.

$$R \to \frac{1}{V_T}. \qquad (174\,\text{b})$$

Ein Beispiel möge die Anwendung der Gl. (173) verdeutlichen. Es sei

$$N_0 = 0; \qquad T_{j\,\max} - T_{ugb\,\max} = 50\,°\text{C}; \qquad K = 10\,°\text{C W}^{-1},$$
$$\tau_w = 100\,\text{ms}; \qquad t_p = 1\,\text{ms}; \qquad V_T = 10^{-2}.$$

Es ist $t_p/\tau_w = 10^{-2}$ und man liest aus Abb. 54 ab

$$R = 13.$$

Aus Gl. (173) folgt

$$\widehat{N} = 65\,\text{W}.$$

Würde man $\widehat{N}$ aus dem Mittelwert der Leistung über eine Periode berechnen, dann erhielte man fälschlicherweise

$$\widehat{N} = \frac{1}{V_T}\,\overline{N} = 100 \cdot 5\,\text{W} = 500\,\text{W}.$$

Auch die Zugrundelegung eines einfachen RC-Wärmeersatzschaltbildes ergäbe einen falschen Wert (mit $R = 63$ nach Abb. 54)

$$\widehat{N} = 63 \cdot 5\,\text{W} = 315\,\text{W}.$$

Aus Abb. 54 ist zu erkennen, daß alle Kurven außer jener für $V_T = 0$ notwendigerweise dem Wert $R = 1/V_T$ nach Gl. (174b) zustreben und es erhebt sich die Frage, bei welchen Werten von t_p und V_T mit dem Mittelwert der Verlustleistung $\overline{N}$ über eine Periode

$$\overline{N} = \frac{N_0\,t_q + \widehat{N}\,t_p}{t_q + t_p} = N_0(1 - V_T) + \widehat{N}\,V_T \qquad (175)$$

gerechnet werden kann, ohne daß die maximale Sperrschichttemperatur T_{jM} beim Rechnen mit der Formel

$$\overline{N}_{\max} = \frac{1}{K}\left(T_{j\max} - T_{ugb\max}\right) \tag{175a}$$

[vgl. Gl. (160)] einen Wert von $T_{j\max} + \delta T_j = T_{jM}$ überschreitet. Wir verlangen dann, daß mit Verwendung von Gl. (172), (175) und (175a)

$$\delta T_j = K(\widehat{N} - N_0)\left(\frac{1}{R} - V_T\right)$$

kleiner als ein vorgegebener Wert bleibt, oder daß [wieder mit Gl. (175)]

$$\frac{\delta T_j}{T_{j\max} - T_{ugb\max} - K N_0} = \left(\frac{1}{RV_T} - 1\right) < \varepsilon$$

ist. Für eine zulässige Übertemperatur von z. B. 10 °C, $K N_0 = 0$ sowie $T_{j\max} - T_{ugb\max} - K N_0 < 40\,°C$ muß

$$\left(\frac{1}{RV_T} - 1\right) < \varepsilon = \frac{1}{4}$$

sein, sowie mit Verwendung von Gl. (172)

$$\sum_{n}^{\infty} \frac{8}{\pi^2 n^2} \frac{[1 - \exp(-n^2 t_p/\tau_w)] - V_T[1 - \exp(-n^2 t_p/(V_T \tau_w))]}{V_T[1 - \exp(-n^2 t_p/(V_T \tau_w))]} < \varepsilon$$
$$n = 1, 3, 5 \ldots$$

Wir verwenden eine Ungleichung, um zu einer Abschätzung zu kommen

$$\exp(-\xi/V_T) - V_T \exp(-\xi) < (1 - V_T)\exp(-\xi)\exp(-\xi/V_T)$$

und erhalten im Hinblick auf einen Maximalwert von t_p

$$\varepsilon > \sum_{n}^{\infty} \frac{8}{\pi^2 n^2}\left(\frac{1 - V_T}{V_T}\right)[1 - \exp(-n^2 t_p/\tau_w)]$$
$$n = 1, 3, 5, \ldots$$

Schließlich verwenden wir die Näherungsformel (170) und erhalten

$$\varepsilon > \left(\frac{1 - V_T}{V_T}\right) 0{,}718 \sqrt{t_p/\tau_w}$$

bzw für die Anwendbarkeit der Gl. (175a)

$$t_p < \tau_w \left(\frac{V_T}{1 - V_T}\right)^2 \left(\frac{\varepsilon}{0{,}718}\right)^2. \tag{176}$$

Für $\varepsilon = 1/4$ ist

$$t_p < \frac{\tau_w}{8{,}3}\left(\frac{V_T}{1 - V_T}\right)^2$$

bzw. auch mit Einführung der Pulsfrequenz $f_p = V_T/t_p$

$$f_p > 8{,}3 \frac{(1 - V_T)^2}{\tau_w V_T}.$$

Die Zeitkonstante τ_w ist im allgemeinen von der Größenordnung 100 ms. Dies bedeutet, daß z. B. bei $V_T = 0,5$ und bei einer Impulsdauer von $t_p > 12$ ms die Zulässigkeit der Mittelung in Frage gestellt ist.

Zur Zeitkonstanten τ_w ist noch zu bemerken, daß diese leider sehr selten als Kennwert eines Transistors in den Daten zu finden ist. Es ist jedoch zu erwarten, daß die Hersteller in Zukunft auch diesen wichtigen Kennwert berücksichtigen werden, wenn einmal eine größere Sicherheit bei der Festlegung der Grenzdaten von Halbleiterbauelementen gewonnen worden ist.

Bei sinusförmiger Aussteuerung gelten im Hinblick auf die Wärmeträgheit ähnliche Gesichtspunkte. Wenn die Periode der Wechselleistung genügend klein gegenüber der Wärmezeitkonstanten des Transistors ist, kann die Temperatur „nicht mitlaufen" und es stellt sich ein Mittelwert der Temperatur entsprechend der mittleren Verlustleistung ein. Bei langsamen Änderungen muß das Mitlaufen der Temperatur berücksichtigt werden. Der letztere Fall ist z. B. bei B-Verstärkern von Bedeutung, wenn der Transistor mit einem Signal niedriger Frequenz ausgesteuert wird und die Spitzenamplitude des Signals einer hohen momentanen Verlustleistung entspricht.

Die Verlustleistung hat in der Regel keinen streng sinusförmigen Verlauf. Man kann jedoch diesen Verlauf meist durch eine Funktion

$$N = N_0 + \Delta \widehat{N} \cos(2\pi f t)$$

annähern. Beim A-Verstärker beträgt f das Doppelte der Steuerfrequenz; beim B-Verstärker überwiegt die Komponente der Steuerfrequenz. Bei Annahme des oben angegebenen Modellfalles $T_{jM} = T_{j\max} + \delta T_j$ tritt an die Stelle von Gl. (176) die Formel

$$f > \frac{1}{7,8\,\tau_w} \sqrt{\frac{1 - \varepsilon^2}{\varepsilon^2}} \,. \tag{177}$$

Für $\varepsilon = 1/4$ wird

$$f > \frac{0,5}{\tau_w} \,.$$

2. Wanderung des Arbeitspunktes und thermische Instabilität

Im vorigen Abschnitt wurde an Hand der Abb. 49a und b gezeigt, daß sich als Folge von Temperaturänderungen in einer vorgegebenen Schaltung des Transistors erhebliche Arbeitspunktverschiebungen ergeben können. Weiterhin wurde erörtert, in welcher Weise sich die Temperatur bei einer gegebenen Verlustleistung ändert und einstellt. Die Verlustleistung ist aber wiederum eine Funktion von Strom und Spannung und daher wegen der Temperaturabhängigkeit des Reststromes und der Basis-Emitterspannung ihrerseits temperaturabhängig.

Aus diesem Grunde sind die elektrischen und thermischen Größen in einen Kreislauf eingeschlossen, den wir schematisch in Abb. 55 dargestellt haben.

Eine Steuergröße, z. B. ein Steuerstrom $I_S(t)$ und die Gleichstromspeisung, z. B. die Speisespannung U_0, bestimmen in einer gegebenen Schaltung die Verlustleistung N des Transistors. Sie ist Wärmequelle — überwiegend in der Sperrschicht — und tritt als bestimmende Größe in der Differentialgleichung für die Temperatur auf. Bei bestimmter Umgebungstemperatur T_{ugb} und gegebenen Wärmetransportverhält-

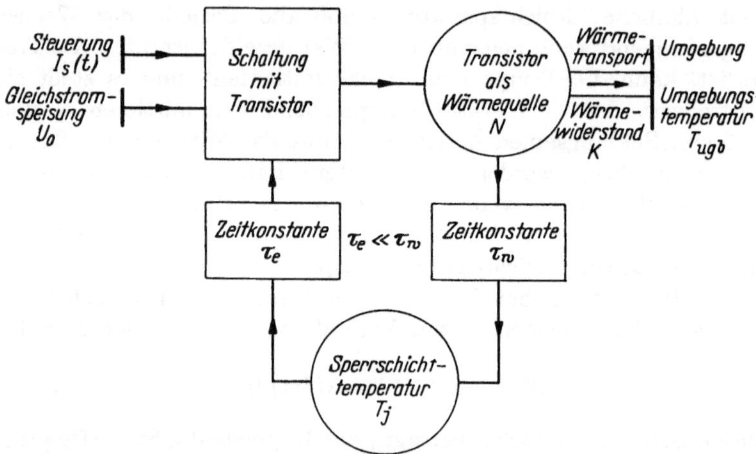

Abb. 55. Schema der Zusammenhänge zwischen der Abhängigkeit elektrischer Größen von der Sperrschichttemperatur und dem Wärmetransport. Da ein in sich geschlossener Kreis der Wirkungen vorhanden ist, ergibt sich unter bestimmten Bedingungen die Möglichkeit einer thermischen Instabilität

nissen (Wärmewiderstand K) stellt sich eine Sperrschichttemperatur T_j ein, und zwar mit einer im allgemeinen nicht einheitlichen Zeitkonstanten τ_w verzögert. Die temperaturabhängigen elektrischen Größen stellen sich theoretisch ebenfalls verzögert ein, jedoch mit einer sehr kleinen Zeitkonstanten τ_e von etwa $10^{-8} \cdots 10^{-10}$ s. Eine Änderung der Schwingungsenergie der Gitteratome (Temperatur) bewirkt z. B. eine sehr rasch folgende Erhöhung der Dichten der Minoritätsladungsträger und damit ein Anwachsen des Reststromes.

Mit dem so vorhandenen Kreislauf besteht die Möglichkeit einer thermischen „Rückkopplung", von der wir etwas später noch reden wollen. Wenn man allmählich irgendeine Größe, z. B. den Steuerstrom, die Speisespannung oder die Umgebungstemperatur ändert, werden sich sowohl der Arbeitspunkt als auch die Sperrschichttemperatur ändern. Bei einer bestimmten Einstellung kann es ein indifferentes Verhalten geben; der Transistor beginnt instabil zu werden. Es liegt dann nahe, zwei Fragen zu stellen. Wir suchen zwei Werte

a) den Einstellwert des Arbeitspunktes,

b) den kritischen Wert des Arbeitspunktes, bei dem Instabilität eintritt.

Arbeitspunktverschiebungen. Es ist sinnvoll, zuerst von langsamen quasistationären Änderungen der drei genannten Größen

$$\left.\begin{array}{ll} \text{Steuergröße, z. B.} & I_S(t) \ (\text{oder} \ U_S(t)) \\ \text{Speisespannung} & U_0(t) \\ \text{Umgebungstemperatur} \ T_{ugb}(t) \end{array}\right\} = \text{const}$$

auszugehen.

Die Differentialgleichung (159), die unter Berücksichtigung der Temperatur- und Zeitabhängigkeit von N die allgemeine Form

$$\tau_w \frac{\mathrm{d}T_j}{\mathrm{d}t} = KN(T_j, t) -$$
$$- (T_j - T_{ugb}) = f(T_j, t) \qquad (178)$$

hat, reduziert sich im quasistationären Fall $(\mathrm{d}T_j/\mathrm{d}t = 0)$ auf

$$KN(T_j) - (T_j - T_{ugb})$$
$$= f(T_j) = 0 \qquad (178\mathrm{a})$$

bzw. mit Berücksichtigung der konstanten Parameter

$$N(T_j)\big|_{U_0, I_S \ (\text{bzw.} \ U_S)} = \frac{T_j - T_{ugb}}{K}. \qquad (179)$$

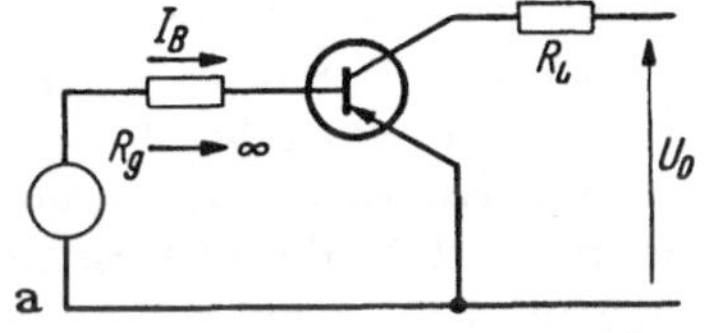

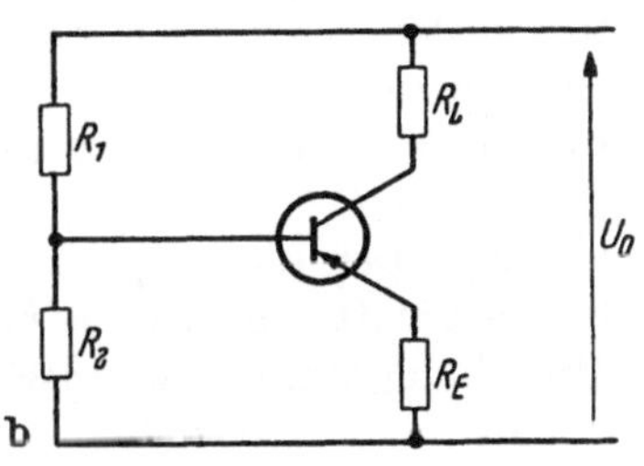

$$\frac{R_1 R_2}{R_1 + R_2} = R'$$

Abb. 56a u. b. Gleichstromnetzwerke für einen Transistor in Emitterschaltung zwecks Berechnung der Abhängigkeit des Kollektorstromes von der Sperrschichttemperatur
a) konstanter Basisstrom; b) Stabilisierung durch R_E und R'

Die rechte Seite der Gleichung ist in unserem Modell der Wärmefluß, der notwendigerweise im stationären Fall gleich der im Transistor erzeugten Verlustleistung sein muß.

Die bequemste Methode für die Ermittlung des Einstellpunktes für die Sperrschichttemperatur und für den Kollektorstrom besteht darin, die beiden Terme $N(T_j)$ und $(T_j - T_{ugb})/K$ über T_j mit I_S (oder auch U_S) und U_0 als Parameter aufzutragen, wofür wir als Beispiel eine einfache Schaltung nach Abb. 56a betrachten wollen. Hier ist

$$N \approx N_C = U_0 I_{CM}\left(1 - \frac{I_C}{I_{CM}}\right)\frac{I_C}{I_{CM}} \qquad (180)$$

mit

$$I_{CM} = U_0/R_L \qquad\qquad (180\,\text{a})$$

und

$$I_C = B_N I_B + (1 + B_N) I_{CB0}\big|_{T_j}. \qquad\qquad (180\,\text{b})$$

Von der Temperatur- und Arbeitspunktabhängigkeit von B_N wollen wir absehen. In Abb. 57a sind für ein Beispiel die beiden Funktionen aufgetragen. $(\vartheta_j - \vartheta_{ugb})/K$ ist eine Gerade, deren Schnittpunkt mit der Abszisse bei ϑ_{ugb} liegt. Die Steilheit der Geraden ist dem Wärmewiderstand umgekehrt proportional. In unserem Beispiel ist $K = 25\,°\text{C W}^{-1}$ und $\vartheta_{ugb} = 45\,°\text{C}$ (und $55\,°\text{C}$) gesetzt.

Die gekrümmte Kurve ist die Kurve der Verlustleistung $N(\vartheta_j)$. Das vorliegende Beispiel gilt für $-U_0 = 12\,\text{V}$; $-I_{CM} = 250\,\text{mA}$; $I_B = 0$; $B_N = 50$; $-I_{CB0}(\vartheta_0 = 25\,°\text{C}) = 20\,\mu\text{A}$. Die Werte des Reststromes bei verschiedenen Sperrschichttemperaturen sind den Kenndaten des Transistortyps entnommen, den wir für das Beispiel zugrunde gelegt haben. Der Schnittpunkt von Kurve und Gerade ergibt die sich tatsächlich einstellende Sperrschichttemperatur und Verlustleistung.

Die Kurve $N(\vartheta_j)$ würde eine Waagerechte sein, wenn die Verlustleistung, d. h. die elektrischen Größen, nicht von der Temperatur abhingen. Legt man bei der Dimensionierung in unserem Beispiel eine Temperatur $\vartheta_{ugb} = 45\,°\text{C}$ zugrunde, dann läge bei Nichtberücksichtigung der Temperaturabhängigkeit von N der Einstellpunkt auf der gestrichelten Waagerechten, d. h. dicht unter P'. In Wahrheit stellt sich eine — wenn auch nur wenig — höhere Temperatur ein. Bei $\vartheta_{ugb} = 55\,°\text{C}$ ergibt sich jedoch schon eine beträchtlich höhere Verlustleistung. Der Einstellpunkt ist jetzt P. Die Verschiebung zu höheren Sperrschichttemperaturen und Verlustleistungen wird mit wachsender Umgebungstemperatur rasch größer.

Aus dem Einstellpunkt P und der dazugehörigen Sperrschichttemperatur ϑ_j läßt sich nach Gl. (180b) der Kollektorstrom berechnen. Man kann auch die Kurve für den Kollektorstrom in Abb. 57a mit eintragen und auf diese Weise ϑ_j und $-I_C$ ablesen. Die Änderungen des Arbeitspunktes bei Änderung der Umgebungstemperatur erhält man durch Parallelverschiebung der Geraden. Interessant ist der strichpunktiert eingetragene Grenzfall. An dem Punkt P'' ist $I_C = I_{CU}$, der Transistor wird übersteuert und es kann ein Signal nicht mehr verstärkt werden. ($-I_{CU}$ ist etwas kleiner als $-I_{CM}$ infolge der Kollektorrestspannung.) Man sagt meist: „Der Transistor ist festgelaufen". Im vorliegenden Beispiel erfolgt dies erst bei einer Temperatur, die oberhalb des maximal zulässigen Wertes $\vartheta_{j\,max} = 75\,°\text{C}$ liegt. Bei einer Erhöhung der Speisespannung und bei Änderung des Basisstromes gibt es ebenfalls Arbeitspunktverschiebungen, da sich dann die ganze gekrümmte Kurve für $N(\vartheta_j)$ verschiebt.

Diese Verschiebungen können durch verschiedene Maßnahmen verringert werden; man nennt dies „Arbeitspunktstabilisierung" (vgl. z. B.

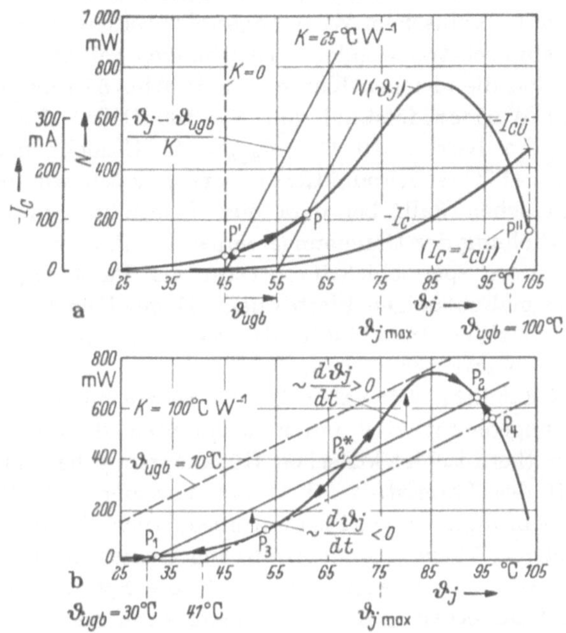

Abb. 57a u. b. Ermittlung der Einstellwerte der Temperatur mit Hilfe zweier Kurven $N(\vartheta_j)$ und $(\vartheta_j - \vartheta_{ugb})/K$ (vgl. Text)
a) $K = 25\,°\mathrm{C}\,\mathrm{W}^{-1}$; b) $K = 100\,°\mathrm{C}\,\mathrm{W}^{-1}$

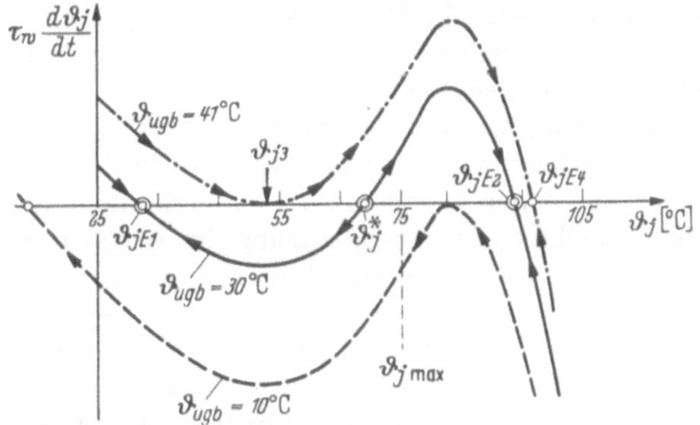

Abb. 58. Zur Herleitung der Stabilitätskriterien (vgl. Text)

[*37, 38*]). Eine solche Arbeitspunktstabilisierung kann durch Verringerung des Wärmewiderstandes, durch Gleichstromgegenkopplungen, Wahl einer günstigen Gleichstromschaltung überhaupt und durch Verwendung temperaturabhängiger Bauelemente in der Schaltung erfolgen. Auf diese Fragen wird im Kapitel IV. noch ausführlich eingegangen werden. Wir wollen hier lediglich noch bemerken, daß quantitative Untersuchungen am bequemsten auf graphischem Wege angestellt werden, da man stets auf gemischt algebraisch-transzendente Gleichungen geführt wird.

In Abb. 57b sind die gleichen Kurven wie in Abb. 57a aufgetragen, jedoch bei einem Wärmewiderstand von $K = 100\,°\mathrm{C}\,\mathrm{W}^{-1}$. Die Lösung der Gl. (179) ist im Bereich $10\,°\mathrm{C} < \vartheta_{ugb} < 41\,°\mathrm{C}$ nicht mehr eindeutig. Bei $\vartheta_{ugb} = 41\,°\mathrm{C}$ (strichpunktierte Kurve) haben wir den oben angedeuteten kritischen Fall, bei dem eine Instabilität eintritt. Bei einer geringen Erhöhung der Umgebungstemperatur $\vartheta_{ugb} > 41\,°\mathrm{C}$ stellt sich sofort eine hohe Sperrschichttemperatur am Punkt P_4 ein, die oberhalb des maximal zulässigen Wertes liegt. Damit kommen wir zum Problem der thermischen Instabilität, das wir zuerst noch von einer anderen Seite her betrachten wollen.

Thermische Instabilität. Wir haben bei der Besprechung der Abb. 55 ganz allgemein angedeutet, daß unter bestimmten Bedingungen die Möglichkeit einer thermisch-elektrischen Rückkopplung besteht, die zu einer Instabilität des Transistors führt. Der Vorgang verläuft in der Weise, daß in einem ungünstigen Zustand hinsichtlich Temperatur und Leistung eine beliebig kleine Zustandsänderung momentan die Verlustleistung erhöht, worauf (ein wenig verzögert) die Sperrschichttemperatur wächst, mit ihr erneut z. B. der Kollektorstrom usw. — Verlustleistung und Sperrschichttemperatur können mehr oder weniger unbegrenzt „davonlaufen" (in der englischsprachigen Literatur „thermal runaway"). Man kann diesen Effekt auch so auffassen, daß die Kollektor-Emitterstrecke sich wie ein Widerstand mit negativem Temperaturkoeffizienten verhält. Solche Widerstände können grundsätzlich unter bestimmten Bedingungen thermisch instabil sein.

Für die Schaltungstechnik des Transistors ist es wichtig, einerseits die Kriterien zu kennen, bei denen thermische Instabilität eintritt, andererseits Maßnahmen zu finden, die sie verhindern. Im allgemeinen werden bei Maßnahmen zur Stabilisierung des Arbeitspunktes auch die Sicherheitsabstände gegenüber Instabilität vergrößert. In vielen Fällen jedoch müssen die Kriterien unabhängig von der Stabilisierung betrachtet werden (vgl. hierzu [39]). Im folgenden wollen wir an Hand einiger einfacher Modelle diese Kriterien behandeln.

Ein selbständiges Abwandern des Einstell- bzw. Arbeitspunktes des Transistors infolge thermisch-elektrischer Rückkopplung kann allgemein nur als Zeitvorgang verstanden werden. Man muß daher von der Differentialgleichung (178) ausgehen

$$\tau_w \frac{\mathrm{d}T_j}{\mathrm{d}t} = f(T_j,\, t)\,.$$

Die Funktion f ist nur dann eine Funktion der Zeit, wenn U_0, T_{ugb}, I_S (bzw. U_S) Funktionen der Zeit sind. Die Gl. (178) ist eine gewöhnliche Differentialgleichung, deren Lösung bei gegebener Anfangsbedingung, d. h. bei gegebener Anfangstemperatur T_{ja} gesucht wird. $f(T_j, t)$ kann, wie wir oben schon gesehen haben, von recht komplizierter Gestalt sein. (Außerdem ist die Zeitkonstante τ_w in einem strengen Modell noch als Funktion von T_j und t anzusehen.) Während sich sonst für das Auffinden von Lösungen eine Untersuchung der Isoklinen im T_j, t-Feld anbietet, kann man sich hier mit einem einfacheren Verfahren begnügen, da es nur auf die Kriterien und auf das prinzipielle Verhalten des Transistors ankommt. Da nach den Gln. (178) und (179) die Differenz der beiden in Abb. 57 eingetragenen Kurven proportional $d\vartheta_j/dt$ ist, kann man mit Hilfe der Kurven in Abb. 57 den zeitlichen Verlauf eines jeden Vorganges punktweise konstruieren. Zum Beispiel bewegt sich für $\vartheta_{ugb} = 30\,°\mathrm{C}$ und $N(t) = \mathrm{const}$ in Abb. 57b der momentanen Arbeitspunkt von $N(\vartheta_j)$ entlang der $N(\vartheta_j)$-Kurve in Richtung der eingetragenen Pfeile, wie auch immer der Anfangszustand gewesen ist.

Im vorliegenden Beispiel sind daher die Schnittpunkte P_1 und P_2 stabile Einstellpunkte, während P_2^* ein labiler Punkt ist. Allgemein ist in dem für die Praxis wichtigen Fall $N(t) = \mathrm{const}$ ein Einstellpunkt nur *stabil*, wenn

$$\frac{dN(\vartheta_j)}{d\vartheta_j}\bigg|_{\vartheta_{jE}} < \frac{1}{K}$$

gilt. Außerdem muß der Einstellpunkt im zugelassenen Temperaturbereich liegen. (Da es praktisch keinen beliebig kleinen Lastwiderstand gibt — auch die Bahnwiderstände des Transistors muß man hinzurechnen —, gibt es in jedem Falle mindestens einen Einstellpunkt.)

Mathematisch gesehen handelt es sich hier um eine Betrachtung der Differentialgleichung (178) im $d\vartheta_j/dt$, ϑ_j-Feld und wir haben in Abb. 58 der Übersicht halber die Kurven von Abb. 57b auf diese Darstellung übertragen. Die Nullstellen der Kurven in Abb. 58 stimmen mit den Schnittpunkten in Abb. 57b überein. Falls $N(\vartheta_j)$ von der Zeit abhängt, ist die Zeit t Parameter für eine Kurvenschar. Wir betrachten jedoch hier nur den einfachen Fall, daß U_0, I_B und ϑ_{ugb} nicht von der Zeit abhängen, so daß jede Kurve exakt eine Lösungskurve unseres Problems darstellt (für $\tau_w = \mathrm{const}$). Wir nehmen ferner an, daß der Transistor zeitlich kurz vor dieser Einstellung einen anderen (stabilen) Zustand hatte mit einer Sperrschichttemperatur ϑ_{ja}. Dies ist die Anfangsbedingung des Problems

$$\vartheta_j(t = 0) = \vartheta_{ja}.$$

Der Lösungspunkt bewegt sich entlang der Kurven in Richtung der Pfeile. Wir betrachten zuerst die ausgezogene Kurve. Ist z. B. $\vartheta_{ja} < \vartheta_{jE1}$, dann wird der Punkt ϑ_{jE1} angelaufen, weil $d\vartheta_j/dt > 0$ ist. Ist $\vartheta_{jE1} < < \vartheta_{ja} < \vartheta^*$, wird ebenfalls ϑ_{jE1} angelaufen. ϑ_{jE1} ist ein stabiler Einstellwert. In gleicher Weise ist ϑ_{jE2} ein stabiler Einstellwert, der jedoch bei einer sehr hohen Sperrschichttemperatur liegt. In dem vorliegenden Fall lautet das Kriterium dafür, daß ϑ_{jE2} nicht angelaufen wird

$$\vartheta_{ja} < \vartheta_j^*.$$

ϑ_j^* selbst ist ein labiler Wert. Weiter haben wir die strichpunktierte Kurve aus Abb. 57b übertragen, und wir sehen, daß es überhaupt keine Temperatur ϑ_{ja} gibt, von der aus eine unterhalb der maximal zulässigen Sperrschichttemperatur liegende Temperatur angelaufen werden kann.

Die Ordinaten, die zu jedem Lösungspunkt gehören, geben den Wert $d\vartheta_j/dt$ an, mit dem sich der Lösungspunkt entlang der Kurve bewegt. Bei sehr flachen Kurven erfolgen die Temperaturänderungen sehr langsam. Es gibt Fälle, bei denen ein instabiles Abwandern sich über Minuten erstreckt.

Für die Herleitung quantitativer Stabilitätskriterien kann man zwei Fälle unterscheiden.

a) *Notwendiges* Kriterium für die thermische Stabilität ist das Vorhandensein mindestens einer Nullstelle im Bereich $\vartheta_j < \vartheta_{j\mathrm{max}}$.

Diese Bedingung ist zugleich *hinreichend*, wenn zu jedem Zeitpunkt die Momentantemperatur ϑ_{ja} kleiner oder gleich der Temperatur ϑ_{jE1} der ersten Nullstelle ist.

b) *Notwendiges* und *hinreichendes* Kriterium für beliebige Momentantemperaturen in einem Bereich $\vartheta_j < \vartheta_{ja}$ ist die Bedingung, daß die Temperatur der zweiten Nullstelle ϑ_j^*, sofern eine solche existiert, höher ist als die Temperatur ϑ_{ja}.

Das Kriterium a) gilt z. B. für alle sinusförmig ausgesteuerten Verstärker, wenn die Verlustleistung bei Aussteuerung kleiner ist als die Leistung ohne Signal.

Das Kriterium b) gilt vor allem für alle Schalteranwendungen und z. B. auch für den Gegentakt-B-Verstärker.

Alle Kriterien hängen von der Schaltung ab, in der sich der Transistor befindet und es muß in jedem Fall die Verlustleistung als Funktion der Sperrschichttemperatur berechnet werden. Ist eine sehr komplizierte Funktion zu erwarten, lassen sich die Kriterien nicht in einfacher Form angeben und man muß das beschriebene graphische Verfahren verwenden. In den meisten Fällen kann man jedoch eine Funktion $N(\vartheta_j)$ angeben, die oberhalb der tatsächlich vorhandenen liegt. Da die Verlustleistung als Funktion der Temperatur höchstens exponentiell zunimmt, bietet es sich an, diese Funktion so zu schreiben, daß sie aus der Summe einer konstanten Zahl und einer Exponentialfunktion besteht. Aus Zweckmäßigkeitsgründen wählen wir die obere Schranke von $N(\vartheta_j)$ in der folgenden Schreibweise

$$U_0\{a_0 + a_1 I_{CB0}\big|_{\vartheta_0} \exp[c_c(\vartheta_j - \vartheta_0)]\} \geqq N(\vartheta_j). \qquad (181)$$

Wenn man noch einen (im allgemeinen nicht sehr großen) Sicherheitsabstand durch Annahme eines vernachlässigbaren Gleichstromlastwiderstandes ($R_L = 0$; $R_E = 0$) in Kauf nehmen will, dann ist die obere Schranke des Kollektorstromes

$$-\{a_0 + a_1 I_{CB0}\big|_{\vartheta_0} \exp[c_c(\vartheta_j - \vartheta_0)]\} \geqq -I_C.$$

a_0 und a_1 sind Konstanten, die sowohl Schaltungsgrößen, als auch temperaturunabhängige Größen des Transistors enthalten. Die gesamte Temperaturabhängigkeit von $I_{CB0}(\vartheta_j)$ und $U_{EB}(\vartheta_j)$ wird in die Exponentialfunktion einbezogen. Ein Beispiel für die Berechnung von a_0 und a_1 wird noch gezeigt werden.

Das so angelegte Verfahren führt in vielen Fällen zu verhältnismäßig übersichtlichen Ausdrücken. Die Zahl a_1 kann man im übrigen auch als Faktor ansehen, mit dem formal der Kollektorreststrom scheinbar am Kollektorstrom beteiligt ist.

Für die Herleitung des Kriteriums a) suchen wir zuerst das Minimum von $f(T_j)$ bzw. $f(\vartheta_j)$ nach Gl. (178) mit $\vartheta_j' =$ Temperatur im Minimum

$$K\frac{dN}{d\vartheta_j}\bigg|_{\vartheta_j'} - 1 = 0 \qquad (182\,\text{a})$$

und es muß für thermische Stabilität im Minimum $f(\vartheta_j') < 0$ sein

$$KN(\vartheta_j') - (\vartheta_j' - \vartheta_{ugb}) < 0. \qquad (182\,\text{b})$$

Mit Verwendung von Gl. (181) können wir ϑ_j' eliminieren und erhalten als Kriterium a)

$$c_c K U_0 a_1 I_{CB0}\big|_{\vartheta_{ugb}} \exp(c_c K U_0 a_0) < \exp(-1) = 0{,}368. \qquad (183)$$

Die Temperatur im Minimum ist

$$\vartheta_j' = \vartheta_0 + \frac{1}{c_c}\ln\left\{\frac{1}{c_c K U_0 a_1 I_{CB0}(\vartheta_0)}\right\}$$

und im Grenzfall des Gleichheitszeichens in Gl. (182b) (Temperatur ϑ_{j3} in Abb. 57b und 58)

$$\vartheta_j' = \vartheta_{ugb} + K U_0 a_0 + \frac{1}{c_c}.$$

Das Kriterium (183) gilt für alle Momentantemperaturen

$$\vartheta_{ja} < \vartheta_j'.$$

In vielen Fällen ist die maximale Einstelltemperatur ϑ_{jE} vorgeschrieben (z. B. beim A-Verstärker meist $\vartheta_{jE} = \vartheta_{j\,\max}$). Dann ist es zweckmäßig, den Faktor a_0 zu eliminieren. Es gilt die Bedingung

$$c_c\,K\,U_0\,a_1\,I_{CB0}|_{\vartheta_{ugb}}\exp[c_c(\vartheta_{jE} - \vartheta_{ugb})] < 1$$

und wenn man die Exponentialfunktion in $I_{CB0}(\vartheta_j)$ einbezieht

$$c_c\,K\,U_0\,a_1\,I_{CB0}|_{\vartheta_{jE}} < 1 \tag{184a}$$

für den Fall, daß alle Momentantemperaturen kleiner oder gleich ϑ_{jE} sind.

Damit ein vorgegebener Wert ϑ_{jE} einstellbar ist und nicht überschritten wird, muß man verlangen, daß

$$K\,U_0\,a_0 < \vartheta_{jE} - \vartheta_{ugb} - \frac{1}{c_c} \tag{184b}$$

bleibt.

Für die Herleitung des Kriteriums b) suchen wir zuerst die Nullstellen von $f(\vartheta_j)$. Es ist mit Verwendung von Gl. (181)

$$K\,U_0\{a_0 + a_1\,I_{CB0}|_{\vartheta_0}\exp[c_c(\vartheta_j - \vartheta_0)]\} = \vartheta_j - \vartheta_{ugb} \tag{185}$$

oder nach Umformung

$$c_c\,K\,U_0\,a_1\,I_{CB0}|_{\vartheta_{ugb}}\exp(c_c\,K\,U_0\,a_0)$$
$$= c_c(\vartheta_j - \vartheta_{ugb} - K\,U_0\,a_0)\exp[-c_c(\vartheta_j - \vartheta_{ugb} - K\,U_0\,a_0)].$$

Die rechte Seite der Gleichung hat über $(\vartheta_j - \vartheta_{ugb} - K\,U_0\,a_0)$ aufgetragen eine Gestalt, wie sie in Abb. 59 angegeben ist. Sie liefert für jeden Wert der linken Seite der Gleichung die beiden Nullstellen der Funktion f. Die dritte Nullstelle tritt hier infolge der Näherung nicht auf. Dies ist der Fall, wenn man den im Hinblick auf die Stabilitätskriterien sicheren Fall eines verschwindenden Lastwiderstandes betrachtet. Verlangt wird, daß jede Momentantemperatur ϑ_{ja} kleiner als die Temperatur der zweiten Nullstelle ϑ_j^* ist. Sobald die Waagerechte in Abb. 59 das Maximum erreicht hat, geht das Kriterium in das Kriterium a) über, wobei beliebige Anfangstemperaturen unterhalb ϑ_j' erlaubt sind. Wir erhalten daher aus Gl. (185) und wenn wir die Exponentialfunktion auf der rechten Seite in I_{CB0} einbeziehen

$$K\,U_0\,a_1\,I_{CB0}|_{\vartheta_{ja}} < \vartheta_{ja} - \vartheta_{ugb} - K\,U_0\,a_0 \tag{186a}$$

oder

$$N(\vartheta_{ja}) < \frac{1}{K}(\vartheta_{ja} - \vartheta_{ugb})$$

$$\text{für}\quad (\vartheta_{ja} - \vartheta_{ugb} - K\,U_0\,a_0) > 1/c_c$$

und

$$c_c\,K\,U_0\,a_1\,I_{CB0}|_{\vartheta_{ugb}}\exp(c_c\,K\,U_0\,a_0) < \exp(-1) = 0{,}368 \tag{186b}$$

$$\text{für}\quad (\vartheta_{jq} - \vartheta_{ugb} - K\,U_0\,a_0) < 1/c_c.$$

Beim Schalterbetrieb eines Transistors ist in der Regel $a_0 = 0$ und $\vartheta_{ja} = \vartheta_{jX}$ im eingeschalteten Zustand. Die Funktion $N(\vartheta_j)$ hat dann für den eingeschalteten Zustand die Gestalt (X) in Abb. 60 und für den ausgeschalteten Zustand die Gestalt (Y). In der Abbildung (auch

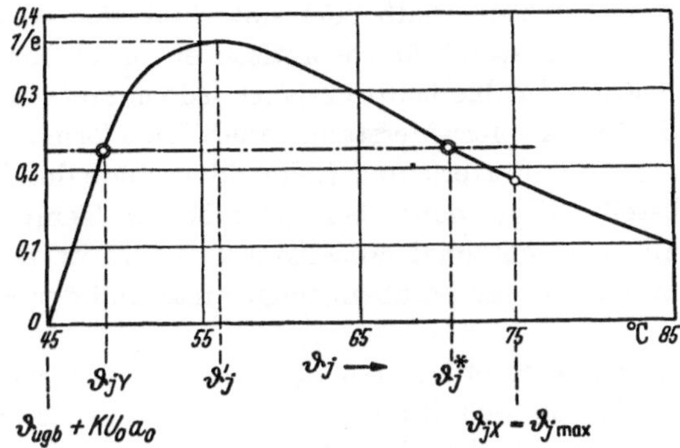

Abb. 59. Hilfskurve zur Berechnung der Stabilitätskriterien (vgl. Text)

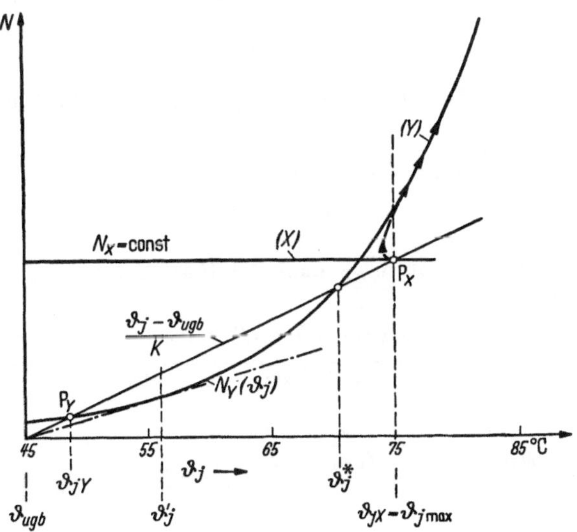

Abb. 60. Zur Herleitung der Stabilitätskriterien (vgl. Text)

in Abb. 59) ist der Fall einer Instabilität dargestellt. Beim Ausschalten geht die Kurve (X) im Verlauf der elektrischen Schaltzeit des Transistors in die Kurve (Y) über. Infolge der Wärmeträgheit kann sich ϑ_j momentan nur wenig ändern. Sobald die Kurve (Y) eingenommen ist, läuft ϑ_j entlang der eingezeichneten Pfeile davon, d. h. zu einer sehr hohen Temperatur der (nicht mit eingezeichneten) dritten Nullstelle.

Berechnungen der Verlustleistung vereinfachen sich — wie oben angedeutet wurde —, wenn der Gleichstromwiderstand im Kollektorkreis Null ist. Dann gäbe es theoretisch für die Kurven in Abb. 58 nur zwei oder gar keine Nullstelle, weil die dritte Nullstelle im Unendlichen verschwindet. Im Grenzfall gäbe es also nur eine parabelähnliche Kurve mit einem Minimum, das oberhalb oder unterhalb der Abszisse liegt. Das bedeutet, daß bei Instabilität theoretisch ein unbeschränktes Abwandern möglich wäre. Im Kollektorkreis ist jedoch stets ein endlicher Widerstand, z. B. der Kupferwiderstand einer Transformatorwicklung, der Innenwiderstand der Batterie und Bahnwiderstände des Transistors. Die dritte Nullstelle liegt dann bei einer hohen Temperatur, die meistens oberhalb der maximal zulässigen Temperatur liegt. In der Praxis ist fast immer nur der parabelförmige erste Teil der Kurven von Interesse.

Die Berechnung der Koeffizienten a_0 und a_1 wollen wir an einem einfachen Beispiel für die Schaltung Abb. 56 b demonstrieren. Wie wir gesehen haben, können wir ohne Einschränkung der Sicherheit $R_L = 0$ setzen. Außerdem wird man in der Regel

$$N = U_0 I_C$$

schreiben können. Aus den Netzwerkgleichungen erhält man

$$I_C = \frac{B_N\left(\dfrac{R'}{R_1} U_0 + U_{EB}\right) + (R_E + R')(1 + B_N) I_{CB0}}{R' + R_E(1 + B_N)},$$

sowie mit Einsetzen von U_{EB} nach Gl. (54), S. 26,

$$I_C = \frac{B_N \dfrac{R'}{R_1} U_0 + B_N U_T \ln\Phi + (R' + R_E + r_{BB'})(1 + B_N) I_{CB0}}{R' + R_E(1 + B_N) + r_{BB'}}$$

mit

$$\Phi = \frac{(1 + B_I + B_N)}{B_I(1 + B_N)} \frac{I_C}{I_{CB0}} - \frac{1}{B_I}.$$

Weiter ist

$$-I_C\big|_{\vartheta_j} = -I_C\big|_{\vartheta_0} + \tag{187}$$

$$+ \frac{B_N U_T \ln(\Phi_0/\Phi) + (R' + R_E + r_{BB'})(1 + B_N)(-I_{CB0})\{\exp[c_c(\vartheta_j - \vartheta_0)] - 1\}}{R' + R_E(1 + B_N) + r_{BB'}}$$

$$(\Phi_0 = \Phi(\vartheta_0)).$$

Nun ist die Temperaturabhängigkeit von $U_{EB'} = U_T \ln\Phi$ für konstanten Kollektorstrom I_C stets kleiner als bei anwachsendem Strom $-I_C$, wie auch aus Abb. 49 hervorgeht. Es gilt

$$B_N\,U_T \ln(\Phi_0/\Phi) < B_N\,U_T \ln\left(\frac{I_{CB0}(\vartheta_j)}{I_{CB0}(\vartheta_0)}\right) = B_N\,U_T\,c_c(\vartheta_j - \vartheta_0) \quad (188)$$

für

$$-(I_C(\vartheta_j) - I_C(\vartheta_0)) > \frac{(1+B_N)}{(1+B_I+B_N)}\,(-I_{CB0})\big|_{\vartheta_0}\{\exp[c_c(\vartheta_j - \vartheta_0)]-1\}.$$

Die zuletzt angeschriebene Ungleichung wird praktisch stets erfüllt. Mit Einsetzen von Gl. (188) in Gl. (187) erhalten wir damit die Form

$$I_C\big|_{\vartheta_j} \approx I_C\big|_{\vartheta_0} + A_1\,\chi + A_2[\exp(\chi) - 1],$$

wenn $\chi = c_c(\vartheta_j - \vartheta_0)$ gilt. Mit Verwendung der Ungleichung

$$(A_1 + A_2)\,[\exp(\chi) - 1] > A_1\,\chi + A_2[\exp(\chi) - 1] \quad (189)$$

erhalten wir schließlich in der Näherungsgleichung

$$I_C = a_0 + a_1\,I_{CB0}\big|_{\vartheta_0} \exp[c_c(\vartheta_j - \vartheta_0)],$$

einerseits

$$a_0 + a_1 = I_C\big|_{\vartheta_0}$$

und andererseits für a_1 den Ausdruck

$$a_1 = \frac{(1+B_N)\,(R'+r_{BB'}+R_E)+\dfrac{B_N\,U_T}{-I_{CB0}}\bigg|_{\vartheta_0}}{R'+r_{BB'}+(1+B_N)\,R_E}. \quad (190)$$

Bei Annahme von z. B. $(1+B_N) = 50$; $R' = 1\,\mathrm{k\Omega}$; $r_{BB'} = 100\,\Omega$; $R_E = 100\,\Omega$; $U_T = 26\,\mathrm{mV}$; $-I_{CB0}(\vartheta_0 = 25\,^\circ\mathrm{C}) = 20\,\mu\mathrm{A}$ ist $a_1 = 20$. Bei Stromsteuerung mit $R' \to \infty$ ist $a_1 = 50$. Für Spannungssteuerung $R' = 0$ sowie $R_E = 0$ ist

$$a_1 = 1 + B_N + \frac{B_N\,U_T}{-I_{CB0}\,r_{BB'}}\bigg|_{\vartheta_0} > a_1(R' \to \infty) = (1 + B_N).$$

Im folgenden geben wir zwei praktische Beispiele an für einen Transistor mit den Daten

$$\vartheta_{j\,\mathrm{max}} = 75\,^\circ\mathrm{C} \qquad\qquad -I_{CB0}\big|_{25\,^\circ\mathrm{C}} = 20\,\mu\mathrm{A}$$

$$c_c \quad\;\; = 0{,}09\,^\circ\mathrm{C}^{-1} \qquad\qquad -I_{CB0}\big|_{45\,^\circ\mathrm{C}} = 120\,\mu\mathrm{A}$$

$$K \quad\;\; = 0{,}3\,^\circ\mathrm{C}\,\mathrm{mW}^{-1} \qquad\qquad -I_{CB0}\big|_{75\,^\circ\mathrm{C}} = 1{,}6\,\mathrm{mA}.$$

Weiter nehmen wir an

$$- U_0 = 12\,\mathrm{V}; \qquad \vartheta_{u g b\,\mathrm{max}} = 45\,^\circ\mathrm{C}.$$

Im ersten Beispiel sei der Transistor als gesteuerter Schalter eingesetzt mit $a_0 = 0$ und $\vartheta_{j X} = \vartheta_{j\,\mathrm{max}}$. Da $c_c(\vartheta_{j X} - \vartheta_{u g b}) = 2{,}7 > 1$ ist, gilt Gl. (186a). Wir erhalten

$$0{,}3 \cdot 10^3 \cdot 12 \cdot a_1 \cdot 1{,}6 \cdot 10^{-3} < 30$$

bzw.

$$a_1 < 5{,}2\,.$$

Der Kollektorreststrom $I_{C B 0}$ darf daher höchstens mit einem Faktor 5 multipliziert einen Beitrag zum Kollektorstrom liefern. Dies ist bei gesperrtem Transistor mit $U_{E B} < 0$ stets der Fall ($a_1 = 1$).

Als zweites Beispiel betrachten wir einen A-Verstärker, bei dem die maximale Sperrschichttemperatur voll ausgenutzt wird. Wir wenden die Gl. (184a) an und erhalten

$$0{,}09 \cdot 0{,}3 \cdot 10^3 \cdot 12 \cdot a_1 \cdot 1{,}6 \cdot 10^{-3} < 1$$

bzw.

$$a_1 < 1{,}9\,.$$

Ohne Überkompensation, d. h. ohne Verwendung temperaturabhängiger Widerstände (vgl. S. 137), ist im günstigsten Fall $a_1 = 1$ bei konstantem Emitterstrom ($R_E \gg R' + r_{B B'}$) erreichbar. Man muß also hier schon sehr gut stabilisieren oder den Wärmewiderstand verringern. Auch eine Reduzierung der Speisespannung oder der zulässigen Umgebungstemperatur führt zum gleichen Ergebnis.

G. Rauschen

Die Bedeutung des Rauschens in Verstärkerschaltungen ist bei Transistoren die gleiche wie bei Schaltungen mit Elektronenröhren. Es muß lediglich berücksichtigt werden, daß das Rauschen selbst anderen Gesetzen folgt, weil andere physikalische Ursachen zugrunde liegen. Über diese Ursachen sind in den letzten Jahren viele Untersuchungen durchgeführt worden (vgl. z. B. [40 ··· 45] und die dort zusammengestellten ausführlichen Literaturangaben). Summarisch läßt sich sagen, daß neben dem reinen Widerstandsrauschen in den Bahngebieten noch drei wesentliche Effekte Beiträge zum internen Rauschen liefern. Der erste Effekt gründet sich auf die Diffusion von Ladungsträgern durch eine elektrische Doppelschicht. Der Durchtritt von Ladungsträgern durch eine solche Schicht erfolgt mit großen Teilchengeschwindigkeiten in statistischer Unregelmäßigkeit und der Vorgang liegt modellmäßig in

der Nähe einer emittierenden Katode. Der zweite Effekt hat seine
Ursache in der Paargeneration von Ladungsträgern in starken Feldern
(Stoßionisation). Eine hohe Feldstärke gibt es zwischen den beiden
Raumladungen einer sperrenden p–n-Schicht. Sie reicht schon bei
relativ kleinen Spannungen für eine merkliche Wahrscheinlichkeit vorkommender Stoßionisationen aus, die bei starken injizierten Defekt-
elektronenströmen noch gefördert wird. Die generierten Ladungsträger
trennen sich und liefern statistisch verteilte Stromschwankungen. Der
Vorgang ist modellmäßig ähnlich dem von Gasentladungen. Schließlich gibt es als dritten Effekt Schwankungen der Volumrekombination
in der Basiszone (Stromverteilungsrauschen) und Schwankungen der
Rekombinationsgeschwindigkeit an der Oberfläche des Kristalls. Man
nimmt an, daß das sog. „$1/f$-Funkelrauschen" (umgekehrt proportional
zur Frequenz) von diesen Schwankungen verursacht wird.

Die allgemeinen Grundlagen der Theorie und Praxis des Rauschens
können als gesicherter und bekannter Bestandteil der Elektronik angesehen werden. Mit Rücksicht auf einige besondere Fragen der Tran-
sistorschaltungstechnik wollen wir jedoch hier die wichtigsten Begriffe
und Zusammenhänge in gedrängter Form angeben, damit keine Mißverständnisse bei den Formulierungen auftreten können.

Ein an die Erforschung der Rauschursachen sich unmittelbar an-
schließendes Gebiet ist die Erstellung von Rauschersatzschaltbildern.

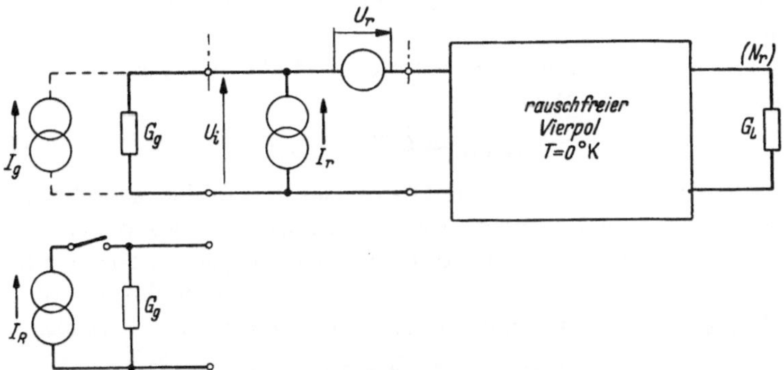

Abb. 61. Darstellung eines allgemeinen rauschenden Vierpols. Außer I_r und U_r muß noch
eine Korrelationsangabe erfolgen. Die Rauschzahl F kann mit Hilfe eines zusätzlich eingespeisten Rauschstromes I_R gemessen werden

Es gibt hier zwei Arten der Darstellung, und zwar physikalisch be-
gründete Ersatzschaltungen·auf der einen Seite und formaltheoretisch
definierte Rauschquellenvierpole auf der anderen Seite. Zu den letzteren
läßt sich z. B. zeigen, daß die Rauscheigenschaften vollständig durch
einen vor den Eingang des rauschfrei gedachten Transistorvierpols geschalteten Vierpol mit einer Rauschspannungsquelle, einer Rausch-

stromquelle und einer Korrelationsangabe für beide Quellen beschrieben werden können. In Abb. 61 ist eine solche Anordnung dargestellt. Die genannten drei Größen können je nach Fragestellung, z. B. Frequenzbereich, Anpassungsverhältnisse usw., in mehr oder weniger komplizierter Weise von den Transistorkenndaten abhängen.

Von der Anwendung her gesehen — entsprechend dem hier gewählten Rahmen — interessiert jedoch vor allem die Rauschzahl F eines gegebenen Transistortyps und deren durch Messung ermittelte Abhängigkeit von

     a) Frequenz,
     b) Kollektorgleichstrom,
     c) Kollektorgleichspannung,
     d) Generatoradmittanz.

Für die Rauschzahl F — die natürlich für ein beliebiges Bauelement angewandt werden kann — gibt es verschiedene Definitionen, die aber in der Regel alle gleichwertig sind. Eine davon ist die folgende.

Die Rauschzahl F eines Vierpols ist das Verhältnis der am Ausgang des Vierpols gemessenen Rauschleistung zu der Rauschleistung, die bei rauschfrei gedachtem — d. h. auf einer Temperatur $T = 0\,^\circ\mathrm{K}$ befindlich gedachtem — Vierpol gemessen würde.

Die Rauschzahl wird beim Transistor angegeben für eine bestimmte Generatoradmittanz, einen bestimmten Arbeitspunkt und für ein beliebig kleines Frequenzintervall in der Umgebung einer betrachteten Frequenz.

Die maximal von einem Generatorleitwert abgebbare Rauschleistung hat einen bekannten Wert

$$N_{rg\,\mathrm{max}} = k\,T(f_2 - f_1) \tag{191}$$

für das Frequenzband $(f_2 - f_1)$. Dieses Gesetz gilt bis zu sehr hohen Frequenzen; man spricht vom „weißen" Rauschen eines Widerstandes. Bei bekannter Leistungsverstärkung v_N^* des Vierpols, bezogen auf die verfügbare Leistung eines Generators [Gl. (122), S. 69] ist die bei rauschfrei gedachtem Vierpol am Ausgang gemessene Rauschleistung

$$v_N^*\,N_{rg\,\mathrm{max}} = v_N^*\,k\,T(f_2 - f_1)$$

und die Rauschzahl daher

$$F = \frac{\varDelta N_r}{v_N^*\,k\,T\,\varDelta f}, \tag{192}$$

wenn $\varDelta N_r$ die innerhalb $\varDelta f = f_2 - f_1$ gemessene gesamte Rauschleistung am Ausgang ist.

Die Definition einer Rauschzahl F gemäß Gl. (192) bietet für die Schaltungstechnik zwei wesentliche Möglichkeiten. Einerseits kann die Rauschzahl F leicht gemessen werden, andererseits kann bei bekannter

Rauschzahl F der Signal-Rauschabstand bei gegebenem Eingangssignal in einfacher Weise berechnet werden (und umgekehrt).

Rein begriffliche Schwierigkeiten werden dabei gänzlich umgangen. Eine solche Schwierigkeit liegt z. B. darin, daß wir in der Definition für die abgebbare Rauschleistung eines Generatorleitwertes G_g einen auf der Temperatur $T = 0\,°K$ befindlichen Leitwert von der Größe G_g als Verbraucher annehmen. Dies ist beim Transistor in Wahrheit nicht der Fall. Die Definition ist jedoch nur eine Modellvorstellung, bei der die tatsächlich aufgenommene Rauschleistung in der Rauschzahl F nicht mehr erscheint.

Bei der Messung der Rauschzahl F kann die in Gl. (192) auftretende Leistungsverstärkung v_N^*, die eine separate Messung erfordern würde, noch eliminiert werden. Hierfür wird am Eingang ein zusätzlicher Rauschstrom I_R — z. B. mit Hilfe einer gesättigten Vakuumdiode (mit nahezu weißem Rauschen) — eingespeist. Man mißt dann am Ausgang eine zusätzliche Leistung im Frequenzbereich Δf

$$\Delta N_{RD} = v_N^* \, \frac{I_R^2}{4 G_g}.$$

Es werden zwei Messungen durchgeführt. In der ersten Messung ohne zusätzlichen Rauschstrom ergibt sich

$$\Delta N_{r1} = v_N^* F \, k \, T \, \Delta f.$$

Bei einer zweiten Messung wird I_R so variiert, daß $\Delta N_{r2} = 2 \Delta N_{r1}$ ist

$$\Delta N_{r2} = 2 \Delta N_{r1} = v_N^* \left(F \, k \, T \, \Delta f + \frac{I_R^2}{4 G_g} \right).$$

Die Rauschzahl F ist dann

$$F = \frac{I_R^2}{4 G_g \, k \, T \, \Delta f}. \tag{193}$$

Der Rauschstrom einer „Rauschdiode" im Sättigungsbereich folgt der Gleichung

$$I_R^2 = 2 q \, I_D \, \Delta f$$

mit $q = 1,6 \cdot 10^{-19}$ As (Elementarladung), wenn I_D der Diodengleichstrom ist. Daher ist

$$F = \frac{q \, I_D}{2 G_g \, k \, T} = \frac{I_D}{2 G_g \, U_T} \tag{193 a}$$

($U_T = 26$ mV bei $25\,°C$). In dieser Beziehung kommt Δf nicht mehr vor, so daß bei dem frequenzunabhängigen Rauschen der Rauschdiode die Messung von F in einem schmalen Frequenzbereich Δf bei Variation von f unmittelbar die Funktion $F(f)$ ergibt. Die Frequenzabhängigkeit des Transistorrauschens kann daher direkt gemessen werden. Andererseits kann auch das Gesamtrauschen über den ganzen Frequenzbereich gemessen werden, indem der Transistor einschließlich seiner Schaltung als rauschender Vierpol verwendet wird, wenn das Ausgangsinstrument nicht selektiv anzeigt.

Um den Signal-Rauschabstand zu berechnen, verwenden wir Gl. (192). Die Signalleistung am Ausgang ist im Frequenzbereich Δf

$$\Delta N_g = \frac{I_g^2}{4G_g}\, v_N^* ,$$

wenn I_g der Effektivwert des Generatorurstroms ist. Der am Ausgang gemessene Signal-Rauschabstand ist

$$\frac{\Delta N_g}{\Delta N_r} = \frac{I_g^2}{4G_g F k T \Delta f}$$

und es ist

$$I_g = \sqrt{\frac{\Delta N_g}{\Delta N_r}}\, 2\sqrt{G_g F k T \Delta f}$$

(I_g Effektivwert des Urstromes).

Weiter ist die am Eingang vorhandene Signalspannung U_i (Effektivwert)

$$U_i = I_g \frac{1}{|G_g + y_i|}$$

und daher

$$U_i = Q \sqrt{\frac{4G_g g_i}{|G_g + y_i|^2}}\, \sqrt{\frac{F k T \Delta f}{g_i}} \qquad (194)$$

mit

$$Q = \sqrt{\Delta N_g / \Delta N_r},$$

g_i ist der Realteil der Eingangsadmittanz des Transistors. Für $y_i = g_i = G_g$ ist

$$U_i = Q \sqrt{\frac{F k T \Delta f}{g_i}} .$$

Für ein Beispiel mit einem Spannungsverhältnis von $Q = 20$ bzw. $20 \log Q = 26$ dB erhält man mit $k T_0 = 4 \cdot 10^{-21}$ Ws bei $T_0 = 300\,°$K und bei

$$F = 10; \qquad \Delta f = 10 \,\text{kHz}; \qquad g_i = y_i = G_g = 1 \,\text{mS}$$

eine minimale Eingangsspannung von

$$U_i = 13 \,\mu\text{V}_{\text{eff}} .$$

Die Rauschzahl F ist frequenzabhängig. Ist $F(f)$ durch stückweise Messung mit jeweils schmalem Frequenzbereich gemessen worden, dann ist die in einem Bereich $f_1 < f < f_2$ gemessene gesamte Rauschleistung nach Gl. (192)

$$N_r = \int\limits_{f_1}^{f_2} v_N^* \, k \, T \, F(f) \, \mathrm{d}f,$$

so daß sich bei einer Definition

$$F_{(2,\,1)} = \frac{N_r}{v_N^* \, k \, T \, (f_2 - f_1)}$$

die Rauschzahl

$$F_{(2,\,1)} = \frac{1}{(f_2 - f_1)} \int\limits_{f_1}^{f_2} F(f) \, \mathrm{d}f \qquad (195)$$

ergibt, also aus einer einfachen Mittelwertbildung gewonnen werden kann.

Es ist nun lediglich noch nötig, die Charakteristiken der Rauschzahl F zu kennen. Wir wollen uns hierzu auf einige Kurvenscharen in Abb. 62 für das Rauschen im Niederfrequenzbereich beschränken, bei denen einige wichtige Zusammenhänge deutlich werden.

In Abb. 62a ist das typische Frequenzverhalten der Rauschzahl F im Tonfrequenzbereich zu erkennen. Bei niedrigen Frequenzen folgt das Rauschen dem sog. $1/f$-Gesetz (Funkelrauschen); der Bereich endet im allgemeinen bei etwa 1 kHz. Daran schließt sich ein Gebiet weißen Rauschens an. Erst bei sehr hohen Frequenzen gibt es wieder einen Anstieg, von dem wir noch reden werden. Wie aus den verschiedenen Kurven verschiedener Exemplare eines Typs zu ersehen ist, gibt es keine eindeutige Korrelation zwischen den beiden Gebieten.

Das $1/f$-Rauschen muß bei der Berechnung des Rauschfaktors F für den Niederfrequenzbereich berücksichtigt werden. Für den Fall

$$F = \begin{cases} F_0 & \text{für} \quad f > f_0 \\[2mm] F_0 \dfrac{f_0}{f} & \text{für} \quad f < f_0 \end{cases} \qquad (f_0 \approx 1\,\text{kHz})$$

ergibt sich, wenn $f_2 > f_0 > f_1$ gilt (dies ist im NF-Bereich meist der Fall) die Formel

$$F_{(2,\,1)} = F_0 \left\{ 1 + \frac{f_1 + f_0 [\ln(f_0/f_1) - 1]}{f_2 - f_1} \right\}.$$

Für

$$f_2 = 10\,\text{kHz},$$

$$f_0 = 1\,\text{kHz},$$

$$f_1 = 30\,\text{Hz}$$

erhält man z. B.

$$F_{(2,\,1)} = 1{,}25\,F_0.$$

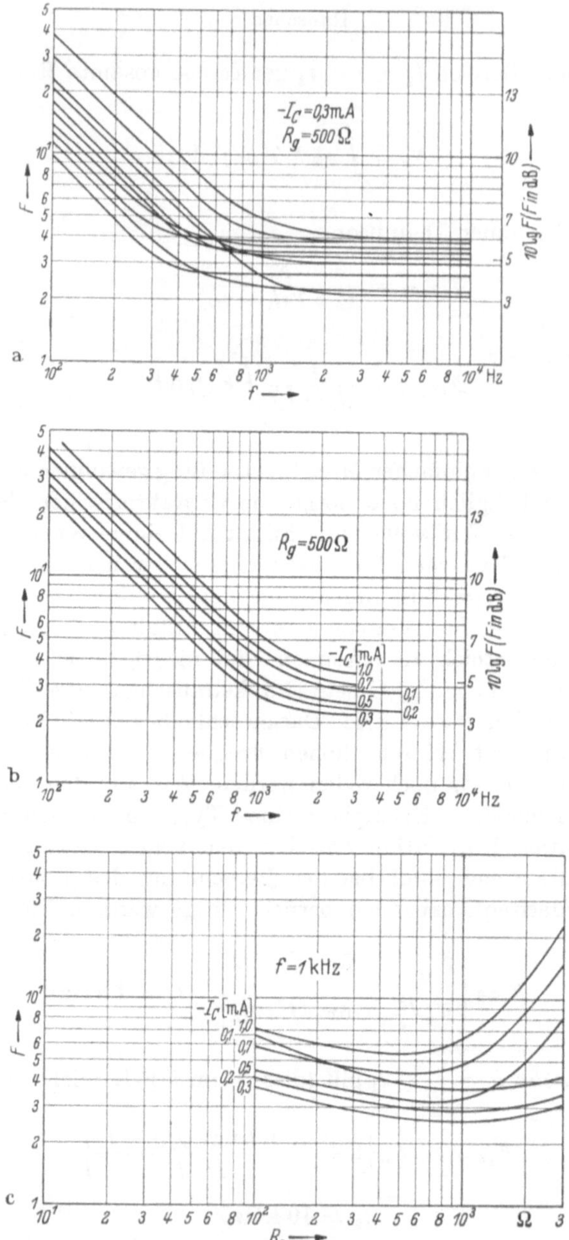

Abb. 62a—c. a) Die Rauschzahl F einiger Transistorexemplare in Abhängigkeit von der Frequenz. Im Gebiet $f < 1000$ Hz gibt es ein $1/f$-Verhalten. Oberhalb 1000 Hz bis an die Grenze des NF-Bereiches kann man mit konstanten Rauschzahlen rechnen; b) Die Rauschzahl F eines Transistorexemplares in Abhängigkeit von der Frequenz bei verschiedenen Kollektorströmen. Ein Minimum liegt hier bei etwa $-I_C = 0{,}3$ mA; c) Die Rauschzahl F eines Transistorexemplares in Abhängigkeit vom Generatorwiderstand R_g. Die Minima für verschiedene Kollektorströme liegen hier bei Werten von etwa $R_g \approx 500 \cdots 1500\,\Omega$

Abb. 62b zeigt die Abhängigkeit der Rauschzahl an einem einzelnen Transistorexemplar bei verschiedenen Kollektorgleichströmen. Es ergibt sich im vorliegenden Beispiel ein Minimum bei etwa $-I_C = 0,3$ mA. Das Zustandekommen eines Minimums kann wie folgt erklärt werden. Das Rauschen der Emitterdiode ist dem Emitterstrom proportional und nimmt daher mit kleiner werdendem Emitterstrom ab. Bei kleinen Emitterströmen kommt jedoch das von der Verstärkung des Transistors wenig abhängige Rauschen der Kollektordiode ins Spiel, wobei zugleich infolge Abnahme der Leistungsverstärkung die Rauschzahl F nach Gl. (192) zunimmt. In Abb. 62c ist für ein Transistorexemplar die Abhängigkeit der Rauschzahl vom Generatorwiderstand bei 1 kHz und bei verschiedenen Kollektorströmen angegeben. Ähnlich wie bei Elektronenröhren ist bei Transistoren nicht notwendig die Signalanpassung mit der Rauschanpassung identisch. Das Optimum liegt im vorliegenden Fall bei etwa 1 kΩ. In der Regel liegen im NF-Bereich die Rauschanpassungswiderstände bei Legierungstransistoren zwischen 500 und 1500 Ω.

Mit wachsender Kollektorspannung wächst das Rauschen infolge der wachsenden Paargeneration in der Kollektorsperrschicht an, so daß für rauscharme Eingangsstufen stets eine niedrige Kollektorspannung gewählt werden sollte.

In der Abb. 62 ist nur der Niederfrequenzbereich berücksichtigt. Bei Frequenzen oberhalb des Tonfrequenzbereiches wächst die Rauschzahl wieder an. Dieses Anwachsen ist dadurch zu erklären, daß bei hohen Frequenzen die Signalverstärkung abnimmt und die am Ausgang konzentrierten Rauschquellen stärker zur Geltung kommen. Die Frequenz, bei der der Wiederanstieg beginnt, ist etwa (vgl. [44])

$$\sqrt{f_\alpha f_\beta} \approx \sqrt{\frac{\alpha_0}{\beta_0}}\, f_\alpha \approx \frac{1}{\sqrt{\beta_0}}\, f_\alpha . \tag{196}$$

Ein Erfahrungswert ist etwa $(1/10)\,f_\alpha$. Man kann heute HF-Transistoren herstellen, bei denen das weiße Rauschen mit Rauschzahlen von $F = 2 \cdots 3$ bis zu einigen hundert MHz reicht. Die für minimales Rauschen dabei erforderlichen Generatorleitwerte sind frequenzabhängig und häufig komplex.

IV. Schaltungstechnik

Im folgenden Kapitel soll gezeigt werden, wie der Transistor als Bauelement in Schaltungen verwendet werden kann. Wie einleitend bemerkt wurde, ist es dabei nicht die Absicht dieses Buches, eine möglichst umfassende Sammlung und Beschreibung von vielen Schaltungen zu geben, vielmehr soll versucht werden, die wichtigsten allgemeinen Prinzipien für die Anwendung von Transistoren an einigen typischen Schaltungen klarwerden zu lassen.

Die ersten Abschnitte des Kapitels Schaltungstechnik behandeln nach einer einleitenden allgemeinen Betrachtung den Transistor als Element mit im wesentlichen linearen Eigenschaften zur Verstärkung niederfrequenter und hochfrequenter Signale. Die darauf folgenden Abschnitte befassen sich mit dem Transistor als gesteuertem Schalter.

A. Allgemeine Überlegungen

Die im Kap. III. beschriebenen Eigenschaften der Transistoren haben wichtige Konsequenzen für die Dimensionierung von Schaltungen. Zwar ist die Bedeutung der einzelnen Eigenschaften für die jeweils betrachtete Schaltung unterschiedlich, jedoch lassen sich einige gemeinsame Richtlinien aufstellen, deren Beachtung für alle Transistorschaltungen wesentlich ist.

Die Temperaturabhängigkeit verschiedener elektrischer Größen, die im Wesen des Transistors begründet ist, erfordert die Berücksichtigung des Bereiches der Umgebungstemperatur, in dem die Schaltung arbeiten soll. Bei tiefen Temperaturen kann z. B. eine Verminderung der Verstärkung infolge der Abnahme der Stromverstärkung erfolgen, oder die Verschiebung des Einstellstromes zu kleineren Werten kann Verzerrungen hervorrufen. Bei hohen Temperaturen besteht die Gefahr der Beschädigung des Transistors durch Überschreitung der zulässigen Sperrschichttemperatur oder die der völligen Zerstörung durch thermische Instabilität. In harmloseren Fällen sind Verminderung der maximalen Ausgangsleistung und Verzerrungen durch Arbeitspunktverschiebung möglich.

Verstärkt werden diese Effekte, wenn die Versorgungsspannung schwanken kann, da hohe Betriebsspannung bei hoher Temperatur die thermische Instabilität begünstigt, niedrige Spannung bei niedriger Temperatur die Abnahme der Verstärkung und die Zunahme der Verzerrungen steigert. In Schaltungen mit Gleichstromkopplungen zwischen einzelnen Transistorstufen, z. B. bei gewissen Schalteranwendungen, stellen höhere Temperatur und größere Schwankungen der Betriebsspannung das zuverlässige Arbeiten der Schaltung unter Umständen überhaupt in Frage. Eine Berücksichtigung der möglichen Betriebsspannungsschwankungen ist bei der Dimensionierung einer Schaltung daher in jedem Fall erforderlich.

In den wenigsten Fällen handelt es sich bei der Entwicklung einer Schaltung um die Herstellung eines einzelnen Geräteexemplars unter Verwendung von Transistoren, deren Kennwerte individuell bekannt sind. Im allgemeinen wird man vielmehr verlangen, daß anonyme Transistoren eines Typs mit den vom Hersteller angegebenen Kennwerten und deren Streuungen in der Schaltung befriedigend arbeiten. Bei der Auslegung einer Schaltung muß daher geprüft werden, welchen Einfluß die Toleranzen der Transistorkennwerte auf die Arbeitsweise der Schaltung haben. Bei einigen dieser Streuwerte interessieren mit Rücksicht auf die Betriebssicherheit der Schaltung nur die Extrema.

So sind z. B. die Höchstwerte des Kollektorreststromes $-I_{CB0}$ und der Stromverstärkung B wichtig für die thermische Stabilität, da auch die ungünstigsten Exemplare noch stabil bleiben müssen. Während die beiden genannten Größen in der Praxis unabhängig voneinander Extremwerte annehmen können, bestehen zwischen anderen teilweise Korrelationen, deren Kenntnis bei der Beurteilung der Streuwerte wichtig ist. Der Eingangswiderstand in Emitterschaltung von verschiedenen Exemplaren eines Transistortyps z. B. ist bei konstantem Emitterstrom nahezu proportional der Stromverstärkung β ($\approx h_{21e}$),

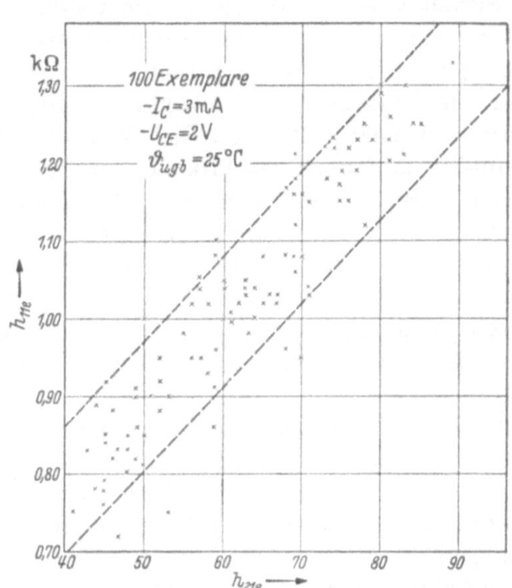

Abb. 63. Korrelation zwischen der Eingangsimpedanz h_{11e} und der Stromverstärkung h_{21e} von 100 Niederfrequenztransistoren, gemessen bei konstantem Kollektorstrom. 90% der Meßpunkte liegen innerhalb der gestrichelten Parallelen

wie die Abb. 63 an einem Beispiel von 100 Exemplaren eines NF-Transistors zeigt. Andererseits ist der Eingangswiderstand umgekehrt proportional dem Emitterstrom. Der größte Eingangswiderstand wäre also vorhanden bei dem Exemplar mit der größten Stromverstärkung und dem kleinsten in der Schaltung auf Grund der Streuwerte möglichen Strom. Umgekehrt würde der kleinste Eingangswiderstand bei höchstem möglichen Emitterstrom und niedrigster Stromverstärkung erreicht. Nun ist aber diese Kombination bei den gebräuchlichen Schaltungen für die Einstellung des Emitterstromes nicht möglich, da bei ein und derselben Stabilisierungsschaltung kleiner Emitterstrom immer mit niedriger Stromverstärkung, hoher Emitterstrom mit hoher Stromverstärkung der einzelnen Exemplare verknüpft ist. Bei der Berechnung der Streuung des Eingangswiderstandes einer praktischen Schaltung braucht man also nicht die ungünstigsten Einzelwerte der Stromverstärkung und des Emitterstromes zu kombinieren.

Etwas anders und weniger klar, wie in dem genannten Beispiel, liegen die Verhältnisse bei der Kombination mehrerer unabhängiger Kenngrößen oder der Beurteilung der Streuungen in Schaltungen mit mehreren Transistoren. In diesem Falle sind nur statistische Aussagen sinnvoll. Sind z. B. drei Transistoren in einem Verstärker in Kaskade geschaltet, so ist für die Gesamtverstärkung das Produkt der Stromverstärkungen β der drei Einzeltransistoren wesentlich. Rechnet man beispielsweise mit einer Streuung der Stromverstärkung pro Transistor um den Faktor 2, so schwankt die mögliche Gesamtstromverstärkung um den Faktor $2^3 = 8$. Die Wahrscheinlichkeit, mit der dieser Fall eintritt, ist jedoch das Produkt der Einzelwahrscheinlichkeiten. Nimmt man z. B. an, je 5% einer großen Zahl von Transistoren eines Typs hätten Werte der Stromverstärkung an der oberen bzw. unteren Toleranzgrenze, so würde die Wahrscheinlichkeit für eine ungünstigste Kombination $1{,}25 \cdot 10^{-4}$ sein, d. h. einer von 8000 Verstärkern würde eine extrem niedrige oder extrem hohe Verstärkung haben.

Die Frage nach der statistischen Verteilung der Verstärkung einer großen Zahl von Verstärkern ließe sich beantworten, wenn man die statistische Verteilung der Stromverstärkung der Transistoren kennen würde. Diese Verteilungsfunktion ist jedoch dem Anwender im allgemeinen nicht bekannt, und auch vom Hersteller ist sie nur als Mittelwertskurve über eine sehr große Zahl von Transistoren und über eine längere Fertigungsperiode anzugeben. In manchen Fällen weicht die Verteilungsfunktion von der für viele statistische Überlegungen geltenden Gaußschen Glockenkurve stark ab, wenn nämlich ein Transistortyp durch Aufspaltung der Gesamtproduktion eines Grundtyps in mehrere Selektionstypen entstanden ist. Diese Art der Schaffung verschiedener Typen von Transistoren ist zum Leidwesen der Hersteller und Anwender zur Zeit noch unumgänglich, weil es mit den bisher gebräuchlichen Methoden nicht gelingt, Transistoren mit vertretbar kleinen Streuungen der wichtigsten Kennwerte gezielt herzustellen. Wäre also z. B. bei der Gesamtheit des Grundtyps eine Gaußverteilung einer Eigenschaft vorhanden, so würde durch eine Aufspaltung in zwei Selektionstypen bei der unteren Gruppe der obere Grenzwert und bei der oberen Gruppe der untere Grenzwert dieser Eigenschaft wesentlich häufiger vorkommen als der jeweils entgegengesetzte Grenzwert.

In manchen Fällen sind die Streuungen, die sich durch Kombination beliebiger Transistoren eines Typs ergeben können, unzulässig groß. Dann kann man durch Unterteilung in Gruppen und geeignete Kombination dieser Gruppen Abhilfe schaffen. Ein anderer Weg, der bei Verstärkern fast immer möglich ist, besteht in der Anwendung von

Gegenkopplungen. Mit dieser Maßnahme ist zwar eine Verminderung der Verstärkung verknüpft, die eventuell durch zusätzliche Transistoren ausgeglichen werden muß, jedoch können die Streuwerte der Verstärkung, der Eingangs- oder Ausgangsimpedanzen oder des Frequenzganges erheblich reduziert werden. Außerdem wird die Schaltung unempfindlicher gegen Toleranzen und Alterung der übrigen Bauelemente.

Auch Transistoren sind nicht ganz frei von Alterungserscheinungen, obgleich prinzipiell eine Abnutzung etwa wie bei der Katode einer Elektronenröhre nicht erfolgt. Hauptsächlich sind es Veränderungen der Kristalloberfläche, hervorgerufen durch geringe unkontrollierte Verunreinigungen, auf die einige Eigenschaften, wie die Stromverstärkung und die Restströme empfindlich reagieren. In den Fällen, in denen der Transistor sehr lange Zeit, eventuell unbeaufsichtigt, absolut zuverlässig arbeiten soll, wie z. B. in unbemannten Verstärkerämtern oder elektronischen Rechenanlagen, muß durch die Auslegung der Schaltung sichergestellt sein, daß auch bei Veränderungen der Kennwerte durch Alterung die Funktionssicherheit erhalten bleibt.

Endlich ist es beim Entwurf von Transistorschaltungen, genau wie bei allen Schaltungsentwicklungen, erforderlich, die Wirkung der Toleranzen der übrigen Bauelemente, wie z. B. Widerstände, Kondensatoren und Transformatoren, zu prüfen. Insbesondere muß man sicherstellen, daß die Toleranzen der Widerstände wegen der nichtlinearen Abhängigkeit des Kollektorstromes von der Basis-Emitterspannung nicht zu unzulässiger Steigerung des Kollektorstromes und der Verlustleistung führen.

B. Einstellung des Arbeitspunktes

Zur Verwendung des Transistors als Verstärker ist es notwendig, einen bestimmten Gleichstromarbeitspunkt einzustellen und ihn möglichst unabhängig von Exemplarstreuungen, Betriebsspannungs- und Temperaturschwankungen zu halten.

In den meisten Fällen wird der Kollektor als Ausgangselektrode verwendet; der Kollektorgleichstrom bestimmt also den Arbeitspunkt, nachdem die Batteriespannung in der Regel fest vorgegeben ist. Die Größe des Kollektorstromes richtet sich in Anfangsstufen meistens nach minimalem Rauschen, in Leistungsstufen nach der geforderten Ausgangsleistung. Dabei wird man wegen der Verlustleistung im Transistor und der Batterieökonomie keine unnötig hohen Ströme zugrunde legen. Die Schaltung zur Einstellung des Arbeitspunktes sollte daher den erforderlichen Mindeststrom unter den ungünstigsten Bedingungen gewährleisten und ihn unter den entgegengesetzten Extrembedingungen möglichst wenig ansteigen lassen.

Es gibt eine Vielzahl von Schaltungen, die diesem Ziel einer „Arbeitspunktstabilisierung" mit unterschiedlichem Aufwand nahekommt. Die

Wahl der Schaltung hängt von dem Temperaturbereich, den Batteriespannungsschwankungen und den Fabrikationsstreuungen der Transistorkenngrößen ab.

1. Einfluß der Transistorkennwerte

Es sind im wesentlichen drei Größen, welche die Gleichstromeinstellung beeinflussen und deren Grenzwerte innerhalb des gewünschten Temperaturbereiches bekannt sein müssen:

der Reststrom I_{CB0} der gesperrten Kollektordiode,
die Spannung U_{EB} der leitenden Emitterdiode und
die Gleichstromverstärkung A oder B.

Die Streuwerte dieser Größen für eine feste Temperatur werden vom Hersteller angegeben, ihre Temperaturabhängigkeit ist im Abschnitt III. E. beschrieben. Danach gilt für den Kollektorreststrom bei konstanter Kollektorspannung angenähert

$$I_{CB0}\big|_{\vartheta_j} = I_{CB0}\big|_{\vartheta_0} \exp[c_c(\vartheta_j - \vartheta_0)]. \tag{197}$$

Der Koeffizient c_c ist abhängig vom Material und vom Herstellungsverfahren des Transistors und hat den an verschiedenen Transistoren gemessenen Wert

$$c_c = 0{,}07 \cdots 0{,}09\,°\text{C}^{-1} \quad \text{für Germanium,}$$
$$c_c = 0{,}04 \cdots 0{,}08\,°\text{C}^{-1} \quad \text{für Silizium.}$$

Siliziumtransistoren haben Restströme, die bei der gleichen Temperatur um zwei bis vier Größenordnungen unter denen von Germaniumtransistoren gleicher Abmessungen liegen. Im allgemeinen verdoppelt sich der Sperrstrom bei einer Temperaturerhöhung von etwa 8 bis 10 °C.

In den Datenblättern werden in der Regel die Restströme für eine Temperatur von 25 °C angegeben. Für den in der Schaltung zu berücksichtigenden oberen Grenzwert ist demnach der Maximalwert des Datenblattes mit der höchsten Sperrschichttemperatur zu kombinieren. Der untere Extremwert ist im allgemeinen für die Schaltung von geringerem Interesse, und meist werden von den Herstellern auch keine Minimalwerte des Reststromes angegeben.

In manchen Fällen, besonders bei höheren Spannungen, gehorcht der Reststrom eines Transistors nicht streng dem Exponentialgesetz. Dem für Sperrspannungen oberhalb einiger zehntel Volt fast spannungsunabhängigen Sättigungsstrom überlagert sich nämlich häufig ein spannungsabhängiger Stromanteil, der auf Oberflächeneffekten beruht. Dieser Anteil hat eine viel geringere Temperaturabhängigkeit als der Sättigungsstrom, so daß sein Beitrag zum Gesamtstrom bei höheren Temperaturen stark abnimmt. Besonders bei Leistungstransistoren mit großer Kollektoroberfläche überwiegt bei höheren Spannungen und niedrigen Temperaturen häufig der Isolationsstrom. Es wäre daher zweckmäßig, wenn von den Herstellern die Maximalwerte des Kollektorreststromes als Funktion der Temperatur angegeben würden, damit bei der Schaltungsauslegung nicht zu ungünstige Werte verwendet werden. Als Beispiel zeigt Abb. 64 die Temperaturabhängigkeit des Kollektorreststromes eines Leistungstransistors bei kleiner und großer Kollektorspannung.

Die Temperaturabhängigkeit der Emitter-Basisspannung für konstanten Emitterstrom läßt sich (vgl. S. 82) beschreiben durch

$$\Delta U_{EB} \approx c_E \, \Delta \vartheta_j. \qquad (198)$$

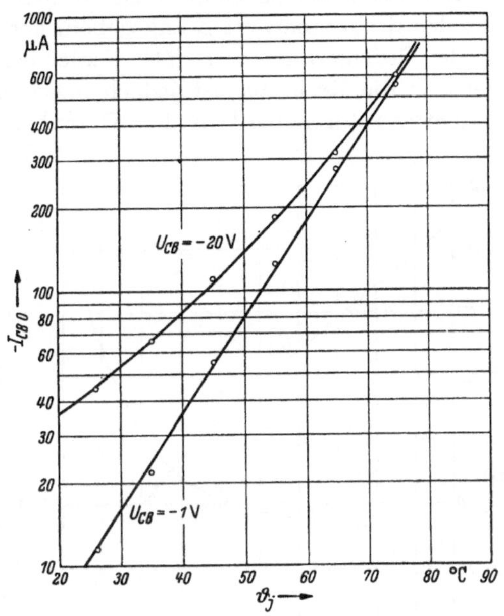

Abb. 64. Kollektorreststrom $-I_{CB0}$ eines Leistungstransistors als Funktion der Sperrschichttemperatur ϑ_j bei $-U_{CB} = 1$ V und $-U_{CB} = 20$ V

Der Koeffizient $c_E \approx -c_c U_T$ ändert sich wenig mit dem Emitterstrom und der Temperatur. Es ist $c_c U_T \approx 2{,}4$ mV °C^{-1} und in der Praxis

$$c_E = -2{,}0 \cdots -2{,}5 \text{ mV °C}^{-1}.$$

Die Emitter-Basisspannung für konstanten Emitterstrom nimmt also mit steigender Temperatur ab; umgekehrt steigt bei konstanter Emitter-Basisspannung der Kollektorstrom stark mit der Temperatur an (vgl. Abb. 49, S. 83). Für die Berechnung der Stabilisierungsschaltung ist daher jeweils der kleinste Streuwert der Emitter-Basisspannung mit der höchsten Sperrschichttemperatur und die größte Spannung mit der niedrigsten Temperatur zu kombinieren.

Die Temperaturabhängigkeit der Stromverstärkung ist in den meisten Fällen nicht sehr groß, muß aber häufig berücksichtigt werden. Sie hängt vom Emitterstrom und vom Herstellungsverfahren ab, ergibt jedoch in allen Fällen ein Ansteigen der Stromverstärkung mit der Temperatur. Bei einem bestimmten Niederfrequenztransistor ergibt sich z. B. näherungsweise eine exponentielle Abhängigkeit der Kleinsignal-Stromverstärkung β von der Temperatur

$$\beta|_{\vartheta_j} = \beta|_{\vartheta_0} \exp[c_\beta(\vartheta_j - \vartheta_0)]. \qquad (199)$$

Mit einem Wert $c_\beta = 0,005\,^\circ\mathrm{C}^{-1}$ erhält man dabei eine Erhöhung von β um 30% bei einer Temperatursteigerung um 50 °C.

Bei Vorstufentransistoren ist in den Datenblättern in der Regel nur der Kleinsignalwert β angegeben, der für kleine Ströme größer ist als der Gleichstromwert B. Der Fehler bei Einführung der Kleinsignalwerte in die Rechnung ist jedoch meistens nicht sehr groß. Für Endstufentransistoren wird in den Datenblättern die Gleichstromverstärkung B mit den Streuwerten meistens nur für eine Temperatur angegeben, eine Angabe über die Temperaturabhängigkeit wäre jedoch wünschenswert.

Alle Temperaturabhängigkeiten beziehen sich auf die Sperrschichttemperatur. Bei der Schaltungsauslegung muß man bedenken, daß durch die Verlustleistung eine erhebliche Differenz zwischen Sperrschichttemperatur und Umgebungstemperatur bestehen kann, und daß diese Differenz in vielen Fällen mit zunehmender Umgebungstemperatur steigt, wie im Abschn. III. F. erläutert wurde. In der Abb. 65 ist in einem Beispiel dargestellt, welche Änderungen U_{EB} und I_B eines Transistors für den Fall eines konstanten Kollektorstromes $-I_C = 0,5\,\mathrm{mA}$ erfahren. Der Basisstrom ist für Temperaturen unterhalb 38 °C negativ und ändert sich relativ wenig. Bei 38 °C ist der Basisstrom Null, der Kollektorreststrom $-I_{CE0}$ ist bei dieser Temperatur 0,5 mA geworden. Bei weiterer Temperaturerhöhung muß der Basisstrom seine Richtung umkehren und entsprechend dem exponentiellen Anstieg des Kollektorreststromes $-I_{CB0}$ stark anwachsen.

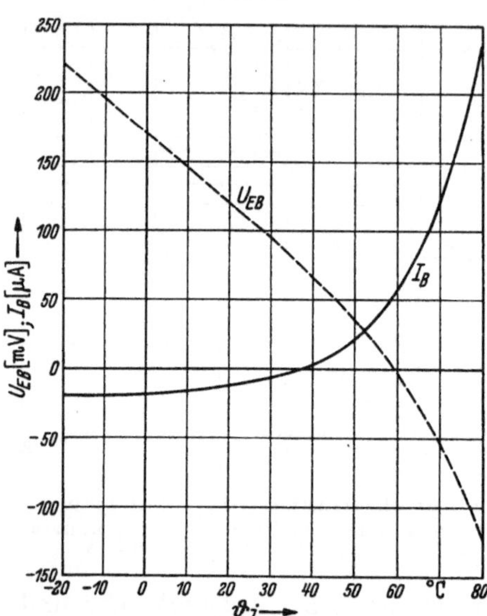

Abb. 65. Änderung des Basisstromes und der Emitterbasisspannung mit der Sperrschichttemperatur bei konstant gehaltenem Kollektorstrom $-I_C = 0,5$ mA (am Beispiel eines NF-Transistors)

Die Emitter-Basisspannung nimmt mit zunehmender Temperatur etwa linear ab und wechselt oberhalb von 60 °C ihr Vorzeichen. Trotz dieses Vorzeichenwechsels bleibt die innere Spannung $U_{EB'}$ der Emitterdiode positiv. Lediglich der stark ansteigende Kollektorreststrom erzeugt durch seinen Spannungsabfall am Basisbahnwiderstand $r_{BB'}$ die Umpolung und stärkere Änderung der Spannung U_{EB} bei zunehmender

Temperatur. Stabilisierungsschaltungen, die bei höheren Temperaturen noch wirksam sein sollen, müssen daher die Umkehr von Basisstrom und Basis-Emitterspannung erlauben.

2. Stabilisierungsschaltungen mit konstanten Widerständen

Bei den gebräuchlichen Schaltungen werden zur Stabilisierung des Arbeitspunktes normale Widerstände im Emitter-, Kollektor- und Basiskreis verwendet. Die Wirkung dieser Schaltungen beruht auf einer Gleichstromgegenkopplung, bei der eine Änderung des Kollektor- oder Emitterstromes eine diese Änderung vermindernde Steuerwirkung im Basiskreis erzeugt.

Die folgenden Schaltungsbeispiele gehen im allgemeinen von der in den meisten Fällen verwendeten Emitterschaltung aus, jedoch gelten die Überlegungen auch für die Basis- und Kollektorschaltung. Ferner werden einheitlich die heute überwiegend hergestellten p–n–p-Tran-sistoren zugrunde gelegt. Für n–p–n-Transistoren müssen lediglich die Vorzeichen der Spannungen und Ströme sinngemäß geändert werden.

Einen allgemeinen Fall der widerstandsstabilisierten Schaltung zeigt Abb. 66. Die Aufgabenstellung ist nun die folgende. Für gegebene Werte des Temperaturbereiches, der Toleranzen der Transistorkennwerte und der Batteriespannungen sind die Widerstände so zu dimensionieren, daß der Kollektorstrom innerhalb vorgegebener Grenzen bleibt. Eine Nachprüfung der thermischen Stabilität der gefundenen Schaltung nach den im Abschn. III. F. angegebenen

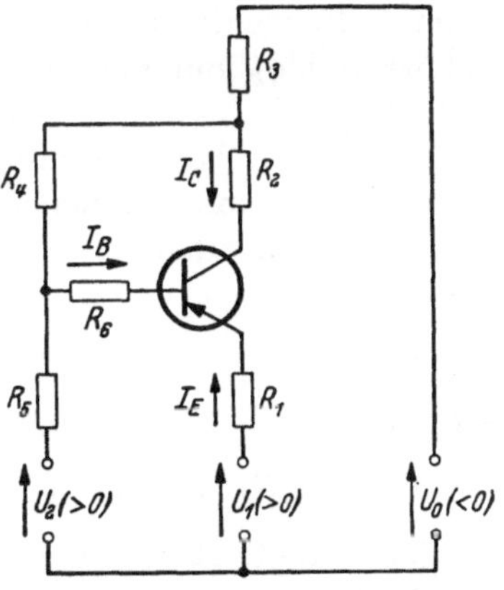

Abb. 66. Allgemeine widerstandsstabilisierte Transistorschaltung

Methoden ist dann in Einzelfällen zweckmäßig. Von den Widerständen sind für den Fall der Transformatorkopplung einige, z. B. R_2 und R_6, die Kupferwiderstände der Transformatoren.

Bei Vernachlässigung der Spannungsabhängigkeit von I_{CBO} und der Spannungs- und Stromabhängigkeit von A gelten die Gleichungen

$$I_B + I_C + I_E = 0,$$

$$-I_C = A I_E - I_{CBO},$$

mit deren Hilfe sich der Kollektorstrom berechnen läßt:

$$-I_C = \frac{Z_1 + Z_2}{N} \tag{200}$$

mit

$$Z_1 = -I_{CB0}[(R_1 + R_6)(R_3 + R_4 + R_5) + (R_3 + R_4) R_5],$$

$$Z_2 = A[(R_3 + R_4)(U_1 - U_2) - U_{EB}(R_3 + R_4 + R_5) + R_5(U_1 - U_0)],$$

$$N = R_3 R_5 + R_1(R_3 + R_4 + R_5) + (1 - A)[R_6(R_3 + R_4 + R_5) + R_4 R_5].$$

Aus dieser allgemeinen Gleichung lassen sich die verschiedenen Spezialfälle herleiten. Je nach Schaltung werden einzelne Widerstände Null oder Unendlich und es werden eine oder beide Hilfsspannungen verschwinden.

Einige der Widerstände sind in der Regel durch den Verwendungszweck der Schaltung festgelegt, z. B. durch die notwendigen Werte von Kollektorspannung und Kollektorstrom. Die Aufgabe besteht dann darin, die übrigen Widerstände so zu bestimmen, daß unter ungünstigsten Kombinationen von Temperatur, Betriebsspannung und Transistordaten die Schwankungen des Kollektorstromes innerhalb vorgegebener Grenzen bleiben.

Aus den Gln. (197) bis (200) ist zu ersehen, daß der Kollektorstrom $-I_C$ maximal wird, wenn $-I_{CB0}$, A, $-U_0$ und ϑ_j maximal und wenn U_{EB} minimal ist. Umgekehrt erreicht $-I_C$ den Minimalwert, wenn $-I_{CB0}$, A, $-U_0$, ϑ_j minimal und U_{EB} maximal ist. Der Einfluß der Hilfsspannungen ergibt maximalen Kollektorstrom für maximales U_1 und minimales U_2. Für den maximalen und minimalen Kollektorstrom erhält man also zwei Gleichungen

$$-I_{C\,\text{max}} \tag{201}$$

$$= f(R_1 \cdots R_6, \; -I_{CB0\,\text{max}}, \; A_{\text{max}}, \; U_{EB\,\text{min}}, \; -U_{0\,\text{max}}, \; U_{1\,\text{max}}, \; U_{2\,\text{min}}),$$

$$-I_{C\,\text{min}}$$

$$= f(R_1 \cdots R_6, \; -I_{CB0\,\text{min}}, \; A_{\text{min}}, \; U_{EB\,\text{max}}, \; -U_{0\,\text{min}}, \; U_{1\,\text{min}}, \; U_{2\,\text{max}}),$$

aus denen die Größen von zwei Widerständen, in der Regel R_4 und R_5, berechnet werden können.

Da die allgemeine Lösung der Gleichungen zu recht komplizierten Ausdrücken führt, erscheint es zweckmäßig, die Berechnung der Widerstände für spezielle Schaltungen vorzunehmen. Außerdem ist es häufig angebracht, die Betriebsspannungsschwankungen getrennt zu behandeln, da der notwendige Kollektorstrom einer Verstärkerstufe sich vermindert, wenn der aussteuerbare Strom infolge abgesunkener Batteriespannung kleiner geworden ist. Umgekehrt treten bei höherer Batteriespannung unter Umständen Probleme der thermischen Stabilität auf, die einer getrennten Analyse bedürfen.

a) Unstabilisierte Schaltung. Den einfachsten Fall der Gleichstromeinstellung zeigt Abb. 67. Über den Widerstand R_4 wird ein Strom in die Basis eingespeist, der unabhängig von A, I_{CB0} und (für nicht zu niedrige Batteriespannung $-U_0$) nahezu unabhängig von U_{EB} ist.

Für den Kollektorstrom erhält man

$$I_C = B\,\frac{U_0 + U_{EB}}{R_4} + (1 + B)\,I_{CB0}.\tag{202}$$

Darin ist $B = A/(1 - A)$ die Gleichstromverstärkung in Emitter-schaltung. Diese unstabilisierte Schaltung ist nur in Ausnahmefällen brauchbar, wenn der Temperaturbereich klein ist und B nur wenig streut, da Exemplarstreuungen von B und die starke Temperatur-abhängigkeit von I_{CB0} um den Faktor $(1 + B)$ verstärkt in die Kollektorstromänderungen eingehen. Mit einstellbarem R_4 ist die Schaltung unter Umständen zu verwenden, wenn $-I_C \gg -(1 + B)\,I_{CB0}$ ist, z. B. in A-Endstufen oder bei Siliziumtransistoren. Der Widerstand R_4 muß in den Grenzen $R_{4\,\mathrm{min}} \approx B_{\mathrm{min}}\,U_0/I_C$ und $R_{4\,\mathrm{max}} \approx B_{\mathrm{max}}\,U_0/I_C$ ver-änderlich sein. Der Kollektorstrom ist von der Betriebsspannung linear abhängig. Die thermische Stabilität der Schaltung hängt von der Größe des Kollektorwiderstandes R_2 ab; sie ist auch für höhere Temperaturen in jedem Fall dann gewahrt, wenn bei normaler Temperatur die Kollektorspannung $-U_{CE}$ höchstens gleich der halben Betriebsspannung $-U_0$ ist. Für diesen Grenzfall erreicht nämlich die Kollektorverlustlei-stung N_C bei gegebenem Kollektorstrom ihr Maxi-mum, so daß für alle Widerstände $R_2 \geqq U_0/2\,I_C$

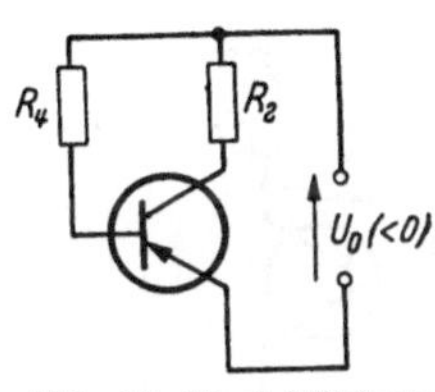

Abb. 67. Unstabilisierte Schaltung

und für alle Temperaturen die für thermische Stabilität im stati-schen Fall oder bei sinusförmiger Aussteuerung hinreichende Bedingung $\mathrm{d}N_C/\mathrm{d}T_j < 0$ erfüllt ist.

b) Stabilisierungsschaltung mit einem Widerstand zwischen Kollektor und Basis. In der Schaltung Abb. 68a wird der Basisstrom durch den parallel zur Kollektor-Basisstrecke liegenden Widerstand R_4 eingespeist. Die stabilisierende Wirkung dieser „Parallelgegenkopplung" beruht darauf, daß Änderungen des Kollektorstromes entgegengesetzte Ände-rungen der Kollektorspannung und des ihm proportionalen Basisstromes bewirken. Aus Gl. (200) erhält man für den Kollektorstrom

$$-I_C = \frac{-I_{CB0}(1 + B)\,(R_3 + R_4) - B\,(U_0 + U_{EB})}{R_3(1 + B) + R_4}.\tag{203}$$

Die Wahl des Arbeitspunktes bestimmt die Größe von R_3; der zugehörige Widerstand R_4 ist dann

$$R_4 = \frac{R_3(1 + B)\,(I_C - I_{CB0}) - B\,(U_0 + U_{EB})}{I_{CB0}(1 + B) - I_C}.\tag{204}$$

Die Wirksamkeit der Stabilisierung ist also durch die Festlegung des Arbeitspunktes bereits gegeben und nicht mehr frei wählbar. Die Stabilität des Kollektorstromes bei Änderung des Reststromes oder

der Stromverstärkung ergibt sich aus

$$\Delta(-I_C) = \frac{(1 + B)(R_3 + R_4)}{(1 + B) R_3 + R_4} \Delta(-I_{CB0}) \tag{205}$$

und näherungsweise mit $- (R_3 + R_4)(1 + B) I_{CB0} \ll -(U_0 + U_{EB}) B$

$$\frac{\Delta I_C}{I_C} \approx \left(1 - \frac{B R_3}{(1 + B) R_3 + R_4}\right) \frac{\Delta B}{B}. \tag{205a}$$

Aus den Gleichungen ist zu ersehen, daß für eine gute Stabilisierung R_3 möglichst groß und R_4 möglichst klein zu wählen ist. Die sich daraus ergebende niedrige Kollektorspannung macht die Schaltung besonders für Anfangsstufen mit RC-Kopplung geeignet. Im Gegensatz zu Germaniumtransistoren ist bei Siliziumtransistoren der I_{CB0}-Einfluß auch bei erhöhter Temperatur meistens zu vernachlässigen, so daß nur noch Änderungen von U_{EB} wirksam werden. Dieser Anteil wird dann klein,

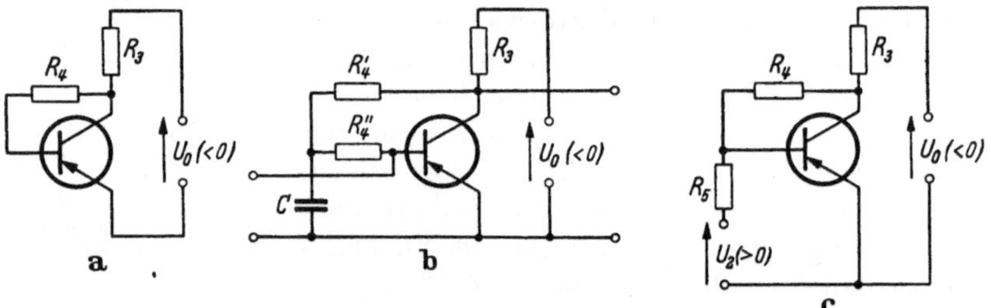

Abb. 68a—c. a) Stabilisierung mit einem Widerstand R_4 zwischen Kollektor und Basis; b) Stabilisierungsschaltung wie bei a, jedoch ohne Wechselstrom-Gegenkopplung; c) Stabilisierungsschaltung mit Hilfsspannungsquelle U_2 im Basiskreis

wenn $-U_{CE}$ groß gegen die Änderungen von U_{EB} ist, was sich durch Kollektorspannungen von wenigen Volt leicht erreichen läßt. Für Siliziumtransistoren gewährt diese wenig aufwendige Schaltung daher eine in vielen Fällen ausreichende Stabilisierung des Arbeitspunktes.

Gegenüber Änderungen der Betriebsspannung verhält sich der Transistor mit seinem Basiswiderstand R_4 wie ein Widerstand der Größe $R_4/(1 + B)$; Kollektorspannung und Emitterstrom erfahren also die gleichen relativen Schwankungen wie die Batteriespannung U_0. Die Wirkung der Gegenkopplung ist die gleiche, wenn der Widerstand R_3 im Emitterkreis liegt, wie dies bei Verwendung des Transistors in Kollektorschaltung der Fall ist.

In der Schaltung Abb. 68a entsteht außer der gewünschten Gleichstromgegenkopplung noch eine etwa gleich große Wechselstromgegenkopplung. Diese läßt sich — wenn es erwünscht ist — durch eine Schaltung nach Abb. 68b vermeiden, in welcher der Kondensator C die Rückführung eines Wechselstromes auf die Basis verhindert. R_4'' bzw. R_4' liegen dann für Wechselstrom parallel zum Eingang bzw. Ausgang.

c) Schaltung mit Hilfsbatterie im Basiskreis. Ein Nachteil der Schaltung Abb. 68a ist der nach oben begrenzte Temperaturbereich. Bei Germaniumtransistoren kommt der Kollektor-Emitterreststrom $I_{CE0} = (1 + B) I_{CB0}$ mit wachsender Temperatur leicht in die Größenordnung des bei niedriger Temperatur eingestellten Kollektorstromes und erhöht den Spannungsabfall an R_3, bis $U_{CB} = 0$ geworden ist. Der Transistor ist „festgelaufen". Der Basisstrom ist bis auf den Wert Null abgesunken, eine Umkehr der Stromrichtung ist in der Schaltung Abb. 68a nicht möglich.

Durch Einschalten einer Hilfsbatterie (U_2) in Reihe mit R_4 würde für $I_B = 0$ noch eine Kollektor-Basisspannung $U_{CB} = U_2$ vorhanden sein, der Stabilisierungsbereich wäre also vergrößert. Die Hilfsbatterie läge jedoch auf einem „schwebenden Potential", was die Verwendung einer einzigen Batterie für mehrere Stufen ausschließt. Diesen Nachteil vermeidet die Schaltung Abb. 68c, bei der die Hilfsbatterie U_2 mit einem weiteren Widerstand R_5 zwischen Basis und Emitter geschaltet ist. Durch Wahl von R_5 und U_2 kann man die Stabilisierung unabhängig vom Arbeitspunkt beeinflussen. Je größer der Kurzschlußstrom U_2/R_5 ist, um so besser ist die Stabilisierung. Aus Gl. (200) ergibt sich für den Kollektorstrom

$$-I_C = \tag{206}$$

$$\frac{-I_{CB0}(1 + B) R_5 (R_3 + R_4) - B[U_0 R_5 + U_2(R_3 + R_4) + U_{EB}(R_3 + R_4 + R_5)]}{R_5[R_4 + R_3(1 + B)]}.$$

Durch den Widerstand R_3 fließt außer dem Kollektorstrom noch der um $R_5/(R_4 + R_5)$ verminderte Basisstrom und der Spannungsteilerstrom $(U_{CE} - U_2)/(R_4 + R_5)$. Da die Größe dieses Stromes vorerst nicht bekannt ist, ist es zweckmäßig, bei der Berechnung der Schaltung von der Spannung U_{CE} auszugehen, für diese bestimmte Schwankungen vorzugeben, und zunächst R_4 und R_5 zu berechnen. Man kennt dann den zusätzlichen Strom durch R_3 und kann ihn bei der Dimensionierung von R_3 berücksichtigen. Für die Schaltung Abb. 68c gilt

$$I_{B1} = \frac{U_{CE1} + U_{EB1}}{R_4} + \frac{U_2 + U_{EB1}}{R_5}, \tag{207a}$$

$$I_{B2} = \frac{U_{CE2} + U_{EB2}}{R_4} + \frac{U_2 + U_{EB2}}{R_5}, \tag{207b}$$

$$I_B = \frac{I_C}{B} - I_{CB0} \frac{1 + B}{B} \approx \frac{I_C}{B} - I_{CB0}. \tag{208}$$

Die Indizes 1 und 2 gelten für die untere bzw. obere Grenze hinsichtlich der Exemplarstreuung, der Temperatur und der geforderten Kollektorspannung. Aus den beiden Gln. (207) erhält man

$$R_4 = -\frac{R_5(U_{CE1} + U_{EB1})}{R_5 I_{B1} - U_2 - U_{EB1}}, \tag{209a}$$

$$R_5 = \frac{(U_{CE1} + U_{EB1})(U_2 + U_{EB2}) - (U_{CE2} + U_{EB2})(U_2 + U_{EB1})}{I_{B2}(U_{CE1} + U_{EB1}) - I_{B1}(U_{CE2} + U_{EB2})}. \tag{209b}$$

In der Regel sind $-U_{CE}$ und U_2 groß gegen U_{EB}, so daß man U_{EB} in diesen Gleichungen häufig ohne großen Fehler fortlassen kann.

Die Wirkung der Stabilisierung soll an einem Beispiel erläutert werden: Ein Vorstufentransistor soll im Temperaturbereich von $-10\,°\text{C}$ bis $+45\,°\text{C}$ arbeiten. Die vorgegebenen oder gewünschten Betriebswerte, sowie die ungünstigsten Streuwerte des gewählten Transistortyps bei den beiden Grenztemperaturen sind in der nachstehenden Tabelle zusammengestellt. Da, wie bereits erläutert wurde, einige Werte nicht von vornherein genau bekannt sind, werden für diese vorläufige Schätzwerte eingesetzt, die dann nachträglich genau berechnet werden.

Größe	Einheit	Transistor 1 $\vartheta_1 = -10\,°\text{C}$	Transistor 2 $\vartheta_2 = +45\,°\text{C}$	Herkunft des Wertes
$-U_0$	V	6,0	6,0	vorgegeben
U_2	V	1,5	1,5	vorgegeben
$-U_{CE}$	V	2,0	1,0	vorgegeben
$-I_{CB0}$	µA	1	100	Datenblatt
U_{EB}	mV	185	65	Datenblatt
B		25	75	Datenblatt
$-I_C$	mA	0,3	0,4	geschätzt
I_B	µA	-11	$+96$	Gl. (208)

Aus den Gln. (209) erhält man mit diesen Werten

$$R_5 = 7,6\,\text{k}\Omega,$$

$$R_4 = 8,0\,\text{k}\Omega.$$

Gewählt werden die benachbarten Widerstände der Normenreihe $R_5 = R_4 = 8,2\,\text{k}\Omega$. Der zusätzliche Strom durch R_3 beträgt bei $\vartheta_1 = -10\,°\text{C}$

$$\frac{U_{CE1} - U_2}{R_4 + R_5} + \frac{R_5}{R_4 + R_5}\, I_{B1} = -0,22\,\text{mA},$$

so daß der Gesamtstrom $-0,52\,\text{mA}$ beträgt. Der Widerstand R_3 erhält dann den Wert $(-U_0 + U_{CE})/0,52 = 7,7\,\text{k}\Omega$, der ebenfalls auf $8,2\,\text{k}\Omega$ abgerundet wird. Aus Gl. (206) kann man jetzt die Grenzen des Kollektorstromes berechnen, die wegen der Widerstandsabrundungen und des zunächst geschätzten Wertes von I_{C2} etwas verschieden von den ursprünglich geforderten sind

$$-I_{C1} = 0,27\,\text{mA}; \qquad -I_{C2} = 0,34\,\text{mA}.$$

Mit der unstabilisierten Schaltung (Abb. 67) hätte man schon wegen der B-Streuwerte Kollektorstromschwankungen von 1:3 bekommen, während man für die Schaltung Abb. 68a bei gleichem minimalem Arbeitspunkt für $-10\,°\mathrm{C}$ ein „Festlaufen" einiger Exemplare schon bei normaler Zimmertemperatur befürchten muß.

Eine geringe Verbesserung gegenüber der Schaltung nach Abb. 68a ergibt sich übrigens auch dann schon, wenn $U_2 = 0$ ist und der Einfluß von I_{CB0} durch den niedrigeren Gesamtwiderstand im Basiskreis vermindert wird.

d) Schaltung mit Gegenkopplung durch einen Widerstand in der Emitterzuleitung. Bei den Stabilisierungsschaltungen nach Abb. 68a und c gingen wir davon aus, einen Strom in die Basis einzuspeisen (Parallelgegenkopplung) und diesen in Abhängigkeit von der Kollektorspannung zu regeln. Die Schaltungen versagen naturgemäß, wenn die Kollektorwiderstände und damit die erzielbaren Kollektorspannungsänderungen klein sind, z. B. wenn der Kollektorwiderstand nur aus dem Kupferwiderstand einer Transformatorwicklung besteht. In

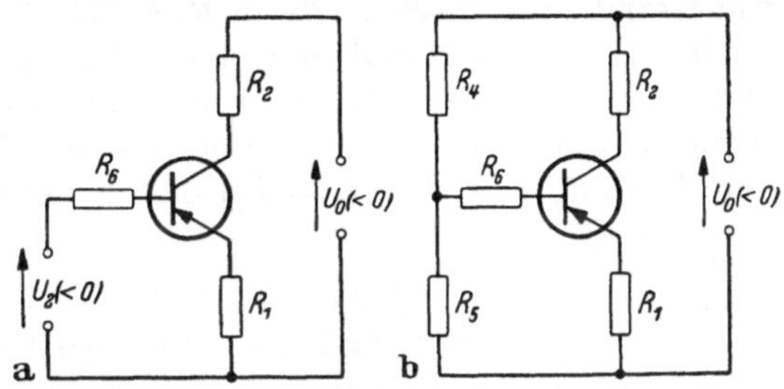

Abb. 69a u. b. a) Stabilisierungsschaltung mit einem Widerstand R_1 in der Emitterzuleitung in Verbindung mit einer Spannungsquelle im Basiskreis; b) Stabilisierungsschaltung mit einem Widerstand R_1 in der Emitterzuleitung in Verbindung mit einem Spannungsteiler im Basiskreis

diesem Fall ist eine Schaltung nach Abb. 69a sehr wirksam, die der bei Röhren allgemein üblichen Schaltung mit Katodenwiderstand entspricht und die man auch als Seriengegenkopplung bezeichnet, weil ein Teil der Ausgangsgleichspannung in Serie mit der Basis-Emitterspannung liegt. Der Emitterstrom wird praktisch nur durch R_1 und U_2 bestimmt, wenn $-U_2$ groß gegen die Streuwerte der Emitter-Basisspannung ist und der Spannungsabfall an dem nur vom Basisstrom durchflossenen Widerstand R_6 vernachlässigt werden kann. Die Stabilisierung ist um so besser, je größer $-U_2$ und R_1 und je kleiner R_6 ist. Die Größe von R_2 ist bei der hier angenommenen Unabhängigkeit des Emitterstromes von der Kollektorspannung ohne Bedeutung. Aus Gl. (200) erhält man für den Kollektorstrom

$$-I_C = \frac{-I_{CB0}(1+B)(R_1+R_6) - B(U_2+U_{EB})}{R_1(1+B)+R_6}. \qquad (210)$$

Diese Gleichung entspricht formal der Gl. (203), jedoch mit dem wesentlichen Unterschied, daß R_6 sehr viel kleiner als R_4 ist. Infolgedessen ist die Stabilisierung gegen Änderungen des Kollektorreststromes oder der Stromverstärkung erheblich besser als bei der Schaltung Abb. 68a. Es ist

$$\Delta(-I_C) = \frac{(1+B)\,(R_1+R_6)}{(1+B)\,R_1+R_6}\,\Delta(-I_{CB0}) \tag{211}$$

und näherungsweise mit $-(R_1+R_6)\,(1+B)\,I_{CB0} \ll -(U_2+U_{EB})\,B$

$$\frac{\Delta I_C}{I_C} \approx \left(1 - \frac{B\,R_1}{(1+B)\,R_1+R_6}\right)\frac{\Delta B}{B}. \tag{211a}$$

Für $R_6 \ll R_1$ ist die Änderung von I_C gleich der von I_{CB0}, während die Abhängigkeit des Kollektorstromes von der Stromverstärkung nahezu ganz verschwindet. Die Hilfsbatterie in der Schaltung Abb. 69a läßt sich auf einfache Weise durch einen Spannungsteiler R_4, R_5 nach Abb. 69b ersetzen. Der die Stabilisierung beeinträchtigende Innenwiderstand des Teilers $R'_B = R_4 R_5/(R_4 + R_5)$ bedeutet eine Vergrößerung von R_6 in Abb. 69a. R'_B sollte also möglichst klein sein; der Querstrom durch R_4 und R_5 sollte ein Mehrfaches des Basisstromes betragen. Für Abb. 69b gilt also Gl. (210) mit $U_2 = U_0 R_5/(R_4+R_5) = U'_B$ und $R'_6 = R_6 + R_4 R_5/(R_4 + R_5)$ oder unmittelbar aus Gl. (200)

$$-I_C = \tag{212}$$
$$\frac{-I_{CB0}(1+B)\,[(R_1+R_6)\,(R_4+R_5)+R_4 R_5]-B[U_{EB}(R_4+R_5)+U_0 R_5]}{(R_4+R_5)\,[R_1(1+B)+R_6]+R_4 R_5}.$$

Eine bestimmte Stabilität des Stromes läßt sich in gewissen Grenzen durch mehrere Kombinationen der Widerstände R_1, R_4, R_5 erreichen. Die zweckmäßige Dimensionierung der Widerstände hängt von der Aufgabe der Transistorstufe ab.

In einer transformator-gekoppelten Verstärkerstufe sind R_6 und R_2 die Kupferwiderstände des Eingangs- bzw. Ausgangstransformators. Meistens wünscht man hier eine möglichst große aussteuerbare Kollektorspannung, weshalb man den Spannungsabfall an R_1 nicht größer als notwendig machen wird. Dagegen kann der Innenwiderstand des Spannungsteilers ohne Verstärkungsverlust niedrig sein.

In einer Schaltung mit RC-Kopplung ist $R_6 = 0$. R_4 und R_5 liegen jetzt parallel zum Eingang des Transistors und verursachen einen Verstärkungsverlust. Der Spannungsteiler sollte also so hochohmig wie möglich sein, was für ausreichende Stabilisierung einen größeren Wert von R_1 erfordert. Das ist für diesen Fall in der Regel möglich, da bei der RC-Kopplung keine große Kollektorwechselspannung gebraucht wird.

Der Widerstand R_1 erhöht den Bedarf an der notwendigen Eingangswechselspannung und vermindert die Ausgangsleistung, wenn er vom Emitterwechselstrom durchflossen wird. Ein Überbrückungskondensator vermeidet diese Verstärkungsverluste. Ebenso sollte R_5 kapazitiv überbrückt werden, wenn R_6 die Wicklung eines Eingangsübertragers ist.

Bei der Auslegung der Schaltung wählt man zunächst den Widerstand R_1 und berechnet dann R_4 und R_5. Ein Spannungsabfall an R_1 von etwa 1 V ist im allgemeinen ausreichend. Zur Berechnung von R_4 und R_5 kann man die geforderten Grenzen des Kollektorstromes zusammen mit den entsprechenden Streudaten der Transistoren in dem gewünschten Temperaturbereich in Gl. (212) einsetzen und erhält die Widerstände aus den beiden Gleichungen.

Übersichtlicher ist es, den Innenwiderstand $R'_B = R_4 R_5/(R_4 + R_5)$ des Basisspannungsteilers, die Leerlaufspannung $U'_B = U_0 R_5/(R_4 + R_5)$, den Emitterstrom $I_E = -I_C - I_B$ und den Basisstrom $I_B = I_C/B - (1 + B) I_{CB0}/B$ einzuführen. Mit diesen Größen gilt für die Schaltung Abb. 69b

$$-U'_B + I_B(R'_B + R_6) = I_E R_1 + U_{EB}, \tag{213}$$

daraus folgend

$$R'_B + R_6 = \frac{I_{E1} R_1 + U_{EB1} + U'_B}{I_{B1}} = \frac{I_{E2} R_1 + U_{EB2} + U'_B}{I_{B2}}, \tag{213a}$$

$$U'_B = \frac{I_{B2}(I_{E1} R_1 + U_{EB1}) - I_{B1}(I_{E2} R_1 + U_{EB2})}{I_{B1} - I_{B2}}. \tag{213b}$$

Außerdem ist

$$R_4 = \frac{R'_B U_0}{U'_B}, \tag{214a}$$

$$R_5 = \frac{R'_B U_0}{U_0 - U'_B}. \tag{214b}$$

Als Beispiel sei die Berechnung der Stabilisierung einer Endstufe für eine Spannung von 14 V ausgeführt. Der Temperaturbereich sei $\vartheta_{ugb} = 5 \cdots 50\,°C$. Bei einem gesamten Wärmewiderstand von 4,5 °C/W und bei einer Verlustleistung von etwa 4,5 W ergibt sich ein Bereich für die Sperrschichttemperatur von $\vartheta_{j1} = +25\,°C$ bis $\vartheta_{j2} = +75\,°C$. In der nachstehenden Tabelle sind die ungünstigsten Streuwerte für den Transistor bei den beiden Grenztemperaturen sowie alle übrigen zur Berechnung erforderlichen Größen und ihre Herkunft zusammengestellt.

Größe	Einheit	Transistor 1 $\vartheta_1 = +25\,°C$	Transistor 2 $\vartheta_2 = +75\,°C$	Herkunft des Wertes
$-U_0$	V	14	14	vorgegeben
R_1	Ω	3,0	3,0	vorgegeben
R_2	Ω	1,5	1,5	vorgegeben
R_6	Ω	2,0	2,0	vorgegeben
$-I_C$	mA	350	450	vorgegeben
$-I_{CB0}$	μA	10	2000	Datenblatt
U_{EB}	mV	350	180	Datenblatt
B		25	64	Datenblatt
$-I_B$	mA	14	5	berechnet
I_E	mA	364	455	berechnet

Mit diesen Werten erhält man

$$\text{aus Gl. (213a)} \quad R'_B = 8,7 \ \Omega,$$

$$\text{aus Gl. (213b)} \quad -U'_B = 1,59 \ \text{V},$$

$$\text{aus Gl. (214a)} \quad R_4 = 76,5 \ \Omega,$$

$$\text{aus Gl. (214b)} \quad R_5 = 9,8 \ \Omega.$$

Bei einem Widerstand des Basisspannungsteilers $R_4 + R_5 = 86,3 \ \Omega$ beträgt der Querstrom 162 mA, d. h. etwa 40% des Kollektorstromes! Würde man den Widerstand R_4 einstellbar machen, dann brauchte die Stabilisierungsschaltung nur die I_{CB0}- und U_{EB}-Änderungen eines individuellen Transistors mit der Temperatur auszugleichen, während die Unterschiede in der Stromverstärkung durch Justierung von R_4 ausgeglichen würden. Für diesen Fall könnte der Basisspannungsteiler hochohmiger sein.

e) Stabilisierung durch gemischte Gegenkopplung. Die Stabilisierung mit Basisspannungsteiler und Widerstand in der Emitterzuleitung ist

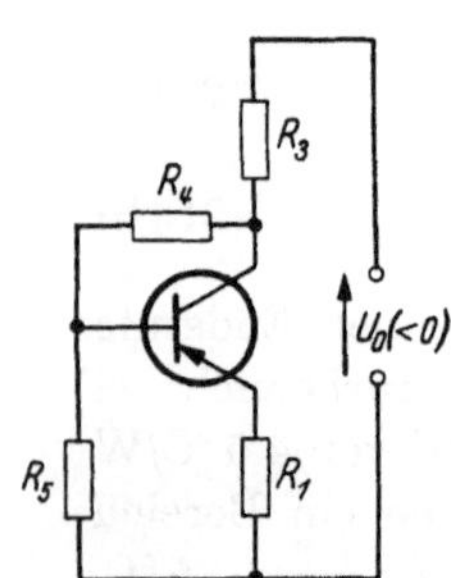

Abb. 70. Stabilisierungsschaltung mit kombinierter Parallel- und Seriengegenkopplung

für einen größeren Temperaturbereich die gebräuchlichste, weil sie ohne eine zusätzliche Spannungsquelle eine Umkehr des Basisstromes erlaubt. Sie versagt bei sehr großen Kollektorwiderständen, wie sie beim Anschluß eines Transistors an eine hohe Betriebsspannung, z. B. in Verbindung mit Röhrenschaltungen, auftreten. In diesem Fall können kleine Änderungen des Kollektorstromes oder die normalen Toleranzen der Widerstände bereits unzulässig hohe Spannungsänderungen am Kollektor verursachen. Eine Kombination der Parallel- und Seriengegenkopplung nach Abb. 70 behebt diese Schwierigkeit. Da bei einem großen Widerstand R_3 der Strom durch den Transistor nahezu konstant ist, entsteht über R_1 eine konstante Spannung, die die gleiche Wirkung hat wie die Spannung U_2 in Abb. 68c. Man wählt R_1 so, daß ein Spannungsabfall von einigen Volt entsteht. Für die Widerstände R_4 und R_5 erhält man analog zu Gl. (209a) und (209b)

$$R_5 = \frac{(U_{CE1} + U_{EB1})(R_1 I_{E2} + U_{EB2}) - (U_{CE2} + U_{EB2})(R_1 I_{E1} + U_{EB1})}{I_{B2}(U_{CE1} + U_{EB1}) - I_{B1}(U_{CE2} + U_{EB2})}, \tag{215a}$$

$$R_4 = \frac{R_5(U_{CE1} + U_{EB1})}{R_5 I_{B1} - U_{EB1} - R_1 I_{E1}}. \tag{215b}$$

Bei sehr großer Betriebsspannung kann man $I_E R_1$ und $-U_{CE}$ groß gegen U_{EB} machen, außerdem ist dann $I_{E1} \approx I_{E2}$, so daß Gl. (215a) sich vereinfacht zu

$$R_5 = \frac{(U_{CE1} - U_{CE2})\,R_1\,I_E}{I_{B2}\,U_{CE1} - I_{B1}\,U_{CE2}}.\qquad(215\,\mathrm{c})$$

Bei der Dimensionierung von R_3 ist zu berücksichtigen, daß durch R_3 außer dem Kollektorstrom noch der Strom durch R_4 fließt.

f) Gemeinsame Stabilisierung mehrerer Transistorstufen. Die bisher behandelten Stabilisierungsschaltungen basieren auf der Verstärkerwirkung desjenigen Transistors, dessen Strom stabilisiert werden soll, wodurch bei mehrstufigen Verstärkern in jeder Stufe eine gesonderte Stabilisierung erforderlich wird. In manchen Fällen kann man jedoch die Transistorstufen auch gleichstrommäßig miteinander koppeln und eine gemeinsame Stabilisierung für alle Stufen anwenden.

Eine Möglichkeit der gemeinsamen Stabilisierung besteht darin, nur den ersten Transistor mit einer Gegenkopplungsschaltung zu stabilisieren und den Strom der übrigen gleichstromgekoppelten Stufen von der ersten Stufe aus zu steuern. Abb. 71 zeigt eine besonders ein-

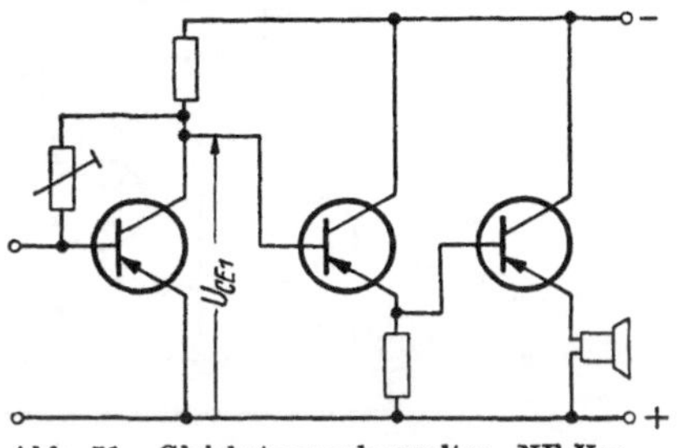

Abb. 71. Gleichstromgekoppelter NF-Verstärker mit Arbeitspunktstabilisierung durch den ersten Transistor

fache Schaltung nach diesem Prinzip [46]. Die erste Stufe wird in Emitterschaltung betrieben und hat eine normale Parallelgegenkopplungs-Stabilisierung nach Abb. 68a. Wenn bei Temperaturerhöhung der Betrag des Kollektorstromes steigt, so vermindert sich die Kollektorspannung $-U_{CE1}$. Da diese Spannung aber zugleich die Basisspeisespannung der beiden folgenden in Kollektorschaltung betriebenen Stufen ist, wirkt die Abnahme von $-U_{CE1}$ dem temperaturbedingten Stromanstieg der letzten Stufe entgegen. Der Lautsprecherwiderstand in der Emitterleitung des Endstufentransistors ist so dimensioniert, daß an ihm etwa die halbe Batteriespannung abfällt. Die Schaltung ist also unter allen Umständen thermisch stabil. Die Verstärkung ist allerdings durch die Verwendung der Kollektorschaltung nicht sehr hoch.

Eine wirksamere Stabilisierung aller Stufen erhält man durch eine Rückführung des Gleichstromes vom Ausgang der letzten Stufe zur Basis der ersten Stufe. Die auf solche Weise erreichbare Gleichstrom-Gegenkopplung ist wesentlich größer als sie mit nur einem Transistor zu erzielen ist, so daß derartig stabilisierte Verstärker in einem großen Temperaturbereich nur geringe Schwankungen der Einstellströme aufweisen. Wenn diese Stabilisierungsmethode trotz ihrer Vorteile nur wenig angewendet wird, so liegt das an der Schwierigkeit, eine Gleichstromkopplung mehrerer Stufen in Emitterschaltung ohne besonderen

Aufwand zu erreichen. Die meisten dieser Schaltungen arbeiten mit verhältnismäßig hohen Betriebsspannungen, mit mehreren Spannungsquellen oder mit Stabilisierungsdioden zur Erzeugung ausreichender Kollektorspannungen in den einzelnen Stufen. Für transportable Geräte mit einer einzigen Batterie geringer Spannung sind daher diese Schaltungen weniger gebräuchlich als für stationäre Verstärker. Ein Beispiel für eine Stabilisierung über drei Stufen zeigt die Abb. 72 [47]. Die Kollektorspannung des letzten Transistors wird durch einen Spannungsteiler R_2, R_3 unterteilt und ein dieser Spannung proportionaler Strom über den Widerstand R_1 in die Basis des ersten Transistors eingespeist.

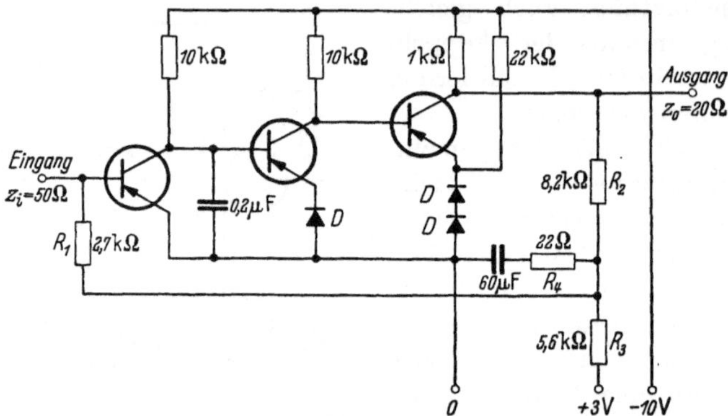

Abb. 72. Niederfrequenzverstärker mit Arbeitspunktstabilisierung durch Gleichstrom-Gegenkopplung über drei Stufen

Der Widerstand R_3 liegt dabei an einer positiven Hilfsspannung, welche die Erzeugung der bei höheren Temperaturen notwendigen positiven Basisspannung gestattet. Für Wechselspannungen ist die Gegenkopplung durch einen Widerstand von 22 Ω und einen Kondensator von 60 μF teilweise unwirksam gemacht. Die Siliziumdioden D in den Emitterleitungen sorgen durch ihre Durchlaßspannung von etwa 0,7 V für eine ausreichende Kollektorspannung des vorhergehenden Transistors. Ihr differentieller Widerstand ist so gering, daß sie keine merkliche Wechselstrom-Gegenkopplung erzeugen. Die Schaltung arbeitet mit Germaniumtransistoren in einem Temperaturbereich von $-55\,^\circ$C bis $+75\,^\circ$C. Infolge der starken Gleichstrom-Gegenkopplungen ist die Schaltung weitgehend unabhängig von dem verwendeten Transistortyp.

3. Stabilisierungsschaltungen mit temperaturabhängigen und nichtlinearen Widerständen

Durch Verwendung von Widerständen, deren Größe von der Temperatur abhängt, oder deren Strom-Spannungskennlinie gekrümmt ist, lassen sich einige der im vorigen Abschnitt angegebenen Stabilisierungsschaltungen verbessern.

a) Stabilisierung mit temperaturabhängigen Widerständen. Der Einfluß des Kollektorreststromes I_{CB0} auf den Kollektorstrom kann in der Schaltung Abb. 69b durch einen hinreichend niederohmigen Spannungsteiler klein gehalten werden. Um dagegen die Temperaturabhängigkeit der Basis-Emitterspannung zu eliminieren, braucht man einen Spannungsabfall am Emitterwiderstand von möglichst mehr als 1 V. Bei Endstufen mit niedriger Betriebsspannung ist dieser Spannungsverlust oft recht unangenehm. Man kann ihn vermindern, wenn man R_1 in Abb. 69 als temperaturabhängigen Widerstand ausbildet. Ist c_R der Temperaturkoeffizient des Widerstandes R_1, so wird eine Kompensation erreicht für

$$I_E R_1 = \frac{-c_E}{c_R}, \tag{216}$$

worin c_E der mit Gl. (198) definierte Temperaturkoeffizient der Emitter-Basisspannung ist ($c_E \approx -2,4 \text{ mV } °C^{-1}$).

Mit einem Wert von $c_R = 4 \cdot 10^{-3} \, °C^{-1}$ für Kupfer und $c_R = 6 \cdot 10^{-3} \, °C^{-1}$ für Nickel erhält man z. B. eine Kompensation bei einem Spannungsabfall an R_1 von 0,6 V für Kupfer und 0,4 V für Nickel. Der Kupferwiderstand kann u. U. durch eine Transformatorwicklung realisiert werden, wie bei der Behandlung der Verstärkerschaltungen später gezeigt werden wird.

In einigen Fällen ist ein Emitterwiderstand unerwünscht, weil er einen Verstärkungsverlust bedeutet. In Gegentakt-B-Schaltungen ist es nämlich nicht möglich, den Emitterwiderstand mit einem Kondensator zu überbrücken, weil er immer nur von Halbwellen einer Richtung durchflossen wird. Dadurch würde der Kondensator bei wechselnder Aussteuerung auf verschieden hohe Spannungen aufgeladen werden, was zu Verzerrungen Anlaß gäbe. Das gleiche gilt in gewissem Umfang auch für die Überbrückung des Basisspannungsteilers.

Eine Kompensation der Basisspannungsänderungen wäre möglich, wenn man in der Schaltung Abb. 69b R_4 einen positiven oder R_5 einen negativen Temperaturkoeffizienten geeigneter Größe geben würde. Materialien mit hinreichend großen positiven Temperaturkoeffizienten stehen z. Z. nicht zur Verfügung, dagegen ist es möglich, R_5 einen mit steigender Temperatur abnehmenden Widerstandswert zu geben. Diese NTC-Widerstände, Heißleiter oder Thermistoren haben jedoch nicht die gewünschte lineare Abhängigkeit des Widerstandes von der Temperatur, vielmehr zeigen sie als Halbleiter einen etwa exponentiellen Verlauf des Leitwertes mit der Temperatur. Durch Kombination mit konstanten Widerständen läßt sich jedoch in einem beschränkten Temperaturbereich eine Linearisierung des Widerstandsverlaufes erreichen. In den meisten Fällen genügt eine Anordnung nach Abb. 73a, bei der parallel zum NTC-Widerstand R_ϑ ein normaler Widerstand R_5 geschaltet ist. R_6 ist der kleine Wicklungswiderstand des Eingangsübertragers.

Der Widerstand der Parallelschaltung R_5 und R_ϑ hat einen Verlauf mit der Temperatur nach Abb. 73b. Die S-förmig gekrümmte Kurve mündet bei tiefen Temperaturen in den Widerstandswert R_5 ein, während bei hohen Temperaturen nur noch der NTC-Widerstand R_ϑ wirksam ist. Die Gerade mit dem gewünschten Widerstandsverlauf schneidet die S-Kurve in drei Punkten. Die zugehörigen Temperaturen ϑ_1, ϑ_2, ϑ_3, bei denen völlige Kompensation eintritt, wird man so wählen, daß ϑ_1 und ϑ_3 an den Grenzen und ϑ_2 in der Mitte des gewünschten Temperaturbereiches liegt.

Bei der Dimensionierung der Widerstände muß man berücksichtigen, daß NTC-Widerstände meistens nur in ziemlich groben Widerstands-

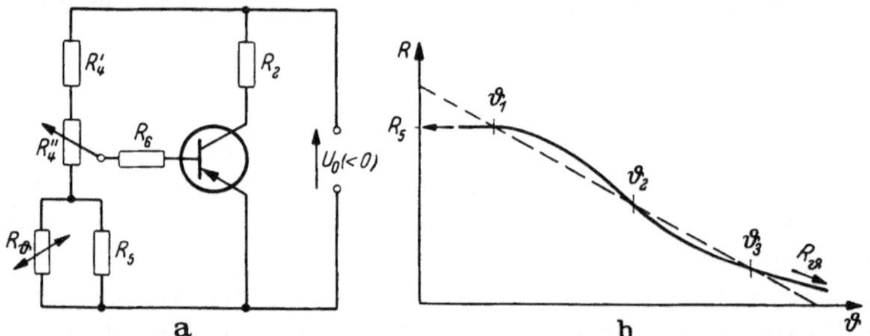

Abb. 73 a u. b. a) Temperaturkompensation der Basis-Emitterspannung durch einen NTC-Widerstand R_ϑ; b) Temperaturabhängigkeit des Gesamtwiderstandes $R = R_5 R_\vartheta /(R_5 + R_\vartheta)$

abstufungen erhältlich sind und daß sowohl die Toleranzen des Widerstandswertes .bei Zimmertemperatur als auch die der Temperaturabhängigkeit nicht beliebig klein gehalten werden können. Bei der normalerweise vorhandenen Temperaturabhängigkeit der NTC-Widerstände müssen erfahrungsgemäß R_5 und R_ϑ bei Zimmertemperatur etwa den gleichen Wert haben.

Der Widerstandswert richtet sich nach den Verlusten, die man zulassen will. Bei großem Widerstand nehmen die Gleichstromverluste infolge des Spannungsteiler-Querstromes ab, jedoch steigen die Wechselstromverluste und die notwendige Steuerleistung an, da der Transformator (R_6) noch den Spannungsabfall im Spannungsteilerwiderstand aufbringen muß. Außerdem wird die Stabilisierung wegen des wachsenden I_{CB0}-Einflusses schlechter. Ein Kompromiß liegt z. B. für eine Gegentakt-B-Stufe bei einem Spannungsteiler-Querstrom I_q etwa von der Größe des Kollektorruhestromes. Den passenden Widerstandswert R_ϑ erhält man aus der empirischen Beziehung $R_\vartheta \approx 2 U_{EB}/I_q$.

Aus der vom Hersteller der NTC-Widerstände gegebenen Temperaturkurve können die Widerstandswerte für die drei Temperaturen ϑ_1,

ϑ_2, ϑ_3 abgelesen werden. Entsprechen diesen Temperaturen die Leitwerte $G_{\vartheta 1}$, $G_{\vartheta 2}$, $G_{\vartheta 3}$, so ergibt sich

$$R_5 = \frac{\left(\dfrac{G_{\vartheta 3} - G_{\vartheta 2}}{G_{\vartheta 2} - G_{\vartheta 1}} \cdot \dfrac{\vartheta_2 - \vartheta_1}{\vartheta_3 - \vartheta_2}\right) - 1}{G_{\vartheta 3} - \left(\dfrac{G_{\vartheta 3} - G_{\vartheta 2}}{G_{\vartheta 2} - G_{\vartheta 1}} \cdot \dfrac{\vartheta_2 - \vartheta_1}{\vartheta_3 - \vartheta_2}\right) G_{\vartheta 1}}. \tag{217}$$

Der Querstrom $I_q = U_{EB}(G_\vartheta + G_5)$ des Teilers muß so bemessen werden, daß die gewünschte Temperaturabhängigkeit der Basisspannung vorhanden ist

$$I_q = \frac{c_E(\vartheta_2 - \vartheta_1)}{\dfrac{1}{G_{\vartheta 1} + G_5} - \dfrac{1}{G_{\vartheta 2} + G_5}}. \tag{218}$$

Die richtige Basisspannung wird dann mit dem Potentiometer R_4'' eingestellt. Oft ist es auch ausreichend, unter Verzicht auf R_4'' den Widerstand R_4' variabel zu machen, um Exemplarstreuungen der Widerstände und Transistoren auszugleichen.

Die Kompensation mit einem NTC-Widerstand wird, wie bereits erwähnt, vorwiegend für Gegentakt-B-Endstufen verwendet. Eine genaue Einhaltung des Ruhestromes und damit eine exakte Kompensation ist hier meistens weniger wichtig als die thermische Stabilität bei höheren Temperaturen. Aus diesem Grunde sollte der NTC-Widerstand möglichst guten Wärmekontakt mit den Transistoren haben, damit sein Wert nicht nur durch die Umgebungstemperatur, sondern auch durch die bei wachsender Aussteuerung der Transistoren zunehmende Sperrschichttemperatur bestimmt wird.

b) Stabilisierung mit nichtlinearen Widerständen. In den mit Gegenkopplungen stabilisierten Schaltungen ist bei guter Stabilisierung der Kollektorstrom etwa der Betriebsspannung proportional. Dagegen ändert sich in Gegentakt-B-Endstufen ohne Emitterwiderstand die Basisspeisespannung linear mit der Betriebsspannung. Da der Emitterstrom nahezu exponentiell (gemildert durch die Widerstände im Basiskreis) mit der Basisspannung wächst, sind die relativen Stromänderungen wesentlich größer als die der Betriebsspannung. Für Endstufentransistoren, bei denen die Wärmeableitung eines der wichtigsten Probleme darstellt, besteht in solchen Schaltungen die Gefahr der thermischen Instabilität und damit der Zerstörung bei höheren Betriebsspannungen und höheren Umgebungstemperaturen. Zur Milderung dieser starken Stromänderungen kann man im Basisspannungsteiler Schaltelemente mit stark nichtlinearer Charakteristik verwenden.

Ersetzt man z. B. den Widerstand R_4' in Abb. 73a durch einen Eisenwiderstand oder eine kleine Glühlampe, so wird der Spannungsteilerstrom wenig von Spannungsänderungen beeinflußt. Allerdings ist eine Glühlampe u. U. gefährlich, weil ihr Kaltwiderstand sehr niedrig ist und der Transistor beim Einschalten überlastet werden kann.

Bei einem Ersatz des Widerstandes R_5 in Abb. 73a durch ein Regelelement muß dieses eine Abnahme des Widerstandes mit wachsender Spannung zeigen, also spannungsstabilisierend wirken. Fast alle bisher bekannten Elemente stabilisieren Spannungen, die größer sind als die einige 100 mV betragende Emitter-Basisspannung. Es ist daher notwendig, einen doppelten Spannungsteiler vorzusehen. Als Stabilisierungselement kann man verwenden: elektrolytische Zellen besonderer Konstruktion, Selen-, Kupferoxydul-, Germanium- oder Siliziumdioden in Durchlaßrichtung, Zenerdioden, spannungsabhängige Siliziumcarbidwiderstände. Ein Teil dieser Elemente hat einen negativen Temperaturkoeffizienten, der jedoch wegen der notwendigen nochmaligen Unterteilung der Spannung für eine U_{EB}-Kompensation nicht ausreicht. Bei Verwendung gleichrichtender Elemente muß man außerdem darauf

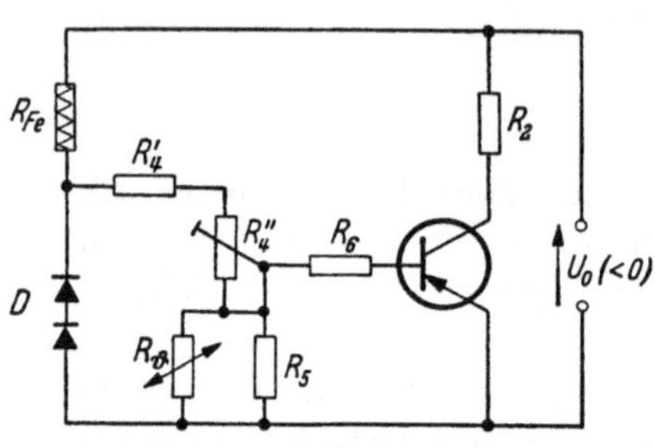

Abb. 74
Stabilisierungsschaltung mit spannungs- und temperaturabhängigen Elementen

achten, daß der Spannungsteilerstrom größer ist als der Basis-Spitzenstrom, damit die Diode bei Aussteuerung des Transistors nicht in Sperrichtung gepolt wird.

Abb. 74 zeigt eine Schaltung mit Spannungs- und Temperaturstabilisierung. Der Hauptspannungsteiler besteht aus einem Eisenwiderstand R_{Fe} und zwei Selendioden D, über denen der übliche Teiler mit NTC-Widerstand liegt.

Eine ideale Temperaturkompensation würde man erhalten, wenn R_5 durch eine Flächendiode aus dem Material des Transistors ersetzt würde. Eine solche Diode, die bei einem Strom von der Größe des maximalen Basisstromes einen Spannungsabfall von der Größe der Basis-Emitterspannung beim Kollektorruhestrom hat, würde jedoch einen relativ großen Kristall haben müssen. Der Preis solcher Dioden hat bisher ihre Verwendung verhindert. Natürlich könnte auch ein zweiter Transistor im Übersteuerungsbereich die Stelle der Diode vertreten, doch gelten für diesen die gleichen Schwierigkeiten.

In den Abb. 75 und 76 ist die Wirkung einer Ge-Diode im Spannungsteiler einer Gegentakt-B-Stufe dargestellt. Die ausgezogenen Kurven gelten für die Schaltung mit Diode, die gestrichelten, wenn die Diode durch einen Widerstand solcher Größe ersetzt wird, daß bei normaler Betriebsspannung und Umgebungstemperatur die gleichen Kollektorruheströme fließen. In Abb. 75 erkennt man besonders bei niedrigen Temperaturen eine ausgezeichnete U_{EB}-Kompensation. Bei höheren Temperaturen wird die Wirkung durch den zunehmenden Einfluß von I_{CB0} etwas vermindert. Die gestrichelte Kurve dagegen zeigt die außerordentlich großen Änderungen der Ruheströme bei dem Widerstands-Spannungsteiler. Bei niedriger Temperatur sinkt der Strom auf so kleine Werte, daß mit erheblichen Verzerrungen zu rechnen ist, während bei höheren Temperaturen der Strom so ansteigt, daß nur durch den Emitterwiderstand von 1 Ω die thermische Stabilität gewahrt bleibt.

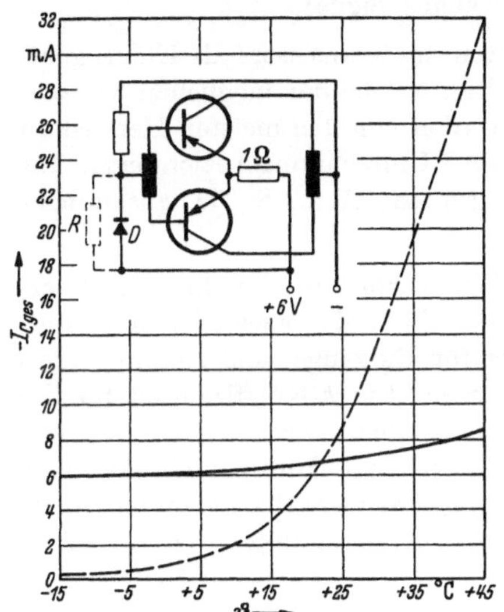

Abb. 75. Änderung des Gesamtkollektorstromes $-I_{Cges}$ einer Gegentakt-B-Stufe mit der Umgebungstemperatur ϑ

——— Basisspannungsteiler mit Ge-Diode D;
– – – Basisspannungsteiler mit linearem Widerstand R

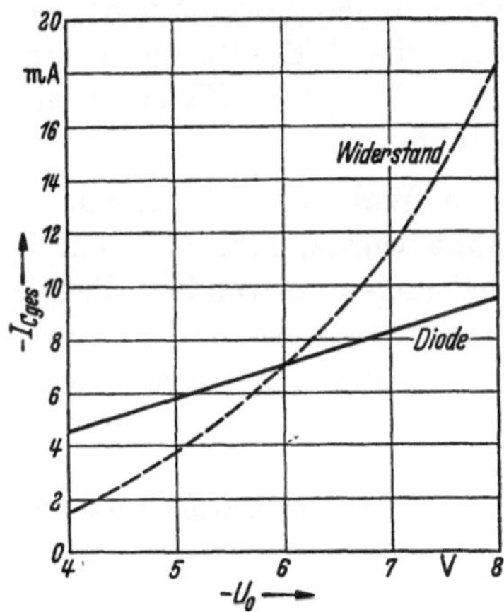

Abb. 76
Änderung des Kollektorstromes I_{Cges} der Gegentakt-B-Schaltung in Abb. 75 mit der Batteriespannung U_0

In Abb. 76 ist zu sehen, wie infolge der gekrümmten Charakteristik der Diode der Kollektorstrom die gleichen relativen Schwankungen wie die Batteriespannung erfährt, während ohne Diode eine wesentlich stärkere nichtlineare Abhängigkeit vorhanden ist.

C. Niederfrequenzverstärker

Für Frequenzen unterhalb der Grenzfrequenz der Stromverstärkung in Emitterschaltung f_β kann man den Transistor in erster Näherung als frequenzunabhängiges Verstärkerelement betrachten, dessen Eigenschaften sich aus den statischen Kennlinien herleiten lassen. In der Nähe der Grenzfrequenz f_β machen sich die Trägheitserscheinungen des Transistors bemerkbar, jedoch genügt in den meisten Fällen deren Berücksichtigung durch einfache Korrekturen.

Zur Verstärkung kleiner Signale benutzt man nur lineare Bereiche
der Kennlinien, innerhalb derer sich der Transistor als aktiver Vierpol
mit vier reellen Kenngrößen beschreiben läßt. Bei großen Aussteuerungen,
wie sie in Endverstärkern üblich sind, muß man auch mit den nichtlinearen Teilen der Kennlinien, insbesondere mit der stark gekrümmten
Eingangskennlinie, rechnen. Es erscheint daher zweckmäßig, eine Unterteilung in Kleinsignal- und Großsignalverstärker vorzunehmen.

1. Verstärker für kleine Signale

Zur Beschreibung der Eigenschaften des Transistors als Kleinsignal-
verstärker ist es im Prinzip gleichgültig, welche der möglichen Vierpol-
darstellungen gewählt wird, jedoch werden von den meisten Herstellern
heute die h-Koeffizienten angegeben. Umrechnungsbeziehungen für
andere Vierpolkoeffizienten sind im Anhang A. 2., S. 374, zusammengestellt.

a) Wahl der Grundschaltung. Wie schon im Abschn. III. C. erwähnt wurde, läßt sich ein Transistor in drei verschiedenen Grundschaltungen verwenden, die nach der für Eingangs- und Ausgangskreis
gemeinsamen Elektrode benannt werden. Die h-Koeffizienten für die
drei Schaltungsarten sind sehr unterschiedlich; ihre Umrechnung von
einer Schaltungsart in eine andere läßt sich mit Hilfe von Gl. (15A) im
Anhang A. 2. ausführen. Die folgende Übersicht enthält typische Werte
eines Hörgerätetransistors bei einem Arbeitspunkt $-U_{CE} = 2$ V;
$-I_C = 0,5$ mA; $f = 1$ kHz.

Koeffizient	Basis-schaltung	Emitter-schaltung	Kollektor-schaltung	Einheit
$h_{11} = h_i$	57	$2,9 \cdot 10^3$	$2,9 \cdot 10^3$	Ohm
$h_{12} = h_r$	$1,8 \cdot 10^{-3}$	$1,7 \cdot 10^{-3}$	1	—
$h_{21} = h_f$	$-0,98$	50	-51	—
$h_{22} = h_o$	$1,2 \cdot 10^{-6}$	$60 \cdot 10^{-6}$	$60 \cdot 10^{-6}$	Siemens

Die Eingangsimpedanzen h_{11} und Ausgangsadmittanzen h_{22} der
Tabelle, die entsprechend der Definition Kurzschluß- bzw. Leerlauf-
werte sind, erfahren eine Änderung unter dem Einfluß der Spannungsrückwirkung h_{12} für den Fall endlicher Lastwiderstände R_L am Ausgang bzw. endlicher Generatorwiderstände R_g am Eingang. In den
Abb. 77 und 78 ist der aus den Gln. (117) und (118), S. 69, berechnete
Impedanzverlauf für einen Transistor mit den oben aufgeführten Daten
dargestellt. Der angegebene Bereich der Abschlußwiderstände erstreckt
sich von 1 Ω bis 10^8 Ω, so daß die linke Grenze der Diagramme nahezu
dem Kurzschlußfall, die rechte Grenze praktisch dem Leerlauffall entspricht. In Abb. 77 ändern sich die Eingangsimpedanzen vom Kurz-

schlußwert h_{11} am linken Rand des Diagramms bis zum Leerlaufwert z_{11} am rechten Rand. In Abb. 78 entspricht der linke Grenzwert dem Wert $1/g_{22}$ der Leitwertmatrix und der rechte Wert dem Ausgangswiderstand $z_{22} = 1/h_{22}$. Die Abb. 79 und 80 zeigen den Verlauf der Stromverstärkung bzw. der Spannungsverstärkung gemäß Gl. (119) bzw. (120). Die Wirkung des Lastwiderstandes auf die Leistungsverstärkung, wie sie sich aus Gl. (121) ergibt, ist in Abb. 81 dargestellt. Die Verstärkung ist als das Verhältnis der an den Lastwiderstand abgegebenen Leistung zu der vom Eingangswiderstand des Transistors aufgenommenen Leistung definiert und im logarithmischen Maß (Dezibel) aufgetragen.

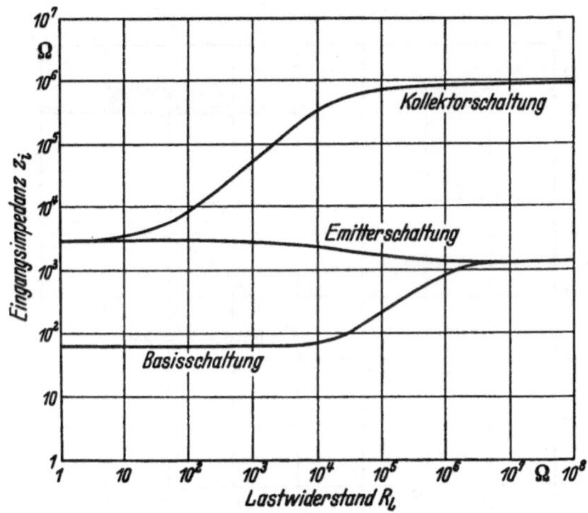

Abb. 77. Eingangsimpedanz als Funktion des Lastwiderstandes

Die Eigenschaften der drei Grundschaltungen sollen im folgenden an Hand der oben aufgeführten Transistorkennwerte und der Abb. 77 bis 81 diskutiert werden.

Die Eingangsimpedanz z_i (Abb. 77) ist für die Basisschaltung am niedrigsten. Ihr Kurzschlußwert $h_{ib} = 57 \ \Omega$ ist bis auf den kleinen Anteil des Basisbahnwiderstandes, der nur mit dem Faktor $1/(1 + \beta)$ eingeht, gleich dem differentiellen Widerstand $r_e = U_T/I_E$ (vgl. S. 49) der Emitterdiode. Bei nicht zu kleinem β ist daher h_{ib} nur wenig exemplarabhängig und im wesentlichen durch den Emitterstrom bestimmt. Emitter- und Kollektorschaltung haben den gleichen Kurzschlußwert h_{11} der Eingangsimpedanz. Sie beträgt das $(1 + \beta)$-fache des Wertes in Basisschaltung. Mit zunehmendem Lastwiderstand erhöhen sich die Impedanzen der Basis- und Kollektorschaltung erheblich. Der Leerlaufwert z_{11} beträgt im vorliegenden Beispiel in der Basisschaltung das 27fache und in der Kollektorschaltung nahezu das 300fache des Kurzschlußwertes. Die Emitterschaltung zeigt dagegen einen geringen

Abfall der Eingangsimpedanz auf etwa die Hälfte des Kurzschlußwertes.

Aus den Gln. (117) und (118) ergibt sich sowohl für die Eingangsals auch für die Ausgangsimpedanz die Beziehung

$$\frac{z_{\text{Leerlauf}}}{z_{\text{Kurzschluß}}} = 1 - \frac{h_{12}h_{21}}{h_{11}h_{22}}. \tag{219}$$

In der Basis- und Kollektorschaltung ist h_{21} negativ, in der Emitterschaltung positiv. Daher weist die Emitterschaltung eine Abnahme,
Basis- und Kollektorschaltung dagegen eine Zunahme der Impedanzen
mit wachsendem Abschlußwiderstand auf.

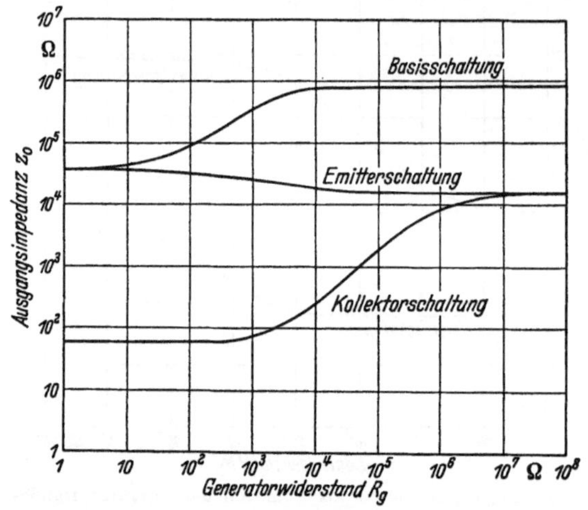

Abb. 78. Ausgangsimpedanz als Funktion des Generatorwiderstandes

Die besonders große Impedanzänderung der Kollektorschaltung ist
ausschließlich die Folge der sehr großen Rückwirkung h_{12}, da die
übrigen Koeffizienten bis auf das Vorzeichen denen der Emitterschaltung
völlig bzw. nahezu gleichen. Für nicht zu große Lastwiderstände ist
die Eingangsimpedanz in Kollektorschaltung $h_{ie} + (1 + \beta)\,R_L$, bei
großen Abschlußwiderständen ist sie der Ausgangsimpedanz in Basisschaltung gleich, wie aus einem Vergleich der Abb. 77 und 78 zu ersehen ist und sich im übrigen aus der Definition dieser Größen sofort
ergibt.

Die Ausgangsimpedanz z_v (Abb. 78) zeigt einen ähnlichen Verlauf
wie die Eingangsimpedanz, nur haben Basis- und Kollektorschaltung
jetzt ihre Rollen vertauscht. Der Kurzschlußwert der Ausgangsimpedanz
in Kollektorschaltung hat den gleichen (und sehr niedrigen) Wert wie
die Eingangsimpedanz in Basisschaltung. Die Basis- und Emitterschaltung haben den gleichen Kurzschlußwert der Ausgangsimpedanz. Die

Änderungen mit größer werdendem Generatorwiderstand haben, wie nach Gl. (219) zu erwarten ist, die gleiche Größe und Richtung wie die der Eingangsimpedanzen. Auch hier zeichnet sich die Emitterschaltung durch ein mittleres Impedanzniveau und relativ kleine Änderungen aus.

Die Stromverstärkung v_i (Abb. 79) hat für den Kurzschlußfall für Emitter- und Kollektorschaltung bis auf das Vorzeichen nahezu den gleichen hohen Wert, während sie in der Basisschaltung praktisch gleich

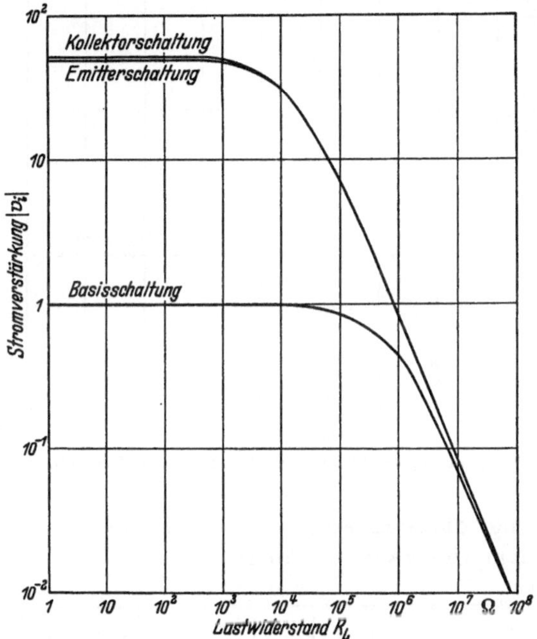

Abb. 79. Stromverstärkung als Funktion des Lastwiderstandes

Eins ist. Bei endlichen Lastwiderständen R_L verteilt sich der Strom des internen Stromgenerators auf h_{22} und $1/R_L$, so daß die Betriebsstromverstärkung entsprechend sinkt. Wegen des geringeren Ausgangsleitwertes der Basisschaltung setzt hier der Abfall erst bei entsprechend größeren Lastwiderständen ein.

Die Spannungsverstärkung v_u (Abb. 80) ist für Basis- und Emitterschaltung praktisch gleich. Sie steigt proportional mit dem Lastwiderstand an und nähert sich bei großen Widerständen dem Grenzwert $v_{u\,max} \approx 1/\Delta_{hb} \approx 550$. Diese hohe Verstärkung, die bei Transistoren mit anderen Daten auch noch höhere Werte erreichen kann, ist jedoch nicht im ganzen Niederfrequenzgebiet ausnutzbar, da bei sehr großen Lastwiderständen die bei kleineren NF-Transistoren etwa $30 \cdots 60\,\mathrm{pF}$

betragende Kollektorkapazität einen Verstärkungsabfall bei hohen Frequenzen bewirkt. Die Kollektorschaltung zeigt eine sehr niedrige Span-

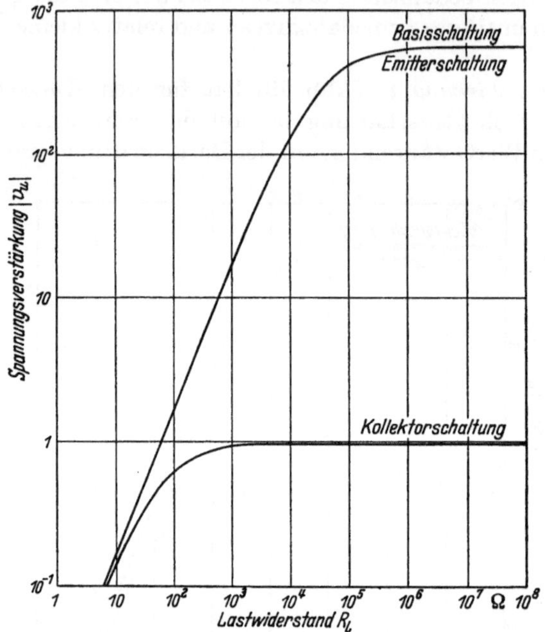

Abb. 80. Spannungsverstärkung als Funktion des Lastwiderstandes

nungsverstärkung, die sich schon für relativ kleine Werte des Lastwiderstandes dem Grenzwert 1 nähert.

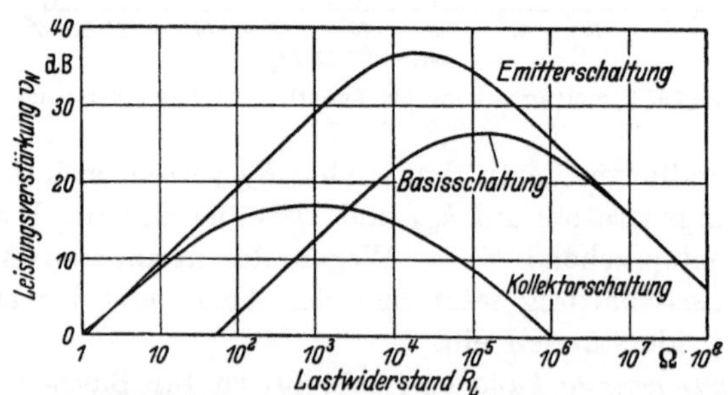

Abb. 81. Leistungsverstärkung als Funktion des Lastwiderstandes

Die Leistungsverstärkung v_N (Abb. 81) zeigt die eindeutige Überlegenheit der Emitterschaltung. Das Maximum der Verstärkung von 37 dB im vorliegenden Beispiel wird bei einem Lastwiderstand von 24 kΩ, dem geometrischen Mittel aus Kurzschluß- und Leerlaufausgangsimpedanz erreicht. Die zugehörige Eingangsimpedanz, die der gleichen Gesetzmäßigkeit gehorcht, beträgt etwa 2 kΩ. Nur etwa der zehnte Teil der Verstärkung in Emitterschaltung wird in der Basisschaltung mit 26 dB erreicht. Während in der Emitterschaltung sowohl eine Spannungs- als auch eine Stromverstärkung stattfindet, kommt bei der Basisschaltung nur die Spannungsverstärkung ins Spiel. Das Optimum der Verstärkung liegt hier wegen der höheren Ausgangsimpedanz bei einem größeren Lastwiderstand von etwa 170 kΩ mit einer zugehörigen Eingangsimpedanz von etwa 300 Ω. Bei sehr großen Lastwiderständen wird die Verstärkung der Basisschaltung gleich der der Emitterschaltung, da die Eingangsimpedanzen sich annähern und die Spannungsverstärkung den gleichen Wert hat. In der Kollektorschaltung ist zwar eine Stromverstärkung vorhanden, dagegen fehlt die Spannungsverstärkung. Da diese in der Basisschaltung einen wesentlich höheren Zahlenwert als die Stromverstärkung in Kollektorschaltung aufweist, ist die Leistungsverstärkung der Kollektorschaltung im Maximum mit etwa 17 dB noch um fast den Faktor 10 kleiner als die der Basisschaltung. Das sehr breite Optimum des Lastwiderstandes liegt bei 1 kΩ mit einer Eingangsimpedanz von 50 kΩ. Bei kleinen Lastwiderständen nähern sich die Verstärkungskurven für Emitter- und Kollektorschaltung. Wegen der geringfügig größeren Stromverstärkung der Kollektorschaltung überschneiden sich die Kurven bei etwa 2 Ω in einem wenig ausgeprägten Schnittpunkt.

Beurteilt man die drei Grundschaltungen nach ihrer praktischen Verwendbarkeit, so wird man Kollektor- und Basisschaltung wegen ihrer geringen Verstärkung nur in Sonderfällen verwenden. Ein in Kollektorschaltung arbeitender Transistor wirkt als Impedanzwandler, der dann am Platze ist, wenn eine hochohmige Quelle eine niederohmige Last zu speisen hat. Zu bedenken ist dabei, daß die Eingangsimpedanz sowohl von der Stromverstärkung als auch in starkem Maße von dem Lastwiderstand abhängt. Wegen der echten Stromverstärkung ist eine transformatorlose Ankopplung weiterer Stufen beliebiger Schaltungsart möglich.

Die Basisschaltung wird man in den Fällen anwenden, in denen eine niedrige, wenig Streuungen unterworfene Eingangsimpedanz und eine hohe Ausgangsimpedanz gefordert wird. Auch hier ist die Beachtung der Abhängigkeit dieser Impedanzen von den Abschlußwiderständen wichtig. Ohne Transformatorkopplung ist nur eine Verstärkung bei einer nachfolgenden Emitter- oder Kollektorstufe möglich. Eine Kaskadenschaltung von Basisstufen erfordert wegen der fehlenden Stromverstärkung Anpassungsübertrager zwischen den Transistoren.

Die Emitterschaltung ist die Grundschaltung, die in den meisten Fällen vorzuziehen ist. Sie hat bei mittleren Werten von Eingangs- und

Ausgangsimpedanzen die höchste Verstärkung und zeigt die geringste Abhängigkeit dieser Impedanzen von den äußeren Abschlußwiderständen. Der im Vergleich zur Basis- oder Kollektorschaltung geringe Unterschied zwischen Eingangs- und Ausgangsimpedanz in Verbindung mit der großen Stromverstärkung erlaubt bei erträglichem Verstärkungsverlust die RC-Kopplung für mehrstufige Verstärker. Diese Kopplungsart wird daher für Vorverstärkerstufen wegen ihres geringen Aufwandes fast ausschließlich verwendet.

b) Verstärkerschaltungen. In vielen Fällen ist die Verstärkung eines einzelnen Transistors nicht ausreichend, so daß mehrere Transistorstufen hintereinandergeschaltet werden müssen. Zur Kopplung von Transistoren stehen neben der wenig gebräuchlichen Gleichstromkopplung, von der in Abb. 72 ein Beispiel angegeben wurde, die Transformatorkopplung und die Widerstands-Kondensatorkopplung (RC-Kopplung) zur Wahl.

RC-Kopplung. Die RC-Kopplung ergibt zwar einen Verstärkungsverlust durch Fehlanpassung und durch die für die Gleichstromwege notwendigen Widerstände, dafür ist jedoch mit wenig aufwendigen Bauteilen auf einfache Weise eine gleichmäßige Verstärkung in einem großen Frequenzbereich zu erzielen. Als Grundschaltung kommt fast ausschließlich die Emitterschaltung in Frage. Läßt man zunächst die Gleichstromwiderstände unberücksichtigt, so wird die Lastimpedanz des ersten Transistors durch die Eingangsimpedanz des folgenden Transistors gebildet. Wegen der Größenordnung der praktisch vorkommenden Widerstandswerte kann man im Hinblick auf die Abb. 77 und 78 mit hinreichender Genauigkeit für die Eingangs- und Ausgangsimpedanzen mit den h-Koeffizienten rechnen. Die Formeln (117) bis (121) für die Betriebswerte vereinfachen sich dann erheblich

$$
\begin{aligned}
\text{Eingangsimpedanz} \qquad & z_i \approx h_{ie}, \\[2mm]
\text{Ausgangsimpedanz} \qquad & z_0 \approx \frac{1}{h_{oe}}, \\[2mm]
\text{Stromverstärkung} \qquad & v_i \approx h_{fe} \approx \beta, \\[2mm]
\text{Spannungsverstärkung} \qquad & v_u \approx \beta \frac{R_L}{h_{ie}}, \\[2mm]
\text{Leistungsverstärkung} \qquad & v_N \approx \beta^2 \frac{R_L}{h_{ie}}.
\end{aligned}
\tag{220}
$$

Für den Fall der Reihenschaltung identischer Verstärkerstufen wird $R_L = h_{ie}$, so daß Strom- und Spannungsverstärkung den gleichen Wert β und die Leistungsverstärkung den Wert β^2 erhält. Gegenüber der optimalen Verstärkung von 37 dB für das Beispiel in Abb. 81 würde mit $\beta = 50$ die ideale Stufenverstärkung eines RC-gekoppelten

Verstärkers $v_N = 34\,\mathrm{dB}$ betragen, d. h. durch die Fehlanpassung wird die Verstärkung auf die Hälfte herabgesetzt. (Wir schreiben im folgenden die Verstärkungsangaben in dB vereinfachend $v_N = \cdots\,\mathrm{dB}$ an Stelle von $10\log v_N = \cdots\,\mathrm{dB}$, da Mißverständnisse ausgeschlossen sind.)

Die praktisch erreichbare Verstärkung ist wegen der Verluste in den Widerständen geringer. Abb. 82a zeigt einen RC-gekoppelten Verstärker mit einer Stabilisierungsschaltung nach Abb. 69b. Der Kollektor des ersten Transistors erhält seine Gleichspannung über den Widerstand R_C. Der Koppelkondensator C_k überträgt den Kollektorwechselstrom auf die Basis des zweiten Transistors, die ihre Vorspannung über die Widerstände R_1 und R_2 erhält. Im Interesse geringen Übertragungsverlustes in den Widerständen ist es wünschenswert, deren Werte möglichst hoch zu wählen. Die Größe von R_C wird durch den Kollektorstrom, die notwendige Kollektor-Emitterspannung, den Spannungsabfall an R_E und die Batteriespannung bestimmt. Die Widerstände R_1 und R_2 können aus Stabilisierungsgründen (vgl. IV. B.) nicht beliebig groß gewählt werden.

Abb. 82b zeigt das Ersatzschaltbild der für Wechselstrom wirksamen Schalt-

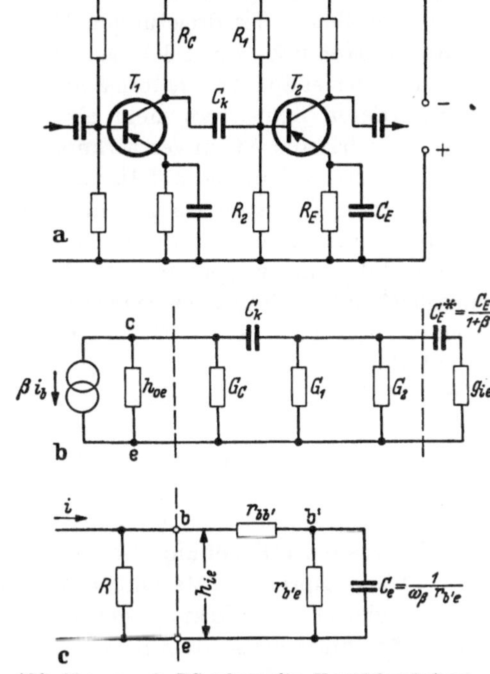

Abb. 82a—c. a) RC-gekoppelte Verstärkerstufen; b) Wechselstrom-Ersatzschaltung von Schaltung a. Die Leitwerte zwischen den gestrichelten Linien entsprechen den Widerständen mit den gleichen Indizes; c) Ersatzschaltbild der RC-Kopplung für höhere Frequenzen

elemente zwischen den beiden Transistoren, deren Ausgang bzw. Eingang durch die beiden gestrichelten Linien abgegrenzt ist. Der Strom $\beta\,i_b$ des internen Stromgenerators verteilt sich auf den Eingangsleitwert $g_{ie} = 1/h_{ie}$ des zweiten Transistors und die Summe aller übrigen Leitwerte, d. h. den Ausgangsleitwert h_{oe} des ersten Transistors und die Gleichstromleitwerte. Die wirksame Stromverstärkung v_i vermindert sich also von dem Kurzschlußwert β auf den Wert

$$v_i = \beta\,\frac{g_{ie}}{g_{ie} + G_C + G_1 + G_2 + h_{oe}} = \beta\,\frac{R}{h_{ie} + R} \qquad (221)$$

mit

$$R = \frac{1}{h_{oe} + G_C + G_1 + G_2}.$$

Die mögliche Größe der Gleichstromwiderstände, besonders die von R_C, wächst mit der Betriebsspannung, da der den Spannungsverlust an R_C erzeugende Kollektorstrom nicht beliebig klein gemacht werden kann. Bei sehr niedrigen Betriebsspannungen, wie sie z. B. in Hörgeräten wegen des erwünschten geringen Gewichtes und Volumens die Regel sind, muß man u. U. beträchtliche Verluste in Kauf nehmen. In dem Schaltbild eines dreistufigen Hörgerätes, Abb. 83a, das mit einer Batteriespannung von 1,3 V arbeitet, ist z. B. der Kollektorwiderstand R_2 des ersten Transistors 3,3 kΩ, während die Eingangsimpedanz des mittleren Transistors mehr als den doppelten Wert hat. Dadurch wird die wirksame Stromverstärkung des ersten Transistors allein durch den Kollektorwiderstand auf $^1/_3$ vermindert, durch die Parallelschaltung der übrigen Widerstände sogar auf weniger als $^1/_4$.

Bei konstantem Emitterstrom ist die Eingangsimpedanz h_{ie} in erster Näherung proportional der Stromverstärkung β. Dies hat einen ausgleichenden Einfluß des Widerstandes R auf das Produkt der Stromverstärkungen der beiden Stufen, wenn man mit Streuungen der Stromverstärkung β rechnet. Bei gleichem Kollektorstrom des mittleren Transistors im Beispiel des Hörgerätes würde seine Eingangsimpedanz h_{ie} bei doppelter Stromverstärkung β etwa den doppelten Wert erhalten. Die Gesamtstromverstärkung der beiden ersten Stufen würde aber nicht um den Faktor 2 steigen, da sich die wirksame Stromverstärkung v_i der ersten Stufe von $^1/_4$ auf $^1/_7$ der Kurzschlußverstärkung vermindern würde, was einer Erhöhung des Produktes der Stromverstärkungen um nur 14% entspricht. Tatsächlich ist jedoch in der Hörgeräteschaltung die ausgleichende Wirkung geringer, weil der Kollektorstrom nach Gl. (205a) mit wachsendem β bzw. B steigt, wodurch h_{ie} weniger stark wächst.

Der Koppelkondensator C_k in Abb. 82b ist als so groß angenommen worden, daß der Spannungsabfall an ihm vernachlässigbar klein ist. Läßt man für die untere Grenzfrequenz f_u einen Abfall des Eingangsstromes von T_2 um $1/\sqrt{2}$ zu, so gilt für die Dimensionierung von C_k

$$\frac{1}{2\pi f_u C_k} = \frac{1}{h_{oe} + G_C} + \frac{1}{G_1 + G_2 + g_{ie}}. \tag{222}$$

In Abb. 82b ist ferner noch ein Kondensator C_E^* in Reihe mit dem Eingangsleitwert g_{ie} gezeichnet, der bisher nicht beachtet wurde. Er vertritt in seiner Wirkung den Kondensator C_E in Abb. 82a, der zur wechselstrommäßigen Überbrückung von R_E dient. Da jedoch der Emitterstrom das $(1 + \beta)$-fache des Basisstromes ist, wirkt C_E wie ein um den Faktor $1/(1 + \beta)$ kleinerer Kondensator C_E^* auf der Eingangsseite. Für die Dimensionierung des Kondensators C_E gilt analog zu Gl. (222)

$$\frac{1+\beta}{2\pi f_u C_E} = \frac{1}{h_{oe} + G_0 + G_1 + G_2} + h_{ie} = R + h_{ie}. \qquad (223)$$

Ist $R \ll h_{ie}$, so erhält man mit $h_{ib} = h_{ie}(1+\beta) \approx U_T/I_E$

$$C_E \approx \frac{I_E}{2\pi f_u U_T}. \qquad (223\,\mathrm{a})$$

Für hohe Frequenzen erfolgt durch die Gleichstromwiderstände eine Verbesserung des Frequenzganges. In Abb. 82c bedeutet der Teil rechts von der gestrichelten Linie das Ersatzschaltbild der Eingangsseite des zweiten Transistors mit dem Basisbahnwiderstand $r_{bb'}$, der inneren Eingangsimpedanz $r_{b'e} = (1+\beta) U_T/I_E$ und der Diffusionskapazität $C_e = 1/(\omega_\beta r_{b'e})$. Die Eingangsimpedanz für niedrige Frequenzen an den äußeren Klemmen b und e ist $h_{ie} = r_{bb'} + r_{b'e}$. Der Widerstand R repräsentiert die Parallelschaltung der Gleichstromwiderstände und der Ausgangsimpedanz des ersten Transistors. Der Kapazität C_e liegt also nicht nur der Widerstand $r_{b'e}$, sondern noch die Reihenschaltung aus R und $r_{bb'}$ parallel. Dadurch wird die Grenzfrequenz f_i der Stromverstärkung v_i, bezogen auf einen dem ganzen System zugeführten Strom i, gegenüber der auf den Basisstrom bezogenen Grenzfrequenz f_β erhöht

$$f_i = f_\beta \left(1 + \frac{r_{b'e}}{R + r_{bb'}}\right). \qquad (224)$$

Die Schaltung des Hörgerätes in Abb. 83a mag als Beispiel für einen einfachen RC-gekoppelten NF-Verstärker dienen. Wegen der geringen Betriebsspannung und des geringen Raumbedarfs ist für die beiden ersten Stufen eine einfache Stabilisierungsschaltung mit einem Minimum an Schaltelementen verwendet worden. Die letzte Stufe ist nicht stabilisiert.

Für den Kollektorstrom der ersten Stufe erhält man aus Gl. (203) mit $B_1 = 60$, $-I_{CB0} = 1{,}5\,\mu\mathrm{A}$, $U_{EB1} = 115\,\mathrm{mV}$ einen Wert $-I_{C1} = 250\,\mu\mathrm{A}$. Für den zweiten Transistor gilt die Gl. (206), aus der man mit $B_2 = 40$, $-I_{CB0} = 1{,}5\,\mu\mathrm{A}$, $U_{EB2} = 130\,\mathrm{mV}$, $U_2 = 0$ den Kollektorstrom $-I_{C2} = 180\,\mu\mathrm{A}$ erhält. Der Kollektorstrom der letzten Stufe ergibt sich nach Gl. (202) mit $B_3 = 60$, $-I_{CB0} = 1{,}5\,\mu\mathrm{A}$, $U_{EB3} = 150\,\mathrm{mV}$ zu $-I_{C3} = 1{,}55\,\mathrm{mA}$.

Die Kollektorspannungen $-U_{CE}$ der beiden ersten Stufen betragen infolge des Spannungsabfalles an den Kollektorwiderständen $R_2 + R_3$ bzw. R_6 0,4 bzw. 0,7 V. Bei steigender Temperatur nehmen diese Spannungen wegen der relativ schlechten Stabilisierung schnell ab, jedoch sind die Restströme und die Toleranzen der Stromverstärkungen klein

genug, um ein Arbeiten des Gerätes bis zu einer Temperatur von 35°
zu gewährleisten. Im allgemeinen hat man bei Hörgeräten kaum mit
höheren Temperaturen zu rechnen.

Die dynamische Stromverstärkung ist mit $\beta_1 = 90$; $\beta_2 = 50$; $\beta_3 = 65$
bei den kleinen Kollektorströmen höher als die statische Stromverstärkung. Für die Berechnung der Gesamtverstärkung braucht man ferner
noch die Eingangs- und Ausgangsimpedanzen der Transistoren

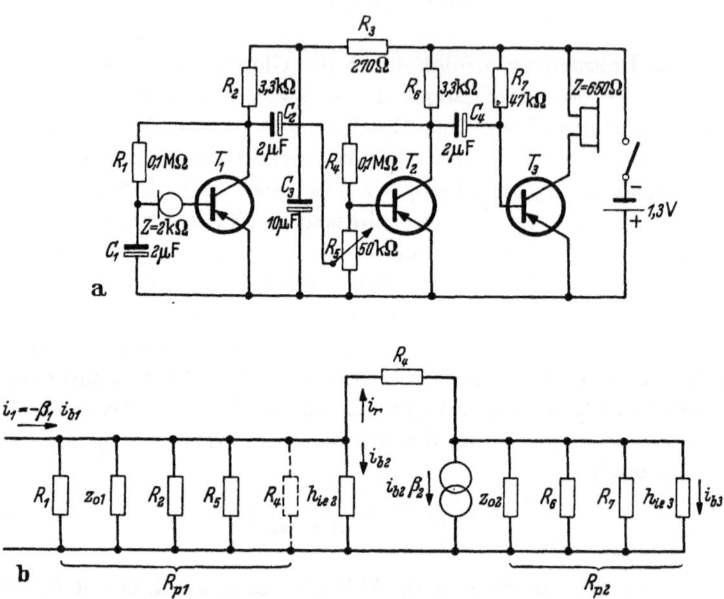

Abb. 83a u. b. a) Schaltbild eines einfachen dreistufigen Hörgerätes; b) Teilersatzschaltbild
des Hörgerätes

$h_{ie\,1} = 9\,\text{k}\Omega$; $z_{o\,1} = 18\,\text{k}\Omega$; $h_{ie\,2} = 7{,}5\,\text{k}\Omega$; $z_{o\,2} = 30\,\text{k}\Omega$; $h_{ie\,3} = 1{,}6\,\text{k}\Omega$;
$z_{o\,3} = 7\,\text{k}\Omega$.

Das Mikrofon mit einer Impedanz von $2\,\text{k}\Omega$ ist über den Kondensator C_1 an den ersten Transistor mit einer Eingangsimpedanz von
$9\,\text{k}\Omega$ angeschlossen. Durch diese Fehlanpassung gibt das Mikrofon nicht
die maximal mögliche Leistung an den Transistor ab, sondern nur
60% der maximalen Leistung oder im logarithmischen Maß 2,2 dB
weniger als die Maximalleistung. In Abb. 84 sind die Anpassungs-
verluste in dB als Funktion der Fehlanpassung dargestellt. Aus der
Kurve ist zu sehen, daß kleinere Fehlanpassungen, z. B. um den Faktor 2,
keinen merklichen Leistungsverlust bewirken. Erst bei einem Unterschied zwischen Last- und Generatorwiderstand um den Faktor 6 fällt
die Leistung auf die Hälfte der möglichen ab.

Der Kollektorstrom i_{c1} des ersten Transistors verteilt sich auf die Widerstände R_1, R_2, R_4, R_5 und nur ein Teil fließt als Basisstrom i_{b2} in die Eingangsimpedanz h_{ie2} des zweiten Transistors. Außerdem fließt über den Widerstand R_4 noch ein Teil i_r des im zweiten Transistor verstärkten Basisstromes aus dem Kollektor gegenphasig in den Basiskreis zurück und schwächt damit den Basisstrom i_{b2} noch weiter (Parallelgegenkopplung). Im Ersatzschaltbild Abb. 83b sind diese Verhältnisse der besseren Übersicht halber noch einmal getrennt dargestellt. Die Parallelschaltung der gesamten Widerstände auf der Kollektorseite des ersten Transistors, einschließlich des gestrichelt gezeichneten Widerstandes R_4 ist mit R_{p1} bezeichnet, mit R_{p2} die gesamte Kollektorlast des zweiten Transistors einschließlich der Eingangsimpedanz des letzten Transistors.

Nach Auflösung der Netzwerkgleichungen erhält man für den Basisstrom

$$i_{b2} = i_1 \, \frac{R_{p1}(R_{p2} + R_4)}{(R_{p1} + h_{ie2})(R_{p2} + R_4) + R_{p1} R_{p2}\left(\beta_2 - \dfrac{h_{ie2}}{R_4}\right)}. \qquad (225)$$

Die Auswertung ergibt mit $R_{p1} = 2{,}5\ \mathrm{k\Omega}$ und $R_{p2} = 1\ \mathrm{k\Omega}$ einen Strom $i_{b2} = 0{,}22\,i_1$. Die Parallelwiderstände und die Gegenkopplung schwächen also den Basisstrom i_{b2} auf weniger als $^1/_4$ des Kollektor-Kurzschlußstromes i_{b1}/β_1. Der Hauptanteil des Verlustes geht dabei zu Lasten der Widerstände; die Wirkung des Gegenkopplungswiderstandes R_4 ist wegen der niedrigen Werte von R_{p1} und R_{p2} gering. Ohne Gegenkopplung wäre

$$i_{b2} = i_1 R_{p1}/(R_{p1} + h_{ie2}) = 0{,}25\,i_1,$$

d. h. der Basisstrom wäre nur 14% größer als mit Gegenkopplung. Der Basisstrom i_{b3} des letzten Transistors erfährt eine wesentlich geringere Schwächung, weil dessen Eingangsimpedanz wegen des größeren Kollektorstromes niedriger ist; der Schwächungsfaktor ist 0,63. Die gesamte Stromverstärkung des Gerätes ist also $v_i = \beta_1 \cdot 0{,}22 \cdot \beta_2 \times$ $\times\, 0{,}63 \cdot \beta_3 = 4{,}06 \cdot 10^6$ und die Leistungsverstärkung $v_N = v_i^2 Z_L/z_i = 1{,}2 \cdot 10^8$

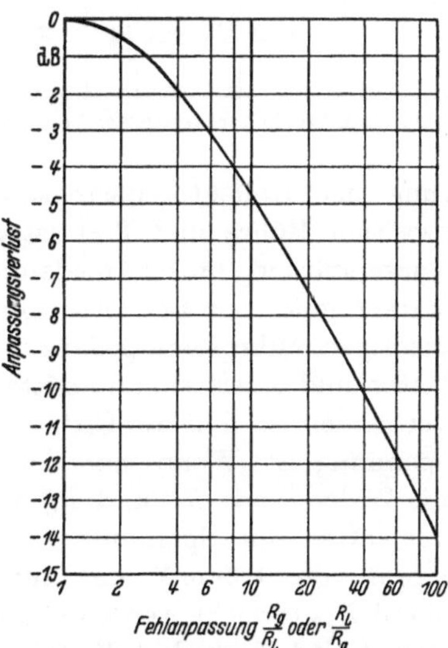

Abb. 84. Leistungsverlust bei Fehlanpassung eines Lastwiderstandes R_L an einen Generator mit dem Innenwiderstand R_g

bzw. 80,8 dB, bezogen auf die Eingangsleistung des ersten Transistors, und 78,6 dB, bezogen auf die vom Mikrofon abgebbare Leistung.

Die Koppelkondensatoren sind einheitlich zu 2 μF gewählt. Die ungünstigste untere Grenzfrequenz ergibt sich im Zusammenhang mit dem Kondensator C_2, wenn der Lautstärkeregler sehr stark zurück geregelt ist. In diesem Fall gilt $\omega_u \approx 1/(R_2\,C_2)$, $f_u \approx 24$ Hz, was weit unterhalb der Grenzfrequenz von Mikrofon und Hörer liegt. Der Kondensator C_3 in Verbindung mit R_3 sorgt für eine Glättung der Versorgungsspannung des ersten Transistors, um Selbsterregung des Verstärkers, die infolge des Spannungsabfalles des Ausgangswechselstromes am Batterie-Innenwiderstand entstehen könnte, zu verhindern.

Das Beispiel des Hörgerätes zeigt deutlich, wie sehr durch niedrige Betriebsspannung die Stufenverstärkung bei RC-Kopplung vermindert und die Möglichkeiten einer Arbeitspunktstabilisierung eingeengt werden.

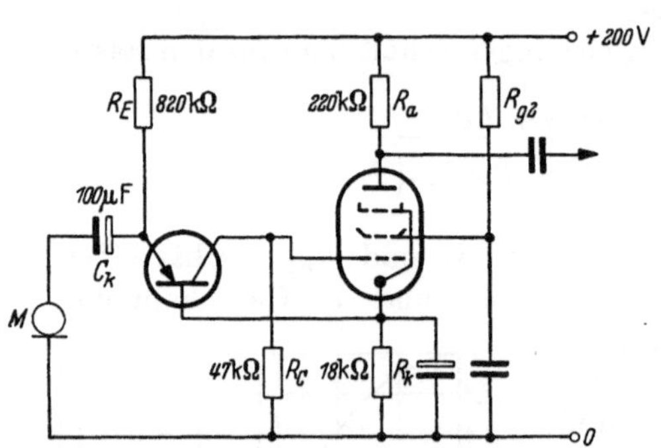

Abb. 85. Mikrophonvorverstärker in Basisschaltung

Große Versorgungsspannungen bringen jedoch wieder andere Probleme, besonders im Hinblick auf die Einhaltung vorgegebener Grenzdaten.

Eine Gefährdung des Transistors durch zu hohe Spannungen ist möglich, wenn Transistoren mit Röhren zusammenarbeiten sollen. Als Beispiel für eine gleichwohl stabil arbeitende Schaltung ist in Abb. 85 die Stabilisierung der Kollektor-Basisspannung durch eine Gleichstromkopplung zwischen Röhre und Transistor gezeigt. Der Transistor wird hier als Vorverstärker für ein niederohmiges Mikrofon vor einem Röhrenverstärker mit einer Betriebsspannung von 200 V verwendet. Wegen der niedrigen Mikrofonimpedanz wurde die Basisschaltung gewählt. Kollektor und Basis sind unmittelbar mit Gitter und Katode der Röhre verbunden, so daß die Gitterspannung der Röhre gleich der Kollektorspannung ist. Wenn man den Basisstrom vernachlässigt, fließt durch die Widerstände R_E und R_C ein Einstellstrom von etwa 0,23 mA, der am Gitter eine Spannung von $+10,8$ V erzeugt. Bei einem Katodenstrom von 0,69 mA, der durch einen geeigneten Schirmgitterwiderstand $R_{g\,2}$ erreicht werden kann, entsteht an der Katode eine Spannung von $+12,4$ V, so daß die Spannung zwischen Gitter und Katode, und damit zwischen Kollektor und Basis $-1,6$ V beträgt. Durch die Eigenart der Schaltung kann trotz der hohen Betriebsspannung keine für den Transistor gefährliche Spannung auftreten. Während der Anheizzeit der Röhre fließt der Emitterstrom größtenteils durch die Basis und den Katodenwiderstand, was dem Transistor nicht schadet und außerdem verhindert, daß der Koppelkondensator C_k eine unzulässig hohe Spannung erhält. Auch bei höheren Temperaturen arbeitet die Schaltung einwandfrei, da die Verminderung der Kollektor-Basisspannung, die bei steigendem Kollektorstrom auftreten würde, schon durch eine geringe Erhöhung des Katodenstromes ausgeglichen wird. Die Spannungsverstärkung beträgt etwa 150; sie läßt sich durch Erhöhung von Emitterstrom, Kollektorspannung und Kollektorwiderstand steigern, wozu auf der Röhrenseite R_k vergrößert und R_{g2} verkleinert werden müssen.

Ein interessantes Beispiel für eine transformatorlose Kopplung ist die Schaltung in Abb. 86. In dieser Schaltung, nach ihrem Erfinder auch DARLINGTON-Schaltung [48, 49] genannt, ist der Emitterstrom eines Transistors gleich dem Basisstrom des folgenden. Man kann die umrandete Kaskadenschaltung als einen neuen Transistor auffassen, dessen Vierpolkennwerte sich aus denen der Einzeltransistoren errechnen lassen. Das Ergebnis der Rechnung führt zu recht umfangreichen Ausdrücken, die sich vereinfachen, wenn für die Einzeltransistoren mit den Nummern

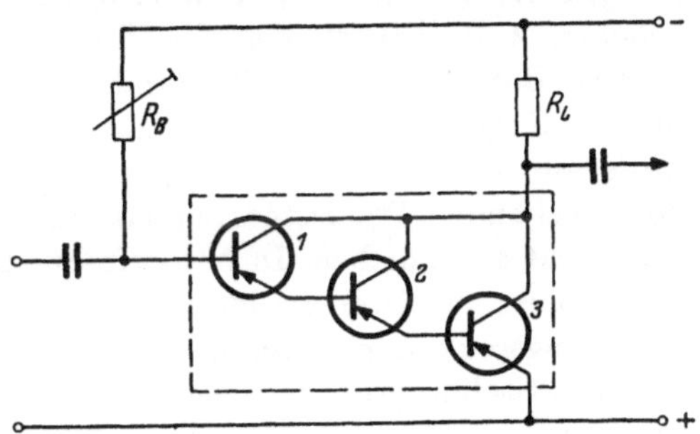

Abb. 86. Kaskade von drei Transistoren in Kollektorschaltung

$i = 1, 2, 3 \ldots$ die Bedingungen $h_{21e} \gg 1$ und $h_{11e(i)}\, h_{22e(i-1)} \ll 1$ erfüllt werden, was in der Regel der Fall ist. Beziehen sich alle Koeffizienten auf die *Emitterschaltung* und kennzeichnet man die drei Transistoren mit (1), (2), (3), so gilt unter den obigen Voraussetzungen für den umrandeten Vierpol

$$h_{11} \approx \frac{1}{N} \cdot h_{11(3)}\, h_{21(1)}\, h_{21(2)},$$

$$h_{12} \approx \frac{1}{N} \cdot h_{11(3)}\, h_{22(1)}\, h_{21(2)},$$

$$h_{21} \approx \frac{1}{N} \cdot h_{21(3)}\, h_{21(1)}\, h_{21(2)},$$

$$h_{22} \approx \frac{1}{N} \cdot h_{21(3)}\, h_{22(1)}\, h_{21(2)},$$

$$(226)$$

$$\text{mit } N \approx 1 + h_{11(3)}\, h_{22(1)}\, h_{21(2)}.$$

Bei der Berechnung der Betriebseigenschaften muß beachtet werden, daß die Bildung der Determinante nicht aus den Näherungswerten der

Koeffizienten vorgenommen werden darf. Die Determinante ist vielmehr

$$\Delta_h \approx \frac{1}{N}\left\{ h_{11(1)}\, h_{22(1)}\, h_{21(2)}\, h_{21(3)} + \right.$$

$$+\, h_{11(2)}\, h_{22(2)}\, h_{21(1)}\, h_{21(3)} +$$

$$\left. +\, h_{11(3)}\, h_{22(3)}\, h_{21(1)}\, h_{21(2)} \right\}.$$

Alle Koeffizienten haben erheblich zugenommen, jedoch ist z. B. die Gesamtstromverstärkung h_{21} nicht gleich dem Produkt der Einzelstromverstärkungen, sondern wegen $N > 1$ merklich geringer. Eine weitere Erhöhung der Stufenzahl bringt kaum noch Gewinn, was verständlich wird, wenn man den sehr hohen Lastwiderstand bedenkt, auf den ein vorgeschalteter vierter Transistor arbeiten müßte. Auch die übrigen Koeffizienten ändern sich mit wachsender Stufenzahl nicht beliebig, z. B. nähert sich die Rückwirkung h_{12} dem Wert 1. Eine weitere Begrenzung der Stufenzahl bei der hier angewendeten galvanischen Kopplung ist der Umstand, daß der Kollektorgleichstrom einer Stufe um die Stromverstärkung B höher ist als der Emitterstrom des vorhergehenden Transistors, so daß die Restströme eine größere Stufenzahl nicht ermöglichen. In Niederfrequenzverstärkern findet man daher kaum mehr als zwei direkt gekoppelte Transistoren, wogegen man in Spannungsreglern größerer Leistung häufig drei Stufen verwendet. Dort tritt das Stabilisierungsproblem wegen der Verwendung des Verstärkers in einem geschlossenen Regelkreis weniger hervor.

Transformatorkopplung. Die Verwendung von Transformatoren als Koppelelemente bietet in Kleinsignalverstärkern im allgemeinen keine übermäßigen Vorteile. Der Verstärkungsgewinn durch Anpassung ist angesichts des in Abb. 84 dargestellten Zusammenhanges bei Anwendung der Emitterschaltung gegenüber der RC-Kopplung nicht groß, wenn man dort die Betriebsspannung hinreichend hoch wählen und dadurch Verstärkungsverluste in den Widerständen verringern kann. Verlustarme Transformatoren mit großem Frequenzbereich haben verhältnismäßig große Abmessungen, während in Miniaturtransformatoren durch die Wicklungswiderstände der Verstärkungsgewinn z. T. wieder aufgezehrt wird. Bei kleineren Betriebsspannungen erlaubt jedoch die Transformatorkopplung eine bessere Arbeitspunktstabilisierung und damit eine Erhöhung der maximalen Betriebstemperatur des Verstärkers. Dies ist möglich, weil eine Erniedrigung der Widerstände des Basisteilers ohne nachteiligen Einfluß auf die Verstärkung ist, und weil die in der Regel niedrigen Wicklungswiderstände einen größeren Spannungsabfall am Emitterwiderstand zulassen. Der häufigste Anwendungsfall ist der Übergang von einem Treibertransistor auf eine Gegentakt-B-Endstufe, bei der der Transformator eine Sekundärwicklung mit Mittelanzapfung zur Speisung der Gegentaktstufe aufweist. Da jedoch in diesem Fall schon Großsignal-Überlegungen eine Rolle spielen, soll er erst im Abschnitt Großsignalverstärker berücksichtigt werden.

Ein Schaltungsbeispiel für Transformatorkopplung zeigt Abb. 87. Die Sekundärseite der Transformatoren liegt zwischen Basis und dem Spannungsteiler R_1, R_2 (bzw. R_1', R_2'), der dadurch den Eingang nicht belastet.

Der Kondensator C_1 wird im wesentlichen nur vom Basiswechselstrom durchflossen, während C_2 den Emitterwiderstand überbrückt. Die Dimensionierung der Kondensatoren erfolgt nach den Gln. (222) und (223), wobei in diesem Fall die Widerstände auf der rechten Seite der Gleichungen durch die Summe aus Eingangsimpedanz und transformierter Ausgangsimpedanz des vorigen Transistors gebildet werden,

d. h. im Anpassungsfall aus der doppelten Eingangsimpedanz. Dabei ist zu berücksichtigen, daß die Betriebseingangsimpedanz niedriger als der Kurzschlußwert h_{ie} ist. Die notwendige Kapazität der Kondensatoren ist also größer als bei RC-Kopplung. Der Einfluß des Emitterwiderstandes auf das Wechselstromverhalten ist bei Trans-

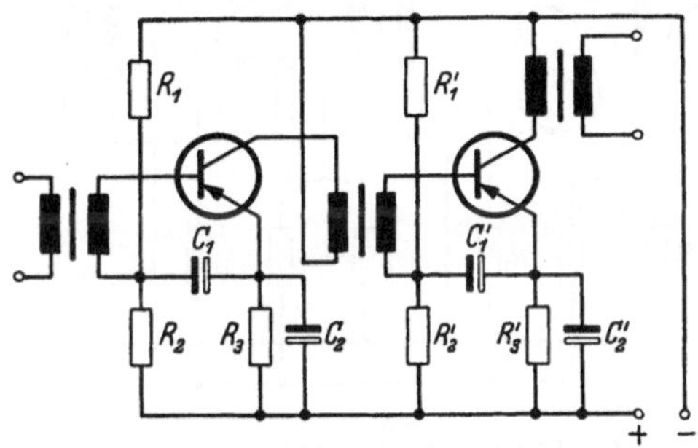

Abb. 87. NF-Verstärker mit Transformatorkopplung

formatorkopplung geringer als bei RC-Kopplung, weil die Eingangsspannung unmittelbar zwischen Basis und Emitter liegt und eine Wechselspannung an R_3 nicht gegenkoppelnd wirkt. Lediglich der Anteil des Emitterstromes, der über C_1 und R_2 fließt, würde bei fehlendem C_2 eine schädliche Spannung über C_1 erzeugen, die durch entsprechende Dimensionierung des Kondensators hinreichend klein gehalten werden kann. Auf der Eingangsseite würde also ein einziger Kondensator C_1 entsprechender Kapazität ausreichen. Der Widerstand R_3 liegt jedoch auch in Reihe mit der Lastimpedanz im Ausgang. Bei nicht zu großem R_3 ist u. U. der Leistungsverlust erträglich, so daß man auf den Kondensator C_2 verzichten kann.

Eine besonders gute Arbeitspunktstabilisierung ohne Verwendung von Elektrolytkondensatoren ist bei Verwendung der Gegentakt-A-Schaltung möglich. Elektrolytkondensatoren auf Aluminiumbasis haben im allgemeinen einen Arbeitsbereich der Temperatur, der nicht unter $-20\,°\mathrm{C}$ und nicht über $+80\,°\mathrm{C}$ hinausgeht, während Siliziumtransistoren bei Sperrschichttemperaturen bis zu $175\,°\mathrm{C}$ arbeiten. In der Schaltung Abb. 88 werden die Transistoren in Emitterschaltung betrieben. Je zwei Transistoren mit möglichst gleichen Betriebsdaten sind mit den

Emitteranschlüssen verbunden. Die Koppeltransformatoren zwischen den Basis- und Kollektoranschlüssen haben Mittelanzapfungen, an denen die Gleichspannungen zugeführt werden. Wegen des Gegentaktbetriebes und der Gleichheit der Transistoren eines Paares fließt in den Zuleitungen zu den Symmetriepunkten auch bei Aussteuerung kein Wechselstrom. Es ist daher auch kein Überbrückungskondensator erforderlich und der gemeinsame Emitterwiderstand R_3 bzw. R_3' kann ohne Verstärkungseinbuße im Interesse einer guten Stabilisierung groß gewählt werden. Da die Schaltung ohne Mehrleistung an Verstärkung die doppelte Zahl von Transistoren gegenüber der Eintaktschaltung benötigt, wird sie nur in Sonderfällen angewendet. Allerdings ist die abgebbare Leistung doppelt so groß; die Transformatoren haben keine Gleichstromvormagnetisierung und die Verzerrungen sind wegen der Eliminierung der geradzahligen Harmonischen geringer.

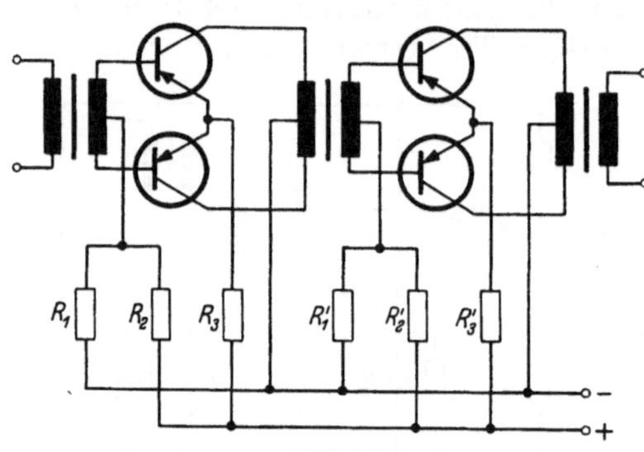

Abb. 88
Gegentaktverstärker mit Transformatorkopplung

Auf die Dimensionierung von Koppeltransformatoren soll im Rahmen dieses Buches nicht näher eingegangen werden, da bei Kleinsignalverstärkern keinerlei besondere, im Zusammenhang mit Transistoren stehende Probleme auftreten.

c) Verzerrungen. Der Gültigkeitsbereich der Überlegungen war bisher auf so kleine Signalamplituden beschränkt worden, daß die Beziehungen zwischen den Transistorgrößen und den Betriebseigenschaften durch lineare Gleichungen beschrieben werden können. In der Praxis ist dies für die ersten Stufen von Verstärkern im allgemeinen auch zutreffend, jedoch muß bei größeren Signalen, oder bei hohen Anforderungen an den Klirrfaktor mit der Möglichkeit von Verzerrungen in den letzten Verstärkerstufen gerechnet werden, auch wenn man von Übersteuerungserscheinungen absieht. Eine verzerrungsfreie Verstärkung wäre nur dann möglich, wenn alle Vierpolkoeffizienten unabhängig vom Arbeitspunkt wären. Das ist jedoch, wie im Abschn. III. D. ausgeführt wurde, nicht der Fall, vielmehr ändern sich alle Koeffizienten mit der Kollektorspannung und dem Kollektorstrom. Die Wirkung von Änderungen des Arbeitspunktes auf die einzelnen Vierpolgrößen ist sehr verschieden, und ihr Einfluß auf die Verzerrungen hängt daher von der gewählten Schaltung, von der Art der Ansteuerung und der Größe der Lastimpedanz ab.

Die Eingangsimpedanz h_{11} ist wegen der exponentiellen Kennlinie der Emitterdiode umgekehrt proportional dem Emitterstrom, während ihre Abhängigkeit von der Kollektorspannung nur gering ist. Eine sinusförmige Spannung am Eingang des Transistors, wie sie von einem gegenüber der Eingangsimpedanz z_i niederohmigen Generator erzeugt würde, hat daher einen verzerrten Eingangsstrom und — auch bei konstanter Stromverstärkung — einen verzerrten Ausgangsstrom zur Folge. Unter der Annahme einer exponentiellen Eingangskennlinie ergibt sich bei kleinen Lastwiderständen für den in der Hauptsache vorhandenen Klirrfaktor zweiter Ordnung näherungsweise

$$k_2 \approx \frac{\widehat{u}_i}{4\,U_T} \qquad \text{(für} \quad R_g \ll |z_i|; \quad R_L \ll |z_o|\text{).} \tag{227}$$

Der Klirrfaktor ist proportional der Eingangsspannung und unabhängig vom Emitterstrom. Mit $U_T = 26\,\text{mV}$ ist z. B. bei $\widehat{u}_i = 10\,\text{mV}$ bereits mit einem Klirrfaktor von 10% zu rechnen. In der Praxis ist der Klirrfaktor etwas niedriger und sinkt mit zunehmendem Emitterstrom. Die Ursache ist in beiden Fällen der bei Annahme der Exponentialkennlinie unberücksichtigt gelassene Basisbahnwiderstand $r_{bb'}$, der eine vollkommene Spannungssteuerung der Emitterdiode verhindert und bei wachsendem Emitterstrom einen immer größeren Anteil der Eingangsimpedanz bildet.

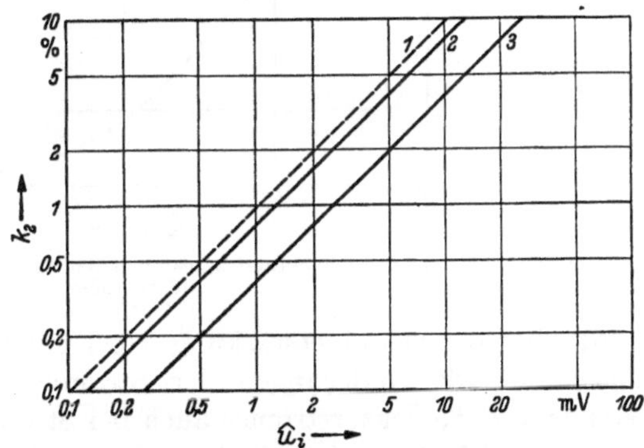

Abb. 89. Klirrfaktor k_2 (Anteil der 2. Harmonischen) des Kollektorstromes bei eingeprägter Eingangsspannung
1 berechnet nach Gl. (227), 2 gemessen bei $I_E = 0{,}2$ mA; $-U_{CB} = 6$ V, 3 gemessen bei $I_E = 1$ mA; $-U_{CB} = 6$ V

Die gleiche Wirkung hat ein endlicher Generatorwiderstand R_g, der mit zunehmender Größe den Übergang von der Spannungssteuerung zur Stromsteuerung bewirkt. Bei reiner Stromsteuerung hat die Größe der Eingangsimpedanz keinen Einfluß mehr und die Verzerrungen verschwinden.

Abb. 89 zeigt den Verlauf des Klirrfaktors k_2 mit der Eingangsspannung für verschiedene Emitterströme. Die Wirkung des Generatorwiderstandes auf den Klirrfaktor bei konstanter Eingangsspannung zeigt Abb. 90.

Die Verzerrungen des Kurzschluß-Kollektorstromes sind in allen drei Grundschaltungsarten praktisch gleich, soweit sie vom nichtlinearen

Eingangswiderstand herrühren. Bei nicht zu großen Lastwiderständen ergeben sich in der Basis- und Emitterschaltung wenig Änderungen, dagegen nehmen die Verzerrungen der Kollektorschaltung mit zunehmendem Lastwiderstand stark ab. Mit wachsendem Lastwiderstand steht ein immer größerer Anteil der Eingangsspannung am Lastwiderstand und ein immer geringerer Anteil an der Basis-Emitterstrecke. Der Lastwiderstand R_L wirkt wie ein $(1 + \beta)$-facher Widerstand vor der Basis, so daß die Basis-Emitterspannung u_{eb} um den Faktor $h_{ie}/[h_{ie} + R_L(1 + \beta)]$ kleiner ist als die Eingangsspannung u_i. Um den gleichen Betrag ist also eine Verminderung des Klirrfaktors zu erwarten.

Eine andere wichtige Verzerrungsquelle ist die Stromabhängigkeit der Stromverstärkung. Wie bereits im Abschn. III. B. 1. erläutert

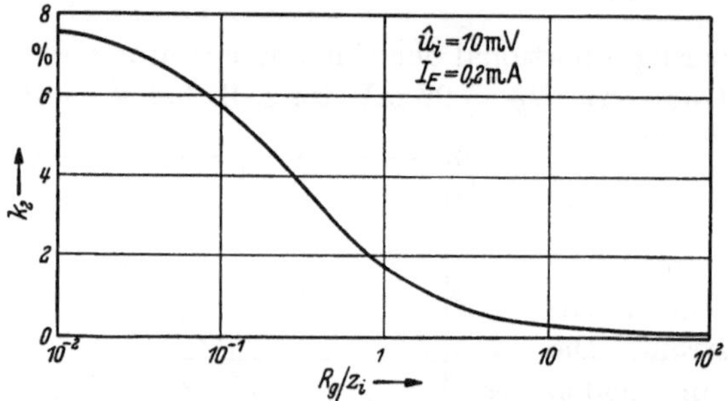

Abb. 90. Klirrfaktor k_2 des Kollektorstromes eines NF-Transistors bei Änderung des Generatorwiderstandes

wurde, hat die Stromverstärkung β bei mittleren Kollektorströmen ein Maximum. Die Änderungen der Stromverstärkung haben eine Verzerrung des Kollektorstromes auch bei Stromsteuerung des Transistors zur Folge. Die Lage des Maximums und die Steilheit des Abfalles der Stromverstärkung ist stark vom Transistortyp abhängig, so daß sich eine allgemeingültige Gesetzmäßigkeit kaum aufstellen läßt. Wenn der Gleichstromarbeitspunkt oberhalb des Maximums liegt, läßt sich unter bestimmten, vom Transistortyp abhängigen Bedingungen eine Teilkompensation der Verzerrungen erreichen. Bei Ansteuerung mit einem endlichen Generatorwiderstand steigt der Basisstrom stärker als linear mit der Generatorspannung, während der Kollektorstrom bei dem gewählten Arbeitspunkt weniger als linear mit dem Basisstrom zunimmt.

In der Basisschaltung ist die Stromverstärkung praktisch als konstant anzusehen, sie ändert sich nur um wenige Prozent mit dem Strom. In der Kollektorschaltung ist die Abhängigkeit der Kurzschluß-Stromverstärkung die gleiche wie in der Emitterschaltung, jedoch wirkt sich auch hier der Lastwiderstand günstig aus, da bei der dann gewöhnlich vorliegenden Spannungssteuerung die Ausgangsspannung nur noch wenig von der Stromverstärkung abhängt.

Die beiden stromabhängigen Parameter, die Eingangsimpedanz und die Stromverstärkung, sind die wichtigsten Quellen der Verzerrungen in Verstärkern. Sie bewirken Verzerrungen des Kollektorstromes auch bei kleinen Lastwiderständen, wie sie bei den überwiegend gebräuchlichen RC-gekoppelten Verstärkern in der Regel vorliegen. Bei größeren Lastwiderständen kommt mit den dann auftretenden größeren Kollektorspannungen auch die Spannungsabhängigkeit der Koeffizienten h_{12}, h_{21} und h_{22} und die Stromabhängigkeit von h_{12} und h_{22} ins Spiel. Die sich daraus ergebenden Verzerrungen lassen sich jedoch weniger gut übersehen. Theoretische Überlegungen und Messungen finden sich in einer Arbeit von SPESCHA und STRUTT [50], die eine systematische Untersuchung der Verzerrungen in einem nichtlinearen Transistorvierpol vorgenommen haben.

d) Gegenkopplung. In der Technik der Röhrenverstärker ist die Anwendung der Gegenkopplung weit verbreitet, und die Wirkungen, die sich mit ihr erzielen lassen, sind allgemein bekannt. Es ist daher naheliegend, sich auch in Transistorverstärkern dieses Verfahrens zu bedienen, bei dem sich unter Einbuße an Verstärkung eine größere Unempfindlichkeit des Verstärkers gegen Toleranzen der Einzelteile und gegen Änderungen von Temperatur und Betriebsspannung erreichen läßt. Außerdem können bekanntlich durch Gegenkopplung der Frequenzgang verbessert, der Klirrfaktor vermindert und die Ausgangs- und Eingangsimpedanzen beeinflußt werden.

Das allgemeine Prinzip der Gegenkopplung beruht darauf, einen festen Bruchteil einer Ausgangsgröße eines Verstärkers zum Eingang in solcher Phasenlage zurückzuführen, daß die Verstärkung vermindert wird. Ist v die Verstärkung ohne Gegenkopplung und a der Bruchteil der Ausgangsgröße, der zum Eingang zurückgeführt wird, so ist die Verstärkung mit Gegenkopplung

$$v^* = v \, \frac{1}{1 + a\,v}. \tag{228}$$

Mit wachsendem a wird v^* immer kleiner, aber auch immer weniger abhängig von v, bis bei starker Gegenkopplung für $a\,v \gg 1$ die Verstärkung $v^* \rightarrow 1/a$ wird.

Die Rückführung der gegenkoppelnden Größe zum Eingang des Verstärkers geschieht über ein passives Netzwerk zwischen Eingang und Ausgang, das am Verstärkerausgang entweder vom Ausgangsstrom oder von der Ausgangsspannung versorgt wird. Ebenso kann am Eingang die gegenkoppelnde Größe entweder eine Spannung sein, die in Serie mit der Generatorspannung liegt, oder aber ein Strom, der parallel zum Verstärkereingang eingespeist wird. Aus der Kombination der beiden Möglichkeiten am Eingang und Ausgang ergeben sich vier Grundschaltungen, die unterschiedliche Wirkungen auf die Kennwerte des Verstärkers haben [*51 ··· 54*]. In der Aufstellung Abb. 91 sind diese vier Schaltungen angegeben. Sie sollen im folgenden mit I ··· IV bezeichnet werden. Das Gegenkopplungsnetzwerk, das als kleineres Rechteck oberhalb des Verstärkers gezeichnet ist, liefert bei den Schaltungen I und III eine Gegenkopplungsgröße, die dem Ausgangsstrom proportional

Schaltung	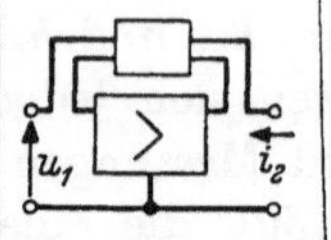 I	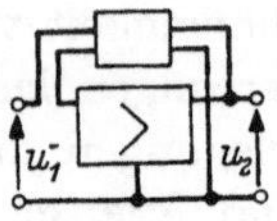 II	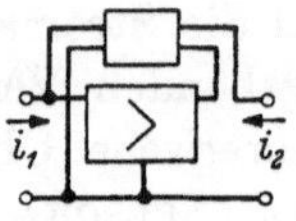 III	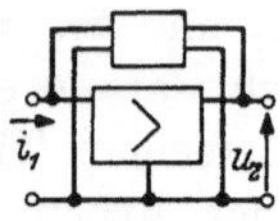 IV
Beeinflußte Eingangsgröße	Eingangsspannung	Eingangsspannung	Eingangsstrom	Eingangsstrom
Wirksame Ausgangsgröße	Ausgangsstrom	Ausgangsspannung	Ausgangsstrom	Ausgangsspannung
Eingangsimpedanz	steigt	steigt	fällt	fällt
Ausgangsimpedanz	steigt	fällt	steigt	fällt
Ankopplung des Netzwerks am Eingang	Serie	Serie	Parellel	Parallel
Ankopplung des Netzwerks am Ausgang	Serie	Parallel	Serie	Parallel
Stabilisierte Ausgangsgröße	Strom	Spannung	Strom	Spannung
Stabilisierte Verstärkungsgröße	Steilheit i_2/u_1	Spannungsverstärkung u_2/u_1	Stromverstärkung i_2/i_1	Transimpedanz u_2/i_1

Abb. 91. Die vier grundsätzlichen Gegenkopplungsschaltungen

ist, während es bei den Schaltungen II und IV von der Ausgangsspannung gespeist wird. Die am Eingang wirksame Größe ist bei Schaltung I und II eine Spannung, bei III und IV ein Strom. In den Spalten unter den Schaltbildern ist angegeben, wie die Gegenkopplung die Eingangs- und Ausgangsimpedanzen verändert und welche Verstärkungsgrößen eine Stabilisierung erfahren. Je nach dem Zweck des Verstärkers wird man den geeigneten Typ der Gegenkopplung wählen. In *RC*-gekoppelten Verstärkern z. B. ist die Stromverstärkung der einzelnen Stufen die für die Verstärkung wichtige Größe. Die Wirkung ihrer Toleranz oder ihrer Stromabhängigkeit vermindert man daher am besten durch eine Gegenkopplung vom Typ III oder IV, wobei der letztere dann vorzuziehen ist, wenn der Verstärker auf eine Last mit niedriger Impedanz arbeitet. Eine Gegenkopplung vom Typ I oder II würde dagegen bei reiner Stromeinspeisung völlig unwirksam sein, wie umgekehrt bei kleinem Generatorwiderstand am Eingang gerade nur diese beiden Schaltungen sinnvoll wären. In der Praxis treten die vier Schaltungsarten häufig nicht in der reinen Grundform auf, da auch das Gegenkopplungsnetzwerk endliche Impedanzen hat. Trotzdem liefert die Aufstellung eine Anleitung für die im Einzelfall zweckmäßige Art der Gegenkopplung.

Die praktischen Ausführungsmöglichkeiten des Gegenkopplungsnetzwerkes hängen sehr von der Schaltung des Verstärkers ab. Die stärkste Verminderung des Einflusses von Toleranzen aller im Verstärker verwendeten Einzelteile erhält man durch eine Gegenkopplung vom Ausgang zum Eingang des *gesamten* Verstärkers. Dabei ist für starke Gegenkopplung Vorsicht geboten, da an den Grenzen des Übertragungsbereiches die Gegenkopplung infolge der Phasendrehungen im Verstärker zu einer Mitkopplung werden kann, die eine Selbsterregung des Verstärkers ermöglicht. Meist hat man es jedoch mit einer Gegenkopplung innerhalb einer einzelnen Stufe zu tun, sei es, daß es sich um eine beabsichtigte Wirkung handelt, sei es, daß sie als unerwünschte Begleiterscheinung einer bestimmten Schaltung auftritt. In beiden Fällen ist es wichtig, die in der Aufstellung angegebenen Wirkungen quantitativ zu kennen.

Zwei häufig vorkommende Fälle sind die der Abb. 92 und 93, in denen oben jeweils das vollständige Schaltbild und darunter das Wechselstrom-Ersatzschaltbild dargestellt ist. In beiden Schaltungen besteht das Gegenkopplungsnetzwerk aus dem Widerstand R', der in Abb. 92 in der Emitterleitung, in Abb. 93 zwischen Kollektor und Basis liegt. Die Wirkung des nicht kapazitiv überbrückten Emitterwiderstandes R' in Abb. 92 entspricht dem Schaltungstyp I. Der Emitterstrom erzeugt an R' einen Spannungsabfall, der mit der Eingangsspannung in Reihe geschaltet ist. Im unteren Teil der Abb. 92 ist der Transistorvierpol durch das mit (h) bezeichnete Rechteck dargestellt; die Ströme und Spannungen des neuen Vierpols mit Gegenkopplung sind mit i^* bzw. u^* bezeichnet. (Wir lassen im folgenden der Einfachheit halber die Indizierung e der Koeffizienten fort.)

Man erkennt, daß bei unverändertem Eingangs- und Ausgangsstrom die notwendige Eingangsspannung des neuen Vierpols um den Spannungsabfall u' größer geworden ist, was einer Erhöhung der Eingangsimpedanz gleichkommt. Unter Berücksichtigung der Spannung $u' = -R' i_e$ lassen

sich die Koeffizienten des neuen Vierpols herleiten, die besonders dann
einfache Werte annehmen, wenn man den Einfluß von R' auf die Kurzschluß-Stromverstärkung des neuen Vierpols vernachlässigt. Unter dieser
meistens erfüllten Bedingung $R' h_{22} \ll 1$ (sowie für $h_{12} \ll 1$) gilt für
den neuen Vierpol die Matrix

$$(h^*) = \begin{pmatrix} h_{11} + R'(1 + h_{21}) & h_{12} + R' h_{22} \\ h_{21} & h_{22} \end{pmatrix}. \tag{229}$$

Eingangsimpedanz und Rückwirkung haben zugenommen, während
die Stromverstärkung unverändert ist. Der unveränderte Ausgangs-

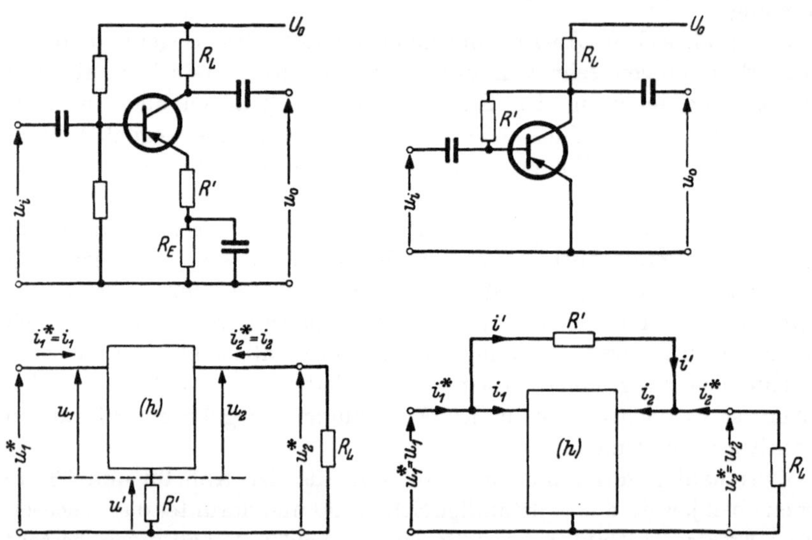

Abb. 92. Gegenkopplung durch Emitterwiderstand R'

Abb. 93. Gegenkopplung durch Kollektor-Basis-
widerstand R'

leitwert h_{22} steht nur scheinbar im Widerspruch zur Aufstellung Abb. 91,
da h_{22} für offenen Eingang definiert ist und dabei die Gegenkopplung
nicht wirksam wird.

Mit den neuen Koeffizienten lassen sich die Betriebsgrößen des
Verstärkers ausrechnen und mit den ursprünglichen Werten vergleichen.
Zu besonders einfachen Ausdrücken kommt man, wenn man die Ab-
kürzung

$$t_1 = \frac{R'}{z_i} \cdot \frac{1 + (h_{22} R_L / h_{21})}{1 + h_{22} R_L} \tag{230}$$

einführt, die sich für den in RC-gekoppelten Verstärkern häufig zu-
treffenden Fall $h_{22} R_L \ll 1$ zu $t_1 \approx R'/z_i$ vereinfacht.

Unter Benutzung der Gln. (117) bis (121) erhält man die neuen Betriebsformeln

$$\frac{v_i^*}{v_i} = 1, \tag{231} \qquad \frac{v_u^*}{v_u} = \frac{1}{1 + t_1 h_{21}}, \tag{232}$$

$$\frac{z_i^*}{z_i} = 1 + t_1 h_{21}, \tag{233} \qquad \frac{z_o^*}{z_o} \approx 1 + \frac{R' h_{21}}{h_{11} + R_g + R'}, \tag{234}$$

$$\frac{v_N^*}{v_N} = \frac{1}{1 + t_1 h_{21}}. \tag{235}$$

Spannungs- und Leistungsverstärkung haben abgenommen, während die Eingangsimpedanz in gleichem Maße gestiegen ist. Die relative Erhöhung der Ausgangsimpedanz kann nur bei kurzgeschlossenem Eingang den gleichen Betrag erreichen, sie nimmt mit wachsendem Generatorwiderstand ab.

In Abb. 93 liegt der Widerstand R' zwischen Kollektor und Basis und der durch ihn fließende Gegenkopplungsstrom ist proportional der Ausgangsspannung. Die Gegenkopplung ist also vom Typ IV. Im unteren Teil von Abb. 93 ist zu sehen, daß bei unveränderter Spannung am Eingang der Eingangsstrom i_1^* um den Gegenkopplungsstrom i' größer, und der Ausgangsstrom i_2^* um den gleichen — aber relativ kleineren — Betrag kleiner geworden ist.

Unter der Bedingung $R' \gg h_{11}$, die für nicht zu kleine Kollektorgleichspannungen erfüllt ist, und mit $h_{21} \gg 1$, $h_{12} \ll 1$ gelten für den neuen Vierpol die Koeffizienten

$$(h^*) = \begin{pmatrix} h_{11} & h_{12} + \dfrac{h_{11}}{R'} \\ h_{21} & h_{22} + \dfrac{(1 + h_{21})}{R'} \end{pmatrix}. \tag{236}$$

Auch hier scheinen die (mit $R' \gg h_{11}$) unveränderten Werte von h_{11} und h_{21} im Widerspruch zur Aufstellung Abb. 91 zu stehen. Da jedoch beide Werte mit kurzgeschlossenem Ausgang gemessen werden, kann R' dabei keine gegenkoppelnde Wirkung haben. Die Betriebsformeln lauten mit der Abkürzung

$$t_2 = \frac{R_L}{R'} \cdot \frac{1}{1 + R_L h_{22}}, \tag{237} \qquad \frac{v_i^*}{v_i} = \frac{1}{1 + t_2 h_{21}}, \tag{238}$$

$$\frac{v_u^*}{v_u} \approx 1 \qquad (R' \gg R_L), \tag{239} \qquad \frac{z_i^*}{z_i} \approx \frac{1}{1 + t_2 h_{21}}, \tag{240}$$

$$\frac{z_o^*}{z_o} = \frac{1}{1 + \dfrac{z_o}{R'} \cdot \dfrac{h_{11} + R_g h_{21}}{h_{11} + R_g}}, \tag{241} \qquad \frac{v_N^*}{v_N} \approx \frac{1}{1 + t_2 h_{21}} \quad (R' \gg R_L). \tag{242}$$

Die Formeln ähneln denen der Seriengegenkopplung mit dem Unterschied, daß Strom- und Spannungsverstärkung ihre Rollen vertauscht haben. Außerdem kann die relative Abnahme der Ausgangsimpedanz größer sein als die der Verstärkung, da der Einfluß des Generatorwiderstandes auf die Ausgangsimpedanz infolge der vergrößerten Rückwirkung viel stärker geworden ist. Die Größe des Widerstandes R' ist nicht frei wählbar, da er gleichzeitig den Arbeitspunkt des Transistors bestimmt (vgl. Abschn. IV. B. 2.), sofern nicht durch Kondensatoren die Gleichstromschaltung von der Wechselstromschaltung getrennt wird.

Eine Gegenkopplung über mehrere Verstärkerstufen zeigt das Schaltbild Abb. 94 [55]. Zur Erzielung einer möglichst hohen Eingangsimpedanz wird der Ausgangsstrom durch den Widerstand R' von 6 Ω

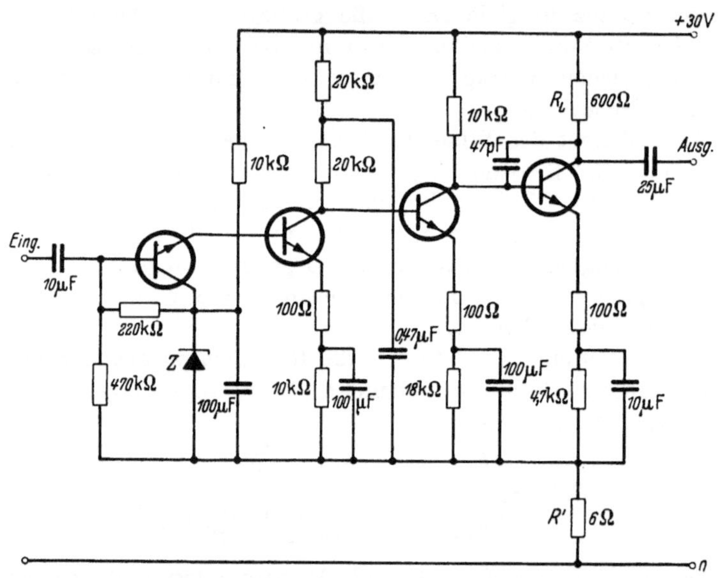

Abb. 94. Verstärker mit hoher Eingangsimpedanz und stabilisierter Spannungsverstärkung

geleitet und der Spannungsabfall an diesem Widerstand in Serie zum Eingang geschaltet. Die Schaltung entspricht also der in Abb. 92 und gehört zum Typ I unserer Aufstellung. Ist β_{ges} das Produkt der Stromverstärkungen der einzelnen Stufen, so wird nach Gl. (233) die Eingangsimpedanz $z_i^* = \beta_{\mathrm{ges}} R' + z_i$, wenn z_i die Eingangsimpedanz des Verstärkers ohne Gegenkopplung ist. Mit $\beta_{\mathrm{ges}} \approx 10^6$ erhält man eine Eingangsimpedanz von über 6 MΩ. Die Spannungsverstärkung ist $v_u^* \approx \beta_{\mathrm{ges}} R_L / z_i^*$, und da $z_i^* \approx \beta_{\mathrm{ges}} R'$ ist, $v_u^* \approx R_L / R'$; d. h. infolge der außerordentlich starken Gegenkopplung ist die Spannungsverstärkung nahezu unabhängig von den Transistoreigenschaften. Der Verstärker arbeitet mit Silizium-n-p-n-Transistoren, von denen der erste in Kollektorschaltung, die übrigen in Emitterschaltung betrieben werden. Große Emitterwiderstände der galvanisch gekoppelten Transistoren sorgen für gute Stabilisierung gegenüber U_{EB}-Änderungen mit der Temperatur. Der I_{CBO}-Einfluß ist bei Siliziumtransistoren gering, so daß ein Bereich der Umgebungstemperatur von $-55\,°C$ bis $+125\,°C$ zulässig ist, wobei sich die Spannungsverstärkung um nicht mehr als etwa 1% ändert. Die starke Gegenkopplung erfordert Vorsichtsmaßnahmen gegen Selbsterregung, die durch geeignete Dimensionierung der Entkopplungskondensatoren und durch den kleinen Kondensator vom Kollektor zur Basis des letzten Transistors vermieden wird. Die Eingangsimpedanz wird durch die Gegenkopplung zwar stark erhöht, jedoch bleibt sie abhängig von der Größe der Stromverstärkung; eine Stabilisierung der Eingangsimpedanz tritt also nicht ein.

Ein Beispiel für einen Verstärker mit niedriger Eingangs- und Ausgangsimpedanz wurde schon in Abb. 72 angegeben. Dort wird durch starke Gegenkopplung vom Typ IV eine Ausgangsimpedanz von nur $20\,\Omega$ und eine Eingangsimpedanz von $50\,\Omega$ erzeugt. Das Gegenkopplungsnetzwerk besteht aus dem Spannungsteiler R_2, R_4, an dem ein Bruchteil der Ausgangsspannung abgegriffen wird, und aus dem Widerstand R_1, über den der Gegenkopplungsstrom in die Basis des ersten Transistors eingespeist wird. Stabilisiert wird die Transimpedanz, d. h. die Ausgangsspannung bei gegebenem Eingangsstrom. Sie beträgt bei dem abgebildeten Verstärker $10^6\,\Omega = 1\,V/\mu A$.

Über die hier angegebenen Beispiele einfacher Gegenkopplungen hinausgehend lassen sich auch mehrere Gegenkopplungen oder Gegen- und Mitkopplungen zugleich anwenden und dadurch besondere Wirkungen, z. B. auf die Eingangs- und Ausgangsimpedanzen, erzielen (vgl. [52]). Auf eine Behandlung dieser interessanten Schaltungsmöglichkeiten soll jedoch verzichtet werden; sie sind nicht spezifisch für die Anwendung von Transistoren.

2. Verstärker für große Signale

Bei der Dimensionierung von Kleinsignalverstärkern steht im Vordergrund der Überlegungen die Größe der Verstärkung, während die Frage nach dem Wirkungsgrad oder der Ausgangsleistung von untergeordneter Bedeutung ist. In Endverstärkern dagegen ist die erreichbare Ausgangsleistung von vorwiegendem Interesse. Sie ist eng verknüpft mit der zulässigen Verlustleistung des Transistors, die durch Umgebungstemperatur, Wärmewiderstand und maximale Sperrschichttemperatur beschränkt wird. Im allgemeinen steht die Forderung nach einem niedrigen Klirrfaktor und geringer Steuerleistung erst an zweiter Stelle. Eine Zwischenstellung nehmen die „Treiber“-Stufen ein, die einerseits möglichst gut verstärken sollen, andererseits die zum Aussteuern der Endstufe notwendige Leistung abgeben müssen. Auch in dieser Stufe können schon Verlustleistungsfragen wichtig werden und bei ihrer

Dimensionierung muß der nichtlineare Eingangswiderstand der Endstufe beachtet werden. Wegen der großen Stromaussteuerung in Endstufen kann der nichtlineare Eingangswiderstand in weit stärkerem Maße als bei Vorstufen als Verzerrungsursache in Erscheinung treten. In gleicher Weise gilt das für die Stromabhängigkeit der Stromverstärkung, und man muß daher durch geeignete Schaltungsdimensionierungen oder Gegenkopplungen die Verzerrungen zu vermindern suchen.

Endstufen arbeiten entweder in Klasse A-Betrieb oder, wegen des besseren Wirkungsgrades, als Gegentakt-Klasse B-Verstärker. Treiberstufen werden wegen des geringeren Aufwandes in der Regel als A-Verstärker betrieben. Bezüglich der Wahl der Grundschaltung gelten auch für Großsignalverstärker die Ergebnisse des vorigen Abschnittes, nach denen in den meisten Fällen der Emitterschaltung der Vorzug zu geben ist. Falls nichts anderes angegeben ist, wird daher im folgenden die Emitterschaltung zugrunde gelegt.

a) Klasse A-Betrieb. In einem A-Verstärker werden Arbeitspunkt und Lastimpedanz so gewählt, daß eine symmetrische Aussteuerung von Kollektorstrom und Kollektorspannung möglich ist. Der eingestellte Gleichstrom ändert sich bei Aussteuerung nicht, solange die Verzerrungen gering bleiben. In Abb. 95 ist die Arbeitsweise einer A-Schaltung an Hand eines I_C, U_{CE}-Kennlinienfeldes dargestellt.

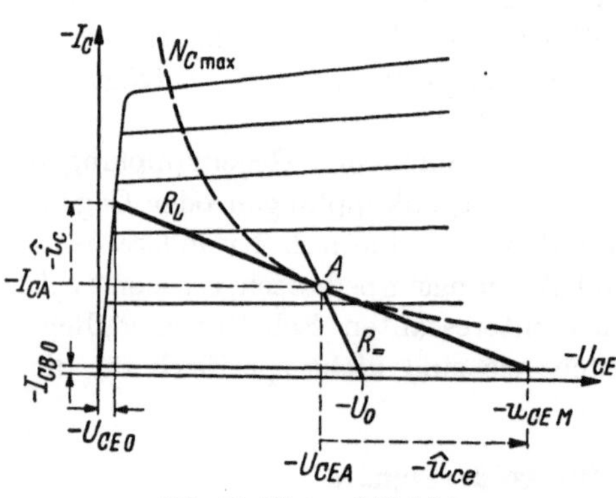

Abb. 95. Klasse A-Betrieb

Die maximal zulässige Verlustleistung $N_{C\,\max} = I_C\,U_{CE}$ wird durch die gestrichelte Hyperbel dargestellt. Sie ist abhängig von der maximal zulässigen Sperrschichttemperatur $\vartheta_{j\,\max}$, der maximalen Umgebungstemperatur $\vartheta_{ugb\,\max}$ und dem gesamten Wärmewiderstand K des Transistors einschließlich etwa vorhandener Kühlflächen

$$N_{C\,\max} = \frac{\vartheta_{j\,\max} - \vartheta_{ugb\,\max}}{K}. \tag{243}$$

Bei einem Arbeitspunkt auf dieser Hyperbel läßt sich die maximale Ausgangsleistung erzielen. Die maximale Verlustleistung tritt dann auf, wenn der Transistor nicht ausgesteuert ist. Bei Aussteuerung vermindert sie sich um die an den Lastwiderstand abgegebene Wechselstromleistung. Ist U_0 die Batteriespannung, so findet man den Arbeitspunkt A als

Schnittpunkt der Geraden $R_=$ mit der Hyperbel. Der Widerstand $R_=$ ist die Summe aus Kupferwiderstand der Primärwicklung des Ausgangsübertragers und etwa vorhandenem Emitterwiderstand. Die zugehörigen Werte von Kollektorspannung und Kollektorstrom im Arbeitspunkt sind

$$U_{CEA} = \frac{1}{2} U_0 + \sqrt{\frac{1}{4} U_0^2 - N_{C\,\mathrm{max}} R_=}\,, \qquad (244\,\mathrm{a})$$

$$I_{CA} = \frac{U_0 - U_{CEA}}{R_=} = \frac{N_{C\,\mathrm{max}}}{U_{CEA}} \qquad (244\,\mathrm{b})$$

$$(U_{CEA} < 0; \quad I_{CA} < 0; \quad U_0 < 0).$$

Die Aussteuerung der Spannung ist möglich bis zur Restspannung U_{CE0} und die des Stromes bis zum Reststrom I_{CB0}. Als Wechselstrom-Lastwiderstand R_L ergibt sich daraus

$$R_L = \frac{U_{CEA} - U_{CE0}}{I_{CA} - I_{CB0}} = \frac{\widehat{u}_{ce}}{\widehat{i}_c}. \qquad (245)$$

Bezeichnet m den Aussteuerungsgrad des Kollektorstromes ($0 \leqq m \leqq 1$) so ist die an die Primärseite des Ausgangsübertragers abgebbare Leistung

$$N_o = \frac{1}{2} m^2 (U_{CEA} - U_{CE0})(I_{CA} - I_{CB0})\,, \qquad (246)$$

Ihr Maximalwert ist für $m = 1$ etwas geringer als die Hälfte der Kollektorverlustleistung $N_{C\,\mathrm{max}} = U_{CEA} I_{CA}$. Die an der Sekundärseite verfügbare Leistung ist um den Übertragerwirkungsgrad kleiner.

An dem Beispiel eines Endverstärkers für einen Autoempfänger sei erläutert, welchen starken Einfluß die Umgebungstemperatur, die veränderliche Betriebsspannung und die Art der Arbeitspunktstabilisierung auf die praktische Ausnutzbarkeit eines Transistors hat. Es sei ein Transistor mit einem gesamten Wärmewiderstand von $K = 4{,}5\,°\mathrm{C/W}$ und einer maximal zulässigen Sperrschichttemperatur von $\vartheta_j = +75\,°\mathrm{C}$ gegeben. Die Umgebungstemperatur soll von ihrem Normalwert von $\vartheta_{ugb} = 30\,°\mathrm{C}$ auf maximal $50\,°\mathrm{C}$ steigen können. Die Betriebsspannung betrage nominal 12,6 V, maximal 16 V.

Unter diesen Umständen darf der Transistor nach Gl. (243) eine maximale Verlustleistung von $N_{C\,\mathrm{max}} = 5{,}55\,\mathrm{W}$ aufnehmen, was einem Kollektorstrom von $-I_{CA\,\mathrm{max}} = 427\,\mathrm{mA}$ bei $-U_0 = 16\,\mathrm{V}$ entspricht, wenn man nach Gl. (244) mit einem Spannungsabfall von 3 V am gesamten Gleichstromwiderstand $R_= = 7\,\Omega$ rechnet. Ist die Arbeitspunktstabilisierung ohne nichtlineare Widerstände ausgeführt, so ist im günstigsten Fall der Kollektorstrom der Betriebsspannung proportional, d. h. für die nominale Betriebsspannung von 12,6 V beträgt der Kollektorstrom bei der Umgebungstemperatur von 50 °C $-I_{CA} = 336$ mA. Dieser Strom vermindert sich bei normaler Temperatur auf einen Wert, der vom Aufwand der Stabilisierung abhängt und der mit $-I_{CA} = 300$ mA angenommen werden soll. Die zugehörige Kollektorspannung beträgt $-U_{CEA} = 10,5$ V. Mit diesen Größen und $-U_{CE0} = 0,4$ V; $-I_{CB0} = 150$ µA erhält man aus Gl. (246) eine Ausgangsleistung $N_o = 1,5$ W bei einer nominalen Verlustleistung von $N_C = 3,15$ W. Diese Überlegung gilt unter der Annahme, daß der Ruhestrom im Arbeitspunkt für jeden Transistor individuell auf den Nennwert eingestellt wird. Würde man eine Arbeitspunkteinstellung mit festen Widerständen zugrunde legen, dann könnte mit Rücksicht auf die Verlustleistung die oben genannte Ausgangsleistung nur von extremen Exemplaren des verwendeten Typs erreicht werden ($-I_{CB0}$ groß, U_{EB} klein, B groß), während für einen mittleren Transistor, abhängig von den Exemplartoleranzen, die nominale Ausgangsleistung noch geringer wäre.

Würde man durch eine geeignete Stabilisierung den Strom unabhängig von der Batteriespannung und der Temperatur auf 427 mA halten, so ließe sich eine nominale Ausgangsleistung von etwa 2 W erzielen. Bei konstanter Batteriespannung wäre eine Leistung von fast 2,7 W möglich, die sich auf nahezu 5 W erhöhen würde, wenn die Umgebungstemperatur den angenommenen Normalwert von 30 °C nicht überschreiten würde. Etwa die gleiche Wirkung hätte eine Erhöhung der zulässigen Sperrschichttemperatur auf 95 °C oder eine Erniedrigung des Wärmewiderstandes auf 2,5 °C/W. Aus diesen Beispielen ist ersichtlich, daß auch schon eine einfache A-Verstärkerstufe sorgfältig dimensioniert werden muß.

Nach Kenntnis der maximalen Amplitude des Kollektorstromes können aus den Datenblättern des Transistors die zur Aussteuerung erforderlichen Amplituden von Strom und Spannung auf der Basisseite ermittelt werden. Dabei ist es notwendig, die Streuwerte der Eingangsgrößen für die gewünschte Kollektorstromaussteuerung zu berücksichtigen, d. h. der Vorverstärker muß in der Lage sein, den Basisstrom und die Basis-Emitterspannung für das ungünstigste Transistorexemplar der Endstufe zu liefern. Die Ansteuerung der Basis kann dabei entweder über einen Koppelkondensator oder einen Übertrager erfolgen. Der Eingangsübertrager hat bei größeren Endstufen Vorteile, da er eine bessere Stabilisierung des Arbeitspunktes erlaubt und u. U. die Verwendung eines kleineren Transistortyps als Vorverstärker gestattet. Ferner ist es möglich, mit einem Übertrager in gewissen Grenzen die Ausgangsimpedanz der Vorstufe herabzusetzen und damit eine Verringerung des Klirrfaktors zu erreichen. Der Klirrfaktor zeigt nämlich bei großen Aussteuerungen keine monoton fallende Tendenz mit zunehmender Impedanz der steuernden Stromquelle wie in Abb. 90, sondern er hat bei einer endlichen Generatorimpedanz ein ausgeprägtes Minimum. Bei dieser Impedanz kompensieren sich gerade zu einem großen Teil die durch die gekrümmte Eingangskennlinie entstandenen Verzerrungen des Basisstromes und die infolge der Stromabhängigkeit der Stromverstärkung entstehenden Verzerrungen des Kollektorstromes.

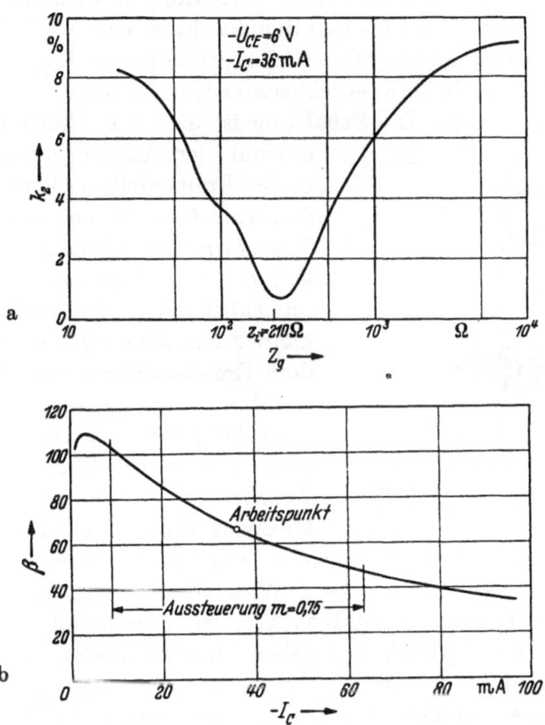

Abb. 96 a u. b. a) Klirrfaktor k_2 einer Klasse A-Endstufe bei einer Stromaussteuerung $m = 0,75$ in Abhängigkeit von der Impedanz Z_g des Generators; b) Verlauf der Stromverstärkung β eines Transistors, dessen Klirrfaktorkurve im Teilbild a dargestellt ist

Die günstigste Impedanz ist abhängig vom Transistortyp und seinem Arbeitspunkt, jedoch liegt sie häufig in der Nähe der Leistungsanpassung Abb. 96a zeigt in einem Beispiel den Verlauf des Klirrfaktors k_2 mit der Impedanz des steuernden Generators bei einem Transistor, dessen Stromverstärkungsänderung in Abb. 96b dargestellt ist. Das Minimum des Klirrfaktors liegt in der Nähe der Eingangsimpedanz $z_i = 210\ \Omega$.

Bei Endstufen von einigen Watt Ausgangsleistung erreichen die Überbrückungskondensatoren der Emitterwiderstände wegen der niedrigen Eingangsimpedanzen recht große Kapazitätswerte von einigen 1000 μF. Diese lassen sich bei Transformatorkopplung vermeiden, wenn

die Verstärkerstufe nach Abb. 97 geschaltet wird. Hier liegt der Ausgangsübertrager nicht, wie üblich, in der Kollektorleitung, sondern im Emitterkreis. Die Wicklungen n_1 und n_2 dienen der Anpassung des Lautsprechers
mit dem Widerstand R_L; die dritte Wicklung n_3 hat die gleiche Windungszahl wie $n_1 + n_2$. Wird die Hauptwicklung $n_1 + n_2$ von Wechselstrom
durchflossen, so entsteht an n_3 die gleiche Spannung wie an der Hauptwicklung. Da die unteren Enden der Wicklungen wechselstrommäßig
verbunden sind, entsteht zwischen den Punkten a und b bei Aussteuerung keine Wechselspannung. Der Eingangsübertrager Tr_1, der zwischen
dem Punkt a und der Basis angeschlossen ist, wirkt so, als ob er zwischen
Basis und Emitter läge. Die Schaltung ist also eine Emitterschaltung,

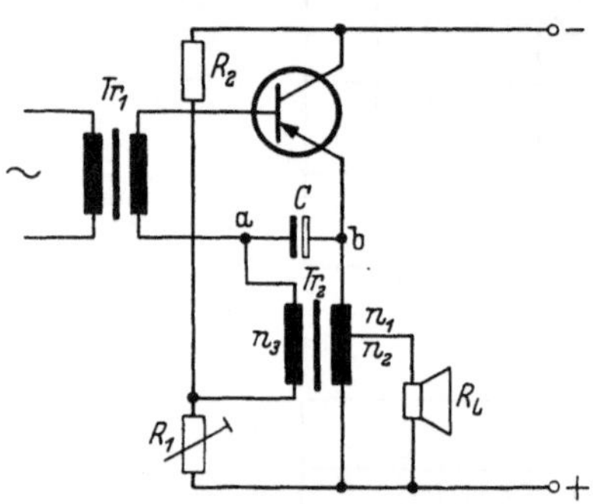

Abb. 97. Klasse A-Endstufe mit Ausgangs-
transformator in der Emitterleitung

obwohl der Ausgangsübertrager Tr_2
in der Emitterleitung liegt. Der Kondensator C wäre bei einem idealen
Transformator überflüssig, er dient
lediglich zum Ausgleich kleiner Span-
nungsdifferenzen und kann wesentlich
kleiner sein als ein Kondensator über
dem Emitterwiderstand. Die Kupfer-
wicklung des Ausgangsübertragers
kann bei geeigneter Dimensionierung
ihres ohmschen Widerstandes (vgl.
Abschn. IV. B. 3.) zur Temperaturkompensation der Basis-Emitter-
spannung dienen, so daß sich ein besonderer Emitterwiderstand erübrigt.
Weil in der Kollektorleitung kein Widerstand liegt, ist bei metall-
umhüllten Transistoren, deren Kollektor galvanisch mit dem Gehäuse
verbunden ist, die Möglichkeit gegeben, den Transistor ohne eine den
Wärmewiderstand erhöhende Isolierzwischenlage unmittelbar auf dem
Metallchassis des Verstärkers zu befestigen, wenn der Minuspol der
Batterie mit diesem verbunden ist.

In Abb. 95 ist angenommen worden, daß die Lastimpedanz ein
ohmscher Widerstand ist, dessen Arbeitskennlinie durch die Gerade R_L
dargestellt wird. Das trifft nur bedingt zu, wenn die Last durch einen
Lautsprecher gebildet wird, da dieser bei höheren Frequenzen eine merkliche induktive Komponente aufweist, zu der noch die Streuinduktivität
des Ausgangsübertragers hinzukommt. Bei niedrigen Frequenzen ist
der induktive Widerstand des Übertragers nicht mehr groß gegen die
ihr parallelliegende ohmsche Last, so daß auch hier eine induktive
Lastkomponente auftritt. Die Arbeitskennlinie ist in diesem Fall bei
sinusförmiger Aussteuerung eine Ellipse, die im Uhrzeigersinn durchlaufen wird. Ist die Aussteuerung nicht sinusförmig, sondern impuls-
artig, wie sie z. B. durch Schaltvorgänge im Vorverstärker oder in

anderen an der gleichen Batterie angeschlossenen Verbrauchern entstehen kann, so ist u. U. der Transistor durch momentane thermische Überlastung gefährdet. Wie bei der Behandlung des Transistors als Schalter im Abschn. E., S. 301 ff., dieses Kapitels ausführlicher dargestellt wird, bleibt beim Abschalten des Übersteuerungsimpulses der Transistor für einige Zeit in einem Zustand mit großem Strom und hoher Spannung. Ob der Transistor dabei thermisch zerstört wird, ist hauptsächlich eine Frage des Energieinhaltes der beim Abschalten wirksamen Induktivität und der thermischen Eigenschaften des Transistors. Unangenehm sind besonders länger dauernde Übersteuerungsimpulse an der Basis, weil dann der Strom in der Induktivität größer werden kann als auf Grund der Lastgeraden R_L zu erwarten ist. Im Extremfall kann der Strom bis zum Schnittpunkt der Geraden $R_=$ mit der für den eingespeisten großen Basisstrom gültigen Kennlinie ansteigen. Durch eine hinreichend kleine Zeitkonstante des Basiskreises kann die Dauer der Übersteuerung eingeschränkt und dadurch die Größe des Kollektorstromes begrenzt werden.

Bei der Dimensionierung eines A-Verstärkers sollte in jedem Falle geprüft werden, ob die thermische Stabilität garantiert ist. Die Einhaltung der von den Herstellern angegebenen Transistorgrenzwerte schließt im allgemeinen nicht die Sicherheit gegenüber thermischer Instabilität ein. Beim A-Verstärker ist die Verlustleistung bei Aussteuerung kleiner als ohne Signal. Dadurch ergibt sich ein verhältnismäßig einfaches Stabilitätskriterium (vgl. S. 106). Für den Fall eines Ausgangstransformators im Kollektorkreis muß gelten

$$c_c\, K\, U_0\, a_1\, I_{CBO}\big|_{\vartheta_{jA}} < 1 \tag{247}$$

mit

c_c 0,09 °C für Germanium,
ϑ_{jA} Sperrschichttemperatur im Arbeitspunkt (im allgemeinen $\vartheta_{j\,\text{max}}$).

a_1 ist der Faktor, mit dem der Reststrom I_{CBO} in den Kollektorstrom eingeht. Bei Stromeinspeisung (Gleichstrom) an der Basis ist $a_1 = 1 + B$; bei starker Gleichstromgegenkopplung ist $a_1 \approx 1$ [vgl. Gl. (190), S. 109].

In dem auf S. 169 angegebenen Beispiel $K = 4,5\,°C/W$; $U_0 = 16\,V$; $-I_{CBO}\,(\vartheta_{j\,\text{max}} = 75\,°C) = 4\,mA$ muß $a_1 < 38$ sein. Der Verstärker darf daher für eine Stromverstärkung $B > 37$ nicht in der einfachen Schaltung Abb. 67 betrieben werden; es muß eine Stabilisierung durchgeführt werden, z. B. mit Hilfe eines Spannungsteilers für die Basis und eines Widerstandes in der Emitterleitung.

Die Klasse A-Einstellung der Endstufe kann auch in einer Gegentaktschaltung verwendet werden, wobei die Ausgangsleistung das Doppelte der Eintaktschaltung beträgt. Der Vorteil einer solchen Anordnung, deren Schaltung in Abb. 88 gezeigt wurde, liegt neben der schon bekannten Vermeidung des Emitterkondensators und der Vormagnetisierung des Ausgangsübertragers in der Verminderung des Klirrfaktors durch Eliminierung der geradzahligen Harmonischen.

An Stelle des Eingangsübertragers kann auch eine Phasenumkehrstufe treten, wie in Abb. 98 gezeigt ist. Der gesamte Lastwiderstand der

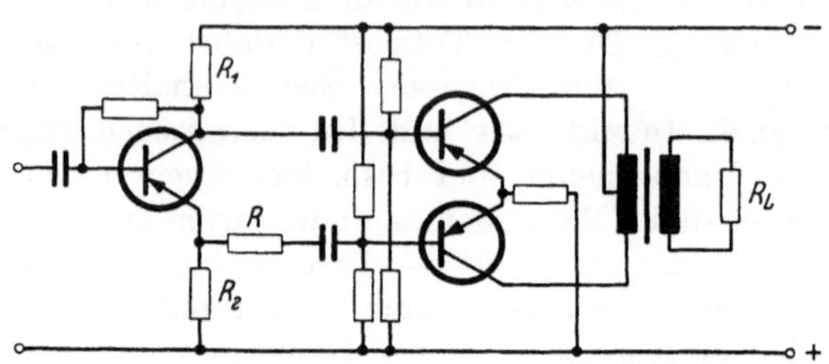

Abb. 98. Gegentakt-A-Endstufe mit Phasenumkehrstufe

Phasenumkehrstufe ist in einen Widerstand R_1 in der Kollektorleitung und einen Widerstand R_2 in der Emitterleitung aufgespalten. Der Widerstand R dient der Angleichung der niedrigen Ausgangsimpedanz auf der Emitterseite an die höhere auf der Kollektorseite. Der Spannungsverlust an R wird durch $R_2 > R_1$ ausgeglichen.

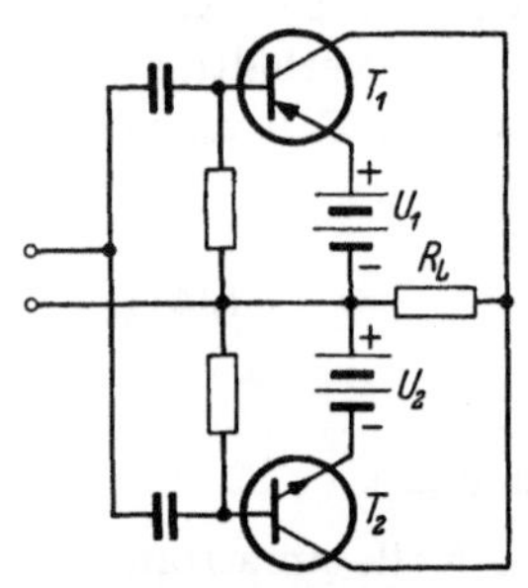

Abb. 99. Transformatorlose Gegentakt-A-Endstufe mit komplementärsymmetrischen Transistoren

Eine völlig transformatorlose Gegentaktstufe läßt sich mit einem p–n–p- und einem n–p–n-Transistor aufbauen. Abb. 99 zeigt eine mögliche Schaltung, welche zwar wegen der schwierigen Herstellung geeigneter Transistoren bisher keine große Bedeutung erlangt hat, die aber doch erwähnt werden soll, weil sie kein Äquivalent in einer Schaltung mit Elektronenröhren hat. Die beiden Transistoren, die komplementär gleiche Eigenschaften haben müssen, sind auf gleichen Ruhestrom eingestellt und haben demnach auch den gleichen Betrag der Kollektor-Emitterspannung. Der Lastwiderstand R_L, der zwischen der Mitte der beiden gleichen Batterien mit den Spannungen U_1 und U_2 und den verbundenen Kollektoren liegt, führt dann keinen Strom. Werden die parallelgeschalteten Basen durch eine Steuerspannung z. B. positiv, so nimmt der Kollektorstrom im oberen Transistor ab, im unteren zu. Durch den Lastwiderstand fließt dann der Differenzstrom von links nach rechts. Bei einer Steuerwechselspannung fließt demnach im Lastwiderstand ein reiner Wechselstrom ohne Gleichstromkomponente.

Die Gegentakt-A-Schaltung wird im allgemeinen nur dort angewendet, wo ein geringer Klirrfaktor verlangt wird, während der Wirkungsgrad der Verstärkerstufe von untergeordneter Bedeutung ist. In vielen Fällen ist jedoch der Wirkungsgrad der ausschlaggebende Gesichtspunkt und zwar entweder, wie in transportablen Geräten, wegen der Batterieökonomie oder wie in Autoverstärkern, wegen der Verlustwärme. Hier ist die Gegentakt-B-Schaltung die zweckmäßige Lösung.

b) Gegentakt-Klasse B-Betrieb. Das Prinzip des Gegentakt-B-Betriebes ist von den Röhrenschaltungen her bekannt, jedoch treten die Vorteile dieser Schaltung bei der Verwendung von Transistoren besonders deutlich in Erscheinung, weil die Leistungsaufnahme einer Transistorstufe ohne Aussteuerung wegen der fehlenden Heizung wesentlich niedriger ist als die eines Röhrenverstärkers gleicher maximaler Ausgangsleistung. Das Schaltbild in Abb. 100 unterscheidet sich nicht von dem einer Gegentakt-A-Endstufe. Der Kollektorstrom der beiden Transistoren wird jedoch durch den Spannungsteiler R_1, R_2 auf einen kleinen Ruhewert eingestellt, und das symmetrisch zugeführte Eingangssignal steuert mit je

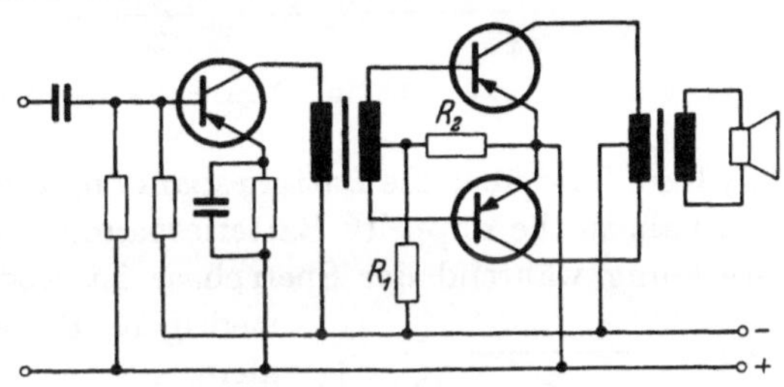

Abb. 100. Gegentakt-B-Endstufe mit Treiberstufe

einer Halbwelle wechselweise nur einen der beiden Transistoren aus, deren Kollektorströme in dem Ausgangsübertrager wieder zu einem vollständigen Signal zusammengesetzt werden.

Die Energieentnahme aus der Batterie nimmt mit der Amplitude des ausgesteuerten Kollektorstromes zu, wogegen sie im A-Betrieb konstant ist und sich bei wechselnder Aussteuerung nur die Verteilung der Batterieleistung auf Transistor und Lastimpedanz ändert. Der Wirkungsgrad der Gegentakt-B-Schaltung ist daher merklich höher als der einer A-Schaltung.

Die Abb. 101 zeigt das Kennlinienfeld eines der beiden Transistoren mit der eingezeichneten Widerstandsgeraden R_L. Der Arbeitspunkt A liegt praktisch bei der Batteriespannung U_0 und dem kleinen Kollektorruhestrom $-I_{CA}$. Die Arbeitskennlinie bleibt nicht, wie beim A-Betrieb, unterhalb der Hyperbel für die maximal zulässige Verlustleistung, sondern durchschneidet das „verbotene" Gebiet. Die mittlere Verlustleistung ist trotzdem gering, weil bei der Aussteuerung das Gebiet großer momentaner Verlustleistung schnell überstrichen wird, und weil der Strom nur während einer Halbperiode fließt. Voraussetzung ist dabei, daß die Periodendauer klein gegen die thermische Zeitkonstante des Transistors ist. Nur während der Leitzeit des Transistors bewegt sich sein momentaner Arbeitspunkt auf der Geraden R_L. Während der Sperrphase dagegen steigt die Kollektorspannung wegen des dann stromführenden zweiten Transistors und der magnetischen Kopplung der beiden Wicklungshälften des Ausgangsübertragers entlang der

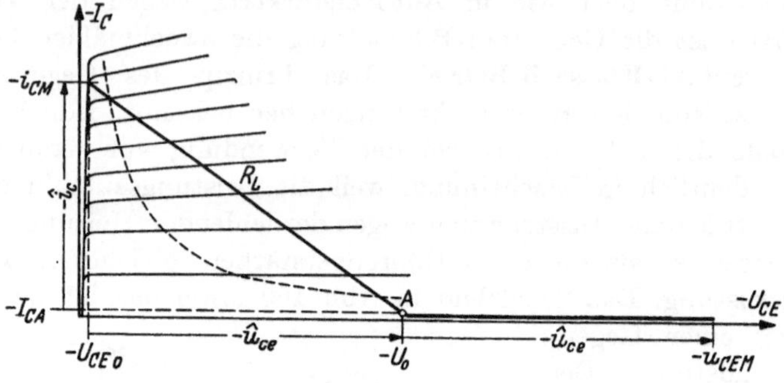

Abb. 101. Gegentakt-Klasse B-Betrieb

I_{CB0}-Kennlinie über die Batteriespannung hinaus. Bei Vollaussteuerung kann nahezu die doppelte Batteriespannung erreicht werden. Die Verlustleistung während der Sperrphase ist wegen des in der Regel sehr niedrigen Reststromes vernachlässigbar klein.

Für sinusförmige Aussteuerung mit dem Aussteuerungsgrad m erhält man für die Kollektorverlustleistung (unter Vernachlässigung von I_{CB0})

$$N_C = \frac{U_0 I_{CA}}{2} + \frac{m}{\pi} [\hat{i_c} U_0 - \hat{u}_{ce} I_{CA}] - \frac{m^2}{4} u_{ce} \hat{i_c}. \qquad (248)$$

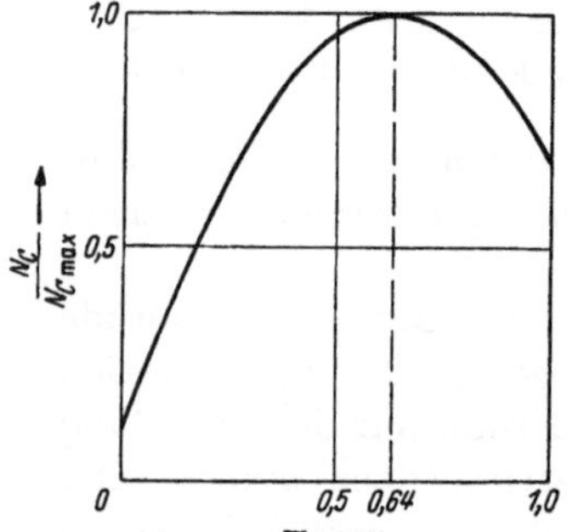

Abb. 102. Kollektorverlustleistung einer Gegentakt-B-Stufe in Abhängigkeit von der Stromaussteuerung m

In Abb. 102 ist die Verlustleistung als Funktion der Aussteuerung dargestellt. Das Maximum wird nicht bei der Vollaussteuerung $m = 1$ sondern bei etwa $m \approx 2/\pi$ erreicht. Der genaue Wert der Aussteuerung für maximale Verlustleistung ist

$$m\,(N_{C\,\mathrm{max}}) = \frac{2}{\pi} \left[\frac{U_0}{\hat{u}_{ce}} - \frac{I_{CA}}{\hat{i_c}} \right]. \qquad (249)$$

Aus den Gln. (248) und (249) ergibt sich für die maximale Verlustleistung

$$N_{C\,\mathrm{max}} = \frac{U_0 I_{CA}}{2} + \frac{1}{\pi^2} \frac{\hat{i_c}}{\hat{u}_{ce}} U_0^2 \left\{ 1 - \frac{I_{CA} \hat{u}_{ce}}{\hat{i_c} U_0} \right\}^2, \qquad (250)$$

$$N_{C\,\mathrm{max}} \approx \frac{U_0 I_{CA}}{2} + \frac{1}{\pi^2} \hat{i_c} U_0. \qquad (250\,\mathrm{a})$$

In der Praxis findet im allgemeinen kaum eine dauernde Aussteuerung mit dieser höchsten Verlustleistung statt, so daß man bei üblichem Nachrichteninhalt erfahrungsgemäß eine etwa 10% höhere Kollektorverlustleistung zulassen kann, als sie aus Gl. (250) hervorgeht. Bei Vernachlässigung des Ruhestromes I_{CA} erhält man für den zulässigen Spitzenstrom als ausreichende Näherung

$$\hat{i}_c \approx i_{CM} \approx \frac{10 N_{c\,max}}{U_0}. \qquad (251)$$

Natürlich muß dieser nach thermischen Gesichtspunkten ermittelte Wert kleiner sein als der für den Transistor zugelassene Höchstwert des Kollektorstromes $-i_{CM\,max}$.

Der pro Transistor wirksame Lastwiderstand ist

$$R_L = \frac{\hat{u}_{ce}}{\hat{i}_c} = \frac{U_0 - U_{CE0}}{i_{CM} - I_{CA}}. \qquad (252)$$

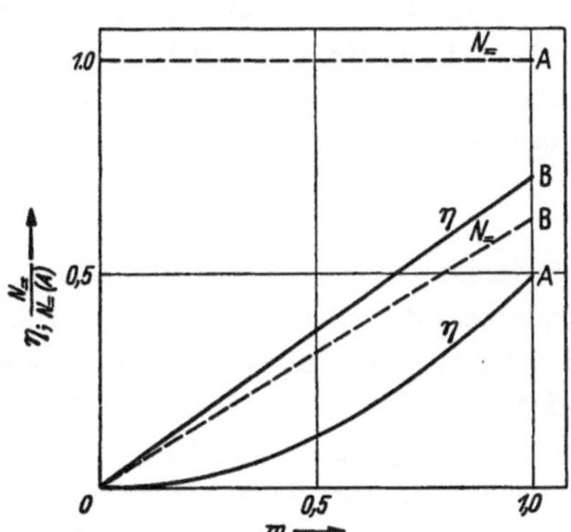

Abb. 103. Wirkungsgrad η und relative Leistungsaufnahme $N_=/N_=$ (A) eines idealen Klasse A-Verstärkers (Kurven A) und eines idealen Gegentakt-Klasse B-Verstärkers (Kurven B) gleicher maximaler Ausgangsleistung in Abhängigkeit von der Stromaussteuerung m

Die Ausgangsleistung, welche beide Transistoren zusammen liefern, ergibt sich aus den Amplituden von Kollektorstrom und -spannung

$$N_0 = \frac{1}{2}\, m^2\, \hat{u}_{ce}\, \hat{i}_c. \qquad (253)$$

Die der Batterie entnommene Gleichstromleistung erhält man aus der Stromamplitude und der Batteriespannung

$$N_- = U_0 I_{CA} + \frac{2}{\pi}\, m\, \hat{i}_c\, U_0. \qquad (254)$$

Daraus ergibt sich ein Wirkungsgrad

$$\eta = \frac{N_0}{N_-} = \frac{m^2\, \hat{u}_{ce}\, \hat{i}_c}{2\, U_0\, I_{CA} + \dfrac{4}{\pi}\, m\, \hat{i}_c\, U_0} \approx \frac{\pi}{4}\, m. \qquad (255)$$

Der in einer Gegentakt-B-Stufe maximal mögliche Wirkungsgrad ist also $\eta_{max} = \pi/4 = 0{,}785$ gegenüber $\eta_{max} = 0{,}5$ in einer A-Stufe. In Abb. 103 ist der Wirkungsgrad einer idealen Gegentakt-B-Stufe und der einer idealen A-Stufe als Funktion des Aussteuerungsgrades m dargestellt. Die gestrichelten Linien geben außerdem die Batterieleistung $N_=$ an, bezogen auf die Batterieleistung beim A-Verstärker $N_=$ (A), wenn beide Stufen für gleiche maximale Ausgangsleistung dimensioniert sind. Der Vorteil der Gegentakt-B-Stufe ist augenfällig, besonders bei kleineren

Aussteuerungen. Beträgt die mittlere Aussteuerung z. B. 30%, so beträgt die Leistungsaufnahme der A-Stufe etwa das Fünffache der Gegentakt-B-Stufe.

Neben der besseren Batterieökonomie ist es auch die bessere Ausnutzung des Transistors, die die Gegentakt-B-Schaltung für tragbare Geräte besonders geeignet macht. Setzt man in Gl. (253) den aus thermischen Gründen zulässigen Spitzenstrom der Gl. (251) ein, so erhält man unter Berücksichtigung von $\hat{u}_{ce} \approx U_0$ die Dimensionierungsregel

$$N_{o\,\max} \approx 5 N_{C\,\max}. \tag{256}$$

Darin ist $N_{C\,\max}$ die für bestimmte Werte von Temperatur und Wärmewiderstand zulässige Verlustleistung eines Transistors. Das gleiche Transistorpaar in Gegentakt-A-Schaltung ergäbe nur $1/5$ der Ausgangsleistung. Für eine gegebene Ausgangsleistung erlaubt die Gegentakt-B-Schaltung also die Verwendung wesentlich kleinerer Transistoren.

Der günstige Wirkungsgrad der Gegentakt-B-Schaltung wird durch die Leistung verschlechtert, die der Ruhestrom verbraucht, und die möglichst niedrig zu halten man daher bestrebt ist. Die Notwendigkeit eines Ruhestromes ergibt sich aus der Nichtlinearität der Eingangskennlinie. Wie bereits erwähnt wurde, führt diese zu Verzerrungen des Basisstromes, wenn die transformierte Ausgangsimpedanz der Treiberstufe nicht groß gegen die Eingangsimpedanz der Endtransistoren ist.

Nun ist für sehr kleine Kollektorströme diese Eingangsimpedanz sehr groß, so daß sich die Stromsteuerung der Endstufe nur durch ein geringes Übersetzungsverhältnis des Treibertransformators erreichen ließe. Dies geht aber nur bei gleichzeitiger Erhöhung des Kollektorruhestromes des Treibertransistors, da dieser auch die für große Aussteuerung der Endstufe notwendigen Basisströme liefern muß. Die Erhöhung des Kollektorstromes des Treibertransistors, die ihre Grenze in dessen Verlustleistung hat, vermindert jedoch wiederum in gleichem Maße dessen Ausgangsimpedanz, so daß der quadratische Zusammenhang zwischen Übersetzungsverhältnis und Impedanz auf eine lineare Beziehung reduziert wird. Außerdem nimmt durch Verminderung des Übersetzungsverhältnisses die Verstärkung der Treiberstufe ab. Aus diesen Gründen ist es sinnvoll, den großen Impedanzunterschied für kleine und große Signale durch einen Ruhestrom I_{CA} der Endtransistoren zu mildern. Die zweckmäßige Größe dieses Ruhestromes ist abhängig von der Treiberimpedanz, von den Eingangskennlinien des Transistors und vom maximal ausgesteuerten Kollektorstrom. In der Regel ist ein Kollektorruhestrom von etwa $1 \cdots 2\%$ der maximalen Kollektorstromamplitude ausreichend.

Da bei sehr kleinen Strömen die Stromverstärkung abnimmt, können bei Transistoren mit einem besonders ausgeprägten Abfall auch bei

Stromsteuerung Verzerrungen bei kleiner Aussteuerung entstehen, wenn kein hinreichend großer Ruhestrom eingestellt ist. Für große Aussteuerungen läßt sich die Wirkung des Stromverstärkungsabfalles durch eine kleinere Treiberimpedanz kompensieren, wie dies schon im Falle der A-Endstufe gezeigt wurde. Kleine und große Signale stellen also entgegengesetzte Forderungen an die Treiberimpedanz. Es ist daher zweckmäßig, durch einen Kompromiß zwischen Ruhestrom und Treiberimpedanz die Verzerrungen bei kleiner Aussteuerung einigermaßen gering zu halten und durch Gegenkopplung eine weitere Verminderung des Klirrfaktors auch für große Aussteuerungen zu erreichen. Abb. 104 zeigt die Ausgangsspannung einer Gegentakt-B-Stufe bei verschiedenen Treiberimpedanzen und Ruhestromeinstellungen.

Die Verzerrungen werden wesentlich geringer, wenn die Gegentakt-B-Stufe in Kollektorschaltung betrieben wird. Allerdings ist die Verstärkung einer solchen Stufe erheblich kleiner als die der Emitterschaltung. Entsprechend größer ist die vom Treibertransistor aufzubringende Leistung, da die Eingangsspannung der Endstufe praktisch gleich der Ausgangsspannung ist. Ein anderer Vorschlag [56, S. 217 ff; 57] zielt darauf ab, jedem Endtransistor in Emitterschaltung eine eigene galvanisch gekoppelte Treiberstufe in Kollektorschaltung zu geben. Wird diese Treiberstufe auch in Klasse B betrieben, so ist ihre Ausgangsimpedanz bei kleinem Strom hoch und bei großem Strom niedrig, was den Anforderungen für geringe Verzerrungen entspricht.

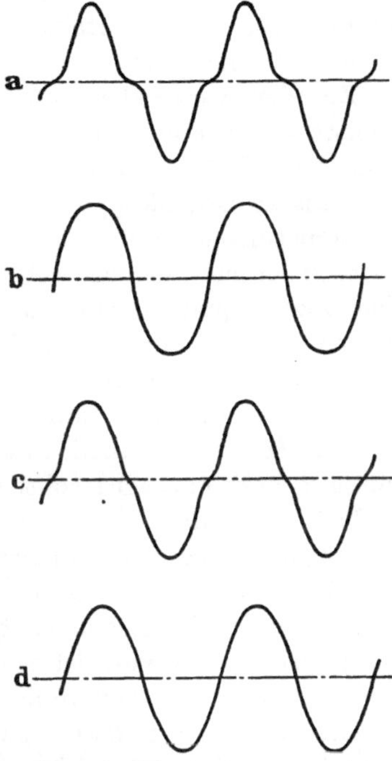

Abb. 104 a—d. Ausgangsspannung einer Gegentakt-B-Endstufe bei verschiedenen Ruheströmen I_{CA} und verschiedenen Impedanzen Z der steuernden Stromquelle am Eingang. Kollektorspitzenstrom $-i_{CM} = 200$ mA
a) $I_{CA} = 0$; $Z = 20\ \Omega$;
b) $I_{CA} = 0$; $Z = 3$ kΩ;
c) $-I_{CA} = 1,5$ mA; $Z = 20\ \Omega$;
d) $-I_{CA} = 1,5$ mA; $Z = 220\ \Omega$

Die Einstellung des Ruhestromes der Gegentakt-Endstufe geschieht durch die beiden Spannungsteilerwiderstände R_1 und R_2 an der Mittelanzapfung der Basiswicklung des Treibertransformators (Abb. 100). Wegen der Streuung der Basis-Emitterspannung von verschiedenen Transistorexemplaren ist es zweckmäßig, einen der beiden Widerstände einstellbar zu machen, oder durch Emitterwiderstände den Einfluß der

Streuung zu vermindern. Die letzte Möglichkeit ist jedoch praktisch beschränkt, da sich eine sehr starke Gegenkopplung ergeben würde. Ein Ausgleich stark verschiedener Basis-Emitterspannungen eines Paares von Endtransistoren mit Hilfe von Emitterwiderständen würde daher einen erheblichen Verstärkungs- und Leistungsverlust zur Folge haben. Transistoren für Gegentakt-B-Stufen werden aus diesen Gründen paarweise mit engtolerierter Basis-Emitterspannung zusammengestellt.

Zuweilen verwendet man für beide Transistoren einen gemeinsamen Emitterwiderstand. Dieser aber kann eine besondere Art von Verzerrungen zur Folge haben. Die durch den Emitterwiderstand verursachte dynamische Gegenkopplung wirkt nicht gleichmäßig bei verschiedenen Aussteuerungen. In der Umgebung der Einstellströme sind beide Transistoren leitend, so daß sich die Emitterwechselströme kompensieren. Die Gegenkopplung wird dagegen wirksam, wenn nur noch einer der beiden Transistoren stromführend, der andere dagegen gesperrt ist. Durch den sprunghaften Übergang können Verzerrungen auftreten, die durch zwei getrennte Emitterwiderstände zu vermeiden sind.

Der Innenwiderstand des Spannungsteilers, der im wesentlichen durch R_2 bestimmt wird, sollte möglichst niedrig sein, um den Spannungsverlust durch den Basiswechselstrom klein zu halten. Die Größe des Querstromes und der Kupferwiderstand der Sekundärwicklung setzen jedoch der Verminderung von R_2 eine sinnvolle Grenze. Da der Widerstand von den Basisströmen beider Transistoren in der gleichen Richtung durchflossen wird, ist seine Überbrückung mit einem Kondensator nicht möglich. Die Aufladung des Kondensators würde bei wechselnder Aussteuerung der Endstufe zu Verzerrungen führen. Aus dem gleichen Grunde ist eine kapazitive Überbrückung von Emitterwiderständen unzulässig.

Die Sekundärwicklung des Eingangsübertragers und die Primärwicklung des Ausgangsübertragers führen jeweils nur in einer Wicklungshälfte während einer Halbperiode Strom, mit einem plötzlichen Übergang in den stromlosen Zustand beim Nulldurchgang. Durch diesen Übergang des Stromes von der einen auf die andere Wicklungshälfte entstehen impulsartige Verzerrungen, wenn die Transformatoren nicht streuungsarm gewickelt sind. Bifilare Wicklung der symmetrischen Spulen und Verschachteln mit der unsymmetrischen Wicklung bewirkt jedoch bei guter Symmetrie eine ausreichende Verkopplung aller Teilwicklungen eines Übertragers. Die Dimensionierung des Eingangsübertragers bietet noch gewisse Schwierigkeiten, weil die Lastimpedanz auf der Sekundärseite amplitudenabhängig ist. Die untere Grenzfrequenz des Übertragers liegt daher bei großen Aussteuerungen tiefer als bei kleinen, wenn man nicht durch einen Parallelwiderstand zur Sekundärwicklung für eine Milderung des Effektes sorgt.

Eine Schaltung ohne Ausgangsübertrager zeigt Abb. 105, bei der eine Batterie mit Mittelanzapfung verwendet wird. Der Strom im Lastwiderstand R_L fließt in Richtung der Pfeile wechselweise durch je einen der beiden Transistoren und je eine Batteriehälfte. Zur Ansteuerung der Transistoren hat der Eingangsübertrager zwei galvanisch getrennte Wicklungen. Die Einstellung des Ruhestromes geschieht für jeden Transistor getrennt. Dabei läßt sich eine Gegenkopplung durch den Spannungsteiler am oberen Transistor nicht vermeiden, da die Batterie unmittelbar am Kollektor liegt. Aus Symmetriegründen ist der untere Transistor gleichartig geschaltet.

Ein Verzicht auf den Eingangsübertrager ist bei der B-Schaltung nicht ohne weiteres möglich. Eine kapazitive Kopplung mit einer Phasenumkehrstufe scheitert daran, daß sich die Koppelkondensatoren infolge der Gleichrichterwirkung der Basis-Emitterstrecken je nach Amplitude der Steuerspannung auf verschieden hohe Spannungen aufladen, was Anlaß zu starken Verzerrungen gibt. Es ist daher vorgeschlagen worden [56, S. 216], eine Aufladung der Kondensatoren durch Dioden zu verhindern. Diese Dioden werden — mit einer Vorspannung in Durchlaßrichtung versehen — den Basis-

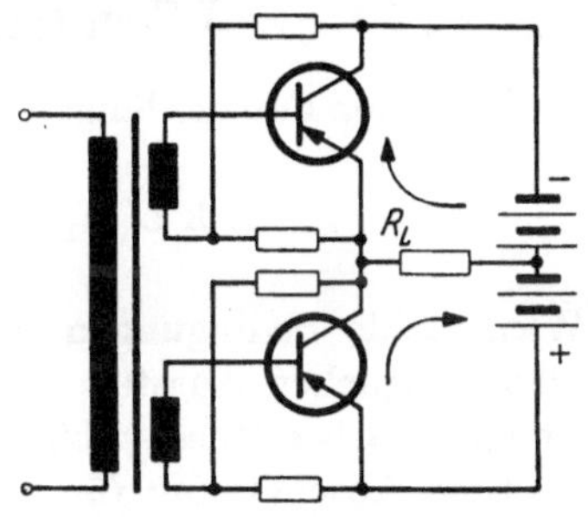

Abb. 105. Gegentakt-B-Verstärker ohne Ausgangsübertrager

Emitterdioden mit umgekehrter Polarität parallelgeschaltet und müssen, um ihre Aufgabe zu erfüllen, als hinreichend niederohmige Flächendioden ausgeführt sein.

Die Temperaturabhängigkeit der mit einer festen Spannung betriebenen Emitter-Basisdiode läßt den Ruhestrom der Transistoren bei niedrigen Temperaturen auf einen Wert sinken, bei dem die Übernahmeverzerrungen zu groß werden, während bei hohen Temperaturen die Gefahr thermischer Instabilität besteht. Es ist daher zweckmäßig, die Spannung des Spannungsteilers temperaturabhängig zu machen, wie dies im Abschnitt Arbeitspunktstabilisierung (Abschn. IV. B. 3.) beschrieben ist. Besonders groß sind die Stromschwankungen dann, wenn auch noch mit stärkeren Schwankungen der Batteriespannung gerechnet werden muß, da wegen der kleinen Widerstände im Basis- und Emitterkreis der Kollektorstrom nahezu exponentiell von der Basis-Emitterspannung und damit von der Batteriespannung abhängt.

Auch bei der Gegentakt-B-Schaltung muß in jedem Einzelfall geprüft werden, ob die thermische Stabilität gewährleistet ist. Das Kriterium für den B-Verstärker unterscheidet sich nur wenig von dem eines A-Verstärkers mit Transformator im Kollektorkreis. Es läßt sich zeigen, daß ein ungünstiger Fall eintritt, wenn der Transistor längere Zeit mit $m = 2/\pi$ ausgesteuert wird und plötzlich die Modulation aussetzt. Ist das letztere nicht der Fall, dann gilt das Kriterium wie beim A-Verstärker, nur tritt an die Stelle des Faktors a_1 in Gl. (247), S. 173, der Ausdruck

$$a_1 \left(1 - \frac{m}{\pi}\right) = a_1 \left(1 - \frac{2}{\pi^2}\right),$$

da die Speisespannung um den Faktor $1 - (2/\pi^2)$ bei Mittelung der Kollektor-Emitterspannung verringert erscheint. Als Kriterium für die thermische Stabilität gilt dann (vgl. S. 106)

1. für den Fall $m = 2/\pi \to m = 0$

$$K U_0\, a_1\, I_{CB0}|_{\vartheta_{j\,max}} < \vartheta_{j\,max} - \vartheta_{ugb}, \qquad (357\,\mathrm{a})$$

2. für den Fall des längere Zeit mit $m = 2/\pi$ ausgesteuerten Transistors

$$c_c\, K U_0\, a_1 \left(1 - \frac{2}{\pi^2}\right) I_{CB0}|_{\vartheta_{j\,max}} < 1. \qquad (257\,\mathrm{b})$$

Wenn beide Bedingungen eingehalten werden, ist die Schaltung unter allen möglichen Aussteuerungsbedingungen innerhalb des betrachteten Temperaturbereiches stabil.

Eine Abschätzung für den Faktor a_1 ist mit Gl. (190), S. 109, angegeben worden. Falls keine temperaturabhängigen Widerstände verwendet werden, ist dort

$$a_1 < \frac{(1 + B_N)\,(R' + r_{BB'} + R_E) + \dfrac{B_N\, U_T}{-I_{CB0}|_{\vartheta_0}}}{R' + r_{BB'} + (1 + B_N)\, R_E}$$

mit

R' wirksamer Gleichstromwiderstand im Basiskreis,
R_E Gleichstromwiderstand in der Emitterleitung.

Der Term $B_N\, U_T/I_{CB0}$ enthält den Einfluß der Temperaturabhängigkeit der Emitter-Basisspannung. R_E kann, wie bereits erläutert wurde, nicht beliebig groß gewählt werden. Daher ist ein kleiner Faktor a_1 nicht immer leicht zu erreichen.

D. Hochfrequenzverstärker

Im vorigen Abschnitt wurde der Transistor als ein im wesentlichen frequenzunabhängiges Verstärkerelement mit reellen Vierpolkoeffizienten behandelt. Obwohl diese Annahme bei den üblichen Niederfrequenztransistoren nur für den unteren Bereich der Niederfrequenz gültig ist, führt diese Betrachtungsweise doch zu befriedigenden Ergebnissen. Das hat seinen Grund in den meistens relativ kleinen und wenig frequenzabhängigen Lastimpedanzen. Dabei nimmt die Stromverstärkung β, und zwar nur ihr absoluter Betrag, eine dominierende Stellung unter den Vierpolgrößen ein. Ausgangsimpedanz und Rückwirkung sind nur in wenigen Ausnahmefällen von Interesse; lediglich die Eingangsimpedanz verlangt größere Beachtung.

Während also im Niederfrequenzgebiet die Betrachtung des Transistors als stromverstärkendes Element mit vernachlässigbarem Rückwirkungs- und Ausgangsleitwert in den meisten Anwendungsfällen ausreicht, sind im Gebiet höherer Frequenzen diese Vernachlässigungen nicht mehr möglich. Die Verstärkungseigenschaften werden hier vielmehr durch das Zusammenspiel aller vier komplexen Kenngrößen mit den meistens stark frequenzabhängigen äußeren Impedanzen bestimmt.

Da diese äußeren Impedanzen in den Verstärkerformeln fast immer in der Parallelschaltung mit der Eingangs- bzw. Ausgangsimpedanz des Transistors erscheinen, ist es zweckmäßig, generell mit Leit-

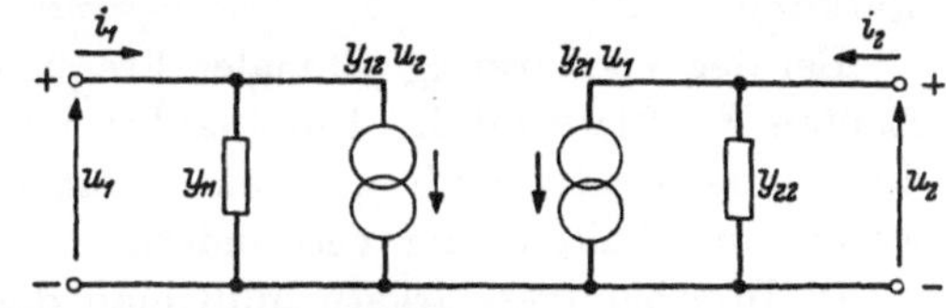

Abb. 106. Ersatzschaltbild eines Verstärkervierpols in Leitwertdarstellung

werten bzw. Admittanzen zu rechnen, d. h. den Transistorvierpol durch seine y-Koeffizienten zu beschreiben. Dies erfolgt, wie schon im Abschn. III. C. erwähnt wurde, durch die beiden Gleichungen

$$
\begin{aligned}
i_1 &= y_{11}\,u_1 + y_{12}\,u_2,\\
i_2 &= y_{21}\,u_1 + y_{22}\,u_2
\end{aligned}
\tag{258}
$$

mit den komplexen Leitwerten oder Admittanzen $y_{ik} = g_{ik} + \mathrm{j}\,b_{ik}$. Im folgenden wollen wir unter Leitwerten allgemein komplexe Leitwerte verstehen.

Das Ersatzschaltbild, welches dieser Beschreibung des Transistors zugrunde liegt, zeigt Abb. 106. Alle Leitwerte werden bei Kurzschluß des Einganges bzw. des Ausganges definiert: Der Eingangsleitwert y_{11} und die Steilheit y_{21} werden mit kurzgeschlossenem Ausgang gemessen, der Ausgangsleitwert y_{22} und der Rückleitwert y_{12} mit kurzgeschlossenem Eingang. Die Berechnung der Vierpolkoeffizienten aus den Elementen eines physikalisch begründeten Ersatzschaltbildes ist recht mühsam und wegen der meist beschränkten Gültigkeit des Schaltbildes problematisch. Daher werden meistens in den Datenblättern die Vierpolkoeffizienten für verschiedene häufig benötigte Frequenzen angegeben, wobei die komplexen Leitwerte in der Form $y = g + \mathrm{j}\,b$ oder in der Form $y = |y|\,\exp(\mathrm{j}\,\varphi)$ geschrieben werden. Die erste Form ist für Eingangs- und Ausgangsleitwerte gebräuchlich, wobei häufig der Blindleitwert b durch ωC unter Angabe von C ersetzt wird, weil die Kenntnis der

Kapazitäten für die Dimensionierung der angeschalteten Schwingungskreise bequemer ist. Wegen der Festlegung der Zählrichtungen von Strömen und Spannungen in Abb. 106 ist es dabei möglich, daß rein formal auch negative Kapazitäten vorkommen. Die Angabe von Betrag und Phasenwinkel ist hauptsächlich für die Steilheit und zuweilen auch für den Rückleitwert üblich, weil der Betrag der Steilheit für die Verstärkung, und die Phasenwinkel von Steilheit und Rückleitwert für die Betrachtung der Stabilität von Verstärkern und der Rückkopplungsbedingung für Oszillatoren maßgebend sind.

Besondere Bedeutung kommt in HF-Verstärkern stets dem Rückleitwert zu. Er beeinflußt die Durchlaßkurve abgestimmter Verstärker und begrenzt bei gegebener Schwingsicherheit die erreichbare Verstärkung.

Bei der Verstärkung schmaler Frequenzbänder kann man mit konstanten Koeffizienten im Durchlaßbereich des Verstärkers rechnen und durch eine relativ einfache Neutralisation die Wirkung des Rückleitwertes ausschalten oder vermindern.

In Breitbandverstärkern muß man dagegen die Frequenzabhängigkeit der Vierpolkoeffizienten berücksichtigen, was u. a. ein kompliziertes Neutralisierungsnetzwerk erforderlich machen kann.

Entsprechend seiner weiten Verbreitung in der Empfängertechnik soll der folgende Abschnitt ausschließlich dem Schmalbandverstärker gewidmet sein. Die doppelte Aufgabe der Koppelelemente, Energieübertragung und Begrenzung des Frequenzbandes, wird dabei zunächst für einen voll neutralisierten Verstärker betrachtet und dann auf Verstärker mit Rückwirkung erweitert. Die meisten mehrstufigen Schmalbandverstärker arbeiten in Überlagerungsempfängern als ZF-Verstärker auf einer festen Zwischenfrequenz. Die Transponierung von der Hochfrequenz auf die Zwischenfrequenz erfolgt in der Mischstufe, deren Probleme anschließend behandelt werden. Eine kurze Betrachtung über einige Großsignaleffekte beendet den Abschnitt HF-Verstärker.

Die Frage nach der zweckmäßigen Grundschaltung taucht natürlich auch beim Hochfrequenzverstärker auf. Die Kollektorschaltung scheidet wegen der großen Rückwirkung und der geringen Verstärkung von vornherein aus. Der Zusammenhang zwischen den Leitwerten in Basis- und Emitterschaltung ist im Anhang A. 2 dargestellt. Danach haben beide Schaltungen den gleichen Ausgangsleitwert y_{22} und, bis auf das Vorzeichen, fast die gleiche Steilheit y_{21}. Da jedoch der Realteil des Eingangsleitwertes y_{11} in Emitterschaltung niedriger ist als in der Basisschaltung, kann man bei Neutralisation des Verstärkers in der Emitterschaltung eine höhere Verstärkung erwarten. Verzichtet man auf Neutralisation, so kann u. U. die Basisschaltung einen kleineren Rückleitwert haben und dadurch eine etwas günstigere stabile Verstärkung liefern. Bei Frequenzen in der Nähe der α-Grenzfrequenz können die Phasenwinkel von Steilheit und Rückleitwert solche Werte annehmen, daß für die Basisschaltung eine phasenreine Mitkopplung und für die Emitterschaltung eine Gegenkopplung erfolgt. Auch in diesem Fall würde die Basisschaltung die höhere Verstärkung liefern, wobei natürlich gewährleistet sein muß, daß die Mitkopplung nicht zur Selbsterregung des Verstärkers führt.

Einen Eindruck von der Größe der Vierpolkoeffizienten heute üblicher Transistoren bei gebräuchlichen Einstellungen und Frequenzen vermittelt die Aufstellung auf S. 186.

Der Typ (1) ist ein Legierungstransistor und ist charakteristisch für die Entwicklungsphase, die die Verwendung des Transistors in Verstärkern für höhere Frequenzen einleitete. Wir haben ihn lediglich zum Vergleich angegeben. Inzwischen ist man bei der Entwicklung von HF-Transistoren neue Wege gegangen. Das Prinzip des p–n–p- oder n–p–n-Flächentransistors wurde zwar beibehalten, jedoch sind sowohl der Aufbau als auch das Herstellungsverfahren anders als bei den herkömmlichen Legierungstransistoren. Fast allen diesen Transistoren liegen folgende Besonderheiten zugrunde. Während man bisher annähernd homogene Störstellendichten in den Zonen hatte, wird heute in der Basiszone eine vom Emitter zum Kollektor abfallende Störstellendichte „eingebaut". Bei diesem von KRÖMER [58] angegebenen Transistortyp erhält man in der Basiszone ein elektrisches Feld, ein „Driftfeld", welches die Strömungsgeschwindigkeit der Ladungsträger in der Basiszone erhöht. Man nennt diese Typen „Drifttransistoren". Weiterhin ist es durch besondere Legierungsverfahren, bei denen die Geschwindigkeit der Diffusionsfront beim Legieren eine Rolle spielt, möglich, sehr dünne Basiszonen mit Driftfeld zu erzielen. Diese Typen nennt man „diffusionslegierte" Transistoren [59]. Bei allen Verfahren geht es auch darum, ohne die Exemplarstreuungen zu groß werden zu lassen, mit vernünftigem Aufwand zu kleinen Abmessungen des inneren Transistors zu kommen. Obwohl die Transistorentwicklung stetig fortschreitet, ist für die Grundlagen der Schaltungstechnik im HF-Gebiet zu erwarten, daß auch in Zukunft die Probleme der Exemplarstreuungen, der Rückwirkungen, der Stabilität, ferner Fragen der Regelung, der Großsignaleffekte, des Rauschens u. a. m. bestehen bleiben. Im folgenden wollen wir uns bei der Angabe von Beispielen an die in der Aufstellung genannten Typen (1) bis (6) halten.

Die Vierpolkoeffizienten sind für übliche Zwischenfrequenzen bei AM-FM-Empfängern angegeben. Für UKW-Mischstufen und Vorstufen benötigt man 100 MHz-Transistoren. Sie werden meist in Basisschaltung betrieben. Das gleiche gilt für den 200 MHz-Typ (6), der für Fernsehempfänger vorgesehen ist.

Nr.	Transistortyp	f (MHz)	g_{11} (mS)	C_{11} (pF)	$|y_{12}|$ (μS)	φ_{12} (°)	$|y_{21}|$ (mS)	φ_{21} (°)	g_{22} (μS)	C_{22} (pF)	$v_{N\,\text{opt}} = \dfrac{|y_{21}|^2}{4\,g_{11}\,g_{22}}$ (dB)
					Emitterschaltung ($-U_{CE} = 6$ V; $-I_C = 1$ mA)						
(1)	Legierungstransistor . .	0,45	1,5	800	23	-100	32	-23	33	35	37
(2)	Diffusionslegierter Transistor	0,45	0,4	80	5	-90	37	-1	0,2	5,0	66
(2)	Diffusionslegierter Transistor	10,7	2,5	65	100	-100	32	-25	60	4,5	32
(3)	Drifttransistor (bei $-I_C = 0,5$ mA) . . .	25	4,5	60	280	-100	16	-47	50	2,5	24,5
					Basisschaltung ($-U_{CB} = 6$ V; $-I_C = 1$ mA)						
(4)	Diffusionslegierter Transistor	100	23	-6	600	-85	14	$+90$	350	2,6	8
(5)	Drifttransistor	100	27	-9	620	-119	17	$+88$	300	2,4	9,5
(6)	Diffusionslegierter Transistor (bei $-U_{CB} = 12$ V)	200	30	-12	400	-90	25	$+90$	300	1,8	12,5

Interessant ist, daß die Typen (2) und (3) bei der fast 25fachen Frequenz von 10,7 bzw. bei 25 MHz nahezu die gleichen Eigenschaften haben wie der Legierungstransistor (1) bei 450 kHz. Die Rückleitwerte haben — wie man erkennt — überwiegend kapazitiven Charakter, so daß der Vergleich mit der Anoden-Gitterkapazität einer Röhre naheliegt. Für Stabilitätsfragen spielt allerdings auch der Phasenwinkel der Steilheit eine Rolle, insbesondere bei hohen Frequenzen. Bei 100 bzw. 200 MHz hat die Steilheit einen Phasenwinkel von etwa $-90°$ gegenüber dem Winkel bei niedrigen Frequenzen. (In der Basisschaltung ist aus Definitionsgründen der Strom- und Spannungspfeile bei niedrigen Frequenzen der Phasenwinkel $\varphi_{21b} = 180°$.)

1. Neutralisierte Verstärker

Die Neutralisierung einer Verstärkerstufe dient zur Beseitigung des Einflusses der Rückwirkung. Durch einen zusätzlichen äußeren — meist komplexen — Leitwert wird ein Strom zum Eingang zurückgeführt, der nach Betrag und Phase dem Strom durch den Rückleitwert entgegengesetzt gleich ist. In Abb. 107 ist der Vierpol durch eine Π-Schaltung von drei Leitwerten und einen von der Eingangsspannung gesteuerten Stromgenerator dargestellt. Die Vierpolkoeffizienten y_{ik} lassen sich durch die Leitwerte des Ersatzschaltbildes ausdrücken

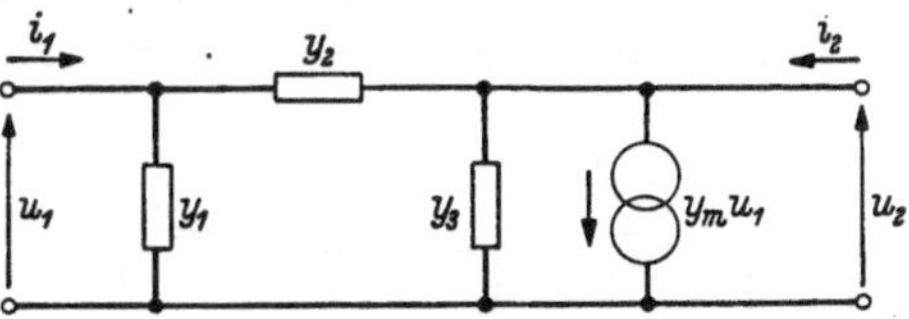

Abb. 107. Π-Ersatzschaltbild eines Verstärkervierpols

$$
\begin{aligned}
y_{11} &= y_1 + y_2, \\
y_{12} &= -y_2, \\
y_{21} &= y_m - y_2, \\
y_{22} &= y_2 + y_3.
\end{aligned}
\tag{259}
$$

Zur Durchführung der Neutralisierung ist in Abb. 108 ein zusätzlicher äußerer Leitwert Y_n eingeschaltet, der über einen Transformator

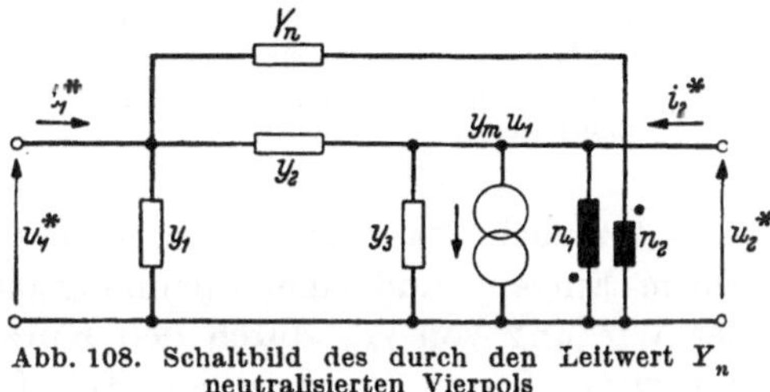

Abb. 108. Schaltbild des durch den Leitwert Y_n neutralisierten Vierpols

mit dem Übersetzungsverhältnis $t = n_2/n_1$ gegenphasig an die Ausgangsspannung angeschlossen ist. Die Elemente des neuen Vierpols sind dann

$$
\begin{aligned}
y'_{11} &= y_1 + y_2 + Y_n &= y_{11} + Y_n, \\
y'_{12} &= -y_2 + t\,Y_n &= y_{12} + t\,Y_n, \\
y'_{21} &= y_m - y_2 + t\,Y_n &= y_{21} + t\,Y_n, \\
y'_{22} &= y_2 + y_3 + t^2 Y_n &= y_{22} + t^2 Y_n.
\end{aligned}
\tag{260}
$$

Neutralisierung wird erreicht, wenn $y'_{12} = 0$, d. h. wenn

$$t\,Y_n = y_2 = -y_{12} \tag{261}$$

ist. Die Vierpolkoeffizienten des neutralisierten Vierpols lauten dann

$$
\begin{aligned}
y^*_{11} &= y_{11} - \frac{1}{t}\,y_{12},\\[4pt]
y^*_{12} &= 0,\\[4pt]
y^*_{21} &= y_{21} - y_{12} = y_m,\\[4pt]
y^*_{22} &= y_{22} - t\,y_{12}.
\end{aligned}
\tag{262}
$$

Durch das Neutralisierungsnetzwerk ist der Rückleitwert kompensiert worden, aber zugleich werden alle übrigen Koeffizienten geändert. Hat der Neutralisierungsleitwert Y_n einen Realteil, so wird in ihm Energie verbraucht, die bei der Verstärkung verlorengeht. Der von t abhängige Verstärkungsverlust hat wegen der verschiedenen Wirkung von t auf Eingangs- und Ausgangsleitwert ein Minimum für

$$t = \sqrt{\frac{g_{22}}{g_{11}}}. \tag{263}$$

Der Transformator, der für die Spannungsuntersetzung und für die richtige Phasenlage der untersetzten Spannung sorgt, wird in der Praxis durch den ohnehin vorhandenen Schwingungskreis am Ausgang mit einer Anzapfung oder einer besonderen Wicklung gebildet.

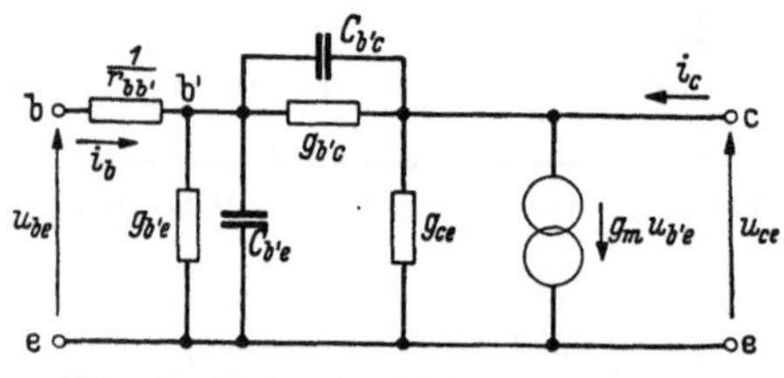

Abb. 109. Ersatzschaltbild eines Transistors in Emitterschaltung (GIACOLETTO)

In der vorwiegend verwendeten Emitterschaltung wird die Rückwirkung in der Hauptsache durch die Kollektorkapazität $C_{b'c}$ des (allerdings nur näherungsweise gültigen) Ersatzschaltbildes Abb. 109 nach GIACOLETTO (vgl. S. 61) hervorgerufen. Bei kurzgeschlossenem Eingang und einer Spannungsquelle am Ausgang fließt infolge der Wirkung von $r_{bb'}$ durch den Kurzschluß jedoch nicht der ganze kapazitive Strom, sondern ein Teil fließt durch die Emitterkombination $g_{b'e}$, $C_{b'e}$. Daher ist der kapazitive Anteil C_2 des Leitwertes $y_2 = g_2 + j\,\omega\,C_2 = -y_{12}$, der sich bei Umwandlung des Schaltbildes Abb. 106 in die Π-Form der Abb. 107 ergibt, kleiner als die Kollektorkapazität $C_{b'c}$. Mit wachsender Frequenz nimmt die Rückwirkungskapazität C_2 ab, weil der Nebenschluß durch die Emitterkapazität $C_{b'e}$ immer wirksamer wird.

Die optimale Verstärkung einer neutralisierten Stufe erhält man, wenn der Realteil des Lastleitwertes gleich dem des Ausgangsleitwertes gewählt wird, und wenn der Imaginärteil des Lastleitwertes den des Ausgangsleitwertes gerade kompensiert. Die optimale Leistungsverstärkung ist dann (vgl. S. 70)

$$v_{N\,\mathrm{opt}} = \frac{|y_{21}^*|^2}{4\,g_{11}^*\,g_{22}^*} \approx \frac{|y_{21}|^2}{4\,g_{11}\,g_{22}}. \tag{264}$$

In der letzten Spalte der Aufstellung, S. 186, sind die errechneten Werte für die Verstärkung im logarithmischen Maß angegeben. Wendet man das gleiche Anpassungsverfahren zwischen Generator- und Eingangsleitwert an, so erhält auch der Transistoreingang die maximal vom Generator lieferbare Leistung.

Die Anpassung der Last an den Transistorausgang erfolgt durch das im Ausgang liegende Selektionsfilter, das durch Anzapfungen oder Koppelwicklungen gleichzeitig die Funktion eines Transformators erfüllt. Durch diese Doppelaufgabe des Filters, das aus einem Einzelkreis oder einem Bandfilter bestehen kann, entstehen mit Rücksicht auf vorgegebene Durchlaßkurven weit größere Übertragungsverluste, als sie bei nicht selektiven Transformatoren üblich sind.

a) Kopplung mit Einzelkreisen. In Abb. 110 erfolgt die Anpassung zwischen dem Ausgang des neutralisierten Transistors und der Lastadmittanz $G_L + \mathrm{j}\,\omega_0\,C_L$ durch einen auf die Zentralfrequenz $f_0 = \omega_0/(2\pi)$

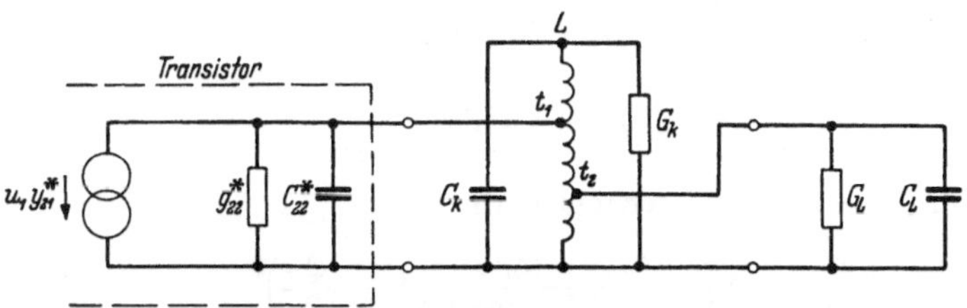

Abb. 110. Angezapfter Einzelkreis als Koppelelement zwischen Transistor und Lastadmittanz. t_1 und t_2 sind jeweils das Verhältnis der Windungszahl der unteren Teilwicklung zu der der Gesamtwicklung (Anzapfungsverhältnisse)

abgestimmten Einzelkreis mit den Anzapfungsverhältnissen t_1 und t_2. Die Kreiskapazität wird durch $C = C_k + t_1^2\,C_{22}^* + t_2^2\,C_L$ gebildet. Selektivität und Bandbreite, die bei einem Einzelkreis fest miteinander verknüpft sind, werden durch die Betriebsgüte Q_B des Kreises bestimmt, die außer von dem eigenen Verlustleitwert G_k noch von den transformierten Leitwerten g_{22} des Transistors und G_L der Last abhängt

$$Q_B = \frac{G_k\,Q_0}{G_k + t_1^2\,g_{22}^* + t_2^2\,G_L} \tag{265}$$

(Q_0 Leerlaufgüte.)

Für eine vorgegebene Bandbreite $2\Delta f = f_0/Q_B$ muß ein Schwingungskreis gewählt werden, dessen Leerlaufgüte $Q_0 = 1/(\omega_0\,L\,G_k)$ größer als die Betriebsgüte Q_B ist, und zwar sind die Übertragungsverluste in G_k

um so niedriger, je größer die Leerlaufgüte Q_0 ist. Aus Gl. (265) ist zu ersehen, daß es bei gegebenen Werten der Leerlaufgüte und der Leitwerte beliebig viele Wertepaare t_1, t_2 gibt, mit denen ein vorgegebenes Q_B hergestellt werden kann. Es ist daher zu vermuten, daß bei einer bestimmten Wertekombination t_1, t_2 die bei vorgegebener Betriebsgüte in den Lastleitwert G_L übertragene Leistung ein Optimum wird. Zur Berechnung dieser günstigsten Anpassung und der dabei auftretenden Schwingkreisverluste ist in Abb. 111 das Ersatzschaltbild der Abb. 110

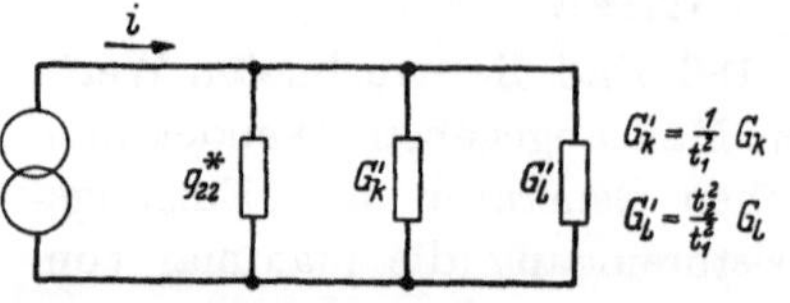

Abb. 111. Ersatzschaltbild der Abb. 110. Kreis- und Lastleitwert sind auf die Kollektorseite transformiert

in der Form dargestellt, daß alle Leitwerte auf die Kollektorseite transformiert sind. Ferner ist angenommen worden, daß der Kreis auf die Frequenz f_0 abgestimmt ist, so daß die Blindleitwerte verschwinden.

Die Leistung, die der im Lastleitwert G_L' fließende Stromanteil erzeugt, ist

$$N_L = i^2 \frac{G_L'}{(g_{22}^* + G_k' + G_L')^2}. \tag{266}$$

Durch Einführung von

$$\frac{Q_B}{Q_0} = \frac{G_k'}{g_{22}^* + G_k' + G_L'}$$

[vgl. Gl. (265)] bzw.

$$G_k' = (G_L' + g_{22}^*)\, \frac{Q_B}{Q_0 - Q_B}$$

und Eliminieren von G_k' erhält man

$$N_L = i^2 \frac{G_L'}{(g_{22}^* + G_L')^2} \left(1 - \frac{Q_B}{Q_0}\right)^2. \tag{266a}$$

Durch Differentiation nach G_L' und Nullsetzen erhält man

$$G_{L\,\mathrm{opt}}' = g_{22}^*, \tag{267}$$

oder, mit den Größen der Abb. 110

$$\frac{t_{2\,\mathrm{opt}}}{t_{1\,\mathrm{opt}}} = \sqrt{\frac{g_{22}^*}{G_L}}. \tag{267a}$$

Unabhängig von dem Verlustleitwert des Kreises ist die Bedingung für optimale Leistungsübertragung also die gleiche, die man für einen verlustlosen Übertrager zwischen g_{22}^* und G_L erhält. Die gewünschte Betriebsgüte Q_B erhält man aus den Gln. (265) und (267a) durch die Anzapfung

$$t_{1\,\mathrm{opt}} = \sqrt{\frac{1}{2 g_{22}^* \omega_0 L\, Q_B} \left(1 - \frac{Q_B}{Q_0}\right)} = \sqrt{\frac{G_k}{2 g_{22}^*} \left(\frac{Q_0}{Q_B} - 1\right)}. \tag{268}$$

Auf eine primäre Anzapfung t_1 kann man verzichten, wenn man in der Wahl der Induktivität L bzw. der Kreiskapazität C_k frei ist und ihren Wert nach Gl. (268) für $t_{1\,opt} = 1$ dimensioniert.

Den Übertragungswirkungsgrad $\eta_{\ddot u}$ erhält man aus Gl. (266a), wenn man berücksichtigt, daß die maximal mögliche Leistung $N_{L\,max}$ für den Fall $Q_0 = \infty$ übertragen wird

$$\eta_{\ddot u} = \frac{N_L}{N_{L\,max}} = \left(1 - \frac{Q_B}{Q_0}\right)^2. \tag{269}$$

Als Übertragungsverlust im logarithmischen Maß sei bezeichnet

$$v_{\ddot u} = -10 \log \frac{1}{\eta_{\ddot u}} \quad [\text{dB}]. \tag{270}$$

In Abb. 112 ist dieser Zusammenhang dargestellt. Der starke Anstieg der Übertragungsverluste mit wachsendem Güteverhältnis macht deutlich, wie wichtig für einen Transistorverstärker Spulen hoher Güte sind. Andererseits wächst mit geringerem Güteverhältnis der Einfluß des Transistor-Ausgangsleitwertes und, wenn G_L der Eingangsleitwert eines nachfolgenden Transistors ist, auch der des Eingangsleitwertes auf die Betriebsgüte und damit auf die Bandbreite. Solche unterschiedlichen Leitwerte können als Exemplarstreuungen oder infolge von Stromänderungen bei automatischer Verstärkungsregelung auftreten. Mit Rücksicht auf die zulässigen Bandbreiten-

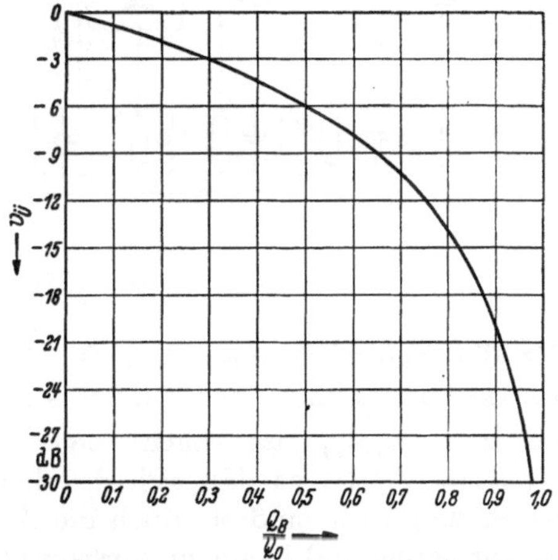

Abb.112. Übertragungsverluste eines Einzelkreises in Abhängigkeit vom Güteverhältnis Q_B/Q_0

toleranzen schränken daher die möglichen Änderungen der Transistorleitwerte u. U. die minimalen Übertragungsverluste ein. Auch bei nicht vollkommen neutralisierten Verstärkern wird es sich später als notwendig erweisen, wegen der Stabilität gegen Selbsterregung auf zu niedrige Güteverhältnisse zu verzichten.

Zwischenfrequenzverstärker mit Einzelkreisen werden fast nur in Taschenempfängern gern verwendet, da hier ein möglichst geringes Volumen aller Bauteile im Vordergrund steht, während die Anforderungen an Bandbreite und Trennschärfe zurücktreten. Abb. 113 zeigt das Schaltbild eines ZF-Verstärkers mit zwei Transistoren und drei Einzelkreisen. In einem Rundfunkempfänger wird der Generator auf

der Eingangsseite von der Mischstufe mit ihrem Ausgangsleitwert gebildet, während am Ausgang G_L den Leitwert der Demodulatorstufe
darstellt. Die Anpassung der Transistoreingänge an die vorhergehenden
Stufen geschieht durch die galvanisch getrennten Wicklungen 4—5,
an deren Fußpunkt die für die Arbeitspunkteinstellung erforderlichen
Basisspannungsteiler liegen. Bei dem mittleren und dem letzten Kreis
erfüllen die Wicklungen 4—5 zugleich die Aufgabe der Neutralisierungswicklung, wenn durch gegensinnige Wickelrichtung zur Primärwicklung für die richtige Phasenlage der Sekundärspannung gesorgt
wird. Das günstigste Übersetzungsverhältnis der Wicklungen n_{4-5}/n_{2-3}

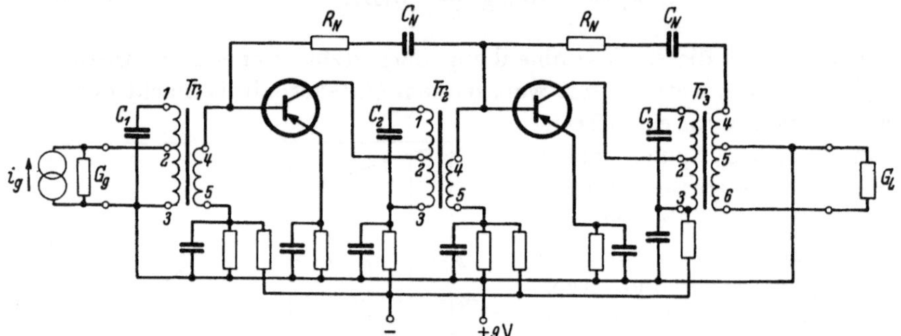

Abb. 113. Zweistufiger ZF-Verstärker mit Einzelkreisen

für die Neutralisierung nach Gl. (263) ist das gleiche wie für die
Energieübertragung nach Gl. (267a). Bei einem Übersetzungsverhältnis $t = \sqrt{g_{22}/g_{11}}$ ist nach den Gln. (262) bei Neutralisierung
$g_{11}/g_{22} = g_{11}^*/g_{22}^*$, so daß sich das Leitwertverhältnis durch die Neutralisierung nicht ändert. Auch die Änderung der Wirkleitwerte selbst
ist nur gering und bleibt im vorliegenden Fall unter 2%. Das Neutralisierungsnetzwerk, bestehend aus R_N und C_N, ist in Reihe geschaltet,
weil dadurch ohne zusätzlichen Schaltungsaufwand eine galvanische
Trennung zwischen Basis und Neutralisationswicklung erreicht wird.

Zur Schaltungsdimensionierung sei als Beispiel angenommen, daß
die beiden Transistoren dem Typ (1) in unserer Aufstellung, S. 186,
entsprechen. Wir gehen von einer vorgegebenen Selektivität S aus.
Hierunter wird das Verhältnis der Ausgangsspannung bei der Zentralfrequenz zur Ausgangsspannung bei einer bestimmten Frequenzabweichung verstanden (bei konstantem Generatorstrom). Fragt man umgekehrt nach der Frequenzabweichung $\pm \Delta f_B$, bei der dieses Verhältnis
den Wert $\sqrt{2}$ erreicht hat, dann erhält man die sog. Bandbreite $B = 2\Delta f_B$.

Als Gesamtselektivität des Verstärkers bei einer Frequenzabweichung
$\Delta f_S = \pm 9 \text{ kHz}$ von der Zentralfrequenz $f_0 = 450 \text{ kHz}$ sei $S_{ges} = 15$

verlangt. Die Leerlaufgüte der Kreise sei $Q_0 = 140$, die Kapazität der Kondensatoren C_1, C_2, C_3 sei aus Platzgründen auf 200 pF beschränkt, so daß zur Anpassung auf der Primärseite eine Anzapfung der Kreise erforderlich wird.

Durch die Selektivitätsforderung ist die Betriebsgüte der Kreise festgelegt. Unter der Annahme gleicher Betriebsgüten für alle drei Kreise gilt

$$Q_B = \frac{f_0}{2\Delta f_S}\sqrt{S^2 - 1}. \tag{271}$$

Darin ist $S = \sqrt[3]{S_{\mathrm{ges}}} = 2{,}47$ die Selektivität eines Einzelkreises. Mit $Q_B = 56{,}5$ wird das Güteverhältnis $Q_B/Q_0 = 0{,}4$ und die Übertragungsverluste nach Gl. (270) betragen für jeden Kreis $v_{\ddot{u}} = -4{,}5$ dB. Für die Gesamtverstärkung des Verstärkers erhält man dann

$$v_{N\,\mathrm{ges}} = 2\,v_{N\,\mathrm{opt}} + 3v_{\ddot{u}} = 60{,}5 \text{ dB}.$$

Die Bandbreite des Verstärkers mit drei Einzelkreisen ist [wenn man in Gl. (271) $S^2 = S_{\mathrm{ges}}^{2/3}$ mit $S_{\mathrm{ges}} = \sqrt{2}$ setzt, sowie für $2\Delta f_S$ die Bandbreite $2\Delta f_B$ einführt]

$$2\Delta f_B = \frac{f_0}{Q_B}\sqrt{\sqrt[3]{2} - 1} = 4{,}1 \text{ kHz}. \tag{272}$$

Die Windungsverhältnisse der Transformatorwicklungen ergeben sich aus den Gln. (267a) und (268). Für Tr_2 und Tr_3 gilt mit $g_{ik} \approx g_{ik}^*$

$$\frac{n_{4-5}}{n_{2-3}} = \frac{t_2}{t_1} = \sqrt{\frac{g_{22}}{g_{11}}} = 0{,}15,$$

$$\frac{n_{5-6}}{n_{2-3}} = \sqrt{\frac{g_{22}}{G_L}},$$

$$\frac{n_{2-3}}{n_{1-3}} = t_1 = \sqrt{\frac{\omega_0 C[1-(Q_B/Q_0)]}{2g_{22}Q_B}} = 0{,}3,$$

$$t_2 = 0{,}045$$

und für Tr_1

$$\frac{n_{4-5}}{n_{2-3}} = \sqrt{\frac{G_g}{g_{11}}},$$

$$\frac{n_{2-3}}{n_{1-3}} = \sqrt{\frac{\omega_0 C[1-(Q_B/Q_0)]}{2G_g Q_B}}.$$

Die Kapazität C ist die gesamte Abstimmkapazität, die hier mit 200 pF angenommen wurde. Der Beitrag der Transistorkapazitäten C_{11} und C_{22} zur Gesamtkapazität ist wegen der geringen Transformationsverhältnisse nur etwa 2,5%, so daß mit ausreichender Genauigkeit auch die Kondensatoren C_1, C_2, C_3 den Wert 200 pF erhalten können.

Zur Dimensionierung der Neutralisierungselemente R_N und C_N gewinnt man aus Gl. (261) zunächst den Neutralisierungsleitwert als Parallelschaltung von Wirkleitwert und Kapazität. Sodann kann in die Reihenschaltung umgerechnet werden. Die Durchführung der Rechnung ergibt $R_N \approx 1,2 \text{ k}\Omega$; $C_N \approx 56$ pF.

b) Kopplung mit Bandfiltern. Die Verwendung von Einzelkreisen als Koppelelement hat den Nachteil, daß Bandbreite und Selektivität fest miteinander verknüpft sind und nur durch die Betriebsgüte des Kreises beeinflußt werden können. Benutzt man dagegen mehrkreisige Bandfilter als Übertragungselemente, so wächst mit der Zahl der Kreise eines Filters die der freien Parameter, und es ergibt sich damit die Möglichkeit, die Form der Übertragungskurve genauer vorzuschreiben. Bei einem zweikreisigen Bandfilter, auf das wir uns wegen seiner allgemeinen Verbreitung und leichten Herstellbarkeit beschränken wollen, kann man die Betriebsgüten von Primär- und Sekundärkreis und die Kopplung zwischen beiden Kreisen verändern. Mit diesen drei Parametern lassen sich innerhalb der durch die Leerlaufgüten gezogenen Grenzen Bandbreite und Selektivität getrennt wählen und bei festen Werten dieser beiden Größen durch zweckmäßige Kombination der drei Parameter die Übertragungsverluste auf ein Minimum bringen.

Zur Vereinfachung der weiteren Überlegungen werde angenommen, daß die Kreise gleiche Leerlaufgüten haben, und daß in mehrstufigen Verstärkern alle Stufen mit Bandfiltern gleicher Selektivität und Bandbreite ausgestattet sind, so daß die Betrachtung eines einzelnen Filters genügt. Die Bandbreite $B = 2\Delta f_B$ ist — wie erwähnt — durch die

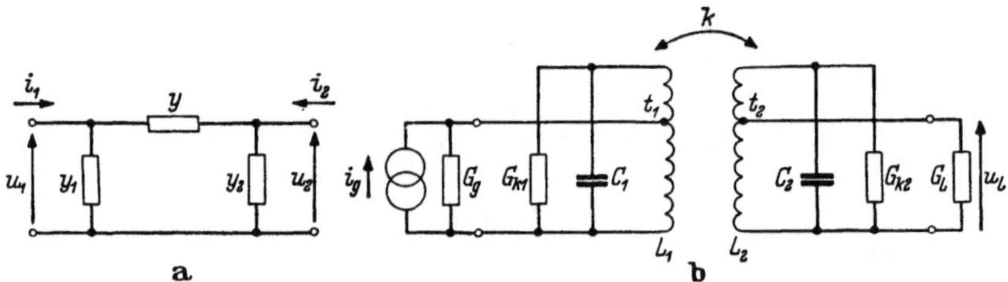

Abb. 114 a u. b. Ersatzschaltbild (a) und Ausführung (b) eines zweikreisigen Bandfilters

Frequenzabweichung Δf_B von der Zentralfrequenz f_0 definiert, bei der für konstanten Generatorstrom am Eingang die Spannung am Ausgang des Verstärkers um den Faktor $1/\sqrt{2}$ kleiner als die bei der Zentralfrequenz ist. In einem Verstärker mit n gleichen Filtern darf dann für jedes Filter die Spannung im Abstand Δf_B nur um den Faktor $2^{-1/(2n)}$ geringer sein. Die Selektivität S ist definiert als das Verhältnis der Spannung bei der Zentralfrequenz zu der im Abstand $\pm \Delta f_S$. Die Wahl von Δf_S richtet sich nach dem Zweck des Verstärkers; in ZF-Verstärkern für AM-Rundfunk ist $\Delta f_S = 9$ kHz und in solchen für FM-Rundfunk $\Delta f_S = 300$ kHz üblich. In Verstärkern mit n gleichartigen Filtern ist die notwendige Selektivität eines einzelnen Filters $\sqrt[n]{S}$.

Die Vierpoldarstellung eines zweikreisigen Bandfilters gewinnt man bequem aus der Abb. 114a

$$y_{11} = y_1 + y,$$
$$y_{12} = -y,$$
$$y_{21} = -y,$$
$$y_{22} = y_2 + y. \tag{273}$$

y_1 und y_2 werden nach Abb. 114b durch Parallelresonanzkreise mit je einer Anzapfung zur Anpassung gebildet. Der Koppelleitwert y ist normalerweise ein reiner Blindleitwert $y = \mathrm{j}\, b$, dessen Vorzeichen von der Art der Kopplung abhängt. Häufig wird die Kopplung in der Praxis nicht durch einen besonderen Blindleitwert, sondern z. B. durch die Magnetfelder der Induktivitäten L_1 und L_2 erzeugt. An Stelle des Koppelleitwertes $y = \mathrm{j}\, b$ verwendet man daher gewöhnlich einen Faktor k, dessen Zusammenhang mit b in Gl. (276) angegeben ist. Wie beim Einzelkreis sollen auch beim Bandfilter die Güten der beiden Kreise eingeführt werden. Die Leerlaufgüten Q_0 werden für beide Kreise gleich angenommen, während die Betriebsgüten Q_{B1} und Q_{B2} verschieden sein können.

Ferner werde eingeführt

$$G_{k1} = \frac{1}{\omega_0 L_1 Q_0} = \frac{\omega_0 C_1}{Q_0}, \tag{274}$$

$$G_{k2} = \frac{1}{\omega_0 L_2 Q_0} = \frac{\omega_0 C_2}{Q_0}, \tag{275}$$

$$k = \frac{b}{Q_0 \sqrt{G_{k1} G_{k2}}}, \tag{276}$$
$$(k^2 \ll 1).$$

Führt man noch die normierte Verstimmung x ein,

$$x = \left(\frac{f}{f_0} - \frac{f_0}{f}\right) Q_0 \approx \frac{2(f - f_0)}{f_0} Q_0 = \frac{2 \Delta f}{f_0} Q_0, \tag{277}$$

so erhalten die Vierpolkoeffizienten des Bandfilters die Form

$$y_{11} = \frac{G_{k1}}{t_1^2} (1 + \mathrm{j}\, x),$$

$$y_{12} = \mathrm{j} \sqrt{\frac{G_{k1} G_{k2}}{t_1^2 t_2^2}}\, k Q_0 = y_{21}, \tag{278}$$

$$y_{22} = \frac{G_{k2}}{t_2^2} (1 + \mathrm{j}\, x).$$

Berücksichtigt man den Leitwert des Generators G_g und den der Last G_L, so lassen sich durch Einführung der Betriebsgüten Q_{B1} und Q_{B2} die Anzapfungen t_1 und t_2 ersetzen durch

$$t_1^2 = \frac{G_{k1}}{G_g} \left(\frac{Q_0}{Q_{B1}} - 1 \right),$$
$$t_2^2 = \frac{G_{k2}}{G_L} \left(\frac{Q_0}{Q_{B2}} - 1 \right). \tag{279}$$

Die Blindkomponenten der äußeren Admittanzen werden dabei nicht berücksichtigt, da sie durch entsprechende Abstimmung der Bandfilterkreise kompensiert werden können. Im Zuge eines mehrstufigen Verstärkers ist $G_g = g_{22}^*$ und $G_L = g_{11}^*$. Schreibt man zur Vereinfachung $Q_0/Q_{B1} = \lambda_1$ und $Q_0/Q_{B2} = \lambda_2$, so erhält man aus den Gln. (278) für die Admittanzmatrix des Bandfilters unter Einschluß der Leitwerte G_g und G_L

$$(y_F) = \begin{pmatrix} \dfrac{G_g}{\lambda_1 - 1}\,(\lambda_1 + j\,x) & j\,\sqrt{G_g\,G_L}\,\dfrac{k\,Q_0}{\sqrt{\lambda_1 - 1}\,\sqrt{\lambda_2 - 1}} \\[2ex] j\,\sqrt{G_g\,G_L}\,\dfrac{k\,Q_0}{\sqrt{\lambda_1 - 1}\,\sqrt{\lambda_2 - 1}} & \dfrac{G_L}{\lambda_2 - 1}\,(\lambda_2 + j\,x) \end{pmatrix}. \tag{280}$$

Aus dieser Matrix läßt sich unter Benutzung von Gl. (122), S. 69, die „Verstärkung" des Bandfiltervierpols, d. h. das Verhältnis $\eta_{\ddot u}$ der Leistung im Lastwiderstand zur maximal abgebbaren Generatorleistung berechnen

$$\eta_{\ddot u} = \frac{N_L}{N_{L\,\text{max}}} = \frac{4\,(k\,Q_0)^2\,(\lambda_1 - 1)\,(\lambda_2 - 1)}{(\lambda_1\,\lambda_2 + (k\,Q_0)^2)^2}. \tag{281}$$

Wählt man in dieser Gleichung $\lambda_1 = \lambda_2 = \lambda$ und führt mit $Q_0 = \lambda\,Q_B$ die Betriebsgüte sowie die relative oder Betriebskopplung $k\,Q_B = q_{12}$ ein, dann erhält man

$$\eta_{\ddot u} = F\left(1 - \frac{Q_B}{Q_0} \right)^2 \tag{282 a}$$

mit

$$F = \frac{4\,q_{12}^2}{(1 + q_{12}^2)^2}. \tag{282 b}$$

Die übertragene Leistung eines Bandfilters unterscheidet sich demnach um den Faktor F von der eines Einzelkreises Gl. (269). Der Faktor F, dessen Abhängigkeit von der Betriebskopplung in Abb. 115 dargestellt ist, erreicht bei $k\,Q_B = q_{12} = 1$ seinen Höchstwert 1; d. h., bei kritischer Kopplung sind, gleiche Güteverhältnisse aller Kreise vorausgesetzt, die Übertragungsverluste in einem Bandfilter gleich denen eines Einzelkreises. Auch in der Umgebung der kritischen Kopplung ist F nur wenig kleiner als 1, so daß in vielen praktischen Fällen der Faktor $F = 1$ gesetzt werden kann.

Ein solcher Vergleich zwischen Einzelkreis und Bandfilter berücksichtigt jedoch nicht die in den beiden Fällen unterschiedlichen Werte von Bandbreite und Selektivität, da Gl. (282) nur die Leistungsübertragung für die Zentralfrequenz ($x = 0$) beschreibt. Bandbreite und Selektivität lassen sich bestimmen, wenn man mit Hilfe der Matrix (280) die Ausgangsspannung u_L bei konstantem Generatorstrom i_g als Funktion der Verstimmung ausrechnet. Für diese auf $u_L(x = 0) = u_0$ normierte Durchlaßkurve eines Filters erhält man

$$\left|\frac{u_L}{u_0}\right|_{i_g = \text{const}} = \sqrt{\frac{(\lambda_1 \lambda_2 + (k\,Q_0)^2)^2}{(\lambda_1 \lambda_2 + (k\,Q_0)^2)^2 + x^2\left[(\lambda_1 + \lambda_2)^2 - 2(\lambda_1 \lambda_2 + (k\,Q_0)^2)\right] + x^4}}\,.$$

$$(283)$$

Daraus ergibt sich mit $x = x_B = B\,Q_0/f_0$ eine Bestimmungsgleichung für die gesamte Bandbreite B bei n Bandfiltern

$$(\lambda_1 \lambda_2 + (k\,Q_0)^2)^2\, m_B = x_B^2\left[(\lambda_1 + \lambda_2)^2 - 2(\lambda_1 \lambda_2 + (k\,Q_0)^2)\right] + x_B^4 \qquad (284)$$

mit

$$m_B = 2^{\frac{1}{n}} - 1 \qquad (284\,\text{a})$$

n Zahl der Bandfilter.

Für die Gesamtselektivität S, die bei der Verstimmung $x_S = 2\,\Delta f_S\,Q_0/f_0$ gemessen wird, findet man entsprechend

$$(\lambda_1 \lambda_2 + (k\,Q_0)^2)^2\, m_S$$
$$= x_S^2\left[(\lambda_1 + \lambda_2)^2 - 2 \times \qquad (285)\right.$$
$$\left. \times (\lambda_1 \lambda_2 + (k\,Q_0)^2)\right] + x_S^4$$

mit

$$m_S = S^{\frac{2}{n}} - 1. \qquad (285\,\text{a})$$

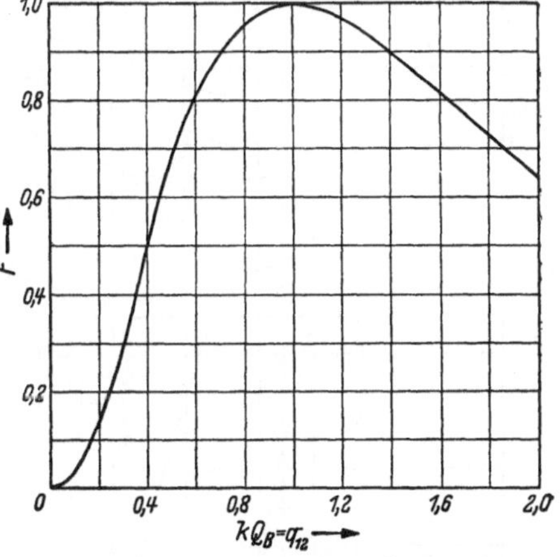

Abb. 115. Verhältnis F des Übertragungswirkungsgrades η_a eines Bandfilters zu dem eines Einzelkreises gleichen Güteverhältnisses λ als Funktion der Bandfilterkopplung $kQ_B = q_{12}$

Die Lösung der Aufgabe, bei vorgegebener Bandbreite B und Selektivität S die drei Variablen λ_1, λ_2, $k\,Q_0$ so zu bestimmen, daß das Leistungsverhältnis η_u optimal wird, ist in [60] ausführlich behandelt; hier sei nur das Ergebnis der Rechnungen wiedergegeben. In den Abbildungen 116a—c sind die optimalen Übertragungsverluste, Betriebskopplungen und Güteverhältnisse für einen Verstärker mit drei gleichen Bandfiltern für eine Zentralfrequenz von 460 kHz dargestellt. In allen drei Diagrammen ist als Abszisse die Gesamtselektivität und als Parameter die Bandbreite des ganzen Verstärkers gewählt worden. Wie aus Abb. 116c hervorgeht, lassen sich zwei Gebiete unterscheiden: ein Gebiet niedriger Selektivität, für das die optimalen Güteverhältnisse λ_1 und λ_2 verschieden sind und ein Gebiet höherer Selektivität mit $\lambda_1 = \lambda_2$. In den Abbildungen sind diese beiden Gebiete durch kleine Kreise in den Kurven voneinander getrennt. Eine Betrachtung der Abb. 116a zeigt, daß links von den markierten Punkten, d. h. für ungleiche Güteverhältnisse, die Kurven nur noch sehr wenig ansteigen. In diesem Gebiet kann also eine Verminderung der Übertragungsverluste nur durch eine starke Einbuße an Selektivität erkauft werden. Für die Praxis ist es daher ausreichend, sich auf das Ge-

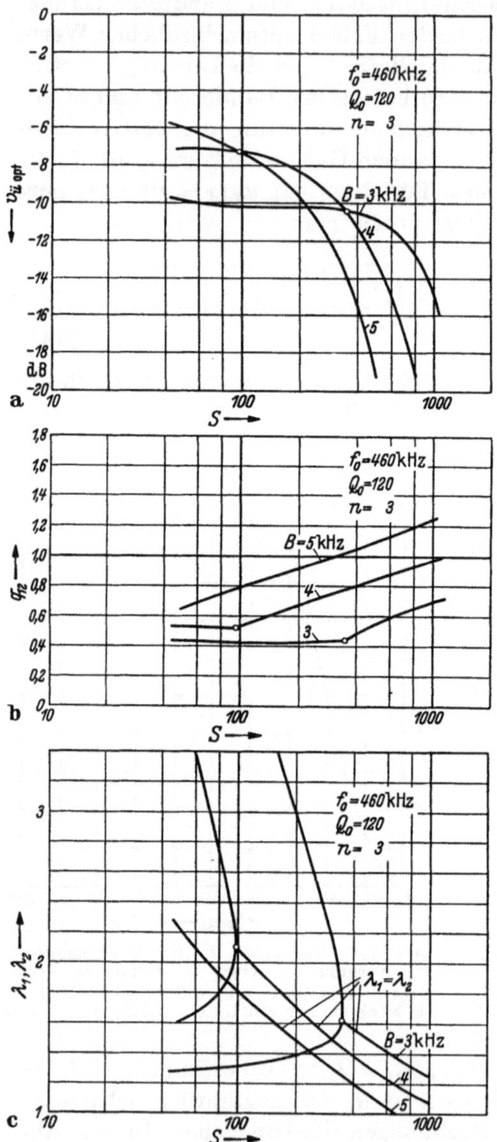

Abb. 116a—c. a) Übertragungsverlust $v_{ü\,opt}$ eines zweikreisigen Bandfilters in Abhängigkeit von der Gesamtselektivität S (für $\Delta f_S = \pm 9\,\mathrm{kHz}$) eines ZF-Verstärkers mit drei gleichen Filtern bei optimaler Filterdimensionierung. Parameter ist die Bandbreite des ganzen Verstärkers. Die Zentralfrequenz ist $f_0 = 460\,\mathrm{kHz}$, die Leerlaufgüte der Kreise $Q_0 = 120$. Rechts von den markierten Punkten sind die Betriebsgüten von Primär- und Sekundärkreis gleich, links davon ist $Q_{B1} \neq Q_{B2}$; b) Relative Kopplung $q_{12} = k\sqrt{Q_{B1}Q_{B2}}$ als Funktion der Gesamtselektivität S; c) Güteverhältnisse $\lambda_1 = Q_0/Q_{B1}$; $\lambda_2 = Q_0/Q_{B2}$ als Funktion der Gesamtselektivität S

biet gleicher Güteverhältnisse zu beschränken. In diesem Gebiet, in dem nur noch zwei Parameter vorhanden sind, gibt es zu jedem vorgegebenen Wertepaar von Bandbreite und Selektivität nur ein einziges

Wertepaar von Kopplung und Betriebsgüte, das sich aus den Gln. (284) und (285) berechnen läßt. Diese Rechnung ergibt unter Verwendung zweier Hilfsgrößen M und N

$$\eta_{ü} = \frac{2M + N}{4M^2}\{\sqrt{2M - N} - 2\}^2, \qquad (286\,\text{a})$$

$$q_{12} = kQ_B = \sqrt{\frac{2M + N}{2M - N}}, \qquad (286\,\text{b})$$

$$\lambda = \frac{1}{2}\sqrt{2M - N}. \qquad (286\,\text{c})$$

Die Hilfsgrößen M und N geben den Zusammenhang mit den gewünschten Werten von Selektivität und Bandbreite

$$M = (kQ_0)^2 + \lambda^2 = \sqrt{x_B^2\, x_S^2\, \frac{x_S^2 - x_B^2}{x_B^2\, m_S - x_S^2\, m_B}} \quad \text{(für M reell),} \qquad (287\,\text{a})$$

$$N = 2\left((kQ_0)^2 - \lambda^2\right) = \frac{x_B^4\, m_S - x_S^4\, m_B}{x_B^2\, m_S - x_S^2\, m_B}. \qquad (287\,\text{b})$$

In der Abb. 117a ist für einen Verstärker mit drei gleichen Bandfiltern der Zusammenhang zwischen Selektivität und Bandbreite bei drei verschiedenen Betriebseinstellungen der Filter dargestellt. Die rechte Kurve gilt für die häufig verwendete *kritische Kopplung*. Für diesen Fall erhält man

$$\eta_{ü} = \left(1 - \frac{1}{\lambda}\right)^2, \qquad (288)$$

$$kQ_B = q_{12} = 1, \qquad (288\,\text{a})$$

$$x_B = \lambda\sqrt[4]{4m_B}, \qquad (288\,\text{b})$$

$$m_S = m_B\left(\frac{x_S}{x_B}\right)^4 = \frac{1}{4}\left(\frac{x_S}{\lambda}\right)^4. \qquad (288\,\text{c})$$

Bei der linken Kurve ist eine *strenge Widerstandsanpassung* sowohl zwischen Generator und Bandfiltereingang als auch zwischen Bandfilterausgang und Last vorhanden. Diese Betriebseinstellung, die sich unter Benutzung der Gl. (123), S. 69, aus der Bandfiltermatrix (280) berechnen läßt, ergibt eine unterkritische, von der Bandbreite abhängige Kopplung. Die Selektivität ist wegen der relativ starken Dämpfung der Kreise wesentlich schlechter als für kritische Kopplung. Es gilt für $\lambda > 2$, d. h. $Q_B < Q_0/2$

$$\eta_{ü} = 1 - \frac{2}{\lambda}, \qquad (289)$$

$$kQ_B = q_{12} = \sqrt{1 - \frac{2}{\lambda}}, \qquad (289\,\text{a})$$

$$x_B^2 = 2\lambda\left[\sqrt{1 + m_B(\lambda - 1)^2} - 1\right], \qquad (289\,\text{b})$$

$$m_S = m_B\left(\frac{x_S}{x_B}\right)^2\left(\frac{4\lambda + x_S^2}{4\lambda + x_B^2}\right). \qquad (289\,\text{c})$$

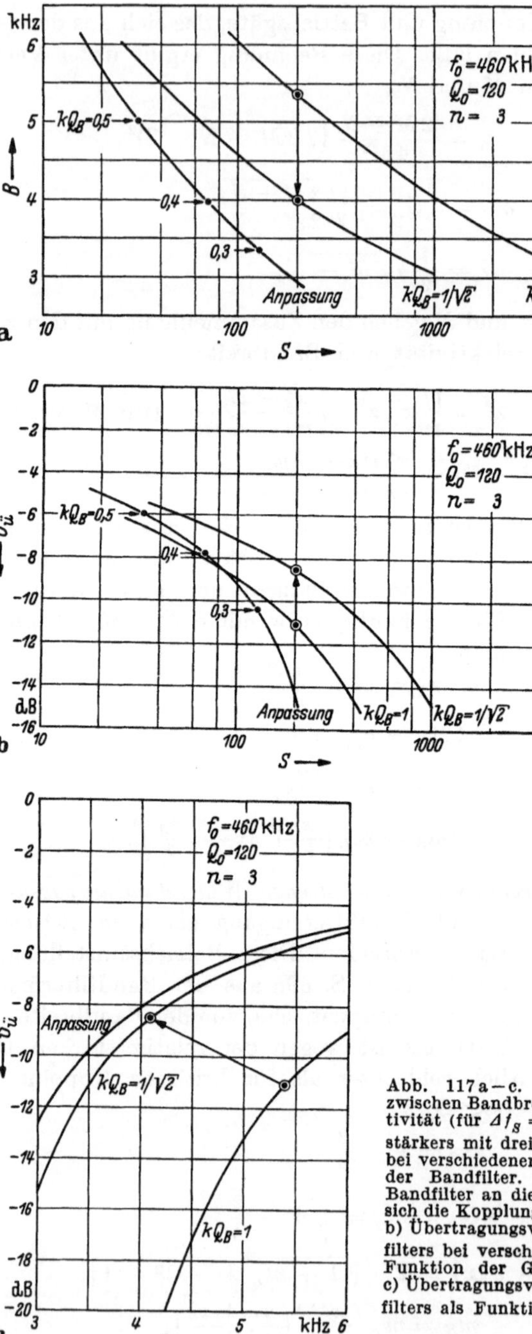

Abb. 117a—c. a) Zusammenhang zwischen Bandbreite und Gesamtselektivität (für $\Delta f_S = \pm 9$ kHz) eines Verstärkers mit drei gleichen Bandfiltern bei verschiedenen Betriebskopplungen der Bandfilter. Bei Anpassung der Bandfilter an die Transistoren ändert sich die Kopplung entlang der Kurve; b) Übertragungsverlust $v_ü$ eines Bandfilters bei verschiedener Kopplung als Funktion der Gesamtselektivität S; c) Übertragungsverlust $v_ü$ eines Bandfilters als Funktion der Bandbreite B

Die mittlere Kurve gilt für eine konstante *unterkritische Kopplung* $kQ_B = 1/\sqrt{2}$. Der Übertragungsverlust eines Filters ist in der Abb. 117b über der Selektivität und in Abb. 117c über der Bandbreite aufgetragen. Bei konstanter Selektivität hat das Filter bei kritischer Kopplung größere Verluste als bei unterkritischer Kopplung. Bei Anpassung erhält man für Selektivitäten $S > 80$ (in diesem Beispiel) größere Verluste als bei kritischer Kopplung. Betrachtet man die Pfeile in Abb. 117b und c, so sieht man, daß bei konstanter Selektivität ein durch unterkritische Kopplung erreichter Verstärkungsgewinn eine geringere Bandbreite einbringt. Bei konstanter Bandbreite bringt eine unterkritische Kopplung einen erheblichen Verlust an Selektivität. In der Regel wird man daher Kopplungen verwenden, die in der Nähe der kritischen Kopplung liegen. In diesem Bereich ist nach Abb. 115 der Übertragungsverlust nicht sehr von der Größe der Kopplung abhängig, so daß dieser mit meist ausreichender Genauigkeit für $kQ_B = 1$ ausschließlich aus dem Güteverhältnis bestimmt werden kann. Ähnliche Verhältnisse ergeben sich auch bei Bandfiltern für eine Zwischenfrequenz von 10,7 MHz (vgl. [*60*]).

In der Praxis wird häufig die durch die Spulenkonstruktion erreichbare Leerlaufgüte der Kreise und die durch den Zweck des Verstärkers festgelegte Mindestbandbreite vorgegeben sein. Die erreichbare Trennschärfe hängt dann von dem zulässigen Übertragungsverlust, d. h. im wesentlichen vom Güteverhältnis ab. Mit dem Güteverhältnis und der Bandbreite kann man aus Gl. (284) die Kopplung und mit dieser aus Gl. (285) die erreichbare Selektivität berechnen.

2. Verstärker mit Rückwirkung

Alle Überlegungen des vorigen Abschnittes gingen von der Voraussetzung aus, daß durch Neutralisation jede Rückwirkung der Transistorausgangsspannung auf den Eingang unterbunden ist. Dieser Zustand vollkommener Rückwirkungsfreiheit läßt sich für einen bestimmten Arbeitspunkt des Transistors und für nicht zu große Signalamplituden durch individuellen Abgleich der Neutralisationsglieder erreichen. Die Neutralisation wird jedoch gestört, wenn sich infolge von Betriebsspannungsschwankungen die Größe der spannungsabhängigen Rückwirkungskapazität ändert, was besonders bei abnehmender Spannung der Fall ist. Eine ähnliche Wirkung hat eine starke Aussteuerung des Transistors, durch die die Kollektor-Basisspannung während eines Teiles der Periode in das Gebiet großer Kollektorkapazitäten gelangt. Endlich muß man wegen der Exemplarstreuung des Rückleitwertes mit einer Fehlneutralisation rechnen, wenn man bei einer Serienherstellung von Verstärkern mit festen Neutralisierungselementen arbeitet. Die restliche Rückwirkung ist zwar im Betrag kleiner als die ohne Neutrali-

sation, jedoch kann der Phasenwinkel wegen der möglichen Über-
neutralisation einen bis zu 180° unterschiedlichen Wert haben.

Die Auswirkung eines endlichen Rückleitwertes auf den hier betrachteten selektiven Verstärker besteht in einer Veränderung der
Verstärkung und, bei komplexem Rückleitwert, in einer Unsymmetrie
der Durchlaßkurve. In extremen Fällen kann u. U. sogar eine Selbsterregung der Verstärkerstufe erfolgen. Es ist qualitativ sofort ein-
leuchtend, daß die Gefahr einer Selbsterregung um so größer wird,
je höher die Spannungsverstärkung der Transistorstufe, d. h. je größer
die Impedanz des Kollektorkreises ist. Auf der Eingangsseite wird die
Selbsterregung ebenfalls durch eine große Impedanz begünstigt, da
durch sie die durch Rückwirkung entstehende Eingangsspannung
wächst. Wegen der Möglichkeit der Selbsterregung ist man daher nicht
mehr frei in der Wahl der Eingangs- und Ausgangsimpedanzen, so
daß die im vorigen Abschnitt für den neutralisierten Verstärker gewonnenen Formeln für optimale Dimensionierung bei einem Verstärker
mit Rückwirkung einer Überprüfung im Hinblick auf die Schwingsicherheit bedürfen.

a) Schwingsicherheit einer Transistorstufe. Zur Beurteilung der
Schwingsicherheit eines Verstärkers ist es zweckmäßig, zunächst das
Kriterium zu ermitteln, bei dem eine Selbsterregung eintritt, um dann
in geeigneter Weise einen Schwingsicherheits- oder Stabilitätsfaktor zu
definieren, der angibt, wie weit der Verstärker von der Schwinggrenze
entfernt ist.

In Abb. 118 ist der Transistor, der durch seine Admittanzmatrix (y_{ik})
charakterisiert ist, zwischen zwei Schwingkreisen mit den Resonanz-

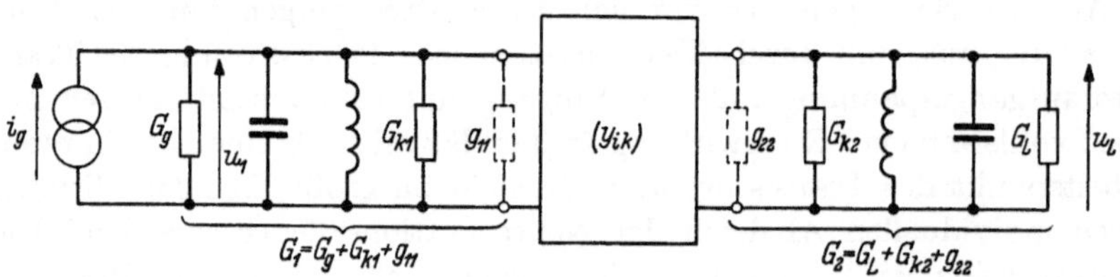

Abb. 118
Ersatzschaltbild zur Berechnung der Stabilität einer Transistorstufe gegen Selbsterregung

leitwerten G_{k1} und G_{k2} und den Generator- bzw. Lastleitwerten G_g
bzw. G_L dargestellt. Die Betriebseingangsadmittanz y_i des Transistors
ist

$$y_i = y_{11} - \frac{y_{12}\,y_{21}}{y_{22} + Y_{k2} + G_L}.\qquad(290)$$

Y_{k2} ist die Kreisadmittanz mit dem Verlustleitwert G_{k2}. Die Gesamteingangsadmittanz der ganzen Anordnung ist

$$y_i^* = G_g + Y_{k1} + y_{11} - \frac{y_{12}\,y_{21}}{y_{22} + Y_{k2} + G_L}. \tag{291}$$

Damit keine Selbsterregung eintritt, muß der Realteil dieser Admittanz positiv sein

$$\operatorname{Re} y_i^* > 0. \tag{292}$$

Faßt man die Blindleitwerte der Eingangs- und Ausgangsadmittanzen mit den Abstimmitteln der Kreise zusammen, so kann man mit Einführung einiger Ersetzungen das Kriterium (292) in der Form schreiben

$$\operatorname{Re}\{G_1(1 + j\,x_1)\} > \operatorname{Re}\left\{\frac{|\,y_{12}\,y_{21}\,|\exp[j(\varphi_{12} + \varphi_{21})]}{G_2(1 + j\,x_2)}\right\} \tag{293}$$

mit

$$G_1 = g_{11} + G_{k1} + G_g,$$

$$G_2 = g_{22} + G_{k2} + G_L,$$

$$x_1 = \left(\frac{f}{f_{01}} - \frac{f_{01}}{f}\right)Q_1, \tag{293a}$$

$$x_2 = \left(\frac{f}{f_{02}} - \frac{f_{02}}{f}\right)Q_2.$$

Q_1, Q_2 sind die Betriebsgüten der beiden Kreise. f_{01} und f_{02} sind die Resonanzfrequenzen der beiden Kreise bei jeweils kurzgeschlossenem Ausgang bzw. Eingang des Transistors. Wenn man die Verstimmungen x_1, x_2 als unabhängige Variable betrachtet, dann haben die komplexen Ausdrücke in der komplexen Ebene Ortskurven mit den Parametern x_1 und x_2.

Die linke Seite in Gl. (293), die alle Eingangswerte enthält, ergibt eine Parallele zur imaginären Achse im Abstand G_1. Die rechte Seite enthält im Zähler das Produkt aus Steilheit und Rückwirkung und im Nenner alle Ausgangsleitwerte. In der komplexen Ebene bildet dieser Ausdruck einen Kreis durch den Koordinatennullpunkt, dessen durch den Nullpunkt gehender Durchmesser $D = |y_{12}\,y_{21}|/G_2$ um den Winkel $(\varphi_{12} + \varphi_{21})$ gegen die positiv reelle Achse gedreht ist. Abb. 119a zeigt den Kreis für einen Winkel $\varphi_{12} + \varphi_{21} = 235°$, als Beispiel entsprechend den Daten des Transistors (2) für 10,7 MHz in unserer Aufstellung S. 186. Die Gerade der Eingangsadmittanz schneidet den Kreis in den Punkten P_1 und P_2. Für ungleiche Betriebsgüten Q_1 und Q_2 ist der für die beiden Ortskurven geltende Frequenzmaßstab verschieden, d. h. gleicher relativer Verstimmung x_1 und x_2 entspricht nicht die gleiche Frequenz. Zu dem Abschnitt zwischen den Punkten P_1, P_2 gehört z. B. auf der Geraden ein Frequenzbereich f_1 bis f_2 und auf dem Kreis ein Frequenzbereich f_1' bis f_2'. Gibt es innerhalb der beiden Bereiche

mindestens eine gemeinsame Frequenz, so schwingt der Verstärker. Im
allgemeinen kann man nicht ohne weiteres übersehen, ob dies der Fall
ist. Läßt man eine beliebige Abstimmung beider Kreise zu (beliebige
Werte von x_1 und x_2), wie sie z. B. bei deren Abgleich vorkommt, so
gibt es für den Verstärker in jedem Fall Wertepaare von x_1 und x_2, bei
denen er instabil wird, wenn die Gerade den Kreis schneidet oder berührt.

Haben Kreis und Gerade keinen gemeinsamen Punkt, so ist der
Verstärker stabil, und zwar wächst die Stabilität mit zunehmendem

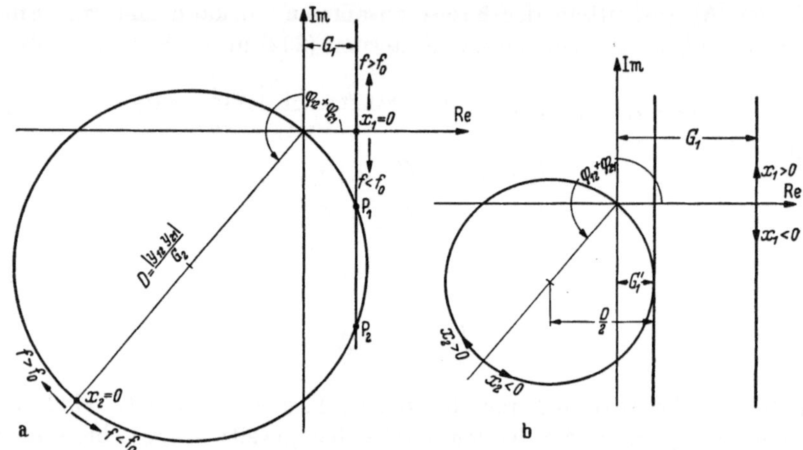

Abb. 119a u. b. a) Leitwertdiagramm in der komplexen Ebene zur Erläuterung der Stabilität. Der Kreis mit dem Durchmesser D schneidet die Parallele zur imaginären Achse; der Verstärker ist instabil; b) Leitwertdiagramm zur Definition des Stabilitätsfaktors $s = G_1/G_1'$

Abstand der Ortskurven. Wir bezeichnen als Stabilitätsfaktor s das
Verhältnis des tatsächlich vorhandenen Leitwertes G_1 zu dem Wert G_1',
der gerade Instabilität erzeugen würde. Die Stabilitätsgrenze entspricht
also dem Stabilitätsfaktor $s = 1$. In Abb. 119b sind zwei Geraden im
Abstand G_1 und G_1' eingezeichnet. Für G_1' entnimmt man der Abbildung
den Wert

$$G_1' = \frac{D}{2}\,[1 + \cos(\varphi_{12} + \varphi_{21})]. \tag{294}$$

Drückt man auch den Durchmesser D in Leitwerten aus, so erhält man

$$s = \frac{G_1}{G_1'} = \frac{2G_1 G_2}{|y_{12}\,y_{21}|\,[1 + \cos(\varphi_{12} + \varphi_{21})]}. \tag{295}$$

Führt man schließlich noch die Betriebsgüten Q_{B1} und Q_{B2} ein, dann wird

$$s = \frac{1}{\left(1 - \dfrac{Q_{B1}}{Q_0}\right)} \; \frac{1}{\left(1 - \dfrac{Q_{B2}}{Q_0}\right)} \; \frac{2(g_{11} + G_g)(g_{22} + G_L)}{|y_{12}\,y_{21}|\,[1 + \cos(\varphi_{12} + \varphi_{21})]}. \tag{295a}$$

Der Verstärker ist stets stabil, wenn $\varphi_{12} + \varphi_{21} = 180°$ ist und hat
für $\varphi_{12} + \varphi_{21} = 0$ die geringste Stabilität. Eine Beeinflussung der

Winkelsumme geschieht z. B. durch ein Neutralisierungsnetzwerk, das ausschließlich aus einem Blindleitwert besteht. Dadurch gelingt es zwar, den Verstärker schwingsicher zu machen; den dämpfenden Einfluß der restlichen reellen Rückwirkung beseitigt man jedoch nicht. Die Wirkung von Generator- und Lastleitwert auf die Schwingsicherheit ist völlig gleichartig, da nur das Produkt der gesamten Leitwerte am Eingang und am Ausgang maßgebend ist. Sind an Stelle der Eingangs- und Ausgangskreise Bandfilter vorhanden, so wird die dem Transistor zugekehrte Admittanz noch von der im Betriebsfall vorhandenen relativen Kopplung bestimmt. In Abb. 120 sind die Kreise der Bandfilter I und II mit 1 bis 4 bezeichnet. Entsprechend sind vier verschiedene Werte von Kreisgüten und Verstimmungen und zwei verschiedene relative Kopp-

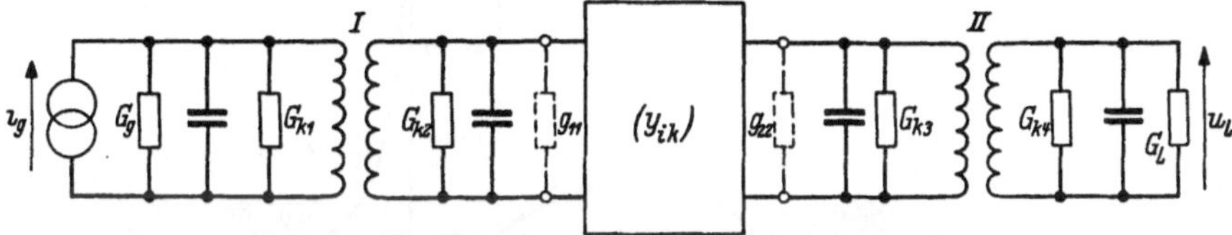

Abb. 120. Ersatzschaltbild zur Berechnung der Stabilität eines Bandfilterverstärkers

lungen möglich. Nimmt man zur Vereinfachung an, daß die Betriebsgüten und Kopplungen gleich sind, so erhält man für die gesamte Admittanz auf der Eingangsseite des Transistors

$$Y_\mathrm{I} = (g_{11} + G_{k2}) \left[(1 + \mathrm{j}\, x_2) + \frac{(k\,Q)^2}{(1 + \mathrm{j}\, x_1)} \right]. \tag{296a}$$

Entsprechend gilt für die Ausgangsseite

$$Y_\mathrm{II} = (g_{22} + G_{k3}) \left[(1 + \mathrm{j}\, x_3) + \frac{(k\,Q)^2}{(1 + \mathrm{j}\, x_4)} \right]. \tag{296b}$$

Es erscheint sinnvoll, auch bei der Verwendung von Bandfiltern zu fordern, daß der Verstärker bei beliebiger Verstimmung aller Abstimmkreise stabil bleiben muß, da sonst das Abgleichen des Verstärkers sehr erschwert würde. Das bedeutet bei Zugrundelegung gleicher Betriebsgüten eine schärfere Forderung als Gl. (293), da für den Fall starker Verstimmung der dem Transistor abgewandten Kreise $(x_1,\, x_4 \gg (k\,Q)^2)$ als dämpfende Leitwerte nur noch die Verlustleitwerte der Kreise und die Kurzschlußleitwerte des Transistors erscheinen. Die Stabilitätsbedingung lautet für beliebige Werte der x_i

$$\mathrm{Re}\left\{ (g_{11} + G_{k2}) \left[(1 + \mathrm{j}\, x_2) + \frac{(k\,Q)^2}{(1 + \mathrm{j}\, x_1)} \right] \right\} >$$
$$> \mathrm{Re}\left\{ \frac{|y_{12}\, y_{21}|\, \exp[\mathrm{j}\,(\varphi_{12} + \varphi_{21})]}{(g_{22} + G_{k3}) \left[(1 + \mathrm{j}\, x_3) + \frac{(k\,Q)^2}{(1 + \mathrm{j}\, x_4)} \right]} \right\}. \tag{297}$$

Die Darstellung dieses Zusammenhanges in der komplexen Ebene in
Abb. 121 ergibt für die linke Seite eine von der relativen Kopplung
abhängige Figur, die sich für alle x_1, x_2 rechts von der im Abstand
$g_{11} + G_{k2}$ gestrichelt eingezeichneten Parallelen zur imaginären Achse
verläuft. Für den Fall gleicher Verstimmung $x_1 = x_2$ und kritischer
Kopplung gilt die ausgezogene Kurve mit der Spitze auf der reellen
Achse. Die rechte Seite der Gl. (297) bildet eine Kurve, die innerhalb
des gestrichelten Grenzkreises mit dem Durchmesser $D = |y_{12}\,y_{21}|/$
$(g_{22} + G_{k3})$ verläuft, und die für $x_3 = x_4$ und $kQ = 1$ die herzförmige
Gestalt der ausgezogenen Kurve hat.

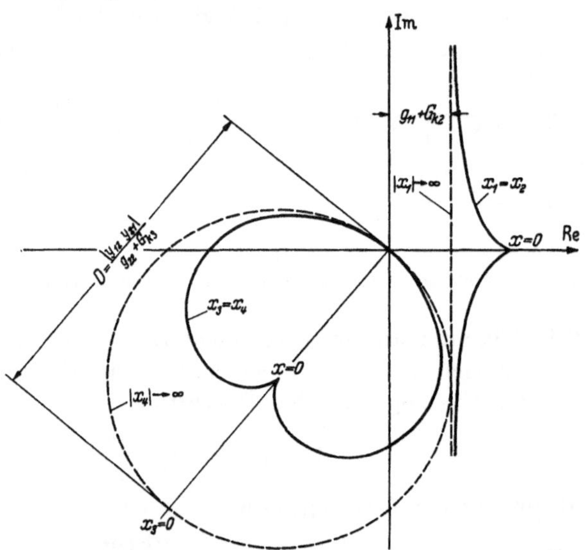

Abb. 121. Leitwertdiagramm zur Erläuterung der Stabilität bei Bandfilterkopplung. Die ausgezogenen Kurven gelten für gleiche relative Verstimmung der beiden Kreise eines Bandfilters, die gestrichelten Kurven für starke Verstimmung der dem Transistor abgewandten Kreise. Die Bandfilter sind kritisch gekoppelt

In Abb. 121 ist der Fall $s = 1$ dargestellt, d. h. bei starker Verstimmung der transistorfernen Kreise ist gerade Selbsterregung möglich, während bei Abstimmung der Kreise eine geringe Stabilität vorhanden ist. Entsprechend der Gl. (295) erhält man für die Schwingsicherheit von Bandfilterverstärkern bei beliebigen Verstimmungen aller Kreise

$$s = \frac{2(g_{11} + G_{k2})\,(g_{22} + G_{k3})}{|y_{12}\,y_{21}|\,[1 + \cos(\varphi_{12} + \varphi_{21})]} \tag{298}$$

oder mit Einführung der Betriebsgüten

$$s = \frac{1}{\left(1 - \dfrac{Q_{B2}}{Q_0}\right)} \frac{1}{\left(1 - \dfrac{Q_{B3}}{Q_0}\right)} \frac{2\,g_{11}\,g_{22}}{|y_{12}\,y_{21}|\,[1 + \cos(\varphi_{12} + \varphi_{21})]}. \tag{298a}$$

In einer anderen Art der Darstellung der Stabilität [*60*], die allerdings gleiche Verstimmungen der Kreise voraussetzt, bringt man alle frequenzabhängigen Glieder der Gl. (293) bzw. (297) auf eine Seite und erhält als Ortskurve in der komplexen Ebene eine zur reellen Achse symmetrische Parabel, die bei Bandfiltern von höherer Ordnung ist. Die andere Seite der Gleichung wird durch einen aus Steilheit und Rückwirkung gebildeten Zeiger dargestellt, der den als Zeiger genommenen Durchmessern in den Abb. 119 und 121 dem Betrage nach proportional ist und den gleichen Phasenwinkel hat. Der Stabilitätsfaktor ist das Verhältnis des Abstandes der Ortskurve vom Nullpunkt in Richtung des Zeigers zur Zeigerlänge.

Bei der Betrachtung der Stabilität wurde bisher angenommen, daß der Transistor an seinem Eingang einen Generator konstanter Admittanz und an seinem Ausgang eine ebensolche Last aufweist. Diese Annahme trifft nicht mehr zu, wenn der Transistor ein Glied in einer Kette von mehreren Verstärkerstufen ist. In diesem Fall findet eine „Fortpflanzung" der Rückwirkung über mehrere Verstärkerstufen statt. Änderungen z. B. der Abstimmung eines Kreises bewirken nicht nur eine Admittanzänderung der benachbarten Stufen, sondern beeinflussen, wenn auch in abnehmendem Maße, die weiter entfernten Stufen. Die Folge ist eine Verminderung der Stabilität, die um so mehr in Erscheinung tritt, je geringer die Stabilität einer Stufe für sich genommen ist. Wird jedoch das Stabilitätskriterium (298) angewendet, das für beliebige Verstimmungen der Kreise gilt, dann sind Stabilitätsverminderungen durch die sich fortpflanzenden Rückwirkungen bereits einbezogen. Der Einfluß auf die Durchlaßkurve bleibt natürlich bestehen.

b) Veränderungen der Durchlaßkurve. Die Rückwirkung hat außer der schon beschriebenen Verschlechterung der Stabilität auch eine Verformung der Durchlaßkurve des Verstärkers zur Folge. Die Art der Verformung hängt von der Schwingsicherheit, von dem Winkel $(\varphi_{12} + \varphi_{21})$ und von der Methode der Abstimmung ab. Wir betrachten noch einmal das Ersatzschaltbild Abb. 118 und nehmen an, daß die Kreise am Eingang und Ausgang unter Einbeziehung der Transistor-Kurzschlußadmittanzen auf die gleiche Frequenz f_0 abgestimmt sind. Das kann z. B. dadurch geschehen, daß man mit einem niederohmigen Generator eine konstante Spannung mit der Frequenz f_0 an den Transistoreingang legt und den Ausgangskreis auf maximale Spannung u_L abgleicht. Am Eingang erhält man die entsprechende Abstimmung dadurch, daß bei kurzgeschlossenem Ausgangskreis und konstanter Stromeinspeisung die Eingangsspannung auf den Maximalwert gebracht wird. Mißt man diese Eingangsspannung als Funktion der Verstimmung x des Eingangsstromes, so erhält man die bekannte zu $x = 0$ symmetrische Glockenkurve, die in Abb. 122 als ausgezogene Linie dargestellt ist.

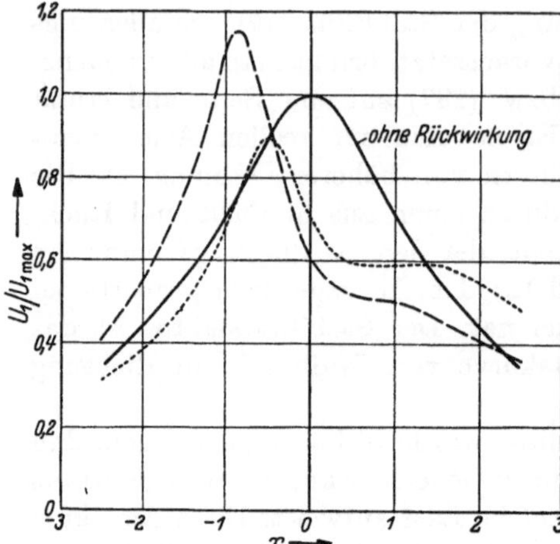

Abb. 122. Verformung von Resonanzkurven bei kapazitiver Rückwirkung mit einer reellen Komponente, Schwingsicherheit $s = 4$, $\varphi_f + \varphi_r = -118°$ (Normierung auf die Spannung bei fehlender Rückwirkung)

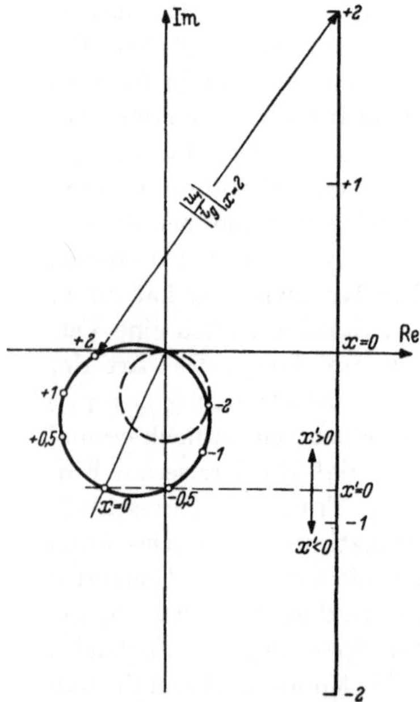

Abb. 123. Diagramm zur Konstruktion der Resonanzkurve des Transistor-Eingangskreises unter Berücksichtigung der Rückwirkung. Den Punkt $x' = 0$ erhält man aus der Projektion des Punktes $x = 0$ des Leitwertkreises auf die senkrechte Leitwertgerade (gestrichelte Linie)

Diese Resonanzkurve verliert ihre Symmetrie vollständig, wenn der Kurzschluß des Ausganges aufgehoben wird. Unter dem Einfluß der Rückwirkung erhält man unter der Annahme gleicher Kreisgüten jetzt die gestrichelte Kurve der Abb. 122. Für den Phasenwinkel $\varphi_{12} + \varphi_{21}$ ist dabei $-118°$ und für die Schwingsicherheit $s = 4$ angenommen worden, d. h. die Verhältnisse entsprechen ungefähr der Abb. 119b. Für Frequenzen unterhalb der Resonanzfrequenz f_0 findet eine Entdämpfung statt, für $f > f_0$ eine Bedämpfung. Die neue Resonanzkurve erhält man als den Betrag des Kehrwertes der Eingangsadmittanz der gesamten Ersatzschaltung Abb. 118 bei $i_g = \text{const}$

$$\left| \frac{u_1}{i_g} \right| = \frac{1}{\left| G_1(1 + j\,x) - \dfrac{y_{12}\,y_{21}}{G_2(1 + j\,x)} \right|}.$$

$$(299)$$

Der Nenner der rechten Seite läßt sich aus der Abb. 119b ablesen. Er entspricht dem Abstand zwischen zwei Punkten gleicher Verstimmung auf dem Kreis und der Geraden G_1.

In Abb. 123 ist die Konstruktion der Resonanzkurve aus dem Leitwertdiagramm dargestellt. Die eingezeichnete Verbindungsgerade zwischen den korrespondierenden Verstimmungen $x = 2$ entspricht dem Scheinleitwert am Transistoreingang.

Wir haben bisher die Abstimmung des Eingangskreises mit kurzgeschlossenem Ausgang vorgenommen, d. h. den Blindanteil von y_{11} in den Kreis mit eingestimmt. Zweckmäßiger ist es jedoch, die Abstimmung des Eingangskreises auf die Zentralfrequenz f_0 mit eingeschaltetem Ausgangskreis vorzunehmen, weil dann für diese Frequenz die durch die Rückwirkung erzeugte Blindkomponente verschwindet und die Kurve weniger unsymmetrisch wird. Das Ergebnis dieser Abstimmethode zeigt die punktierte Kurve in Abb. 122, die für die Zentralfrequenz höher liegt und weniger Dämpfung bzw. Entdämpfung auf beiden Seiten der Mittenfrequenz aufweist. In dem Diagramm Abb. 123 bedeutet dies, daß für den Eingangskreis in der komplexen Ebene eine neue Verstimmungsskala x' auf der Leitwertgeraden gilt.

In dem Diagramm ist noch ein zweiter gestrichelter Kreis eingezeichnet, der für den Fall der reinen kapazitiven Rückwirkung bei der gleichen Schwingsicherheit $s = 4$ gilt. Auf Grund des kleineren Kreisdurchmessers ist die Unsymmetrie der Resonanzkurve geringer als für den Fall komplexer Rückwirkung. Abb. 124 zeigt die Resonanzkurven für verschiedene Schwingsicherheiten für den Fall der Abstimmung nach

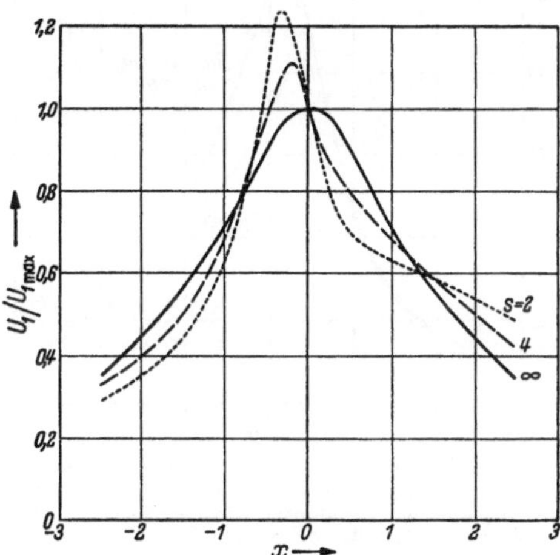

Abb. 124. Verformung von Resonanzkurven durch rein kapazitive Rückwirkung bei verschiedener Schwingsicherheit s

dem zuletzt geschilderten Verfahren. Sie gehen bei der Zentralfrequenz alle durch den gleichen Punkt, weil bei Blindrückwirkung keine Dämpfung bei dieser Frequenz erfolgt. Wäre die Rückwirkung reell, dann würde der Kreis in dem Diagramm Abb. 123 die reelle Achse zum Durchmesser haben und die Resonanzkurven blieben symmetrisch. Sie würden verbreitert und niedriger, wenn der Kreis links von der imaginären Achse läge, spitzer und höher, wenn er nach rechts zeigen würde.

Die starke Unsymmetrie der Kurven, die sich auf den Verlauf der Spannung am Eingangskreis bezieht, wird beträchtlich gemildert, wenn man die Spannung am Ausgangskreis betrachtet. Für die letztere gilt

$$|u_2| = |u_1| \cdot \left| \frac{y_{21}}{G_2\,(1 + j\,x_2)} \right|.$$

Den Frequenzgang der Ausgangsspannung erhält man also, wenn man die Werte der verzerrten Eingangskurve mit denen der ungestörten Resonanzkurve des Ausgangskreises multipliziert. Das Ergebnis zeigt

Abb. 125 für den Fall der komplexen und kapazitiven Rückwirkung,
wobei der Abgleich des Eingangskreises auf die Betriebseingangsadmittanz des Transistors zugrunde gelegt wurde.

Bei Bandfiltern sind die Kurvenverzerrungen prinzipiell gleichartig,
jedoch wirken sich die Unsymmetrien nicht ganz so stark aus. Die
Konstruktion der Resonanzkurven ist ebenfalls mit Hilfe von Diagrammen in der komplexen
Ebene möglich, indessen ist
die Verwendung einer geschlossenen Formel für die Transimpedanz bequemer. Für einen
Transistor mit je einem Bandfilter am Eingang und Ausgang ist die Rechnung noch mit
angängigem Aufwand durch-
führbar. Wir geben hier die
Formel an [*61*], die sich bei
dem schon mehrfach be-
sprochenen Abgleichverfahren
ergibt, d. h. wenn das zweite
Filter bei kurzgeschlossenem
Eingang des Transistors und
das erste Filter bei Bandmittenfrequenz und ange-
schlossenem (abgeglichenem)

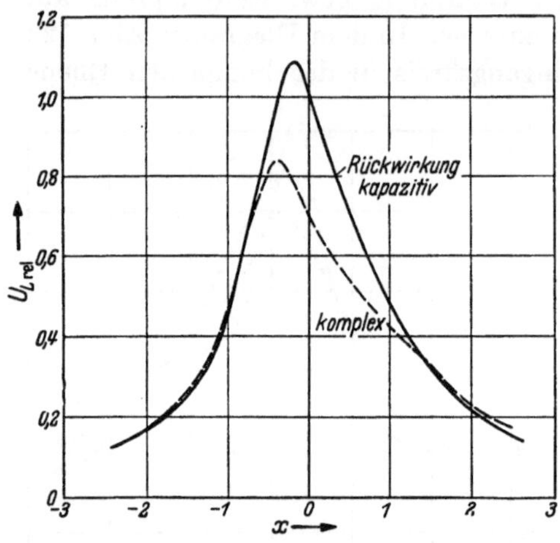

Abb. 125. Relative Spannung $U_{L\,\mathrm{rel}}$ am Kollektorschwingkreis bei kapazitiver und komplexer Rückwirkung und bei konstanter Stromeinspeisung am
Basisschwingkreis; Schwingsicherheit $s = 4$

zweiten Filter am Transistorausgang auf Amplitudenmaximum eingestimmt wird. Auf den Wert bei Bandmitte bezogen ist der Kehrwert
der Ausgangsspannung

$$\left|\frac{u_0}{u_L}\right|^2 = \left(1 + \frac{x^4}{4}\right)^2 + \frac{1}{64}\,\frac{x^2}{\left(1 + \frac{\varkappa}{2}\right)^2}\,\frac{1}{\cos^2(\varphi_{12} + \varphi_{21})}\,x^4(1 + x^2) -$$

$$- \frac{3}{16}\,\frac{\varkappa}{\left(1 + \frac{\varkappa}{2}\right)}\,x^2\left(x^4 - \frac{4}{3}\right) -$$

$$- \frac{1}{16}\,\frac{\varkappa}{\left(1 + \frac{\varkappa}{2}\right)}\,\tan(\varphi_{12} + \varphi_{21})\,x^3\left(x^4 - \frac{1}{4}\,x^2 - \frac{1}{4}\right) \qquad (300)$$

mit

$$x = \frac{2\varDelta f}{f_0}\,Q_{B1} = \frac{2\varDelta f}{f_0}\,Q_{B2},$$

$$\varkappa = -\frac{2}{s}\,\frac{\cos(\varphi_{12} + \varphi_{21})}{|1 + \cos(\varphi_{12} + \varphi_{21}|}.$$

Hierin sind gleiche Dimensionierungen für beide Filter angenommen mit

$$q_{12} = k \sqrt{Q_{B1} Q_{B2}} = 1.$$

Unter Q_{B1} und Q_{B2} sind jene Betriebsgüten gemeint, die sich bei Bedämpfung der Primärkreise der Filter mit g_{22} und bei Bedämpfung der Sekundärkreise mit g_i der Transistoren ergeben. g_i ist der Eingangsleitwert des Transistors bei angeschlossenem Filter am Ausgang bei Bandmittenfrequenz.

Weitere Betrachtungen, z. B. auch mit Rücksicht auf die Phasencharakteristik, sind in dem schon zitierten Beitrag [61] zu finden.

c) **Verstärkung.** Die Verstärkung eines selektiven Verstärkers definiert man zweckmäßig für die Zentralfrequenz. Ihre Größe ist, wie schon aus den Übertragungskurven des vorigen Abschnittes hervorging, von der Art der Rückwirkung, von dem Abstimmverfahren und der gewählten Schwingsicherheit abhängig. Zur

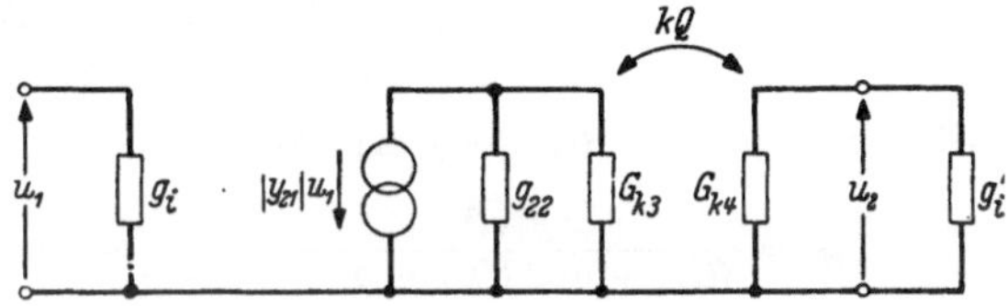

Abb. 126. Ersatzschaltbild zur Berechnung der Verstärkung

Verstärkungsberechnung betrachten wir das Ersatzschaltbild Abb. 126, das eine Verstärkerstufe von dem Eingang des Verstärkertransistors mit einem Bandfilter am Ausgang bis zum Eingang des nachfolgenden Transistors darstellt.

Wenn die Abstimmung der Kreise so vorgenommen wird, wie es im vorigen Abschnitt vereinbart wurde, d. h. der Primärkreis des Filters zusammen mit dem Kurzschlußwert y_{22} und der Sekundärkreis zusammen mit dem Betriebswert y_i' des nachfolgenden Transistors (bei $f = f_0$) abgestimmt wird, dann sind für die Zentralfrequenz die Blindkomponenten der Admittanzen kompensiert. Das Ersatzschaltbild enthält nur noch reelle Leitwerte und den Steilheits-Stromgenerator, der von der Eingangsspannung gesteuert wird. Die Eingangsleitwerte g_i und g_i' der beiden Transistoren werden in den meisten Fällen gleich sein. Ebenso nehmen wir wie bisher an, daß die Bandfilterkreise gleiche Leerlaufgüten haben. Die Verstärkung der Stufe ist dann

$$v_N = \frac{N_o}{N_i} = \frac{g_i'}{g_i} \left| \frac{u_2}{u_1} \right|^2 = \left| \frac{u_2}{u_1} \right|^2. \qquad (301)$$

Da wir gleiche Stufen betrachten, ist die Leistungsverstärkung mit dem Quadrat der Spannungsverstärkung identisch. Es ist zunächst die Transimpedanz des Filters unter Einschluß von g_i' und g_{22} für

14*

Bandmittenfrequenz

$$\left|\frac{u_2}{y_{21}\,u_1}\right| = \frac{\sqrt{G_{k3}\,G_{k4}}\,k\,Q_0}{(G_{k3}+g_{22})\,(G_{k4}+g_i') + (k\,Q_0)^2\,G_{k3}\,G_{k4}} \tag{302}$$

und daher

$$v_N = \frac{|y_{21}|^2\,G_{k3}\,G_{k4}\,(k\,Q_0)^2}{[(G_{k3}+g_{22})\,(G_{k4}+g_i') + (k\,Q_0)^2\,G_{k3}\,G_{k4}]^2} \tag{303}$$

sowie mit Einführung von

$$q_{12} = k\,\sqrt{Q_{B1}\,Q_{B2}} = k\,Q_0\,\sqrt{\frac{G_{k3}\,G_{k4}}{(G_{k3}+g_{22})\,(G_{k4}+g_i')}}\,, \tag{304}$$

$$v_N = \frac{|y_{21}|^2}{(G_{k3}+g_{22})\,(G_{k4}+g_i')}\,\frac{q_{12}^2}{(1+q_{12}^2)^2}\,. \tag{305}$$

Wir haben noch den Eingangsleitwert $g_i' = g_i$ zu berechnen. Es ist bei Bandmittenfrequenz

$$g_i = g_{11} - \frac{|y_{12}\,y_{21}|\cos(\varphi_{12}+\varphi_{21})}{(g_{22}+G_{k3})\,(1+q_{12}^2)}\,. \tag{306}$$

Mit Einsetzen in Gl. (305) erhalten wir

$$v_N = \frac{|y_{21}|^2}{(G_{k3}+g_{22})\,(G_{k4}+g_{11})}\,\frac{q_{12}^2}{(1+q_{12}^2)^2}\,\times$$

$$\times\,\frac{1}{\left[1 - \dfrac{|y_{12}\,y_{21}|\cos(\varphi_{12}+\varphi_{21})}{(G_{k3}+g_{22})\,(G_{k4}+g_{11})\,(1+q_{12}^2)}\right]}\,. \tag{307}$$

Es gibt nun verschiedene Schreibweisen dieser Gleichung. Da die Schwingsicherheit s im allgemeinen vorgegeben wird nach Gl. (298), wird man sinnvollerweise das Produkt $(G_{k3}+g_{22})\,(G_{k4}+g_{11})$ durch s ersetzen

$$v_N = \left|\frac{y_{21}}{y_{12}}\right|\,\frac{2q_{12}^2}{(1+q_{12}^2)^2}\,\frac{1}{\left\{s + \left[s - \dfrac{2}{(1+q_{12}^2)}\right]\cos(\varphi_{12}+\varphi_{21})\right\}}\,. \tag{308}$$

Eine bekannte Gestalt ergibt sich bei Einführung der Betriebsgüten, die wir im vorigen Abschnitt schon definiert hatten

$$Q_{B1} = Q_0\,\frac{G_{k3}}{G_{k3}+g_{22}}\,, \tag{309a}$$

$$Q_{B2} = Q_0\,\frac{G_{k4}}{G_{k4}+g_i'}\,. \tag{309b}$$

Dann ist mit Gl. (305) [vgl. Gl. (282)]

$$v_N = \frac{|y_{21}|^2}{g_{11}\,g_{22}}\,\frac{q_{12}^2}{(1+q_{12}^2)^2}\,\left(1-\frac{Q_{B1}}{Q_0}\right)\left(1-\frac{Q_{B2}}{Q_0}\right). \tag{310}$$

Im Fall $q_{12} = 1$ wird aus Gl. (308)

$$v_N = \frac{1}{2}\,\left|\frac{y_{21}}{y_{12}}\right|\,\frac{1}{[s + (s-1)\cos(\varphi_{12}+\varphi_{21})]} \tag{308a}$$

und aus Gl. (310) mit $Q_{B1} = Q_{B2} = Q_B$

$$v_N = \frac{|y_{21}|^2}{4\,g_{11}\,g_{22}}\left(1 - \frac{Q_B}{Q_0}\right)^2. \tag{310a}$$

Die Gl. (310) enthält zwar bei gegebenem Transistor und gegebenen Leerlaufgüten nur die Betriebsgüten, man sieht jedoch, daß sich bei gegebener Schwingsicherheit ein ganz anderes Bild mit Gl. (308a) ergibt. Für den Fall $\varphi_{21} = 0$; $\varphi_{12} = -90°$ und $|y_{12}| = 2\pi\,f_0\,|C_{12}|$ ist

$$v_N = \frac{|y_{21}|}{4\pi\,f_0\,|C_{12}|\,s}. \tag{311}$$

Die Verstärkung des Transistors ist also in praktischen Fällen fast immer durch die Wahl einer bestimmten Schwingsicherheit s gegeben, da die übrigen Größen der Gl. (308a) Transistorkonstanten sind. Während im Falle des rückwirkungsfreien Verstärkers die Verstärkung nach Gl. (264) mit dem Quadrat der Steilheit zunimmt, ist hier in erster Linie das Verhältnis von Steilheit zu Rückwirkung von Bedeutung.

Für die Schwingsicherheit ist bei gegebenem Transistortyp die Summe der Leitwerte am Eingang bzw. am Ausgang maßgebend; die Form der Durchlaßkurve hängt jedoch davon ab, ob der benötigte Leitwert im wesentlichen vom Transistor

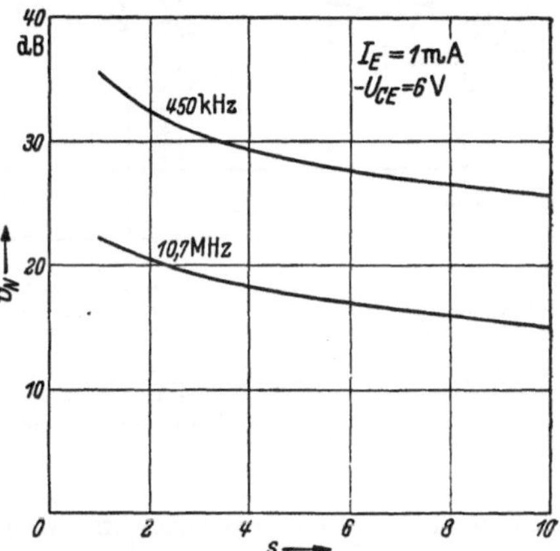

Abb. 127. Leistungsverstärkung einer Bandfilter-Verstärkerstufe als Funktion der Schwingsicherheit s (Beispiel)

oder von dem angeschlossenen Resonanzkreis erzeugt wird. Es kann also im Einzelfall sehr wohl sein, daß bei hohen Forderungen an die Selektivität und großen Transistorleitwerten mit einer an sich unnötig großen Schwingsicherheit und dadurch mit geringerer Verstärkung gearbeitet werden muß. In Abb. 127 ist die Verstärkung eines Transistors mit den Kenndaten des Typs (2), S. 186, als Funktion der Schwingsicherheit s für zwei Frequenzen aufgetragen. Gegenüber den Zahlen der optimal erreichbaren Verstärkungen ist die „praktische Verstärkung" merklich geringer.

In den bisher behandelten Fällen war der Phasenwinkel der Steilheit so gering, daß die Summe $\varphi_{12} + \varphi_{21}$ im wesentlichen durch die meist kapazitive Rückwirkung bestimmt war. Bei Transistoren für hohe Frequenzen kann jedoch der Steilheitswinkel leicht 90° betragen, so daß ein reelles Produkt $y_{12}\,y_{21}$ entsteht. Die Kennwerte zweier für den UKW-Bereich geeigneter Transistoren sind für 100 MHz in Basisschaltung auf S. 186 unter dem Typ (4) und (5) angegeben.

Wegen des Phasenwinkels $\varphi_{12} + \varphi_{21} \approx 0$ findet eine Entdämpfung in der Basisschaltung statt, während in der Emitterschaltung eine Bedämpfung und damit eine Verstärkungsverminderung eintritt. Man verwendet daher den Transistor in Basisschaltung und sorgt durch geeignete Außenleitwerte für genügende Stabilität.

Zum Beispiel ist für einen UKW-Vorverstärker nach Abb. 128 der Außenleitwert auf der Eingangsseite beim Typ (4) durch die Rauschanpassung mit etwa 17 mS festgelegt. Mit $|y_{12}\,y_{21}| = 8{,}4\,(\mathrm{mS})^2$ ist der Transistor damit nach Gl. (295) für beliebige Lastleitwerte stabil, jedoch ist mit Instabilität zu rechnen, wenn bei sehr kleinen Lastleitwerten die Antennenzuführung unterbrochen wird. Mit einem Lastleitwert von 0,2 mS läßt sich auch für diesen Fall eine Schwingsicherheit $s = 1{,}5$ erreichen. Die Verstärkung berechnet man in der gleichen Weise wie oben, unter Berücksichtigung der Winkelsumme Null und eines Einzelkreises im Ausgang als das Verhältnis der in den Lastleitwert G_L gelieferten Leistung zur Eingangsleistung des Transistors

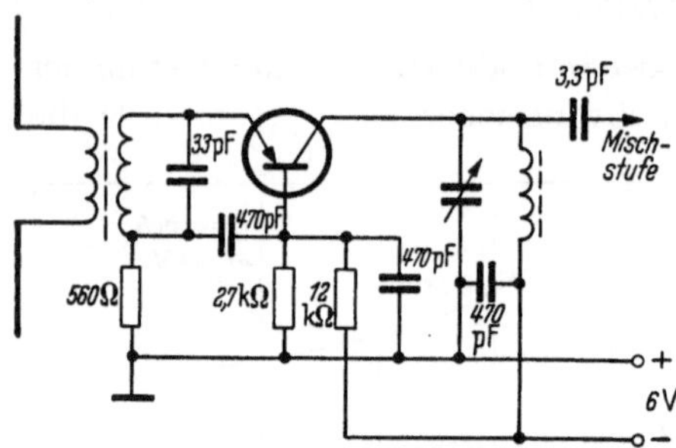

Abb. 128. Schaltbild einer Verstärkerstufe für 100 MHz. Mit Rücksicht auf Verstärkung und Rauschen ist ein Emitterstrom von 1,5 mA gewählt. Der Antennenkreis ist durch Antenne und Transistor so stark gedämpft, daß er in dem relativ schmalen Bereich 87 bis 100 MHz keinen merklichen Verstärkungsabfall an den Bereichsgrenzen erzeugt

$$v_N = \frac{|y_{21}|^2\,G_L}{(g_{22} + G_L)\,[g_{11}(g_{22} + G_L) - |y_{12}\,y_{21}|]}. \tag{312}$$

Mit den Werten $g_{11} = 23$ mS, $g_{22} = 0{,}35$ mS, $|y_{21}| = 14$ mS, $|y_{12}\,y_{21}| = 8{,}4\,(\mathrm{mS})^2$, $G_L = 0{,}2$ mS erhält man eine Verstärkung von $v_N = 12$ dB, während die theoretische Maximalverstärkung ohne Rückwirkung $v'_{N\,\mathrm{opt}} = |y_{21}|^2/4g_{11}\,g_{22} = 8$ dB betragen würde. In dem Lastleitwert G_L ist der Verlustleitwert des Kreises und der transformierte Eingangsleitwert der folgenden Mischstufe enthalten. Die Verstärkung bis zum Eingang des nächsten Transistors vermindert sich also noch um einige dB infolge der Kreisverluste.

3. Mischstufen

Transistoren sind in derselben Weise wie Röhrentrioden für die additive Mischung geeignet. Dabei kann die Erzeugung der Oszillatorspannung in einem besonderen Transistor erfolgen oder aber, und dies ist der in der Praxis häufigere Fall, der Mischtransistor erzeugt zugleich die Oszillatorspannung. Da der Mischprozeß in beiden Fällen der gleiche ist, sollen in einem Teil a) dieses Abschnittes die Vorgänge bei der Mischung zunächst mit fremd erzeugter Oszillatorspannung betrachtet werden. In einem Teil b) werden die zusätzlichen Probleme bei selbstschwingenden Mischstufen behandelt. Da hierbei die Oszillatoreigenschaften im Vordergrund stehen, gelten die dort abgeleiteten Beziehungen über den speziellen Anwendungszweck hinaus auch allgemein für Oszillatorschaltungen mit Schwingungskreisen.

a) Mischstufen mit fremdem Oszillator. Das Prinzip einer Mischstufe ist in Abb. 129 dargestellt. Das Hochfrequenzsignal u_{HF} wird in Serie mit der gegen u_{HF} großen Oszillatorspannung u_{osz} zwischen Basis und Emitter geschaltet. Der Emitterstrom, dessen Gleichstrom-Mittelwert I_E konstant gehalten werde, enthält dann wegen der gekrümmten Kennlinie der Emitterdiode außer den beiden Frequenzen und deren Oberwellen Summe und Differenz von Oszillator- und Hochfrequenz, sowie die Kombinationsfrequenzen der Oberwellen. Der

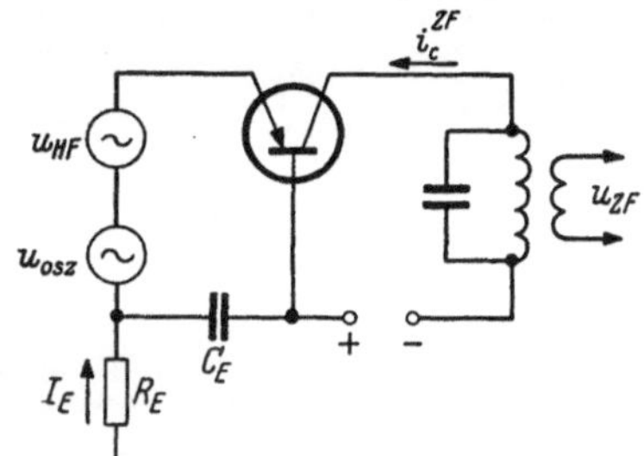

Abb. 129. Prinzipschaltbild einer Mischstufe

Kollektorwechselstrom ist bis auf den Faktor $\alpha \approx 1$ dem Betrage nach gleich dem Emitterstrom. Er durchfließt den in der Kollektorzuleitung liegenden Zwischenfrequenzkreis, der gewöhnlich auf die Differenzfrequenz $f_{\mathrm{ZF}} = f_{\mathrm{osz}} - f_{\mathrm{HF}}$ abgestimmt ist. Nur der Stromanteil dieser Frequenz erzeugt an dem ZF-Kreis eine Spannung, da dessen Impedanz für die übrigen Frequenzen vernachlässigbar klein ist.

In Abb. 130 ist der Mischvorgang an der Emitterdiode dargestellt. Wir haben angenommen, daß der Emittergleichstrom I_E konstant gehalten wird, was in der Praxis annähernd durch einen hinreichend großen, für alle merklich vorkommenden Frequenzen kapazitiv überbrückten Emitterwiderstand geschieht. Solange nur Gleichstrom in der Emitterdiode fließt, gehört zu dem Emitterstrom I_{E1} die Emitter-Basisspannung U_{EB1}. Die zwischen Emitter und Basis liegende Oszillatorspannung, die mit der in der Amplitude kleineren Hochfrequenzspannung eine Schwebung bildet, erzeugt einen Emitterstrom, der u. a. die als ZF gewünschte Komponente enthält. Als weitere Folge der Oszillatorspannung entsteht wegen der Gleichrichterwirkung der Diode eine Richtspannung ΔU_{EB}, um die die Gleichspannung von U_{EB1} nach U_{EB2} verschoben wird. Dieser Verschiebemechanismus wird, wie wir bei der Behandlung der selbstschwingenden Mischstufen sehen werden, dort zur Stabilisierung der Oszillatoramplitude benutzt.

Für die Dimensionierung von Mischschaltungen ist es erwünscht,
das Verhalten des Transistors als Mischer in ähnlicher Weise zu beschreiben, wie es bei Verwendung als Verstärker geschieht. Zu diesem
Zweck kann man rein formal eine Matrix angeben, deren Koeffizienten
die Eigenschaften des Transistors für die drei Frequenzen f_{HF}, f_{osz},
f_{ZF} und deren Verknüpfung beschreiben. In der Praxis ist jedoch nicht
die Kenntnis aller Koeffizienten dieses den Mischer beschreibenden

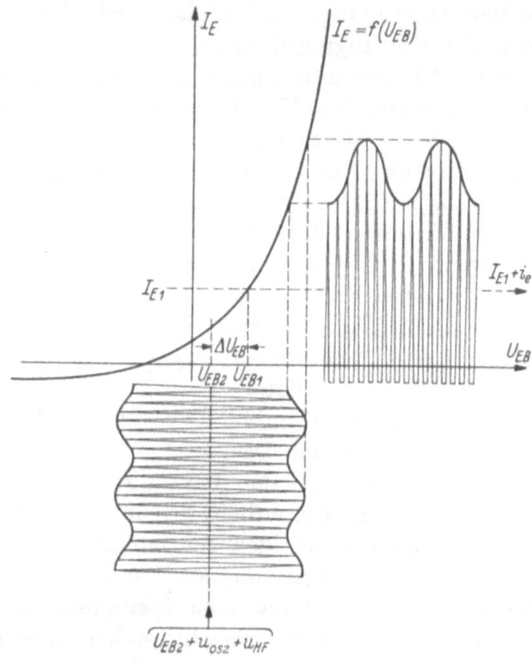

Abb. 130. Zur Wirkungsweise der additiven Mischung an der Emitterdiode

Sechspols wichtig, da im allgemeinen die äußeren Impedanzen für eine
andere als die jeweils gewünschte Frequenz vernachlässigbar sind. Es
genügt daher, die folgenden vier Admittanzen zu kennen

$$y'_{11} = \left.\frac{i_1^{\mathrm{HF}}}{u_1^{\mathrm{HF}}}\right|_{u_2^{\mathrm{HF}}=0} = \text{Eingangsadmittanz für HF},$$

$$y'_{12} = \left.\frac{i_1^{\mathrm{HF}}}{u_2^{\mathrm{ZF}}}\right|_{u_1^{\mathrm{HF}}=0} = \text{Rückmischadmittanz } S_r,$$

$$y'_{21} = \left.\frac{i_2^{\mathrm{ZF}}}{u_1^{\mathrm{HF}}}\right|_{u_2^{\mathrm{ZF}}=0} = \text{Mischsteilheit } S_c,$$

$$y'_{22} = \left.\frac{i_2^{\mathrm{ZF}}}{u_2^{\mathrm{ZF}}}\right|_{u_1^{\mathrm{ZF}}=0} = \text{Ausgangsadmittanz für ZF}.$$

$$\tag{313}$$

Die Herleitung der vier Admittanzen, die noch von der Oszillatorspannung abhängen, aus den fundamentalen Transistoreigenschaften ist bisher noch nicht befriedigend gelöst. Zum Teil sind bei den Lösungsversuchen wegen der bequemeren mathematischen Behandlung zu große Vereinfachungen des Mischvorganges angenommen worden [62], so daß zwar die Tendenz, nicht aber der quantitative Zusammenhang zwischen Mischgrößen und „Geradeaus“-Größen richtig wiedergegeben wird. Die Ergebnisse von Untersuchungen an Mischproblemen, die von einem Mitarbeiter der Verfasser begonnen wurden, sollen zu gegebener Zeit an anderer Stelle veröffentlicht werden [63]. Hier seien einige Messungen und Überlegungen mitgeteilt, die teilweise eine gute Übereinstimmung zwischen Theorie und Experiment ergeben haben.

Ausgangspunkt der Überlegungen ist die Annahme einer exponentiellen Kennlinie der Emitterdiode. Läßt man zunächst die Wirkung des Basisbahnwiderstandes $r_{bb'}$ unberücksichtigt, so liefert die harmonische Analyse des Emitterstromes bei einer sinusförmigen oszillatorfrequenten Emitter-Basisspannung ein Oberwellen

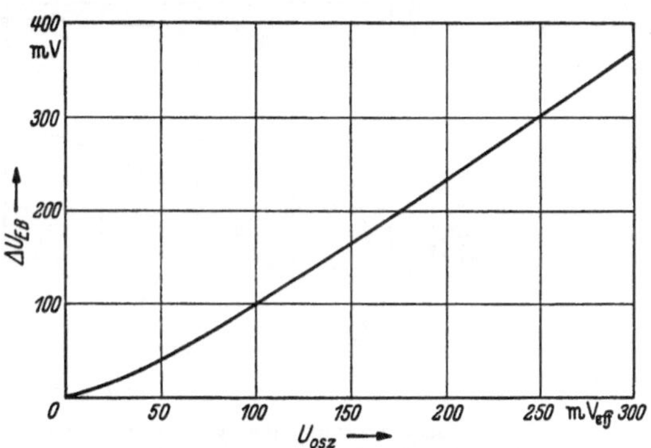

Abb. 131. Abhängigkeit der Richtspannung $\varDelta U_{EB}$ von der Oszillatorspannung U_{osz} bei konstantem Emitterstrom I_E

spektrum, dessen Fourierkoeffizienten durch modifizierte Besselfunktionen $I_n(\xi)$ mit dem Argument $\xi = \hat{u}_{osz}/U_T$ gegeben sind ([64] und [56, S. 385ff.]). Die Funktion nullter Ordnung bestimmt den Richtstrom, bzw. bei konstantem Emittergleichstrom die Richtspannung $\varDelta U_{EB}$

$$\varDelta U_{EB} = U_T \ln \{I_0(\hat{u}_{osz}/U_T)\}. \tag{314}$$

Abb. 131 zeigt den Verlauf der Richtspannung $\varDelta U_{EB}$ als Funktion der Oszillatorspannung U_{osz} für den Fall $I_E = $ const. Bei einem endlichen Emitterwiderstand mit einem Spannungsabfall $I_E R_E \approx 1$ V liegt die Kurve kaum mehr als eine Strichbreite unter der gezeichneten.

Die Amplituden der Emitterwechselströme $\hat{i}_e^{(n)}$ der Frequenzen $n \cdot f_{osz}$ werden durch die modifizierten Besselfunktionen der Ordnung $1, 2, 3 \ldots$ $I_n(\hat{u}_{osz}/U_T)$ bestimmt, deren Werte bei gleichem Argument mit wachsendem n abnehmen

$$\hat{i}_e^{(n)} = 2 I_E \frac{I_n(\hat{u}_{osz}/U_T)}{I_0(\hat{u}_{osz}/U_T)} \qquad n = 1, 2, 3 \ldots \tag{315}$$

Wird außer der Oszillatorspannung noch die HF-Spannung zugeführt,
so erhält man für die ZF-Komponente des Emitterstromes

$$\hat{i}_e^{\,\mathrm{ZF}} \approx \hat{u}_{\mathrm{HF}}\,\frac{I_E}{U_T}\cdot\frac{\mathrm{I}_1(\hat{u}_{\mathrm{osz}}/U_T)}{\mathrm{I}_0(\hat{u}_{\mathrm{osz}}/U_T)} \tag{316}$$

oder allgemeiner für die Mischung mit der n-ten Harmonischen der
Oszillatorfrequenz

$$\hat{i}_e^{\,\mathrm{ZF}(n)} \approx \hat{u}_{\mathrm{HF}}\,\frac{I_E}{U_T}\cdot\frac{\mathrm{I}_n(\hat{u}_{\mathrm{osz}}/U_T)}{\mathrm{I}_0(\hat{u}_{\mathrm{osz}}/U_T)}\,. \tag{316a}$$

Berücksichtigt man, daß mit $\alpha \approx 1$ der Leitwert $I_E/U_T = g_e \approx g_{21} \approx S$
die normale Kleinsignalsteilheit im Arbeitspunkt I_E ist, so erhält man

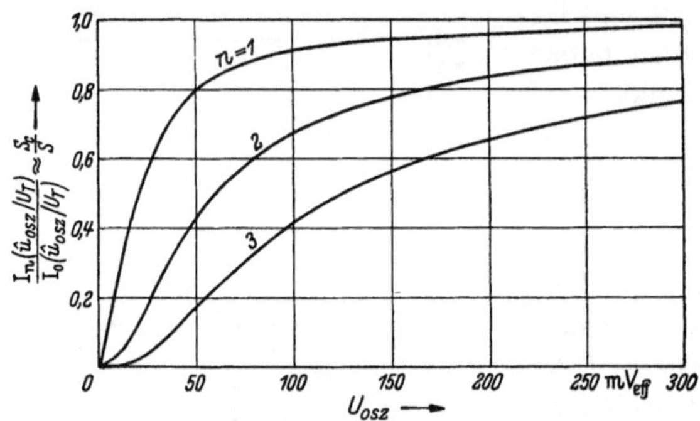

Abb. 132. Theoretischer Verlauf des Verhältnisses von Mischsteilheit zu normaler Steilheit
bei einer Exponentialkennlinie in Abhängigkeit von der Oszillatorspannung ($n = 1$ Grundwellenmischung, $n = 2$; 3 Oberwellenmischung)

die Mischsteilheit für die Mischung mit der n-ten Harmonischen

$$S_c^{(n)} = \hat{i}_e^{\,\mathrm{ZF}(n)}/\hat{u}_{\mathrm{HF}} \approx S\,\frac{\mathrm{I}_n(\hat{u}_{\mathrm{osz}}/U_T)}{\mathrm{I}_0(\hat{u}_{\mathrm{osz}}/U_T)}\,. \tag{316b}$$

Die Funktionen $\mathrm{I}_n(\xi)/\mathrm{I}_0(\xi)$ sind in Abb. 132 für $n = 1, 2, 3$ dargestellt,
wobei das Argument ξ gleich in Einheiten des Effektivwertes der
Oszillatorspannung angegeben ist. Demnach nimmt die Mischsteilheit
für die meist verwendete Grundwellenmischung mit wachsender Oszillatorspannung unterhalb 50 mV schnell zu und steigt oberhalb 100 mV
nur noch wenig an, um sich asymptotisch dem Wert der Geradeaussteilheit S zu nähern. Auch die Mischsteilheit für Oberwellenmischung
ist bei größeren Oszillatoramplituden nur wenig geringer als die Grundwellen-Mischsteilheit.

In Abb. 133 ist der gemessene Oberwellenanteil des Kollektorstromes
als Funktion der Oszillatorspannung dargestellt. Bei einem Emitterstrom von 0,5 mA haben die Kurven fast genau den Verlauf, der nach
Gl. (315) bzw. Abb. 132 zu erwarten ist. Da hier die Effektivwerte
aufgetragen sind, ist der Grenzwert der Kurven die Zahl $\sqrt{2}$. Die ge-

strichelt gezeichneten Kurven für 1,5 mA liegen für die höheren Harmonischen bei größeren Oszillatorspannungen jedoch merklich unter den theoretischen Werten. Das ist verständlich, wenn man an die Wirkung des Basisbahnwiderstandes denkt, der bei der Rechnung unberücksichtigt blieb. Bei Aussteuerung der Emitterdiode mit einer

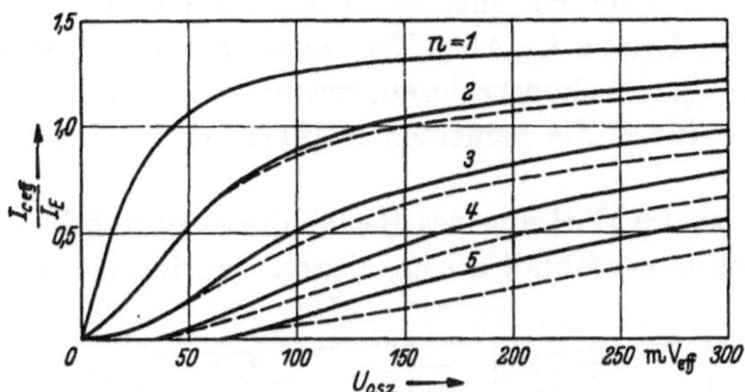

Abb. 133. Verhältnis des Kollektorstromes der n-ten Harmonischen der Oszillatorfrequenz zum Emittergleichstrom bei $I_E = 0,5$ mA und $I_E = 1,5$ mA (gestrichelt) als Funktion der Oszillatorspannung U_{osz} ($f_{osz} = 1$ MHz)

sinusförmigen Spannung betragen die Stromspitzen ein Mehrfaches des mittleren Stromes, d. h. die Emitterdiode wird bis in Gebiete sehr niedrigen differentiellen Widerstandes ausgesteuert. Der Basisbahnwiderstand $r_{bb'}$, der für den Emitterstrom mit dem Wert $r_{bb'}(1 - \alpha) = r_{bb'}/(1 + \beta)$ wirksam ist, macht sich besonders bei

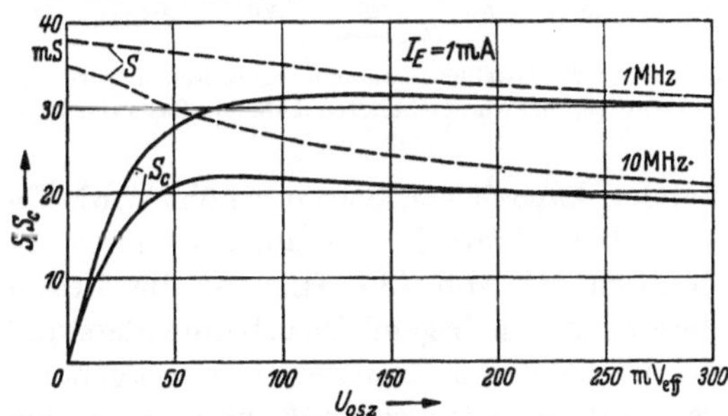

Abb. 134. Mischsteilheit S_c und Geradeaussteilheit S (gestrichelt) als Funktion der Oszillatorspannung U_{osz}

kleinen differentiellen Diodenwiderständen, d. h. hohen Emitterströmen strombegrenzend bemerkbar. Dadurch werden die höheren Harmonischen, die gerade durch die hohen Stromspitzen entstehen, besonders bei höheren Emittergleichströmen beeinträchtigt, weil infolge des Spannungsabfalls am Basisbahnwiderstand die theoretischen Stromwerte bei einer gegebenen äußeren Spannung nicht mehr erreicht werden.

Auch die Mischsteilheit in Abb. 134 zeigt nicht den theoretischen Verlauf der Abb. 132. Die Kurven steigen nicht monoton an, sondern fallen nach einem Maximum bei relativ kleinen Oszillatorspannungen wieder langsam ab. Der Abfall entsteht ebenfalls durch die Wirkung des Basisbahnwiderstandes, wie die gestrichelten Kurven deutlich werden lassen. Diese zeigen den Einfluß der Oszillatorspannung auf die *Geradeaussteilheit* für HF, die bei höheren Oszillatorspannungen die gleiche fallende Tendenz hat. Die 1 MHz-Kurve für die Mischsteilheit (ausgezogene Kurve in Abb. 134) läßt sich mit Verwendung der Gl. (316b) recht genau konstruieren, wenn man an Stelle des theoretischen Wertes für S die gemessenen Werte der gestrichelten Kurve einsetzt.

Bei 10 MHz ist die Wirkung des Basisbahnwiderstandes noch größer, weil hier der Spannungsabfall an $r_{bb'}$ durch den infolge der Diffusions-

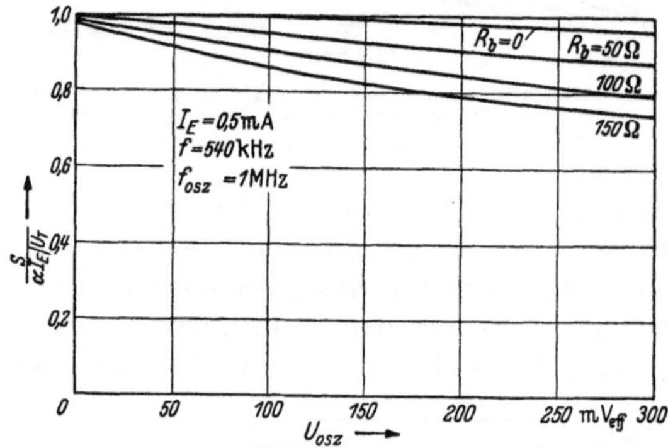

Abb. 135. Abweichung der Geradeaussteilheit von dem theoretischen Wert $\alpha I_E/U_T$ als Funktion der Oszillatorspannung bei vorgeschalteten äußeren Basiswiderständen R_b

kapazität auftretenden kapazitiven Strom erhöht wird. Daß der Basisbahnwiderstand für den Abfall der Geradeaussteilheit verantwortlich ist, zeigt auch deutlich die Abb. 135. Hier ist die Messung an einem Transistor mit besonders niedrigem Basisbahnwiderstand und hoher Stromverstärkung bei kleinerem Emitterstrom vorgenommen worden. Die obere Kurve zeigt erwartungsgemäß nur bei großen Oszillatorspannungen einen geringen Abfall der Steilheit. Dieser Abfall steigt beträchtlich, wenn der innere Basisbahnwiderstand durch äußere Widerstände R_b vergrößert wird.

Auch die Eingangs- und Ausgangsadmittanzen werden durch die Oszillatorspannung beeinflußt. Der Eingangsleitwert g_{ie}' zeigt die gleiche fallende Tendenz wie die Steilheit, wie aus Abb. 136a zu ersehen ist. In entgegengesetzter Richtung ändert sich der Ausgangsleitwert, von dessen Verlauf mit der Oszillatorspannung Abb. 136b eine typische Kurve zeigt. Diese Änderungen, deren Größe vom Transistorexemplar abhängt, sind in vielen praktischen Anwendungen nicht sehr wichtig, weil die Wahl des Generatorleitwertes am Eingang sich meistens nach dem häufig höher liegenden Wert für optimales Rausch/Signal-Verhältnis

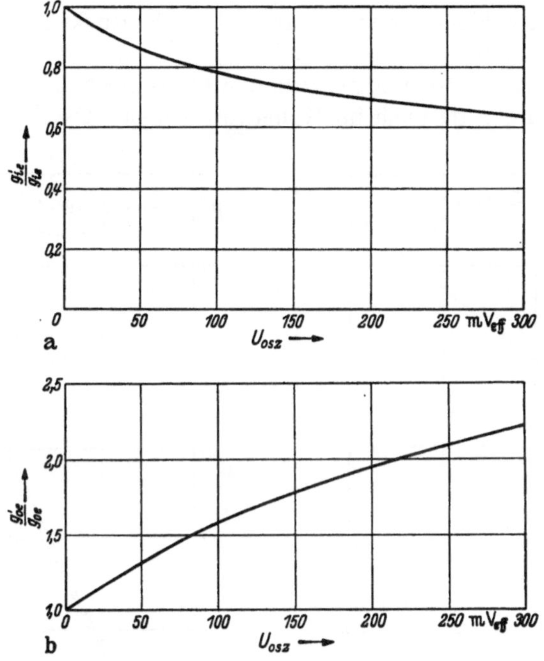

Abb. 136a u. b. a) Relative Änderung des Realteiles g'_{i_e} der HF-Eingangsadmittanz y'_{i_e} eines Mischtransistors als Funktion der Oszillatorspannung; b) Relative Änderung des Realteiles g'_{o_e} der ZF-Ausgangsadmittanz y'_{o_e} eines Mischtransistors als Funktion der Oszillatorspannung

richtet, während der ZF-Lastleitwert mit Rücksicht auf die Stabilität der Schaltung gewöhnlich über dem Ausgangsleitwert liegen muß.

Bisher wurden noch nicht die Rückmischeffekte berücksichtigt. Die Rückmischung bedeutet, daß eine ZF-Spannung am Ausgang in Verbindung mit der Oszillatorspannung wieder einen HF-Eingangsstrom erzeugt. Das einfache Schaltbild in Abb. 137 macht das Zustandekommen des Rückmischeffektes

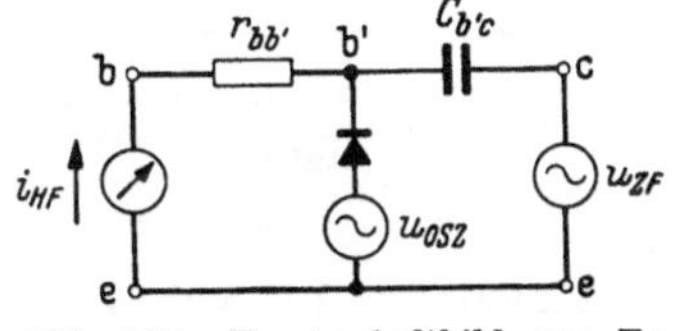

Abb. 137. Ersatzschaltbild zur Erklärung der Rückmischung

deutlich. Durch die Kollektorkapazität $C_{b'c}$ fließt ein ZF-Strom, der sich auf den Basisbahnwiderstand $r_{bb'}$ und die Emitterdiode verteilt. Der Diodenanteil erzeugt zusammen mit der Oszillatorspannung als Mischprodukt einen HF-Eingangsstrom. Für das Zustandekommen dieses Rückmischeffektes sind also sowohl der Basisbahnwiderstand als auch die Kollektorkapazität verantwortlich. In Abhängigkeit von der

Oszillatorspannung ist ein ähnlicher Verlauf der Rückmischsteilheit S_r zu erwarten wie bei der Mischsteilheit, was durch die in Abb. 138 wiedergegebenen Messungen bestätigt wird. Wegen der Spannungsabhängigkeit der Kollektorkapazität steigt die Rückwirkung mit abnehmender Kollektorgleichspannung.

In selbstschwingenden Mischstufen gibt es noch eine andere Art von Rückmischung, da auch im Kollektorkreis eine Oszillatorspannung

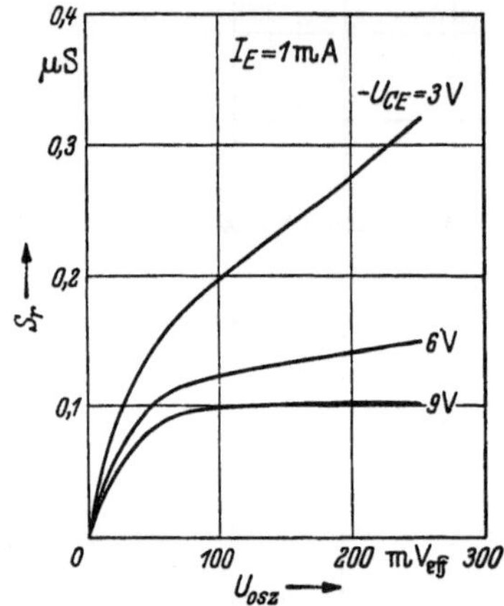

Abb. 138. Rückmischsteilheit S_r als Funktion der zwischen Basis und Emitter liegenden Oszillatorspannung U_{osz}

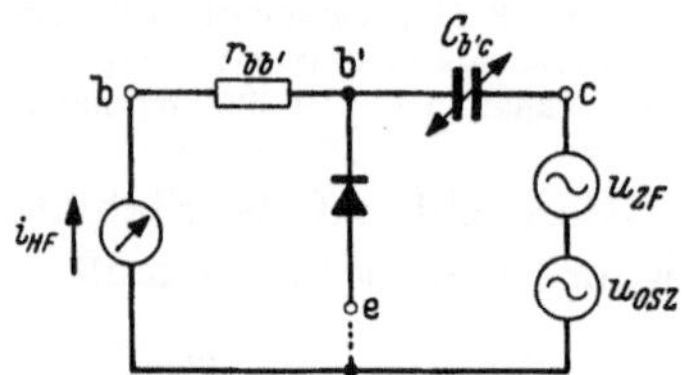

Abb. 139. Ersatzschaltbild zur Erklärung der Rückmischung bei selbstschwingenden Mischstufen

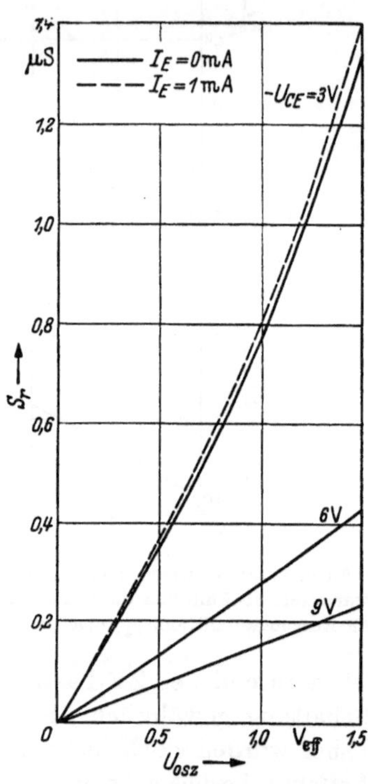

Abb. 140. Rückmischsteilheit S_r als Funktion der im Kollektorkreis liegenden Oszillatorspannung U_{osz}

vorhanden ist. In Abb. 139 wird in Serie mit der ZF-Spannung eine Oszillatorspannung angenommen. Infolge der Spannungsabhängigkeit der Kollektorkapazität findet jetzt bereits ohne Mitwirkung der Emitterdiode eine Rückmischung statt, die mit zunehmender Oszillatorspannung und abnehmender Kollektorgleichspannung wächst, wie Abb. 140 zeigt. Wird die Emitterdiode angeschlossen, so erhöht sich die Rückwirkung etwas, weil jetzt sowohl ZF- als auch Oszillatorspannung über $C_{b'c}$ auf die Emitterdiode gelangen, wo dann die Rückmischung stattfindet. In der Praxis ist sowohl am Emitter als auch am Kollektor eine Oszillatorspannung vorhanden, so daß der resultierende Effekt von den Phasenbeziehungen der Spannungen abhängt.

Die Wirkung der Rückmischung in einer praktischen Schaltung läßt sich erst dann exakt beurteilen, wenn die Phasenbeziehungen zwischen dem HF-Eingangssignal und dem auf dem Umwege über Mischsteilheit und Rückmischsteilheit erzeugten Störsignal bekannt sind. Nähere Untersuchungen über diese Zusammenhänge stehen noch aus.

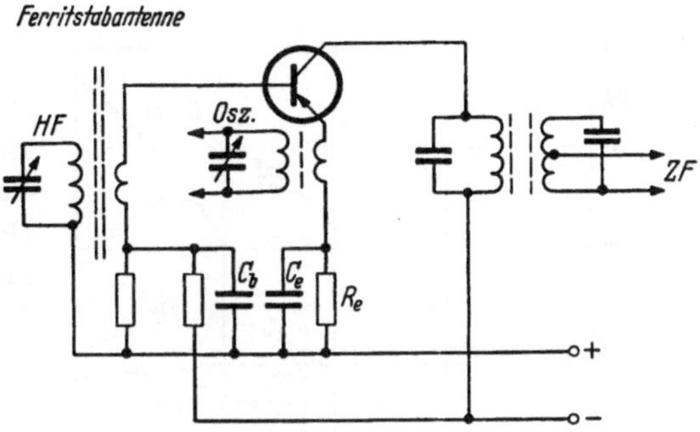

Eine Mischschaltung für den Mittelwellenbereich zeigt Abb. 141. Der Transistor arbeitet in Emitterschaltung mit einer Zu-

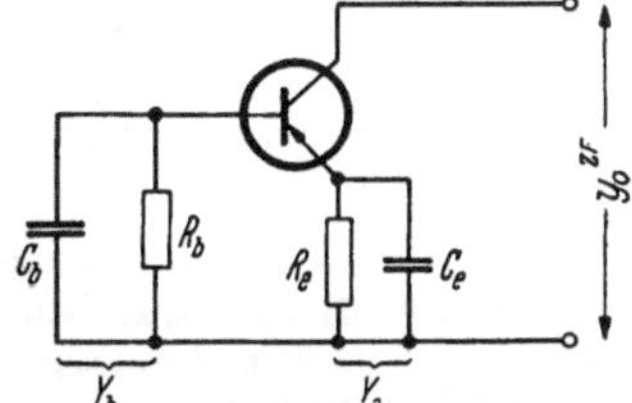

Abb. 141. Schaltbild einer Mischstufe für den Mittelwellenbereich mit fremdem Oszillator

führung der Oszillatorspannung über eine Koppelspule in der Emitterleitung. Die Induktivität des HF-Eingangskreises bildet zugleich die Antennenspule der Ferritstabantenne.

Für die Zwischenfrequenz ist die Impedanz der Koppelwindungen in Basis- und Emitterkreis meistens zu vernachlässigen, dagegen kann bei ungünstiger Dimensionierung der Entkopplungskondensatoren C_e und C_b eine merkliche Beeinflussung der Ausgangsadmittanz erfolgen. Zu ihrer Berechnung dient das Ersatzschaltbild Abb. 142, in dem der Transistor mit den Admittanzen $Y_b = (1/R_b) + \mathrm{j}\,\omega_{\mathrm{ZF}}\,C_b$ in der Basis-

Abb. 142. Schaltbild zur Berechnung der ZF-Ausgangsadmittanz y_0^{ZF} einer Mischstufe

leitung und $Y_e = (1/R_e) + \mathrm{j}\,\omega_{\mathrm{ZF}}\,C_e$ in der Emitterleitung dargestellt ist. Mit diesen Werten erhält man für die Ausgangsadmittanz des erweiterten Vierpols

$$y_0^{\mathrm{ZF}} = \frac{y_{oe} + \varDelta_y\left(\dfrac{1}{Y_e} + \dfrac{1}{Y_b}\right)}{1 + \dfrac{1}{Y_e}(y_{ie} + y_{re} + y_{fe} + y_{oe}) + \dfrac{1}{Y_b}\,y_{ie} + \dfrac{1}{Y_b Y_e}\,\varDelta_y} \tag{317}$$

mit

$$\varDelta_y = y_{ie}\,y_{oe} - y_{re}\,y_{fe}.$$

(Da wir im folgenden wechselnd Leitwerte der Emitter- und Basisschaltung verwenden, bedienen wir uns vorübergehend der im Anhang, S. 376, angegebenen vereinfachten Schreibweise $y_{11} = y_i$ (input), $y_{12} = y_r$ (reverse), $y_{21} = y_f$ (forward), $y_{22} = y_o$ (output).)

In Abb. 143 sind für $f = 450\,\text{kHz}$ Wirk- und Blindleitwert der Ausgangsadmittanz eines Transistors als Funktion des Emitterkondensators mit einigen Werten des Basiskondensators als Parameter dargestellt. Die Kurven gelten unter der meistens richtigen Annahme, daß die Blindleitwerte der Kondensatoren groß gegen die Wirkleitwerte der jeweils parallel liegenden Widerstände sind. Es ist ersichtlich, daß für kleine Basiskondensatoren eine erhebliche zusätzliche Dämpfung auftritt, während für große Werte von C_b der Ausgangsleitwert negativ wird, was u. U. Anlaß zur Selbsterregung sein kann. Bei sehr großen Kapazitäten erhält man natürlich die Kurzschlußwerte g_{22} bzw. b_{22}, jedoch ist man, wie wir im Teil b) dieses Abschnittes sehen werden, bei selbstschwingenden Mischstufen nicht frei in der Wahl der Kapazitätswerte.

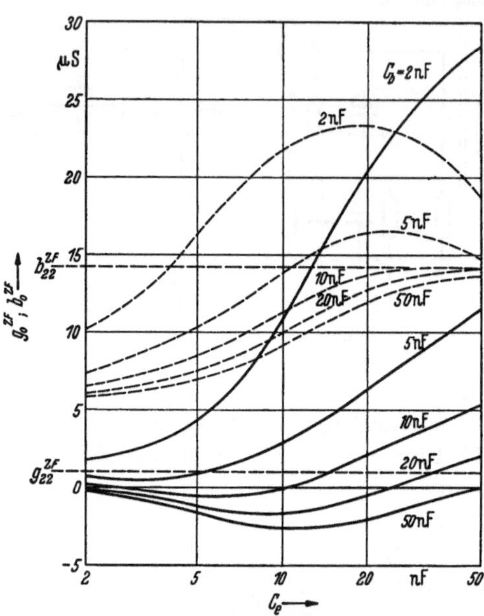

Abb. 143. Einfluß der Kondensatoren C_b und C_e (Abb. 142) auf die ZF-Ausgangsadmittanz y_o^{ZF} einer Mischstufe bei 450 kHz. Ausgezogene Kurven: Wirkanteil g_o^{ZF}; gestrichelte Kurven: Blindanteil b_o^{ZF}

b) Selbstschwingende Mischstufen. Verwendet man die Mischstufe gleichzeitig als Oszillator, so erhält man die wegen ihrer Ökonomie weit verbreitete selbstschwingende Mischstufe. Die Rückkopplungsschaltung zur Erzeugung der Oszillatorschwingung muß die Auskopplung der ZF durch einen Schwingungskreis in der Kollektorzuleitung gestatten. Die Oszillatorspannung und die Oszillatorfrequenz sollen möglichst wenig von den Transistoreigenschaften und von den Änderungen der Betriebsspannung abhängen. Die zweckmäßige Art der Rückkopplung hängt sehr von den Eigenschaften des Transistors in dem gewünschten Frequenzgebiet, insbesondere von dem Phasenwinkel der Steilheit ab. Im Bereich von $1 \cdots 2\,\text{MHz}$ haben die heute gebräuchlichen Transistoren vernachlässigbar kleine Fehlwinkel der Steilheit, so daß Oszillatorschaltungen für den Mittelwellenbereich große Ähnlichkeit mit Röhrenschaltungen haben. Lediglich die Selbststabilisierung der Oszillatorspannung, die in Röhrenoszillatoren meistens durch die Wirkung des Gitterstromes erfolgt, wird in Transistorschaltungen nicht sinngemäß durch den Basisstrom vorgenommen, da die häufig große Exemplarstreuung der Stromverstärkung β erhebliche Unterschiede in der Oszillatorspannung zur Folge haben würde. Viel weniger als die Stromverstärkung β streut dagegen die Steilheit eines Transistors und die dem Betrage nach fast gleiche Eingangsadmittanz in Basisschaltung. Es ist daher zweckmäßig, den Oszillator in Basisschaltung zu betreiben und die Stabilisierung der Oszillatoramplitude durch den Emitterstrom vorzunehmen. Im Kurzwellenbereich und besonders im Ultrakurzwellenbereich ist der Phasenwinkel der Steilheit nicht mehr vernachlässigbar, so daß bei hohen Frequenzen auch im Rückkopplungsweg phasendrehende Elemente vorhanden sein müssen, um der Selbsterregungsbedingung zu genügen. Im folgenden wird für die drei genannten Frequenzbereiche je eine Mischoszillatorschaltung beschrieben. Da die Methode der Stabilisierung der Oszillatorspannung in allen drei Fällen die gleiche ist, wird sie nur für den Mittelwellenoszillator näher erläutert.

Selbstschwingende Mischstufe für den Mittelwellenbereich. Die Schaltung einer Mischstufe ist in Abb. 144 dargestellt. Die Hochfrequenzspannung gelangt von dem auf die Empfangsfrequenz abgestimmten

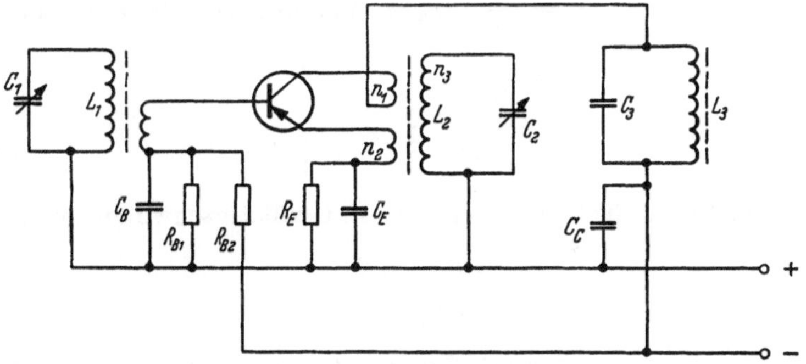

Abb. 144. Schaltbild einer selbstschwingenden Mischstufe für den Mittelwellenbereich

Kreis C_1, L_1, der in einem tragbaren Empfänger zugleich als Ferritantenne ausgebildet ist, über eine Koppelspule auf die Basis des Transistors. Die Rückkopplung geschieht über die mit dem Oszillatorschwingkreis L_2, C_2 gekoppelten Wicklungen n_1 in der Kollektorleitung und n_2 in der Emitterleitung. In der Kollektorleitung liegt in Serie mit n_1 der Primärkreis L_3, C_3 des ersten ZF-Bandfilters. Die Impedanz des ZF-Kreises für die Oszillatorfrequenz ist so klein, daß die Oszillatorschwingung nicht beeinträchtigt wird.

Die Einstellung und Stabilisierung des Gleichstrom-Arbeitspunktes erfolgt durch den Emitterwiderstand R_E und die Basis-Spannungsteilerwiderstände R_{B1}, R_{B2}. Die Widerstände sind durch die Kapazitäten C_B

und C_E für die Oszillatorfrequenz überbrückt. Die Impedanz der Koppelspule am Eingang ist für die Oszillatorfrequenz wegen des kapazitiv
wirkenden Eingangskreises so klein, daß sie bei der Herleitung des
Schwingkriteriums vernachlässigt werden kann.

Zur Ermittlung der Schwingbedingung betrachten wir das Ersatzschaltbild Abb. 145, das den Transistorvierpol in *Basisschaltung* mit

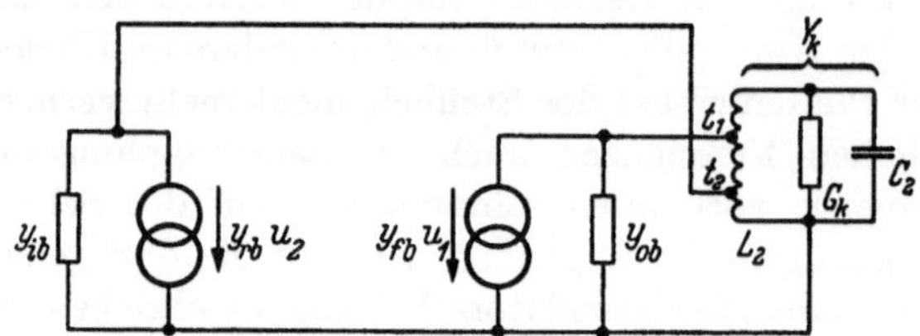

Abb. 145. Ersatzschaltbild für einen Mittelwellenoszillator

dem angeschlossenen Oszillatorkreis darstellt. Der Verlustleitwert des
Oszillatorkreises ist mit G_k bezeichnet. Für die Eingangsadmittanz Y_i
der Ersatzschaltung erhält man mit

$$t_1 = \frac{n_1}{n_3} \quad (n_3 = \text{Windungszahl der Spule } L_2),$$

$$t_2 = \frac{n_2}{n_3},$$

$$Y_i = y_{ib} + \frac{t_1^2}{t_2^2}\, y_{ob} + \frac{1}{t_2^2}\, Y_k + \frac{t_1}{t_2}\, (y_{fb} + y_{rb}). \tag{318}$$

Die Bedingung für die Selbsterregung von Oszillatorschwingungen lautet

$$\operatorname{Re} Y_i < 0$$

oder

$$\operatorname{Re} Y_k < \operatorname{Re} A \tag{319}$$

mit

$$A = -(t_2^2\, y_{ib} + t_1^2\, y_{ob}) - t_1 t_2 (y_{fb} + y_{rb}), \tag{319a}$$

sowie mit $Y_k = G_k (1 + j\,x)$; $x = 2\,\varDelta f\, Q_B / f_0$

$$G_k < \operatorname{Re} A. \tag{320}$$

Für die heute üblichen HF-Transistoren gilt im vorliegenden Frequenzbereich

$$y_{rb} \ll y_{fb},$$

$$t_1^2\, y_{ob} \ll t_2^2\, y_{ib},$$

$$-y_{fb} \approx y_{ib}.$$

Dann ist der Zeiger A

$$A = -y_{fb}\, t_2 (t_1 - t_2) \qquad (y_{fb} < 0). \tag{320a}$$

Gl. (320) gibt noch keine Auskunft, welche Frequenz sich nach dem Anschwingen tatsächlich einstellt. Dies ist insbesondere für den Kurzwellenoszillator von Interesse, wie wir später noch sehen werden. Aus diesen Gründen ist es vorteilhaft, einmal einen Zeiger $A/(1 + \mathrm{j}\,x)$ und zum anderen den Leitwert G_k in der komplexen Leitwertebene aufzutragen. Der Zeiger $A/(1 + \mathrm{j}\,x)$ bildet bei variablem x einen Kreis durch den Koordinatennullpunkt mit dem Durchmesser A. Im Mittelwellenbereich ist $-y_{fb}$ praktisch reell, und der Mittelpunkt des Kreises liegt auf der reellen Achse. Weiter kann man wegen $-y_{fb} \approx y_{fe}$ die Steilheit in Emitterschaltung in A einsetzen. In Abb. 146 ist das Leitwertdiagramm dargestellt. Die Schaltung oszilliert dann, wenn der Verlustleitwert G_k innerhalb des Kreises liegt.

Die Ungleichung (320) ist die Bedingung für *selbsttätige Erregung* von Schwingungen; im stationären Zustand muß dagegen der Verlustleitwert des Oszillatorkreises durch den angeschlossenen Transistor gerade entdämpft werden, d. h. es muß $G_k = A'$ sein. Der Kreisdurchmesser A muß durch Verringerung der Steilheit $|y_f|$ bis auf den Durchmesser A' zusammenschrumpfen. Die Steilheits-

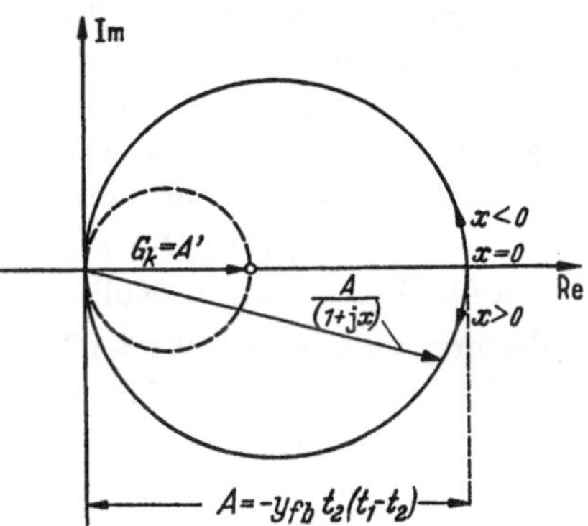

Abb. 146. Leitwertdiagramm für die Schwingbedingung eines Mittelwellenoszillators

regelung erfolgt über den Richtstrom der Emitterdiode, der über den Widerstand R_E und den Ladekondensator C_E den Arbeitspunkt so zu kleineren Werten von U_{EB} verschiebt, daß der Stromflußwinkel des Emitterstromes und damit die mittlere Steilheit $|\overline{y_f}|$ abnimmt. Aus der Abb. 130 ist zu erkennen, wie bei konstant gehaltenem Emitterstrom I_{E1} durch die Gleichrichterwirkung der Arbeitspunkt vom Wert U_{EB1} ohne Oszillatorspannung um den Betrag ΔU_{EB} auf den Wert U_{EB2} verschoben wird. Die Konstanz des Emitterstromes und die Größe der Spannungsänderung ΔU_{EB} am Kondensator C_E hängt auch von der Größe des Emitterwiderstandes ab. Zur Erzielung einer ausreichenden Stabilisierung des Ruhestromes gegen Temperaturänderungen und Exemplarstreuungen wählt man meistens einen Spannungsabfall an R_E von etwa 1 V. In dem zugehörigen Bereich des Widerstandes von einigen kΩ ist ΔU_{EB} nur wenig vom Widerstandswert abhängig. Der Anstieg der Richtspannung mit der Oszillatorspannung ist in Abb. 131 dargestellt. In dem hier interessierenden Bereich der Oszillatorspannung von der Größenordnung 100 mV ist es für die Praxis ausreichend, mit einer Richtspannung $\Delta U_{EB} \approx U_{\mathrm{osz}}$ zu rechnen. Die Abnahme des Emitterstromes durch die Oszillatorspannung beträgt dann $\Delta I_E \approx U_{\mathrm{osz}}/R_E$.

Die Größe der sich einstellenden Oszillatoramplitude kann man angeben, wenn man den Zusammenhang zwischen $|\overline{y_f}|$ und U_{osz} kennt. Unter der Annahme einer Exponentialkennlinie für die Emitterdiode erhält man für den Grundwellenanteil des Emitterstromes nach Gl. (315)

$$\hat{i}_e \approx 2\,I_E \,\frac{\mathrm{I}_1\,(\hat{u}_{\mathrm{osz}}/U_T)}{\mathrm{I}_0\,(\hat{u}_{\mathrm{osz}}/U_T)}\,. \tag{321}$$

Den Quotienten $\mathrm{I}_1(\xi)/\mathrm{I}_0(\xi)$ der modifizierten Besselfunktionen hatten wir bereits in Abb. 132 angegeben; der gemessene Verlauf des Kollektorstromes zeigt wegen des Einflusses der Stromverstärkung α und des Basiswiderstandes $r_{bb'}$ eine geringfügige Abweichung vom theoretischen Verlauf des Emitterstromes. In Abb. 147 ist der auf I_E bezogene Grundwellenanteil I_c/I_E (I_c = Effektivwert) des Kollektorstromes und die aus diesem Strom hergeleitete ebenfalls auf I_E bezogene Steilheit $|\overline{y_f}|/I_E = \bar{S}/I_E = I_c/(U_{\mathrm{osz}}\,I_E)$ als Funktion der Oszillatorspannung U_{osz} dargestellt. Der normierte Kollektorstrom nähert sich mit zunehmender Oszillatorspannung dem Wert $\sqrt{2}$, während die Steilheit, ausgehend von ihrem Kleinsignalwert, entsprechend stetig abnimmt. Aus dieser letzten

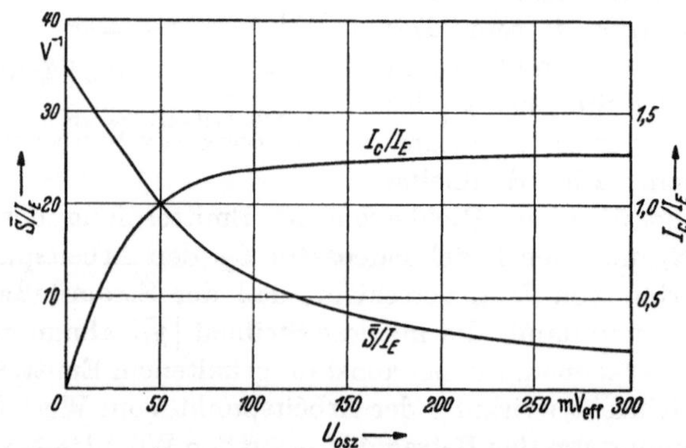

Abb. 147. Abhängigkeit der normierten Werte von Oszillatorkollektorstrom I_c/I_E (I_c = Effektivwert) und Großsignalsteilheit $\bar{S}/I_E$ von der Oszillatorspannung U_{osz}

Kurve läßt sich die zu einer gewünschten Oszillatorspannung und einem vorgegebenem Emitterstrom gehörende mittlere Steilheit $|\overline{y_f}|$ ermitteln. Durch die Wahl des richtigen Wertepaares von t_1 und t_2 kann dann die Schwingbedingung für diese Oszillatorspannung erfüllt werden.

Führt man an Stelle der Anzapfungsverhältnisse t_1, t_2 die Übersetzungsverhältnisse

$$\ddot{u}_1 = \frac{n_3}{n_1} = \frac{1}{t_1},$$
$$\ddot{u}_2 = \frac{n_2}{n_1} = \frac{t_2}{t_1} \tag{322}$$

ein, und schreibt zur Vereinfachung $\bar{S}$ für $|\overline{y_f}|$ und $G_k' = \ddot{u}_1^2 G_k$, so erhält man mit Gl. (320) für den stationären Schwingungszustand

$$G_k' = \bar{S}\, \ddot{u}_2 (1 - \ddot{u}_2)\,, \tag{323}$$

$$\ddot{u}_2 = \frac{1}{2} \pm \frac{1}{2} \sqrt{1 - 4\frac{G_k'}{\bar{S}}}\,. \tag{323a}$$

Diese Beziehung ist in Abb. 148 graphisch dargestellt. Wie man sieht, gibt es für jeden Wert $\bar{S}/G_k' > 4$ zwei mögliche Übersetzungsverhältnisse $\ddot{u}_2 < 1$, die symmetrisch zum Grenzwert $\ddot{u}_2 = 0{,}5$ liegen.

Ein Beispiel möge den für die Dimensionierung eines Mittelwellenoszillators in der Schaltung Abb. 144 notwendigen Rechnungsgang verdeutlichen. Gewählt bzw. vorgegeben sollen folgende Werte sein:

Bereich der Oszillatorfrequenz	985 $\cdots$ 2055 kHz,	
L_2	280 µH (bestimmt durch C_2),	
Q_0	122	(bei $f = 2$ MHz),
G_k	2,33 µS	
n_3	115 Wdgn.,	
I_E	0,5 mA,	
R_E	2,2 kΩ,	
U_{osz}	150 mV$_{eff}$.	

Nach Abb. 147 gehört zu einer Oszillatorspannung von 150 mV eine mittlere Steilheit von $\bar{S} = 8{,}2 I_E = 4{,}1$ mA/V. Mit diesem Wert ist

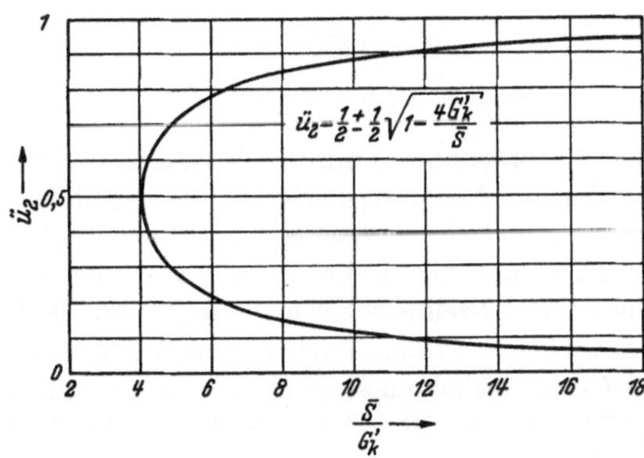

Abb. 148. Abhängigkeit des Windungszahlverhältnisses $\ddot{u}_2$ von dem Verhältnis der Steilheit $\bar{S}$ zum transformierten Kreisleitwert G_k'

ein Schwingen bzw. eine reelle Wurzel von Gl. (323a) nur mit $G_k' < 1$ mS möglich. Um ein betriebssicheres Schwingen zu erhalten, wählen wir $G_k' = 0{,}5$ mS und erhalten $n_1 = n_3/\ddot{u}_1 = n_3 \sqrt{G_k/G_k'} = 7{,}85$ Wdgn. Für das Übersetzungsverhältnis $\ddot{u}_2$ wählen wir $\ddot{u}_2 < 0{,}5$, weil für diesen Fall die Bedämpfung des Schwingungskreises durch den Transistor geringer und damit die Konstanz der Oszillatorfrequenz größer ist.

Aus Gl. (323a) erhält man mit $\bar{S}/G_k' = 8,2$ einen Wert $\ddot{u}_2 = 0,14$ und
$n_2 = 1,1$ Wdgn. Gewählt werden die abgerundeten Werte $n_1 = 8\,$Wdgn.;
$n_2 = 1\,$Wdg. Die Dimensionierung des Basisspannungsteilers erfolgt
nach der im Abschn. IV. B. erläuterten Methode. Der Einfluß der
Oszillatorspannung wird dadurch berücksichtigt, daß der Emitterstrom um $\Delta I_E \approx U_{osz}/R_E = 0,068$ mA niedriger, d. h. mit 0,43 mA
angesetzt wird. Abb. 149 zeigt die Meßergebnisse an einer praktisch
ausgeführten Schaltung, die bei 2 MHz eine befriedigende Übereinstimmung der Oszillatorspannung mit dem errechneten Wert ergeben. Die

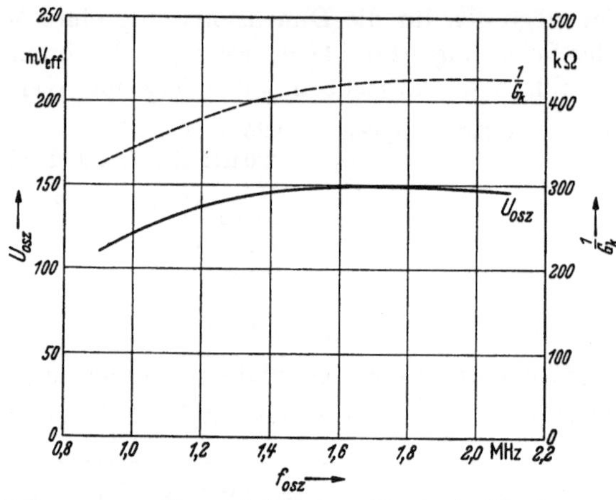

Abb. 149. Oszillatorspannung U_{osz} und Resonanzwiderstand $1/G_k$ des Oszillatorkreises als
Funktion der Oszillatorfrequenz f_{osz}

Änderung der Oszillatorspannung mit der Frequenz beruht auf dem mit
der Frequenz veränderlichen Kreisleitwert, wie aus dem gleichen Verlauf der Kreisimpedanz $1/G_k$ zu ersehen ist. Einen merklichen Einfluß
auf die Mischsteilheit hat die Änderung nicht, da sie sich im nahezu
horizontalen Gebiet der Steilheitskurve bewegt (vgl. Abb. 134).

Eine andere wichtige Dimensionierung, nämlich die der Kondensatoren C_B und C_E ist bisher noch nicht beachtet worden. Wie bereits
auf S. 224 ausgeführt wurde, ist mit Rücksicht auf die ZF-Rückwirkung
eine bestimmte Kombination von Kapazitätswerten wünschenswert.
Bei der Herleitung dieser Beziehungen war die Größe der parallel-
liegenden Widerstände ohne Bedeutung. Für den Fall des Oszillators
ist jedoch auch die Zeitkonstante $R_E\,C_E$ wichtig, da bei Überschreiten
eines bestimmten Wertes die Oszillatorschwingung nicht mehr stabil
bleibt, sondern „Überschwingen" einsetzt, d. h. ein periodisches An-
schwellen und Abklingen der Schwingamplitude. Das ist zu verstehen,
wenn man bedenkt, daß die Einstellung einer bestimmten Oszillatorspannung durch eine Steilheitsregelung mittels der Richtspannung ΔU_{EB}

und damit mittels der Spannung U_E am Kondensator C_E bewirkt wird. Ob diese Regelung stabil erfolgt, hängt einerseits davon ab, wie schnell sich bei einer plötzlichen Änderung der Oszillatoramplitude die Spannung U_E ändert, d. h. von der Zeitkonstanten $R_E C_E$, und andererseits davon, wie schnell sich bei einer Änderung von U_E die Spannung am Schwingkreis ändern kann, d. h. von der Kreisgüte und der Frequenz. Große Zeitkonstante und geringe Kreisgüte erlauben bei einer durch eine äußere Ursache erfolgten teilweisen Entladung von C_E ein schnelles Anwachsen der Schwingungen bis zu einem Wert, bei dem eine Begrenzung der Amplitude z. B. durch die Übersteuerung des Transistors eintritt, bevor die Regelung durch U_E-Änderung wirksam wird. Die Wiederaufladung von C_E erfolgt wegen der großen Oszillatorspannung, bis zu einer Spannung, bei der die Schwingungen abreißen, weil die Steilheit nicht mehr zu ihrer Aufrechterhaltung ausreicht. Darauf entlädt sich der Kondensator, bis wieder Schwingungen möglich sind und das Spiel von neuem beginnt. Wegen der trägen Regelung kommt es nicht zu einer zeitlich konstanten Schwingungsamplitude, sondern zu einer periodischen Amplitudenschwankung. Aus der Analyse dieser Vorgänge, die auch bei Röhrenoszillatoren in entsprechender Form bekannt sind, läßt sich eine Bedingung für die Größe der Kapazität C_E in Abb. 144 herleiten, bei der ein Überschwingen vermieden wird [65]

$$C_E < \frac{2\,C_2}{G_K} \; \frac{\bar{S}}{U_{eb}} \; \frac{\dfrac{1}{R_E} + \dfrac{\partial I_E}{\partial U_{EB}}}{\dfrac{\partial \bar{S}}{\partial U_{eb}}}, \tag{324}$$

$$\frac{\partial I_E}{\partial U_{EB}}\bigg|_{U_{eb}} \approx \frac{I_E}{U_T}, \tag{324a}$$

$$\frac{\partial \bar{S}}{\partial U_{eb}}\bigg|_{U_{EB}} \approx \frac{\bar{S}}{U_{eb}}\left[\sqrt{2}\,\frac{U_{eb}}{U_T}\,\frac{I_0(\hat{u}_{eb}/U_T)}{I_1(\hat{u}_{eb}/U_T)} - 2\right], \tag{324b}$$

$$C_E < \frac{2\,C_2}{G_K} \; \frac{\dfrac{1}{R_E} + \dfrac{I_E}{U_T}}{\left[\sqrt{2}\,\dfrac{U_{eb}}{U_T}\,\dfrac{I_0(\hat{u}_{eb}/U_T)}{I_1(\hat{u}_{eb}/U_T)} - 2\right]} \tag{325}$$

oder mit Einführung der Kreisgüte und der Oszillatorfrequenz f_{osz} sowie mit $I_0(\xi)/I_1(\xi) \approx 1$ und $U_{eb} = U_{\text{osz}}$

$$C_E < \frac{Q_0}{\pi\, f_{\text{osz}}} \; \frac{\dfrac{1}{R_E} + \dfrac{I_E}{U_T}}{\sqrt{2}\,\dfrac{U_{\text{osz}}}{U_T} - 2}. \tag{325a}$$

Die Neigung zum Überschwingen wächst mit zunehmender Frequenz, abnehmender Güte des Oszillatorkreises und abnehmendem Emittergleichstrom. Die zulässige Größe von C_E muß also für die höchste Frequenz und den niedrigsten durch Exemplarstreuungen möglichen Einstellstrom bestimmt werden. Für das oben gerechnete Beispiel erhält man mit den Nominalwerten bei $f_\text{osz} = 2\ \text{MHz}$ einen Wert $C_E < 60\ \text{nF}$. Mit dem gewählten Wert $C_E = 22\ \text{nF}$ ist man daher sicher gegen Überschwingen; dies gilt auch bei verminderter Batteriespannung, da dann mit abnehmendem Emitterstrom auch die Oszillatorspannung kleiner wird.

Die Größe des Kondensators C_B hat in Verbindung mit dem Überschwingen fast keine Bedeutung, da die Spannung an der Basis wegen des verhältnismäßig großen Querstromes des Basisteilers praktisch konstant ist. C_B wird mit Rücksicht auf die ZF-Rückwirkung gewählt und erhält in unserem Beispiel ebenfalls einen Wert von 22 nF.

Selbstschwingende Mischstufe für Kurzwellen. Eine selbstschwingende Mischstufe für den Kurzwellenbereich unterscheidet sich in der Schaltungstechnik grundsätzlich nicht von der für Mittelwellen, jedoch treten hier einige Probleme auf, die bei höheren Frequenzen eine Rolle spielen können. Der Fehlwinkel der Steilheitsphase nimmt mit wachsender Frequenz zu, so daß bei einem Empfangsbereich von $6 \cdots 16\ \text{MHz}$ die Oszillatoramplitude am hochfrequenten Bereichsende geringer wird.

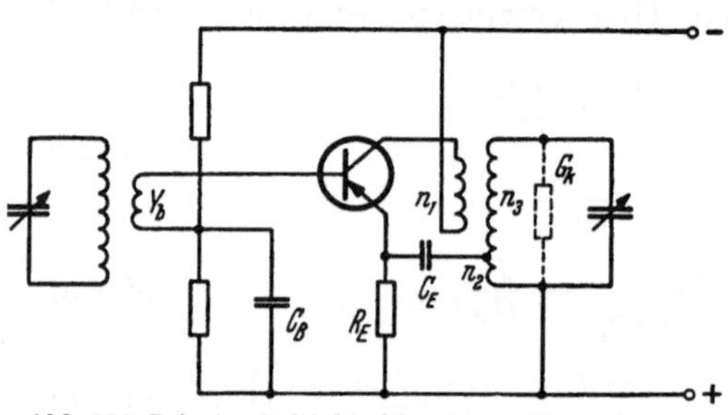

Die Kopplung des Transistors an den Oszillatorkreis muß dann zur Erzeugung einer ausreichenden Oszillatorspannung fester gemacht werden. Dadurch rufen Änderungen der Transistorparameter bei Betriebsspannungsschwankungen Frequenzänderungen hervor, die bei der losen Ankopplung im Mittelwellenbereich noch unmerklich waren. Der relative Frequenzunterschied zwischen Empfangsfrequenz und Oszillatorfrequenz wird bei hohen Frequenzen wesentlich kleiner. Die Folge davon ist eine Beeinflussung des Oszillators durch den auf die Empfangsfrequenz abgestimmten Eingangskreis, die sich in Mitzieheffekten oder gar in einem Abreißen der Oszillatorschwingung äußert. Auch die Neigung zum Überschwingen wird bei zunehmender Oszillatorfrequenz größer.

Abb. 150. Prinzipschaltbild eines Kurzwellenoszillators

Das Prinzipschaltbild des Oszillators ohne ZF-Kreis zeigt Abb. 150. Es unterscheidet sich bis auf die Wicklung n_2, die hier wegen der festeren Kopplung an einer Anzapfung der Oszillatorspule gewonnen wird, nicht von dem des Mittelwellenoszillators. Auch für den Kurzwellenoszillator gilt die Gl. (319). Das Leitwertdiagramm ist ähnlich dem in Abb. 146, solange man die Impedanz der Vorkreiskoppelspule nicht berücksichtigt. Der Durchmesser A des Kreises ist jetzt jedoch gegen die reelle Achse gedreht, wie in Abb. 151 gezeigt ist. Das hat zur Folge, daß der Durchmesser A' des kleinen Kreises bei gegebenem G_k größer sein muß, d. h. die Oszillatoramplitude ist unter sonst gleichen Bedingungen um so kleiner, je größer der Steilheitsfehlwinkel ist. Infolge der Neigung des Kreises liegt der Punkt P nicht, wie beim Mittelwellenoszillator, auf dem Durchmesser A', was bedeutet, daß sich nicht die Resonanzfrequenz des Kreises erregt, sondern in diesem Fall mit $x_k < 0$ eine niedrigere Frequenz. Der Durchmesser A',

der der Großsignalsteilheit im stationären Zustand entspricht, braucht nicht die Richtung von A beizubehalten, so daß bei Änderung der Oszillatoramplitude Frequenzänderungen möglich sind.

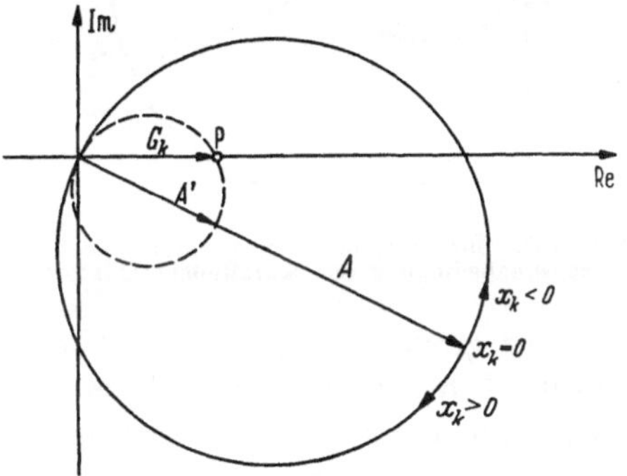

Abb. 151. Diagramm zur Erläuterung der Schwingbedingung für einen Kurzwellenoszillator

In Gl. (318) ist noch nicht der Einfluß des Leitwertes Y_b berücksichtigt worden. Das ist jedoch nun notwendig, da besonders am hochfrequenten Bereichsende der relative Unterschied zwischen Empfangsfrequenz und Oszillatorfrequenz nur gering ist und daher Y_b auch bei der Oszillatorfrequenz einen merklichen Wert hat. Ohne Herleitung sei angegeben, wie die Schwingbedingung sich durch Y_b ändert.

Ist $Y_l = G_b(1 + j\,x_B)$ die auf die Koppelspule transformierte Admittanz des Eingangskreises bei einer Verstimmung x_B gegenüber der Oszillatorfrequenz, dann tritt an die Stelle von Y_k in Gl. (319) der Ausdruck

$$\frac{(t_1 - t_2)^2\,\Delta_{yb} + (y_{ib} + y_{fb})\,G_k(1 + j\,x_k)}{G_b(1 + j\,x_B)} + G_k(1 + j\,x_k). \tag{326}$$

Der Zeiger A nach Gl. (319a) bleibt der gleiche; weiter ist

$$\Delta_{yb} = \Delta_{ye}; \qquad y_{ib} + y_{fb} = y_{ie} + y_{re} \approx y_{ie}.$$

Im allgemeinen gilt

$$(t_1 - t_2)^2\,\Delta_{ye} \ll y_{ie}\,G_k,$$

so daß im Leitwertdiagramm an die Stelle des Zeigers $A/(1 + j\,x)$ ein anderer Zeiger

$$\frac{A}{(1 + j\,x_k)} - \frac{B}{(1 + j\,x_B)} \quad \text{mit} \quad B = \frac{G_k}{G_b}\,y_{ie} \tag{326a}$$

tritt. In Abb. 152 ist die Wirkung des zusätzlichen Termes $B/(1 + \mathrm{j}\,x_B)$ dargestellt. Für $B = 0$ oder für sehr große Verstimmungen x_B sind die Verhältnisse die gleichen wie in Abb. 151. Im praktischen Fall ist jedoch die Verstimmung nicht so groß, so daß der Endpunkt von B, der sich beim Abgleich des Vorkreises auf dem Kreis durch P bewegt,

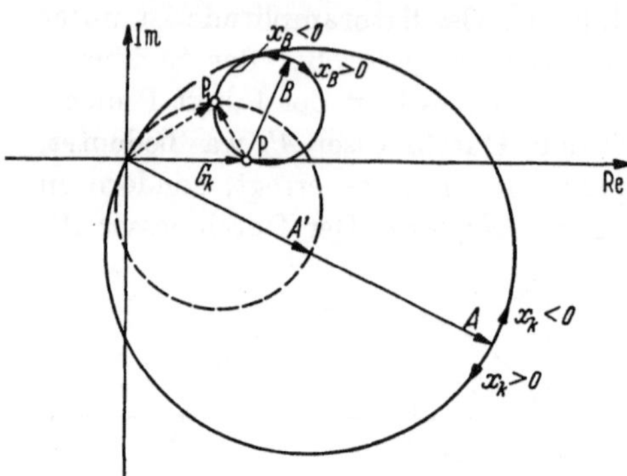

den Durchmesser A' und damit sowohl die Amplitude wie die Frequenz der Oszillatorschwingung stark beeinflußt. Ist z. B. P_1 der Endpunkt des Zeigers B, so hat der gestrichelte Kreis durch P_1 einen größeren Durchmesser A' als der entsprechende Kreis durch P ihn haben würde. Die zugehörige Oszillatorspannung ist also kleiner. Außerdem ist die zu P_1 gehörende Verstimmung der Oszillator-

Abb. 152. Zur Wirkung des Vorkreises auf die Schwingbedingung des Kurzwellenoszillators

frequenz größer als die zu P gehörende. Wäre der Zeiger B nur wenig größer, d. h. der Leitwert G_b etwas kleiner, so könnten die beiden ausgezogenen Kreise sich schneiden und die Schwingungen beim Durchstimmen des Vorkreises abreißen.

Die Koppelspule zum Vorkreis wird vom Oszillator-Basisstrom durchflossen, dessen Größe vom Eingangsleitwert y_{ie} abhängt und der

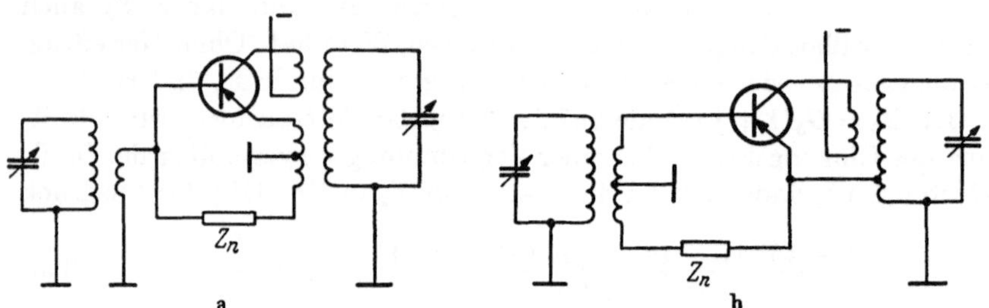

Abb. 153 a u. b. Zwei Schaltungen zur Verminderung des Vorkreiseinflusses auf den Oszillator

den störenden Spannungsabfall an Y_b erzeugt. Durch einen Kunstgriff kann man diesen Spannungsabfall und damit die unangenehme Wirkung von Y_b beseitigen oder vermindern. In der Schaltung Abb. 153 a erfolgt dies dadurch, daß von der symmetrischen Oszillatorkoppelspule über die Nachbildung Z_n der Transistoreingangsimpedanz ein dem Basisstrom gegenphasig gleicher Strom in die Koppelspule eingespeist wird. Die gleiche Wirkung wird in Abb. 153 b durch eine mittelangezapfte

Koppelspule auf dem Vorkreis erreicht. Macht man Z_n einstellbar, so läßt sich für eine Frequenz eine vollkommene Kompensation erreichen. Für einen größeren Frequenzbereich und eine Vielzahl von Transistorexemplaren ist es jedoch schwierig, eine einfache aus wenigen Schaltelementen bestehende Nachbildung herzustellen, so daß man sich in der Praxis mit einer Verminderung des Einflusses von Y_b auf ein erträgliches Maß begnügt. Durch die Kompensation erreicht man gleichzeitig auch eine Verminderung der Oszillatorspannung am Vorkreis und der Ausstrahlung über die Antenne.

Eine andere Möglichkeit, den Einfluß des Empfangskreises zu verringern, liegt in der Anwendung der Oberwellenmischung. Wie aus der Abb. 132 hervorgeht, ist bei nicht zu kleiner Oszillatorspannung die theoretisch zu erwartende Mischsteilheit für die zweite Harmonische nur unwesentlich kleiner als die Grundwellen-Mischsteilheit. Der Einfluß des Basisbahnwiderstandes läßt den Unterschied in der Praxis größer werden, trotzdem ist die Mischverstärkung bei Oberwellenmischung mit der zweiten Harmonischen nur wenige dB geringer. Ein Nachteil dieser Betriebsweise ist die merklich größere Rauschzahl, so daß die Schaltung mit Vorteil nur in Verbindung mit einer HF-Vorstufe verwendet wird, durch deren Verstärkung der Rauschanteil der Mischstufe weniger hervortritt. Die Ausstrahlung der Harmonischen der Oszillatorfrequenz bei Oberwellenmischung ist allerdings kaum geringer als die der Grundwelle bei normaler Mischung. Bei nicht wesentlich verschiedener Mischsteilheit für die Oberwellen ist nämlich auch der Basisstrom der Oberwellen von gleicher Größenordnung.

Die Ausführung einer normalen praktischen Schaltung mit Grundwellenmischung zeigt Abb. 154. Hier ist das Kompensationsverfahren

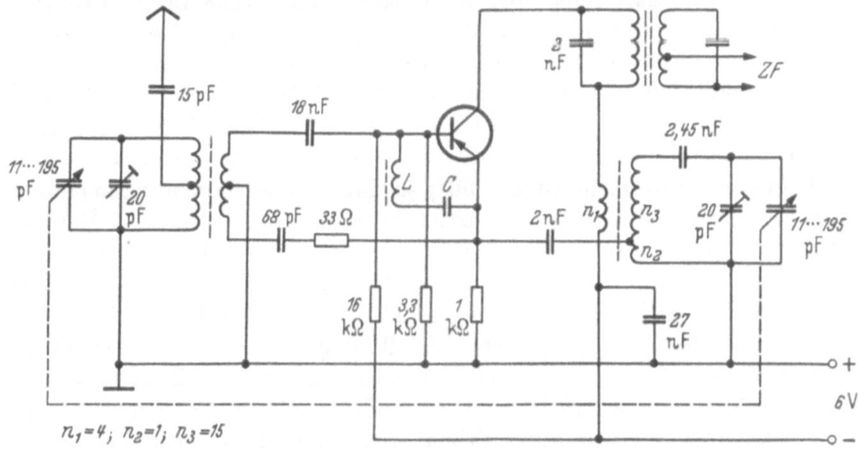

Abb. 154. Schaltbild einer Kurzwellen-Mischstufe für den Frequenzbereich 6 ··· 16 MHz

nach Abb. 153 b verwendet worden, mit einer einfachen Nachbildung
der Eingangsimpedanz, bestehend aus 68 pF und 33 Ω, die am hochfrequenten Bereichsende für eine gute Kompensation sorgt. Die Oszillatorspannung steigt zunächst mit zunehmender Frequenz an, weil G_k
abnimmt, und fällt oberhalb 14 MHz wieder wegen des größer werdenden Fehlwinkels der Steilheit. Der Emitterkondensator ist mit Rücksicht auf Pendelschwingungen bei hohen Frequenzen nur 2 nF groß,
während er mit Rücksicht auf die Mischsteilheit größer sein sollte.
Um nicht zu viel Einbuße an Mischverstärkung zu erhalten, wird die
Emitter-Basisstrecke durch den Saugkreis L, C weitgehend für die ZF
kurzgeschlossen, während die Empfangsfrequenz wegen der für Kurzwellen hohen Impedanzen der Spule L keine Beeinträchtigung erfährt.

Der störende Einfluß von Betriebsspannungsänderungen auf die
Oszillatorfrequenz ist bei einem Kurzwellenoszillator schon deswegen
größer, weil alle Frequenzänderungen für die gleiche relative Verstimmung größer sind als beim Mittelwellenoszillator. Darüber hinaus haben
wegen der festeren Kopplung zwischen Transistor und Schwingkreis
die Transistorparameter einen stärkeren Einfluß auf die Frequenz. Bei
Änderung der Spannung ändert sich bei der gewählten Stabilisierung
der Kollektorstrom in etwa gleichem Maße. Die Spannungsänderung
bewirkt eine Änderung der Kollektor-Sperrschichtkapazität und damit
unmittelbar eine Änderung der Resonanzfrequenz des Oszillatorkreises.
Die Stromänderung ist mit einer Änderung der Oszillatorsteilheit und
der Eingangsimpedanz verbunden, die eine Verschiebung des Punktes P_1
auf dem gestrichelten Kreis der Abb. 152 zur Folge hat, was ebenfalls
einer Frequenzänderung entspricht. Unangenehm können die Batteriespannungsschwankungen besonders dann werden, wenn sie, wie bei
Gegentakt-B-Schaltungen über den Batterie-Innenwiderstand im Rhythmus der Modulation erfolgen, weil sie dann über eine Frequenzmodu-
lation des Oszillators Verzerrungen der Niederfrequenz erzeugen.

Selbstschwingende Mischstufe für 100 MHz. Die z. Z. im Handel
befindlichen Transistoren, die für den 100 MHz-Bereich geeignet sind,
weisen meistens einen Phasenwinkel der Steilheit von etwa $+90°$
auf (in der Emitterschaltung $-90°$), so daß die Schwingbedingung durch
Rückkopplung über eine Kapazität zwischen Kollektor und Emitter
erfüllt werden kann. Abb. 155 zeigt das Schaltbild einer selbstschwingenden Mischstufe für den 100 MHz-UKW-Bereich, die der in Abb. 128
dargestellten HF-Vorstufe nachgeschaltet werden soll. Wir legen die
Kenndaten des Typs (4) in der Aufstellung S. 186 zugrunde. Der Oszillatorkreis L_2, C_2 ist mit seiner Anzapfung über den Kondensator C_3
an den Kollektor angeschlossen. C_3 bildet zugleich die Kapazität des
auf 10,7 MHz abgestimmten Primärkreises des ZF-Bandfilters, dessen
Induktivität L_3 zusätzlich die Funktion einer Drossel für die Oszillator-

frequenz übernimmt. Die Rückkopplung erfolgt über den Kondensator C_r zwischen Kollektor und Emitter. Der Emittergleichstrom fließt über die Drossel L_1 und den Emitterwiderstand R_E. Der Emitterkondensator C_1 bildet mit L_1 einen auf 10,7 MHz abgestimmten Serienkreis zur Verminderung der ZF-Rückwirkung. Die Hochfrequenz wird vom

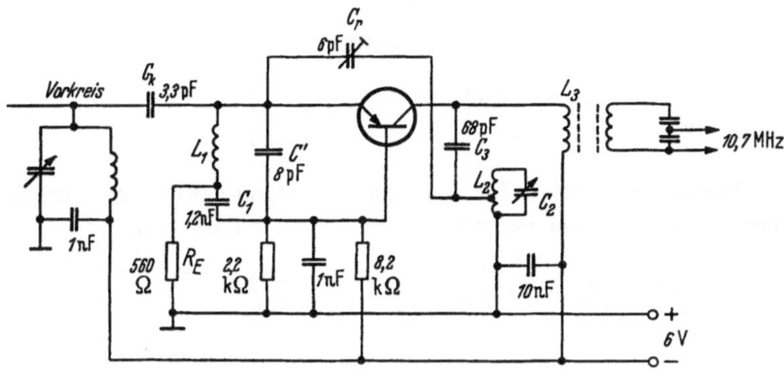

Abb. 155. Schaltbild einer selbstschwingenden Mischstufe für den UKW-Bereich

Vorkreis über einen Kondensator $C_k = 3,3$ pF dem Emitter zugeführt. Abweichend von den Schaltungen für niedrigere Frequenzen arbeitet der Transistor also auch als Mischer in der Basisschaltung. Die Einstellung des Gleichstromarbeitspunktes erfolgt in der üblichen Weise mit Basisspannungsteiler und Emitterwiderstand.

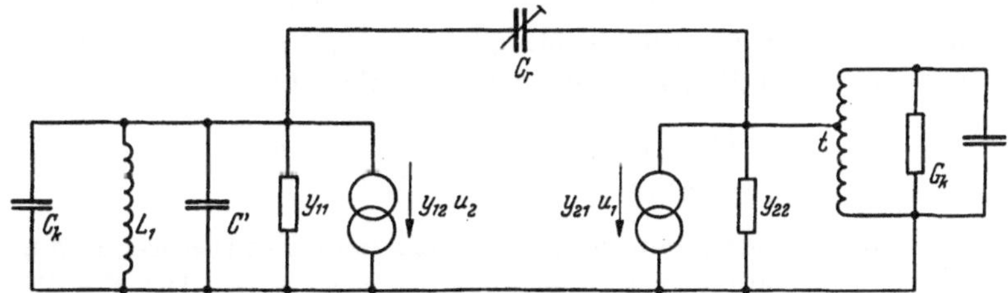

Abb. 156. Ersatzschaltbild für den UKW-Oszillator

Zur Herleitung des Schwingungskriteriums sind die für die Oszillatorfunktion wesentlichen Schaltelemente in dem Ersatzschaltbild Abb. 156 dargestellt. Der Vorkreis wirkt für die oberhalb der Empfangsfrequenz liegende Oszillatorfrequenz als Kapazität, so daß die kleine Koppelkapazität C_k unmittelbar parallel zum Eingang liegt. Außerdem liegt am Eingang die Saugkreisinduktivität L_1 und die Kapazität C', die zur Kompensation der induktiven Komponente des Eingangsleitwertes y_{11} dient. Am Ausgang ist nur der angezapfte Oszillatorkreis mit seinem Verlustleitwert G_k wirksam.

Nennt man die gesamte Eingangsadmittanz Y_1 und die gesamte Ausgangsadmittanz Y_2,

$$Y_1 = j\,\omega\left(C' + C_k - \frac{1}{\omega^2 L_1}\right) + y_{11}\,,$$

$$Y_2 = y_{22} + \frac{1}{t^2}\,Y_k\,, \tag{327}$$

so erhält man für den neuen erweiterten Vierpol

$$(y^*) = \begin{pmatrix} Y_1 + j\,\omega\,C_r & y_{12} - j\,\omega\,C_r \\ y_{21} - j\,\omega\,C_r & Y_2 + j\,\omega\,C_r \end{pmatrix}. \tag{328}$$

(Alle Admittanzen gelten für die Basisschaltung.) Für den Eingangsleitwert dieses Vierpols bei offenem Ausgang erhält man

$$y_i^* = (Y_1 + j\,\omega\,C_r) - \frac{(y_{12} - j\,\omega\,C_r)(y_{21} - j\,\omega\,C_r)}{Y_2 + j\,\omega\,C_r}\,. \tag{329}$$

Wir schreiben

$$y_i^* = A - D$$

mit

$$A = Y_1 + j\,\omega\,C_r = g_{11} + j\,B_{11}\,, \tag{329b}$$

$$B_{11} = b_{11} + \omega\left(C' + C_k - \frac{1}{\omega^2 L_1}\right),$$

$$D = \frac{y_{12}\,y_{21} - \omega^2\,C_r^2 - j\,\omega\,C_r(y_{12} + y_{21})}{Y_2 + j\,\omega\,C_r}\,.$$

Da die Phasenwinkel von Steilheit und Rückwirkung in der Basisschaltung $+90°$ bzw. $-90°$ sind, gilt $g_{21} = g_{12} = 0$. Außerdem ist $|b_{12}| \ll |b_{21}|$, so daß man angenähert schreiben kann

$$D = \frac{\omega\,C_r(b_{21} - \omega\,C_r)}{Y_2 + j\,\omega\,C_r} = \frac{\omega\,C_r(|y_{21}| - \omega\,C_r)}{Y_2 + j\,\omega\,C_r}\,.$$

Der Wirkleitwert des Nenners besteht aus dem Transistor-Ausgangsleitwert g_{22} und dem transformierten Kreisleitwert G_k. Die Blindleitwerte $\omega\,C_r$ und b_{22} kann man sich in die Abstimmung des Oszillatorkreises mit einbezogen denken. Es gilt dann

$$D = \frac{\omega\,C_r(|y_{21}| - \omega\,C_r)}{G_k'(1 + j\,x)} \tag{330}$$

mit

$$G_k' = g_{22} + \frac{1}{t^2}\,G_k\,,$$

$$x = \left(\frac{\omega}{\omega_0} - \frac{\omega_0}{\omega}\right)Q_B \approx \frac{2\,\Delta f}{f_0}\,Q_B\,.$$

Q_B ist die Betriebsgüte des Oszillatorkreises.

Wie bei den Oszillatoren für niedrige Frequenzen ist auch hier die Bedingung für Selbsterregung Re $y_i^* < 0$ und für den eingeschwungenen Zustand $y_i^* = 0$. Im Leitwertdiagramm Abb. 157 beschreibt der Endpunkt des Zeigers D als Funktion der Verstimmung x einen Kreis durch den Koordinatennullpunkt mit dem Durchmesser $D_0 = \omega\, C_r (|y_{21}| - \omega\, C_r)/G_k'$, dessen Mittelpunkt auf der positiven reellen Achse liegt. Liegen die Koordinaten P der Admittanz A innerhalb des Kreises, so schwingt der Oszillator. Die Regelwirkung des Emitterrichtstromes vermindert die Großsignalsteilheit und damit den Kreisdurchmesser so weit, daß P′ ein Punkt des verkleinerten Kreises wird. P′ entspricht dabei der Admittanz A', die für den oszillierenden Transistor gilt. Die Oszillatoramplitude, die vom Verhältnis der beiden Kreisdurchmesser abhängt,

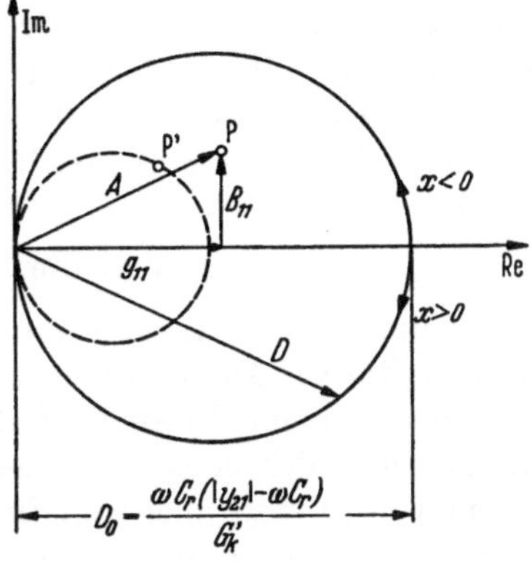

Abb. 157
Leitwertdiagramm für das Schwingungskriterium des UKW-Oszillators

läßt sich durch Abgleich des Trimmers C_r einstellen, da mit diesem der Durchmesser D_0 des Ausgangskreises beeinflußt werden kann. Die sich erregende Oszillatorfrequenz hängt von der Blindkomponente B_{11} ab; in der Abbildung ist die Oszillatorfrequenz mit $x < 0$ niedriger als die Resonanzfrequenz des Oszillatorkreises. Tatsächlich ändern sich bei wachsender Oszillatoramplitude Betrag und Phasenwinkel von Steilheit und Eingangsadmittanz, wie die gemessenen Kurven der

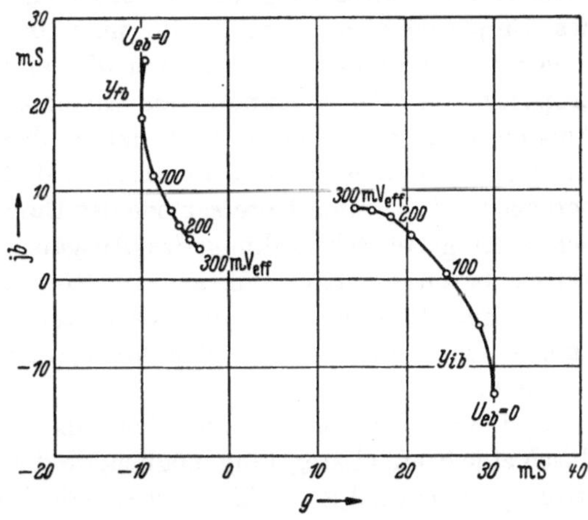

Abb. 158. Änderung der Großsignalwerte der Eingangsadmittanz y_{ib} und der Steilheit y_{fb} eines 100 MHz-Transistors mit der Eingangswechselspannung U_{eb} bei 100 MHz ($I_E = 1,5$ mA)

Abb. 158 zeigen. Das Prinzip der Stabilisierung der Oszillatorspannung wird dadurch jedoch nicht berührt.

Der Einfluß von Betriebsspannungsschwankungen auf die Oszillatorfrequenz ist prinzipiell der gleiche wie beim Kurzwellenoszillator.

Auch hier soll man bemüht sein, die Leerlaufgüte möglichst hoch zu wählen und den dämpfenden Einfluß des Transistors auf den Oszillatorkreis durch eine möglichst kleine Anzapfung t zu vermindern. Dadurch wächst allerdings G_k' und der Kreisdurchmesser D_0 nimmt ab. Eine Kompensation durch eine größere Rückkopplungskapazität C_r ist nicht in beliebigem Maße möglich, da C_r vermindernd auf die Vorwärtssteilheit wirkt. Die optimale Rückkopplungskapazität ist $C_r = b_{21}/(2\omega) = |y_{21}|/(4\pi f)$.

4. Verhalten bei großen Signalen

In diesem Abschnitt soll auf einige Störerscheinungen eingegangen werden, die bei Aussteuerung von HF-Verstärkern mit großen Signalen auftreten können. In einem Teil a) werden einige Probleme behandelt, die mit der nichtlinearen Eingangscharakteristik zusammenhängen; in einem Teil b) wird über Störeffekte berichtet, die bei großen Kollektorwechselspannungen beobachtet werden.

a) Verstärkungsregelung und Kreuzmodulation. Wegen der unterschiedlichen Empfangsfeldstärken der Sender müssen Rundfunkempfänger Eingangsspannungen von sehr verschiedener Größe ohne merkliche Verzerrungen verstärken können. Aus diesem Grunde ist eine automatische Anpassung der Verstärkung an die Antennenspannung des Empfängers notwendig, die man bei Röhrenempfängern durch Regelung der Steilheit erzielt. Dazu wird eine der ZF-Ausgangsspannung proportionale Gleichspannung als Gitterspannung verwendet, die den Anodenstrom der Röhren und damit ihre Steilheit bei wachsender Ausgangsspannung so weit herabsetzt, daß die vier bis fünf Zehnerpotenzen betragenden Unterschiede des Eingangssignals auf eine wesentlich verringerte Schwankung des Ausgangssignals vermindert werden. Durch besondere Konstruktion der Röhren erreicht man dabei, daß bei geringer Steilheit die dann vorhandenen großen Gitterwechselspannungen keine unzulässig großen Verzerrungen des Anodenstromes hervorrufen.

In Transistorempfängern ist ebenfalls eine Regelung der Verstärkung durch eine Steilheitsregelung möglich, da die Steilheit etwa dem Emitterstrom proportional ist. Leider gibt es jedoch noch keine den Regelröhren entsprechenden Transistoren mit einer besonderen Form der Eingangskennlinie. Die Folge ist das Auftreten von Modulationsverzerrungen und Kreuzmodulation bei stärkeren Signalen. Unter Kreuzmodulation versteht man die Erscheinung, daß ein Trägersignal durch ein moduliertes Signal einer anderen Frequenz ebenfalls moduliert wird. Man definiert den Kreuzmodulationsgrad wie folgt: Ein Kreuzmodulationsgrad von 1% bedeutet, daß bei 100% Modulation des Störsignals das Nutzsignal eine Störmodulation von 1% aufweist. Theoretische und experimentelle Untersuchungen [*66, 67, 68*] haben gezeigt, daß die Ursachen für die Kreuzmodulation im wesentlichen die gleichen sind, wie die für NF-Verzerrungen. Wie bei diesen macht sich auch hier die linearisierende Wirkung des Basisbahnwiderstandes auf die Eingangskennlinie bemerkbar. Sie bewirkt, daß für einen bestimmten Emitterstrom die Kreuzmodulation minimal, bzw. die für einen konstanten Kreuzmodulationsgrad zulässige Spannung der Störfrequenz maximal wird. Abb. 159 zeigt die Meßergebnisse an einem Transistor, dessen optimaler Emitterstrom bei etwa 0,25 mA liegt. Eine Nutzanwendung aus diesem Verhalten ist schwer möglich, da wegen der Verstärkungs-regelung der Strom nicht konstant bleibt und da der günstigste Arbeitspunkt vom Basisbahnwiderstand und damit vom individuellen Transistorexemplar abhängt. Für die Beurteilung der Kreuzmodulationseigenschaften in der Praxis ist daher der niedrigste Punkt der Kurve maßgebend, der, gemittelt über viele Transistoren und in Übereinstimmung mit der Theorie, bei einer Störspannung von etwa 3 mV liegt.

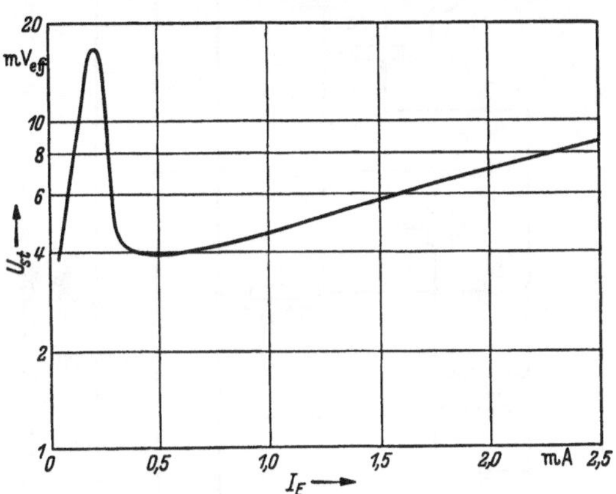

Abb. 159. Störspannung U_{st} an der Basis eines Transistors für 1% Kreuzmodulation als Funktion des Emitterstromes I_E

Durch Anwendung von Gegenkopplung, z. B. durch einen nicht überbrückten Widerstand in der Emitterleitung, läßt sich diese Spannung zwar erhöhen, jedoch sinkt dadurch auch die Verstärkung der Stufen.

Auch die Zeitkonstante von Emitterwiderstand und Überbrückungskondensator hat einen Einfluß auf die Gestalt der Kurve in Abb. 159. Bei hinreichend kleinen Zeitkonstanten ändert sich der Emittergleichstrom im Rhythmus der Modulation, wodurch eine Beeinflussung des Kreuzmodulationsverhaltens erfolgt.

Besonders schwierig ist die Aufgabe einer automatischen Verstärkungsregelung dann zu lösen, wenn eine Regelung der Transistorstufe mit der niedrigsten Eingangsspannung nicht möglich ist. Das trifft für die meisten Mittelwellenempfänger zu, da diese gewöhnlich in der ersten Stufe mit einem selbstschwingenden Mischer ausgerüstet sind, der kaum regelbar ist. Nimmt man die Regelung in der folgenden ZF-Stufe vor, so bekommt man wegen der Verstärkung der Mischstufe schon bei mittleren Eingangssignalen so hohe Spannungen am ZF-

Transistor, daß sie zu Modulationsverzerrungen führen. Die Kreuzmodulation spielt an dieser Stelle eine geringere Rolle, da durch die Vorselektion des Antennenkreises und des ersten ZF-Bandfilters nur Sender in der Nachbarschaft der Empfangsfrequenz ein hinreichend großes Störsignal erzeugen können. Solche Sender wiederum stören jedoch auch ohne Kreuzmodulation wegen mangelnder Selektivität unmittelbar.

Eine weitere Schwierigkeit beim Regeln des Emitterstromes trat bei den älteren Legierungstransistoren auf, bei denen Eingangs- und Ausgangsleitwerte einen nennenswerten Beitrag zum Gesamtleitwert der Abstimmkreise liefern. Bei Verminderung des Emitterstromes erniedrigen sich in gleichem Maße diese Leitwerte, was zu einer Veränderung der Kopplung und Bandbreite der Bandfilter führt. Die mit der Regelung verbundene Änderung der Eingangskapazität verursacht außerdem eine Verstimmung des Eingangskreises. In einfachen Empfängern mit modernen Transistoren ist z. T. nur eine einzige ZF-Stufe vorhanden, durch deren Regelung nicht nur die Verstärkung, sondern auch die mögliche Ausgangsspannung vermindert würde. Dadurch würde der Regelbereich unzulässig

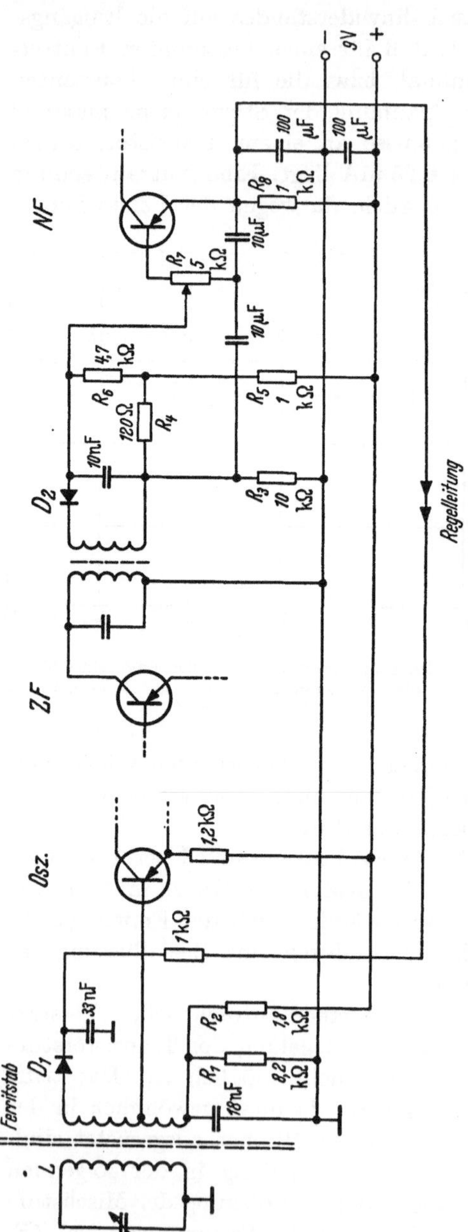

Abb. 160. Beispiel einer automatischen Regelung durch eine Dämpfungsdiode im Antennenkreis

eingeengt, weil die Gleichspannung für die Regelung aus dieser Ausgangsspannung gewonnen wird. Als Ausweg verwendet man daher
statt einer Verstärkungsregelung eine Schwächung des Eingangssignals
durch Bedämpfung des Antennenkreises mit einem steuerbaren Widerstand. Dieser veränderliche Widerstand ist gewöhnlich eine Diode, die
mit zunehmender Regelspannung von der Sperrichtung in die Durchlaßrichtung gepolt wird. Die Probleme der Kreuzmodulation und Modulationsverzerrungen sind hier wegen der gleichartigen Kennlinien der
Dämpfungsdiode und der Emitterdiode des Transistors die gleichen.
Die dämpfende Wirkung der Diode darf erst bei einem Signalpegel
einsetzen, der genügend hoch über dem Rauschpegel liegt, da sonst
auch bei großen Empfangsfeldstärken ein ungünstiges Signal/Rausch-
Verhältnis die Folge wäre.

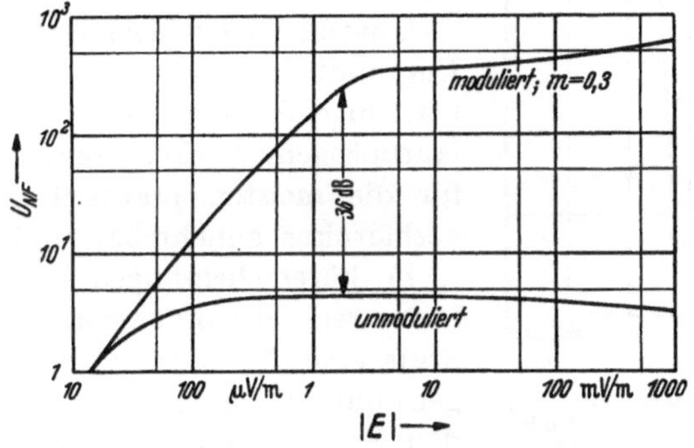

Abb. 161. Regelkurve eines Empfängers mit einer Regelschaltung nach Abb. 160. Die
NF-Spannung ist in relativem Maßstab aufgetragen

Eine Regelschaltung mit Dämpfungsdiode zeigt Abb. 160. Die
Diode D_1 liegt an einer mit dem Antennenkreis L, C fest gekoppelten
Wicklung. Durch den Spannungsteiler R_1, R_2 wird das Potential der
Anode festgehalten, während das der Katode abhängig von der Emp-
fangsfeldstärke geregelt wird. Die Regelspannung wird von der De-
modulatordiode D_2 gewonnen und vom Emitterwiderstand R_8 des als
Impedanzwandler arbeitenden NF-Transistors abgenommen. Durch die
Dimensionierung der Widerstände R_3, R_4, R_5 wird erreicht, daß die
Diode D_1 bei fehlendem Signal hinreichend stark in Sperrichtung vorgespannt ist. Die Demodulatordiode D_2 erhält durch den Spannungsabfall an R_4 eine kleine Vorspannung in Durchlaßrichtung, wodurch
bei kleinen Signalen der Demodulationswirkungsgrad wächst und die
Verzerrungen bei großem Modulationsgrad abnehmen. Außerdem wird
die Impedanz der Diode weniger abhängig von der ZF-Spannung. Die
Regelkurve Abb. 161 zeigt an einem Beispiel, daß die Diode bei etwa
2 mV/m und einem Signal/Rausch-Abstand von 36 dB wirksam wird.

16*

Einen Eindruck von den Kreuzmodulationseigenschaften vermittelt Abb. 162. Die geringen zulässigen Störfeldstärken in der Nachbarschaft der Nutzfrequenz sind eine unmittelbare Folge der Selektivitätskurve. Bei größeren Frequenzunterschieden und größeren Nutzfeldstärken handelt es sich um Kreuzmodulation in der Dämpfungsdiode.

Empfänger mit einer Hochfrequenzstufe vor der Mischstufe gestatten eine Regelung des ersten Transistors, jedoch treten für diesen bei großen Feldstärken ebenfalls Schwierigkeiten auf. Eine generelle Herabsetzung des Eingangssignals durch stärkere Abwärtstransformation vom Antennenkreis auf die Basis verbietet sich wegen des Eigenrauschens des Transistors und des Verstärkungsverlustes.

Obwohl das Problem der automatischen Empfindlichkeitsregelung z. Z. noch nicht befriedigend gelöst ist, lassen sich erfahrungsgemäß Kompromisse finden, die für die meisten praktischen Empfangsverhältnisse annehmbar sind.

b) Störerscheinungen bei großen Kollektorwechselspannungen. In der letzten Stufe eines Verstärkers, bei FM-Empfängern ohne Regelung auch in vorhergehenden Stufen, wird bei großen Eingangssignalen die Amplitude der Kollektorwechselspannung vergleichbar mit der Kollektorgleichspannung. Da die Kollektorsperrschichtkapazität eines Transistors bei abnehmender Gleichspannung nichtlinear anwächst, ergibt sich bei großer Aussteuerung der Kollektorspannung eine Zunahme der im Kollektorschwingkreis wirksamen Kreiskapazität. Die aus diesem Verhalten resultierende Resonanzkurve des Kollektorkreises ist bei großen Amplituden nicht mehr symmetrisch zu der für kleine Amplituden gültigen Zentralfrequenz f_0, sondern weist eine Sprungstelle bei einer niedrigeren Frequenz auf. In Abb. 163 ist dieser Fall skizziert. Nähert man sich von niedrigen Frequenzen her der Frequenz f_0, so nimmt bei zunehmender Wechselspannung die Kollektorkapazität zu, so daß sich die Resonanzfrequenz nach niedrigeren Werten hin verschiebt. Die Resonanzkurve wird dadurch steiler als bei konstanter Kreiskapazität. Bei einer bestimmten Frequenz unterhalb f_0 wird die Steilheit der Kurve unendlich, die Spannung springt plötzlich auf einen höheren Wert und nimmt bei weiterer Frequenzerhöhung stetig ab.

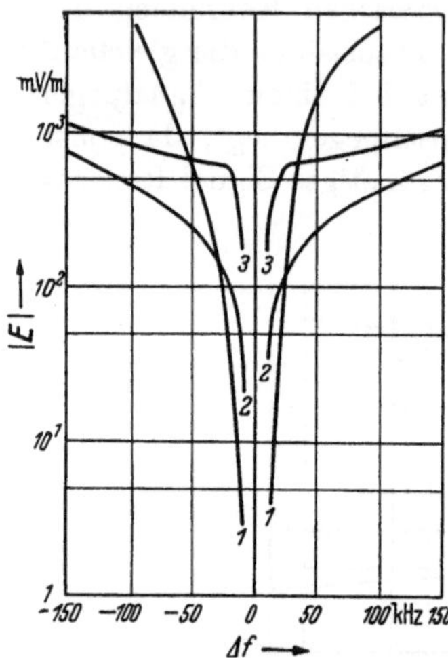

Abb. 162. Störfeldstärke $|E|$, die bei 30% Modulation einen Modulationsgrad des Nutzsignals von 1% hervorruft. Frequenz des Nutzsignals: 1 MHz ($\Delta f = 0$). Parameter ist die Feldstärke $|E_N|$ des Nutzsignals

Kurve *1*: $|E_N| = 0{,}5\ \mathrm{mV/m}$,
Kurve *2*: $|E_N| = 5\ \mathrm{mV/m}$,
Kurve *3*: $|E_N| = 50\ \mathrm{mV/m}$

Verändert man die Frequenz von hohen Werten nach niedrigeren hin, so erfolgt das Umkippen bei einer etwas kleineren Frequenz.

Die Größe des Sprunges hängt von der Aussteuerung der Kollektorspannung und vom Anteil der Kollektorkapazität an der gesamten Kreiskapazität ab. In dem Beispiel Abb. 163 ist ein extremer Fall dargestellt, bei dem die mittlere Kollektorkapazität etwa die Hälfte der gesamten Schwingkreiskapazität und die Wechselspannungsamplitude im Umkipppunkt 4,3 V bei einer Kollektorgleichspannung von 5 V betragen. In den meisten praktischen Fällen ist jedoch der Anteil der Transistorkapazität an der Kreiskapazität geringer, so daß die Sprungstelle weniger ausgeprägt ist. Ein Widerstand von einigen hundert Ohm zwischen Kollektor und Schwingkreis schwächt den Effekt auf ein praktisch unmerkliches Maß ab, ohne die Verstärkung nennenswert zu beeinträchtigen.

Ein anderer, bei großen Signalen auftretender Effekt wird bei ZF-Stufen und Mischstufen für den LW-MW-KW-Bereich beobachtet [69]. Bei solchen Stufen kann es vorkommen, daß Eigenschwingungen auf der ZF auftreten, obwohl für kleine Signale kein Rückkopplungszweig vorhanden ist. Die Schwingungen

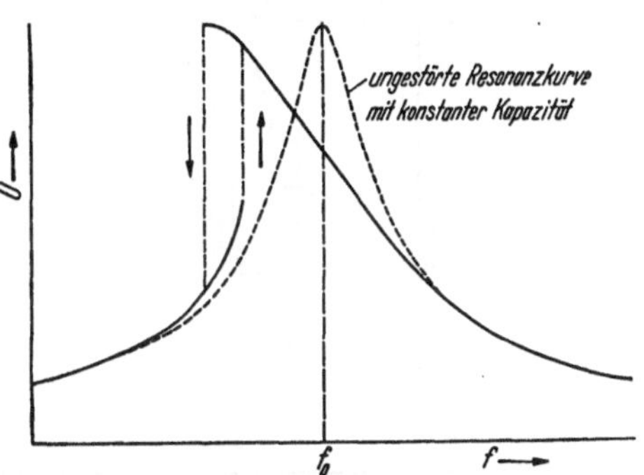

Abb. 163. Verformung der Resonanzkurve eines Schwingungskreises bei starker Aussteuerung der Kollektorspannung. f_0 ist die Resonanzfrequenz des Schwingungskreises bei kleiner Aussteuerung

setzen ein z. B. bei kurzzeitigen Impulsen, bei der Umschaltung einer Mischstufe auf einen anderen Frequenzbereich oder bei plötzlichem Einfall eines starken Signals. Eine vollständige quantitative Analyse ist bisher noch nicht zu Ende geführt worden, jedoch kann man verhältnismäßig einfach eine qualitative Deutung angeben.

Wir betrachten hierzu die Schaltung Abb. 144 und reduzieren diese auf eine für die ZF etwa gültige Ersatzschaltung nach Abb. 164. Wir nehmen weiter an, daß der Transistor eine sehr niedrige Stromverstärkung invers A_I und eine verhältnismäßig kleine Emitterdiffusionskapazität hat. Dies ist bei modernen HF-Transistoren der Fall. Durch irgendeinen Anfangseffekt sei z. Z. $t = 0$ die Spannung des ZF-Kreises und der Spulenstrom

$$u_k = -U_0; \quad i_L = i_{L0} \quad (u_{CB'} \approx u_{CE} = 0).$$

Würde der Kreis Schwingungen ausführen, dann wäre die Kollektordiode in einer negativen Halbwelle gesperrt und in einer positiven

Halbwelle leitend. Im letzteren Fall ist eine starke Dämpfung zu erwarten. Wir betrachten zuerst die wenig gedämpfte negative Halbwelle. In Abb. 165a ist der Verlauf des Stromes und der Spannung für diese Halbwelle ($0 < t < t_1$) skizziert. Zur Zeit $t = t_1$ ist die Spannung am Kreis wieder $u_k = -U_0$ geworden, wobei $u_{CB'}$ das Vorzeichen wechselt. Der Spulenstrom ist in diesem Zeitpunkt, wie man herleiten kann, annähernd

$$i_L(t_1) = -i_{L0} - 2I_C, \tag{331}$$

wenn I_C der durch die Arbeitspunkteinstellung gegebene Kollektorgleichstrom ist. Bei der Umpolung der Kollektordiode wird nunmehr

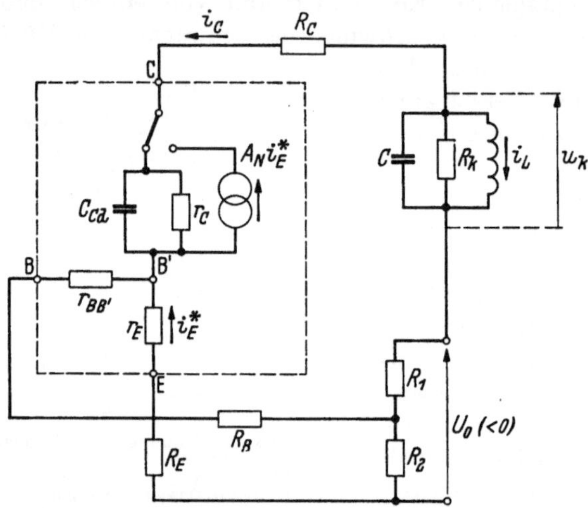

Abb. 164. Ersatzschaltung einer Mischstufe für die Deutung eines Großsignal-Schwingeffektes

der Transistor invers betrieben, denn bei niedrigem Wert von A_I fließt der Kollektorstrom nicht über den Emitter, sondern über die Basis und verursacht einen Spannungsabfall an $r_{BB'} + R_B$, der die Emitterdiode sperrt. Der Kreis ist daher mit der Kollektordiode und in Serie dazu mit dem Basisbahnwiderstand, dem Spannungsteiler und den Widerständen R_B und R_C bedämpft. Da die Spannung $u_{CB'}$ verhältnismäßig klein und daher die Kreisspannung nahezu konstant ist, fließt ein ungefähr linear anwachsender Spulenstrom. Teilweise lädt dieser Strom die Kollektordiffusionskapazität C_{Cd} auf, teilweise verursacht er Energieverluste in den Widerständen r_C, $r_{BB'}$, R_B, R_1, R_2, R_k und R_C. Man kann zeigen, daß — wie groß auch immer die Verluste sind — die Spannung $u_{CB'}$ an C_{Cd} noch positiv ist, wenn der Spulenstrom das Vorzeichen wechselt.

Bei diesem Wechsel bleibt die Emitterdiode nicht länger gesperrt, der Transistor arbeitet nunmehr im Übersteuerungszustand mit einem immer noch vom Spulenstrom vorgeschriebenen Emitterstrom. Die Basiszone wird damit wieder neu mit Ladungsträgern geladen, oder — auf die Ersatzschaltung des Transistors übertragen — der Stromgenerator $A_N i_E^*$ verhindert bzw. verzögert die restliche Entladung von C_{Cd}. In Abb. 165b sind die Verhältnisse angedeutet. Gäbe es keine

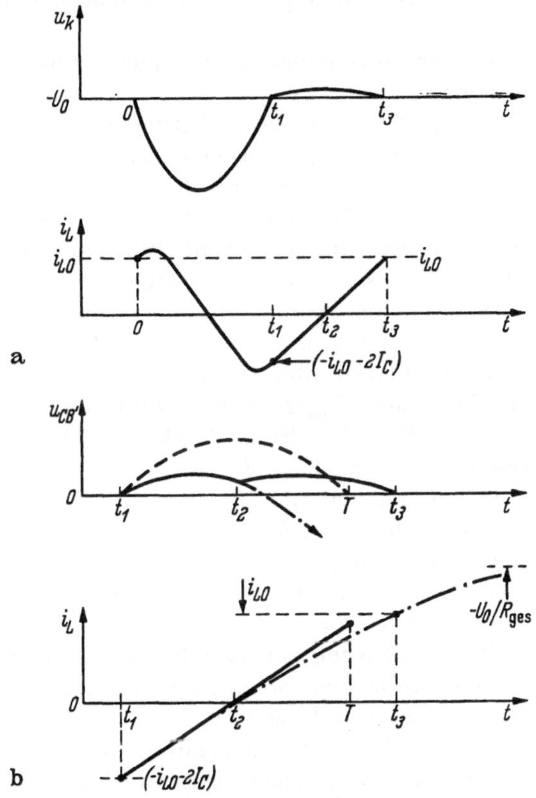

Abb. 165a u. b. a) Verlauf der Spannung am Schwingkreis und des Spulenstromes in der Schaltung Abb. 164; b) Zur Deutung des Großsignaleffektes bei Mischstufen

Verluste und keine Nachladung, dann würde $u_{CB'}$ einen parabolischen Verlauf haben, wie wir gestrichelt angedeutet haben. Zur Zeit T wäre der Spulenstrom auf

$$i_L(t = T) = i_{L0} + 2I_C \qquad (I_C < 0) \qquad (332)$$

angewachsen. Dies reicht nicht aus, um den betrachteten Anfangszustand i_{L0} zu erreichen. Bei Berücksichtigung von Verlusten hat $u_{CB'}$ etwa einen Verlauf, wie in Abb. 165b oben mit der ausgezogenen Kurve skizziert ist. Durch die Nachladung im übersteuerten Zustand wird der Vorzeichenwechsel von $u_{CB'}$ verzögert ($t = t_3$). Der Spulenstrom, anfänglich annähernd linear ansteigend, strebt exponentiell einem Grenzwert $- U_0/R_{\mathrm{ges}}$ zu, wenn R_{ges} alle mit L in Serie liegenden Widerstände einschließt. i_{L0} wird also ebenfalls zu einem späteren Zeitpunkt erreicht. Bei genügender Nachladung der Kollektordiffusionskapazität tritt der Anfangszustand $u_{CB'} = 0$ zum gleichen Zeitpunkt ein, bei dem $i_L = i_{L0}$ geworden ist. Der Anfangszustand ist eingenommen und die Stufe oszilliert.

Die Gefahr von Eigenschwingungen ist besonders groß, wenn folgende Verhältnisse vorliegen:

a) Große Widerstände in der Basiszuleitung $r_{BB'}$, R_B. In diesem Fall wird der Emitterstrom des übersteuerten Transistors groß und die Nachladung wird begünstigt. In Mischstufen liegt im Basiskreis die transformierte Impedanz des HF-Kreises. Ist dessen Frequenz auf eine Oberwelle der ZF abgestimmt, dann ist ebenfalls Selbsterregung möglich, da der Basisstrom infolge seines Oberwellengehaltes an der transformierten Kreisimpedanz einen Spannungsabfall erzeugt.

b) Niedrige Werte der mit L in Serie liegenden Widerstände r_E, R_E, R_C. In diesem Fall wird nach Abb. 165b unten die Differenz $t_3 - T$ kleiner, weil die Dämpfung R_{ges}/L kleiner wird. Das Erreichen von $i_L = i_{L0}$ am Ende der Periode wird dadurch erleichtert.

c) Große Werte von L bzw. kleine Kreiskapazitäten. Auch in diesem Fall werden die Dämpfung und $t_3 - T$ kleiner.

d) Hohe Emittereinstellströme. Mit wachsendem Emitterstrom wird r_E kleiner und die Nachladung von C_{Cd} wird gefördert.

Die wichtigsten praktischen und wirksamen Maßnahmen zur Verhinderung dieses Effektes sind vor allem ein niedriger Widerstand R_B und ein in die Kollektorzuleitung einzuschaltender Widerstand R_C von einigen hundert Ohm sowie eine hohe Kreiskapazität. Der Emittergleichstrom sollte niedrig gewählt werden.

Eine sichere Abhilfe schafft die Verwendung einer in Sperrichtung vorgespannten Diode über dem Kollektorkreis, die bei einer bestimmten Amplitude leitend wird und eine momentane Übersteuerung verhindert. Die Diode kann in manchen Fällen zugleich für Regelzwecke ausgenutzt werden.

E. Impuls- und Schalterbetrieb

Zum Impulsbetrieb wird jeder Betrieb des Transistors mit sprungförmig oder mit relativ steilen Flanken sich ändernden Steuersignalen gerechnet. Der Schalterbetrieb stellt den Extremfall der impulsmäßigen Aussteuerung dar; der Transistor wird hierbei zwischen seinen extremen Betriebszuständen, dem gesperrten Zustand und dem übersteuerten Zustand hin- und hergeschaltet. Der Arbeitspunkt des Transistors wechselt also sehr rasch vom Sperrbereich des Kennlinienfeldes zum

Übersteuerungsbereich und umgekehrt. Auf die günstigen Schaltereigenschaften des Transistors, insbesondere auf den kleinen Durchlaßwiderstand (einige Ω) im „eingeschalteten" (übersteuerten) Zustand wurde früher bereits hingewiesen.

In den voranstehenden Abschnitten dieses Kapitels, in denen die Eigenschaften des Transistors im Hinblick auf seine Verwendung in Verstärkerschaltungen für sinusförmige Steuersignale behandelt wurden, standen hauptsächlich die Abhängigkeit der im wesentlichen linearen Verstärkungskennwerte (z. B. Vierpolkoeffizienten) des Transistors vom Arbeitspunkt und überhaupt die Eigenschaften innerhalb des aktiven Bereiches im Vordergrund. Beim Impuls- bzw. Schalterbetrieb interessieren die Anfangs- und Endzustände, die zum Überwechseln von einem in den anderen Zustand benötigte Zeit und der Flankenverlauf des Ausgangssignals. Es ist daher verständlich, daß die Behandlung des dynamischen Verhaltens des Transistors beim Impulsbetrieb und die für diesen Betrieb brauchbaren Ersatzschaltbilder etwas verschieden sein müssen von den Methoden und Ersatzschaltbildern, die für die Behandlung des sinusförmigen Verstärkerbetriebes geeignet sind.

Im Rahmen dieses Abschnittes werden zuerst in Ergänzung zu den Ausführungen in Abschn. IV. B. die statische Einstellung und Stabilisierung des Arbeitspunktes speziell beim Schalterbetrieb behandelt. Anschließend wird das dynamische Schaltverhalten des Transistors bei Widerstandslast, bei kapazitiver und bei induktiver Last beschrieben, wobei auch die Bedeutung der einzelnen Grundschaltungen des Transistors untersucht wird. Den Abschluß dieses Abschnittes über Impuls- und Schalterbetrieb bildet die Diskussion einiger praktischer Schaltungen, an denen vor allem die praktische Anwendung der zuvor gewonnenen Gleichungen demonstriert werden soll.

Bei allen Ausführungen wollen wir Flächentransistoren vom p–n–p-Typ zugrunde legen. Die Formeln und Schaltungen gelten in analoger Weise jedoch auch für Flächentransistoren vom n–p–n-Typ, wenn jeweils die Vorzeichen der angelegten äußeren Spannungen und Ströme sinngemäß vertauscht werden.

1. Statische Einstellung und Stabilisierung des Arbeitspunktes

Die in Abschn. IV. B. eingehend behandelten Arbeitspunkteinstellungen und Stabilisierungsprobleme beschränken sich auf Arbeitspunkte innerhalb des aktiven Bereiches des Kennlinienfeldes. Soweit es sich beim Impulsbetrieb um Anwendungsfälle handelt, bei denen der Arbeitspunkt eines Anfangs- oder Endzustandes ebenfalls im aktiven Bereich liegt, haben die in Abschn. IV. B. angegebenen Zusammenhänge und Schaltungsmaßnahmen auch für die vorliegenden Anwendungsfälle Gültigkeit. Im folgenden sollen daher ergänzend nur die speziell beim

Schalterbetrieb interessierenden Einstellungen bzw. Stabilisierungs-
fragen für den Übersteuerungsbereich und den Sperrbereich behandelt
werden. Hierbei liegen die Probleme im allgemeinen einfacher als beim
aktiven Bereich. Die Schaltung ist lediglich so zu dimensionieren, daß
unter Berücksichtigung der ungünstigsten Kombinationen der Toleranz-
grenzen für die Bauelemente- und Transistorgrößen, Umgebungstemperatur usw. der statische Arbeitspunkt den Übersteuerungs- bzw. Sperrbereich nicht verläßt. Da für Anlagen, in denen der Transistor als elektronischer Schalter Verwendung findet, wie z. B. in der elektronischen
Steuer- und Regelungstechnik oder der Rechenmaschinentechnik, eine
hohe Funktionssicherheit während sehr langer Betriebszeiten verlangt
wird, gewinnt hier das Problem der Alterungserscheinungen bei Transistoren erhebliche Bedeutung. Beim Schalterbetrieb sind es hauptsächlich die Alterungstoleranzen der Stromverstärkung B und des
Reststromes I_{CB0}, die zusätzlich zu den betreffenden Auslieferungs-
toleranzen bei der Schaltungsdimensionierung berücksichtigt werden
müssen[1].

a) Übersteuerungsbereich. Besonders einfach liegen die Einstellungs-
und Stabilisierungsprobleme für den Übersteuerungsbereich. Die in der

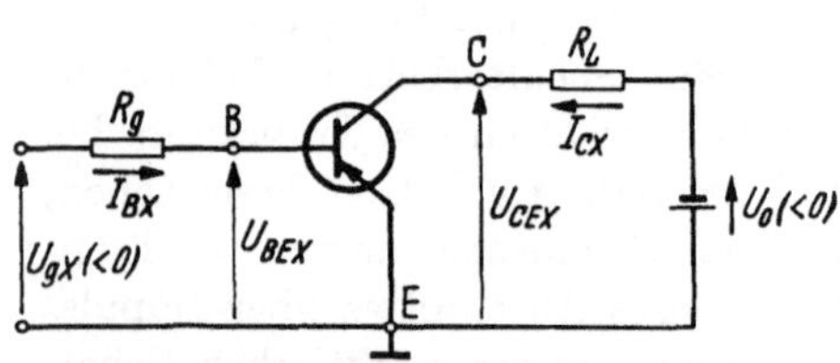

Abb. 166. Zur Schaltungsdimensionierung des
Transistors im Übersteuerungsbereich

Praxis vorkommenden Schaltungsarten zur statischen Einstellung des Arbeitspunktes im
Übersteuerungsbereich lassen
sich für einen in Emitterschaltung betriebenen Transistor im
Prinzip auf die in Abb. 166
angegebene Anordnung zurückführen. Die für die Einstellung
des Übersteuerungs- oder Sperrzustandes eines Transistors einzuhaltenden
Bedingungen sind im Prinzip unabhängig von der Schaltungsart. Eine
besondere Behandlung der Basis- und Kollektorschaltung ist in diesem
Zusammenhang daher nicht erforderlich. Im folgenden wollen wir alle
Spannungen und Ströme bei einer Arbeitspunkteinstellung im Übersteuerungsbereich mit dem Index X und im Sperrbereich mit dem Index Y versehen.

Der Transistor wird übersteuert, wenn folgende Bedingung eingehalten wird (vgl. S. 32)

$$-(I_{BX} + I_{CB0}) > -\frac{I_{CX}}{B_N} = -I_{B\ddot{U}} \tag{333}$$

[1] Leider stehen dem Anwender heute die für eine sichere Schaltungsdimensionierung notwendigen Angaben über das Lebensdauerverhalten vielfach nicht zur
Verfügung, da die Hersteller angesichts der jungen und sich wandelnden Fer-
tigungstechnik z. Z. noch unzureichende Kenntnisse der Alterungserscheinungen
über lange Zeiträume haben.

oder näherungsweise

$$-I_{BX} > -\frac{I_{CX}}{B_N} = -I_{B\dot{U}}. \qquad (333\,\text{a})$$

Der Einfluß des Kollektorreststromes I_{CB0} kann hier meistens vernachlässigt werden. Der Grad der Übersteuerung kann als Verhältnis

$$m = \frac{B_N(I_{BX} + I_{CB0})}{I_{CX}} \approx \frac{B_N I_{BX}}{I_{CX}} = \frac{I_{BX}}{I_{B\dot{U}}} \qquad (334)$$

definiert werden. $I_{B\dot{U}}$ ist der Basisstrom, bei dem die Übersteuerung einsetzt. Für $-U_{gX} \gg -U_{BEX}$ läßt sich m auch in der Form schreiben

$$m = \frac{U_{gX}}{U_{g\dot{U}}}. \qquad (334\,\text{a})$$

Hierin sind U_{gX} und $U_{g\dot{U}}$ die zu I_{BX} und $I_{B\dot{U}}$ gehörenden Steuerspannungen.

Der Kollektorstrom ist

$$I_{CX} = \frac{U_0 - U_{CEX}}{R_L} \qquad (335)$$

bzw.

$$I_{CX} \approx \frac{U_0}{R_L}. \qquad (335\,\text{a})$$

Der von der Steuerquelle U_g eingespeiste Basisstrom ist

$$I_{BX} = \frac{U_{gX} - U_{BEX}}{R_g}. \qquad (336)$$

Damit läßt sich die Übersteuerungsbedingung in einer Form schreiben, die neben dem Einfluß der Transistorgrößen auch den Einfluß der sonstigen Schaltungsgrößen erkennen läßt

$$-\frac{U_{gX} - U_{BEX}}{R_g} > -\frac{U_0 - U_{CEX}}{B_N R_L}. \qquad (337)$$

In einer praktischen Schaltung sind alle Größen der Bedingung (337) mit Toleranzen behaftet. Der ungünstigste Fall tritt im Hinblick auf die Übersteuerung des Transistors ein, wenn folgende Kombination von gleichzeitig auftretenden maximalen und minimalen Streuwerten vorliegt

$$-U_{0\,\text{max}}, \; -U_{g\,\text{min}}, \; R_{L\,\text{min}}, \; R_{g\,\text{max}}, \; -U_{BEX\,\text{max}}, \; -U_{CEX\,\text{min}}, \; B_{N\,\text{min}}.$$

Wird die Bedingung (337) mit diesen Streuwerten in der angegebenen Kombination erfüllt, so bleiben alle Exemplare des gewählten Transistortyps unter allen Umständen übersteuert. Hier erheben sich natürlich die gleichen Überlegungen hinsichtlich der statistischen Wahrscheinlichkeit des Auftretens einer solchen Streuwertekombination, wie sie bereits diskutiert wurden (vgl. S. 120), insbesondere, wenn, wie im vorliegenden Beispiel, offensichtlich einige Schaltungsgrößen (z. B. R_L, R_g, U_0) unabhängig voneinander streuen können. Auf Anwendungsgebieten wie der oben bereits erwähnten Steuer- oder Rechenmaschinentechnik muß man im allgemeinen eine absolute Sicherheit beim Schalten verlangen. Daher muß man die ungünstigste Kombination (auch unter Einschluß der Alterungstoleranzen) zugrunde legen. Eindeutige Korrelationen zwischen einzelnen Größen können natürlich immer berücksichtigt werden.

Wie die bisherigen Überlegungen zeigen, ist für die richtige Dimensionierung bei Übersteuerung die Kenntnis der Werte $-U_{BEX\,max}$, $-U_{CEX\,min}$ und $B_{N\,min}$ eines Transistortyps erforderlich. Hiervon ist zwar $-U_{CEX\,min}$ für die Übersteuerungsbedingung wegen $-U_{CEX} \ll -U_0$ meist nicht von Bedeutung, wohl aber $-U_{CEX\,max}$ für die maximale Kollektorverlustleistung im eingeschalteten Zustand $(I_{CX}\,U_{CEX})_{max}$. Weiterhin repräsentiert U_{CEX} in vielen Schalteranwendungen als definiertes Spannungsniveau einen bestimmten Schaltzustand (z. B. in bistabilen Multivibratorstufen, Umkehrstufen usw.), und eine Angabe von $-U_{CEX\,max}$ ist daher auch aus diesen Gründen notwendig. Statt des Wertes $B_{N\,min}$, der wegen seiner Spannungsabhängigkeit für $U_{CEX} \approx U_{CER}$ bzw. $U_{CB} = 0$ angegeben werden sollte (vgl. Abb. 18, S. 32), kann auch der für einen bestimmten $-I_{CX}$-Wert erforderliche maximale Basisstrom $-I_{BX\,max}$ angegeben werden, der bei dem schlechtesten Exemplar eines Transistortyps garantiert, daß der Arbeitspunkt im Übersteuerungsbereich bleibt. Diesem Verfahren liegt die in Abb. 20, S. 33 angegebene Definition der Kollektorrestspannung zugrunde.

Da mit fallender Temperatur die Spannung $-U_{BEX}$ zunimmt und B_N abnimmt, müssen die Streuwerte $-U_{BEX\,max}$ und $B_{N\,min}$ bei der niedrigsten zu erwartenden Sperrschichttemperatur bekannt sein. Man muß dann in Kauf nehmen, daß bei höheren Temperaturen der Übersteuerungsgrad m zunimmt, was sich nachteilig auf das Ausschaltverhalten auswirkt (vgl. S. 276). Eine weitere Zunahme des Übersteuerungsgrades kommt mit wachsender Temperatur durch den exponentiell steigenden Kollektorreststrom hinzu, dessen Einfluß wegen der meist vorliegenden Stromsteuerung $(-U_{gX} \gg -U_{BEX})$ in der Regel überwiegt.

Beide Effekte werden jedoch fast immer überschattet von der zusätzlichen Übersteuerung, die allein durch die Exemplarstreuungen von B_N möglich ist. Im Grenzfall kann der Übersteuerungsgrad m um den Faktor $B_{N\,max}/B_{N\,min}$ höher sein, als vorgesehen. Aus diesem Grunde ist auch die Kenntnis von $B_{N\,max}$ (bei $\vartheta_{j\,max}$) wichtig.

Die Dimensionierung für die statische Einstellung im Übersteuerungsbereich kann in folgender Weise vorgenommen werden. Wir gehen von
der Schaltung Abb. 167 aus, auf die sich fast alle in der Praxis vorkommenden Schaltungen zurückführen lassen. U_{g1} und U_{g2} können
Batteriespannungen, Schaltspannungen (z. B. auch die Spannung eines
eingeschalteten Transistors) usw. sein.

Die Ersatzsteuerspannung U_g von Abb. 166 ist in diesem Beispiel
gegeben durch

$$U_g = (U_{g1} - U_{g2}) \frac{R_2}{R_1 + R_2} + U_{g2} . \tag{338a}$$

Der wirksame Generatorwiderstand ist

$$R_g = R_3 + \frac{R_1 R_2}{R_1 + R_2} . \tag{338b}$$

Mit diesen Beziehungen lautet die Übersteuerungsbedingung (337)

$$\frac{-1}{1 + R_3\left(\dfrac{R_1 + R_2}{R_1 R_2}\right)} \left(\frac{U_{g1} - U_{BEX}}{R_1} + \frac{U_{g2} - U_{BEX}}{R_2}\right) > - \frac{U_0 - U_{CEX}}{B_N R_L} . \tag{339}$$

Ungünstig für die Übersteuerung des Transistors ist folgende Streuwertekombination

$$-U_{0\,max}, \quad -U_{g1\,min}, \quad U_{g2\,max}, \quad R_{L\,min}, \quad R_{1\,max}, \quad R_{2\,min}, \quad R_{3\,max},$$

$$-U_{BEX\,max}, \quad -U_{CEX\,min}, \quad B_{N\,min} \ (\text{bei } \vartheta_{ugb\,min}).$$

Für den häufig vorkommenden Fall $R_3 = 0$ gilt

$$-\left(\frac{U_{g1} - U_{BEX}}{R_1} + \frac{U_{g2} - U_{BEX}}{R_2}\right) > - \frac{U_0 - U_{CEX}}{B_N R_L} . \tag{339a}$$

Hier kann man lediglich über die Widerstandswerte R_1 und R_2 verfügen,
da die übrigen Größen wie U_0, U_{g1}, R_L usw. stets mehr oder weniger

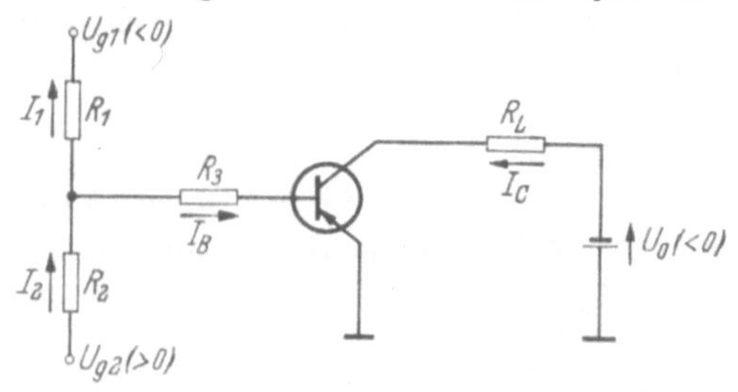

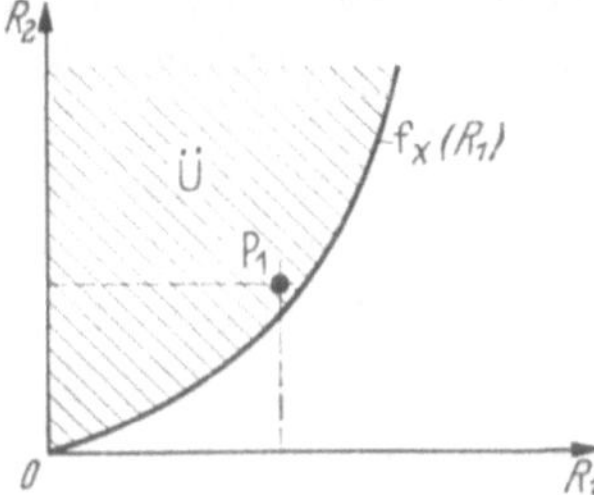

Abb. 167. Einfache Gleichstromschaltung für die Einstellung des Übersteuerungs- und des Sperrzustandes.
(U_{g1} und U_{g2} haben dabei jeweils verschiedene Werte.)

Abb. 168. Skizze einer Hilfskurve für
die Transistoreinstellung im Übersteuerungsbereich unter Berücksichtigung der Exemplarstreuungen

festliegen. Unter diesem Gesichtspunkt kann man die Ungleichung umformen und R_2 als Funktion von R_1 schreiben

$$R_2 > \frac{U_{g2} - U_{BEX}}{\dfrac{U_0 - U_{CEX}}{B_N R_L} - \dfrac{U_{g1} - U_{BEX}}{R_1}} = f_X(R_1) . \tag{340}$$

Berücksichtigt man wieder die ungünstigste Streuwertekombination und trägt $R_2 = \mathfrak{f}_X(R_1)$ graphisch auf, so erhält man einen Kurvenverlauf, wie er für praktische Spannungswerte in Abb. 168 skizziert ist. Für Wertepaare R_2, R_1, die wie P_1 oberhalb der Kurve im schraffierten Bereich Ü liegen, wird der Transistor übersteuert. Man gewinnt so leicht einen Überblick über die möglichen Dimensionierungswerte für R_1 und R_2. Wir werden auf dieses Dimensionierungsverfahren im Zusammenhang mit einer ähnlichen Kurve für den Sperrbereich noch zurückkommen.

b) Sperrbereich. Ein Transistor kann als gesperrt angesehen werden, wenn sein Kollektorstrom $-I_C \leqq -I_{CBO}$ ist (vgl. S. 29). Um diesen Zustand zu erreichen, müssen Kollektor- und Emitterdiode gesperrt sein. Der Arbeitspunkt liegt auf der Grenzkennlinie $I_C = I_{CBO}$ zwischen aktivem Bereich und Sperrbereich (vgl. Abb. 15a und b), wenn die Emitter-Basisspannung gleich der auf S. 27 angegebenen Emitterflußspannung ist

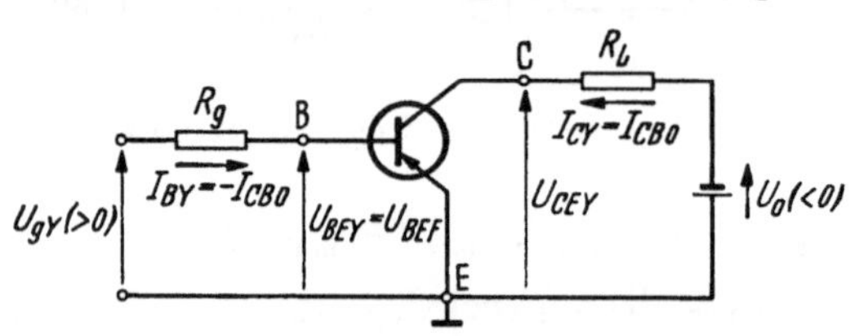

Abb. 169. Zur Schaltungsdimensionierung des Transistors im Sperrbereich

$$U_{EBF} = r_{BB'} I_{CBO} - U_T \ln(1 + B_N). \quad (341)$$

Mit wachsender Spannung $-U_{EBY}$ nähert man sich dem Wert $I_{C\min}$, der im Idealfall eines symmetrischen Transistors $I_{C\min} = \frac{1}{2} I_{CBO}$ ist. Bei praktischen Transistorexemplaren kann man jedoch $-I_{CBO}$ als Dimensionierungswert des Kollektorstromes im Sperrbereich betrachten. Der Basisstrom ist positiv und immer gleich dem negativ genommenen Kollektorreststrom, solange der Transistor mit $-U_{EBY} > -U_{EBF}$ gesperrt ist.

Aus der Schaltung Abb. 169, auf die sich die praktischen Schaltungen zur Einstellung des Sperrzustandes stets zurückführen lassen, kann man die zur Sperrung des Transistors erforderliche Bedingung ablesen

$$U_{BEY} \geqq U_{BEF}.$$

Weiter ist

$$U_{BEY} = U_{gY} - R_g I_{BY} = U_{gY} + R_g I_{CBO}$$

und daher die Sperrbedingung

$$U_{gY} + R_g I_{CBO} \geqq -U_{EBF} \quad (342)$$

oder mit Verwendung von Gl. (341)

$$U_{gY} + (R_g + r_{BB'}) I_{CBO} \geqq U_T \ln(1 + B_N). \quad (342\,\mathrm{a})$$

Am ungünstigsten ist die folgende Streuwertekombination

$$U_{gY\,\mathrm{min}},\ R_{g\,\mathrm{max}},\ -I_{CB0\,\mathrm{max}},\ -U_{EBF\,\mathrm{max}}$$

bzw.

$$r_{BB'\,\mathrm{max}},\ B_{N\,\mathrm{max}}.$$

Die im Sperrzustand sich einstellende Kollektor-Emitterspannung ist

$$U_{CEY} = U_0 - R_L I_{CB0}. \tag{343}$$

Für die Einstellung des Sperrzustandes müssen vor allem die beiden Größen $-I_{CB0\,\mathrm{max}}$ und $-U_{EBF\,\mathrm{max}}$ bekannt sein. $-I_{CB0\,\mathrm{max}}$ wächst mit der Temperatur und mit der Kollektor-Basisspannung $-U_{CB}$. Beide Abhängigkeiten übertragen sich auch über den Basisbahnwider-

stand $r_{BB'}$ auf die Emitterflußspannung. Der Einfluß
von Änderungen der Strom-
verstärkung B_N ist geringfügig. Die Berechnung der
Emitterflußspannung aus
I_{CB0}, $r_{BB'}$, B_N erübrigt
sich, wenn $-U_{EBF\,\mathrm{max}}$ bei
der maximalen Sperrschichttemperatur und bei der
maximalen Kollektor-Basis-

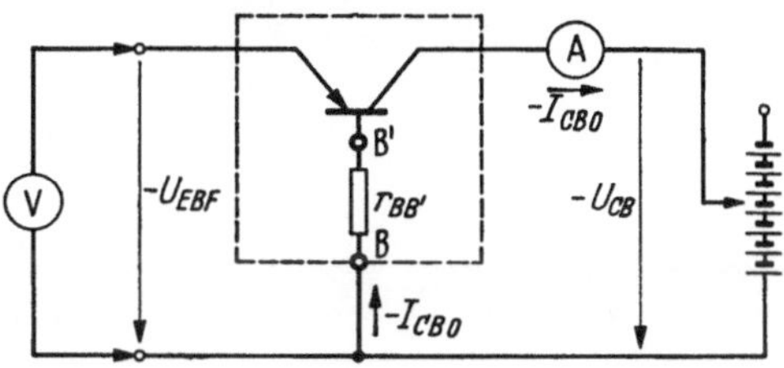

Abb. 170. Einfache Meßschaltung für die Messung des Kollektorreststromes und der Emitterflußspannung als Funktion der Kollektor-Basisspannung

spannung $-U_{CB}$ bekannt ist[1]. Für die gleichzeitige Messung von U_{EBF} und I_{CB0} als Funktion von U_{CB} kann die einfache Anordnung in Abb. 170 verwendet werden. Der Spannungsmesser V muß einen hohen Innenwiderstand haben ($> 1\,\mathrm{M}\Omega$).

Legt man für die Dimensionierung wieder die Anordnung Abb. 167 zugrunde, dann erhält man als Sperrbedingung

$$(U_{g1} - U_{g2})\frac{R_2}{R_1 + R_2} + U_{g2} + \left(R_3 + \frac{R_1 R_2}{R_1 + R_2}\right)I_{CB0} \geqq -U_{EBF}. \tag{344}$$

U_{g1} oder U_{g2} oder auch beide Spannungen sind für die Einstellung verschieden von den entsprechenden Werten bei der Einstellung des Übersteuerungszustandes. Am ungünstigsten im Sinne der Ungleichung ist hier die Streuwertekombination

$$-U_{g1\,\mathrm{max}},\ U_{g2\,\mathrm{min}},\ R_{1\,\mathrm{min}},\ R_{2\,\mathrm{max}},\ R_{3\,\mathrm{min}},\ -U_{EBF\,\mathrm{max}},\ -I_{CB0\,\mathrm{max}}.$$

Für den häufigen Fall $R_3 = 0$ erhält man

$$\frac{U_{g2} + U_{EBF}}{R_2} \geqq -\frac{U_{g1} + U_{EBF}}{R_1} - I_{CB0}. \tag{344a}$$

---

[1] Die Hersteller geben in der Regel $-U_{EBF\,\mathrm{max}}$ an, da die Berechnung aus den Einzelgrößen zu unsicher ist.

Da für den Sperrzustand $I_B \approx -I_{CB0}$ gilt, ist diese Bedingung auch in der Form (vgl. Abb. 167)

$$I_2 \gtreqless I_1 + I_B = I_1 - I_{CB0}$$

zu schreiben. Aus Gl. (344a) erhält man eine ähnliche Bedingung wie Gl. (340)

$$R_2 < \frac{U_{g2} + U_{EBF}}{-\dfrac{U_{g1} + U_{EBF}}{R_1} - I_{CB0}} = f_Y(R_1). \qquad (345)$$

Mit den Streuwerten der Größen U_{g1}, U_{g2}, U_{EBF} und I_{CB0} in der oben angegebenen Kombination erhält man bei praktischen Spannungswerten eine Kurve $R_2 = f_Y(R_1)$, wie sie in Abb. 171 skizziert ist.

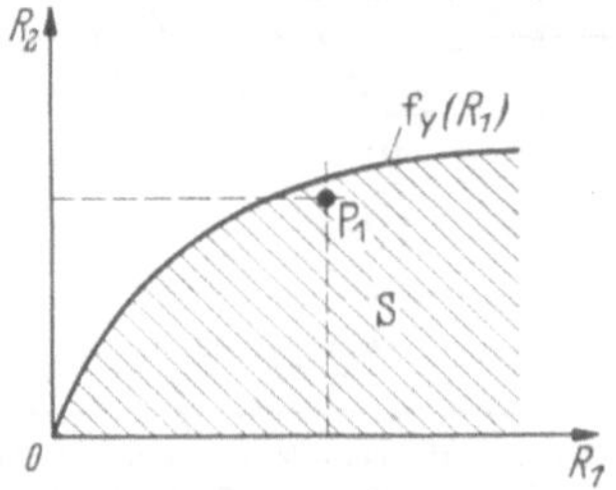

Abb. 171. Skizze einer Hilfskurve für die Transistoreinstellung im Sperrbereich unter Berücksichtigung der Exemplarstreuungen

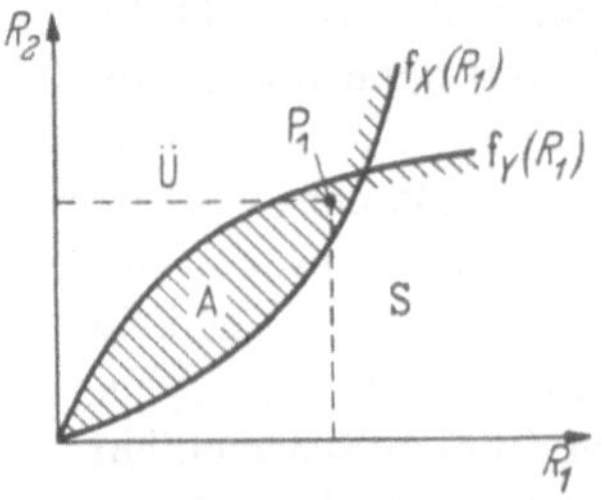

Abb. 172. Kombination der Kurven aus Abb. 168 und 171 zur Bestimmung der Widerstände R_1 und R_2 in der Schaltung Abb. 167

Der Transistor wird gesperrt, wenn das Wertepaar R_1, R_2 in das Gebiet S unterhalb der Kurve fällt. Trägt man beide Kurven aus Abb. 168 und 171 übereinander auf, wie in Abb. 172 gezeigt ist, dann ist unmittelbar der zulässige R_1, R_2-Bereich festgelegt (Bereich A). Um den Spannungsteilerstrom niedrig zu halten, wird man die Widerstände R_1 und R_2 unter Berücksichtigung ihrer Toleranzen innerhalb des Bereiches A so wählen, daß der Punkt P_1 bei möglichst großen Widerstandswerten liegt.

c) Durchbruchsgebiet. Bisher wurde noch nicht das Verhalten im Durchbruchsgebiet berücksichtigt. Im allgemeinen werden die Grenzwerte des Transistors vom Hersteller so festgelegt, daß dieses Gebiet nicht erreicht wird. In manchen Fällen jedoch ist eine Arbeitsweise im Durchbruchsgebiet erlaubt, wenn bestimmte Bedingungen erfüllt werden.

In Abb. 173 ist das Kennlinienfeld eines Leistungstransistors für Kollektor-Emitterspannungen $-U_{CE} > 30$ V angegeben. In Abschnitt III. B. 2. wurde das Durchbruchsgebiet bereits diskutiert. Es gibt zwei charakteristische Durchbruchspannungen $-U_{CE}^*$ für $I_B = 0$ und $-U_{CB}^*$ für $I_E = 0$ (vgl. auch [19]). Im vorliegenden Fall betragen diese Spannungen etwa 40 V und 135 V. Dies entspricht mit $B_N = 40$ und $n = 3$ etwa der Gl. (86), S. 41

$$U_{CE}^* = U_{CB}^* \frac{1}{\sqrt[n]{1 + B_N}}.$$

Die Kurve für $I_E = 0$ ist die Grenzkennlinie, bei der die Emitterdiode vom Durchlaß- in den Sperrzustand übergeht. Für $-U_{CE}^* < -U_{CE} < -U_{CB}^*$ haben die Kennlinien sowohl für $I_B = $ const (>0) als auch für $U_{BE} = $ const eine negative Steigung. Dabei kann es zweideutige Einstellungen geben. Betrachten wir z. B. einen mit $U_{BE} = 0$ aus-

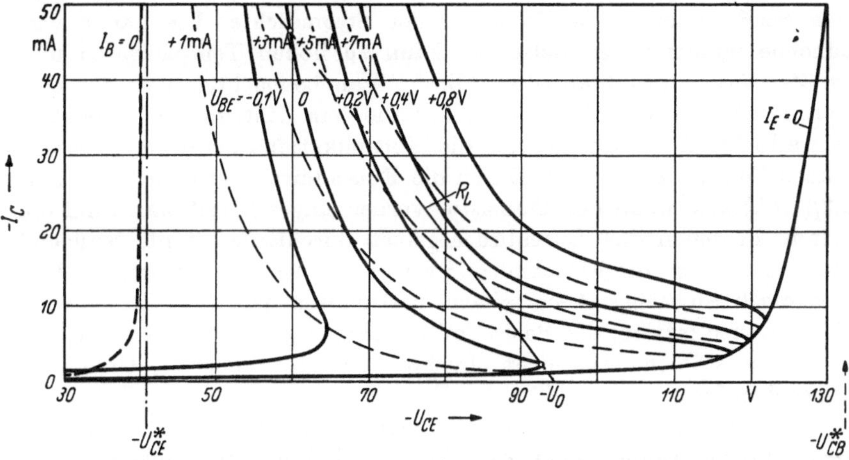

Abb. 173. Kennlinienfeld eines Leistungstransistors für das Durchbruchsgebiet

geschalteten Transistor, der im Kollektorkreis einen verhältnismäßig kleinen Gleichstromwiderstand R_L hat, und erhöhen die Speisespannung, dann springt bei etwa $-U_{CE} = 95$ V der Arbeitspunkt auf einen sehr hohen Kollektorstrom $-I_C$, der sich aus dem Schnittpunkt der Widerstandsgeraden mit der Kennlinie für $U_{BE} = 0$ ergibt. Um jede Zweideutigkeit zu vermeiden, muß der Lastleitwert kleiner sein als der Minimalwert der Neigung $-\mathrm{d}I_C/\mathrm{d}U_{CE}$ der durch die Basis-Emitterspannung oder durch den Basisstrom jeweils festgelegten Kennlinie.

In Abb. 173 sind sowohl die Kennlinien mit U_{BE} als auch die Kennlinien mit I_B als Parameter eingetragen. Im Bereich $U_{BE} < 0$ ist die an der Emitterdiode vom Emitterstrom hervorgerufene Spannung größer als der vom Basisstrom am Basisbahnwiderstand bewirkte Spannungsabfall. Mit wachsender positiver Spannung U_{BE} wird die Spannung über der Emitterdiode immer kleiner und es gilt annähernd

$$U_{BE} = r_{BB'} I_B.$$

Die Durchbruchspannung U_{CB}^* und auch die einzelnen Kennlinien verschieben sich bei Temperaturänderungen [70]. Da man sich ohnehin in einem Gebiet hoher Verlustleistungen befindet, kann das Durchbruchsgebiet ohne Schaden für den Transistor stets nur kurzzeitig durchlaufen werden. Abgesehen von der Gefahr der thermischen Instabilität besteht auch die Möglichkeit, daß ein Einschnüreffekt eintritt (vgl. S. 42). Der Einschnüreffekt wird mittelbar vom positiven Basisstrom verursacht. Der Multiplikationsstrom des Kollektors im Durchbruchsgebiet ist auf der Basisseite ein Elektronenstrom. Das zugehörige elektrische Feld hat eine Richtung, bei der die vom Emitter her injizierten Defektelektronen zusammengedrängt werden. Dabei ergibt sich eine rasch zunehmende Erhöhung der Stromdichte. Die damit verbundene punktförmige Belastung kann zu hohen Temperaturen und zur Zerstörung des Transistors führen. Man beobachtet nach der Zerstörung einen Schmelzkanal im oder nahe dem Zentrum der Kollektorsperrschicht [20]. Während sich die Multiplikationseffekte in einer sehr kurzen Zeit vollziehen, bildet sich die Einschnürung etwa in einer Zeit $0{,}2/(2\pi f_1)$ aus, wenn der Transistor vorher eingeschaltet war. Sind die Zeiten, in denen das Durchbruchsgebiet durchlaufen wird, genügend kurz, dann kann die Einschnürung vermieden werden. Sie erfolgt überdies rasch anwachsend bei einem bestimmten positiven Basisstrom. Es ist daher ratsam, die Basis-Emitterspannung nicht größer als notwendig zu wählen, falls nicht ohnehin vom Hersteller ein Grenzwert angegeben ist.

Für den Schalterbetrieb hat das Durchbruchsgebiet vor allem zwei Bedeutungen. Einmal kann es beim Ausschalten mit induktiver Last leicht vorkommen, daß das Durchbruchsgebiet erreicht und der Transistor gefährdet wird. Zum anderen muß auch der Verlauf der Kennlinien unterhalb der Spannung $-U_{CE}^*$ mit Rücksicht auf den dort schon einsetzenden Stromanstieg („pre-breakdown") berücksichtigt werden. Je nach Größe des Basisstromes oder der Basis-Emitterspannung wächst der Kollektorstrom $-I_C$ bereits unterhalb der Spannung $-U_{CE}^*$ merklich an. An Stelle des Durchbruchs infolge Stoßionisation kann im übrigen bei manchen Transistoren auch ein Stromanstieg infolge Sperrschichtberührung vorkommen (vgl. S. 45).

2. Schaltverhalten des Transistors

Die Leistungsfähigkeit eines elektronischen Schalters wird einmal nach den Durchlaß- und Sperreigenschaften und der schaltbaren elektrischen Leistung beurteilt, zum anderen jedoch vor allem nach der Zeit, die beim Umschalten von einem Schaltzustand in den anderen benötigt wird. Die Schaltzeiten sind bei einem Transistorschalter überwiegend' durch die Trägheit infolge Ladungsträgerspeicherung in der

Basiszone bedingt; hinzu kommen äußere Einflüsse der Schaltung, die die Schaltzeiten in der Regel verlängern. Die physikalischen Hintergründe der Trägheitseffekte beim Ein- und Ausschalten wurden in Abschn. III. C. 3. behandelt. Im folgenden soll das Schaltverhalten des Transistors im Zusammenhang mit verschiedenen Schaltungen beschrieben werden.

Wir legen das in Abschn. III. C. 3. hergeleitete Ersatzschaltbild zugrunde, das wir in Abb. 174 zusammen mit einer einfachen äußeren

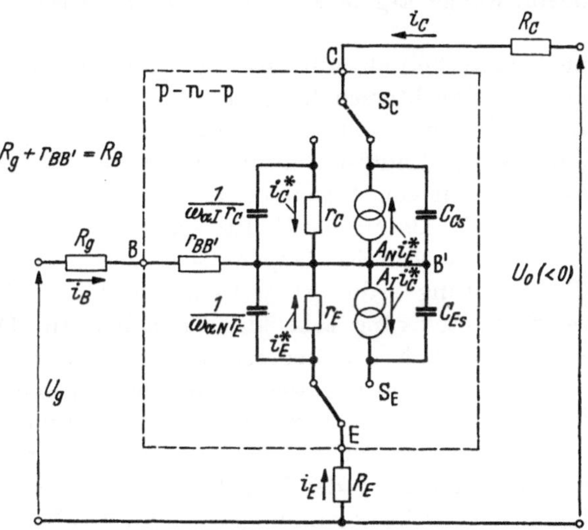

Abb. 174. Ersatzschaltbild eines Transistors für den Schalterbetrieb im Zusammenhang mit einer äußeren Schaltung für die Herleitung des Übergangsverhaltens in der Emitter- und Kollektorschaltung

Schaltung noch einmal angegeben haben. Wenngleich die Gültigkeit der Transistorersatzschaltung teilweise recht problematisch ist (vgl. S. 77), so zeigt doch die Erfahrung, daß mit Hilfe dieser Schaltung alle wichtigen Schalteigenschaften in den Grundzügen richtig beschrieben werden können. Einige — jedoch für die Praxis meist unbedeutende — Feinheiten der Zeitfunktionen von Strömen und Spannungen werden nicht wiedergegeben. Die quantitative Genauigkeit ist von Fall zu Fall verschieden, jedoch weiß man aus der Erfahrung, daß gemessene und berechnete Schaltzeiten sich im allgemeinen um weniger als 20% unterscheiden. (Vgl. in diesem Zusammenhang auch [28, 29, 71 bis 73].)

Wenn wir annehmen, daß in der Schaltung eine feste Speisespannung gegeben ist und nur rechteckförmige Steuerspannungen vorkommen, können alle Zeitfunktionen mit verhältnismäßig einfachen mathematischen Mitteln gewonnen werden. Die Anfangsbedingungen aller Lösungen ergeben sich aus der Stetigkeitsbedingung der beiden Spannungen $u_{EB'}(t)$ und $u_{CB'}(t)$. Die Rechnungen verbergen keine besonderen Probleme, sie sind lediglich etwas aufwendig. Im Anhang A. 5 sind die wichtigsten Gleichungen angegeben, auf die wir im folgenden bei der Behandlung verschiedener Fälle immer wieder zurückgreifen werden.

Die Schaltung in Abb. 174 enthält in den äußeren Kreisen keine Kapazitäten und Induktivitäten. Die in der Praxis vielfach vorkommenden Fälle einer kapazitiven und induktiven Last sind etwas schwieriger zu behandeln. Einige Ergebnisse werden in den Abschn. b) und c) mitgeteilt.

Auch beim Schalterbetrieb gibt es die drei Grundschaltungen, Emitter-, Basis- und Kollektorschaltung. Die letztere wird häufig auch als „Emitterfolger" („emitter-follower") bezeichnet.

Am häufigsten ist die Emitterschaltung in der Schaltertechnik vorzufinden, da man sowohl eine Stromverstärkung als auch eine Spannungsverstärkung erhält. Die in der Emitterschaltung — wie wir noch sehen werden — vergleichsweise langen Schaltzeiten können z. T. durch eine Übersteuerung reduziert werden. In der Basisschaltung erhält man bei Stromsteuerung sehr kurze Schaltzeiten. Die Stromverstärkung ist $A_N < 1$, d. h. der Steuerstrom ist größer als der Schaltstrom. Praktisch gibt es hier nur wenige sinnvolle Anwendungen, da beim Schalterbetrieb mit Transistoren fast immer Ströme geschaltet werden müssen. Wir werden für die Basisschaltung im weiteren nur die Zeitkonstanten angeben. In der Kollektorschaltung hat man eine Stromverstärkung, aber keine Spannungsverstärkung. Bei Übersteuerung muß hier die Steuerspannung größer als die Speisespannung sein. Die Kollektorschaltung wird im allgemeinen immer dann angewendet, wenn hochohmige Quellen an niederohmige Lasten angeschlossen werden sollen (Impedanzwandler).

a) Widerstandslast. Eine ausschließliche Widerstandslast ohne kapazitive oder induktive Komponente ist in der Praxis nicht so häufig anzutreffen, als man meist annimmt. Sehr oft kommen z. B. schon durch Schaltkapazitäten usw. merkliche kapazitive Belastungen vor. Es ist jedoch zweckmäßig, zuerst von der Widerstandslast auszugehen, da hier das prinzipielle Verhalten des Transistors besonders deutlich wird.

Zeitkonstanten im aktiven Bereich. Wir betrachten für eine Übersicht zuerst einen Einschaltvorgang in der Schaltung Abb. 174, wenn $R_E = 0$ und

$$U_g = U_{gY} = 0 \quad \text{für} \quad t \leqq 0,$$

$$U_g = U_{gX} \qquad \text{für} \quad t > 0$$

gilt. Wir fragen nach der Zeitfunktion für den Kollektorstrom und erhalten nach Gl. (60 A) im Anhang A. 5

$$i_C = m\, i_{CX}\left\{1 - \frac{1}{\tau_1 - \tau_2}\left[A_C \exp\left(-t/\tau_1\right) - B_C \exp\left(-t/\tau_2\right)\right]\right\} \quad (346)$$

mit

$$i_{CX} = B_N\, i_{BU}\,; \qquad m = \frac{B_N\, i_{BX}}{i_{CX}} = \frac{i_{BX}}{i_{BU}}\,,$$

$$A_C = \tau_1 + r_E\,\frac{C_{Cs}}{A_N}\,, \qquad B_C = \tau_2 + r_E\,\frac{C_{Cs}}{A_N}\,,$$

$$\tau_1 \approx \frac{R_g + r_{BB'}}{\omega_{\alpha N}\left[(R_g + r_{BB'})(1 - A_N) + r_E\right]} \times$$

$$\times \left[1 + \omega_{\alpha N}\, C_{Cs}\left(R_C + r_E + r_E\,\frac{R_C}{R_g + r_{BB'}}\right)\right], \quad (347\,\text{a})$$

$$\tau_2 \approx \frac{C_{Cs}\, R_C}{1 + \omega_{\alpha N}\, C_{Cs}\left(R_C + r_E + r_E\,\dfrac{R_C}{R_g + r_{BB'}}\right)}\,. \quad (347\,\text{b})$$

Der Verlauf des Kollektorstromes ist in Abb. 175 skizziert. Im allgemeinen ist $\tau_2 \ll \tau_1$, so daß die zweite Exponentialfunktion rasch abklingt. Der verzögerte Einsatz des Kollektorstromes wird von der zweiten Exponentialfunktion und, wie man sieht, ausschließlich durch die Kollektorsperrschichtkapazität in Verbindung mit R_C verursacht. Schon nach verhältnismäßig kurzer Zeit wird der Anstieg jedoch überwiegend von der Zeitkonstante τ_1 bestimmt.

Der Grenzwert $i_{CM} = m\, i_{CX}$ des Kollektorstromes, dem die Exponentialfunktion zustrebt, ist in der Schaltung Abb. 174 durch die Steuerspannung U_{gX} gegeben. Er kann nicht immer erreicht werden, nämlich dann nicht, wenn $-i_C$ an R_C einen so großen Spannungsabfall erzeugt,

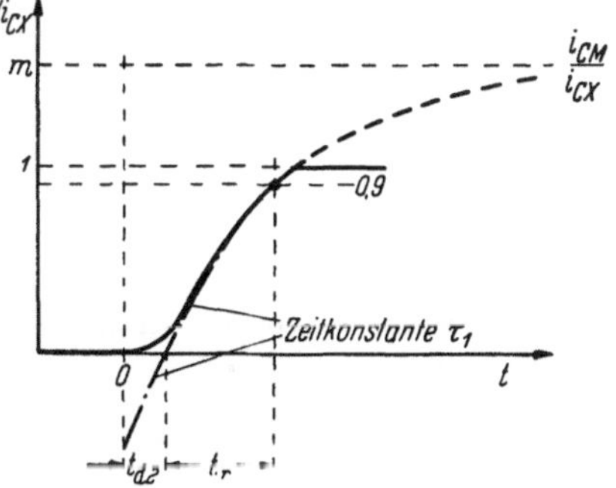

Abb. 175. Einschaltverlauf des Kollektorstromes mit der Anfangsbedingung $u_{EB'}(0) = 0$. Der Strom setzt etwas verzögert ein und strebt einem durch den Übersteuerungsfaktor m gegebenen Kollektorstrom zu. Bei $i_C = i_{CX}$ wird der Transistor übersteuert. Die Verzögerungszeit t_{d2} kann durch eine Hilfsfunktion gewonnen werden (strichpunktierte Kurve)

$$i_C/i_{CX} = m\left[1 - \frac{A_C}{\tau_1 - \tau_2}\exp\left(-t/\tau_1\right)\right]$$

[vgl. Gl. (346)]. Die Anstiegszeit ergibt sich aus
$$t_r = t(i_C = 0{,}9\, i_{CX}) - t_{d2}$$

daß $u_{CB'} > 0$ und damit der Transistor übersteuert wird. Der Maximalwert des Kollektorstromes ist in unserem Ersatzschaltbild erreicht bei

$$-i_{CX} = \frac{-U_0}{R_C + \dfrac{r_E}{A_N}}\,, \quad (348)$$

worin r_E noch eine Funktion des Kollektorstromes ist. In der Praxis verwendet man besser einen Kennlinienwert des Transistors, so daß

$$-i_{CX} = -\frac{U_0 - U_{CEX}}{R_C} \qquad (348\,\text{a})$$

wird. Nach Gl. (346) gibt der Faktor m für den Fall $m > 1$ den Übersteuerungsgrad an

$$m = \frac{i_{CM}}{i_{CX}} = \frac{B_N\, i_{BX}}{i_{CX}}. \qquad (349)$$

Hierin ist i_{BX} der Basisstrom, der zu einem Kollektorstrom i_{CM} gehören „würde", wenn man sich die Übersteuerung als nicht vorhanden denkt. Es ist nach unserem Ersatzschaltbild

$$i_{BX} = \frac{U_{gX}}{R_g + r_{BB'} + (1 + B_N)\, r_E}. \qquad (350)$$

Bei einer genaueren Berücksichtigung der Gestalt der Kennlinie der Emitterdiode muß man noch (vgl. S. 269) U_{gX} durch $U_{gX} + U_D$ ersetzen und r_E durch $U_T/i_{EX} = B_N U_T/[-(1 + B_N)\, i_{CX}]$. Dann ist

$$i_{BX} = \frac{U_{gX} + U_D}{R_g + r_{BB'} + B_N \dfrac{U_T}{-i_{CX}}} = \frac{U_{gX} + U_D}{R_g + r_{BB'} + \dfrac{U_T}{-i_{BX}}\, m} \qquad (350\,\text{a})$$

oder

$$i_{BX} = \frac{U_{gX} + U_D + m\, U_T}{R_g + r_{BB'}}.$$

In der Praxis verwendet man besser den Wert U_{BEX} des Transistors, so daß mit

$$i_{BX} = \frac{U_{gX} - U_{BEX}}{R_g} \qquad (350\,\text{b})$$

der Basisstrom bestimmt ist.

Beim Einschalten mit $m > 1$ kann der Kollektorstrom bei Erreichen des Wertes $-i_{CX}$ praktisch nicht mehr anwachsen. Die Gl. (346) gilt daher nur für $-i_C < -i_{CX}$. Aus Abb. 175 ist zu erkennen, daß die Zeit, bei der $-i_{CX}$ erreicht wird, von der Übersteuerung abhängt. Daraus folgt, daß die Einschaltzeit vor allem von dem Übersteuerungsgrad m und von der Zeitkonstante τ_1 bestimmt wird.

Der Vorteil einer Übersteuerung liegt neben der kürzeren Einschaltzeit vor allem darin, daß der Kollektorstrom nur durch die Batteriespannung und von dem Widerstand im Kollektorkreis bestimmt ist. Änderungen der Stromverstärkung mit der Temperatur oder während der Lebensdauer sowie Exemplarstreuungen haben nur einen Einfluß auf den Grad der Übersteuerung und auf die Anstiegszeit, nicht aber auf den Kollektorstrom.

Ein Nachteil der Übersteuerung ist die beim Ausschalten erforderliche Zeit, um die gespeicherten Ladungsträger abfließen zu lassen. Auf diese „Speicherzeit" wird bei der Diskussion des Ausschaltverhaltens noch eingegangen werden.

Mit diesen Bemerkungen zur Frage der Übersteuerung wollen wir uns vorläufig begnügen. Die im folgenden angegebenen Gleichungen gelten im übrigen für Einschaltzustände sowohl im Übersteuerungsbereich als auch im aktiven Bereich. Im letzteren Fall muß man lediglich $m = 1$ setzen.

Die Verhältnisse beim Schalten mit Widerstandslast sind in allen Grundschaltungen ähnlich. Verschieden ist jedoch vor allem die Zeitkonstante τ_1 in den einzelnen Schaltungen und wir wollen diese zuerst betrachten. Sie lautet nach Gl. (60 A) im Anhang A. 5 bei Mitberücksichtigung von R_E

$$\tau_1 \approx \frac{R_g + r_{BB'} + R_E}{\omega_{\alpha N}[R_E + r_E + (R_g + r_{BB'})(1 - A_N)]} \times$$

$$\times \left[1 + \omega_{\alpha N} C_{Cs}\left(R_C + \frac{(R_E + r_E)(R_g + r_{BB'}) + r_E R_C}{R_E + R_g + r_{BB'}}\right)\right]. \tag{351}$$

Da in diesem allgemeinen Fall in jeder Transistorzuleitung je ein Widerstand liegt, gilt die Zeitkonstante für alle drei Grundschaltungen und es ist von Fall zu Fall lediglich jeweils einer der Widerstände Null zu setzen.

In der Emitterschaltung ist gewöhnlich $R_E = 0$ (Gegenkopplungswiderstände kommen in der Schaltertechnik weniger vor), außerdem ist stets $\omega_{\alpha N} C_{Cs} r_E \ll 1$. Dann erhalten wir mit $(1 - A_N) = 1/(1 + B_N)$ näherungsweise für die

Emitterschaltung

$$\tau_1 = \left(\frac{1 + B_N}{\omega_{\alpha N}}\right) \frac{1}{1 + (1 + B_N)\dfrac{r_E}{R_g + r_{BB'}}} \times$$

$$\times \left[1 + \omega_{\alpha N} C_{Cs} R_C \left(1 + \frac{r_E}{R_g + r_{BB'}}\right)\right]. \tag{352}$$

Bei Stromsteuerung $R_g \to \infty$ bzw. für $R_g + r_{BB'} \gg (1 + B_N) r_E$ ist

$$\tau_{1i} = \tau_1(R_g \to \infty) = \left(\frac{1 + B_N}{\omega_{\alpha N}}\right)(1 + \omega_{\alpha N} C_{Cs} R_C) \tag{352a}$$

und bei Spannungssteuerung $R_g = 0$ mit $r_E \ll r_{BB'}$

$$\tau_{1u} = \tau_1(R_g = 0) = \left(\frac{1 + B_N}{\omega_{\alpha N}}\right)(1 + \omega_{\alpha N} C_{Cs} R_C) \frac{1}{1 + (1 + B_N)\dfrac{r_E}{r_{BB'}}}. \tag{352b}$$

In beiden Fällen kann der Lastwiderstand R_C zusammen mit der Sperrschichtkapazität eine Vergrößerung der Zeitkonstanten bewirken. Im
Fall der Spannungssteuerung hängt τ_1 von dem Einschaltstrom ab. Es
ist näherungsweise (vgl. S. 49 und 269)

$$r_E = \frac{A_N\,U_T}{-i_{CX}}$$

und daher

$$\tau_{1u} = \left(\frac{1 + B_N}{\omega_{\alpha N}}\right)(1 + \omega_{\alpha N}\,C_{Cs}\,R_C)\,\frac{r_{BB'}}{r_{BB'} + \dfrac{B_N\,U_T}{-i_{CX}}}\,. \qquad (352\,\mathrm{c})$$

Für große Einschaltströme, z. B. für $-i_{CX} > 50\ \mathrm{mA}$ bei $B_N = 50$,
$U_T = 26\ \mathrm{mV}$, $r_{BB'} = 100\ \Omega$ erhält man etwa den gleichen Wert wie
bei Stromsteuerung. Der Basisbahnwiderstand bewirkt gewissermaßen
eine Stromsteuerung des inneren Transistors. Für kleine Einschalt-
ströme, z. B. $-i_{CX} < 5\ \mathrm{mA}$ und für $\omega_{\alpha N}\,C_{Cs}\,R_C \ll 1$ ergibt sich ein
minimaler Wert für τ_1

$$\tau_1 \approx \frac{r_{BB'}}{\omega_{\alpha N}}\,\frac{-i_{CX}}{U_T} \qquad \text{für}\quad R_g = 0;\quad -i_{CX} \ll B_N\,\frac{U_T}{r_{BB'}}\,. \qquad (352\,\mathrm{d})$$

Der untere Wert von $-i_{CX}$, bei dem diese Zeitkonstante erreicht
wird, ist wenig abhängig von B_N, weil mit wachsendem B_N infolge
dünner werdender Basiszone zugleich auch $r_{BB'}$ größer wird.

Die Zeitkonstante läßt sich nicht beliebig klein machen. Einmal wird
dann der bisher vernachlässigte Faktor $\omega_{\alpha N}\,C_{Cs}\,r_E$ ins Spiel kommen
und man würde für sehr kleine Kollektorströme

$$\tau_1 = C_{Cs}\,(R_C + r_{BB'})$$

als unteren Grenzwert erhalten. Zum anderen wird die Gültigkeit der
Ersatzschaltung überhaupt in Frage gestellt. Selbst bei vollkommener
theoretischer Spannungssteuerung mit $r_{BB'} = 0$ und $C_{Cs} = 0$ gibt es,
wie in Abschn. III. C. 3. gezeigt wurde, noch eine endliche Zeitkonstante.

Kollektorschaltung. In der Kollektorschaltung erhält man mit $R_C = 0$
sowie mit $r_E \ll R_E$ aus Gl. (351) näherungsweise

$$\tau_1 = \left(\frac{1 + B_N}{\omega_{\alpha N}}\right)\left(\frac{R_g + r_{BB'} + R_E}{R_g + r_{BB'} + (1 + B_N)\,R_E}\right) \times$$

$$\times \left(1 + \omega_{\alpha N}\,C_{Cs}\,\frac{(R_g + r_{BB'})\,R_E}{R_g + r_{BB'} + R_E}\right)\,. \qquad (353)$$

Bei Stromsteuerung $R_g + r_{BB'} \gg (1 + B_N)\,R_E$ ist

$$\tau_{1i} = \left(\frac{1 + B_N}{\omega_{\alpha N}}\right)(1 + \omega_{\alpha N}\,C_{Cs}\,R_E)\,. \qquad (353\,\mathrm{a})$$

Dies ist notwendigerweise die gleiche Zeitkonstante wie in der Emitterschaltung, wenn man dort R_C durch R_E ersetzt. Bei Spannungssteuerung erhält man mit $R_g = 0$

$$\tau_{1u} = \left(\frac{1 + B_N}{\omega_{\alpha N}}\right)\left(1 + \omega_{\alpha N} C_{Cs} R_E \frac{1}{1 + \dfrac{R_E}{r_{BB'}}}\right)\left(\frac{1 + \dfrac{R_E}{r_{BB'}}}{1 + (1 + B_N)\dfrac{R_E}{r_{BB'}}}\right). \quad (353\,\text{b})$$

Mit wachsendem Lastwiderstand R_E wird τ_1 immer kleiner, τ_1 bleibt jedoch begrenzt durch

$$\tau_1(R_E \to \infty) = \frac{1}{\omega_{\alpha N}} + r_{BB'} C_{Cs} \qquad (R_E \gg r_{BB'}). \quad (353\,\text{c})$$

Davon unabhängig gelten die gleichen Bemerkungen wie bei der Emitterschaltung hinsichtlich der Gültigkeit der Ersatzschaltung.

Basisschaltung. In der Basisschaltung setzen wir $R_g = 0$. Weiterhin ist R_E jetzt der Generatorwiderstand R_g'. Man erhält (wieder mit $\omega_{\alpha N} C_{Cs} r_E \ll 1$) für Stromsteuerung $R_g' \to \infty$ bzw. $R_g' \gg r_{BB'}$

$$\tau_{1i} = \frac{1}{\omega_{\alpha N}} + (R_C + r_{BB'}) C_{Cs} \quad (354\,\text{a})$$

und für Spannungssteuerung $R_g' = 0$ (abermals notwendigerweise) die gleiche Zeitkonstante wie in der Emitterschaltung

$$\tau_{1u} = \left(\frac{1 + B_N}{\omega_{\alpha N}}\right)(1 + \omega_{\alpha N} C_{Cs} R_C) \frac{r_{BB'}}{r_{BB'} + B_N \dfrac{U_T}{-i_{CX}}}. \quad (354\,\text{b})$$

Bei Stromsteuerung in der Basisschaltung lassen sich nach Gl. (354a) bei $R_C \omega_{\alpha N} C_{Cs} \ll 1$ sehr kurze Schaltzeiten erzielen.

Die hier angeschriebenen Ausdrücke für die Zeitkonstante sind zunächst formal aus einer Ersatzschaltung hergeleitet worden, und es lassen sich Einflüsse der Schaltung und einiger Transistorkennwerte übersehen. Leider führt die Berechnung der Zeitkonstante aus den Einzelgrößen nicht immer zu einer befriedigenden Übereinstimmung mit Meßergebnissen. Vor allem erfordern auch die Streuungen der Kennwerte Berücksichtigung, wobei das Einsetzen von Maximal- und Minimalwerten häufig zu unvernünftigen Werten führt, da hier gewisse Korrelationen ins Spiel kommen.

Über günstige Meßverfahren der Zeitkonstanten und über die Einführung anderer praktischer Größen an Stelle der Zeitkonstanten ist viel diskutiert worden (vgl. hierzu [71]). Die Mehrzahl der Hersteller gibt obere Streuwerte der Zeitkonstante τ_{1i} für einen bestimmten Einstellstrom und für $U_{CB} = 0$ an.

Für manche Betrachtungen ist nach SPARKES [73] die Einführung von Ladungen ein bequemer Weg, um die in bestimmten Schaltungen auftretenden Übergangszeiten zu berechnen. So ist z. B. die in der Basiszone nach dem Einschalten gespeicherte Defektelektronenladung (vgl. S. 54)

$$Q^+ = F q \hat{p}_B \frac{w}{2}.$$

Die Dichte $\hat{p}_B$ am emitterseitigen Rand der Basiszone läßt sich durch den Emitterstrom ersetzen

$$i_{EX} = F q D_p \hat{p}_B / w,$$

so daß unmittelbar mit $\omega_{\alpha N} = 2 D_p / w^2$

$$Q^+ = \frac{w^2}{2 D_p} i_{EX} = \frac{1}{\omega_{\alpha N}} i_{EX} = -\frac{1 + B_N}{\omega_{\alpha N}} i_{BX} = Q_B$$

bzw. nach Gl. (352a) für $\omega_{\alpha N} C_{Cs} R_C \ll 1$

$$Q_B = \tau_{1i} (-i_{BX})$$

folgt. Man kann also die Zeitkonstante τ_{1i} durch die Basisladung Q_B ausdrücken. Auch die Raumladungen der Sperrschichten und die zusätzliche Ladung bei Übersteuerung kann man in das System dieser Beschreibung einbeziehen.

Unabhängig von den Zeitkonstanten und Ladungen sind jedoch die Ersatzschaltungen mit ihren einzelnen Ersatzelementen für die Beschreibung von Zeitvorgängen in den Schaltungen unentbehrlich. Wir wollen daher die in der Ersatzschaltung Abb. 174 erscheinenden Einzelgrößen kurz diskutieren.

Grenzfrequenz. $\omega_{\alpha N} / (2\pi)$ ist die Grenzfrequenz der Kurzschluß-Stromverstärkung in der Basisschaltung. In Abschn. III. C. 3. wurde gezeigt, daß sich eine gute Übereinstimmung der theoretischen Einschaltzeitkonstante τ_1 bei Stromsteuerung mit dem aus der Ersatzschaltung folgenden Wert ergibt, wenn man die Grenzfrequenz f_1 einsetzt. Dies ist die Frequenz, bei der der Betrag der Stromverstärkung in Emitterschaltung $|\beta|$ den Wert 1 hat. Es ist also zweckmäßig

$$\omega_{\alpha N} = 2\pi f_1$$

zu setzen, gemessen bei I_{CX} und $U_{CB} = 0$.

Stromverstärkung. Die Stromverstärkung B_N ist in der Praxis kein konstanter Wert. Die Erfahrung hat hier gezeigt, daß sich verhältnismäßig gute Übereinstimmungen berechneter und gemessener Werte ergeben, wenn man für B_N den jeweils bei dem maximalen Einschaltstrom $-I_{CX}$ und bei $U_{CB} = 0$ gemessenen Wert einsetzt.

Basisbahnwiderstand. Eine besonders kritische Größe ist der Basisbahnwiderstand $r_{BB'}$. Die Problematik von $r_{BB'}$ wurde bereits auf

S. 79 angedeutet. Alle Einflüsse haben eine Abnahme von $r_{BB'}$ mit zunehmendem Basisstrom $-I_B$ zur Folge. In Abb. 176 ist die bei zwei verschiedenen Exemplaren eines kleineren Schalt-Transistors gemessene Abhängigkeit des Basisbahnwiderstandes $r_{BB'}$ von I_B wiedergegeben.

Die Meßmethode ist die folgende [71] (vgl. hierzu auch [74]).

In Abb. 177 ist eine Anordnung angegeben, mit deren Hilfe sowohl der Basisbahnwiderstand als auch die noch zu besprechende Speicherzeitkonstante bestimmt werden kann. Der Kollektor ist mit dem Emitter kurzgeschlossen. Ist die Spannung $U_g > 0$ über den Schalter S (z. B. ein prellfreies Relais) angeschlossen, dann ist der Transistor übersteuert, da beide Dioden parallel liegen. Der Basisstrom ist

$$-i_{B1} = \frac{U_g - u_{EB1}}{R_i}$$

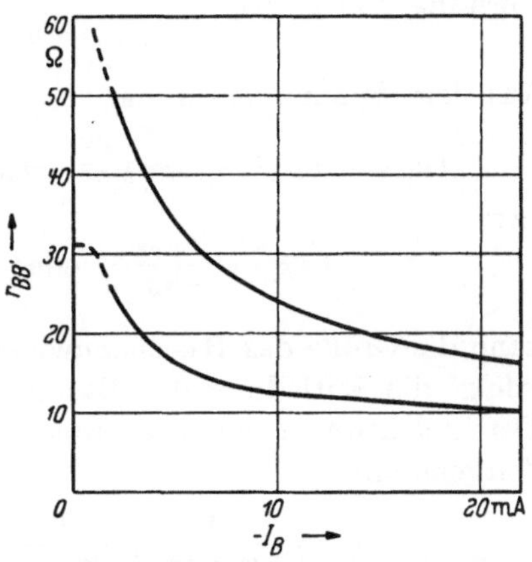

Abb. 176. Meßwerte des Basisbahnwiderstandes $r_{BB'}$ zweier kleinerer Schalt-Transistoren als Funktion des Basisstromes (zum Meßverfahren vgl. Text und Abb. 177)

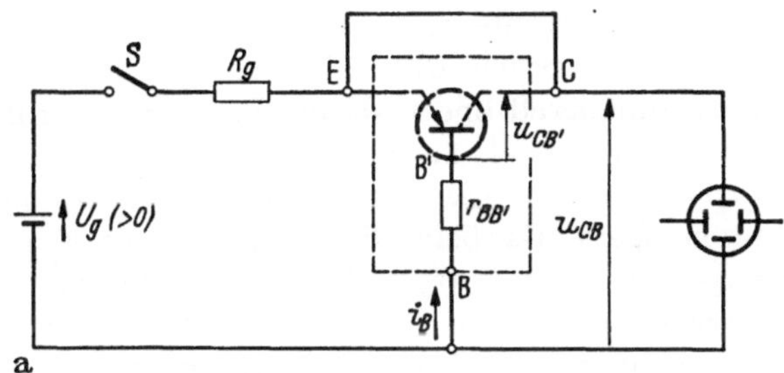

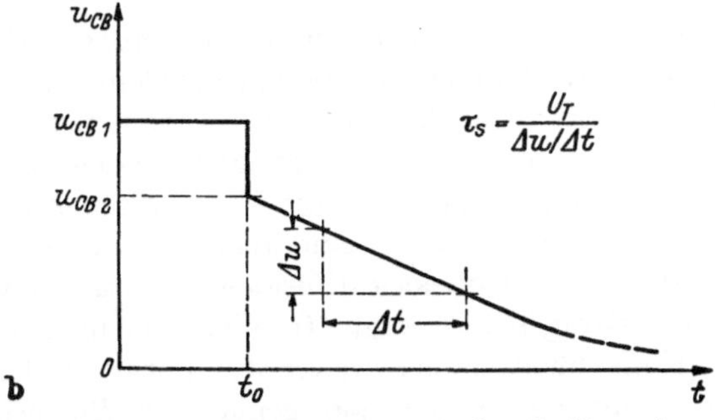

Abb. 177 a u. b. a) Meßschaltung und b) Spannungsverlauf am Oszillographen zwecks Bestimmung des Basisbahnwiderstandes $r_{BB'}$ und eines Näherungswertes für die Speicherzeitkonstante τ_s

und die Spannung am Oszillographen ist mit $u_{EB1} = u_{CB1}$

$$u_{CB1} = U_g + R_g i_{B1} = u_{CB'1} - r_{BB'} i_{B1}.$$

Beim Ausschalten zur Zeit t_0 bleibt momentan die Spannung $u_{CB'} = u_{EB'}$ konstant und es ist

$$u_{CB2} = u_{CB'1} = u_{EB'1}.$$

Aus dem Spannungssprung

$$\Delta u_{CB} = u_{CB1} - u_{CB2} = -r_{BB'} i_{B1} = \frac{r_{BB'}}{R_g + r_{BB'}} (U_g - u_{CB'1})$$

bzw.

$$r_{BB'} = \frac{\Delta u_{CB'}}{-i_{B1}} \quad \text{oder} \quad r_{BB'} \approx \frac{R_g \Delta u_{CB}}{U_g - \Delta u_{CB}} \tag{355}$$

kann die Größe des Basisbahnwiderstandes ermittelt werden. Nunmehr erfolgt die Entladung der Basiszone, und zwar infolge Diffusion von Defektelektronen und Elektronen zum Emitter und Kollektor mit der Zeitkonstante

$$\tau = \left(\frac{1}{\omega_{\alpha N} r_E} + \frac{1}{\omega_{\alpha I} r_C} \right) \frac{1}{\left(\dfrac{1 - A_I}{r_C} \right) + \left(\dfrac{1 - A_N}{r_E} \right)}. \tag{356}$$

Diese Zeitkonstante stimmt näherungsweise mit dem theoretischen Wert der Speicherzeitkonstante τ_s überein, auf die wir im folgenden Abschnitt noch eingehen werden. Der Abfall der Spannung in Abb. 177 b erfolgt im übrigen annähernd linear, da die Ladungsträgerdichte exponentiell sowohl mit der Zeit als auch mit der Spannung abnimmt [71].

Kollektorkapazität. Auch die Kollektorsperrschichtkapazität hat keinen konstanten Wert. Da beim Einschalten eines Transistors die Spannung $-u_{CB'}$ von etwa $-U_0$ auf $-U_{CEX}$ abnimmt, ist wegen der Spannungsabhängigkeit von C_{Cs} (vgl. S. 56) zuerst eine kleine Kapazität, später eine größere Kapazität wirksam. Da die Spannungsabhängigkeit von C_{Cs} in sehr verwickelter Weise in die Lösungen der Netzwerkgleichungen eingeht, muß man in jedem einzelnen Fall überlegen, welcher Wert in den Formeln eingesetzt werden sollte. Im Anhang A. 6 sind einige Rechnungen zu diesem Problem angegeben. Eine mögliche Methode besteht auch darin, bei Stromsteuerung in der Emitterschaltung mit relativ großen Lastwiderständen die Änderung der Einschaltzeit zu messen und auf diese Weise einen Näherungswert für C_{Cs} zu gewinnen. Weiter ist zu bemerken, daß im aktiven Bereich auch die stromabhängige Kollektordiffusionskapazität (EARLY-Kapazität) noch einen Beitrag liefern kann. In allen folgenden Gleichungen wollen wir der Einfachheit halber weiter das Formelzeichen C_{Cs} verwenden und uns mit den vorstehend gemachten Bemerkungen begnügen. (Vgl. in diesem Zusammenhang [73, 75].)

Emitterkapazität. Die Emittersperrschichtkapazität spielt beim Einschalten eines vorher gesperrten Transistors eine Rolle, wie wir später noch sehen werden. Hier gelten die gleichen Bemerkungen wie bei der Kollektorkapazität hinsichtlich des Einflusses der Spannungsabhängigkeit und daher auch die Formeln im Anhang A. 6.

Emitterwiderstand. Schließlich ist noch zu erwähnen, daß sich die mehrfach verwendete Näherung $r_E = U_T/i_{EX} \approx U_T/-i_{CX}$ auf die Voraussetzung stützt, daß die Kennlinie der Emitterdiode linear ist.

Die Kennlinie mit dem linearen Widerstand r_E hat die Neigung der Diodenkennlinie im Punkte i_{EX}. Da die Einschaltzeit stärker von dem Verhalten bei schon angewachsenem Strom bestimmt wird als im Anfangsbereich, und da in der Nähe von i_{EX} die Unterschiede zwischen Kennlinie und Tangente klein sind, erhält man einen verhältnismäßig kleinen Fehler für die Einschaltzeitkonstante. Der Fehler wird im übrigen um so geringer, je größer der Generatorwiderstand ist. Ersetzt man formal die Diodenkennlinie durch den strichpunktierten Kurvenzug in

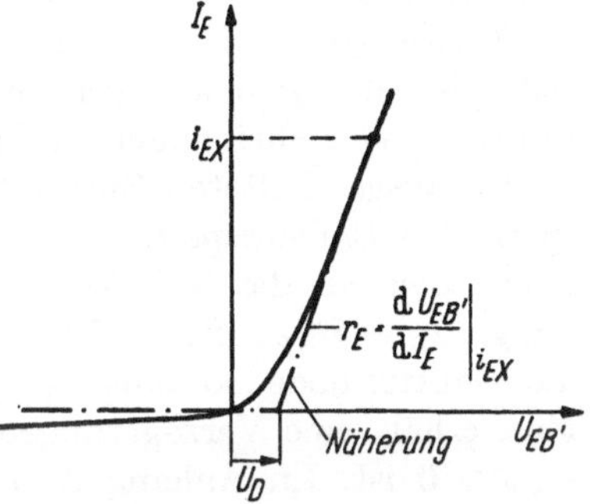

Abb. 178. Kennlinienskizze der Emitterdiode. Für die Berechnung von Schaltvorgängen kann eine lineare Näherung verwendet werden (strichpunktierte Kurve)

Abb. 178, dann erscheint im Ersatzschaltbild in Serie zur Emitterdiode eine Spannungsquelle mit der Spannung U_D. Diese Spannung berechnet sich theoretisch aus

$$U_D = U_T\left\{\ln(1 + \psi) - \frac{\psi}{1 + \psi}\right\} \tag{357}$$

mit

$$\psi = \frac{i_{EX}}{I_{EB0}}(1 - A_I A_N).$$

Bei praktischen Werten des Emitterstromes hat U_D z. B. für $A_I \ll 1$; $I_{EB0} = 10\,\mu\text{A}$; $U_T = 26\,\text{mV}$ bei verschiedenen Emitterströmen die Werte

$i_{EX} =$	1	5	10	50	100	mA
$U_D =$	0,09	0,13	0,15	0,19	0,21	V

Die Spannung U_D kann im Schaltbild Abb. 174 dadurch berücksichtigt werden, daß die äußeren Spannungen durch neue Größen ersetzt werden. Die Speisespannung U_0 wird nur geringfügig geändert. An die Stelle von U_g muß jedoch genauer in allen Gleichungen

$$U_g \rightarrow U_g + U_D \tag{358}$$

gesetzt werden. Dies ist insbesondere bei Spannungssteuerung $R_g = 0$ und bei kleinen Werten von $-U_{gX}$ von Bedeutung.

Emitterschaltung. Im folgenden soll ein vollständiger Schaltzyklus beschrieben werden, unter Zugrundelegung der Schaltung Abbildung 174 mit $R_E = 0$. Die Steuerspannung wechselt sehr rasch von $U_{gY} > 0$ im ausgeschalteten Zustand nach $U_{gX} < 0$ im eingeschalteten Zustand und umgekehrt. Wir nehmen überdies an, daß vor jedem Umschalten sich das Ladungsgleichgewicht der Transistorkapazitäten eingestellt hat.

Einschaltvorgang. Von besonderem Interesse ist zuerst die Einschaltzeit; sie setzt sich aus verschiedenen Zeitintervallen zusammen. Wir wollen diese nacheinander an Hand der Abb. 174 und 179a diskutieren.

Im ausgeschalteten Zustand sind Emitter- und Kollektordiode gesperrt. Die Emittersperrschichtkapazität C_{Es} ist auf die Spannung $-U_{gY}$ aufgeladen, an der Kollektorsperrschichtkapazität C_{Cs} steht die Spannung $U_0 - U_{gY}$. Beim Einschalten mit der Spannung U_{gX} bleibt die Emitterdiode so lange gesperrt, bis C_{Es} entladen ist ($u_{EB'} = 0$). Man erhält eine Verzögerungszeit t_{d1}, und zwar immer dann, wenn $U_{gY} > 0$ ist. Im Anhang A. 5 ist eine obere Schranke für diese Zeit hergeleitet. Nach Gl. (59 A) ist

$$t_{d1} < [C_{Es}(R_g + r_{BB'}) + C_{Cs}(R_C + R_g + r_{BB'})] \ln\left(1 - \frac{U_{gY}}{U_{gX}}\right) \quad (359)$$

($U_{gX} < 0$; bezüglich C_{Es}, C_{Cs} vgl. Anhang A. 6).

Bei Berücksichtigung der Spannung U_D für die Diodenkennlinie nach Gl. (358) wird die Emitterdiode erst bei $u_{EB'} = U_D$ leitend und es tritt an die Stelle von U_g die Spannung $U_g + U_D$. Es wird daher

$$\ln\left(1 - \frac{U_{gY}}{U_{gX}}\right) \rightarrow \ln\left(1 - \frac{U_{gY} + U_D}{U_{gX} + U_D}\right) \quad (359\,\text{a})$$
$$(U_{gY} > 0; \quad U_{gX} < 0; \quad U_D > 0).$$

Die Verzögerungszeit wird dann etwas größer. Die Gl. (359) ist jedoch ohnehin eine Näherungsformel.

Es ist sinnvoll, bereits hier einen sog. Ausschaltfaktor zu definieren

$$k = -\frac{B_N\, i_{BY}}{i_{CX}} \quad (k \geqq 0), \quad (360)$$

worin i_{BY} der Basisstrom ist, der beim Ausschalten des Transistors in der Zeit fließt, in der die Emitterdiffusionskapazität noch *nicht* entladen ist, d. h., in der die Emitterdiode noch leitend ist. Es ist dann auch analog zu Gl. (350a)

$$i_{BY} = \frac{U_{gY} + U_D}{R_g + r_{BB'} + \dfrac{U_T}{-i_{BX}}\, m} \quad (360\,\text{a})$$

und wir können in dem Ausdruck (359a) auch schreiben

$$\ln\left(1 + \frac{k}{m}\right).$$

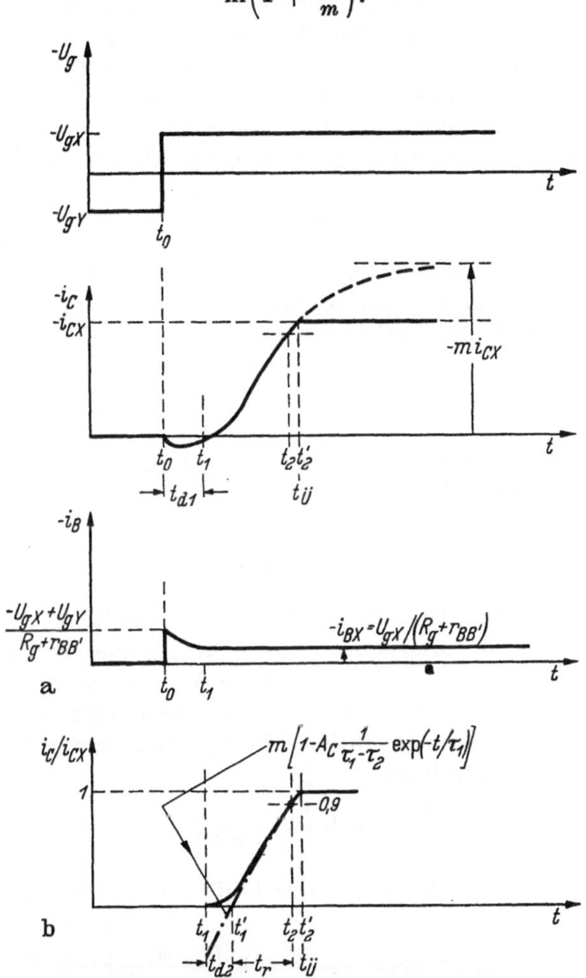

Abb. 179 a u. b. Einschalten eines Transistors in Emitterschaltung, der für $t < t_0$ gesperrt ist
a) Verlauf der Steuerspannung, des Kollektorstromes und des Basisstromes; b) Verfahren
zur Bestimmung der Verzögerungszeit t_{d2} und der Anstiegszeit t_r

Die Verzögerungszeit t_{d1} kann bei Stromsteuerung beträchtliche Werte
annehmen, da dann die Umladung von C_{Es} sehr langsam erfolgt. Der
Kollektorstrom wird während der Umladung ein wenig positiv. Der
Basisstrom setzt mit einer Spitzenamplitude

$$i_B\big|_{t_0} = \frac{U_{gX} - U_{gY}}{R_g + r_{BB'}} \tag{361}$$

ein und klingt ab bis auf einen Wert, bei dem $u_{EB'} = 0$ geworden ist.
Da sich in der gleichen Zeit die Spannung $u_{CB'}$ nur wenig ändert (auch
C_{Cs} wird umgeladen) entsteht kein großer Fehler, wenn man den
weiteren Schaltvorgang mit den Anfangsbedingungen $u_{EB'} = 0$ und
$u_{CB'} = U_0$ behandelt. Für den Kollektorstrom wurde die Lösung
schon mit Gl. (346) angegeben. In Abb. 179a ist der Einschaltverlauf
des Kollektorstromes skizziert. Als Näherung kann man die Kurve
durch einen Kurvenzug nach dem Muster der Abb. 179b ersetzen und
wir erhalten

$$i_C = m\, i_{CX}\{1 - \exp[-(t - t_1')/\tau_1]\}. \tag{362}$$

Die Zeit $t_{d2} = t_1' - t_1$ stellt gewissermaßen eine weitere Verzögerungszeit dar. Durch Vergleich von Gl. (346) (mit $B_C = 0$ und $t \to t - t_1$)
und Gl. (362) erhält man näherungsweise

$$t_{d2} = \tau_1 \frac{A_0 - \tau_1 + \tau_2}{\tau_1 - \tau_2} = \frac{\tau_1}{\tau_1 - \tau_2}\left(\tau_2 + \frac{r_E C_{Cs}}{A_N}\right)$$

sowie mit Hilfe der Gln. (347a), (347b) und mit $\tau_2 \ll \tau_1$; $r_E \ll R_C$;
$\omega_{\alpha N} C_{Cs} r_E \ll 1$; $r_E \ll R_g + r_{BB'}$

$$t_{d2} = \frac{C_{Cs} R_C}{1 + \omega_{\alpha N} C_{Cs} R_C}. \tag{363}$$

Als „Anstiegszeit" t_r („rise-time") wird in der Regel die Zeit verstanden,
innerhalb welcher der Laststrom i_L von $0{,}1 i_{LX}$ oder von $0 \cdot i_{LX}$ auf
$0{,}9 i_{LX}$ angewachsen ist. Damit die gesamte Anstiegszeit aus der Summe
von t_{d1}, t_{d2} und t_r berechnet werden kann, verwenden wir die in Abbildung 179b angegebene Definition. Mit Verwendung von Gl. (362) ergibt sich die Anstiegszeit zu

$$t_r = \tau_1 \ln\left(\frac{m}{m - 0{,}9}\right). \tag{364}$$

Die gesamte Anstiegszeit unter Einschluß der beiden Verzögerungs-
zeiten ist

$$t_{r\,\text{ges}} = t_{d1} + t_{d2} + \tau_1 \ln\left(\frac{m}{m - 0{,}9}\right). \tag{365}$$

Die Zeit bis zum Übersteuerungspunkt t_U (vgl. Abb. 179) ist

$$t_U - t_0 = t_{d1} + t_{d2} + \tau_1 \ln\left(\frac{m}{m - 1}\right). \tag{365a}$$

Kurze Anstiegszeiten lassen sich erreichen, wenn der Transistor span-
nungsgesteuert wird ($R_g = 0$), weil dann t_{d1} und τ_1 kleiner werden,
weiterhin, wenn genügend kleine Lastwiderstände verwendet werden
($\omega_{\alpha N} C_{Cs} R_C \ll 1$) und schließlich, wenn der Transistor übersteuert wird.

Der Faktor $\ln[m/(m - 0{,}9)]$ ist in Abb. 180 aufgetragen. Für große Werte von m (etwa $m > 3$) ist

$$\ln\left(\frac{m}{m - 0{,}9}\right) \approx \frac{1}{m}\left(0{,}9 + \frac{0{,}8}{2m}\right) \approx \frac{1}{m} = \frac{i_{CX}}{B_N\, i_{BX}}, \qquad (366)$$

und man erhält für die Anstiegszeit [mit Gl. (347 a) und den bei Gl. (363) angegebenen Vernachlässigungen]

$$t_r = \left(\frac{1 + B_N}{\omega_{\alpha N}}\right)(1 + \omega_{\alpha N}\, C_{Cs}\, R_C)\, \frac{1}{1 + B_N\,\dfrac{U_T}{-i_{CX}(R_g + r_{BB'})}}\, \frac{i_{CX}}{B_N\, i_{BX}}. \qquad (367)$$

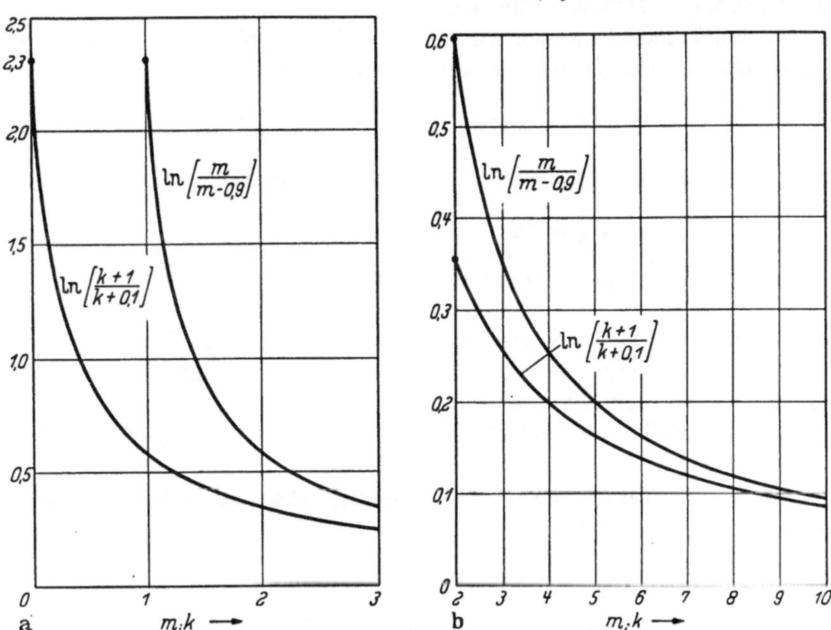

Abb. 180a u. b. Hilfskurven für die Berechnung von Anstiegs- und Abfallzeiten bei Transistoren. Die angegebenen logarithmischen Ausdrücke, die in den Formeln für die Schaltzeiten vorkommen, enthalten nur den Übersteuerungsfaktor m und den Ausschaltfaktor k

i_{BX} kann nach Gl. (350 a) ersetzt werden durch

$$i_{BX} = \frac{U_{gX} + U_D}{R_g + r_{BB'} + B_N\,\dfrac{U_T}{-i_{CX}}},$$

und wir erhalten mit $B_N \gg 1$

$$t_r = \frac{R_g + r_{BB'}}{\omega_{\alpha N}}(1 + \omega_{\alpha N}\, C_{Cs}\, R_C)\, \frac{i_{CX}}{U_{gX} + U_D}. \qquad (367\,a)$$

Die Anstiegszeit ist in diesem Falle unabhängig von der Stromverstärkung B_N.

Für den Fall $R_g = 0$; $\omega_{\alpha N}\, C_{Cs}\, R_C \ll 1$ sowie mit $\omega_{\alpha N} = 2\pi\, f_1$ erhalten wir einen Minimalwert von t_r für Spannungssteuerung und hinreichend starke Übersteuerung (etwa $m > 3$)

$$t_{r\,\min} = \frac{r_{BB'}}{2\pi f_1}\,\frac{i_{CX}}{U_{gX} + U_D}. \tag{367 b}$$

Der Faktor $r_{BB'}/(2\pi\, f_1)$ ist verhältnismäßig geringen Exemplarstreuungen unterworfen, da bei den in der Regel am stärksten ins Spiel kommenden Streuungen der Basisdicke sowohl $r_{BB'}$ als auch f_1 mit abnehmender Basisdicke wachsen.

Für eine Übersicht geben wir im folgenden ein einfaches Beispiel an. Vorgegeben sei ein Transistor mit den Werten

$$f_1 = 4\,\mathrm{MHz}, \qquad C_{Cs} = 20\,\mathrm{pF},$$

$$r_{BB'} = 150\,\Omega, \qquad C_{Es} = 20\,\mathrm{pF},$$

$$B_N = 50,$$

$$-U_{BEX} = 0{,}3\,\mathrm{V}.$$

Alle Werte sollen bei einem ebenfalls vorgegebenen Kollektorstrom $-i_{CX} = 10\,\mathrm{mA}$ gelten. Weiter sei die Speisespannung $-U_0 = 10\,\mathrm{V}$ und daher der Lastwiderstand $R_C = 1\,\mathrm{k}\Omega$.

In vielen Fällen ist auch der Generatorwiderstand vorgegeben. Wir nehmen an, daß $R_g = R_C = 1\,\mathrm{k}\Omega$ gilt.

Der Emitterdiffusionswiderstand beträgt etwa $r_E = 2{,}5\,\Omega$, so daß die angenommenen Näherungen

$$r_E \ll R_C; \qquad \omega_{\alpha N}\, C_{Cs}\, r_E \ll 1; \qquad r_E \ll R_g + r_{BB'}$$

gültig sind. Falls $-U_{gX} = 1\,\mathrm{V}$ und $U_{gY} = 1\,\mathrm{V}$ gewählt werden, ist der Basisstrom i_{BX} nach Gl. (350 b)

$$i_{BX} = \frac{U_{gX} - U_{BEX}}{R_g} = -0{,}7\,\mathrm{mA}.$$

Mit diesem Wert und mit $-i_{CX} = 10\,\mathrm{mA}$ erhält man aus Gl. (349) einen Übersteuerungsfaktor

$$m = \frac{B_N\, i_{BX}}{i_{CX}} = 3{,}5.$$

Nach Gl. (359) ist die Verzögerungszeit t_{d1}

$$t_{d1} < 0{,}045\,\mu\mathrm{s}.$$

Die Verzögerungszeit t_{d2} beträgt nach Gl. (363)

$$t_{d2} = 0,015 \ \mu s.$$

Die Zeitkonstante τ_1 ist nach Gl. (352)

$$\tau_1 = \frac{51}{2\pi\,4\cdot 10^6} \ \frac{1}{\left[1 + 50\,\dfrac{2,5}{1150}\right]} \times$$

$$\times \left[1 + 2\pi\,4\cdot 10^6 \cdot 20 \cdot 10^{-12} \cdot 10^3 \left(1 + \frac{2,5}{1150}\right)\right] s,$$

$$\tau_1 = 2,75 \ \mu s.$$

Mit $R_g + r_{BB'} \gg (1 + B_N)\,r_E$ liegt Stromsteuerung vor. Der Faktor $(1 + \omega_{\alpha N} C_{Cs} R_C)$ geht mit einem Beitrag 1,5 in die Zeitkonstante ein, d. h. τ_1 wird infolge Mitwirkung der Sperrschichtkapazität um den Faktor 1,5 erhöht. Für

$$\ln\left(\frac{m}{m - 0,9}\right)$$

erhält man mit $m = 3,5$ einen Wert 0,30. Verwendet man die Näherung (366), dann ist mit $1/m = 0,29$ der Fehler nicht sehr groß. Wir erhalten schließlich für die Anstiegszeit mit Gl. (364)

$$t_r = 0,825 \ \mu s$$

und für die gesamte Anstiegszeit

$$t_{r\,\text{ges}} = 0,045 + 0,015 + 0,825 \ \mu s = 0,89 \ \mu s.$$

Eine Verkürzung der Anstiegszeit wäre durch Spannungssteuerung und Vergrößerung des Übersteuerungsfaktors m möglich. Dies kann jedoch zwei ungünstige Folgen haben. Einmal kann es sein, daß der Basisstrom beim Einschalten unzulässig hohe Werte annimmt, zum anderen bedeutet ein hoher Übersteuerungsfaktor eine große Ladungsmenge in der Basiszone, die beim Ausschalten des Transistors eine Verlängerung der Ausschaltzeit bewirkt.

Der Basisstrom setzt mit einem kapazitiven Spitzenstrom ein und klingt auf einen stationären Wert (näherungsweise)

$$i_B\big|_{t\to\infty} \approx i_{BX} = m\,\frac{i_{CX}}{B_N} \approx \frac{U_{gX}}{R_g + r_{BB'}} \tag{368}$$

ab, der schon zur Zeit $t = t_1$ erreicht wird. Zur Zeit $t = t_1$ in Abb. 179 ist mit $u_{EB'}(t_1) = 0$ der Basisstrom streng

$$i_B\big|_{t_1} = \frac{U_{gX}}{R_g + r_{BB'}}. \tag{369}$$

18*

Zur Zeit t_0 war nach Gl. (361) der Basisstrom $-i_B$ größer, nämlich

$$-i_B\big|_{t_0} = -\frac{U_{gX} - U_{gY}}{R_g + r_{BB'}} > -i_B\big|_{t_1}. \tag{370}$$

Für das oben angegebene Beispiel erhält man

$$-i_B\big|_{t_0} = 1{,}74\,\text{mA}; \qquad -i_{BX} = -i_B\big|_{t_1} = 0{,}87\,\text{mA}.$$

Würde in unserem Beispiel R_g auf 50 Ω reduziert werden, dann erhielte man folgende Werte

$$m = 20; \quad t_{d1} = 0{,}020\,\mu\text{s}; \quad t_{d2} = 0{,}015\,\mu\text{s}; \quad t_r = 0{,}085\,\mu\text{s}; \quad t_{r\,\text{ges}} = 0{,}12\,\mu\text{s},$$

$$\tau_1 = 1{,}88\,\mu\text{s}.$$

Der Basisspitzenstrom beträgt jetzt

$$-i_B\big|_{t_0} = 10\,\text{mA},$$

der stationäre Wert ist 5 mA. Die Speicherzeit beim Ausschalten, auf die wir im folgenden eingehen werden, ist im letzten Beispiel um einen Faktor 1,4 größer als beim ersten Beispiel.

Speicherzeit. Beim Ausschalten des Transistors muß die in der Basiszone gespeicherte Ladung abfließen. In der Ersatzschaltung Abb. 174 ist diese Ladung für den übersteuerten Zustand in zwei getrennte Ladungen der beiden Diffusionskapazitäten $1/(r_E\,\omega_{\alpha N})$ und $1/(r_C\,\omega_{\alpha I})$ aufgeteilt. Beim Ausschalten des Transistors mit einer positiven Spannung zwischen Basis und Emitter wird in der Regel zuerst die Kollektordiffusionskapazität entladen. Während dieser Zeit bleibt der Kollektorstrom noch annähernd konstant, da die Spannungen $u_{EB'}$ und $u_{CB'}$ klein sind und der Kollektorstrom von der Speisespannung U_0 und von R_C bestimmt wird. In Abb. 181 ist der Verlauf des Stromes skizziert. Erst wenn die Kollektordiode gesperrt wird, bestimmt die leitende Emitterdiode das Abklingen des Kollektorstromes. Eine Näherungsrechnung für die Zeit, die benötigt wird, bis $u_{CB'} = 0$ geworden ist, ergibt nach Gl. (71 A) im Anhang A. 5 [und k nach Gl. (360)]

$$t_s < \left(\frac{1}{\omega_{\alpha N}} + \frac{1}{\omega_{\alpha I}}\right) \frac{1}{(1 - A_I A_N)} \ln\left\{\left(\frac{m + k}{1 + k}\right)\frac{1}{1 - \psi}\right\} \tag{371}$$

mit

$$\psi = \frac{(1 - A_I A_N)\,\omega_{\alpha I}\,\omega_{\alpha N}}{(\omega_{\alpha N} + \omega_{\alpha I})^2}.$$

Man nennt t_s die „Speicherzeit" („storage-time"). Im allgemeinen ist $\psi \ll 1$. Dies gilt auch für $A_I \ll 1$, da mit kleiner werdendem A_I auch $\omega_{\alpha I}$ kleiner wird. $\omega_{\alpha I}/(2\pi)$ ist die Grenzfrequenz in Basisschaltung bei invers betriebenem Transistor. Mit $\psi \ll 1$ ist

$$t_s = \tau_s \ln\left(\frac{m + k}{1 + k}\right) \tag{371 a}$$

mit der sog. „Speicherzeitkonstante"

$$\tau_s = \left(\frac{1}{\omega_{\alpha N}} + \frac{1}{\omega_{\alpha I}}\right) \frac{1}{(1 - A_I A_N)} \approx \left(\frac{1}{\omega_{\alpha N}} + \frac{1}{\omega_{\alpha I}}\right) \frac{1}{\frac{1}{1 + B_N} + \frac{1}{1 + B_I}}, \quad (372)$$

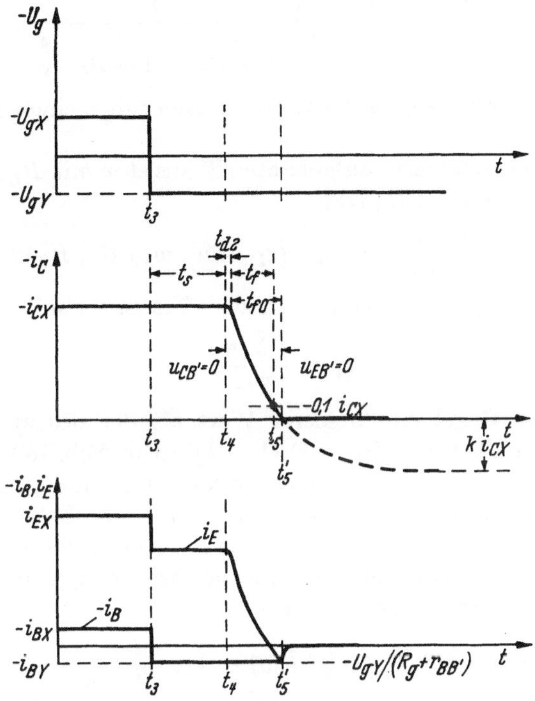

Abb. 181. Ausschalten eines Transistors in Emitterschaltung. Es sind die Steuerspannung und die Transistorströme als Funktion der Zeit angegeben

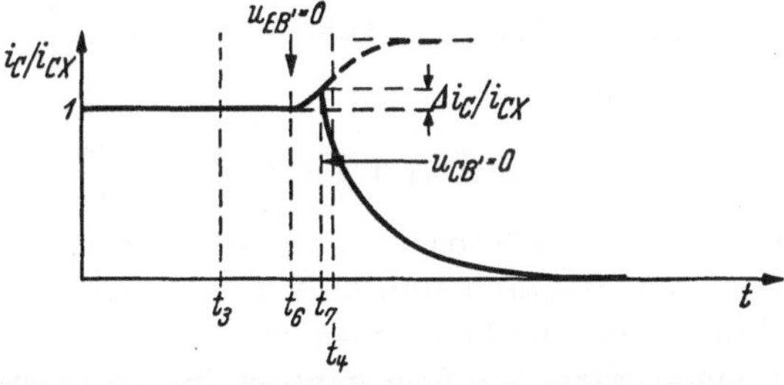

Abb. 182. Ausschalten eines Transistors mit einem hohen Ausschaltfaktor. Die Emitterdiode wird früher gesperrt als die Kollektordiode

die von manchen Herstellern angegeben wird, da sie nur Transistorgrößen enthält. Das auf S. 267 beschriebene Meßverfahren, das sowohl eine Messung von $r_{BB'}$ als auch von τ_s gestattet, liefert nach Gl. (356)

einen Meßwert

$$\tau = \left(\frac{1}{\omega_{\alpha N}\, r_E} + \frac{1}{\omega_{\alpha I}\, r_C} \right) \frac{1}{\left(\dfrac{1 - A_I}{r_C} \right) + \left(\dfrac{1 - A_N}{r_E} \right)}$$

$$= \left(\frac{1}{\omega_{\alpha N}} + \frac{1}{\omega_{\alpha I}}\, \frac{r_E}{r_C} \right) \frac{1}{\dfrac{1}{1 + B_N} + \dfrac{1}{1 + B_I}\, \dfrac{r_E}{r_C}}.$$

Da bei der Messung $r_E/r_C \approx 1$ ist, erhält man mit τ einen guten Näherungswert für τ_s.

Bei einem symmetrisch aufgebauten Transistor mit $B_I/B_N = 1$ und $\omega_{\alpha I}/\omega_{\alpha N} = 1$ ist nach Gl. (372)

$$\tau_s = \frac{1 + B_N}{\omega_{\alpha N}} = \tau_{1i} \quad (\tau_{1i} \text{ für } \omega_{\alpha N}\, C_{Cs}\, R_C \ll 1).$$

Bei einem stark asymmetrisch aufgebauten Transistor mit $\omega_{\alpha I}/\omega_{\alpha N} \ll 1$; $B_I/B_N \ll 1$ wird

$$\tau_s \approx \frac{1 + B_I}{\omega_{\alpha I}}.$$

Dies ist in der Regel ein kleinerer Wert als der des symmetrischen Transistors. Der Faktor $\ln[(m + k)/(1 + k)]$ ist in Abb. 183 aufgetragen. Die Speicherzeit wird um so kürzer, je kleiner m und je größer k ist.

In manchen Fällen ist es bequem — wie auf S. 265 angedeutet wurde —, mit der Ladung in der Basiszone zu rechnen. Bei Übersteuerung kann man sich die Ladung zusammengesetzt denken aus der Basisladung an der Übersteuerungsgrenze

$$Q_{B\ddot{U}} = \tau_{1i}\, (-i_{B\ddot{U}}) = \tau_{1i}\, \frac{-i_{CX}}{B_N}$$

und einer Überschußladung, in deren Beziehung lediglich eine andere Zeitkonstante, nämlich τ_s gilt

$$\varDelta Q_B = Q_{Bs} = -\tau_s\, (i_{BX} - i_{B\ddot{U}}) = (m - 1)\, \frac{-i_{CX}}{B_N}.$$

Die Gesamtladung ist dann

$$Q_B = Q_{B\ddot{U}} + Q_{Bs} = [\tau_{1i} + (m - 1)\, \tau_s]\, \frac{-i_{CX}}{B_N}.$$

Die für die Umladung der Sperrschichtkapazität erforderliche Ladung kann man in Q_B einfach dadurch einbeziehen, daß man für τ_{1i} den vollständigen Ausdruck von Gl. (352a) einsetzt.

Bei starken Ausschaltspannungen kann es in der Emitterschaltung vorkommen, daß die Emitterdiode früher gesperrt wird als die Kollektordiode. In diesem Augenblick arbeitet der Transistor zeitweilig invers aktiv, bis auch die Kollektordiode gesperrt wird und nur noch die Sperrschichtkapazitäten den Ausschaltvorgang bestimmen. In Abb. 182 ist dieser Fall skizziert. Zur Zeit t_3 sei der Transistor ausgeschaltet

worden. Zur Zeit t_6 wechselt $u_{EB'}$ das Vorzeichen und der Kollektorstrom wächst an. Er würde einem Grenzwert

$$-i_C \rightarrow \frac{U_{gY} - U_0}{R_C + (R_g + r_{BB'})(1 - A_I) + r_C}$$

zustreben, wenn nicht schon vorher, d. h. zur Zeit t_7, die Kollektordiode gesperrt würde. Im Anhang A. 5 sind einige Rechnungen zu diesem

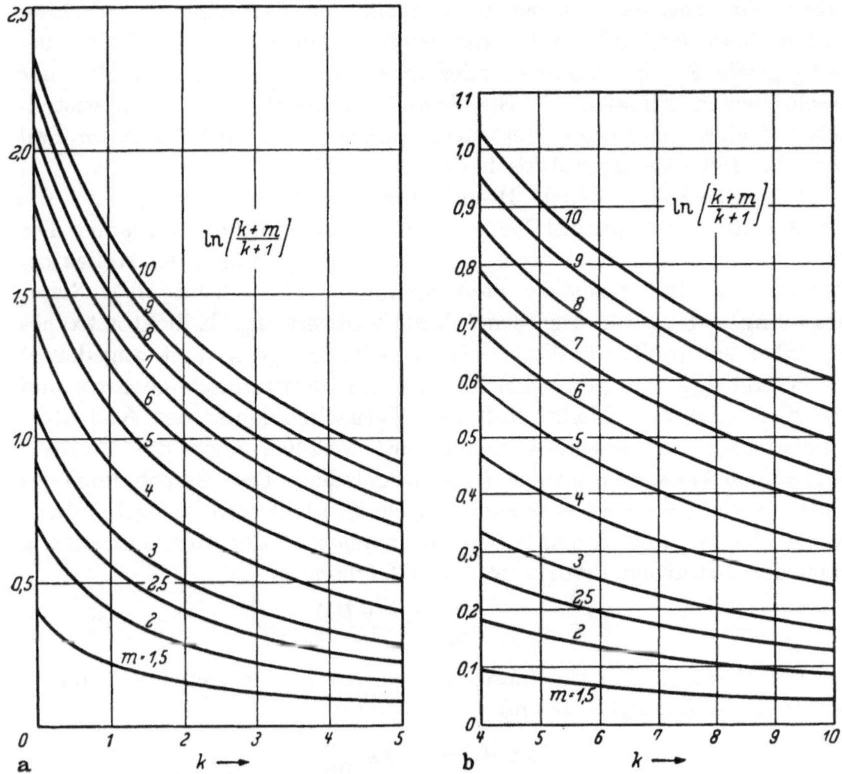

Abb. 183a u. b. Hilfskurven für die Berechnung der Speicherzeit t_s. Die Speicherzeit ist dem
angegebenen logarithmischen Ausdruck proportional, der seinerseits nur von dem Übersteuerungsfaktor m und dem Ausschaltfaktor k abhängt

Problem zu finden. Es wird dort mit Gl. (69 A) ein Wert des Ausschaltfaktors hergeleitet

$$k > B_N \left(1 + \frac{\omega_{\alpha I}}{\omega_{\alpha N}}\right) \quad \text{bzw. auch} \quad i_{BY} > -i_{CX}\left(1 + \frac{\omega_{\alpha I}}{\omega_{\alpha N}}\right), \quad (373)$$

der erforderlich ist, damit dieser Effekt eintritt. Berechnet man die
maximal mögliche Differenz $-(i'_{CX} - i_{CX})$, die sich für die Strom-

spitze ergeben könnte, dann erhält man

$$\frac{\Delta i_C}{i_{CX}} = \frac{i'_{CX} - i_{CX}}{i_{CX}} < \frac{(R_g + r_{BB'})(1 + B_I)}{R_g + r_{BB'} + R_C(1 + B_I)}\left(\frac{k}{B_N} - \frac{1}{1 + B_I}\right). \qquad (374)$$

Ein Maximum ergibt sich für Stromsteuerung

$$\frac{\Delta i_C}{i_{CX}} < k\,\frac{(1 + B_I)}{B_N} - 1. \qquad (374\,\mathrm{a})$$

Die Erfahrung zeigt, daß die Überhöhungen keine wesentliche Bedeutung haben. Von Interesse ist jedoch, daß für den Fall einer erwünschten steilen Ausschaltflanke mit wachsendem Ausschaltfaktor keine beliebig große Flankensteilheit erzielbar ist, weil bei Eintreten des hier beschriebenen Effektes die Sperrschichtkapazitäten die Flankensteilheit auf einen endlichen Wert beschränken. $- i_C$ nähert sich im Fall der Abb. 182 nur asymptotisch dem Wert Null.

Ausschaltvorgang. Nach Beendigung der Speicherzeit t_s wird die Emitterdiffusionskapazität bei gesperrter Kollektordiode entladen. Die Spannung $u_{EB'}$ nimmt ab und mit ihr etwa proportional der Kollektorstrom $- i_C$. Bei positiver Steuerspannung U_{gY} strebt $u_{EB'}$ dieser Spannung $- U_{gY}$ zu. Der scheinbare Endwert des Kollektorstromes ist dabei ein positiver Wert, wie in Abb. 181 gestrichelt angedeutet ist. Sobald $u_{EB'} = 0$ geworden ist, wird die Emitterdiode gesperrt und der Kollektorstrom bleibt Null (bei Vernachlässigung des Kollektorreststromes). Im Anschluß daran wird lediglich noch die Emitter-Sperrschichtkapazität auf $- U_{gY}$ aufgeladen. Die Berechnung des Kurvenverlaufes ergibt eine zum Einschaltverlauf etwa spiegelbildliche Kurve. An die Stelle von m tritt jedoch sinngemäß der Ausschaltfaktor k nach der Definition (360) bzw. mit Gl. (360a)

$$k = -\frac{B_N(U_{gY} + U_D)}{i_{CX}(R_g + r_{BB'}) - B_N U_T} \qquad (k \geqq 0).$$

Bei der Berechnung kann man ohne großen Fehler von den Anfangsbedingungen $u_{CB'}(t_4) = 0$ und

$$u_{EB'}(t_4) = - r_E\,\frac{i_{CX}}{A_N}$$

ausgehen. Dies ist die Emitter-Basisspannung, wenn der Transistor gerade an der Übersteuerungsgrenze betrieben wird. Wir erhalten für den Kollektorstrom mit Hilfe der Gleichungen im Anhang A. 5, wenn wir die Zeit t von der Zeit $t_4 = 0$ an zählen

$$i_C = i_{CX}\left\{-k + (1 + k)\frac{1}{\tau_1 - \tau_2}[A_C \exp(-t/\tau_1) - B_C \exp(-t/\tau_2)]\right\} \quad (375)$$

mit

$$A_C = \tau_1 + r_E\,\frac{C_{Cs}}{A_N},$$

$$B_C = \tau_2 + r_E\,\frac{C_{Cs}}{A_N}.$$

Wenn wir das gleiche Verfahren wie beim Einschaltvorgang verwenden durch Einführung einer Verzögerungszeit t_{d2}, dann ist

$$i_C = i_{CX}\{-k + (1 + k)\exp[-(t - t_{d2})/\tau_1]\}. \tag{376}$$

Als „Abfallzeit" t_f („fall-time") wird in der Regel die Zeit verstanden, innerhalb welcher der Laststrom i_L von $0,9i_{LX}$ oder von $1,0i_{LX}$ auf $0,1i_{LX}$ abgesunken ist. Damit die gesamte Abfallzeit aus der Summe von t_s, t_{d2} und t_f berechnet werden kann, verwenden wir die in Abb. 181 angegebene Definition. Dann ist

$$t_f = \tau_1 \ln\left(\frac{k+1}{k+0,1}\right). \tag{377}$$

Für die gesamte Abfallzeit (oder auch Ausschaltzeit) ergibt sich mit t_s nach Gl. (371) und t_{d2} nach Gl. (363)

$$t_{f\,\text{ges}} = t_s + t_{d2} + \tau_1 \ln\left(\frac{k+1}{k+0,1}\right). \tag{378}$$

Die Zeit t_{f0} nach Abb. 181 ist

$$t_{f0} = \tau_1 \ln\left(1 + \frac{1}{k}\right). \tag{377a}$$

Der Faktor $\ln[(k+1)/(k+0,1)]$ ist in Abb. 180 aufgetragen. Mit wachsendem Ausschaltfaktor k kann die Abfallzeit verkürzt werden. Für das auf S. 274 angegebene Beispiel erhält man im Falle eines symmetrischen Transistors $A_I = A_N$; $\omega_{\alpha I} = \omega_{\alpha N}$ für die Speicherzeit t_s nach Gl. (371)

$$t_s = 2,05 \ln(1,42)\ \mu\text{s} = 0,715\ \mu\text{s}.$$

Weiter ist

$$t_{d2} = 0,015\ \mu\text{s}$$

und nach Gl. (377)

$$t_f = 2,75 \ln(1,18)\ \mu\text{s} = 0,45\ \mu\text{s}.$$

Die Summe ergibt

$$t_{f\,\text{ges}} = 0,715 + 0,015 + 0,45\ \mu\text{s} = 1,18\ \mu\text{s}.$$

Den größten Beitrag liefert die Speicherzeit. Für das Beispiel $R_g = 50\ \Omega$ auf S. 276 erhält man

$$t_s = 1,010\ \mu\text{s}; \quad t_{d2} = 0,015\ \mu\text{s}; \quad t_f = 0,055\ \mu\text{s},$$

$$t_{f\,\text{ges}} = 1,010 + 0,015 + 0,055\ \mu\text{s} = 1,08\ \mu\text{s}.$$

Die Speicherzeit ist länger und die Abfallzeit kürzer geworden.

Es ist noch das Verhalten des Basis- und Emitterstromes zu betrachten. Für eine Übersicht können wir annehmen, daß r_E vernachlässigbar klein ist und in den Endzuständen jedes betrachteten Zeitabschnittes die Exponentialfunktionen mit $-t/\tau_2$ abgeklungen sind. Im Augenblick des Ausschaltens liegt an der Reihenschaltung $R_g + r_{BB'}$ die Spannung $U_{gY} + u_{EB'} \approx U_{gY}$. Während der ganzen Speicherzeit haben dann i_B und i_E konstante Werte

$$i_B\big|_{t_3\ldots t_4} = \frac{U_{gY}}{R_g + r_{BB'}},\tag{379}$$

$$i_E\big|_{t_3\ldots t_4} = -\frac{U_{gY}}{R_g + r_{BB'}} - i_{CX}\tag{380}$$

oder auch

$$i_E\big|_{t_3\ldots t_4} = -i_{CX}\left(1 - \frac{k}{B_N}\right).\tag{380a}$$

In Abb. 181 ist der Verlauf der Ströme skizziert. Mit wachsendem Wert von k wird i_E immer kleiner. Für $k = B_N$ wechselt i_E das Vorzeichen. In diesem Fall ist die Ausschaltspannung gerade

$$U_{gY} = -\left(\frac{R_g + r_{BB'}}{R_C}\right) U_0.$$

Bei etwa

$$k = B_N\left(1 + \frac{\omega_{\alpha I}}{\omega_{\alpha N}}\right)$$

setzt der auf S. 278 besprochene Effekt einer vorzeitigen Sperrung der Emitterdiode ein.

Während des Abfalls des Kollektorstromes bleibt (für $r_E \approx 0$) der Basisstrom weiterhin konstant. Zur Zeit $t = t_5'$ haben sowohl $-i_B$ als auch i_E den Wert

$$-i_B = i_E\big|_{t_5'} = -\frac{U_{gY}}{R_g + r_{BB'}}.\tag{381}$$

Kollektorschaltung. Wir gehen wieder von der Schaltung Abb. 174 aus und setzen $R_C = 0$. R_E ist der Lastwiderstand und wir fragen zuerst nach dem Verlauf des Emitterstromes.

Wie in der Emitterschaltung muß zuerst — wenn vor dem Einschalten am Transistor eine Spannung $U_{gY} > 0$ lag — die Emitter-Sperrschichtkapazität entladen werden. Die Verzögerungszeit t_{d1} ist nach Gl. (59 A) im Anhang A. 5

$$t_{d1} < [C_{Es}(R_E + R_g + r_{BB'}) + C_{Cs}(R_g + r_{BB'})] \ln\left\{\left(1 + \frac{k}{m}\right)\frac{1}{1-\psi}\right\}\tag{382}$$

mit

$$\psi \approx \frac{C_{Es}C_{Cs}R_E(R_g + r_{BB'})}{[C_{Es}(R_E + R_g + r_{BB'}) + C_{Cs}(R_g + r_{BB'})]^2}.$$

Im allgemeinen kann $\psi \ll 1$ angenommen und vernachlässigt werden. (Bezüglich der einzusetzenden Werte von C_{Es} und C_{Cs} vgl. Anhang A. 6.)

Der Emitterstrom wächst etwas an, es ist

$$i_E\big|_{t_0} = C_{Es}\frac{\mathrm{d}u_{EB'}}{\mathrm{d}t} > 0.$$

i_E erreicht nach Ablauf der Verzögerungszeit etwa einen Wert

$$i_E\big|_{t_1} = -U_{gX}\frac{1}{R_E + (R_g + r_{BB'})\left(1 + \dfrac{C_{Cs}}{C_{Es}}\right)}. \tag{383}$$

Für den weiteren *Einschaltvorgang* gelten die Anfangsbedingungen $u_{EB'}(t_1) = 0$ und

$$u_{CB'}(t_1) = U_0 + r_{BB'}\,i_E(t_1).$$

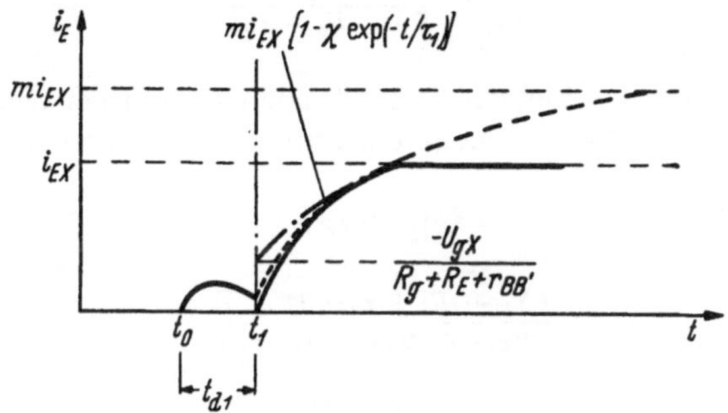

Abb. 184. Einschalten eines Transistors in Kollektorschaltung, der für $t < t_0$ gesperrt war. Bevor die Spannung an der Emitterdiode das Vorzeichen wechselt, gibt es eine Verzögerungszeit t_{d1} und einen kleinen Anstieg des Emitterstromes. Die ausgezogene Kurve erhält man bei Verwendung der Anfangsbedingung $u_{EB'}(t_1) = 0$; die strichpunktierte — einer einfachen Exponentialfunktion folgende — Kurve kann als Näherungsfunktion verwendet werden

Rechnet man näherungsweise mit $u_{CB'}(t_1) = U_0$, dann ist der Emitterstrom nach Gl. (61 A) im Anhang A. 5, wenn wir die Zeit t von $t_1 = 0$ an zählen,

$$i_E = m\,i_{EX} \times \tag{384}$$

$$\times \left\{1 - \frac{1}{\tau_1 - \tau_2}\left[\left(\tau_1 - \frac{1}{\omega_{\alpha N}}\right)\exp(-t/\tau_1) - \left(\tau_2 - \frac{1}{\omega_{\alpha N}}\right)\exp(-t/\tau_2)\right]\right\}$$

mit

$$i_{EX} = -\frac{U_0 - U_{CEX}}{R_E} \qquad \text{für } m > 1,$$

$$i_{EX} = \frac{-U_{gX}(1 + B_N)}{R_g + r_{BB'} + (1 + B_N)(R_E + r_E)} \qquad \text{für } m = 1,$$

τ_1 nach Gl. (353), S. 264,
τ_2 siehe S. 285.

Der Kurvenverlauf ist in Abb. 184 skizziert. Hier gibt es keine Verzögerungszeit t_{d2}. Aus Gl. (384) ergibt sich $i_E(t_1) = 0$; in Wahrheit ist jedoch $i_E(t)$ stetig. Der Fehler entsteht durch die Vernachlässigung von $r_{BB'} i_E(t_1)$ in der Anfangsbedingung für $u_{CB'}(t_1)$. Da die zweite Exponentialfunktion im allgemeinen rasch abklingt, wählen wir als Ersatz den strichpunktierten Verlauf in Abb. 184, der der ersten Exponentialfunktion entspricht

$$i_E = m\, i_{EX}\{1 - \chi \exp(-t/\tau_1)\} \tag{384a}$$

mit

$$\chi = \frac{\tau_1 - \dfrac{1}{\omega_{\alpha N}}}{\tau_1 - \tau_2}.$$

Für $\omega_{\alpha N}\, C_{Cs}\, r_E \ll 1$ ist hier

$$i_E\big|_{t_1} < \frac{-U_g X}{R_E + R_g + r_{BB'}}. \tag{385}$$

Dieser Strom kann bei kleinen Widerständen R_g und bei Übersteuerung $m > 1$ einen hohen Wert annehmen. Zum Beispiel wird nach Gl. (384) (mit $r_E \ll R_E$)

$$i_E\big|_{t_1} > i_{EX}$$

für

$$m > \frac{(R_E + R_g + r_{BB'})\,(1 + B_N)}{R_E(1 + B_N) + R_g + r_{BB'}} \tag{386}$$

oder für

$$R_g + r_{BB'} < R_E\, \frac{m - 1}{1 - \dfrac{m}{(1 + B_N)}} \approx R_E\,(m - 1). \tag{386a}$$

Je größer $i_E(t_1)$ ist, um so weniger wird die Näherung (384a) für die Berechnung der Anstiegszeit brauchbar sein. Wenn man sich jedoch mit einer oberen Grenze für die Anstiegszeit begnügt, kann man die Gl. (384a) in jedem Falle verwenden. Für die Anstiegszeit erhält man

$$t_r < \tau_1 \ln\left(\frac{m}{m - 0{,}9}\,\chi\right) \tag{387}$$

und annähernd

$$t_r < \tau_1 \ln\left[\left(\frac{m}{m - 0{,}9}\right) \frac{R_g + r_{BB'}}{R_E + R_g + r_{BB'}}\right]. \tag{387a}$$

Es wird deutlich, daß die Anstiegszeit mit kleiner werdendem Generatorwiderstand abnimmt, abgesehen von der kleiner werdenden Zeitkonstante nach Gl. (353).

Von Interesse ist die Steuerspannung, die für eine Übersteuerung erforderlich ist. Im vorliegenden Fall ist nach Gl. (65 A) im Anhang A. 5 $(r_E \ll R_E)$

$$U_g v = U_0 \left(1 + \frac{R_g + r_{BB'}}{(1 + B_N)\, R_E}\right). \tag{388}$$

Die Steuerspannung muß bei Übersteuerung größer als die Speisespannung sein. Dies ist in vielen Fällen ein Grund, auf eine Übersteuerung zu verzichten. Für den nichtübersteuerten Transistor muß, wie früher schon erwähnt wurde, $m = 1$ gesetzt werden.

Für den nichtübersteuerten Fall sind in Abb. 185 zwei Beispiele berechneter Einschaltkurven angegeben. Wie aus Gl. (387a) und (353) für τ_1 hervorgeht, sind sowohl t_r/τ_1 als auch τ_1 von $(R_g + r_{BB'})/R_E$ abhängig. Das Verhältnis t_r/τ_1 ist im oberen Teilbild um einen Faktor 0,6 kleiner als im unteren. (Wir haben die Zeitachse auf die Zeitkonstante τ_1 normiert.) Dies ist allein eine Folge des kleineren Generatorwiderstandes bei konstantem Lastwiderstand R_E. Die Anstiegszeit t_r ist dann noch einmal um einen Faktor 0,7 kleiner, da die Zeitkonstante τ_1 mit kleiner werdendem Generatorwiderstand ab-

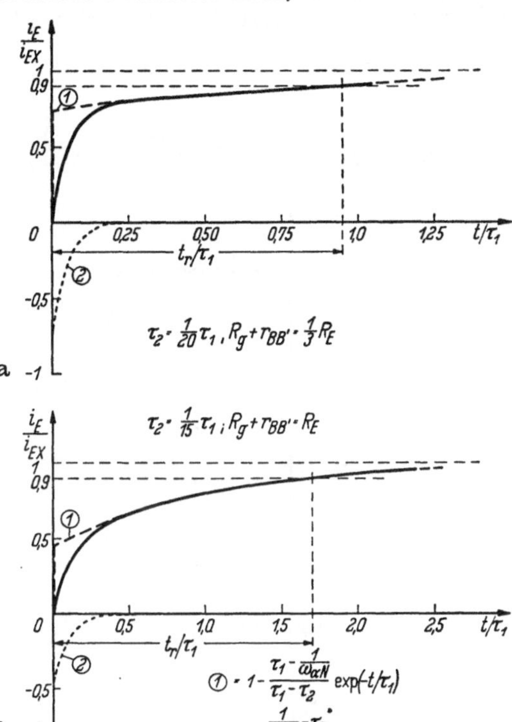

Abb. 185 a u. b. Berechnete Einschaltkurven für die Kollektorschaltung bei zwei verschiedenen Generatorwiderständen R_g und bei verschiedenen Zeitkonstanten τ_2 (vgl. Text)

nimmt. Die Zeitkonstante τ_2 wirkt sich nur auf den Anfangsanstieg aus. Wenn man eine steile Anfangsflanke benötigt, muß τ_2 klein sein. In der Kollektorschaltung ist annähernd

$$\tau_2 = \frac{C_{0s}R_E}{1 + \omega_{\alpha N}C_{0s}R_E + \dfrac{R_E}{R_g + r_{BB'}}}.$$

Auch hier kann man durch Spannungssteuerung einen kleinen Wert erzielen.

Der Basisstrom hat am Anfang und Ende des Verzögerungsintervalls t_{d1} die gleichen Werte wie in der Emitterschaltung

$$i_B\big|_{t_0} = \frac{U_{gX} - U_{gY}}{R_g + r_{BB'}}; \qquad i_B\big|_{t_1} = U_{gX}\frac{1}{R_g + r_{BB'}}.$$

Der Basisstrom klingt weiter auf seinen stationären Endwert ab.

Der *Ausschaltverlauf* ist etwas anders als in der Emitterschaltung. In Abb. 186 sind die Verhältnisse bei Übersteuerung skizziert. Beim Ausschalten zur Zeit t_3 bleibt der Emitterstrom während der Speicherzeit konstant, während Basis- und Kollektorstrom unstetig sind. Es ist

$$i_B\big|_{t_3\ldots t_4} = \frac{-U_0 + U_{gY}}{R_g + r_{BB'}}, \tag{389}$$

$$i_C\big|_{t_3\ldots t_4} = \left(\frac{1}{R_E} + \frac{1}{R_g + r_{BB'}}\right) U_0 - \frac{1}{R_g + r_{BB'}}\, U_{gY} = \frac{U_0}{R_E} + i_B\big|_{t_3\ldots t_4}.$$

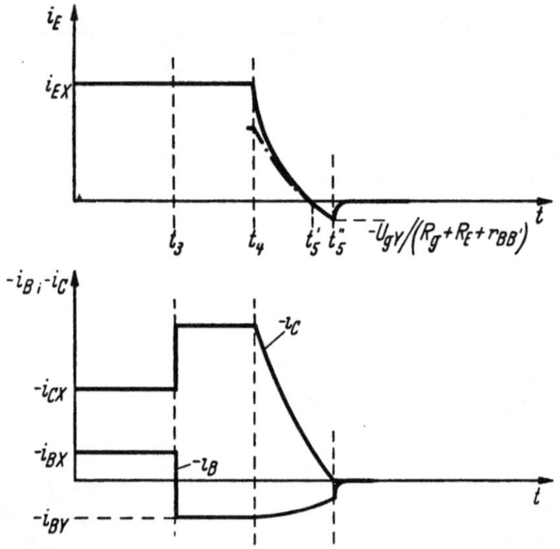

Abb. 186. Ausschalten eines Transistors in Kollektorschaltung. Die strichpunktierte — einer einfachen Exponentialfunktion folgende — Kurve kann als Näherung für die Berechnung der Abfallzeit dienen

Für die Speicherzeit und Abfallzeit gelten die Gln. (371a) und (377), wobei lediglich τ_1 durch den entsprechenden Wert der Kollektorschaltung zu ersetzen ist [Gl. (353)] und in Gl. (377) das Zeichen $\leqq$ an die Stelle des Gleichheitszeichens tritt.

Der Emitterstrom nimmt nach Ablauf der Speicherzeit zuerst rascher ab und klingt erst dann mit der Zeitkonstante τ_1 ab, wobei wieder ein scheinbarer negativer Wert $i_{E(\infty)} \to -k\, i_{EX}$ mit

$$k = -\frac{B_N\, i_{BY}}{i_{CX}} = -\frac{U_{gY}}{U_{gU}} \qquad (k \geqq 0)$$

angestrebt wird. Der Anfangsabfall kann näherungsweise durch einen Sprung nach dem Muster der Abb. 186 dargestellt werden mit

$$i_{EX} - i_E\big|_{t_4} \approx \frac{U_{gY} - U_{gU}}{R_g + r_{BB'} + R_E}. \tag{390}$$

Der Emitterstrom wechselt dann das Vorzeichen und wird negativ bis zu dem Zeitpunkt, bei dem i_C Null geworden ist. Der Spitzenwert des negativen Emitterstromes ist

$$i_E\big|_{t_5'} = \frac{-U_{gY}}{R_g + r_{BB'} + R_E}. \tag{391}$$

Im Anschluß daran sind beide Dioden gesperrt und die Ströme klingen mit den von den Sperrschichtkapazitäten und Widerständen gebildeten Zeitkonstanten ab.

Für den nicht übersteuerten Transistor ist $m = 1$ und die Speicherzeit entfällt. Der übrige Vorgang ist jedoch der gleiche wie in Abb. 186.

Ein vorzeitiges Sperren der Emitterdiode während der Speicherzeit ist in der Kollektorschaltung nicht möglich, wie im Anhang A. 5 gezeigt ist.

Die Kollektorschaltung ist, wie erwähnt, besonders für die Steuerung niederohmiger Lasten geeignet, insbesondere, wenn diese Last veränderlich ist. Dies wird erkennbar, wenn man den Übersteuerungsgrad m in der für alle Grundschaltungen gültigen Form schreibt (für $r_E = 0$)

$$m = \frac{U_{gX}}{U_0}\, \frac{(1 + B_N)\, R_E + B_N R_C}{(1 + B_N)\, R_E + R_g + r_{BB'}}. \tag{392}$$

In der Emitterschaltung ist mit $R_E = 0$

$$m = \frac{U_{gX}}{U_0}\, \frac{B_N R_C}{R_g + r_{BB'}} \tag{392 a}$$

und der Übersteuerungsgrad ist direkt proportional R_C. In der Kollektorschaltung ist dagegen

$$m = \frac{U_{gX}}{U_0}\, \frac{(1 + B_N)\, R_E}{(1 + B_N)\, R_E + R_g + r_{BB'}} \tag{392 b}$$

und im Grenzfall mit $R_g + r_{BB'} \ll (1 + B_N)\, R_E$

$$m = \frac{U_{gX}}{U_0}, \tag{392 c}$$

d. h. bei hinreichender Spannungssteuerung unabhängig von der Größe des Lastwiderstandes R_E.

Bei nicht übersteuertem Transistor ist die Spannung U_E über R_E

$$U_E = U_{gX}\, \frac{(1 + B_N)\, R_E}{(1 + B_N)\, R_E + R_g + r_{BB'}} \tag{392d}$$

und bei Spannungssteuerung ebenfalls unabhängig von R_E.

b) Kapazitive Last. Bei fast allen Anwendungen des Impuls- bzw. Schalterbetriebes liegt dem Lastwiderstand eine mehr oder weniger große Kapazität parallel. Ähnlich wie bei Hochfrequenzverstärkerstufen können auch bei Schalterstufen schon die Schaltkapazitäten einen Einfluß haben. Wie wir später noch zeigen werden (vgl. S. 316ff.), kommen

in den Schaltungen häufig Koppel- und Überbrückungskondensatoren
zwischen den Stufen zur Beschleunigung der Schaltvorgänge vor. Diese
Kondensatoren können beträchtliche kapazitive Belastungen darstellen.
Die Behandlung dieser Fälle ist meist sehr schwierig und man muß
in der Regel einige Modellvereinfachungen einführen. Es ist jedoch
nützlich, wenigstens das prinzipielle Verhalten des Transistors bei
kapazitiver Last zu kennen. Kapazitäten im Kollektorkreis ändern die
Schaltzeiten und bewirken eine Vergrößerung der Übergangsverlust-
leistung beim Einschalten. Die erste Frage soll in den nächsten beiden
Abschnitten diskutiert werden, die zweite Frage wird in Abschn. 3.
behandelt werden.

Emitterschaltung. Wir legen eine Schaltung nach Abb. 187 zugrunde,
in der die kapazitive Last durch den Kondensator C berücksichtigt ist.
(Es ist belanglos, ob C parallel zu R_C oder zwischen Kollektor und
Masse liegt.) Die Ersatzschaltung des Transistors gilt für den aktiven

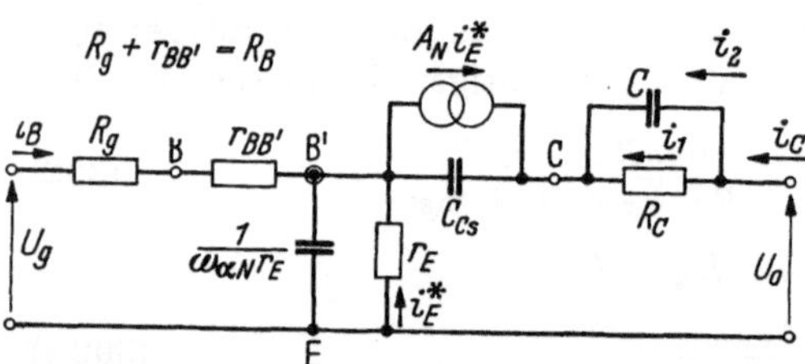

Abb. 187. Ersatzschaltbild für den Schalterbetrieb eines
Transistors mit kapazitiver Last in Emitterschaltung.
Die Ersatzschaltung gilt für den aktiven Bereich

Bereich. Zur Vereinfachung
nehmen wir an, daß im
Durchlaßzustand der Emit-
terdiode die Spannung $u_{EB'}$
sehr klein ist, d. h. wir
setzen $r_E = 0$, jedoch bei
einem endlichen Wert der
Zeitkonstante

$$r_E\, C_{Ed} = \frac{1}{\omega_{\alpha N}}. \tag{393}$$

Diese Vereinfachung ist immer tragbar, wenn $(R_g + r_{BB'}) \gg r_E(1 + B_N)$
und $\omega_{\alpha N}\, C_{Cs}\, r_E \ll 1$ gilt.

Wir betrachten zuerst den *Einschaltvorgang*. Die Verzögerungszeit
t_{d1} kann durch das Zuschalten einer Kapazität C nur kürzer werden,
da der Umladestrom für C_{Cs} vergrößert wird. Für

$C \to \infty$ gilt

$$t_{d1} < (R_g + r_{BB'})\,(C_{Es} + C_{Cs}) \ln\left(1 - \frac{U_{gY}}{U_{gX}}\right).$$

Für den Anstieg mit den Anfangsbedingungen $u_{EB'}(0) = 0$, $u_{CB'}(0) = U_0$
(wir zählen der Einfachheit halber die Zeit von $t = 0$ an) ergibt sich aus
den Netzwerkgleichungen der Kollektorstrom

$$i_C = m\, i_{CX} \times$$

$$\times \left\{1 - \frac{1}{\tau_1 - \tau_2}\left[(\tau_1 - \tau_C)\exp(-t/\tau_1) - (\tau_2 - \tau_C)\exp(-t/\tau_2)\right]\right\}. \tag{394}$$

Für den Strom i_1 durch den Lastwiderstand R_C erhält man

$$i_1 = m\, i_{CX}\left\{1 - \frac{1}{\tau_1 - \tau_2}\left[\tau_1\exp(-t/\tau_1) - \tau_2\exp(-t/\tau_2)\right]\right\} \tag{395a}$$

und schließlich für den kapazitiven Strom

$$i_2 = m\, i_{CX} \frac{\tau_C}{\tau_1 - \tau_2} \{\exp(-\,t/\tau_1) - \exp(-\,t/\tau_2)\}. \tag{395b}$$

Die Gl. (395a) stimmt der Form nach mit Gl. (346) überein, jedoch haben hier die Zeitkonstanten τ_1 und τ_2 andere Werte. Weiter taucht in den Gln. (394) und (395b) noch die Zeitkonstante der Last

$$\tau_C = R_C\, C \tag{396}$$

auf. Die Zeitkonstanten τ_1 und τ_2 sind von etwas unübersichtlicher Gestalt. Die bisher verwendeten Näherungen durch einfache Entwicklungen (vgl. Anhang A. 5) sind hier nicht in jedem Falle zulässig, da nicht immer $\tau_2 \ll \tau_1$ gilt.

Eine brauchbare Übersicht entsteht, wenn einige zweckmäßige Ersetzungen eingeführt werden

$$\tau_{10} = \tau_1\big|_{C=0}; \qquad \tau_{20} = \tau_2\big|_{C=0}, \tag{397a}$$

$$\tau_{20}/\tau_{10} = y, \tag{397b}$$

$$\omega_{\alpha N}\, C_{Cs}\, R_C = \varepsilon, \tag{397c}$$

$$\tau_C = R_C\, C = \tau_{10}\, q. \tag{397d}$$

Für $C = 0$ wird $q = 0$. Die Zeitkonstanten

$$\tau_{10} \quad \text{und} \quad \tau_{20} = y\,\tau_{10}$$

sind die Zeitkonstanten der Emitterschaltung aus Abschn. a) für die Widerstandslast. Die neuen Zeitkonstanten sind mit diesen Ersetzungen

$$\frac{\tau_1}{\tau_{10}} = \frac{1}{2}\left\{1 + y + q + \sqrt{(1 + y - q)^2 - 4y + 4(1 + y)\, q\, \frac{\varepsilon}{1+\varepsilon}}\right\}, \tag{398a}$$

$$\frac{\tau_2}{\tau_{10}} = \frac{1}{2}\left\{1 + y + q - \sqrt{(1 + y - q)^2 - 4y + 4(1 + y)\, q\, \frac{\varepsilon}{1+\varepsilon}}\right\}. \tag{398b}$$

Nun ist, wie wir gesehen haben, in der Regel $y = \tau_{20}/\tau_{10} \ll 1$, während ε einen merklichen Beitrag liefern kann. Wir erhalten dann für $y = 0$

$$\frac{\tau_1}{\tau_{10}} = \frac{1}{2}\left\{1 + q + \sqrt{(1 - q)^2 + 4q\, \frac{\varepsilon}{1+\varepsilon}}\right\},$$

$$\frac{\tau_2}{\tau_{10}} = \frac{1}{2}\left\{1 + q - \sqrt{(1 - q)^2 + 4q\, \frac{\varepsilon}{1+\varepsilon}}\right\}. \tag{398c}$$

In Abb. 188 sind die beiden Zeitkonstanten als Funktion von $q = \tau_C/\tau_{10}$ mit $\varepsilon = \omega_{\alpha N}\, C_{Cs}\, R_C$ als Parameter aufgetragen. Die Sperrschichtkapazität kann, wie man sieht, auf die beiden Zeitkonstanten τ_1 und τ_2 einen gewissen Einfluß haben. Für $\varepsilon = 0$ nähert man sich dem Geradenpaar

$$\tau_1 = \tau_{10} \quad \text{und} \quad \tau_2 = \tau_{10}\, q = \tau_C. \tag{399}$$

(An der Stelle $q = \tau_C/\tau_{10} = 1$ werden die Vorzeichen vor den Wurzeln ausgetauscht.) In diesem Fall sind Eingangs- und Ausgangsseite vollständig entkoppelt, d. h. ohne Rückwirkung. Man hat einen Generator mit exponentiell ansteigendem Strom, der die Kombination R_C, C speist. Gl. (394) geht dann über in

$$i_C = m\,i_{CX}\{1 - \exp(-t/\tau_{10})\} \tag{400}$$

und die Gln. (395a) und (395b) in

$$i_1 = m\,i_{CX}\left\{1 - \frac{1}{1-q}\left[\exp(-t/\tau_{10}) - q\exp(-t/(\tau_{10}q))\right]\right\}, \tag{401a}$$

$$i_2 = m\,i_{CX}\frac{q}{1-q}\{\exp(-t/\tau_{10}) - \exp(-t/(\tau_{10}q))\}. \tag{401b}$$

Im Spezialfall $q = 1$; d. h. $\tau_C = \tau_{10}$ ist wegen der Doppelwurzel

$$i_1 = m\,i_{CX}\left\{1 - \left(1 + \frac{t}{\tau_C}\right) \times \right.$$
$$\left. \times \exp(-t/\tau_C)\right\}. \tag{401c}$$

Der Verlauf der Ströme i_C, i_1 und i_2 ist in Abb. 189 für $m > 1$ skizziert. Sobald $i_1 = i_{CX} \approx U_0/R_C$ geworden ist, wird der Transistor übersteuert. Dabei ist jedoch die Kapazität noch nicht ganz aufgeladen, d. h. es fließt noch ein zusätzlicher Ladestrom $-i_2 > 0$, so daß bei Erreichen des Übersteuerungspunktes $-i_C > -i_{CX}$ ist. Nun aber wirkt der Transistor wie eine Batterie mit der Spannung U_{CER} und die Kapazität lädt sich sehr rasch vor allem über den Innenwiderstand der Spannungsquelle U_0 und die Durchlaßwiderstände der Kollektor- und Emitterdiode auf ihren stationären Endwert auf.

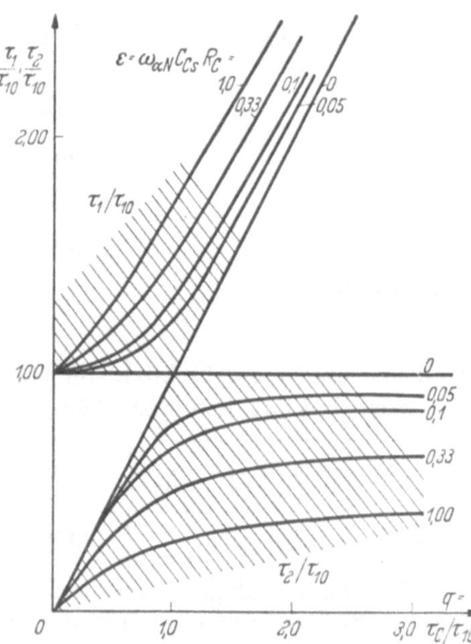

Abb. 188. Normierte Zeitkonstanten der Schaltung in Abb. 187 als Funktion der normierten Lastzeitkonstante mit $\omega_{\alpha N} C_{C_s} R_C$ als Parameter. τ_{10} ist die Zeitkonstante des Transistors ohne kapazitive Last; $\tau_C = R_C C$ ist die Lastzeitkonstante

Von Interesse ist der Spitzenwert des kapazitiven Stromes $-i_2$. Zunächst erhält man aus Gl. (395b) die Zeit t_M, bei der das Maximum auftritt

$$t_M = \tau_1\frac{\tau_2}{\tau_1 - \tau_2}\ln\frac{\tau_1}{\tau_2}$$

für $t_M < t_U$.

Die Zeit $t_{\ddot{U}}$ ergibt sich aus Gl. (395a). Für $i_1 = i_{CX}$ erhält man

$$\frac{m-1}{m} = \frac{1}{\tau_1 - \tau_2}\{\tau_1 \exp(-t_{\ddot{U}}/\tau_1) - \tau_2 \exp(-t_{\ddot{U}}/\tau_2)\}. \qquad (402)$$

Es ist dann $t_M < t_{\ddot{U}}$ für

$$\frac{m-1}{m} < \left(1 + \frac{\tau_2}{\tau_1}\right)\left(\frac{\tau_2}{\tau_1}\right)^{\left(\frac{\tau_1}{\tau_1 - \tau_2}\right)}.$$

Die rechte Seite strebt für $\tau_2/\tau_1 \to 0$ zum Wert 1 und für $\tau_2/\tau_1 \to 1$ zum

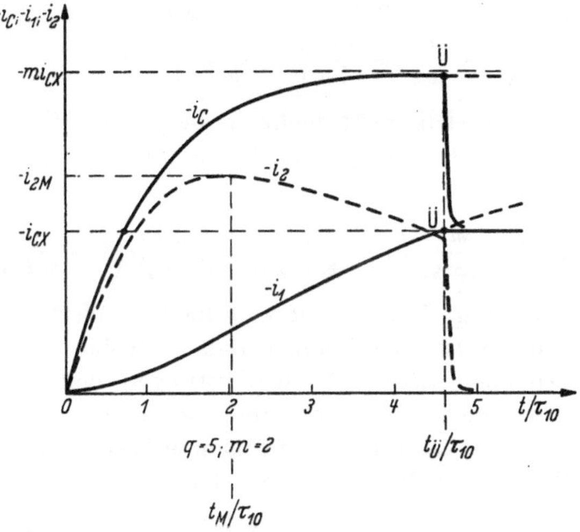

Abb. 189. Einschalten eines Transistors mit kapazitiver Last. i_1 ist der Strom durch R_C und i_2 der Strom durch C in Abb. 187. Zum Zeitpunkt $t_{\ddot{U}}$ wird der Transistor übersteuert

Wert $2/e = 0{,}735$. Bei hohen Werten von m ($m > 3{,}8$) gibt es ein Gebiet, in dem $t_M > t_{\ddot{U}}$ sein kann.

Für die Zeit $t_{\ddot{U}}$ kann man eine obere und untere Schranke angeben. Aus Gl. (402) folgt

$$\tau_1 \ln\left(\frac{m}{m-1}\right) < t_{\ddot{U}} < \tau_1 \ln\left\{\left(\frac{m}{m-1}\right)\frac{1}{1 - \frac{\tau_2}{\tau_1}}\right\}. \qquad (402\,\text{a})$$

Der Spitzenwert des Stromes $-i_{2M} = -i_2(t_M)$ ist für $t_M < t_{\ddot{U}}$

$$i_{2M} = m\, i_{CX} \frac{\tau_0}{\tau_1}\left(\frac{\tau_2}{\tau_1}\right)^{\left(\frac{\tau_2}{\tau_1 - \tau_2}\right)}. \qquad (403)$$

Der Spitzenwert des Kollektorstromes kann nicht mehr in geschlossener Form hingeschrieben werden. Zweckmäßigerweise wird man ihn iterativ aus den Gln. (402), (402a) und (394) gewinnen.

19*

Wird der Transistor nicht übersteuert, dann ist stets $-i_C < -i_{CX}$; in allen Gleichungen muß $m = 1$ gesetzt werden. Da der Strom i_1 linear mit u_{CE} zusammenhängt

$$i_1 = \frac{U_0 - u_{CE}}{R_C},$$

kann man mit Hilfe von i_1 und i_C auch den Weg beschreiben, der im I_C, U_{CE}-Kennlinienfeld durchschritten wird. Aus den Gln. (394) und (395a) folgt nach Eliminieren der Zeit t

$$\frac{\tau_1}{\tau_C} \frac{1}{m} \left(1 - \frac{i_C}{i_{CX}} - \frac{u_{CE}}{U_0}\right) - \frac{1}{m} \left(1 - m - \frac{u_{CE}}{U_0}\right) =$$

$$= \left[\frac{\tau_2}{\tau_C} \frac{1}{m} \left(1 - \frac{i_C}{i_{CX}} - \frac{u_{CE}}{U_0}\right) - \frac{1}{m} \left(1 - m - \frac{u_{CE}}{U_0}\right)\right]^{\tau_1/\tau_2}. \qquad (404)$$

Diese Gleichung läßt sich nicht mehr in bequemer Weise auswerten. Für $\varepsilon = 0$ jedoch kann man u_{CE} explizit schreiben mit $\tau_2 = \tau_C$; $\tau_1 = \tau_{10}$; $\tau_C/\tau_{10} = q$

$$\frac{u_{CE}}{U_0} = -(m - 1) + \frac{m}{(1 - q)} \left(1 - \frac{i_C}{m\, i_{CX}}\right) - \frac{m\, q}{(1 - q)} \left(1 - \frac{i_C}{m\, i_{CX}}\right)^{\frac{1}{q}}. \qquad (404\,a)$$

In Abb. 190a sind einige Kurven für verschiedene Werte von q bzw. C und m angegeben. Es ist zu erkennen, daß — insbesondere bei Übersteuerung — erheblich höhere Verlustleistungen beim Übergang im Vergleich zur Widerstandslast vorkommen können.

Für die Anstiegszeit kann man auf folgende Weise eine Abschätzung durchführen. Wir suchen die Zeit t_r, bei der $i_1 = 0{,}9\, i_{CX}$ geworden ist und erhalten aus Gl. (395a)

$$\left(\frac{m - 0{,}9}{m}\right) = \frac{\tau_1 \exp(-t_r/\tau_1) - \tau_2 \exp(-t_r/\tau_2)}{\tau_1 - \tau_2}. \qquad (405)$$

Eine untere Schranke für die Anstiegszeit ergibt sich für

$$\left(\frac{m - 0{,}9}{m}\right) > \exp(-t_r/\tau_1)$$

bzw.

$$t_r > \tau_1 \ln\left(\frac{m}{m - 0{,}9}\right). \qquad (406\,a)$$

Eine obere Schranke gibt es für

$$\left(\frac{m - 0{,}9}{m}\right) < \frac{\tau_1}{\tau_1 - \tau_2} \exp(-t_r/\tau_1)$$

bzw.

$$t_r < \tau_1 \ln\left\{\left(\frac{m}{m - 0{,}9}\right) \frac{1}{1 - (\tau_2/\tau_1)}\right\}. \qquad (406\,b)$$

Für sehr große Werte von τ_C gehen $\tau_1 \to \tau_C$ und $\tau_2/\tau_1 \to 0$, so daß die Anstiegszeit ausschließlich von τ_C und m nach Gl. (406a) bestimmt wird.

Beim *Ausschalten* gibt es für kapazitive Last die gleiche Speicherzeit t_s wie bei Widerstandslast. Der anschließende Abfall des Kollektor-

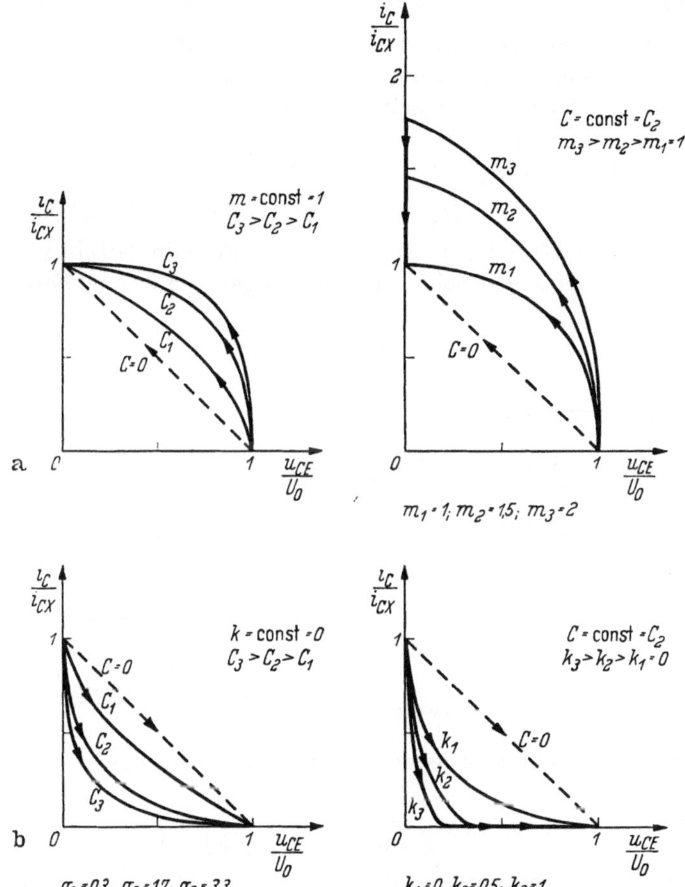

Abb. 190a u. b. Weg des momentanen Arbeitspunktes im idealisierten I_C, U_{CE}-Kennlinienfeld ($I_{CB0} = 0$; $U_{CER} = 0$) bei kapazitiver Last in der Emitterschaltung. Der Kollektorstrom $-i_C$ ist auf den Übersteuerungswert $-i_{CX}$ normiert; die Kollektorspannung $-u_{CE}$ ist auf die Speisespannung $-U_0$ normiert
a) Einschalten mit $m = 1$ für verschiedene Werte C bzw. q und mit $C = C_2$ ($q_2 = 1,7$) für verschiedene Werte m; b) Ausschalten mit $k = 0$ für verschiedene Werte C bzw. q und mit $C = C_2$ ($q_2 = 1,7$) für verschiedene Werte k

stromes und des Laststromes erfolgt jedoch in der folgenden andersartigen Weise. Der Kollektorstrom ist

$$i_C = i_{CX} \times$$
$$\times \left\{ -k + (1 + k) \frac{1}{\tau_1 - \tau_2} [(\tau_1 - \tau_C) \exp(-t/\tau_1) - (\tau_2 - \tau_C) \exp(-t/\tau_2)] \right\}$$

$$(407\,a)$$

und der Strom durch R_C (wir zählen die Zeit t von $t = 0$ an)

$$i_1 = i_{CX}\left\{-k + (1 + k)\frac{1}{\tau_1 - \tau_2}[\tau_1 \exp(-t/\tau_1) - \tau_2 \exp(-t/\tau_2)]\right\}. \quad (407\,\mathrm{b})$$

Hier gelten wieder die veränderten Zeitkonstanten τ_1 und τ_2 nach Gl. (398). Die Emitterdiode wird gesperrt, wenn $u_{EB'}/r_E$ das Vorzeichen wechselt. Die entsprechende Zeit t' ergibt sich aus der Gleichung

$$\frac{k}{1 + k} = \frac{1}{\tau_1 - \tau_2}\{[\tau_1 - (C_{Cs} + C)\,R_C]\exp(-t'/\tau_1) -$$
$$- [\tau_2 - (C_{Cs} + C)\,R_C]\exp(-t'/\tau_2)\}. \quad (408)$$

Gesucht wird der Wert $i_1(t')$. Eine Auflösung der Gln. (407b) und (408) ist ähnlich schwierig wie beim Einschaltvorgang. Für den Fall $\varepsilon = 0$;

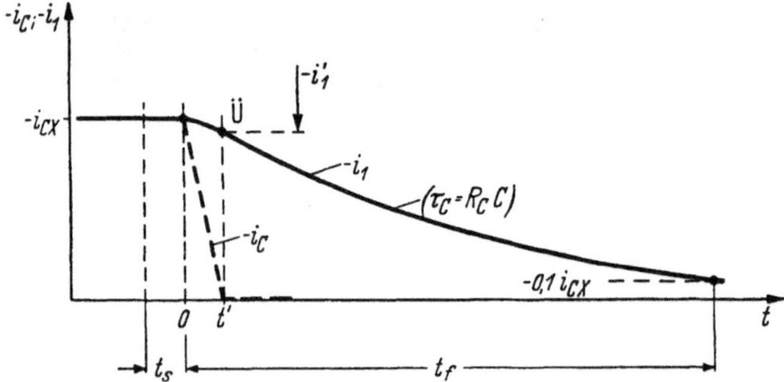

Abb. 191. Ausschalten mit kapazitiver Last in Emitterschaltung. Während sich der Kollektorstrom wie im Fall $C = 0$ verhält, nimmt der Laststrom i_1 (durch den Lastwiderstand R_C) langsamer ab. Nach der Sperrung des Transistors am Punkte Ü klingt der Laststrom mit der Zeitkonstante $\tau_C = R_C\,C$ ab

$\tau_1 = \tau_{10}$; $\tau_2 = \tau_C$ läßt sich jedoch $i_1(t')$ explizit berechnen. Es ist dann

$$i_1\big|_{t'} = i_{CX}\frac{k\,q}{1 - q}\left[1 - \left(\frac{k}{1 + k}\right)^{\frac{1-q}{q}}\right]. \quad (409)$$

Dieser Wert ist stets positiv, d. h. die Emitterdiode wird gesperrt, noch ehe der Kondensator C entladen ist.

Der Ausschaltverlauf ist in Abb. 191 skizziert. Nach Erreichen der Zeit t' ist der Transistor gesperrt. Der weitere Abfall erfolgt etwa mit der Zeitkonstante τ_C, weil der Transistor einen sehr großen Widerstand hat. In Abb. 190b ist der Weg im I_C, U_{CE}-Kennlinienfeld skizziert. Zum Zeitpunkt t' ist auch gerade etwa der Kollektorstrom Null geworden. Der Wert u_{CE}, bei dem i_C verschwindet, folgt aus

$$u_{CE}\big|_{t'} = U_0 - R_C\,i_1\big|_{t'}. \quad (410)$$

Mit Gl. (409) kann dieser Wert unmittelbar angegeben werden.

Die Abfallzeit t_f für $i_1(t_f) = 0{,}1\,i_{CX}$ kann für den Fall $\varepsilon = 0$ in folgender Weise berechnet werden. Zunächst ist nach Gl. (408) mit

$$C_{Cs} = 0; \ \tau_2 = C R_C; \ \tau_1 = \tau_{10}$$

$$t' = \tau_{10} \ln\left(1 + \frac{1}{k}\right). \tag{411}$$

t' ist die gleiche Zeit wie t_{f0} nach Gl. (377a) für den Fall $C = 0$.

Weiter gilt für den nächsten Zeitabschnitt

$$i_1 = i_1\big|_{t'} \exp[-(t - t')/\tau_C]$$

und daher

$$t_f = \tau_{10} \ln\left\{\left(\frac{k+1}{k}\right)\left(\frac{i_1(t')}{0{,}1\, i_{Cx}}\right)^q\right\} \tag{412}$$

oder

$$t_f = \tau_{10}\, q \ln\left\{\frac{10\,k\,q}{1-q}\left[\left(1 + \frac{1}{k}\right)^{\frac{1}{q}} - \left(1 + \frac{1}{k}\right)\right]\right\}. \tag{412a}$$

Für ein einfaches Beispiel mit $k = 1$; $q = \tau_C/\tau_{10} = 5$ erhalten wir

$$t_f = 11{,}9\,\tau_{10},$$

während man für $q = 0$ nach Gl. (377) einen Wert

$$t_f = 0{,}60\,\tau_{10}$$

erhielte. Die für $q = 5$ so große Abfallzeit hat ihre Ursache in dem langsamen Abfall mit der Zeitkonstante τ_C nach Erreichen des Zeitpunktes t'. Im vorliegenden Fall ist

$$t' = 0{,}69\,\tau_{10}.$$

Zu dieser Zeit ist der Strom $-i_1$ nur auf den Wert $-0{,}92\, i_{CX}$ abgesunken. Schon bei verhältnismäßig kleinen Zeitkonstanten τ_C ergibt sich also folgendes Bild. Die Speicherzeit erscheint um etwa $t' = t_{f0}\,(C = 0)$ verlängert, der Laststrom ändert sich während dieser Zeit nur wenig. Erst dann fällt der Laststrom ab, und zwar mit der Zeitkonstante τ_C und überdies mit dem asymptotischen Wert $i_1 = 0$, d. h. nicht wie sonst der Kollektorstrom $-i_C$ mit einer scheinbaren Asymptote $i_C(t \to \infty) > 0$. Der kapazitive Strom ergibt sich aus der Differenz der Kurven für den Kollektorstrom und Laststrom in Abb. 191.

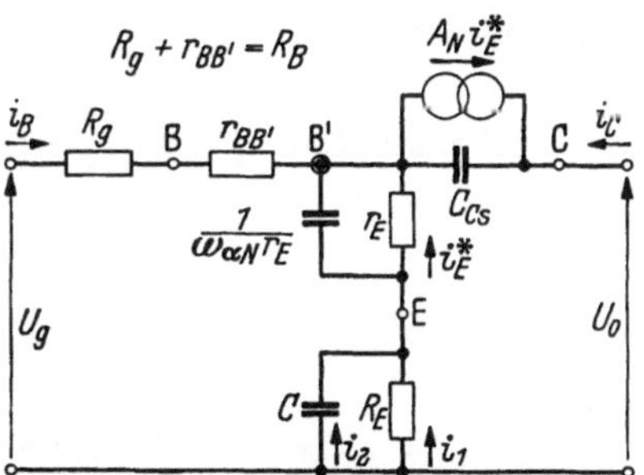

Abb. 192. Ersatzschaltbild für den Schalterbetrieb eines Transistors mit kapazitiver Last in Kollektorschaltung. Die Ersatzschaltung gilt für den aktiven Bereich

Kollektorschaltung. In Abb. 192 ist die Schaltung für den Fall einer kapazitiven Last parallel zum Lastwiderstand R_E in der Kollektorschaltung angegeben. Die Ersatzschaltung des Transistors gilt für den aktiven Bereich. Wir wollen im folgenden der Reihe nach wieder die einzelnen Zeitabschnitte innerhalb eines Schaltzyklus diskutieren.

Für die Verzögerungszeit t_{d1} gilt das gleiche wie in der Emitterschaltung, das Zuschalten einer Kapazität C kann diese Zeit nur verkürzen. Für den Anstieg legen wir wieder die Anfangsbedingungen $u_{EB'}(0) = 0$ und $u_{CB'}(0) = U_0$ zugrunde. Diese Bedingung gilt nicht streng, da im Augenblick $u_{EB'} = 0$ noch eine Spannung an R_E liegt, wenn der Transistor vorher mit $U_{gY} > 0$ ausgeschaltet war. Die Spannung an R_E wird aber klein gegen die Speisespannung sein und man kann sie in der Anfangsbedingung unberücksichtigt lassen. Aus den Netzwerkgleichungen erhält man wieder mit den Vereinfachungen des vorigen Abschnittes für den *Einschaltvorgang* die Gleichungen (wir zählen die Zeit von $t = 0$ an)

$$i_E = m\, i_{EX}\left\{1 - \frac{1}{\tau_1 - \tau_2}\left[\left(\tau_1 - \frac{1}{\omega_{\alpha N}}\right)\left(1 - \frac{\tau_C}{\tau_1}\right)\exp(-t/\tau_1) - \right.\right.$$
$$\left.\left. - \left(\tau_2 - \frac{1}{\omega_{\alpha N}}\right)\left(1 - \frac{\tau_C}{\tau_2}\right)\exp(-t/\tau_2)\right]\right\} \quad (413)$$

und

$$i_1 = m\, i_{EX}\left\{1 - \frac{1}{\tau_1 - \tau_2}\left[\left(\tau_1 - \frac{1}{\omega_{\alpha N}}\right)\exp(-t/\tau_1) - \right.\right.$$
$$\left.\left. - \left(\tau_2 - \frac{1}{\omega_{\alpha N}}\right)\exp(-t/\tau_2)\right]\right\}, \quad (414)$$

$$i_2 = m\, i_{EX}\frac{\tau_C}{\tau_1 - \tau_2}\left\{\left(1 - \frac{1}{\tau_1\,\omega_{\alpha N}}\right)\exp(-t/\tau_1) - \right.$$
$$\left. - \left(1 - \frac{1}{\tau_2\,\omega_{\alpha N}}\right)\exp(-t/\tau_2)\right\}. \quad (414a)$$

Die Gleichung für i_1 stimmt der Form nach mit Gl. (384) überein, jedoch haben die Zeitkonstanten τ_1, τ_2 andere Werte. Die Zeitkonstante τ_C ist

$$\tau_C = R_E\, C. \quad (415)$$

Die Zeitkonstanten τ_1 und τ_2 lauten

$$\tau_1 = \frac{1}{2}\left(F + \sqrt{F^2 - H}\right), \quad (416\,a)$$

$$\tau_2 = \frac{1}{2}\left(F - \sqrt{F^2 - H}\right) \quad (416\,b)$$

mit

$$F = \left(\frac{1 + B_N}{\omega_{\alpha N}}\right)\frac{R_B + R_E}{R_B + R_E(1 + B_N)}\left(1 + \omega_{\alpha N}\, C_{Cs}\frac{R_B\, R_E}{R_B + R_E}\right) +$$
$$+ \frac{R_B}{R_B + R_E(1 + B_N)}\,\tau_C,$$

$$H = 4\left(\frac{1 + B_N}{\omega_{\alpha N}}\right)\frac{R_B}{R_B + R_E(1 + B_N)}\left(C_{Cs}\, R_E + \tau_C\right),$$

sowie mit
$$R_B = R_g + r_{BB'}.$$

Die Reihenschaltung der beiden RC-Glieder r_E, $1/(\omega_{\alpha N} r_E)$ und R_E, C in Verbindung mit der Stromquelle $A_N i_E^*$ ermöglicht hier unter bestimmten Bedingungen einen gedämpften periodischen Einschwingvorgang [76]. Im allgemeinen kommt dies sogar häufiger vor als der aperiodische Vorgang. Die Bedingung für den periodischen Fall ist $H > F^2$ in den Gln. (416). Um auf die übliche Schreibweise für Schwingvorgänge zu kommen, führen wir ein

$$\frac{1}{\tau_1} = \delta - j\sqrt{\omega_0^2 - \delta^2} = \delta - j\omega, \qquad (417\,\mathrm{a})$$

$$\frac{1}{\tau_2} = \delta + j\sqrt{\omega_0^2 - \delta^2} = \delta + j\omega. \qquad (417\,\mathrm{b})$$

Hierin ist jetzt

$$\delta = \frac{1}{2(C_{C_s} + C)}\left[\frac{1}{R_B} + \frac{1}{R_E} + \omega_{\alpha N}\left(C_{C_s} + \frac{C}{1 + B_N}\right)\right] \qquad (418)$$

und

$$\omega_0^2 = \omega_{\alpha N}^2\left(\frac{R_B + R_E(1 + B_N)}{\omega_{\alpha N}(1 + B_N)(C_{C_s} + C)R_B R_E}\right). \qquad (419)$$

Gedämpfte periodische Schwingungen treten auf, wenn $\delta < \omega_0$ ist. Löst man nach $1/R_B = G_B$ auf, dann erhält man für die Grenzkurve als Funktion von $R_E C$, bei der dies eintritt, die Gleichung

$$G_B = \frac{1}{R_E}\left\{\omega_{\alpha N} R_E\left[C\frac{2B_N + 1}{B_N + 1} + C_{C_s}\right] - 1 \pm\right.$$

$$\left.\pm 2\sqrt{\omega_{\alpha N} R_E(C_{C_s} + C)\frac{B_N}{1 + B_N}}\sqrt{\omega_{\alpha N} R_E C - 1}\right\}. \qquad (420)$$

Für

$$R_E C = \tau_C < \frac{1}{\omega_{\alpha N}} \qquad (421)$$

gibt es keinen Wert G_B bzw. R_B, bei dem ein periodischer Fall möglich wäre. Für $\tau_C > 1/\omega_{\alpha N}$ durchläuft man mit wachsendem Widerstand R_B einen Bereich $R_{B1} \cdots R_{B2}$, innerhalb dessen periodische Lösungen existieren. Für eine Abschätzung setzen wir $C_{C_s} = 0$ und $B_N \gg 1$, dann ist

$$\frac{R_E}{R_B} = 2\omega_{\alpha N}\tau_C - 1 \pm 2\sqrt{\omega_{\alpha N}\tau_C}\sqrt{\omega_{\alpha N}\tau_C - 1}$$

$$= (\sqrt{\omega_{\alpha N}\tau_C} \pm \sqrt{\omega_{\alpha N}\tau_C - 1})^2.$$

Diese Gleichung kann man noch umformen. Wir erhalten dann für den Bereich gedämpfter periodischer Schwingungen

$$\frac{1}{(\sqrt{\omega_{\alpha N}\tau_C} + \sqrt{\omega_{\alpha N}\tau_C - 1})^2} < \frac{R_B}{R_E} < (\sqrt{\omega_{\alpha N}\tau_C} + \sqrt{\omega_{\alpha N}\tau_C - 1})^2. \qquad (422)$$

Für ein Beispiel $1/\omega_{\alpha N} = 5\cdot 10^{-8}\,\mathrm{s}$; $R_E = 1\,\mathrm{k\Omega}$; $C = 1\,\mathrm{nF}$ ist $\omega_{\alpha N}\tau_C = 20$ und der periodische Fall tritt ein für

$$13\,\Omega < R_B < 78\,\mathrm{k\Omega}.$$

Falls $C = 100\ \mathrm{pF}$ beträgt, sind die Grenzen

$$170\ \Omega < R_B < 5{,}8\ \mathrm{k}\Omega.$$

Mit z. B. $r_{BB'} = 100\ \Omega$ wird der untere aperiodische Bereich nur im zweiten Beispiel für $R_g < 70\ \Omega$ erreicht.

Die periodischen Lösungen lauten für die Ströme i_E, i_1 und i_2 im nicht übersteuerten Fall

$$i_E = i_{EX}\{1 - \mathrm{e}^{-\delta t}(a_E \cos\omega t + b_E \sin\omega t)\}, \tag{423a}$$

$$i_1 = i_{EX}\{1 - \mathrm{e}^{-\delta t}(\cos\omega t + b_1 \sin\omega t)\}, \tag{423b}$$

$$i_2 = i_{EX}\,\tau_C\,\frac{\omega_0^2}{\omega_{\alpha N}}\,\mathrm{e}^{-\delta t}(\cos\omega t + b_2 \sin\omega t) \tag{423c}$$

mit

$$a_E = 1 - \tau_C\,\frac{\omega_0^2}{\omega_{\alpha N}},$$

$$b_E = \frac{1}{\omega}\left(\delta - \frac{\omega_0^2}{\omega_{\alpha N}} - \tau_C\,\frac{\omega_0^2}{\omega_{\alpha N}}(\omega_{\alpha N} - \delta)\right),$$

$$b_1 = \frac{1}{\omega}\left(\delta - \frac{\omega_0^2}{\omega_{\alpha N}}\right),$$

$$b_2 = \frac{1}{\omega}(\omega_{\alpha N} - \delta).$$

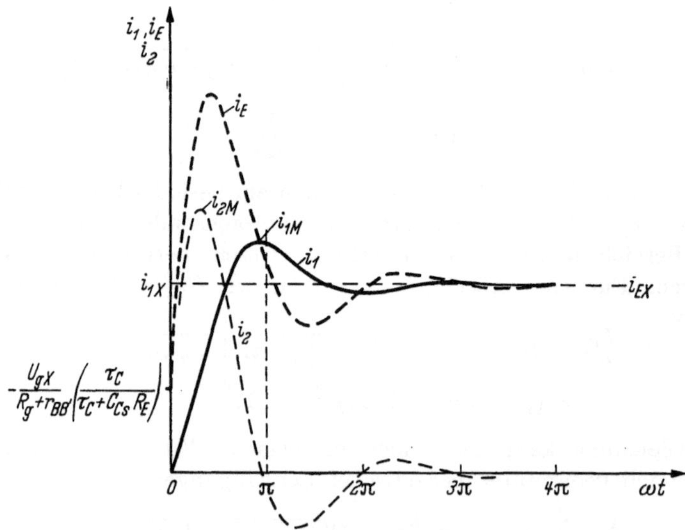

Abb. 193. Periodischer Fall beim Einschalten eines nichtübersteuerten Transistors in der Kollektorschaltung mit kapazitiver Last. i_1 ist der Strom durch R_E, i_2 ist der Strom durch C (vgl. Abb. 192)

In Abb. 193 ist der Einschwingvorgang für einen nicht übersteuerten Transistor skizziert. Für die Praxis genügt im allgemeinen die Kenntnis der ersten Spitzenamplitude und der Zeit, bei der diese Amplitude erreicht wird. Es ist

$$i_{1M} = i_{EX}\left\{1 + e^{-\delta t_{M1}}\sqrt{1 - \frac{2\delta}{\omega_{\alpha N}} + \frac{\omega_0^2}{\omega_{\alpha N}^2}}\right\} \tag{424}$$

mit

$$t_{M1} = t(i_{1M}) = \frac{1}{\omega}\left(\pi - \arctan\frac{\omega}{\omega_{\alpha N} - \delta}\right). \tag{424a}$$

Der Spitzenwert des kapazitiven Stromes ist

$$i_{2M} = i_{EX}\,\omega_0\,\tau_C\,e^{-\delta t_{M2}}\sqrt{1 - \frac{2\delta}{\omega_{\alpha N}} + \frac{\omega_0^2}{\omega_{\alpha N}^2}} \tag{425}$$

mit

$$t_{M2} = t(i_{2M}) = \frac{1}{\omega}\arctan\left[\frac{\omega(\omega_{\alpha N} - 2\delta)}{\omega_0^2 + \delta(\omega_{\alpha N} - 2\delta)}\right] \tag{425a}$$

für $\omega_{\alpha N} > 2\delta$.

Dieser Spitzenwert rückt mit wachsender Dämpfung δ an den Wert $t \to 0$ heran. Für $\delta > \omega_{\alpha N}/2$ setzt der kapazitive Strom mit negativer Steigung ein. Der Anfangswert und damit zugleich Spitzenwert ist dann

$$i_2\big|_{t=0} = i_{EX}\,\tau_C\,\frac{\omega_0^2}{\omega_{\alpha N}} = i_{EX}\,\frac{C}{C + C_{Cs}}\left(\frac{R_E}{R_g + r_{BB'}} + \frac{1}{1 + B_N}\right). \tag{425b}$$

Der Fall $\delta > \omega_{\alpha N}/2$ bedeutet [mit Einsetzen von δ nach Gl. (418)]

$$\frac{1 + B_N}{B_N}\left(\frac{R_E}{R_g + r_{BB'}} + 1\right) > \omega_{\alpha N}\,R_E\,C. \tag{425c}$$

Der Ausdruck

$$\sqrt{1 - \frac{2\delta}{\omega_{\alpha N}} + \frac{\omega_0^2}{\omega_{\alpha N}^2}}$$

in den Gln. (424) und (425) lautet ausgeschrieben für $C_{Cs} = 0$

$$\sqrt{1 - \frac{2\delta}{\omega_{\alpha N}} + \frac{\omega_0^2}{\omega_{\alpha N}^2}} = \sqrt{\frac{B_N}{1 + B_N}\left(\frac{\omega_{\alpha N}\,R_E\,C - 1}{\omega_{\alpha N}\,R_E\,C}\right)}.$$

Von Interesse ist noch der Verlauf des Kollektorstromes. Es ist für $C_{Cs} = 0$

$$i_C = i_{CX}\{1 - e^{-\delta t}(\cos\omega t + A'\sin\omega t)\} \tag{426a}$$

mit

$$A' = \frac{1}{\omega}(\delta - \tau_C\,\omega_0^2)$$

und der Spitzenwert

$$i_{CM} = i_{CX}\left\{1 + e^{-\delta t_{MC}}\sqrt{1 - 2\delta\tau_C + \tau_C^2\,\omega_0^2}\right\}$$

$$= i_{CX}\left\{1 + e^{-\delta t_{MC}}\sqrt{\frac{R_E}{R_g + r_{BB'}}(\omega_{\alpha N}\,R_E\,C - 1)}\right\} \tag{426b}$$

mit

$$t_{MC} = \frac{1}{\omega}\left(\pi - \arctan\frac{\omega\,\tau_C}{1 - \delta\tau_C}\right). \tag{426c}$$

Während beim übersteuerten Transistor im periodischen Fall die Übersteuerung stets vor Erreichen der Amplitude i_{1M} erfolgt, kann dies im nicht übersteuerten Fall nur eintreten, wenn die Amplitude hinreichend groß ist, d. h. wenn $i_{1M} > -U_0/R_E$ vorliegt. Bei Eintreten der Übersteuerung wird die Dämpfung in jedem Fall momentan so groß, daß sich C sehr rasch umlädt. Beim nicht übersteuerten Transistor geschieht dies wiederum nur als kurze Begrenzung der Amplitude. Anschließend pendelt sich der Strom weiter mit einer gedämpft periodischen Schwingung auf seinen Einstellwert i_{EX} ein.

Beim *Ausschalten* verläuft der Vorgang in folgender Weise. Hier wird — ähnlich wie in der Emitterschaltung — bei hinreichend großem

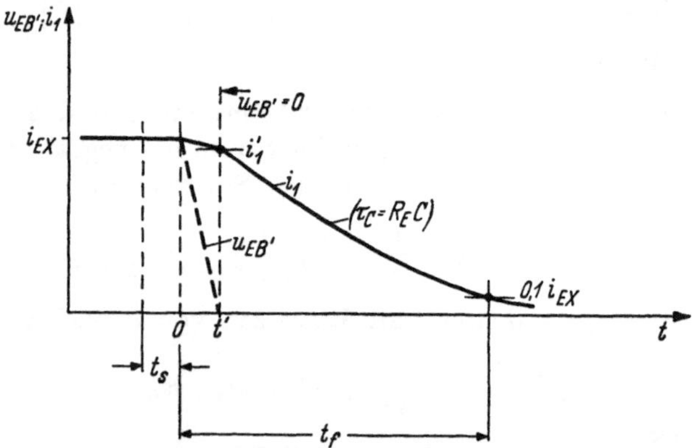

Abb. 194. Ausschalten mit kapazitiver Last in Kollektorschaltung. Der Stromverlauf des Laststromes i_1 in Abb. 192 verhält sich ähnlich wie im Fall der Emitterschaltung (vgl. Abb. 191)

Kondensator C die Emitterdiode gesperrt, noch ehe sich die Spannung über C bzw. der Laststrom i_1 wesentlich geändert hat. Sobald der Transistor gesperrt ist, entlädt sich C annähernd mit der Zeitkonstante τ_C und der Laststrom klingt exponentiell auf Null ab. Der Ausschaltvorgang ist in Abb. 194 skizziert. Man hat hier die gleichen langen Abfallzeiten wie in der Emitterschaltung.

Während noch die Emitterdiode leitend ist, gibt es zwar wiederum sowohl aperiodische als auch periodische Lösungen, jedoch kommt im letzteren Fall tatsächlich nur ein Anfangsstück der Periode zur Geltung, da die Emitterdiode sehr rasch gesperrt wird.

Mit kleiner werdender Kapazität C muß notwendigerweise der Wert i_1'/i_{EX}, bei dem die Emitterdiode gesperrt wird, kleiner werden. Bei einem bestimmten Wert von C geht der periodische Fall in den aperiodischen über und schließlich gelangt man sogar zu negativen Werten von i_1'/i_{EX} im Augenblick des Sperrens der Emitterdiode. Formal kann der Wert $i_1'/i_{EX}(t')$ für den Fall $C_{Cs} = 0$ wie folgt ermittelt werden. Der Kollektorstrom ist beim Ausschalten (wir zählen die Zeit für diesen Vorgang von Null an)

$$\frac{i_C}{i_{CX}} = -k + (1 + k)\,e^{-\delta t}(\cos\omega t + A'\sin\omega t) \qquad (427\,\text{a})$$

mit

$$A' = \frac{\delta}{\omega} - \tau_C\frac{\omega_0^2}{\omega}.$$

Der Strom i_1 ist

$$\frac{i_1}{i_{EX}} = -k + (1 + k)\,e^{-\delta t}(\cos\omega t + A\sin\omega t) \qquad (427\,\text{b})$$

mit

$$A = \frac{\delta}{\omega} - \frac{1}{\omega_{\alpha N}}\frac{\omega_0^2}{\omega}.$$

Man muß also

$$t' = t\,(i_C = 0) \quad (\text{es ist } i_C = 0 \text{ für } u_{EB'} = 0)$$

aus der Gl. (427 a) suchen und kann dann $i_1(t')$ aus Gl. (427 b) gewinnen. Dies ist nur noch auf graphischem Wege sinnvoll möglich. Man kann im übrigen zeigen, daß der Übergang vom periodischen zum aperiodischen Fall mit abnehmendem Wert C stets einem noch positiven Wert $i_1(t')$ entspricht. Im Grenzfall $\omega_{\alpha N}R_E C = 1$ [vgl. Gl. (421)] ist $i_1(t')$ gerade Null. Man kann daher auch sagen, daß für $\omega_{\alpha N}R_E C < 1$ die Abfallzeit stets allein aus der Gl. (427 b) mit $i_1 = 0{,}1\,i_{EX}$, umgeschrieben auf den aperiodischen Fall

$$\frac{k + 0{,}1}{k + 1} = \frac{1}{\tau_1 - \tau_2}\left[\left(\tau_1 - \frac{1}{\omega_{\alpha N}}\right)\exp(-t_f/\tau_1) - \left(\tau_2 - \frac{1}{\omega_{\alpha N}}\right)\exp(-t_f/\tau_2)\right] \tag{428}$$

berechnet werden kann. Hier muß beachtet werden, daß die Größen τ_1, τ_2 einen verhältnismäßig großen Bereich verschiedener Werte annehmen können. Für $\omega_{\alpha N}R_E C > 1$ erhält man lange Abfallzeiten, da der Laststrom nach dem Sperren der Emitterdiode mit der Zeitkonstante $R_E C$ dem Wert $i_1 = 0$ zustrebt.

c) **Induktive Last.** Anwendungen des Transistors als gesteuerter Schalter in Verbindung mit einer induktiven Last sind sehr zahlreich. Hierzu gehören z. B. Relaistreiberstufen, Steuerstufen für magnetische Ringkerne, Gleichspannungswandler, Wechselrichter, Sperrschwinger und Treiberstufen mit Impulstransformatoren. Die vorkommenden Schaltungen und die Werte der Induktivitäten können dabei sehr unterschiedlich sein, so daß vielfach in jedem Einzelfall eine gesonderte Betrachtung durchgeführt werden muß.

Die induktive Last hat insbesondere im Hinblick auf die hohen Abschaltspannungen Bedeutung. Diese Spannungen können den Transistor gefährden, wenn das Durchbruchsgebiet erreicht wird oder wenn die Übergangsverluste unzulässig hoch werden. Der Einschaltvorgang ist dagegen nur mit Rücksicht auf verminderte Flankensteilheiten von Interesse.

In vielen Fällen sind besondere Schaltungsmaßnahmen zur Vermeidung hoher Abschaltspannungen unerläßlich. Auf diese wird am Schluß dieses Abschnittes eingegangen werden.

Da der Transistor in den oben aufgeführten Anwendungen fast ausschließlich in Emitterschaltung betrieben wird, beschränken wir uns auf diesen Fall und legen die in Abb. 195 gezeigte Schaltung zugrunde. Die Ersatzschaltung des Transistors gilt für den aktiven Bereich. Die Einschaltverzögerung infolge Umladung der Emitter-Sperrschichtkapazität erfährt bei induktiver Last keine wesentliche Änderung; das gleiche gilt für die Speicherzeit. Wir wollen daher lediglich das Einschalten mit der Anfangsbedingung $u_{EB'}(0) = 0$ und $u_{CB'}(0) = U_0$ und das Ausschalten mit der Anfangsbedingung

$$u_{EB'}(0) = -r_E\, i_{CX}/A_N$$

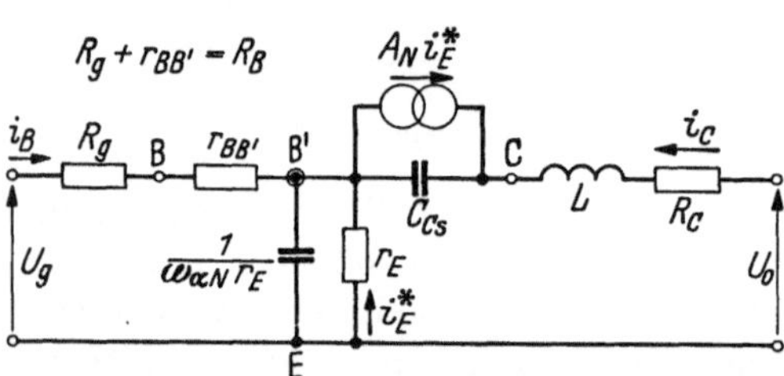

Abb. 195. Ersatzschaltbild für den Schalterbetrieb eines Transistors mit induktiver Last in Emitterschaltung. Die Ersatzschaltung gilt für den aktiven Bereich

und $u_{CB'}(0) = 0$ betrachten. Außerdem verwenden wir wieder die Modellvereinfachung $r_E = 0$ bei einem endlichen Wert der Zeitkonstante $1/\omega_{\alpha N}$. (Bei diesen Annahmen tritt außer dem Reststrom auch die Restspannung nicht in Erscheinung.)

Das Vorhandensein der Sperrschichtkapazität C_{Cs} erschwert eine strenge Analyse der Schaltvorgänge beträchtlich. Der Einfluß von C_{Cs} läßt sich jedoch qualitativ wie folgt überschauen. Zu Beginn eines jeden Schaltvorganges muß der Spulenstrom und damit der Kollektorstrom stetig sein. Auch die Spannung $u_{CB'}(t)$ bleibt momentan konstant. Nur der Emitterstrom kann sich ändern und den Vorgang einleiten. Während dieser ersten Änderung speist der Stromgenerator $A_N i_E^*$ rückwirkungsfrei den Parallelschwingkreis, bestehend aus L, R_C und C_{Cs}. Ist C_{Cs} hinreichend klein, dann bestimmt der eingeprägte Strom $A_N i_E^*$ über L und R_C den Verlauf der Spannung annähernd allein.

Ein besonderer Fall tritt ein, wenn beim Ausschalten die Emitterdiode infolge hoher Ausschaltspannung sehr rasch gesperrt wird und der dann aus R_C, L, C_{Cs}, C_{Es} und R_B bestehende Schwingkreis wenig gedämpft ist. Diesen Fall wollen wir am Schluß des Abschnittes kurz behandeln. Im folgenden nehmen wir $C_{Cs} = 0$ an, so daß der Eingangskreis vom Ausgangskreis entkoppelt ist.

Beim *Einschalten* erhält man für den Strom i_E^*

$$i_E^* = m\, i_{EX}\{1 - \exp(-t/\tau)\} \qquad (429)$$

mit

$$\tau = \left(\frac{1 + B_N}{\omega_{\alpha N}}\right).$$

Der so vorgeschriebene Kollektorstrom ist

$$i_C = m\, i_{CX}\{1 - \exp(-t/\tau)\}. \qquad (430)$$

Die Kollektor-Emitterspannung folgt aus

$$u_{CE} = U_0 - R_C\left(i_C + \tau_L \frac{d\,i_C}{d\,t}\right) \qquad (431)$$

mit der Zeitkonstante τ_L des Kollektorkreises

$$\tau_L = \frac{L}{R_C}. \qquad (432)$$

Mit Einsetzen von Gl. (430) ist

$$\frac{u_{CE}}{U_0} = 1 - m + m(1 - q)\exp(-t/\tau) \qquad (433)$$

mit

$$q = \frac{\tau_L}{\tau} = \frac{L}{R_C\,\tau}. \qquad (434)$$

Die Kollektorspannung ist im vorliegenden Fall infolge induktiver Gegenspannung beim Einschalten unstetig. Es ist zur Zeit $t = 0 + \varepsilon$

$$\left.\frac{u_{CE}}{U_0}\right|_{0+\varepsilon} = 1 - m\,q. \qquad (435)$$

Außerdem wird der Transistor vorzeitig übersteuert, nämlich zur Zeit $t_U = t\ (u_{CE} = 0)$ nach Gl. (433)

$$t_U = \tau \ln\left[\frac{m(1 - q)}{m - 1}\right] \qquad (m\,q < 1). \qquad (436)$$

Setzt man diesen Wert in Gl. (430) ein, dann ist der Kollektorstrom

$$i_C\big|_{t_U} = i_{CX}\left(\frac{1 - m\,q}{1 - q}\right). \qquad (437)$$

In Abb. 196 ist der Verlauf des Kollektorstromes skizziert. Zugleich ist der Verlauf des momentanen Arbeitspunktes im I_C, U_{CE}-Kennlinienfeld angegeben.

Für $q < 1/m$ wächst der Kollektorstrom zuerst mit der Zeitkonstante des Transistors an. Am Übersteuerungspunkt Ü wirkt der Transistor wie ein kurzgeschlossener Widerstand und der Strom wächst weiter mit der Zeitkonstante τ_L

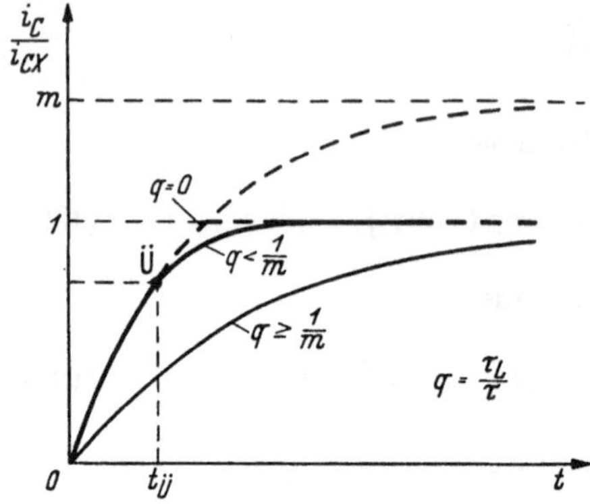

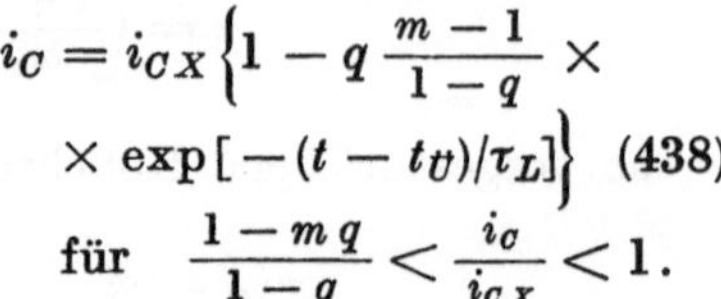

$$i_C = i_{CX}\left\{1 - q\,\frac{m-1}{1-q}\times \right.$$
$$\left. \times \exp[-(t-t_{Ü})/\tau_L]\right\} \quad (438)$$
$$\text{für} \quad \frac{1-mq}{1-q} < \frac{i_C}{i_{CX}} < 1.$$

Der Übergang ist in der nullten und ersten Ableitung stetig. Für $q > 1/m$ wird der Transistor sofort übersteuert und der Anstieg setzt unmittelbar mit der Zeitkonstante τ_L ein.

Das Verhalten des Transistors beim *Ausschalten* geht aus der Abbildung 197 hervor. Die zugehörigen Gleichungen sind

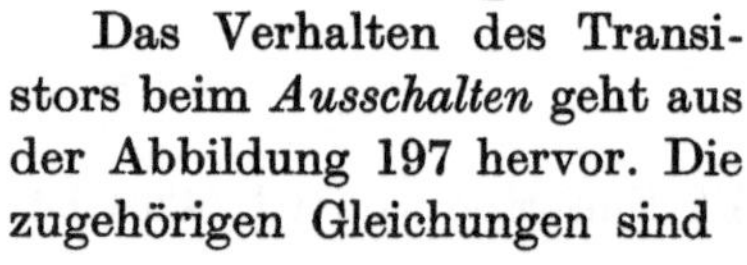

$$\frac{i_C}{i_{CX}} = -k + (1+k)\exp(-t/\tau)$$
$$(\text{für} \quad 1 > i_C/i_{CX} > 0), \quad (439)$$
$$\frac{u_{CE}}{U_0} = (1+k) + (1+k)\times$$
$$\times (q-1)\exp(-t/\tau)$$
$$(\text{für} \quad 1 > i_C/i_{CX} > 0). \quad (440)$$

Abb. 196. Einschalten eines Transistors in Emitterschaltung mit induktiver Last. Der Transistor wird bereits übersteuert (Punkt Ü), noch ehe der Kollektorstrom (zugleich Laststrom) den Wert $-i_C = -i_{CX}$ erreicht hat. Der Kollektorstrom wächst dann weiter mit der Zeitkonstante $\tau_L = L/R_C$ an. Für $q > 1/m$ wird der Transistor momentan beim Einschalten übersteuert

Der Kollektorstrom bleibt, wie man sieht, von der Induktivität gänzlich unbeeinflußt, man erhält die gleiche Abfallzeit wie ohne Induktivität. Die Kollektorspannung setzt jedoch

infolge induktiver Abschaltspannung unstetig bei einem mit q und k wachsenden Wert ein

$$\left.\frac{u_{CE}}{U_0}\right|_{0+\varepsilon} = q(1+k) \quad (441)$$

und nimmt entweder ab oder zu auf einen Wert

$$\left.\frac{u_{CE}}{U_0}\right|_{i_C=0} = 1 + kq. \quad (442)$$

Für $q < 1$ nimmt die Spannung $-u_{CE}$ zu, für $q > 1$ nimmt sie ab.

Die maximale Kollektor-Emitterspannung ist daher

$$-u_{CEM} = \begin{cases} -U_0(1 + k\,q) & \text{für} \quad q < 1, \\ -U_0(1 + k)\,q & \text{für} \quad q > 1. \end{cases} \tag{443}$$

Nach Erreichen von $i_C = 0$ ist der Transistor gesperrt und die Kollektor-Emitterspannung geht entweder gedämpft periodisch oder aperiodisch auf den Wert $u_{CE} = U_0$ zurück. Dieser Vorgang ist nur in Verbindung mit den Sperrschichtkapazitäten zu beschreiben.

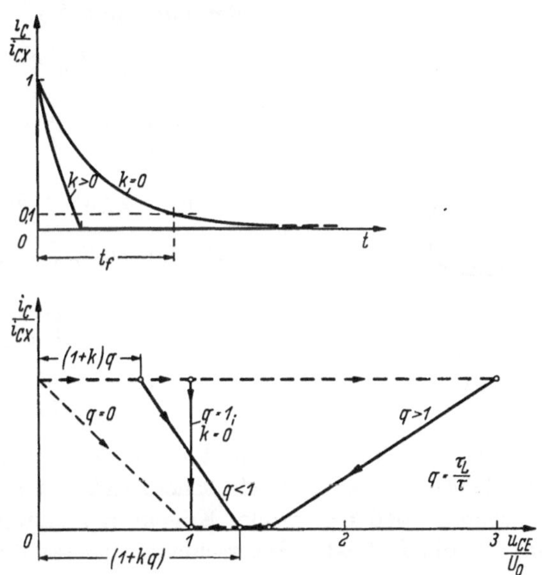

Abb. 197

Ausschalten mit induktiver Last in Emitterschaltung. Beim Ausschalten können hohe induktive Abschaltspannungen entstehen

In den hier betrachteten Fällen erfolgt die Sperrung der Emitterdiode im gleichen Zeitpunkt, bei dem $i_C = 0$ geworden ist. Bei Mitberücksichtigung der Sperrschichtkapazität kann dies früher erfolgen. Im Grenzfall einer beliebig kleinen Zeitkonstante des Transistors (dann ist $q \to \infty$) hätte man es momentan mit einem gesperrten Transistor zu tun. Es liegt dann ein gedämpfter Schwingkreis vor mit R_C, L und der Serienschaltung von C_{Es} und C_{Cs}, wobei parallel zu C_{Es} noch der Widerstand $R_B = R_g + r_{BB'}$ liegt. Wir nehmen ihn vereinfachend als sehr groß an. Der momentane Arbeitspunkt beschreibt in diesem Fall eine spiralförmige Kurve im I_C, U_{CE}-Kennlinienfeld, wie in Abb. 198 skizziert ist. Die maximale Spannung bei Berücksichtigung der Dämpfung durch den Widerstand R_C ist

$$- u_{CEM} = - U_0 \left\{ 1 + \sqrt{1 + \psi^2 - 2\psi \frac{\delta}{\omega} + \psi^2 \frac{\delta^2}{\omega^2}} \times \right.$$

$$\left. \times \exp\left[-\frac{\delta}{\omega}\left(\pi - \arctan \frac{\psi}{1 - \psi \frac{\delta}{\omega}} \right) \right] \right\} \qquad (444)$$

mit

$$\psi = \frac{\omega L\, i_{CX}}{U_0}; \quad \delta = \frac{R_C}{2L}; \quad \omega = \sqrt{\omega_0^2 - \delta^2}; \quad \omega_0 = \sqrt{\frac{C_{E_s} + C_{C_s}}{L\, C_{E_s} C_{C_s}}}$$

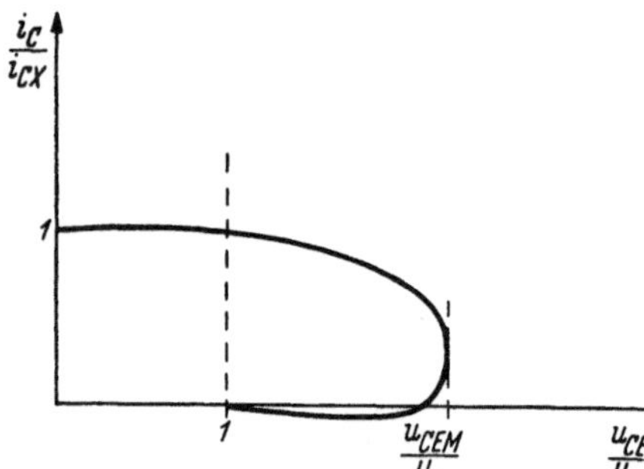

Abb. 198. Skizze des Verlaufs des momentanen Arbeitspunktes beim Ausschalten mit induktiver Last und sehr rascher Sperrung der Emitterdiode

oder auch mit $\delta/\omega = 1/(2\psi)$

$$- u_{CEM} = - U_0 \times$$

$$\times \left\{ 1 + \sqrt{\psi^2 + \frac{1}{4}} \times \right. \qquad (445)$$

$$\left. \times \exp\left[-\frac{1}{2\psi}(\pi - \arctan 2\psi) \right] \right\},$$

worin für $U_0/i_{CX} = R_C$

$$\psi = \sqrt{\frac{L}{C\, R_C^2} - \frac{1}{4}}$$

mit $\quad C = \dfrac{C_{E_s} C_{C_s}}{C_{E_s} + C_{C_s}}$

gilt.

Die Voraussetzung einer beliebig kleinen Zeitkonstante τ bedeutet nach Gl. (434) $q \to \infty$ und wir sehen, daß die nach Gl. (443) sich dann ergebende beliebig große Kollektorspannung nicht vorkommen kann, da die Kollektor-Sperrschichtkapazität die Amplitude begrenzt.

Erreichen des Durchbruchsgebietes. Bei hohen Abschaltspannungen kann das Durchbruchsgebiet erreicht werden. Der Transistor hat dort einen kleinen Innenwiderstand bei hoher Spannung. Dann aber ist die Zeitkonstante des Kollektorstromes $\tau_L = L/R_C$, und der Kollektorstrom fällt für $q > 1$ (dies wird bei Erreichen des Durchbruchsgebietes stets der Fall sein) langsamer ab als sonst. Die dabei auftretenden, dem Transistor zugeführten Energien können eine hohe Sperrschichttemperatur zur Folge haben. Vor allem aber kann ein Einschnüreffekt entstehen, der u. U. zur Zerstörung des Transistors führt (vgl. S. 258).

Zur Behandlung des vorliegenden Falles nehmen wir an, daß die Durchbruchskennlinie, die der Ausschaltspannung bzw. dem Ausschaltstrom entspricht, nahezu eine Senkrechte ist (vgl. Abb. 201). Man erhält dann eine nach dem sehr raschen Erreichen der Durchbruchskennlinie gültige Ersatzschaltung, wie sie in Abb. 199 angegeben ist. Der Kollektorstrom ist jetzt

$$i_C = i_{CX}\left\{-\frac{(1-\lambda)}{\lambda} + \frac{1}{\lambda}\exp\left(-t/\tau_L\right)\right\}. \qquad (446)$$

für

$$0 < t < \tau_L \ln\left(\frac{1}{1-\lambda}\right) = t_{f0}$$

mit

$$\lambda = \frac{U_0}{U^*}.$$

Der Verlauf des Kollektorstromes ist in Abb. 200 skizziert. Die Abfallzeit $t_f = t$ $(i_C = 0{,}1\,i_{CX})$ ist

$$t_f = \tau_L \ln\left(\frac{1}{1-0{,}9\,\lambda}\right). \qquad (447)$$

t_f hängt stark von τ_L und λ ab. Ein wesentlicher Gesichtspunkt ist dabei, daß der Abfall des Kollektorstromes bei einer hohen Spannung

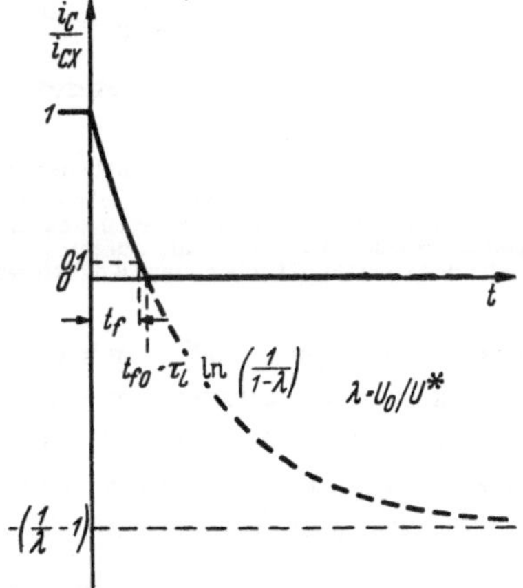

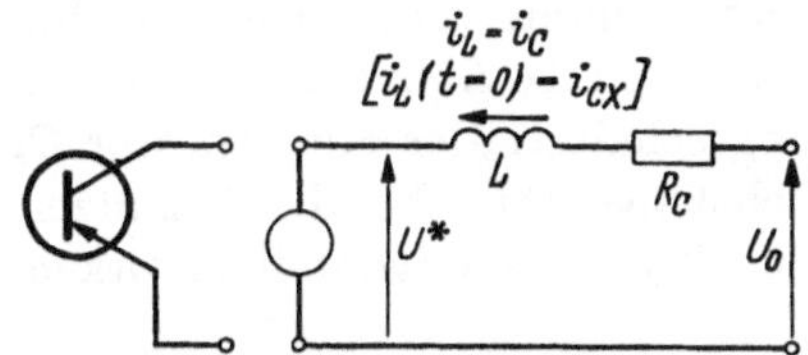

Abb. 199. Ersatzschaltung für die Beschreibung des Ausschaltvorganges bei induktiver Last und bei Erreichen des Durchbruchsgebietes

Abb. 200. Verlauf des Kollektorstromes beim Ausschalten mit induktiver Last und bei Erreichen des Durchbruchsgebietes

erfolgt. Wir werden in Abschn. 3. hierauf noch eingehen. Wir wollen hier lediglich noch bemerken, daß bei der in der Regel stark anwachsenden Temperatur während des Ausschaltvorganges der Kollektorreststrom wächst und daß sich damit die Ausschaltkennlinie verschiebt, wie in Abb. 201 skizziert ist. Bei thermischer Instabilität kann es vorkommen, daß der momentane Arbeitspunkt wieder in die Nähe des eingeschalteten Zustandes gelangt (strichpunktierte Kurve).

Schaltungen zur Spannungsbegrenzung. Bei vielen Anwendungen ist es angebracht, die induktiven Abschaltspannungen mit Hilfe besonderer Schaltungsmaßnahmen zu begrenzen. Nach Gl. (443) wächst die maximal erreichte Kollektor-Emitterspannung mit $q = \tau_L/\tau = L/(R_C\,\tau)$ und mit dem Ausschaltfaktor k. Man wird daher zuerst versuchen, diese Größen zu verringern. Ein gebräuchlicher Wert für k ist etwa $k = 1$. Dies ist häufig zugleich eine Grenze für eine dann mit $k < 1$ rascher zunehmende Abfallzeit. Die Zeitkonstante τ_L ist meist vorgegeben. Der Faktor q läßt sich dann noch durch Vergrößern der Zeitkonstante τ des Tran-

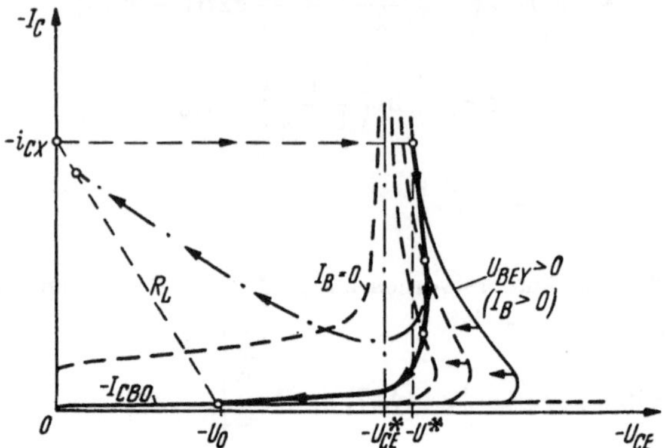

Abb. 201. Weg des momentanen Arbeitspunktes im I_C, U_{CE} Kennlinienfeld beim Ausschalten mit induktiver Last und bei Erreichen des Durchbruchsgebietes. Da sich die Kennlinien mit wachsender Temperatur verschieben und die Temperatur beim Durchlaufen des Durchbruchsgebietes wächst, wird etwa die ausgezogene Kurve durchlaufen. Bei thermischer Instabilität kann ein Arbeitspunkt mit hohem Kollektorstrom eingenommen werden (strichpunktierte Kurve)

sistors verringern. Dies wird man immer dann tun, wenn ohnehin keine kurzen Schaltzeiten erreicht werden sollen. In Abb. 202 ist zwischen Kollektor und Basis ein RC-Glied eingeschaltet. Der Kondensator C_k wirkt wie eine zusätzliche Sperrschichtkapazität, die die Schaltzeit verlängert. Der Widerstand R_k würde allein das Gegenteil bewirken,

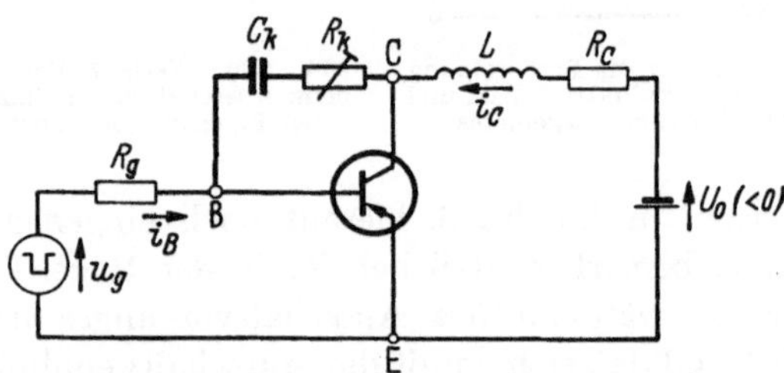

Abb. 202. Verringerung der induktiven Abschaltspannung durch künstliche Vergrößerung der Transistorzeitkonstante mit Hilfe einer Kapazität C_k zwischen Kollektor und Basis

und zwar eine die Schaltzeit verkürzende Gegenkopplung. R_k wird hier für die Einstellung des Verhältnisses $q = \tau_L/\tau$ verwendet. Selbstverständlich haben auch Integrierglieder vor dem Eingang des Transistors eine scheinbare Vergrößerung der Zeitkonstante des Transistors zur Folge.

Bei dieser Art von Maßnahmen muß berücksichtigt werden, daß die Zunahme der Übergangsverluste infolge Vergrößerung der Abfallzeit größer sein kann als die Abnahme infolge kleinerer Abschaltspannung.

Die gebräuchlichste Schaltung zur Spannungsbegrenzung ist in Abb. 203 dargestellt. Hier wird eine sog. „Haltediode" verwendet, die bei Überschreitung der Speisespannung leitend wird und die Energie der Induktivität aufnimmt. Der Verlauf des momentanen Arbeitspunktes ist in Abb. 204 skizziert (Kurve *1*). Bei genügend kleinem Durchlaßwiderstand der Diode klingt der Laststrom durch R_C mit der Zeitkonstante τ_L ab. Der Kollektorstrom hat davon unabhängig die bekannte Abfallzeit

$$t_f = \tau \ln\left(\frac{k+1}{k+0{,}1}\right).$$

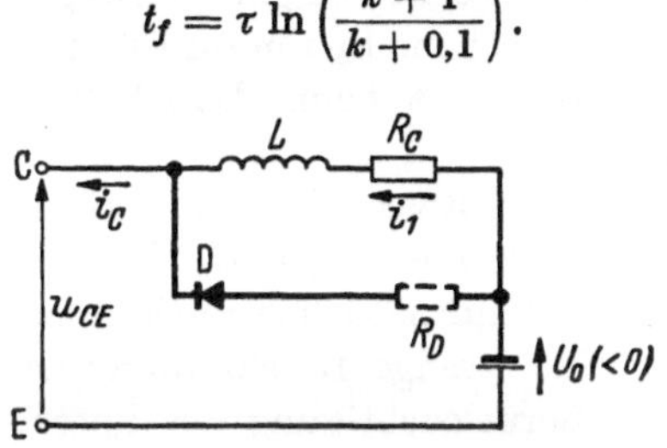

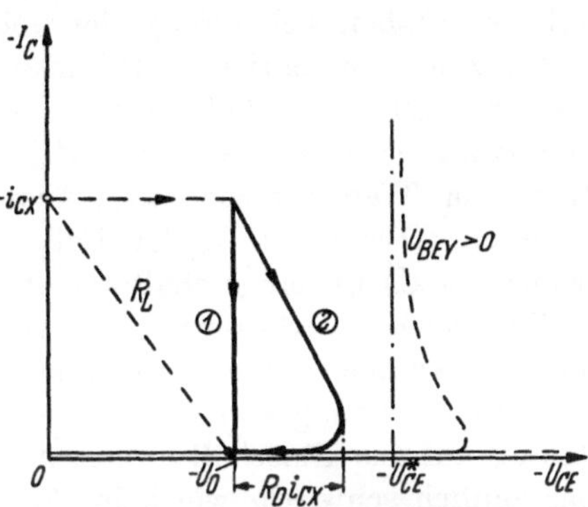

Abb. 203. Verringerung der induktiven Abschaltspannung mit Hilfe einer Haltediode. Die dadurch entstehende Vergrößerung der Abfallzeit kann durch einen (nicht zu großen) Widerstand R_D teilweise kompensiert werden

Abb. 204. Weg des momentanen Arbeitspunktes im I_C, U_{CE}-Kennlinienfeld bei Verwendung der Schaltung in Abb. 203. Kurve (*1*) gilt für $R_D = 0$, Kurve (*2*) ergibt sich bei Einschalten eines Widerstandes R_D

Die Übergangsverluste sind größer als bei Widerstandslast, jedoch kleiner als bei Fehlen der Haltediode.

Das bei großen Werten von τ_L langsame Abklingen des Laststromes kann beschleunigt werden, wenn der Haltediode noch ein (nicht zu großer) Widerstand in Serie geschaltet wird, wie in Abb. 203 gestrichelt angedeutet ist. In diesem Fall treten etwas höhere Spannungen auf. Näherungsweise ergibt sich für große Werte von q

$$u_{CE} = U_0\left[1 + \frac{R_D}{R_C}\left(1 - \frac{i_C}{i_{CX}}\right)\right]. \tag{448}$$

Der Abfall des Laststromes erfolgt jetzt jedoch mit einer kleineren Zeitkonstante

$$\tau'_L = \frac{L}{R_C + R_D}. \tag{449}$$

Der Laststrom i_1 durch R_C folgt näherungsweise der Gleichung ($q \gg 1$)

$$i_1 = i_{CX}\exp\left[-(t - t')/\tau'_L\right]$$

mit

$$t' = \tau \ln\left(1 + \frac{1}{k}\right) \tag{450}$$

($\bar{\tau}$ = Zeitkonstante des Transistors). Der Kollektorstrom bleibt in unserer Ersatzschaltung unverändert. Die Kollektor-Emitterspannung ist im Zeitpunkt $t(i_C = 0)$

$$u_{CE} = U_0 \left(1 + \frac{R_D}{R_C}\right). \tag{451}$$

Der Kurvenverlauf ist in Abb. 204 (Kurve 2) skizziert. Die Übergangsverluste erhöhen sich infolge der höheren Kollektor-Emitterspannung.

Die zuletzt beschriebene Schaltung mit einem Widerstand R_D wird sehr oft auch bei Schalterstufen mit einem Impulstransformator im Kollektorkreis verwendet, wenn infolge eines merklichen Magnetisierungsstromes im Transformator beim Ausschalten zu hohe Spannungsspitzen auftreten. Dies ist z. B. der Fall, wenn die Last beim Ausschalten kleiner ist als im eingeschalteten Zustand.

Eine gewisse Verbesserung des Ausschaltverhaltens bringt im übrigen auch die Kompensation der Induktivität durch eine Kapazität parallel zur Serienschaltung von L und R_C [77], die dann natürlich auch einen Einfluß auf das Einschaltverhalten hat. Eine strenge Beschreibung ist hier ähnlich schwierig wie beim Fall der Berücksichtigung der Sperrschichtkapazität. Ein brauchbarer Wert für diese Kapazität sollte in jedem Fall durch Beobachtung des Ein- und Ausschaltverhaltens festgelegt werden.

3. Belastungsfragen

Die Grenzwerte für die beim Schalterbetrieb maximal zulässigen Ströme und Spannungen richten sich im wesentlichen nach drei Gesichtspunkten. Zuerst muß dafür gesorgt werden, daß die maximal für den jeweiligen Typ vorgeschriebene maximale Sperrschichttemperatur nicht überschritten wird. Weiterhin muß geprüft werden, ob der Transistor in der jeweiligen Schaltung thermisch stabil ist. Bei einer Arbeitsweise im Durchbruchsgebiet schließlich besteht die Gefahr eines Einschnüreffektes, den wir in Abschn. III. B. 2. beschrieben haben.

In der Regel schreiben die Hersteller überdies absolute Grenzwerte für Ströme und Spannungen vor. Auch die Erhöhung des Kollektorreststromes bei hohen Spannungen und Temperaturen muß stets beachtet werden. Im folgenden behandeln wir im Anschluß an die Herleitungen des Abschn. III. F. lediglich die Frage der maximalen Sperrschichttemperatur im Zusammenhang mit den Übergangsverlusten.

Bei einem einfachen rechteckförmigen Verlauf der Verlustleistung nach dem Muster der Abb. 53, S. 93, kann mit Hilfe der Gl. (173) in Verbindung mit den Kurven der Abb. 54 der maximal zulässige Spitzenwert der Verlustleistung berechnet werden. Neuerdings geben einige Hersteller solche Kurven in den Datenblättern an. Bei Leistungstransistoren ist für eine bessere Ausnutzung der stets auf der Sicherheitsseite liegenden Formeln noch eine Unterteilung der Gebiete des Wärmetransportes empfehlenswert. Die Erfahrung hat gezeigt, daß man bei periodischen Vorgängen mit einer Periodendauer von weniger als 1 s eine konstante mittlere Temperatur am Übergang vom Gehäuseboden des Transistors zum Chassis annehmen kann. Dann erhält man an Stelle von Gl. (172), S. 94, die Formel

$$T_{jM} = T_{ugb} + K_G\left(\frac{1}{R}(\hat{N} - N_0) + N_0\right) + K_{Ch}\overline{N} \qquad (452)$$

mit

K_G Wärmewiderstand zwischen Sperrschicht und Gehäuseboden,

K_{Ch} Wärmewiderstand des Chassis zwischen Gehäuseboden des Transistors und Umgebung,

$\overline{N}$ arithmetischer Mittelwert der Verlustleistung $= V_T(\hat{N} - N_0) + N_0$.

Bei genügend kurzen Impulszeiten und genügend großen Werten des Tastverhältnisses V_T gehen die Werte von R in $1/V_T$ über, d. h. es kann dann auch für das Wärmetransportgebiet des Transistors der arithmetische Mittelwert der Verlustleistung verwendet werden. Dies bedeutet, daß keine wesentliche Modulation der Sperrschichttemperatur auftritt.

Bei den Schalteranwendungen hat man es jedoch in den seltensten Fällen mit einem rechteckförmigen Verlauf der Verlustleistung zu tun, sondern mit einem Verhalten, wie es in Abb. 205 skizziert ist. Dem normalen Verlauf sind die Leistungsspitzen beim Ein- und Ausschalten überlagert, die sog. „Übergangsverluste". Nimmt man die Leistungsspitzen wiederum rechteckförmig an, dann läßt sich auch dieser Fall mit dem zugrunde gelegten Modell streng behandeln [78]. Wir geben die Formeln ohne Herleitung an. Die maximale Sperrschichttemperatur ist entweder (vgl. Abb. 205)

$$T_{jMY} = T_{ugb} + K_{Ch}\overline{N} + K_G\left\{N_0 + \frac{N_X - N_0}{R_1} - \frac{N_X - \hat{N}}{R_2} + \frac{N_Y - \hat{N}}{R_3}\right\} \qquad (453\,a)$$

oder

$$T_{jMX} = T_{ugb} + K_{Ch}\overline{N} + K_G\left\{\hat{N} + \frac{N_Y - \hat{N}}{R_4} - \frac{N_Y - N_0}{R_5} + \frac{N_X - N_0}{R_6}\right\}. \qquad (453\,b)$$

Die verschiedenen R-Werte müssen dabei wie folgt berechnet werden. Die in Abb. 54, S. 94, angegebenen Kurven sind eine Funktion von t_p und V_T. (Die Hersteller geben entweder eine absolute Skala für t_p an oder einen Wert τ_w, was auf das gleiche hinausläuft.) Wir ersetzen nun t_p und V_T durch neue Variable ξ und η

$$R(t_p, V_T) \rightarrow R(\xi, \eta).$$

Die R-Werte in den Gln. (453a) und (453b) sind solche Funktionen mit ξ und η

$$R_i = R_i(\xi_i, \eta_i). \qquad (454)$$

Im einzelnen gilt dabei

$$\xi_1 = t_p + t_Y, \qquad\qquad \eta_1 = \frac{t_p + t_Y}{t_p}\, V_{T'},$$

$$\xi_2 = t_p + t_Y - t_X, \qquad\qquad \eta_2 = \frac{t_p + t_Y - t_X}{t_p}\, V_T,$$

$$\xi_3 = t_Y, \qquad\qquad \eta_3 = \frac{t_Y}{t_p}\, V_T,$$

$$\xi_4 = t_X + t_p\left(\frac{1}{V_T} - 1\right), \qquad\qquad \eta_4 = \frac{t_X}{t_p}\, V_T + (1 - V_T),$$

$$\xi_5 = t_X + t_p\left(\frac{1}{V_T} - 1\right) - t_Y, \qquad\qquad \eta_5 = \frac{t_X - t_Y}{t_p}\, V_T + (1 - V_T),$$

$$\xi_6 = t_X, \qquad\qquad \eta_6 = \frac{t_X}{t_p}\, V_T.$$

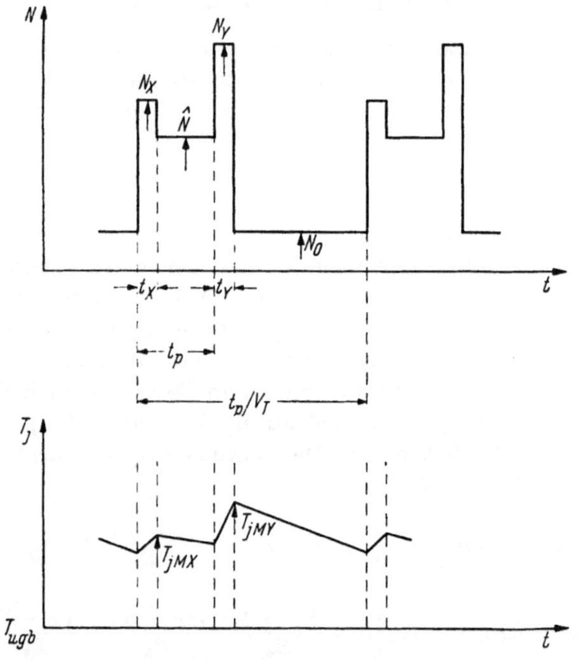

Abb. 205. Schematischer Verlauf der Verlustleistung beim periodischen Schalten eines Transistors unter Berücksichtigung der Übergangsverluste N_X und N_Y. Die maximal vorkommende Sperrschichttemperatur ist entweder T_{jMX} oder T_{jMY}. (Diese Temperaturen können modellmäßig berechnet werden.)

Die etwas mühsame Berechnung der Spitzenwerte der Temperatur kann unterlassen werden, wenn die Periodendauer hinreichend klein und das Tastverhältnis genügend groß ist. Als Näherungsformel ergab sich auf S. 96 als Bedingung für die Mittelung

$$t_p < \left[\tau_w \left(\frac{\varepsilon}{0{,}718}\right)^2\right]\left(\frac{V_T}{1 - V_T}\right)^2, \tag{455}$$

worin

$$\varepsilon = \frac{\delta T_j}{T_{j\max} - T_{ugb} - K N_0}$$

ein Maß für die maximale Übertemperatur $\delta T_j = T_{jM} - T_{j\max}$ gibt, wenn die maximale mittlere Verlustleistung nach der Formel $K\overline{N} = T_{j\max} - T_{ugb}$ berechnet wird. Soll z. B. $\delta T_j = 10\,°\mathrm{C}$ sein und ist $N_0 = 0$; $T_{j\max} - T_{ugb} = 50\,°\mathrm{C}$; $\tau_w = 100$ ms (Leistungstransistor), dann gilt

$$t_p < 7{,}7 \cdot 10^{-3} \left(\frac{V_T}{1 - V_T} \right)^2 \mathrm{s}.$$

Für ein Tastverhältnis von z. B. $V_T = 0{,}1$ ergibt sich $t_p < 95$ µs.

Ist die Bedingung (455) auch für die Übergangsimpulse, bezogen auf die Periodendauer, erfüllt, dann kann über den ganzen Schaltvorgang gemittelt werden. Bei den meisten Anwendungen ist dies der Fall und wir erhalten

$$T_{jM} = T_{ugb} + (K_G + K_{Ch})\,\overline{N} \tag{456}$$

mit

$$\overline{N} = \frac{(N_X - \hat{N})\,t_X + (N_Y - N_0)\,t_Y + (\hat{N} - N_0)\,t_p}{t_p/V_T} + N_0.$$

Die Bezeichnungen gehen aus der Abb. 205 hervor. Nun können bei kurzen Impulsen nach Gl. (168), S. 92, auch an Stelle der Verlustleistungen die Energien gesetzt werden und wir erhalten

$$\overline{N} = \frac{E_X + E_Y + \hat{N}(t_p - t_X) - N_0(t_p + t_Y)}{t_p/V_T} + N_0 \tag{457}$$

und weiter

$$\overline{N} < \left(\frac{E_X + E_Y}{t_p} + \hat{N} - N_0 \right) V_T + N_0. \tag{457a}$$

Die Übergangsenergien E_X und E_Y sind meist bequemer zu berechnen als die Spitzenleistungen. Es ist bei Vernachlässigung der Steuerenergie des Transistors

$$E_X = \int_0^{t_X} i_C\,u_{CE}\,\mathrm{d}t \quad \text{für den Einschaltvorgang,}$$

$$E_Y = \int_0^{t_Y} i_C\,u_{CE}\,\mathrm{d}t \quad \text{für den Ausschaltvorgang.} \tag{458}$$

Die Integrationen werden über den ganzen Übergang erstreckt, d. h. also nicht nur über Anstiegs- bzw. Abfallzeit, sondern z. B. bis zur Zeit t_{f0} in Abb. 200. Die Berechnung der Integrale (458) verbirgt keine besonderen Probleme und wir geben die Ergebnisse für verschiedene Fälle ohne Herleitung an (vgl. auch [35]). Bei dieser Herleitung wird von folgender Entwicklung und Näherungsformel Gebrauch gemacht

$$\frac{2}{x}\left\{ 1 + \left(\frac{1 - x}{x} \right) \ln(1 - x) \right\} = 1 + \frac{2}{2 \cdot 3}\,x + \frac{2}{3 \cdot 4}\,x^2 + \frac{2}{4 \cdot 5}\,x^3 + \cdots \tag{459}$$

$$\text{für } 0 < x < 1$$

mit der oberen Schranke

$$1 + \frac{2}{2 \cdot 3}\, x + \frac{2}{3 \cdot 4}\, x^2 + \cdots < 1 + \frac{1}{3}\, x\,(1 + 2x). \tag{460}$$

$\left(\text{In den jeweiligen Formeln ist z. B. hierin } x = \dfrac{1}{1+k}\,;\; x = \dfrac{1}{m}\,;\; x = \lambda.\right)$
Für $x = 0$ und $x = 1$ (dann strebt die linke Reihe einem Grenzwert 2
zu) stimmen linke und rechte Seite überein. Für $x = 1/2$ ist der Fehler 8%.
Diese Formel ergibt bequeme Näherungsausdrücke für die Übergangsenergien. Im einzelnen erhält man folgende Werte.

Widerstandslast. Es gilt für den Einschaltvorgang

$$E_X < (i_{CX}\, U_0)\, \tau\, \frac{1}{6m}\left(1 + \frac{2}{m}\right) \tag{461}$$

und für den Ausschaltvorgang

$$E_Y < (i_{CX}\, U_0)\, \tau\, \frac{1}{6(1+k)}\left[1 + \frac{2}{(1+k)}\right]. \tag{462}$$

Hierin ist τ die Zeitkonstante des Transistors, z. B. τ_1 in Abschn. 2. a).

Kapazitive Last. Beim Einschalten gilt ein verhältnismäßig komplizierter Ausdruck (vgl. [35]). Für große Werte von q erhält man jedoch
eine einfache Formel, die zugleich eine obere Grenze für die Energie
gibt

$$E_X < \left(\frac{1}{2}\, C\, U_0^2\right)\left[1 + \frac{1}{3m}\left(1 + \frac{2}{m}\right)\right] \tag{463}$$

und für $m \to 1$

$$E_X \approx 2\left(\frac{1}{2}\, C\, U_0^2\right). \tag{463a}$$

Dies ist das Doppelte der Energie, die maximal in der Kapazität bei U_0
gespeichert werden könnte.

Beim Ausschalten ist die Übergangsenergie stets kleiner als bei
Widerstandslast.

Induktive Last. Beim Einschalten ist die Übergangsenergie stets
kleiner als bei Widerstandslast. Beim Ausschalten gilt (solange das
Durchbruchsgebiet noch nicht erreicht wird)

$$E_Y = i_{CX}\, U_0\, \frac{\tau}{2}\left\{q + \frac{1}{3(1+k)}\left[1 + \frac{2}{(1+k)}\right]\right\} \tag{464}$$

mit $\qquad q = \dfrac{\tau_L}{\tau} = \dfrac{L}{R_C\, \tau}.$

Für $\qquad\qquad q \gg \dfrac{1}{3(1+k)} \quad$ ist

$$E_Y < \frac{1}{2}\, L\, i_{CX}^2 = E_L. \tag{464a}$$

E_L ist die Energie, die beim Einschalten in der Spule gespeichert
wird.

Induktive Last und Erreichen des Durchbruchsgebietes. Hier gilt bei annähernd konstanter Durchbruchspannung U^*, deren Größe von der Emitter-Basis-Ausschaltspannung abhängt

$$E_Y = U^* \int\limits_0^{t_{f0}} i_C(t)\, \mathrm{d}t$$

und mit Gl. (446) sowie mit Hilfe der Näherungsformel (460)

$$E_Y < \left(\frac{1}{2} L\, i_{CX}^2\right)\left(1 + \frac{\lambda}{3}(1 + 2\lambda)\right) \qquad (465)$$

mit

$$\lambda = U_0/U^*.$$

Die vom Transistor aufgenommene Energie wächst mit $0 \to \lambda \to 1$ von dem einfachen auf den doppelten Wert der Spulenenergie an. Dies hat seine Ursache darin, daß der Transistor nicht allein Energie der Spule aufnimmt, sondern auch Energie der Batterie. Im Grenzfall $\lambda = U_0/U^* = 1$ wird der Batterie das Doppelte der Spulenenergie E_L entnommen. Die dann verfügbare, das Dreifache der Spulenenergie E_L betragende Gesamtenergie teilt sich auf in zwei Teile E_L, die vom Transistor aufgenommen werden und in einen Teil E_L, den der Widerstand aufnimmt [35].

Es ist noch anzumerken, daß sowohl hier als auch in den anderen beschriebenen Fällen bei einmaligen Impulsen stets die Anfangstemperatur bei Beginn des Schaltvorganges in Rechnung gestellt werden muß. So wird z. B. ein längere Zeit eingeschalteter Transistor beim Ausschalten mit induktiver Last schon mit einer verhältnismäßig hohen Temperatur die Übergangserwärmung beginnen. In diesem Fall tritt an die Stelle der Umgebungstemperatur die Anfangstemperatur T_{ja} und es ist im vorliegenden Beispiel

$$T_{jMY} = T_{ja} + K_G\, \frac{1}{R}\, (N_Y - \hat{N}). \qquad (466)$$

Diese Beziehung stimmt der Form nach mit Gl. (452) überein, da für T_{ja} auch

$$T_{ja} = T_{ugb} + K_{Ch}\, \hat{N} + K_G\, \hat{N}$$

geschrieben werden kann. Für $R(\xi, \eta)$ muß $R(t_Y, 0)$ gesetzt werden. Falls eine innere Wärmekapazität C_{wi} bekannt ist, kann auch T_{jMY} bei einmaligem Impuls aus

$$T_{jMY} < T_{ja} + \frac{E_Y}{C_{wi}} \qquad (467)$$

berechnet werden (vgl. S. 92). Die Anwendung dieser Formel gibt einen Sicherheitswert, der aber für normale Impulszeiten in der Regel ,,zu sicher'' ist.

4. Schaltungsbeispiele

In diesem letzten Abschnitt sollen als Beispiel für die Anwendung von Transistoren im Schalterbetrieb zwei typische Schaltungen beschrieben werden: ein Impulsverstärker und ein bistabiler Multivibrator. Dabei wird, um die Anwendung der in den vorigen Abschnitten hergeleiteten Gleichungen zu demonstrieren, für jede Schaltung nach einer allgemeinen Betrachtung ein spezielles Dimensionierungsbeispiel durchgerechnet. Weitere zahlreiche Schaltungen findet man z. B. in [*76, 79* bis *82*].

a) Impulsverstärker. In den meisten Fällen hat ein Impulsverstärker die Aufgabe, Impulse unterschiedlicher Höhe auf eine einheitliche größere Amplitude zu bringen. Das erreicht man am einfachsten, wenn der Transistor während der Dauer des Impulses übersteuert und während der Impulspausen gesperrt wird. Die Größe der auf diese Weise erhaltenen Ausgangsimpulse ist dann fast nur noch von der Batteriespannung abhängig. Verwendet man den Transistor in Emitterschaltung, so ist die Polarität des Ausgangssignals entgegengesetzt der des Eingangssignals. Diese Umkehrung der Polarität macht man sich besonders in der Technik logischer Schaltkreise zunutze, um die logische „Negation" schaltungstechnisch zu realisieren. Durch geeignete Dimensionierung der Widerstände kann man erreichen, daß die Impulsspannungen am Eingang und Ausgang der Transistorstufe dem Betrage nach gleich sind. Aus dem Verstärker wird dann eine *Umkehrstufe* (englisch: inverter). Wegen der Gleichheit von Ausgangs- und Eingangsspannung lassen sich derartige Umkehrstufen leicht kombinieren und insbesondere hintereinanderschalten. Im folgenden sollen am Beispiel einer Umkehrstufe die Eigenschaften von Impulsverstärkern betrachtet und Angaben über die zweckmäßige Dimensionierung gemacht werden.

Statische Einstellung. Die allgemeine Schaltung einer Umkehrstufe ist in Abb. 206 wiedergegeben. Abweichend von den bisher erörterten Schaltungen ist in die Basiszuleitung ein Koppelkondensator C_K eingefügt, auf dessen Bedeutung bei der Behandlung der dynamischen Eigenschaften noch näher eingegangen wird. Ferner ist außer dem Grundlastwiderstand R_C noch ein weiterer Widerstand R_L als zusätzlicher Lastwiderstand im Kollektorkreis vorhanden, der an einer gesonderten Spannungsquelle U_{0L} liegt. R_L und U_{0L} repräsentieren dabei z. B. eine oder mehrere parallelgeschaltete nachfolgende Transistorstufen. Der Kollektorstrom des eingeschalteten (übersteuerten) Transistors und die Kollektorspannung des gesperrten Transistors hängen daher nicht mehr allein von U_{01} und R_C, sondern ebensosehr vom Lastwiderstand R_L und von der Größe und der Polarität der Spannung U_{0L} ab.

Befindet sich der Transistor im *übersteuerten* Zustand, dann ist die Kollektor-Emitterspannung U_{CEX} nur wenig vom Kollektorstrom abhängig. Für den Kollektorstrom I_{CX} erhält man aus Abb. 206

$$-I_{CX} = -I_{RCX} + I_{LX}, \tag{468}$$

$$-I_{CX} = \frac{U_{CEX} - U_{01}}{R_C} + \frac{U_{CEX} - U_{0L}}{R_L}, \tag{468a}$$

$$(I_{CX} < 0; \quad U_{CEX} < 0; \quad U_{01} < 0).$$

Je nach Größe von U_{0L} nimmt $-I_{CX}$ gegenüber dem unbelasteten Fall ab oder zu. Für $U_{0L} > U_{CEX}$ $(I_{LX} < 0)$ nimmt $-I_{CX}$ ab, der Transistor wird also durch die zusätzliche Belastung stärker übersteuert,

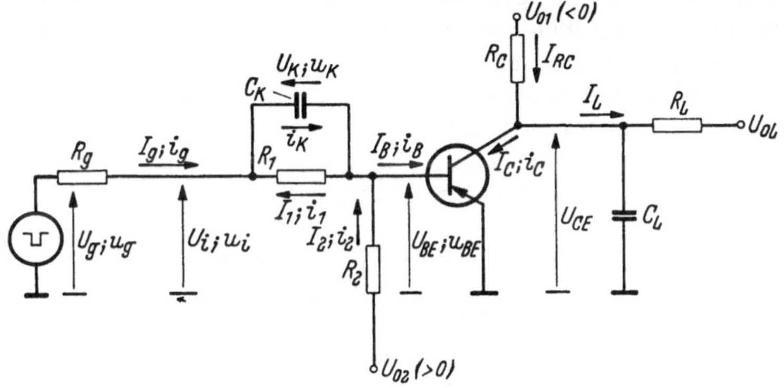

Abb. 206. Allgemeine Schaltung einer Impulsverstärker- oder Umkehrstufe

da man bei wechselnder Last den Basisstrom so dimensionieren muß, daß der Transistor auch für $I_{LX} = 0$ bereits übersteuert wird. Für $U_{0L} < U_{CEX}$ $(I_{LX} > 0)$ nimmt $-I_{CX}$ zu, so daß bei zusätzlicher Belastung ein höherer Basisstrom zur Aufrechterhaltung der Übersteuerung erforderlich ist, die stärkere Übersteuerung also für $I_{LX} = 0$ eintritt. In beiden Fällen tritt infolge der Übersteuerung eine Verlängerung der Speicherzeit ein, welche die maximale Schaltfolgefrequenz begrenzt. Während für $U_{0L} > U_{CEX}$ der Laststrom I_{LX} dem Betrage nach nicht größer als I_{RCX} werden kann, ist für $U_{0L} < U_{CEX}$ der zusätzliche Laststrom prinzipiell nicht vom Grundlaststrom abhängig, jedoch ist es wegen der Zunahme der Speicherzeit erforderlich, das Verhältnis der beiden Lastströme in angemessenen Grenzen zu halten.

Ist der Transistor *gesperrt*, dann wird die sich einstellende Kollektorspannung U_{CEY} nicht nur durch die Spannungsquellen und Widerstände im Kollektorkreis bestimmt, sondern, besonders bei höheren Temperaturen, auch durch den vom Kollektorreststrom I_{CBO} an den Widerständen erzeugten Spannungsabfall. Bezeichnet man die

Kollektorspannung für $I_{LY} = 0$ mit

$$U_{CEY0} = U_{01} - R_C I_{CB0}, \qquad (469)$$

so erhält man unter der hier zulässigen Annahme eines spannungsunabhängigen Kollektorreststromes bei gegebenem zusätzlichem Laststrom I_{LY}

$$U_{CEY} = U_{CEY0} - R_C I_{LY}. \qquad (469\,\text{a})$$

Bei vorgegebenem U_{0L} und R_L ist mit Verwendung von U_{CEY0} der Laststrom

$$I_{LY} = \frac{U_{CEY0} - U_{0L}}{R_C + R_L}. \qquad (470)$$

Häufig ist der Laststrom z. B. durch den notwendigen Steuerstrom einer nachfolgenden Stufe vorgegeben. In diesem Fall $(I_{LY} < 0)$ darf die Spannung $-U_{CEY}$ nicht kleiner werden als die zum Einschalten der Stufe notwendige Steuerspannung $-U_{gX}$ bzw. $-U_{iX}$. Bezeichnet man die erforderliche Mindestspannung von $-U_{CEY}$ mit $-U_Y$, so erhält man für den maximal zulässigen Laststrom

$$-I_{LY} < \frac{U_Y - U_{CEY0}}{R_C}. \qquad (471)$$

In manchen Fällen ist nicht I_{LY} gegeben, sondern U_Y und U_{0L}. Man erhält dann aus den Gln. (470) und (471) den zulässigen Mindestwert für den Belastungswiderstand

$$R_L > \frac{U_{0L} - U_Y}{U_Y - U_{CEY0}} R_C. \qquad (472)$$

Für die Dimensionierung der Widerstände R_1 und R_2 kann man das in Abschn. E. 1. beschriebene Verfahren benutzen. Dazu braucht man neben den Kennwerten des Transistors vor allem Angaben über die Grundbelastung und die zusätzliche Belastung der Stufe. Wird die zusätzliche Belastung durch eine oder mehrere Umkehrstufen gleicher Art gebildet, so ergibt sich die Schwierigkeit, daß die durch diese Stufen gebildete Belastung ihrerseits wieder von der Dimensionierung der Basiswiderstände abhängt. In diesem Falle ist es zweckmäßig, in schrittweisem Vorgehen zunächst mit angenommenen Belastungswerten zu rechnen und dann mit den errechneten Widerstandswerten R_1 und R_2 eine Prüfung und notfalls eine Korrektur der Belastungsverhältnisse vorzunehmen.

In dem folgenden Dimensionierungsbeispiel seien die beiden Versorgungsspannungen auf $U_{01} = -6\,\text{V}$ und $U_{02} = 6\,\text{V}$ festgelegt. Bei einer Grundbelastung $R_C = 1\,\text{k}\Omega$ sollen zwei Fälle einer zusätzlichen Belastung angenommen werden:

a) $-U_{0L} = -U_{01} = 6\,\text{V};\quad R_L = 1{,}8\,\text{k}\Omega,$

b) Belastung durch zwei weitere gleichartige Umkehrstufen.

Die Berechnung geschieht dabei zunächst für den Fall a), sodann soll geprüft werden, ob die gefundene Dimensionierung auch für den Belastungsfall b) ausreicht.

Die Toleranzen der verwendeten Widerstände und der Versorgungsspannungen U_{01} und U_{02} sollen $\pm 5\%$ betragen. Bei den beiden Versorgungsspannungen wird angenommen, daß sie von zwei aus dem Wechselstromnetz gespeisten, elektronisch geregelten Gleichrichtern erzeugt werden, welche die Netzspannungsschwankungen auf die angegebenen Toleranzen reduzieren. In diesem Fall braucht man, bei hinreichend kleinen Innenwiderständen der Gleichrichter, in erster Linie nur gleichsinnige Änderungen des Betrages der beiden Betriebsspannungen zu berücksichtigen. Der Steuergenerator hat einen Innenwiderstand von 100 Ω. Er liefert eine Einschaltspannung $-U_{gX} = 5$ V (4,2 $\div$ 5,2 V) und eine Ausschaltspannung $-U_{gY} = 0,3$ V (0 $\div$ 0,5 V). Die Umkehrstufe soll bei Umgebungstemperaturen zwischen $\vartheta_{\min} = 0\,°\mathrm{C}$ und $\vartheta_{\max} = 60\,°\mathrm{C}$ arbeiten. Wegen der geringen Leistungsaufnahme der Transistoren ist die Sperrschichttemperatur praktisch gleich der Umgebungstemperatur.

In der nachfolgenden Tabelle sind die für den Fall des übersteuerten bzw. gesperrten Transistors jeweils ungünstigsten Wertekombinationen aufgeführt, die der Berechnung der beiden Funktionen $f_X(R_1)$ bzw. $f_Y(R_1)$ [Gln. (340) und (345)] zugrunde gelegt werden sollen. Die Transistordaten sind den im Anhang A. 7 angegebenen Kenndaten eines Schalt-Transistors entnommen.

Größe		Einheit	Übersteuerter Transistor $\vartheta = 0\,°\mathrm{C}$	Gesperrter Transistor $\vartheta = +60\,°\mathrm{C}$	Herkunft
Gl. (340) bzw. (345)	Schaltbild Abb. 206				
$-U_0$	$-U_{01}$	V	6,3	5,7	vorgegeben
$-U_{g1}$	$-U_g$	V	4,2	0,5	vorgegeben
U_{g2}	U_{02}	V	6,3	5,7	vorgegeben
R_L	$R_C \| R_L$	Ω	610	675	vorgegeben
$-U_{BEX}$	—	V	0,3	—	Datenblatt
$-U_{EBF}$	—	V	—	0,2	Datenblatt
$-U_{CEX}$	—	V	0	—	angenähert
$-I_{CB0}$	—	μA	—	70	Datenblatt
B_N	—	—	30	—	Datenblatt

In Abb. 207 sind die Funktionen entsprechend dem bei Abb. 172 angewendeten Verfahren graphisch dargestellt. Das gewählte Widerstandspaar der 5%-Normreihe $R_1 = 6,2\,\mathrm{k}\Omega$, $R_2 = 27\,\mathrm{k}\Omega$ ist mit dem zugehörigen Toleranzfeld eingezeichnet. Man erkennt, daß auch unter Berücksichtigung des zu R_1 hinzuzufügenden Generatorwiderstandes $R_g = 0,1\,\mathrm{k}\Omega$ das schraffierte Toleranzfeld innerhalb der beiden Kurven liegt.

Bei Kenntnis der Widerstände R_1 und R_2 läßt sich der Basisstrom I_B des Transistors in Abb. 206 berechnen.

$$I_B = I_2 - I_1 \tag{473}$$

mit

$$I_1 = \frac{U_{BE} - U_g}{R_1 + R_g}, \tag{473a}$$

$$I_2 = \frac{U_{02} - U_{BE}}{R_2}. \tag{473b}$$

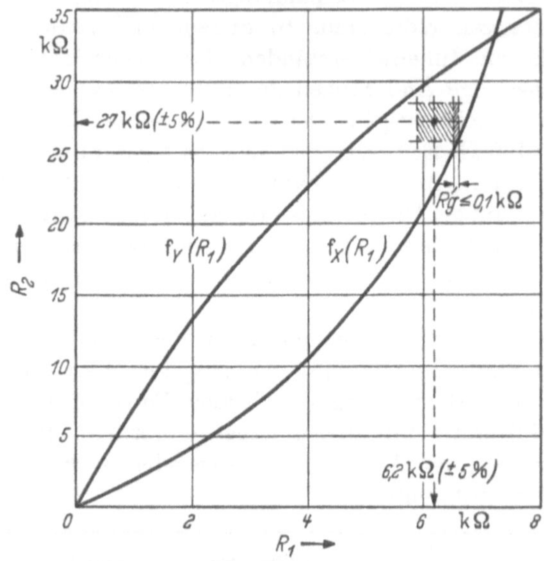

Abb. 207. Zur Dimensionierung der Widerstände R_1 und R_2 für ein Beispiel nach Abb. 206. Die möglichen Kombinationen liegen innerhalb der von den beiden Kurven eingeschlossenen Fläche

Mit nominellen Widerstands- und Spannungswerten erhält man für den Einschaltzustand mit $U_{BE} = U_{BEX} = -0{,}2\,\mathrm{V}$ und $U_g = U_{gX} = -5\,\mathrm{V}$ $I_{1X} \approx 0{,}76\,\mathrm{mA}$, $I_{2X} \approx 0{,}23\,\mathrm{mA}$ und $-I_{BX} \approx 0{,}53\,\mathrm{mA}$. Der Basisstrom ist wegen des großen Spannungsabfalles an R_1 nur wenig von U_{BEX} abhängig und ändert sich daher auch kaum mit der Temperatur. Dagegen wächst der Übersteuerungsfaktor m (vgl. S. 251) bei Temperaturerhöhung wegen der Temperaturabhängigkeit von I_{CB0} und B_N

$$m = \frac{I_{BX} + I_{CB0}}{I_{B\ddot{U}}} = \frac{(I_{BX} + I_{CB0})\,B_N}{I_{CX}}. \tag{474}$$

Für einen ungünstigen Transistor ($B_N = 70$, $-I_{CB0} = 6\,\mu\mathrm{A}$) ist z. B. für $-I_{CX} = 10\,\mathrm{mA}$ und $-I_{BX} = 0{,}53\,\mathrm{mA}$ bei $\vartheta_j = 25\,°\mathrm{C}$ der Übersteuerungsfaktor $m = 3{,}8$. Er wächst bei $\vartheta_j = 60\,°\mathrm{C}$ mit $B_N = 90$, $-I_{CB0} = 70\,\mu\mathrm{A}$ auf $m = 5{,}4$ und kann bei ungünstiger Kombination der Widerstände und Spannungen sogar den Wert $m = 7{,}3$ erreichen.

Die Auswirkungen dieser Zunahme der Übersteuerung werden bei der Behandlung des dynamischen Schaltverhaltens der Umkehrstufe noch näher betrachtet.

Im Ausschaltzustand wird $I_B = -I_{CB0}$, und man kann aus den Gln. (473) die sich einstellende Basis-Emittersperrspannung berechnen

$$U_{BEY} = \frac{(R_g + R_1)\,(U_{02} + R_2 I_{CB0}) + R_2 U_{gY}}{R_g + R_1 + R_2}. \tag{475}$$

Bei nominellen Spannungs- und Widerstandswerten erhält man bei $-I_{CB0} = 6\,\mu\text{A}$ eine Spannung $U_{BEY} \approx 0,9$ V und bei $-I_{CB0} = 70\,\mu\text{A}$ eine Spannung $U_{BEY} \approx 0,5$ V.

Es ist jetzt noch der Belastungsfall b) zu prüfen, d. h. die Möglichkeit der Steuerung zweier paralleler Umkehrstufen gleicher Bauart. Diese Stufen sind eingeschaltet, wenn die Steuerstufe gesperrt ist. Die Belastung besteht aus $R_L = 0,5 R_1 = 3,1\,\text{k}\Omega \pm 5\%$, $-U_{0L} = -U_{BEX\min}$ $\approx 0,1$ V $(\vartheta_j = +60\,^\circ\text{C})$. Zum Einschalten einer Stufe ist, wie wir sahen, eine Spannung $-U_{gX} = 4,2$ V ausreichend, das entspricht bei Berücksichtigung des Spannungsabfalles $R_g I_{1X}$ einer Spannung $-U_{iX}$ $= -U_Y = 4,13$ V. Der ungünstigste Wert U_{CEY0} ergibt sich mit $-U_{01\min} = 5,7$ V, $R_{G\max} = 1,05\,\text{k}\Omega$, $-I_{CB0\max} = 70\,\mu\text{A}$ zu $-U_{CEY0\min}$ $= 5,6$ V. Mit diesen Werten erhält man für den Mindestlastwiderstand aus Gl. (472) $R_L > 2,9\,\text{k}\Omega$. Mit $R_{L\min} = 2,95\,\text{k}\Omega$ ist demnach auch unter ungünstigsten Umständen das Einschalten der beiden parallelen Stufen möglich.

Ist die Steuerstufe eingeschaltet, so sollen die nachfolgenden beiden Stufen gesperrt werden. Die Spannung $-U_{CEX} < 0,2$ V des eingeschalteten Steuertransistors ist kleiner als die Generatorspannung $-U_{gY\max}$ $= 0,5$ V, bei der noch eine Sperrung möglich ist. Die beiden Stufen werden daher mit Sicherheit gesperrt. Der Strom $-I_{LX} = 2I_{1Y} \approx 0,4\,\text{mA}$, um den sich der Kollektorstrom der Steuerstufe vermindert, verursacht eine nur unwesentliche Vergrößerung der Übersteuerung.

Dynamisches Schaltverhalten. Bisher haben wir bei der Behandlung der Umkehrstufe die beiden Kondensatoren C_L und C_K in Abb. 206 nicht berücksichtigt, da sie für die statische Einstellung ohne Wirkung sind. Dagegen haben sie starken Einfluß auf den zeitlichen Ablauf der Schaltvorgänge. Die Wirkung einer kapazitiven Last ist bereits in Abschn. E. 2. b) dieses Kapitels ausführlich behandelt worden, so daß wir uns hier auf die Erläuterung der Funktion des Koppelkondensators C_K beschränken können.

Dimensionierung des Koppelkondensators. Ist der Transistor im stationären ein- oder ausgeschalteten Zustand, so ist die Kondensatorspannung

$$U_K = \frac{R_1}{R_g + R_1}\,(U_g - U_{BE}). \tag{476}$$

Wir bezeichnen mit dem Index 0 den Anfangszustand, mit dem Index 1 den Endzustand des Schaltvorganges. Beim Umschalten mit einer sich sprungförmig ändernden Generatorspannung bleibt U_K zunächst auf seinem Anfangswert U_{K0}, so daß der dann fließende Spitzenwert des Basisstromes nicht durch R_1 sondern nur noch durch R_g begrenzt wird. Die Ladung oder Entladung der Basiszone geschieht daher mit einem wesentlich höheren Anfangsstrom und damit in kürzerer Zeit. Der stationäre Endwert des Basisstromes I_{B1} bzw. der Spannung U_{EB1} ist dabei der gleiche, der ohne Kondensator erreicht würde. Die Umladung des Kondensators C_K von der Ausgangsspannung U_{K0} auf die Endspannung U_{K1} geschieht mit einer Zeitkonstante, die für den leitenden bzw. den gesperrten Transistor folgende Werte hat

$$\tau_{KX} = \frac{R_g R_1}{R_g + R_1} C_K \qquad \text{(Transistor leitend)}, \qquad (477)$$

$$\tau_{KY} = \frac{R_1 (R_g + R_2)}{R_g + R_1 + R_2} C_K \qquad \text{(Transistor gesperrt)}. \qquad (478)$$

Für die Wirkung des Kondensators ist seine Ladungsänderung innerhalb einer vorgegebenen Transistorschaltzeit wesentlich. Da U_K durch U_{g0} und U_{g1} und die Widerstände R_1, R_2, R_g festgelegt ist, muß nun die zweckmäßige Größe von C_K ermittelt werden. Dabei spielt eine Rolle, daß in der Praxis die Generatorspannungen sich nicht sprunghaft ändern, wie wir bisher angenommen haben, sondern daß die Änderung ΔU_g innerhalb einer endlichen Zeit Δt erfolgt. Wir wollen in guter Annäherung an die Praxis annehmen, daß die Spannungsänderung linear mit der Zeit erfolgt. Die Übergangszeit von U_{gX} nach U_{gY} nennen wir Δt_r und die Übergangszeit von U_{gY} nach U_{gX} Δt_f. Der Ladestrom i_K des Kondensators ist jetzt wesentlich durch die Änderungsgeschwindigkeit $\Delta U_g / \Delta t$ mitbestimmt. Eine Folge der endlichen Generatorschaltzeiten ist das Auftreten einer Verzögerungszeit t_e beim Einschalten des Transistors. Während der Zeit t_e ändert sich u_{BE} vom Wert U_{BEY} auf U_{BEX}. Unter der meist gültigen Annahme $\tau_{KY} \gg \Delta t_f$ bleibt u_K während der Zeit t_e annähernd konstant, so daß u_{BE} sich linear mit der Zeit ändert. Man erhält dann

$$t_e \approx \left(1 + \frac{R_g}{R_2}\right) \frac{U_{BEX} - U_{BEY}}{U_{gX} - U_{gY}} \Delta t_f. \qquad (479)$$

t_e ist ausschließlich von der Schaltung her bestimmt und darf nicht mit der Einschaltverzögerungszeit t_{d1} verwechselt werden, die bereits bei sprunghafter Änderung der Generatorspannung auftritt. Je nach Größe von t_{d1} wird die Einschaltverzögerung entweder überwiegend von t_e oder von t_{d1} bestimmt.

Zur Berechnung der Zeitabhängigkeit der beim Schalten auftretenden Spannungen und Ströme ist es zweckmäßig, den Schaltvorgang in Zeitabschnitte mit gesperrtem Transistor und solche mit leitendem Transistor aufzuteilen.

A. Transistor gesperrt

$$u_{BE}(t) = \frac{R_2}{R_g + R_1 + R_2}\left\{\frac{\Delta U_g}{\Delta t}\left[t + \frac{R_1}{R_g + R_1}\tau_{KY}\left(1 - e^{-\frac{t}{\tau_{KY}}}\right)\right] + \right.$$

$$+ \frac{R_1}{R_g + R_2}\left[(U_{g0} - U_{02}^*) - \left(1 + \frac{R_g + R_2}{R_1}\right)U_{K0}\right]e^{-\frac{t}{\tau_{KY}}} +$$

$$\left. + (U_{g0} - U_{02}^*)\right\} + U_{02}^*. \tag{480}$$

$$u_K(t) = \frac{R_1}{R_g + R_1 + R_2}\left\{\frac{\Delta U_g}{\Delta t}\left[t - \tau_{KY}\left(1 - e^{-\frac{t}{\tau_{KY}}}\right)\right] - \right.$$

$$- \left[(U_{g0} - U_{02}^*) - \left(1 + \frac{R_g + R_2}{R_1}\right)U_{K0}\right]e^{-\frac{t}{\tau_{KY}}} + (U_{g0} - U_{02}^*)\right\}. \tag{481}$$

$$i_K(t) = \frac{1}{R_g + R_2} \times \tag{482}$$

$$\times \left\{\frac{\Delta U_g}{\Delta t}\tau_{KY}\left(1 - e^{-\frac{t}{\tau_{KY}}}\right) + \left[(U_{g0} - U_{02}^*) - \left(1 + \frac{R_g + R_2}{R_1}\right)U_{K0}\right]e^{-\frac{t}{\tau_{KY}}}\right\}.$$

B. Transistor leitend

$$u_{BE}(t) = U_{BEX} = \text{const} \tag{483}$$

$$u_K(t) = \frac{R_1}{R_g + R_1}\left\{\frac{\Delta U_g}{\Delta t}\left[t - \tau_{KX}\left(1 - e^{-\frac{t}{\tau_{KX}}}\right)\right] + \right.$$

$$\left. + (U_{g0} - U_{BEX})\left(1 - e^{-\frac{t}{\tau_{KX}}}\right)\right\} + U_{K0}\,e^{-\frac{t}{\tau_{KX}}}. \tag{484}$$

$$i_K(t) = \frac{R_1}{R_g + R_1}\,\frac{\Delta U_g}{\Delta t}\,C_K\left(1 - e^{-\frac{t}{\tau_{KX}}}\right) + $$

$$+ \frac{1}{R_g}\left[(U_{g0} - U_{BEX}) - \left(1 + \frac{R_g}{R_1}\right)U_{K0}\right]e^{-\frac{t}{\tau_{KX}}}. \tag{485}$$

Darin ist

$$\Delta U_g = U_{g1} - U_{g0}, \quad U_{02}^* = U_{02} + R_2 I_{CB0}.$$

Ferner gilt stets

$$i_1(t) = -\frac{u_K(t)}{R_1}, \tag{486}$$

$$i_g(t) = \frac{u_K(t)}{R_1} + i_K(t), \tag{487}$$

$$i_B(t) = \frac{u_K(t)}{R_1} + i_K(t) - \frac{u_{BE}(t) - U_{02}}{R_2}, \tag{488}$$

$$u_i(t) = u_{BE}(t) + u_K(t). \tag{489}$$

21*

Mit Hilfe dieser Gleichungen lassen sich die Ströme und Spannungen des gesamten Schaltvorganges berechnen, wenn man für die einzelnen

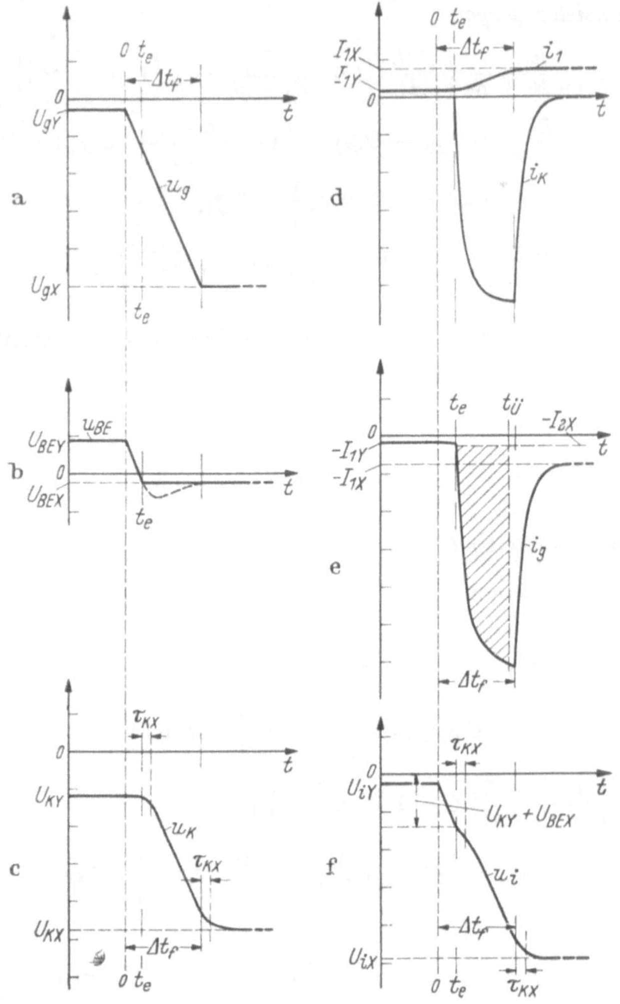

Abb. 208 bis 211. Spannungen und Ströme am Eingang einer Umkehrstufe nach Abb. 206 während des Einschalt- bzw. Ausschaltvorganges

Abb. 208a—f. Einschaltvorgang. $R_g = 100\,\Omega$, $R_1 = 6{,}2\,\mathrm{k\Omega}$, $R_2 = 27\,\mathrm{k\Omega}$, $C_K = 470\,\mathrm{pF}$, $\varDelta t_f = 0{,}4\,\mu\mathrm{s}$, $\tau_{KX} = 0{,}046\,\mu\mathrm{s}$, $\tau_{KY} = 2{,}4\,\mu\mathrm{s}$

Phasen in die zuständigen Gleichungen die jeweils gültigen Anfangswerte der Spannungen einsetzt und den Beginn der jeweiligen Zeitskala in den Gleichungen entsprechend wählt. Schließlich ist zu beachten, daß für $t \geqq \varDelta t_r$ bzw. $\varDelta t_f$ in den Gleichungen $\varDelta U_g/\varDelta t = 0$ wird.

Als Beispiele sind in den Abb. 208 bis 211 jeweils zwei Fälle von Einschalt- und Ausschaltvorgängen dargestellt. Allen vier Fällen liegen die gleichen Werte von Widerständen, Kondensatoren und Spannungen

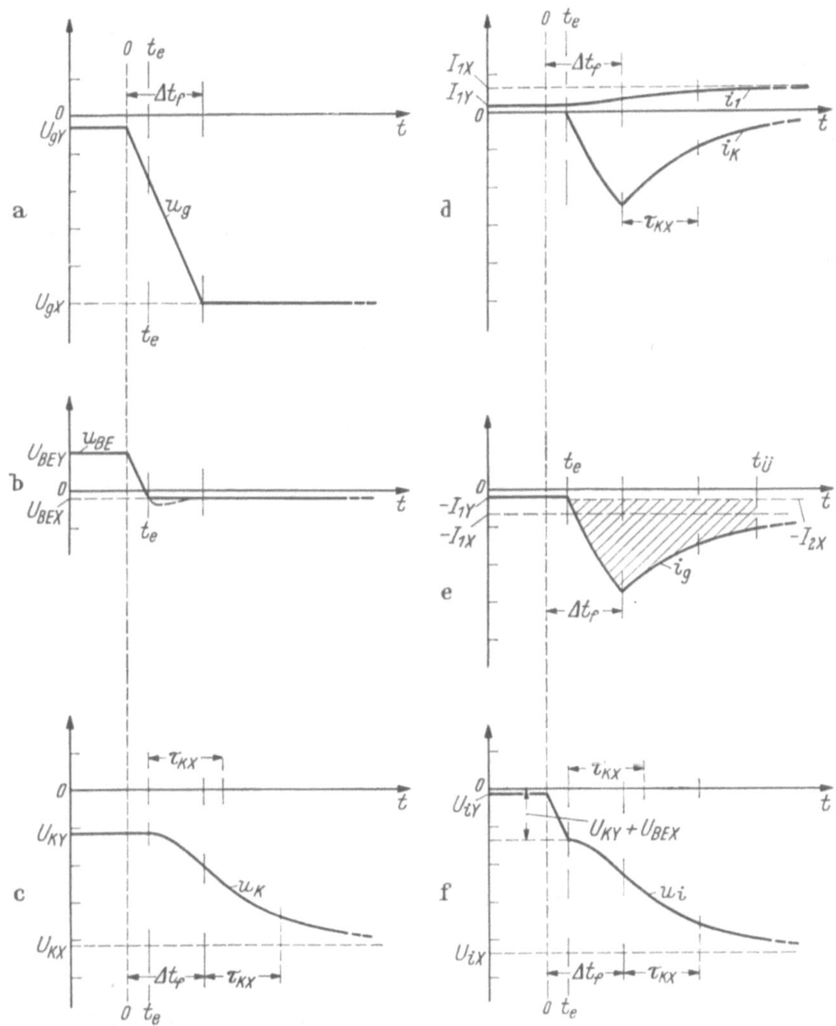

Abb. 209 a—f. Einschaltvorgang. $R_g = 1\,\text{k}\Omega$, $\tau_{KX} = 0{,}41\,\mu\text{s}$, übrige Werte wie in Abb. 208

zugrunde (außer R_g'), jedoch ist das Verhältnis der Zeitkonstanten τ_{KY} und τ_{KX} zur Schaltzeit Δt des Generators durch Wahl zweier verschiedener Generatorwiderstände R_g und zweier verschiedener Schaltzeiten Δt verändert worden. Für die in Abb. 208 und 210 dargestellten

Beispiele beträgt die Zeitkonstante τ_{KX} nur 12% der Zeit Δt_f, so daß der Umladevorgang zum größten Teil innerhalb Δt_f stattfindet. Nach Ablauf der Zeit Δt_f geschieht der Rest der Kondensatorumladung im Falle des Einschaltens entsprechend der kleinen Zeitkonstante τ_{KX}

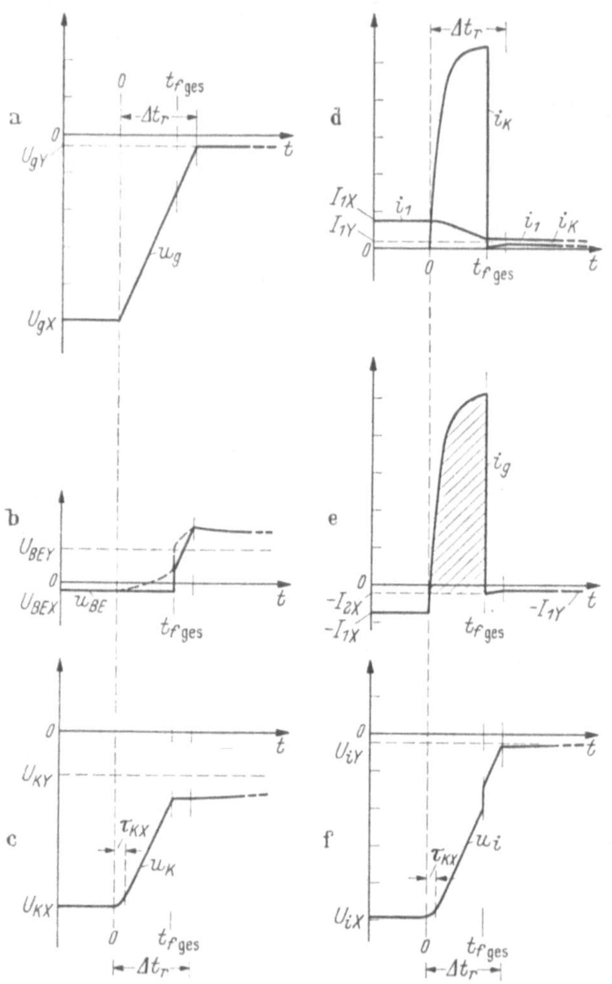

Abb. 210a—f. Ausschaltvorgang. $\Delta t_r = 0{,}4\ \mu$s, übrige Werte wie in Abb. 208

schnell, während beim ausgeschalteten Transistor in Abb. 210c und 211c die Spannung u_K mit der wesentlich größeren Zeitkonstante $\tau_{KY} \approx 6\Delta t_r$ dem Endwert U_{KY} zustrebt. Wird nun der Transistor wieder eingeschaltet, bevor der Endwert U_{KY} erreicht ist (dies geschieht praktisch nicht vor Ablauf einer Zeitspanne von etwa $2\cdots 3\tau_{KY}$), so steht für das Einschalten eine geringere Spannungsdifferenz ΔU_K und damit eine geringere Kondensatorladung zur Verfügung. Außerdem geht beim Ausschalten U_{BE} über den Endwert U_{BEY} hinaus (Abb. 210 b),

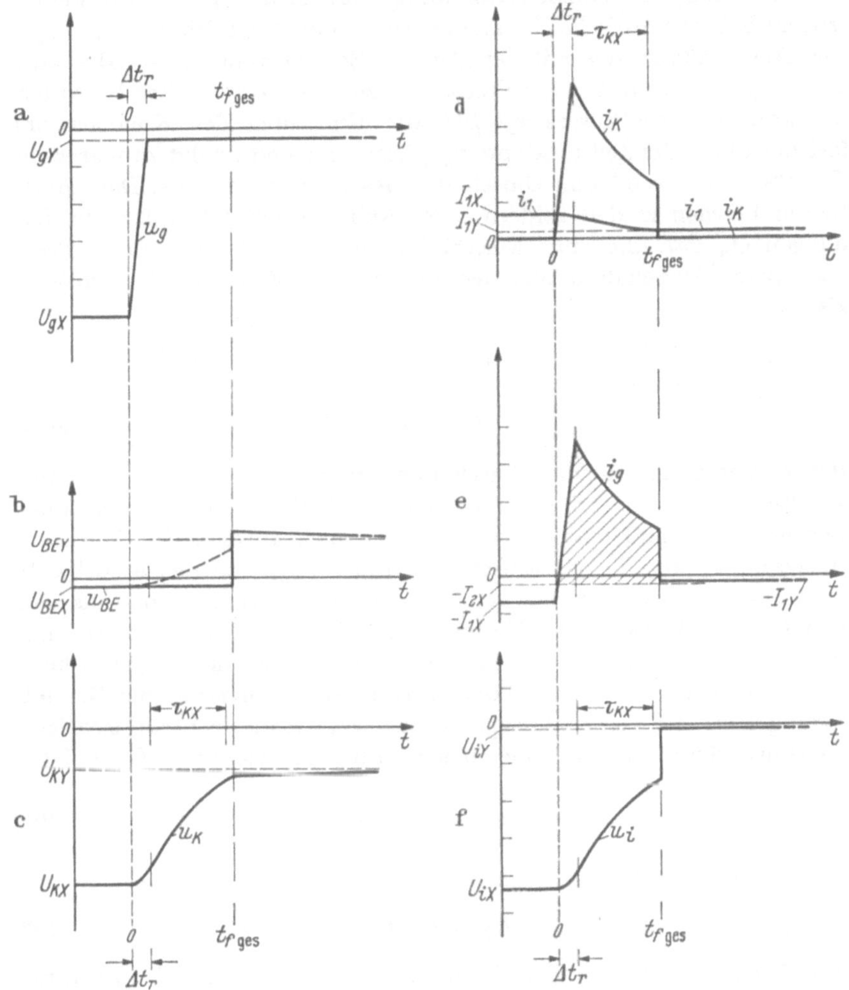

Abb. 211 a—f. Ausschaltvorgang. $R_g = 1\,\mathrm{k\Omega}$, $\Delta t_r = 0{,}1\ \mu\mathrm{s}$, $\tau_{KX} = 0{,}41\ \mu\mathrm{s}$, übrige Werte wie in Abb. 208

so daß sich beim vorzeitigen Wiedereinschalten auch die Verzögerungszeit t_e vergrößert. Die maximal mögliche Schaltfolgefrequenz nimmt auf diese Weise mit wachsendem τ_{KY} ab, und es ist daher unvorteilhaft, die Kapazität des Kondensators C_K größer als notwendig zu wählen. Der gestrichelte Verlauf von U_{BE} in Abb. 208 b, der in der Praxis häufig beobachtet wird, ist eine Folge der Stromabhängigkeit von $r_{BB'}$ (vgl. auch Abb. 176, S. 267). In Abb. 209 ist $\tau_{KX} \approx \Delta t_f$. Die Umladung von C_K erfolgt entsprechend langsamer, so daß nach Ablauf der Zeit Δt_f die Änderung der Kondensatorladung nur etwa $^1/_3$ des Endwertes erreicht hat. Die restliche Umladung erfolgt mit der Zeitkonstante τ_{KX}. Den Ausschaltvorgang mit der gleichen Zeitkonstante τ_{KX}, aber mit einer auf $^1/_4$ verkürzten Schaltzeit Δt_r, zeigt Abb. 211. Hier ist wegen des großen Verhältnisses $\tau_{KX}/\Delta t_r$ die Umladung des Kondensators fast nur durch die Zeitkonstante τ_{KX} bestimmt und erfolgt zum größten Teil erst nach beendetem Umschalten des Steuergenerators. Die schraffierten Flächen in den Bildern e der Abb. 208 bis 211 stellen die Ladungen Q_B dar, die zum Einschalten in die Basiszone transportiert oder beim Ausschalten aus der Basiszone entfernt werden müssen. Es ist

$$Q_B(t) = \int\limits_0^t \mp i_B(t)\,\mathrm{d}t = \int\limits_0^t \mp [i_K(t) - i_1(t) + i_2(t)]\,\mathrm{d}t$$

$$= \Delta Q_K - Q_{i1} + Q_{i2}. \tag{490}$$

(Obere Vorzeichen für das Einschalten, untere Vorzeichen für das Ausschalten.) Für die Ladung, die während der Transistorschaltzeiten transportiert wird, muß man $t = t_{\ddot U}$ (= Zeitpunkt, an dem der Transistor übersteuert wird) für das Einschalten und $t = t_{f\,\mathrm{ges}}$ für das Ausschalten in Gl. (490) einsetzen[1]. Q_B erhält man durch Integration aus den Gln. (485) und (486). Den Hauptanteil liefert dabei die Ladungsänderung ΔQ_K des Kondensators. Die Beiträge der Ströme i_1 und i_2 kompensieren sich teilweise und können bei einer Abschätzung der Gesamtladung meistens vernachlässigt werden. Will man sie berücksichtigen, so genügt für i_1 die Annahme einer linearen Änderung von I_{1X} auf I_{1Y} beim Ausschalten

$$Q_{i1} \approx \frac{I_{1X} + I_{1Y}}{2}\, t_{f\,\mathrm{ges}}. \tag{491}$$

Der Strom $i_2 = I_{2X}$ ist praktisch konstant

$$Q_{i2} = I_{2X}\, t_{f\,\mathrm{ges}}. \tag{492}$$

Die Kondensatorladung ΔQ_K bekommt man entweder durch Integration der Gl. (485) oder aus Gl. (484) mit der Beziehung (z. B. für das Ausschalten)

$$\Delta Q_K = \int\limits_0^{t_{f\,\mathrm{ges}}} i_K(t)\,\mathrm{d}t = C_K\,[u_K(t_{f\,\mathrm{ges}}) - U_{KX}]. \tag{493}$$

---

[1] Unter $t_{f\,\mathrm{ges}}$ soll in diesem Zusammenhang die gesamte Ausschaltzeit verstanden werden, d. h. die Zeit, innerhalb der der Kollektorstrom auf Null abnimmt $t_{f\,\mathrm{ges}} = t_s + t_{d2} + t_{f0}$ [vgl. Gl. (377a)].

Für den Fall $t_{f\,ges} > \Delta t_r$ und $\tau_{KX} \gg \Delta t_r$ (wie etwa in Abb. 211) erhält man

$$\Delta Q_K = C_K \frac{R_1}{R_g + R_1} (U_{gY} - U_{gX}) \left(1 - e^{-t_{f\,ges}/\tau_{KX}}\right). \tag{494}$$

Für $t_{f\,ges} < \Delta t_r$ und $t_{f\,ges} \gg \tau_{KX}$ (wie in Abb. 210) gilt

$$\Delta Q_K = C_K \frac{R_1}{R_g + R_1} (U_{gY} - U_{gX}) \frac{t_{f\,ges}}{\Delta t_r}. \tag{495}$$

Hierin ist $t_{f\,ges}$ ein a priori angenommener Wert, der nun umgekehrt aus diesen Formeln berechnet werden kann, wenn die Ladung ΔQ_K mit der stationär in der Basiszone gespeicherten Ladung Q_B gleichgesetzt wird. Mit Rücksicht auf kurze Entladezeiten zwischen den Ein- und Ausschaltvorgängen wird man C_K bzw. τ_{KY} und dann auch τ_{KX} möglichst klein wählen. Man kann schließlich so verfahren, daß man einen Wert $t_{f\,ges}$ vorgibt und den Mindestwert für C_K berechnet. Wir nehmen zunächst an, daß dabei $\tau_{KX} \ll t_{f\,ges}$ und $t_{f\,ges} < \Delta t_r$ ausfällt, so daß die Beziehung (495) gilt.

Die in einem übersteuerten Transistor gespeicherte Ladung Q_B setzt sich aus zwei Anteilen

$$Q_B = Q_{B\ddot U} + Q_{Bs} \tag{496}$$

zusammen. Darin ist $Q_{B\ddot U}$ die Ladung, die sich stationär einstellt, wenn der Transistor gerade bis an die Übersteuerungsgrenze eingeschaltet wird. Q_{Bs} ist der zusätzlich bei Übersteuerung hinzukommende Anteil. Es ist nach S. 266

$$Q_{B\ddot U} \approx \frac{I_{EX}}{\omega_{\alpha N}} = \frac{-(1 + B_N)}{\omega_{\alpha N}} I_{B\ddot U}; \quad I_{B\ddot U} = \frac{I_{CX}}{B_N}. \tag{497}$$

Da man beim Ein- oder Ausschalten des Transistors auch die Kollektorkapazität C_{Cs} umladen muß, ist dieser zusätzliche Ladungsbetrag in unserem Fall noch zu berücksichtigen, und zwar dadurch, daß man an Stelle von $(1 + B_N)/\omega_{\alpha N}$ in Gl. (497) den Wert τ_{1i} von Gl. (352a) einsetzt

$$Q_{B\ddot U} \approx \tau_{1i} \frac{-I_{CX}}{B_N}. \tag{497a}$$

Die bei m-facher Übersteuerung zusätzlich gespeicherte Ladungsmenge ist in guter Näherung (vgl. S. 278)

$$Q_{Bs} \approx (m - 1) \tau_s \frac{-I_{CX}}{B_N} \tag{498}$$

und damit

$$Q_B \approx [\tau_{1i} + (m - 1) \tau_s] \frac{-I_{CX}}{B_N}. \tag{499}$$

Die Zeitkonstanten τ_{1i} und τ_s können mit Hilfe der Gln. (352a) und (372) aus den Transistorkenndaten bestimmt werden. Manche Hersteller geben die Werte τ_{1i} und τ_s auch unmittelbar an. Damit ist die für einen bestimmten Kollektorstrom I_{CX} bei einem Übersteuerungsgrad m gespeicherte Ladung Q_B bekannt. Man erhält dann bei Vernachlässigung der Ladungen Q_{i1} und Q_{i2} als Mindestkapazität aus Gl. (495)

$$C_{K\,\mathrm{min}} \approx Q_B \frac{\Delta t_r}{t_{f\,\mathrm{ges}}} \frac{R_g + R_1}{R_1 (U_{g\,Y} - U_{g\,X})} . \tag{500}$$

Zur Dimensionierung der Koppelkapazität C_K in unserem Beispiel soll die Anstiegs- bzw. Abfallzeit der Generatorspannung mit $\Delta t_r = \Delta t_f = 0,4\,\mu\mathrm{s}$ angenommen werden. Der für eine kleine Abschaltzeit des Transistors kritischste Fall mit der größten zu transportierenden Ladungsmenge liegt bei der größten möglichen Übersteuerung vor. Für den Belastungsfall a) (S. 318) ist die ungünstigste Wertekombination in der Spalte A der nachfolgenden Tabelle zusammengestellt. Sie führt zu einem Übersteuerungsfaktor $m = 7,6$.

Größe	Einheit	A Ausschalten	E Einschalten	Herkunft
ϑ_j	°C	60	0	vorgegeben
$-U_{g\,X}$	V	5,2	4,2	vorgegeben
$-U_{g\,Y}$	V	0,5	0,5	vorgegeben
U_{BEY}	V	0,23	0,9	Gl. (475)
$-U_{BEX}$	V	$\approx 0,2$	0,3	Datenblatt
$-U_{CEX}$	V	0,2	0,2	Datenblatt
$-U_{01} = -U_{0L}$	V	5,7	6,3	vorgegeben
U_{02}	V	5,7	6,3	vorgegeben
R_1	kΩ	5,9	6,5	Abb. 207
R_2	kΩ	28,4	25,6	Abb. 207
$R_L \| R_0$	Ω	675	610	vorgegeben
R_g	kΩ	0,1	0,1	vorgegeben
B_N	—	90	30	Datenblatt
$-I_{OB0}$	µA	70	≈ 0	Datenblatt
$-I_{0X}$	mA	8,15	10,0	Gl. (468a)
I_{1X}	mA	0,83	0,59	Gl. (473a)
I_{2X}	mA	0,21	0,26	Gl. (473b)
$-I_{BX}$	mA	0,62	0,32	Gl. (473)
m	—	7,6	≈ 1	Gl. (474)
τ_{1i}	µs	3,3	3,3	Gl. (352a)
τ_s	µs	2,5	2,5	Datenblatt
Q_B	nAs	1,8	1,9	Gl. (499)

Mit den Werten der Tabelle erhält man aus Gl. (500) für $t_{f\,\mathrm{ges}} = \Delta t_r$, $C_{K\,\mathrm{min}} = 390\,\mathrm{pF}$. Wir wählen den höheren Normwert

$$C_K = 470\,\mathrm{pF} \pm 5\% .$$

Zur Prüfung der Frage, ob unter ungünstigsten Umständen der Transistor in einer Zeit $t_r \leqq \Delta t_f$ eingeschaltet werden kann, benutzen wir die Spalte E der Tabelle. Die Verzögerungszeit t_e beträgt nach Gl. (479) $t_e \approx 0,14\,\mu s$. Die eigentliche Einschaltzeit $t_{r\,ges}$ kann man aus Gl. (365), S. 272, gewinnen. Dazu ist die Kenntnis des mittleren Übersteuerungsfaktors $\overline{m}$ während des Einschaltvorganges erforderlich

$$\overline{m} = \frac{\overline{i}_B\,B_N}{I_{C\,X}} \approx \frac{\overline{i}_K\,B_N}{I_{C\,X}}. \tag{501}$$

Den über Δt_f gemittelten Kondensatorstrom $\overline{i}_K$ gewinnt man aus Gl. (485). Für den hier geltenden Fall $\tau_{KX} \ll \Delta t_f$ ist

$$\overline{i}_K \approx C_K \frac{R_1}{R_g + R_1} \frac{U_{g\,X} - U_{g\,F}}{\Delta t_f}. \tag{502}$$

Mit den Werten der Tabelle ist für den unteren Toleranzwert $C_K = 445\ \mathrm{pF}$ $\overline{m} = 12$ und $t_{r\,ges} \approx 0,08\,\tau_{1i} = 0,25\,\mu s$ bzw. $t_e + t_{r\,ges} \approx 0,39\,\mu s$. Das Einschalten erfolgt demnach unter den ungünstigsten Umständen noch innerhalb der Zeit Δt_f. Dabei ist in dem berechneten Wert noch eine Sicherheit, weil bei der Einschaltzeitkonstante τ_{1i} der ungünstigste, für die vorliegenden Werte von $R_g + r_{BB'}$ jedoch nicht zutreffende Fall der Stromsteuerung zugrunde gelegt wurde. Die Ausschaltzeit des gleichen Transistors ist etwa $t_{f\,ges} = 0,25\,\mu s$, da der Transistor gerade an der Übersteuerungsgrenze eingeschaltet ist und eine Speicherzeit nicht auftritt.

Bei einem Transistor mit den Betriebsdaten der Spalte A nimmt dagegen die Speicherzeit den größten Teil der Gesamtausschaltzeit ein. Dies gilt in besonderem Maße für den hinsichtlich der Übersteuerung ungünstigsten Fall $I_L = 0$; an Stelle von $R_L \| R_C$ in Spalte A tritt $R_{C\,max} = 1,05\ \mathrm{k\Omega}$. Hier ist der mittlere Strom beim Ausschalten $\overline{i}_K \approx 5,15\ \mathrm{mA}$, was zu einer Speicherzeit zur Abführung der Ladung $Q_{B\,s}$ [Gl. (498)] von $t_s \approx 0,29\,\mu s$ führt. Die eigentliche Ausschaltzeit ist nur $t_{f0} \approx 0,06\,\mu s$. Bei Vergrößerung des Koppelkondensators von Null bis auf den Wert $C_{K\,min}$ beobachtet man daher in erster Linie eine Abnahme der Speicherzeit (Abb. 212). In der Praxis macht man für die Bestimmung bzw. Überprüfung des $C_{K\,min}$-Wertes meist von dieser bequemen, empirischen Methode Gebrauch.

Im Belastungsfall a) wird, wie gezeigt wurde, der Transistor auch unter ungünstigsten Bedingungen noch innerhalb der Zeit $\Delta t_r = \Delta t_f = 0,4\,\mu s$ umgeschaltet. Beim Schalterbetrieb muß man im allgemeinen fordern, daß die Ausgangsspannung u_{CE} der Umkehrstufe mindestens ebensolange auf ihrem stationären Schaltniveau bleibt, wie der vorangegangene Umschaltvorgang dauert. Hiernach wäre im vorliegenden Beispiel bei einem Tastverhältnis der Generatorspannung von $V_T = 0{,}5$ die maximale Schaltfrequenz beim periodischen Ein- und Ausschalten auf etwa 600 kHz begrenzt. Tatsächlich liegt diese Grenze jedoch wesentlich

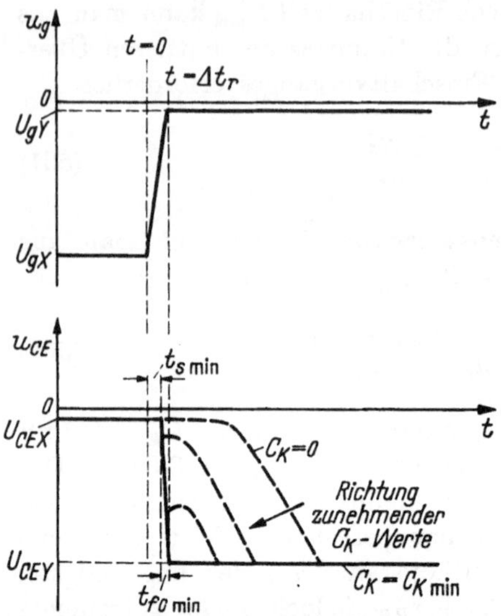

Abb. 212. Einfluß des Koppelkondensators C_K auf die Speicherzeit t_s und die Ausschaltzeit t_{f0}

niedriger, da hierfür nicht die oben angegebenen Ein- und Ausschaltzeiten bestimmend sind, sondern in erster Linie die verhältnismäßig große Umladezeitkonstante τ_{KY} des Koppelkondensators, mit der u_{BE} nach der Sperrung des Transistors auf den stationären Endwert U_{BEY} abfällt (vgl. Abb. 210 b). Hierauf kommen wir bei der nun folgenden Behandlung des Belastungsfalles b) noch zurück.

Reihenschaltung von Umkehrstufen. Bei einer Reihenschaltung von Umkehrstufen wirkt der Koppelkondensator vor der Basis eines Transistors als kapazitive Last für den vorhergehenden Transistor. Wir erhalten daher das Schaltverhalten, wie es auf S. 287 ff. beschrieben wurde. Nehmen wir an, daß jede Schaltstufe zwei weitere gleichartige Stufen treiben soll (Belastungsfall b), S. 318), so wird die Lastkapa-

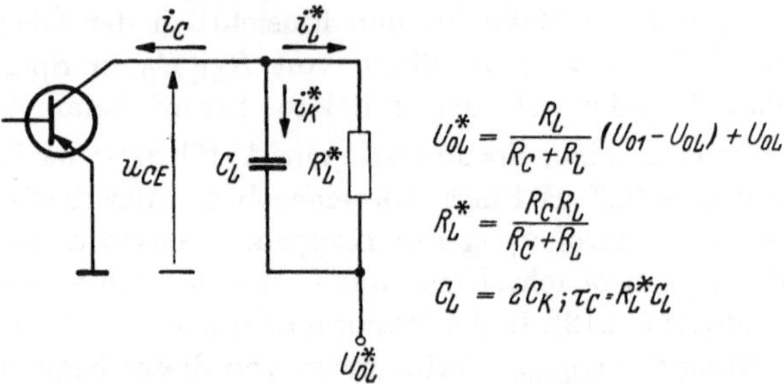

Abb. 213. Ersatzschaltung zur Reihenschaltung von Umkehrstufen

zität $C_L = 2C_K$ und für den wichtigsten Zeitraum des Umschaltvorganges, wo der Transistor der nachfolgenden Stufe noch eingeschaltet bleibt, der Lastwiderstand $R_L = {}^1\!/_2 R_1$ sowie $U_{0L} = U_{BEX}$. Für das dynamische Verhalten beim Schaltvorgang gilt daher das vereinfachte Schaltbild der Abb. 213.

Die Abb. 214 zeigt eine Reihenschaltung von drei Umkehrstufen unseres Dimensionierungsbeispiels, die von einem Steuergenerator umgeschaltet werden. Im Ausgangszustand $t < 0$ seien die Stufen I und III eingeschaltet, die Stufe II ausgeschaltet. Der Vorgang des Umschaltens ist in Abb. 215 dargestellt. Für die Stufen I und III sind die für das Ausschalten ungünstigsten Bedingungen der Spalte A der obigen Übersicht angenommen; bei der Stufe II sind die für das Einschalten ungünstigsten Dimensionierungswerte, insbesondere der Widerstände R_1 und R_2 (vgl. Spalte E der Übersicht) zugrunde gelegt sowie eine nach den Kenndaten im Anhang S. 392 für $\vartheta_{j\max} = 60\,°\text{C}$ zu erwartende

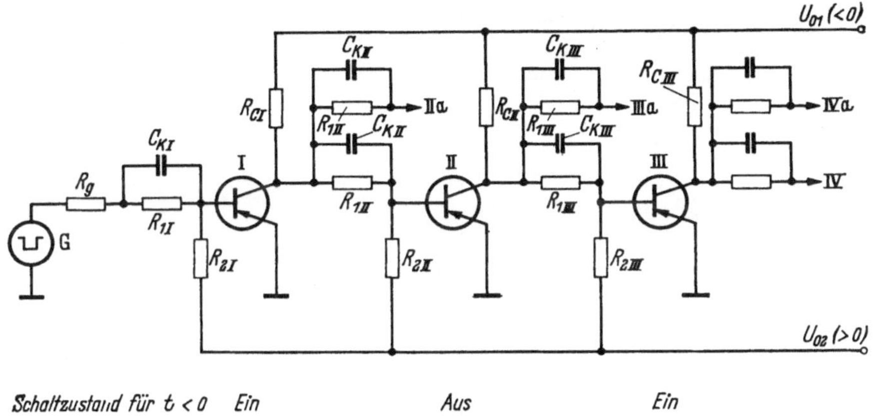

Abb. 214. Reihenschaltung von drei Umkehrstufen. Jede der Umkehrstufen ist mit zwei gleichartigen Stufen belastet

Stromverstärkung $B_{N\min} = 45$. Der Steuergenerator ($R_g = 100\ \Omega$) schaltet innerhalb $0,4\ \mu\text{s}$ von $-U_{gX} = 5,2\ \text{V}$ auf $-U_{gY} = 0,5\ \text{V}$ (Abb. 215a). Das Ausschalten der Stufe I geschieht in der schon behandelten Weise. Nach einer Speicherzeit $t_{sI} \approx 0,3\ \mu\text{s}$ sperrt der Transistor innerhalb der sehr kurzen Ausschaltzeit $t_{f0I} \approx 0,02\ \mu\text{s}$. Die Spannung der Kondensatoren C_{KII} beträgt im Ausgangszustand ($t < 0$) nach Gl. (476) $U_{KYII} \approx -1,1\ \text{V}$ (mit $U_g = U_{CEXI} = -0,2\ \text{V}$, $U_{BE} = U_{BEYII} = 0,9\ \text{V}$ nach Spalte E der Übersicht und mit $R_1 \gg R_g = $ Durchlaßwiderstand des übersteuerten Transistors I). Die Kondensatorspannung u_{KII}, die während $t_{sI} + t_{f0I}$ konstant geblieben ist, ändert sich nach der Sperrung von Transistor I exponentiell mit der Zeitkonstante $\tau_{KXII} = R_L^* C_L \approx 0,8\ \mu\text{s}$. Die Spannung u_{CEI} macht ähnlich wie die analoge Größe u_i von Abb. 208f und 209f während der fast momentanen Sperrung des Transistors einen Sprung auf den Wert $U_{KYII} + U_{BEXII}$ und strebt dann mit der Zeitkonstante der Kondensatorumladung τ_{KXII} dem

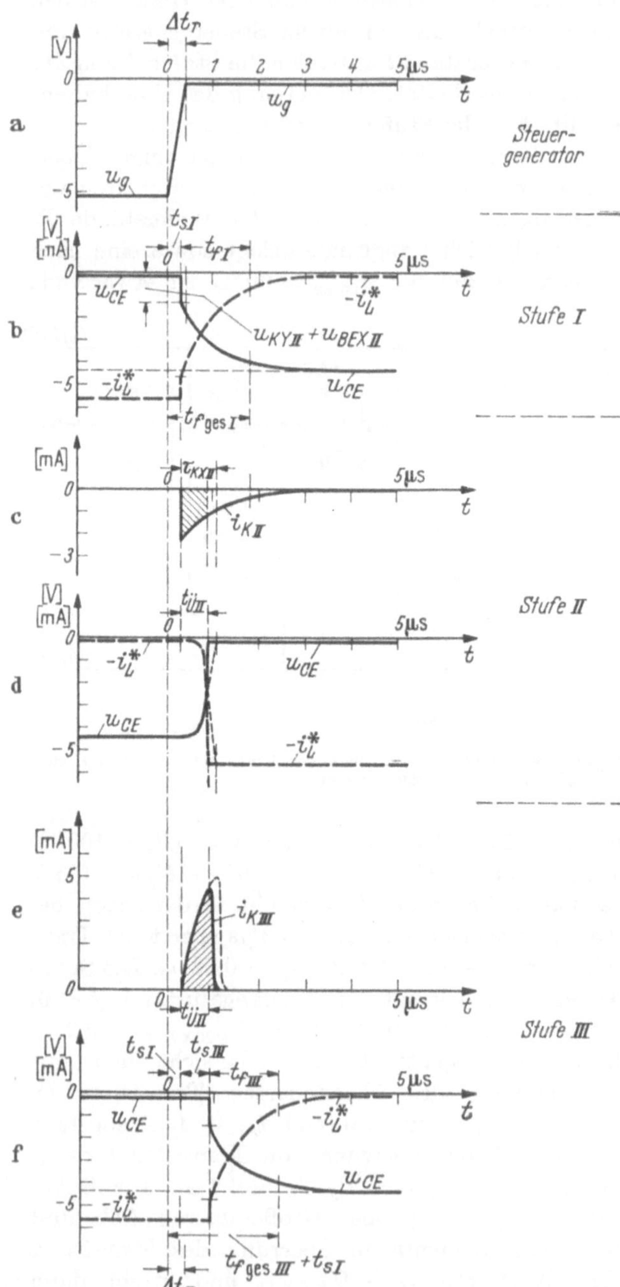

Abb. 215 a—f. Umschaltvorgänge bei Reihenschaltung von Umkehrstufen nach Abb. 214. Die Spannungen und Ströme gelten für die Kombination jeweils ungünstiger Streuwerte von Widerständen, Kondensatoren und Transistoreigenschaften bei einer Temperatur von 60°C. Die Ausschaltzeit des Kollektorstromes t_{f0} ist bei dem vorliegenden Maßstab verschwindend klein und gegenüber t nicht erkennbar

Endwert $U_{CEYI} = U_{0L}^* - R_L^* I_{CB0}$ zu (Abb. 215b). Innerhalb der Zeit

$$t_{fI} = \tau_{KXII} \ln\left[\left(1 - \frac{U_{KYII} + U_{BEXII}}{U_{CEYI}}\right) 10\right] < 2{,}3\,\tau_{KXII} \tag{503}$$

erreicht u_{CEI} den Wert $0{,}9\,U_{CEYI}$. Im gleichen Teilbild ist auch der Strom i_L^* durch den wirksamen Lastwiderstand R_L^* dargestellt, der für $t < t_{sI} + t_{f0I}$ gleich dem Kollektorstrom $-I_{CXI} \approx -U_{0LI}^*/R_{LI}^*$ ist. Für $t > t_{sI} + t_{f0I}$ ist $i_L^* = -i_K^*$; er zeigt den gleichen exponentiellen Verlauf wie u_{CEI}. Das Einschalten der Stufe *II* erfolgt durch die absinkende Spannung u_{CEI}, welche hier, wie oben erwähnt, die Funktion der Spannung u_i übernimmt; als Generatorspannung U_{gX} fungiert U_{01} und als Generatorwiderstand R_g der Kollektorwiderstand R_C von Stufe *I*. Wegen des Spannungssprunges von u_{CEI} ist die Einschaltverzögerung t_{eII} vernachlässigbar klein. Die Aufladung der Emitterdiffusionskapazität des Transistors *II* beginnt praktisch zum Zeitpunkt t_{sI}. Der Basisstrom i_{BXII} setzt sich zusammen aus $i_{BXII} = i_{KII} - i_{1II} + i_{2II}$. Der Stromanteil i_{KII} für eine Stufe beträgt nur die Hälfte des gesamten kapazitiven Laststromes i_K^*. Er setzt bei $t \approx t_{sI}$ nach Gl. (485) (es ist $U_{g0} = U_{01} - R_C I_{CB0} \approx U_{01}$, $U_{BE} = U_{BEXII}$, $R_g = R_C$, $R_1 \to R_1/2$ und $U_{K0} = U_{KYII}$ sowie $\Delta U_g/\Delta t = 0$) mit dem Spitzenwert

$$i_{KIIM} = \frac{1}{2}\,i_{KM}^* = \frac{1}{2R_C}\left[(U_{01} - U_{BEXII}) - \left(1 + \frac{2R_C}{R_1}\right) U_{KYII}\right] \tag{504}$$

ein und fällt mit der Zeitkonstante τ_{KXII} ab. Der Verlauf ist in Abbildung 215c dargestellt. Der Anteil i_{1II} von i_{BXII} ändert sich ebenso wie u_{KII} bzw. u_{CEI} exponentiell mit der Zeitkonstante τ_{KXII}. Der Anteil $i_{2II} = I_{2XII}$ ist konstant. Die Zeit t_{U} bis zur Übersteuerung der Stufe *II* wird mitbestimmt von der Stufe *III*. Bei konstanter Spannung U_{BEXIII} würden u_{CEII} und i_{LII}^* den gestrichelten Kurven der Abb. 215d folgen, während der halbe Anteil i_{KIII} des kapazitiven Laststromes i_{KII}^* den gestrichelten Verlauf der Abb. 215e nehmen würde. Tatsächlich erreicht jedoch i_{KIII} nicht den gestrichelten Maximalwert, weil die Stufe *III* schon vorher gesperrt wird. In diesem Augenblick hat der Kollektorstrom der Stufe *II* bereits einen Wert, der größer ist als der stationäre Endwert I_{CXII} (vgl. Abb. 189, S. 291). Bei Sperrung der Emitterdiode von Stufe *III* und der damit verbundenen Unterbrechung des positiven Basisstromes i_{BIII} wird die Stufe *II* plötzlich übersteuert. Die Spannung u_{CEII} steigt schnell auf U_{CEXII} an und in gleicher Weise der Strom i_{LII}^* auf den Endwert I_{CXII}. Die ausgezogenen Kurven in Abb. 215d und e geben den tatsächlichen Verlauf der Spannungen und Ströme wieder. Die schraffierten Gebiete entsprechen den Ladungen, die zum Einschalten der Stufe *II* bzw. zum Ausschalten der Stufe *III* erforderlich sind. Die Abb. 215f entspricht genau der Abb. 215b. Die unterschiedlichen Speicherzeiten t_{sI}

und $t_{s\,III}$ rühren von dem verschiedenen Verlauf der Steuerspannungen bzw. -ströme her. Insgesamt kann man der Abb. 215 entnehmen, daß sich die Speicherzeiten der einzelnen Stufen addieren, so daß mit wachsender Stufenzahl eine immer stärkere Verschiebung des Umschaltzeitpunktes erfolgt. Diese endliche Durchlaufgeschwindigkeit, mit der sich eine Information durch eine Kette von Umkehrstufen fortpflanzt, ist störend, wenn man von der Koinzidenz der Schaltvorgänge in verschiedenen Stufen Gebrauch machen möchte. Auf die obere Grenze der Schaltfrequenz beim periodischen Ein- und Ausschalten haben bei der Reihenschaltung von Umkehrstufen hauptsächlich drei Größen Einfluß. Es sind dies einmal die eben genannte Durchlaufzeit, d. h. die Summe der Speicherzeiten t_s zusammen mit der Abfallzeit t_f von u_{CE}, die nach Gl. (503) von der Zeitkonstante τ_{KX} bestimmt wird, und zum anderen die Zeitkonstante τ_{KY}, mit der, wie bereits erwähnt, die Basis-Emitterspannung u_{BE} von ihrem unmittelbar bei der Sperrung des Transistors auftretenden Spitzenwert auf ihren stationären Endwert U_{BEY} abfällt. Stellt man in unserem Beispiel zunächst die Forderung, daß die Ausgangsspannung u_{CE} der Stufe III nach Ablauf der Zeit $t_{s\,I} + t_{f\,\mathrm{ges}\,III} = t_{s\,I} + t_{s\,III} + t_{f\,III} \approx 2{,}4\ \mu\mathrm{s}$ (vgl. Abb. 215f) mindestens noch ebenso lange auf ihrem stationären Wert $U_{CEY\,III}$ verbleiben soll, dann ergibt sich hieraus für ein Tastverhältnis der Generatorspannung von $V_T = 0{,}5$ eine maximale Schaltfolgefrequenz von etwa 100 kHz. Andererseits muß man in unserem Beispiel nach Gl. (478) ungünstigenfalls ($R_{1\,\mathrm{max}}$, $R_{2\,\mathrm{max}}$, $C_{K\,\mathrm{max}}$; dabei ist $R_2 \gg R_g = $ Durchlaßwiderstand des eingeschalteten Transistors) mit einem Wert $\tau_{KY\,\mathrm{max}} \approx 2{,}6\ \mu\mathrm{s}$ rechnen, so daß unter ungünstigsten Umständen ein sicheres Wiedereinschalten der Stufe III nicht vor Ablauf einer Zeit von schätzungsweise $2{,}3\,\tau_{KY\,\mathrm{max}} \approx 6\ \mu\mathrm{s}$ vom Zeitpunkt $t \approx t_{s\,I} + t_{s\,III}$ an gerechnet möglich ist. Im vorliegenden Fall, und in gleicher Weise beim Belastungsfall a) (vgl. S. 332), begrenzt daher im wesentlichen die Zeitkonstante τ_{KY} die maximale Schaltfolgefrequenz, die jetzt für ein $V_T = 0{,}5$ nur etwa $70 \cdots 80$ kHz beträgt. Im allgemeinen kann die Schaltungsdimensionierung für eine Reihenschaltung von Umkehrstufen als optimal angesehen werden, wenn die durch τ_{KY} einerseits sowie die durch t_s und τ_{KX} andererseits festgelegten Mindestwartezeiten bis zum Wiedereinschalten der betreffenden ausgeschalteten Stufe etwa gleiche Werte haben. Da τ_{KY}, τ_{KX} und t_s von dem zu wählenden C_K-Wert beeinflußt werden, kommt man diesem Dimensionierungsziel in der Regel nur über mehrere Zwischenschritte näher.

Spezielle Impulsverstärkerschaltungen. Im folgenden werden einige Schaltungen von Impulsverstärkern erläutert, welche die oben beschriebene Grundschaltung in bezug auf Belastbarkeit und Schaltfolgefrequenz verbessern.

Schaltung mit Festhaltediode. Ein Nachteil der in Abb. 206 dargestellten Schaltung ist der verhältnismäßig große Innenwiderstand bei gesperrtem Transistor und die damit verbundene geringe Belastbarkeit gegenüber dem Fall $I_L < 0$. Eine wesentliche Verbesserung ergibt die in Abb. 216 angegebene Schaltung. Sie hat eine zusätzliche *Festhaltediode* D_F zwischen Kollektor und einer weiteren Spannungsquelle $-U_{0F} < - U_{01}$. D_F ist leitend für $-I_L < (U_{0F} - U_{01})/R_C + I_{CB0}$. Die Kollektorspannung ist $U_{CEY} = U_{0F} - U_D$. Die Wirkung der Diode wird aufgehoben, wenn im Grenzfall $U_{CEY} = U_{0F}$ und damit $U_D = 0$ wird. Man braucht daher $-U_{0F}$ nur

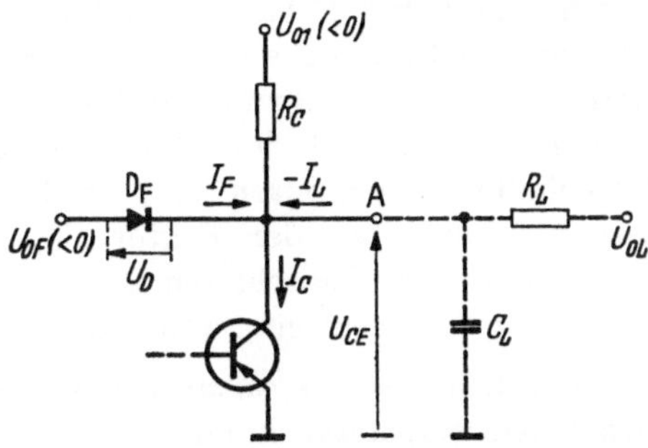

Abb. 216. Impulsverstärkerschaltung mit einer Festhaltediode zur Steigerung der Belastbarkeit gegenüber Lastströmen $I_L < 0$

ebenso groß zu wählen wie die gewünschte minimale Ausgangsspannung $-U_Y$ der Stufe. Der maximale Laststrom, der bis zum Erreichen der Spannung U_Y fließen kann, ist

$$-I_{LM} = \frac{U_Y - U_{01}}{R_C} + I_{CB0} \tag{505}$$

oder, mit $R_C \approx U_{01}/I_{CX}$, $-I_{CB0} \ll -I_{CX}$

$$-I_{LM} \approx \frac{U_Y - U_{01}}{U_{01}} I_{CX}. \tag{505a}$$

Bei konstantem I_{CX} läßt sich durch Erhöhung von U_{01} die Belastbarkeit steigern.

Bei fehlender Belastung ($I_L = 0$) wird der Diodenstrom maximal $I_{FM} \approx -I_{LM}$. Die Ausgangsspannung der Stufe $-U_{CEY}$ ist in diesem Fall um den Betrag der zu I_{FM} gehörenden maximalen Diodenspannung U_{DM} größer als $-U_{0F}$

$$-U_{CEY\,max} = -U_{0F} + U_{DM}. \tag{506}$$

Da U_{DM} bei gebräuchlichen Dioden meist unter einem Volt liegt, ändert sich die Ausgangsspannung U_{CEY} bei Belastungsschwankungen nur wenig. Wenn der Transistor leitend ist, so ist die Diode mit der Spannung $U_{0F} - U_{CEX}$ gesperrt und es fließt lediglich der geringe Diodensperrstrom.

Wählt man z. B. dieselbe Grundbelastung von $-I_{CX} = 6$ mA wie im früheren Beispiel, jedoch mit $R_C = 3$ kΩ, $-U_{01} = 18$ V, so erhält man bei $-U_{0F} = 5$ V einen maximalen Laststrom von $-I_{LM} = 4{,}3$ mA.

Bei einer Spannung $U_{DM} = 1\,\text{V}$ ist $-U_{CEY\,\text{max}} = 6\,\text{V}$. Für die Schaltung Abb. 206 hätte man dagegen mit $-U_{01} = 6\,\text{V}$, $R_C = 1\,\text{k}\Omega$ nur eine Belastung von $-I_{LM} \approx 1\,\text{mA}$ für $-U_Y = 5\,\text{V}$ zulassen können.

Im Schaltverhalten ergeben sich ebenfalls Unterschiede gegenüber der gewöhnlichen Schaltung. Ist t_{f0} die Ausschaltzeit des Kollektorstromes, so fällt bei vollem Laststrom $-I_{LM}$ die Spannung u_{CE} in dieser Zeit bis zur Spannung U_Y ab. Ohne Last dagegen strebt u_{CE} in der gleichen Zeit dem Wert U_{01} zu, wird jedoch auf $-U_{CEY\,\text{max}}$ festgehalten. Im zweiten Fall ist daher die Abfallzeit der Kollektorspannung um etwa den Faktor U_{0F}/U_{01} kleiner. Ein entsprechender Effekt tritt beim Einschalten auf. Hier setzt der Anstieg der Kollektorspannung verzögert ein, wenn keine Last vorhanden ist.

Schaltung mit „Beschleunigungs"-Induktivität. Ähnlich wie mit einer geladenen Kapazität kann man auch mit einer stromdurchflossenen Induktivität einen Speicher für den während des Ausschaltens aufzubringenden Strom schaffen [83, 81]. In Abb. 217 ist zwischen Basis und Emitter die Serienschaltung einer Induktivität L mit einem Widerstand R_3 geschaltet. Bei eingeschaltetem Transistor fließt durch die Spule ein Strom $I_L = -U_{BEX}/R_3$, der von der Steuerquelle zusätzlich aufgebracht werden muß. Nach dem Abschalten fließt der Strom in der gleichen Richtung weiter, aber in den Transistor hinein und unterstützt die Wirkung des Stromes $i_2 = I_{2X}$. Solange u_{BE} praktisch

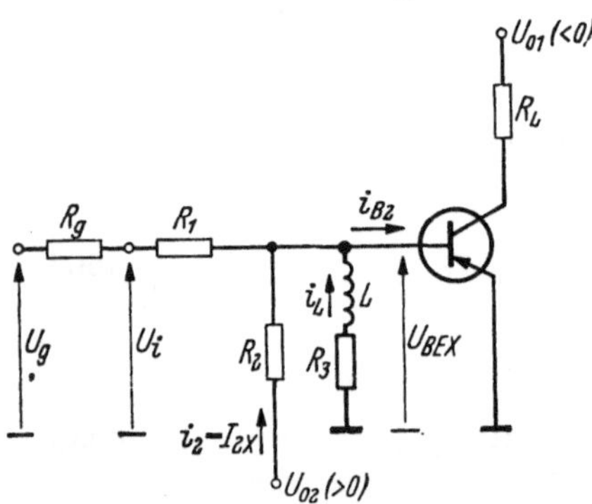

Abb. 217. Impulsverstärkerschaltung mit einer Querinduktivität an Stelle einer Längskapazität C_K im Basiskreis zur Beschleunigung des Ausschaltvorganges

konstant ist, fällt i_L exponentiell mit der Zeitkonstante $\tau_L \approx L/R_3$ ab. Zur Dimensionierung von L und R_3 wählt man zunächst $\tau_L \approx t_s$ und bestimmt den Stromanteil $\bar{i}_L$, der zusätzlich während t_s im Mittel fließen muß, aus der Basisladung Q_{Bs} [Gl. (498)]. Aus $I_L = \bar{i}_L \cdot e/(e-1) \approx 1{,}6\,\bar{i}_L$ erhält man dann mit U_{BEX} und τ_L die Größen R_3 und L. Ein Nachteil der Schaltung besteht darin, daß während der ganzen Dauer des Einschaltzustandes die Steuerquelle mit dem Strom I_L zusätzlich belastet wird und daß dieser Strom sich mit der exemplarabhängigen Spannung U_{BEX} ändert.

Eine ähnliche Beschleunigungswirkung auf den Ausschaltvorgang ist auch bei Stufen zu erwarten, deren Eingang über einen Transformator an den Steuergenerator gekoppelt ist, sofern die Magnetisierungsenergie des Transformators vor dem Ausschalten der Stufe entsprechend groß ist, um einen dem obigen Wert $\bar{i}_L$ entsprechenden Strom zur Verfügung zu stellen [*84*].

Schaltungen ohne Übersteuerung. Eine Schaltung, bei der der Transistor nicht übersteuert wird, und bei der daher keine Speicherzeit t_s

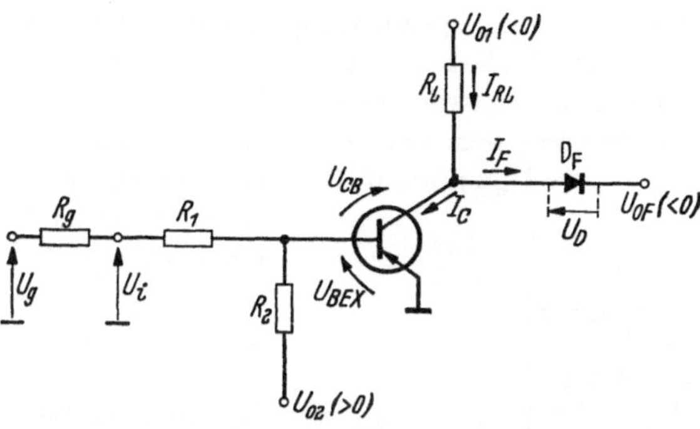

Abb. 218
Impulsverstärkerschaltung mit einer Festhaltediode zur Verhinderung der Übersteuerung

auftreten kann, ist in Abb. 218 dargestellt. Sie hat äußerlich Ähnlichkeit mit der Schaltung in Abb. 216, jedoch ist die Festhaltediode anders gepolt. Die Spannung $- U_{0F}$ wird hier etwas größer als $- U_{CEX}$ gewählt, so daß die Diode leitend wird, sobald beim Einschalten $- U_{CE}$ unter $- U_{0F}$ sinkt. In diesem Spannungsbereich $- U_{CE} < - U_{0F}$ fällt die strombegrenzende Wirkung von R_L weg. Bei unterschiedlichen Stromverstärkungen B_N und konstantem Basisstrom I_{BX} weist daher der Kollektorstrom I_{CX} die gleichen Streuungen auf wie B_N. Das bedeutet u. U. eine

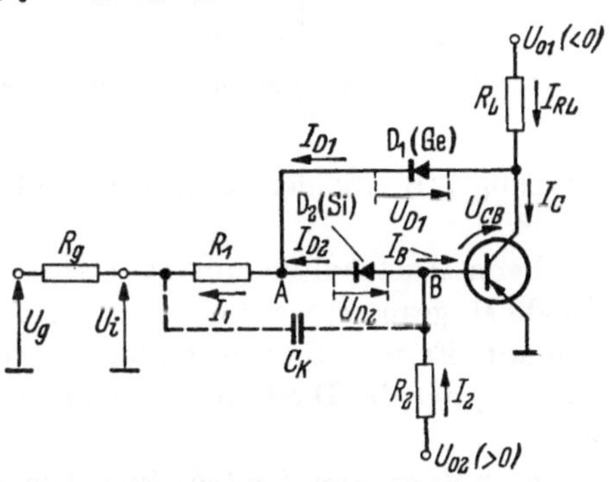

Abb. 219. Impulsverstärkerschaltung mit einer Diodengegenkopplung zur Verhinderung der Übersteuerung

unzulässig hohe Verlustleistung des Transistors. Außerdem entsteht eine Ausschaltverzögerung, bis $- I_C$ so weit gesunken ist, daß die Diode sperrt.

Die Nachteile dieser Schaltung werden vermieden, wenn man die Diode nach Abb. 219 zwischen Basis und Kollektor schaltet [*85*]. Außer der Diode D_1 ist hier noch eine Si-Flächendiode D_2 vor die Basis geschaltet, die ständig in Durchlaßrichtung gepolt ist und die die Wirkung einer Batterie mit einer Spannung von etwa $U_{D2} = 0,5 \cdots 0,8$ V hat. Diese Spannung, die wegen des niedrigen Bahnwiderstandes der Diode fast unabhängig vom Strom ist, muß bei der Dimensionierung der Gleichstromeinstellung dadurch berücksichtigt werden, daß in den Gln. (340) bzw. (345) an Stelle von U_g der Wert $(U_g + U_{D2})$ eingesetzt wird. In Verbindung mit D_1 sorgt U_{D2} dafür, daß U_{CB} nicht positiv wird, der Transistor also nicht übersteuert werden kann. Bei ausgeschaltetem Transistor ist D_1 in Sperrichtung gepolt. Der Sperrstrom der Diode $-I_{D1}$ muß zum Kollektorreststrom $-I_{CB0}$ in Gl. (345) addiert werden. Die Schaltung ist wirksam für $U_{D1} < U_{D2}$.

Der Einschaltvorgang des Transistors verläuft bis zum Erreichen der Spannung $-U_{CB} = U_{D2}$ normal. Bei weiterem Absinken von $-U_{CB}$ wird D_1 leitend und führt einen Strom I_{D1}, der derartig gegenkoppelnd wirkt, daß sich ein genau der jeweiligen Stromverstärkung B_N angepaßter Basisstrom

$$I_{BX} \approx (I_{CX}/B_N) - I_{CB0}$$

einstellt. Der Kollektorstrom

$$I_{CX} = I_{RLX} - I_{D1}$$

schwankt im Gegensatz zur vorigen Schaltung nur noch wenig, da der Strom I_{D1} um einen Faktor von der Größenordnung $1/B_N$ kleiner als I_{CX} ist und $I_{RLX} \approx U_{01}/R_L$ nahezu konstant bleibt.

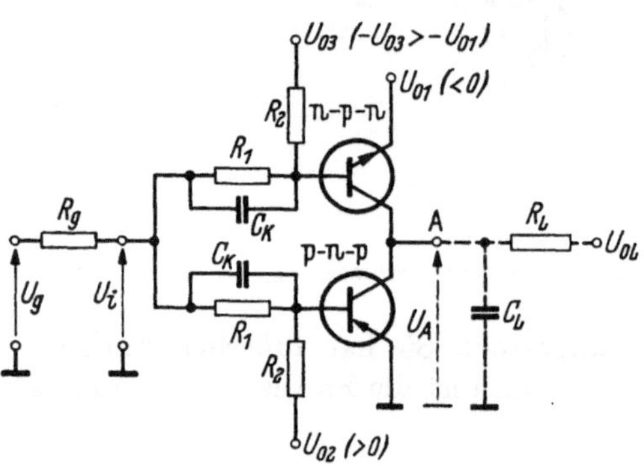

Abb. 220. Schaltbild einer komplementären Umkehrstufe

Beim Ausschalten mit steil ansteigender Steuerspannung kann die Diode D_2 gesperrt werden, so daß das Ausschalten nur mit dem Strom I_2 beginnt. Es ist daher vorteilhaft, einen Koppelkondensator C_K zu verwenden, der die Diode überbrückt, wie dies in der Abb. 219 angedeutet ist.

Komplementäre Umkehrstufe. Die auf S. 316 ff. behandelte Umkehrstufe zeigt einen schnellen Anstieg der Spannung u_{CE} beim Einschalten, jedoch wegen der größeren Lastzeitkonstante bei gesperrtem Transistor einen langsameren Abfall (vgl. Abb. 215). Durch Verwendung einer Gegentaktschaltung mit einem p–n–p- und einem n–p–n-Transistor kann man erreichen, daß immer ein Transistor eingeschaltet wird, während der andere ausschaltet. Auf diese Weise wird die Belastungskapazität C_L stets durch einen relativ niederohmigen Steuergenerator, nämlich durch den jeweils einschaltenden Transistor, umgeladen und die Anstiegs- und Abfallzeiten der Ausgangsspannung U_A werden gleich klein. Abb. 220 zeigt das Schaltbild. Der untere p–n–p-

Transistor ist normal geschaltet. Für den n–p–n-Transistor ist U_{01} das Emitterbezugspotential, die Hilfsspannung U_{03} muß also negativ gegen U_{01} sein. Die Dimensionierung der Spannungsteiler geschieht in der gleichen Weise wie bei einer Einzelstufe. Dabei können bei unsymmetrischer Ausgangsbelastung die beiden Spannungsteiler verschieden sein. Die Koppelkondensatoren C_K werden für jeden Transistor einzeln dimensioniert. Die Ausgangsspannung U_A wird praktisch zwischen 0 und U_{01} geschaltet, ein Kollektorwiderstand R_C entfällt. Vom jeweils einschaltenden bzw. eingeschalteten Transistor muß immer nur die gerade anliegende äußere Last gespeist werden. Die komplementäre Umkehrstufe arbeitet daher außerordentlich wirtschaftlich. Um die Speicherzeit zu vermeiden, können auch hier bei beiden Transistoren die Dioden der Abb. 219 verwendet werden, die beim n–p–n-Transistor naturgemäß umgepolt werden müssen.

Stromschalterbetrieb. Will man die Schaltzeiten verringern und die Schaltfolgefrequenz steigern, so muß man Transistoren mit einer kleinen Emitterdiffusionskapazität C_{Ed}, d. h. einer großen Grenzfrequenz f_{1N}, und kleinen Sperrschichtkapazitäten C_{Cs} und C_{Es} einsetzen. Außerdem müssen Leitungskapazitäten usw. klein gehalten werden. Aber nicht nur die Verkleinerung der Kapazitäten sondern auch die Verminderung der Spannungsunterschiede ΔU zwischen „Ein"- und „Aus"-Zustand bringt einen Vorteil mit sich, da auch dadurch die Ladeströme $i = C\Delta U/\Delta t$ abnehmen. Ein weiterer Grund zur Vermeidung größerer Schaltspannungen ist die geringe zulässige Basis-Emittersperrspannung der meist nach einem Diffusionsverfahren hergestellten Transistoren höherer Grenzfrequenz. In den bisher erwähnten Schaltungen macht die Herstellung definierter kleiner Ausgangsspannungsänderungen wegen der Toleranzen aller Bauelemente Schwierigkeiten. Eine von H. S. Yourke [86] angegebene Betriebsweise, die „current switching mode" vermeidet diese Schwierigkeiten und erlaubt sehr hohe Schaltfolgefrequenzen. Das Prinzip ist in Abb. 221 dargestellt. Aus einer Stromquelle fließt ein konstanter Strom I als Emitterstrom I_E in den Transistor, wenn dieser leitend ist, oder als Diodenstrom I_D durch die Diode D_F, wenn der Transistor gesperrt ist. Das Schalten der Stufe geschieht mit der Spannung U_i, die aus einem niederohmigen Generator stammt. Zur Sperrung des Transistors genügt eine Spannung $U_{iY} \geqq -U_{EBF} + U_D$ (U_D = Durchlaßspannung der Diode bei $I_D = I$). Mit $-U_{iX} \geqq -U_{BEX}$ wird die Diode gesperrt und der Transistor leitend. Die notwendigen Spannungsänderungen ΔU_i betragen nur etwa 1 V. Die Diode muß eine niedrige Durchlaßspannung und gute dynamische Schalteigenschaften haben, die mit denen des Transistors vergleichbar sind. Der Kollektorstrom $-I_C \approx A_N I_E$ ist praktisch gleich dem Emitterstrom, da A_N nur wenig von 1 verschieden ist.

Der Widerstand R_C hat nur einige hundert Ohm, so daß die äußeren
Zeitkonstanten sehr klein werden. Die Änderung ΔU_A der Ausgangsspannung ist bei einem Strom von einigen mA gleich der Änderung
der Eingangsspannung. Die Betriebsspannung U_{01} wird auf einen Wert
festgelegt, der groß gegenüber ΔU_A ist, und bei dem die Kollektorkapazität C_{Cs} einen hinreichend niedrigen Wert besitzt bzw. durch
ΔU_A keine großen Änderungen mehr erfährt. Die Emitterstromquelle
wird in der Praxis durch eine Spannungsquelle und einen großen Widerstand R_E realisiert.

In ihrem dynamischen Verhalten entspricht die Schaltung etwa
dem einer Basisschaltung. Die bei dem großen Emitterwiderstand sonst
notwendigen großen Steuerspannungen werden durch die Wirkung der

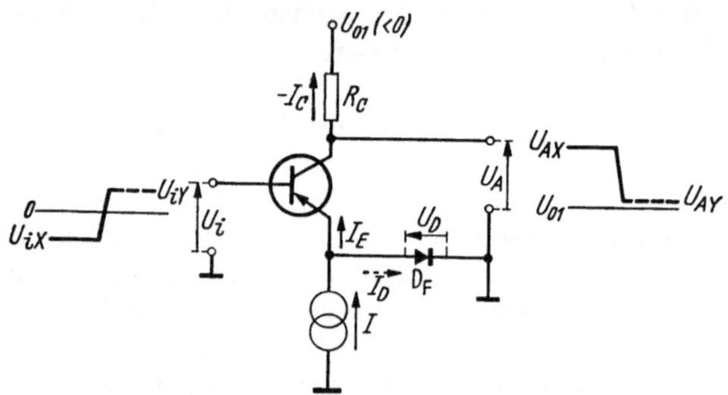

Abb. 221. Prinzipschaltbild des Stromschalterbetriebes

Diode vermieden. Zu beachten ist jedoch, daß die Steuerquelle einen
großen Basisspitzenstrom von der Größenordnung des geschalteten
Emitterstromes zur Verfügung stellen muß, wenn die Vorteile des
Stromschalterbetriebes hinsichtlich der Schaltzeiten voll ausgenutzt
werden sollen. Weil die Diode D_F während der Einschaltverzögerungszeit t_{d1} noch leitet, kann man in Gl. (59 A) im Anhang A. 5 R_E gegenüber R_B vernachlässigen. Die Zeit t_{d1} kann wegen der bei kleinen Sperrspannungen relativ großen Kapazität C_{Es} größer als die Anstiegszeit
werden. Nach dem Sperren der Diode wird die Stromsteuerung durch
den Emitterwiderstand R_E voll wirksam, so daß bei der Berechnung
der Zeitkonstanten τ_1 und τ_2 nach Gl. (351) bzw. (64 A) die übrigen
Widerstände gegen R_E vernachlässigbar sind. Man erhält dann

$$\tau_1 = \frac{1}{\omega_{\alpha N}} + (R_C + R_g + r_{BB'})\,C_{Cs}, \tag{507}$$

$$\tau_2 = \frac{(R_g + r_{BB'} + R_C)\,C_{Cs}}{1 + \omega_{\alpha N}(R_g + r_{BB'} + R_C)\,C_{Cs}}. \tag{508}$$

Beim Ausschalten tritt keine Speicherzeit auf, da der Transistor nicht
übersteuert wird.

In den folgenden Abbildungen sind einige Varianten des Grundprinzips dargestellt. In der Umkehrstufenschaltung von Abb. 222a erreicht man durch die zweite Stromquelle am Kollektor, daß die Ausgangsspannung U_A symmetrisch zur Spannung U_{01} liegt. Die ausgezogenen Strompfeile gelten für den leitenden, die gestrichelten für den gesperrten Transistor. Eine zum Nullniveau symmetrische Spannung erhält man durch das Nachschalten einer komplementär leitenden Stufe, wie in Abb. 222b dargestellt ist. Bei einer Reihenschaltung von mehreren solcher Umkehrstufen müßten p–n–p-Stufen und n–p–n-Stufen immer

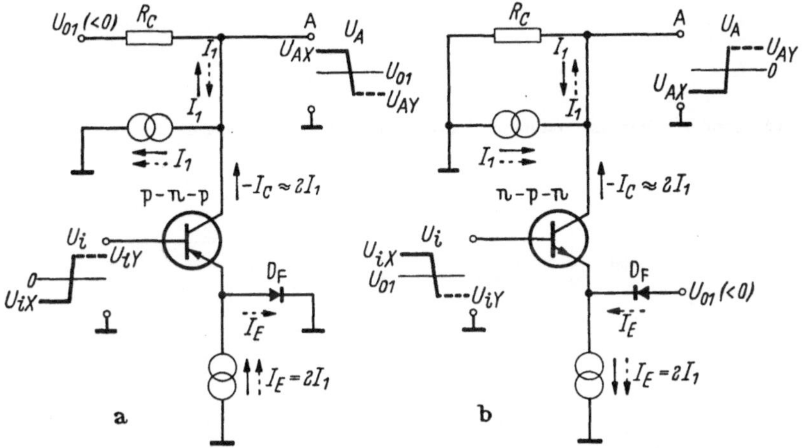

Abb. 222a u. b. Prinzipschaltbild einer Stromschalter-Umkehrstufe (a) mit nachgeschalteter komplementärer Stufe (b)

abwechselnd aufeinanderfolgen. Hierbei erhält man offensichtlich jedoch keine Signalumkehr zwischen Eingangs- und Ausgangsspannungen, die dem gleichen mittleren Gleichspannungsniveau zugeordnet sind wie z. B. U_i von Abb. 222a und U_A von Abb. 222b. Dies erreicht man nach Abb. 223 durch Verwendung einer ZENER-Diode, die wie eine zwischengeschaltete Batterie wirkt und die durch geeignete Dimensionierung der Stromquellen ständig im Durchbruchsgebiet ihrer Kennlinie arbeitet. Abb. 224 zeigt ein für diese Betriebsart typisches Schaltungsbeispiel einer Umkehrstufe[1] mit einem gleichphasigen und einem gegenphasigen Ausgang. Hier ist an Stelle der Diode D_F ein zweiter Transistor verwendet worden, der im Gegentakt mit dem an der Basis gesteuerten Transistor arbeitet. Die Potentialverlagerung der Ausgangsspannungen geschieht ebenfalls mit ZENER-Dioden. Die Angaben des Schaltverhaltens, die sich auf Germanium-Drifttransistoren mit einer Grenzfrequenz

[1] Nach Unterlagen der Radio Corporation of America, Sommerville, N. J. (USA).

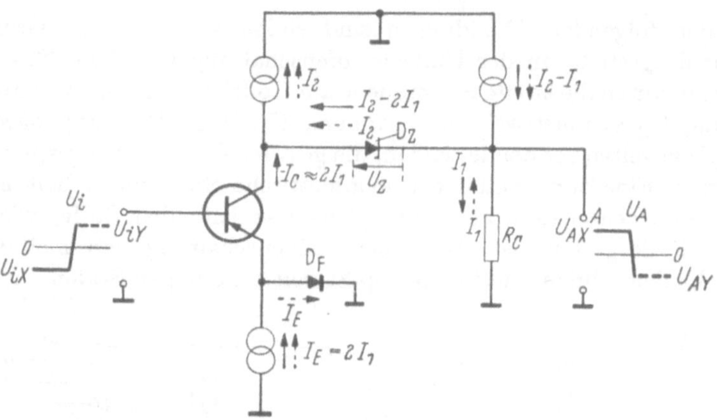

Abb. 223. Stromschalterumkehrstufe mit ZENER-Diode zur Verschiebung des Ausgangspotentials

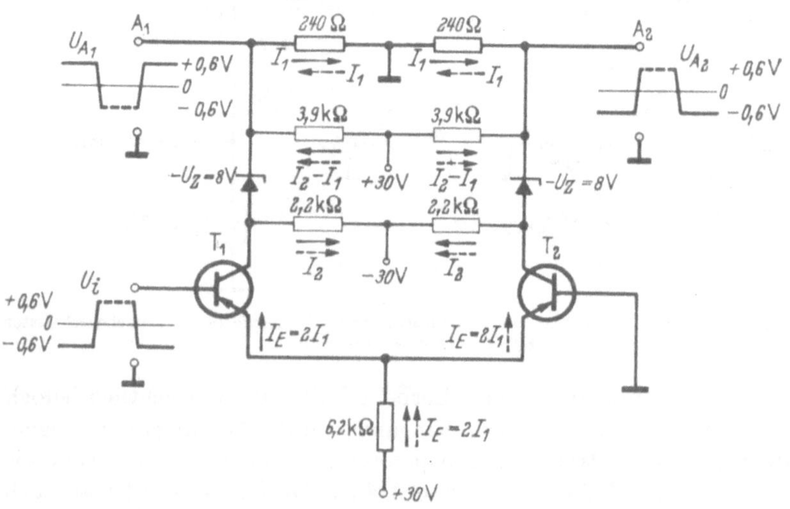

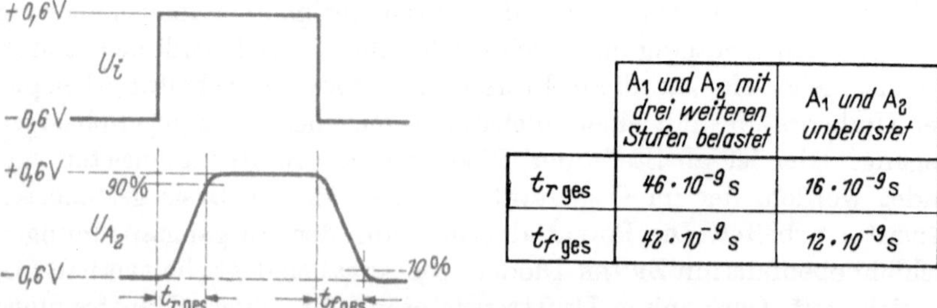

Abb. 224. Beispiel einer Gegentaktumkehrstufe in Stromschalterbetrieb. Durch Verwendung von zwei ZENER-Dioden entstehen zwei in ihrer Phasenlage entgegengesetzte, zum Nullpotential symmetrische Ausgangssignale. $I_E = 5\,\mathrm{mA}$; $I_1 = 2{,}5\,\mathrm{mA}$; $I_2 = 10\,\mathrm{mA}$

$f_{1N} \approx 60$ MHz (bei $- U_{CB} = 7$ V, $- I_C = 5$ mA) und einer Sperrschichtkapazität $C_{C_s} \approx 5$ pF (bei $- U_{CB} = 7$ V) beziehen, zeigen, welche
geringen Anstiegs- und Abfallzeiten erreichbar sind.

Die Verzögerungszeit t_{d1} kann man ganz vermeiden, wenn der Transistor auch im „Aus"-Zustand nicht gesperrt wird. Das geschieht in
der Schaltung Abb. 225, die als Treiberstufe zum Ummagnetisieren von
Rechteck-Ferritkernen eines Magnetspeichers benutzt wird. Durch den
Transistor fließt ständig ein Strom, der von dem Widerstand R_1 auf
$I_1 \approx 9$ mA begrenzt wird. Die Eingangsspannung U_{iY} sperrt die
Diode D_1, so daß der Strom $I_2 \approx 400$ mA über die Diode D_2 fließt.

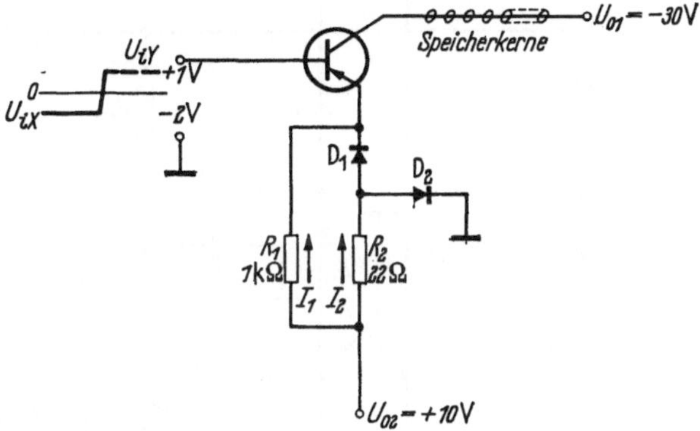

Abb. 225. Beispiel einer Stromschalterstufe zum Umschalten von Schaltkernen eines Magnetspeichers, bei der die störende Einschaltverzögerungszeit t_{d1} vermieden wird

Bei der Eingangsspannung U_{iX}, die nur für eine kurze Impulsdauer
anhält, wird D_2 gesperrt und D_1 geöffnet, so daß der Strom I_2 zusätzlich
durch den Transistor und durch die vom Kollektorstrom durchflossene
Schaltleitung des Kernspeichers fließt. Die Dioden D_1 und D_2 sind vom
gleichen Typ, an beide werden hohe dynamische Schaltanforderungen gestellt.

Aus den wenigen Schaltungsbeispielen sind die Vor- und Nachteile
des Stromschalterbetriebes deutlich zu erkennen. Als Vorteile sind vor
allem die weitgehende Unempfindlichkeit gegenüber B_N-Streuungen und
die optimale Ausnutzung der Schaltschnelligkeit der Transistoren zu
werten. Nachteilig bei einer Stromschalterstufe ist neben dem höheren
Schaltungsaufwand insbesondere die hohe Leistungsaufnahme und die
hohe Kollektorverlustleistung beim leitenden Transistor. Die in Abb. 224
gezeigte Umkehrstufe nimmt z. B. eine Dauerleistung von etwa 1,2 W
auf, wovon etwa 35 mW auf die Kollektorverlustleistung des jeweils
leitenden Transistors entfallen. Bei unserem früheren Umkehrstufenbeispiel von S. 318 liegen demgegenüber die entsprechenden Werte
beträchtlich niedriger; die maximale Leistungsaufnahme ist dort bei

eingeschaltetem Transistor etwa 45 mW, die maximale Kollektorverlustleistung beträgt etwa 2 mW.

b) Bistabiler Multivibrator. Bistabile Multivibratoren sind wichtige
Schaltungsbausteine in der elektronischen Steuer-, Zähl- und Rechen-
technik. Ein bistabiler Multivibrator — nach der englischen Bezeichnungsweise häufig auch „Flip-Flop" genannt — ist ein schnell umsteuerbarer,
elektronischer Schalter mit zwei stabilen Schaltstellungen. Für die Um-
steuerung von einer Schaltstellung in die andere benötigt man in der

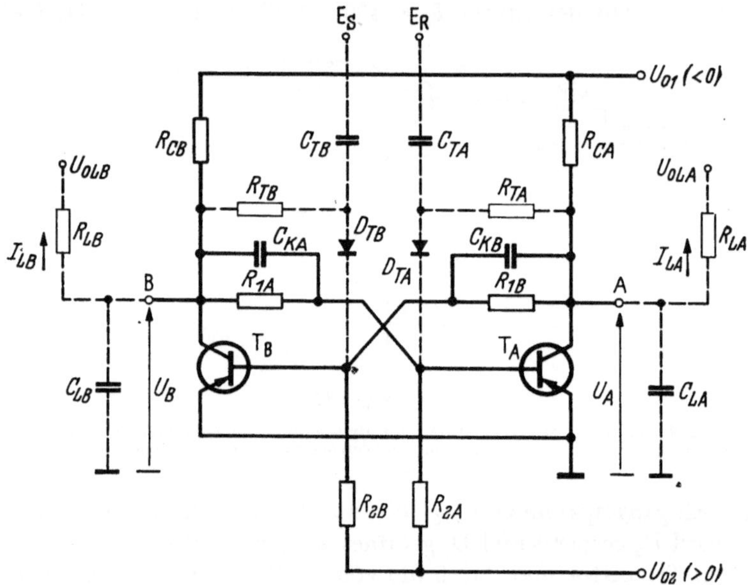

Abb. 226. Allgemeine Schaltung eines bistabilen Multivibrators

Regel nur ein kurzzeitiges Auslöse- oder „Trigger"-Signal von verhältnismäßig kleiner Leistung, welches den Umschaltvorgang nur so weit nach
der gewünschten Richtung in Gang zu setzen braucht, bis der innere
Rückkopplungsmechanismus des bistabilen Multivibrators diese Aufgabe übernehmen und allein zu Ende führen kann. Zur Aufrechterhaltung
einer stationären Schaltstellung selbst bedarf es keines äußeren Steuersignals.

Die allgemeine Grundschaltung einer bistabilen Multivibratorstufe
ist in dem dick ausgezogenen Teil der Abb. 226 wiedergegeben. Sie setzt
sich im Prinzip aus zwei Umkehrstufen zusammen, die wechselseitig
in Reihe geschaltet sind. Der Ausgang A der rechten Umkehrstufe ist
direkt mit dem Eingang der linken Umkehrstufe verbunden, ebenso
deren Ausgang B mit dem Eingang der rechten Umkehrstufe (vgl.

hierzu Abb. 214). Die Schaltungsdimensionierung wird unter Berücksichtigung der zusätzlichen äußeren Belastung der Ausgänge A und B stets so vorgenommen, daß ein eingeschalteter Transistor in der Lage ist, den anderen vollständig zu sperren und umgekehrt. In der einen stationären Schaltstellung des bistabilen Multivibrators ist dann z. B. der Transistor T_A eingeschaltet und der Transistor T_B gesperrt, bei einer entsprechenden Umschaltung auf die andere Schaltstellung liegen die Verhältnisse gerade umgekehrt. Diese Umschaltung wird beispielsweise dadurch eingeleitet, daß der eingeschaltete (übersteuerte) Transistor T_A durch einen über eine äußere Steuerleitung zugeführten positiven Basisstrom gesperrt wird. Sobald am Ende der Speicherzeit die Kollektorausgangsspannung U_A negativer wird, beginnt der Einschaltvorgang des Transistors T_B. Seine Kollektorausgangsspannung U_B wird dabei rasch positiver, wodurch vor allem über den Koppelkondensator C_{KA} ein zusätzlicher positiver Steuerstrom auf die Basis von T_A zurückgekoppelt wird. Grundsätzlich kann der Umschaltvorgang ebenso auch dadurch eingeleitet werden, daß der gesperrte Transistor durch ein negatives äußeres Steuersignal eingeschaltet und damit zugleich der zuvor eingeschaltete Transistor gesperrt wird. Eine in der Praxis häufig verwendete Ausführungsform eines Steuereinganges für positive „Triggersignale" stellen die Eingänge E_S und E_R in Abb. 226 dar. Auf ihre spezielle Arbeitsweise wird an späterer Stelle noch näher eingegangen, wo auch einige Steuerungsarten angegeben werden.

Im folgenden wird zuerst die statische Einstellung behandelt. Daran anschließend folgen Betrachtungen zum dynamischen Schaltverhalten. Wegen der einfachen Zusammensetzung des bistabilen Multivibrators aus zwei Umkehrstufen sind im übrigen die hierbei auftretenden Dimensionierungsprobleme zum großen Teil ähnlich denen, die bereits im vorigen Kapitel, insbesondere bei der Reihenschaltung von Umkehrstufen, ausführlich erörtert wurden.

Statische Einstellung. Bei der Behandlung der statischen Einstellung gehen wir am besten von einer Schaltung nach Abb. 227 aus. Wir nehmen dabei willkürlich die angegebene Schaltstellung an: rechter Transistor eingeschaltet (übersteuert), linker Transistor ausgeschaltet (gesperrt). Es ist dann zweckmäßig, die in der Abb. 227 gewählte Bezeichnungsweise für die einzelnen Schaltungsgrößen zu benutzen. Bei Verwendung des Steuereinganges E_S von Abb. 226 ist auch, wie in der Ersatzschaltung angegeben, der Einfluß des Sperrstromes $-I_{DT}$ der bei dieser Schaltstellung gesperrten Diode D_{TB} zu berücksichtigen. Da in der Regel R_{TB} klein gegenüber dem Sperrwiderstand der Diode ist, liegt an dieser die Sperrspannung $U_{DT} \approx U_{CEY} - U_{BEY}$.

Wie bei einer Umkehrstufe sind die Grundbelastung und die zusätzliche Belastung eines bistabilen Multivibrators meist mehr oder weniger vorgegeben, so daß unsere Aufgabe im wesentlichen wieder darin besteht, die richtige Dimensionierung für die Spannungsteiler-Widerstände R_1 und R_2 zu finden. Hierfür kann man ganz ähnlich wie in Abschn. E. 1. (S. 249 ff.) vorgehen (vgl. auch J. E. HULL [87]).

Wir wollen im folgenden nur den in der Praxis am häufigsten anzutreffenden Fall des symmetrisch aufgebauten bistabilen Multi-

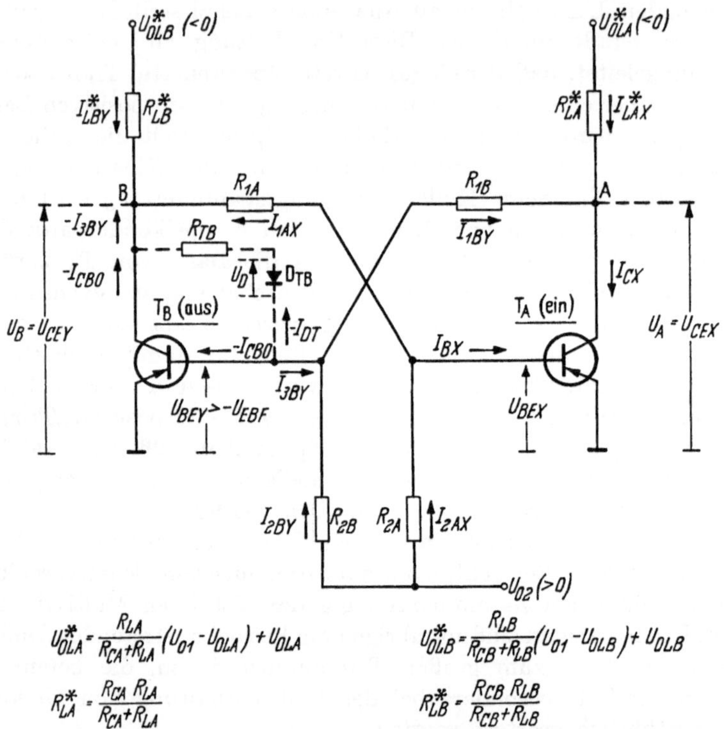

$$U_{OLA}^* = \frac{R_{LA}}{R_{CA}+R_{LA}}(U_{01}-U_{0LA}) + U_{0LA} \qquad U_{OLB}^* = \frac{R_{LB}}{R_{CB}+R_{LB}}(U_{01}-U_{0LB}) + U_{0LB}$$

$$R_{LA}^* = \frac{R_{CA}\,R_{LA}}{R_{CA}+R_{LA}} \qquad R_{LB}^* = \frac{R_{CB}\,R_{LB}}{R_{CB}+R_{LB}}$$

Abb. 227. Ersatzschaltung eines bistabilen Multivibrators für die Beschreibung seiner statischen Schaltzustände

vibrators betrachten, bei dem die Kollektorwiderstände R_{CA} und R_{CB} sowie die Spannungsteiler-Widerstände R_{1A} und R_{1B} bzw. R_{2A} und R_{2B} in ihren Nennwerten übereinstimmen. Beim unsymmetrischen Fall kann im übrigen mit geringen Abwandlungen nach dem gleichen Prinzip verfahren werden.

Für den *eingeschalteten* Transistor T_A muß die Übersteuerungsbedingung

$$-I_{BX} > -I_{CX}/B_N$$

erfüllt werden. Nach Abb. 227 ist im vorliegenden Fall

$$I_{BX} = I_{2AX} - I_{1AX} \tag{509}$$

mit

$$I_{1AX} = \frac{U_{BEX} - U_{0LB}^* + R_{LB}^* I_{3BY}}{R_{1A} + R_{LB}^*} \, , \tag{509a}$$

$$I_{2AX} = \frac{U_{02} - U_{BEX}}{R_{2A}} \, , \tag{509b}$$

$$I_{3BY} = I_{CB0} + I_{DT} \, . \tag{509c}$$

Weiter ist

$$I_{CXA} = I_{LAX}^* + I_{1BY} \tag{510}$$

mit

$$I_{LAX}^* = \frac{U_{0LA}^* - U_{CEX}}{R_{LA}^*} \, , \tag{510a}$$

$$I_{1BY} = \frac{U_{02} + R_{2B} I_{3BY} - U_{CEX}}{R_{1B} + R_{2B}} \, . \tag{510b}$$

In allen praktischen Fällen beträgt der Spannungsteilerstrom I_{1BY} bei richtiger Dimensionierung nur wenige Prozent des Gesamtlaststromes I_{LAX}^*, so daß man in guter Näherung in Gl. (510) $I_{CXA} \approx I_{LAX}^*$ setzen kann. Man befindet sich mit dieser Näherung außerdem auf der sicheren Seite, da hierbei die Kollektorstromanforderung an den eingeschalteten Transistor T_A um den Betrag des vernachlässigten Spannungsteilerstromes I_{1BY} erhöht wird. Mit dieser Näherung läßt sich mit den Gln. (509) und (510) die Übersteuerungsbedingung in einfacher Weise umformen und die zur Gl. (340) analoge Bedingung aufstellen

$$R_{2A} > \mathfrak{f}_X(R_1) = \frac{U_{02} - U_{BEX}}{\dfrac{U_{0LA}^* - U_{CEX}}{B_N R_{LA}^*} + \dfrac{U_{BEX} - U_{0LB}^* + R_{LB}^* I_{3BY}}{R_1 + R_{LB}^*}} \, . \tag{511}$$

Ungünstig im Sinne der Ungleichung wirkt sich auf diese Einschaltbedingung z. B. eine niedrige Betriebstemperatur und die gleichzeitige Belastung des eingeschalteten Transistors T_A mit einem Strom $I_{LA} > 0$ und des gesperrten Transistors T_B mit einem Strom $I_{LB} < 0$ aus. Allgemein muß daher in Gl. (511) folgende Streuwertekombination eingesetzt werden

$$-U_{0LA\,max}^*, \quad -U_{0LB\,min}^*, \quad U_{02\,max},$$

$$R_{CA\,min}, \quad R_{LA\,min}, \quad R_{CB\,max}, \quad R_{LB\,min} \quad \text{sowie}$$

$$-U_{BEX\,max}, \quad -U_{CEX\,min}, \quad -I_{3BY\,max} \quad \text{und} \quad B_{N\,min} \quad \text{bei} \quad \vartheta_{j\,min}.$$

Die Summe der Sperrströme $I_{3BY} = I_{CB0} + I_{DT}$ hat auf den gesperrten Transistor den gleichen Einfluß wie eine Belastung mit einem Laststrom $I_{LB} < 0$ und es muß nachgeprüft werden, ob bei einer höheren Temperatur ϑ_j wegen der exponentiellen Zunahme von $-I_{CB0}$ und $-I_{DT}$ u. U. die Verhältnisse bezüglich der Einschaltbedingung Gl. (511)

nicht ungünstiger liegen. Im allgemeinen wirkt sich jedoch die gleichzeitige Zunahme von B_N mit steigender Temperatur in Gl. (511) meist stärker aus als der gegenläufige Einfluß von I_{3BY}, so daß die oben angegebene Streuwertekombination bei der niedrigsten vorkommenden Betriebstemperatur eingesetzt werden muß.

Für den *ausgeschalteten* Transistor muß nach S. 254 die Sperrbedingung

$$U_{BEY} > -U_{EBF} \qquad (512)$$

bis zur höchsten vorkommenden Betriebstemperatur eingehalten werden. Nach Abb. 227 ist

$$U_{BEY} = U_{02} - R_{2B} I_{2BY}, \qquad (512\,\mathrm{a})$$

$$I_{2BY} = I_{1BY} - I_{3BY}. \qquad (512\,\mathrm{b})$$

Zusammen mit Gl. (510b) folgt dann

$$U_{BEY} = \frac{R_{2B}}{R_{1B} + R_{2B}} (U_{CEX} - U_{02} + R_{1B} I_{3BY}) + U_{02}. \qquad (512\,\mathrm{c})$$

Aus den Gln. (512) und (512c) erhält man nach entsprechender Umformung unmittelbar die zu Gl. (345) analoge Bedingung

$$R_{2B} < f_Y (R_1) = \frac{U_{EBF} + U_{02}}{\dfrac{-(U_{CEX} + U_{EBF})}{R_1} - I_{3BY}}. \qquad (513)$$

Ungünstig im Sinne der Ungleichung ist hier folgende Streuwertekombination

$$U_{02\,\mathrm{min}} \quad \text{sowie} \quad -I_{CB0\,\mathrm{max}}, \quad -I_{DT\,\mathrm{max}}, \quad -U_{CEX\,\mathrm{max}},$$

$$-U_{EBF\,\mathrm{max}} \quad \text{bei} \quad \vartheta_{j\,\mathrm{max}}.$$

Mit den Funktionen $f_X(R_1)$ und $f_Y(R_1)$, die unter Berücksichtigung der jeweils ungünstigsten Streuwertekombination berechnet und wie in Abb. 172 bzw. 207 gemeinsam graphisch aufgetragen werden, ist dann der erlaubte R_1, R_2-Wertebereich festgelegt. Da durch die Festlegung der Basisspannungsteiler-Widerstände R_1 und R_2 die zunächst angenommenen Belastungsverhältnisse am bistabilen Multivibrator geändert werden, ist es ebenso wie bei der Dimensionierung einer Umkehrstufe (vgl. S. 318) zweckmäßig, schrittweise vorzugehen, d. h. zunächst mit angenommenen Belastungswerten zu rechnen und dann mit den errechneten Widerstandswerten R_1 und R_2 die Belastungsverhältnisse erneut zu überprüfen und notfalls zu korrigieren. Besonders stark macht sich eine Belastungsänderung durch den Basisspannungsteiler beim gesperrten Transistor T_B bemerkbar, da der Spannungsteilerstrom I_{1AX} sich wie eine zusätzliche Belastung mit einem Laststrom $I_{LB} < 0$ (vgl. Abb. 226) auswirkt und die Ausgangsspannung $-U_B = -U_{CEY}$ herabsetzt. Nach der Bestimmung der Widerstände R_1 und R_2 muß man daher unmittelbar nachprüfen, ob die Ausgangsspannung $-U_{CEY}$ den bei dem betreffenden Anwendungsfall geforderten Mindestwert nicht unterschreitet. Bezeichnet man wie bei Gl. (469) die Kollektorspannung beim gesperrten Transistor für $I_{LB} = 0$ mit

$$U_{CEY0} = \frac{R_{1A}}{R_{1A} + R_{CB}}(U_{01} - R_{CB}I_{3BY} - U_{BEX}) + U_{BEX} \quad (514)$$

so erhält man analog zu Gl. (469a) bei gegebenem zusätzlichem Laststrom I_{LBY} für U_{CEY} die Beziehung

$$U_{CEY} = U_{CEY0} - R_{CB}^* I_{LBY} \quad (515)$$

bzw. bei gegebenen Werten U_{0LB} und R_{LB}

$$U_{CEY} = U_{CEY0} - R_{CB}^* \frac{U_{CEY0} - U_{0LB}}{R_{LB} + R_{CB}^*} \quad (515\,\text{a})$$

mit

$$R_{CB}^* = \frac{R_{1A}\,R_{CB}}{R_{1A} + R_{CB}}.$$

Ist für die Ausgangsspannung $-U_{CEY}$ eine untere Grenze $-U_Y$ festgelegt, so kann man nach Gl. (471) den höchstzulässigen Wert für den zusätzlichen Laststrom I_{LBY} oder nach Gl. (472) den Mindestwert für den Lastwiderstand R_{LB} berechnen, wenn man in diesen Gleichungen die Ersetzungen $R_C \to R_{CB}^*$, $R_L \to R_{LB}$, $U_{0L} \to U_{0LB}$ sowie für U_{CEY0} den Wert aus der obigen Gl. (514) einführt.

Bevor wir auf das dynamische Schaltverhalten des bistabilen Multivibrators eingehen, wollen wir ein praktisches Dimensionierungsbeispiel durchrechnen. Die Versorgungsspannungen U_{01} und U_{02} sollen die gleichen Werte und Toleranzen haben und sich gleichsinnig ändern wie bei dem Umkehrstufenbeispiel von S. 318. Ebenso sollen Widerstände mit Toleranzen von $\pm 5\%$ verwendet werden. Die Umgebungstemperatur soll sich zwischen $\vartheta_{\min} = 0\,°\mathrm{C}$ und $\vartheta_{\max} = 60\,°\mathrm{C}$ ändern dürfen. Weiterhin soll der gleiche Schalt-Transistor wie bei der Umkehrstufe verwendet werden; seine Kenndaten können der Übersicht im Anhang A. 7 entnommen werden. Für D_T in Abb. 226 soll eine Ge-Punktkontaktdiode mit folgenden Daten eingesetzt werden

$$-I_{DT} \leqq 70\ \mu\mathrm{A} \quad \text{bei} \quad \vartheta_j = 60\,°\mathrm{C}, \quad -U_D = 6\,\mathrm{V}$$

$$-I_{DT} \leqq 12\ \mu\mathrm{A} \quad \text{bei} \quad \vartheta_j = 25\,°\mathrm{C}, \quad -U_D = 6\,\mathrm{V}$$

$$U_D \leqq 0{,}4\,\mathrm{V} \quad \text{bei} \quad \vartheta_j = 25\,°\mathrm{C}, \quad I_D = 1\,\mathrm{mA}$$

$$U_D \leqq 0{,}9\,\mathrm{V} \quad \text{bei} \quad \vartheta_j = 25\,°\mathrm{C}, \quad I_D = 5\,\mathrm{mA}$$

Bei einer Grundbelastung $R_{CA} = R_{CB} = 1\,\text{k}\Omega$ wollen wir drei Fälle einer zusätzlichen Belastung annehmen:

a) $-U_{0L} = -U_{01} = 6\,\text{V}$; $R_L = 2\,\text{k}\Omega$,

b) Belastung durch eine Umkehrstufe von der Art des Dimensionierungsbeispiels von S. 318,

c) Belastung durch einen bzw. zwei verbundene Steuereingänge E_S bzw. E_R eines weiteren gleichartigen bistabilen Multivibrators.

Am ungünstigsten ist die gleichzeitige Belastung des übersteuerten Transistors T_A nach Fall a) und des gesperrten Transistors nach Fall b). Dieses Zusammentreffen beider Belastungsfälle müssen wir daher für die Dimensionierung von R_1 und R_2 zugrunde legen. Der Belastungsfall c) ist nur im Zusammenhang mit dem dynamischen Schaltverhalten von Interesse und wird weiter unten näher behandelt. In den beiden nachfolgenden Tabellen sind die hiernach ungünstigsten Streuwertekombinationen für den übersteuerten und den gesperrten Transistor aufgeführt, mit denen die beiden Funktionen $f_X(R_1)$ und $f_Y(R_1)$ nach Gl. (511) bzw. (513) zu berechnen sind. Nach Abb. 226 ist zu setzen

$$U_{0LA} = U_{01}, \qquad U_{0LB} = U_{BEX} \text{ des Umkehrstufen-Transistors,}$$

$$R_{LA} = R_L \text{ von Fall a)}, \qquad R_{LB} = \text{Spannungsteilerwiderstand } R_1 \text{ der Umkehrstufe.}$$

Größe Gl. (511) und (513) bzw. Abb. 226	Einheit	Übersteuerter Transistor $\vartheta = 0\,°\text{C}$	Gesperrter Transistor $\vartheta = 60\,°\text{C}$	Herkunft
$-U_{01}$	V	6,3	5,7	vorgegeben
U_{02}	V	6,3	5,7	vorgegeben
$-U_{0LA} = -U_{01}$	V	6,3	—	vorgegeben
$-U_{0LB}$	V	≈ 0	—	angenähert
R_{CA}	$\text{k}\Omega$	0,95	—	vorgegeben
R_{CB}	$\text{k}\Omega$	1,05	—	vorgegeben
R_{LA}	$\text{k}\Omega$	1,9	—	vorgegeben
R_{LB}	$\text{k}\Omega$	5,9	—	vorgegeben
$-U_{BEX}$	V	0,3	—	Datenblatt
$-U_{EBF}$	V	—	0,2	Datenblatt
$-U_{0EX}$	V	0 *	0,2	Datenblatt
B_N	—	30	—	Datenblatt
$-I_{CB0}$	μA	< 5 *	70	Datenblatt
$-I_{DT}$	μA	< 4 *	70	s. Angaben S. 351

* angenähert.

In Abb. 228 sind $f_X(R_1)$ und $f_Y(R_1)$ entsprechend dem bei der Abb. 172 und 207 angewendeten Verfahren aufgetragen. Da wir Widerstände aus der 5% Normreihe verwenden wollen, ist das zusammen mit dem zugehörigen Toleranzfeld eingezeichnete Wertepaar $R_1 = 6{,}8\,\mathrm{k\Omega}$, $R_2 = 24\,\mathrm{k\Omega}$ für unsere Dimensionierung am besten geeignet.

Bei der Aufstellung der ungünstigsten Streuwertekombination für die Berechnung von $f_X(R_1)$ stößt man im vorliegenden Beispiel auf eine gewisse Schwierigkeit, da für den übersteuerten Transistor einerseits $-U_{0\,1\,max}$ und für den gleichzeitig belasteten gesperrten Transistor andererseits $-U_{0\,1\,min}$ ungünstig ist. Tatsächlich erhält man für $f_X(R_1)$, wenn man in der obigen Tabelle bei $-U_{0\,LA} = -U_{0\,1}$ und $U_{0\,2}$ an Stelle

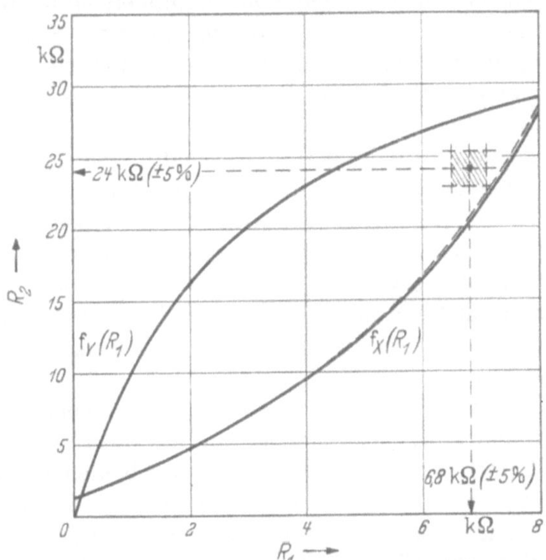

Abb. 228. Zur Dimensionierung der Widerstände R_1 und R_2 für ein Beispiel nach Abb. 226. Die möglichen Kombinationen liegen innerhalb der von den beiden Kurven eingeschlossenen Fläche

des oberen Streuwertes von 6,3 V jeweils den unteren Streuwert von 5,7 V einsetzt, den in Abb. 228 gestrichelt eingezeichneten etwas ungünstigeren Verlauf. Der Unterschied zwischen beiden $f_X(R_1)$-Kurven ist hier zwar vernachlässigbar gering, doch sollte man in allen ähnlich gelagerten Fällen nach verschiedenen Seiten hin prüfen, ob nicht die zunächst ermittelte $f_X(R_1)$-Kurve noch korrigiert werden muß.

Bei Kenntnis der Werte für R_1 und R_2 lassen sich mit den bisher angegebenen Gleichungen alle für die Schaltung wichtigen Ströme und Spannungen wie $I_{1X}, I_{2X}, I_{BX}, I_{1BY}; I_{2BY}$ usw. sowie U_{BEY} und U_{CEY} berechnen. Unter anderem kann man sich davon überzeugen, daß im vorliegenden Fall der Anteil von I_{1BY} am Gesamtlaststrom I_{LAX}^* höchstens 3% beträgt und die Näherung von S. 349 daher zulässig ist.

Mit dem gewählten Dimensionierungswert $R_1 = 6{,}8\,\mathrm{k\Omega}$ ($\pm 5\%$) erhält man für die Ausgangsspannung U_{CEY} bei Belastung mit einer

Umkehrstufe unter ungünstigsten Bedingungen ($R_{CB\,max}$, $R_{LB\,min}$, $R_{1A\,min}$, $-U_{01\,min}$, $-I_{CB0\,max}$, $-I_{DT\,max}$, $-U_{BEX\,min}$, $\vartheta_{j\,max}$) nach Gl. (514) und (515a) einen Mindestwert $-U_{CEY\,min} = 4{,}2$ V. Die angeschlossene Umkehrstufe, die eine Mindesteinschaltspannung von $-U_{iX\,min} = 4{,}2$ V benötigt (vgl. S. 321), wird somit von unserer bistabilen Multivibratorstufe sicher eingeschaltet. Da andererseits $-U_{CEX\,max}$ stets kleiner bleibt als die zulässige maximale Ausschaltspannung $-U_{iY\,max} = 0{,}5$ V, wird die Umkehrstufe ebenso wie bei einer Reihenschaltung mit gleichartigen Stufen vom bistabilen Multivibrator auch einwandfrei ausgeschaltet. Mit der von uns gewählten Spannungsteilerdimensionierung lassen sich somit sämtliche statischen Belastungsanforderungen, welche die Belastungsfälle a) und b) von S. 352 einzeln oder gemeinsam stellen, befriedigen.

In der Praxis sind auch Multivibratorschaltungen im Gebrauch, bei denen nur eine Versorgungsspannung U_{01} benutzt wird. Die Wirkung der zweiten Versorgungsspannung wird durch einen gemeinsamen, kapazitiv überbrückten Emitterwiderstand R_E ersetzt, der so gewählt wird, daß der Spannungsabfall $I_{EX} R_E = U_{02}$ ist. Solche Schaltungen sind jedoch nur brauchbar, wenn die beiden Emitterströme I_{EXA} und I_{EXB} nicht z. B. durch verschiedene äußere Belastungen merklich voneinander abweichen.

Dynamisches Schaltverhalten. Da die statischen Zustände durch die im vorigen Abschnitt gezeigte Dimensionierung bereits festgelegt sind, kommt es jetzt noch darauf an, die Werte der beiden Kondensatorenpaare C_T und C_K in Abb. 226 zu ermitteln. Infolge des Einflusses der äußeren Belastungen wird eine strenge Analyse des dynamischen Verhaltens sehr schwierig. Wir wollen uns daher im folgenden auf Näherungen und Abschätzungen beschränken. Die empirische Bestimmung der Kapazitätswerte führt in der Praxis natürlich stets schneller zu einem Ergebnis, doch ist für eine möglichst vollständige Erfassung aller ungünstigen Einflüsse nach Größe und Richtung eine Abschätzung sehr nützlich.

Eine mit Transistoren aufgebaute Multivibratorschaltung unterscheidet sich von einer entsprechenden Schaltung mit Hochvakuumröhren im wesentlichen durch das Auftreten einer Speicherzeit. Man erhält einen qualitativen Überblick, wenn man die Umschaltvorgänge schrittweise betrachtet.

Wir gehen von einer Schaltung Abb. 226 aus und nehmen zunächst an, daß der rechte Transistor T_A leitend und übersteuert und der linke Transistor T_B gesperrt ist. Die im Steuereingang liegende Diode D_{TA} ist im vorliegenden Fall leitend, weil die Kollektor-Basisspannung des übersteuerten Transistors positiv ist. Ein auf den Eingang E_R gegebener positiver Impuls führt dann der Basis des Transistors T_A einen kapazitiven positiven Strom zu. Ein geringer und im allgemeinen vernachlässigbarer Anteil dieses Stromes fließt über C_{KA} und R_{CB} sowie über die eventuell vorhandene äußere Lastkapazität C_{LB}.

Unabhängig von der Ausgangsbelastung des Transistors T_A gibt es beim Ausschalten eine Speicherzeit t_s und eine Abfallzeit t_{f0} für den Kollektorstrom, die nur von dem Übersteuerungszustand und von dem Ausschaltbasisstrom abhängt. Dieser Strom muß mindestens über eine Zeit $t_s + t_{f0}$ wirksam sein. Man erhält daher als Abschätzung zwei vorläufige Bedingungen

$$C_T R_g' > t_s + t_{f0},$$

$$\Delta U_g > R_g' i_{BY}.$$

ΔU_g ist die Spannungsänderung am Eingang E_R, R_g' ist die Summe aus dem Generatorwiderstand und einem Mittelwert des Diodendurchlaßwiderstandes. Die beiden Bedingungen hängen mit der abzuführenden Ladung in der Basiszone des Transistors zusammen

$$Q_B \approx i_{BY} (t_s + t_{f0})$$

und daher

$$C_T > \frac{Q_B}{\Delta U_g}. \tag{516}$$

Hierin ist Q_B durch den Einschaltzustand gegeben (vgl. Gl. (499))

$$Q_B \approx [\tau_{1i} + (m - 1)\,\tau_s] \frac{-I_{CXA}}{B_N}.$$

Während des Abfalls des Kollektorstromes wächst die Kollektor-Emitterspannung $-u_{CEA}$ (vgl. Abb. 215b) sehr rasch an und schaltet innerhalb der kurzen Einschaltverzögerungszeit t_e des Transistors T_B schon bei einer Spannungsänderung $\Delta u_{CEA} \approx U_{BEYB}$ die Emitterdiode des Transistors T_B in Durchlaßrichtung. t_e ist stets nur ein Bruchteil von t_{f0} des Transistors T_A. Der weitere Anstieg von $-u_{CEA}$ erfolgt dann etwa mit der Zeitkonstante

$$\tau_{KXB} = \frac{R_{LA}^* R_{1B}}{R_{LA}^* + R_{1B}} C_{KB} \tag{517}$$

(vgl. Abb. 227). Dem Anstieg der Kollektorspannung $-u_{CEA}$ entspricht ein negativer Basisstrom für das Einschalten des Transistors T_B, der exponentiell mit der Zeitkonstante τ_{KXB} abfällt (vgl. auch Abb. 215c). Diesem Basisstrom kann man einen zeitlich veränderlichen Übersteuerungsfaktor zuordnen. Er setzt ein mit einem Spitzenwert

$$\widehat{m} = \frac{B_{N(B)}\,\widehat{i}_B}{i_{CXB}}. \tag{518}$$

Die Zeit t_U bis zum Erreichen des Übersteuerungszustandes ist von der Belastung des Transistors und von diesem Übersteuerungsfaktor $\widehat{m}$ abhängig. Dabei ist es erforderlich — wie wir noch sehen werden —, daß die Zeitkonstante τ_{KXB} ungefähr von der Größenordnung

$$\tau_{KXB} \approx 2 \cdots 5\, t_U \tag{519}$$

ist, wenn umgekehrt die Einschaltzeit t_U nicht zu groß werden soll.

Die Belastung des Transistors T_B besteht außer der Grundbelastung R_{CB} und der äußeren Widerstandslast R_{LB} im wesentlichen nur noch aus der kapazitiven äußeren Belastung C_{LB}, da wegen des gesperrten Transistors T_A (dieser ist durch das äußere Steuersignal bereits im Sperrzustand) der Koppelkondensator C_{KA} über den großen Widerstand R_{2A} nur einen sehr kleinen Strom führt. Der Verlauf der Kollektor-Emitterspannung ist etwa so, wie bei der Spannung u_{CE} in Abb. 215d.

Um den stationären Zustand des Multivibrators zu erreichen, bedarf es noch der Umladung des Koppelkondensators C_{KA}, die etwa mit der Zeitkonstante

$$\tau_{KYA} = \frac{R_{1A}\,R_{2A}}{R_{1A} + R_{2A}}\,C_{KA} \approx R_{1A}\,C_{KA} \tag{520}$$

erfolgt. Damit der Transistor T_A auch nach Wegfall des Steuersignals gesperrt bleibt, muß die Zeitkonstante τ_{KYA} ungefähr von der Größenordnung t_U sein. Im Fall einer zu kleinen Zeitkonstante τ_{KYA} könnte sonst bei noch nicht voll eingeschaltetem Transistor T_B der Fall eintreten, daß die Basis-Emitterspannung des Transistors T_A am Ende des Steuerimpulses (an E_R) wieder negativer wird.

Damit ist der Umschaltvorgang beendet und wir haben gesehen, daß während der Umschaltzeit ein unmittelbarer Rückkopplungsmechanismus kaum auftritt, weil in der Regel der Transistor T_A durch den Steuerimpuls bereits gesperrt ist, bevor der Transistor T_B über C_{KA} Einfluß gewinnt.

Die gesamte Umschaltzeit setzt sich nun zusammen aus

$$t_{sA} + t_{eB} + t_U$$

mit

t_{sA} Speicherzeit des Transistors T_A,
t_{eB} Einschaltverzögerungszeit des Transistors T_B,
t_U Zeit bis zur Übersteuerung des Transistors T_B.

Weiterhin ist der Vorgang erst dann als abgeschlossen anzusehen, wenn die Koppelkondensatoren C_{KB} und insbesondere C_{KA} hinreichend (z. B. zu 90%) umgeladen sind. In der Regel ist τ_{KY} maßgebend, so daß unter der Annahme einer Umladezeit von etwa $2{,}3\,\tau_{KY}$ eine Gesamtumschaltzeit t_S von

$$t_s + t_e + 2{,}3\,\tau_{KY} < t_S < t_s + t_e + 2{,}3\,\tau_{KY} + t_U \tag{521}$$

als Abschätzung gelten kann. Im praktischen Betrieb in logischen Schaltkreisen wird man für das Wiedereinschalten des Transistors T_A außerdem die Forderung stellen müssen, daß die Kollektor-Emitterspannung $-u_{CEA}$ schon „genügend stationär" ist. Ein praktischer Erfahrungswert ist etwa das Doppelte der Zeit, nach der $-u_{CEA}$ 90% des Endwertes erreicht hat

$$t_E \approx 2\left(t_s + 2{,}3\,\tau_{KX}\right). \tag{522}$$

Bei einem symmetrisch aufgebauten Multivibrator kann natürlich die ganze Betrachtung auch vom Transistor T_B ausgehend durchgeführt werden. Ein auf den Steuereingang E_R gegebenes Steuersignal stellt immer den eben betrachteten Schaltzustand T_A „ein", T_B „aus" her. Über E_S wird entsprechend immer die hierzu komplementäre Schaltstellung T_A „aus", T_B „ein" eingestellt. Verbindet man beide „Stell"-Eingänge E_S und E_R zu einem gemeinsamen, sog. binären Steuereingang, so wird der bistabile Multivibrator alternierend umgeschaltet, d. h. nach jedem zweiten Steuerimpuls nimmt er wieder den gleichen Schaltzustand ein. In dieser Betriebsart finden z. B. bistabile Multivibratoren als duale Frequenzuntersetzerstufen einzeln oder in Reihenschaltung mit anderen gleichartigen Stufen für alle Arten von Zählschaltungen Verwendung. Die positive Steuerspannung darf bei verbundenen Eingängen nicht zu groß sein. Wenn die Sperrspannung über der Diode D_T des gesperrten Transistors überschritten wird, kann das Einschalten dieses Transistors behindert werden.

Im einzelnen kann man nun die qualitativen Zusammenhänge noch etwas genauer formulieren, mit dem Ziel, praktische Werte für C_T und C_K zu gewinnen. Außerdem ist die Größe des Widerstandes R_T noch nicht festgelegt.

Die Wahl der Größe des Widerstandes R_T wird von zwei sich widersprechenden Forderungen beeinflußt. Einmal soll R_T möglichst klein sein, damit der Kondensator C_T, wenn er durch eine negative Steuerspannungsänderung (negative Rückflanke des positiven Steuerimpulses) aufgeladen wurde, sich möglichst rasch wieder umlädt. Zum anderen soll R_T groß sein, damit der größte Teil des Steuerstromes in den Transistor fließen kann.

Wir wollen R_T zunächst so groß annehmen, daß sein störender Einfluß auf den Steuerstrom bei der Dimensionierung von C_T vernachlässigt werden kann. Der Transistor T_A sei eingeschaltet, T_B gesperrt. Der am Steuereingang E_R liegende Steuergenerator möge seine Spannung wie beim Beispiel der Umkehrstufe innerhalb einer endlichen Anstiegszeit Δt_r linear um einen positiven Betrag ΔU_g ändern. Die Zeitkonstante $R_g' C_T$ (vgl. S. 355) fällt im allgemeinen größer als die Anstiegszeit Δt_r aus, so daß der Umladestrom des Kondensators und damit der Basissteuerstrom einen ähnlichen Verlauf zeigt wie i_K in Abb. 211d. $t_{f\,\text{ges}} = t_s + t_{f\,0}$ ist dann meistens ebenfalls größer als Δt_r. Der Kondensator C_T erfährt während $t_{f\,\text{ges}}$ eine Ladungsänderung ΔQ_T, die sich aus den Gln. (484) und (493) mit den entsprechenden Anfangsbedingungen (sowie in diesem Fall mit der Ersetzung $R_1 \to \infty$) berechnen läßt

$$\Delta Q_T = \Delta U_g\, C_T \left\{ 1 + \frac{R_g'\, C_T}{\Delta t_r}\, \mathrm{e}^{-\frac{t_{f\,\text{ges}}}{R_g'\, C_T}} \left(1 - \mathrm{e}^{\frac{\Delta t_r}{R_g'\, C_T}} \right) \right\} \qquad (523)$$

$$(t_{f\,\text{ges}} > \Delta t_r).$$

Hieraus erhält man einen brauchbaren oberen Grenzwert für $C_{T\,\text{min}}$, wenn man in erster Näherung $R_g'\, C_T \approx t_{f\,\text{ges}} \gg \Delta t_r$ annimmt und für ΔQ_T die im übersteuerten Transistor gespeicherte Basisladung Q_B nach Gl. (499) einsetzt. Es ist dann

$$C_{T\,\text{min}} \approx \frac{Q_B}{0{,}63\,\Delta U_g} \qquad (524)$$

[vgl. die Abschätzung (516)]. Ist andererseits C_T bekannt, so kann man aus Gl. (523) für eine gegebene Ladung Q_B die resultierende Gesamtausschaltzeit $t_{f\,\text{ges}}$ berechnen, bei der die Speicherzeit t_s, wie wir gesehen haben, im allgemeinen den überwiegenden Anteil bildet. Es ist

$$t_{f\,\text{ges}} = R_g'\, C_T \ln\left\{ \frac{\dfrac{R_g'\, C_T}{\Delta t_r}\,[\exp(\Delta t_r/R_g'\, C_T) - 1]}{1 - [Q_B/(C_T\,\Delta U_g)]} \right\} \qquad (525)$$

und mit $\Delta t_r \ll R_g'\, C_T$

$$t_{f\,\text{ges}} = R_g'\, C_T \ln\left(\frac{1}{1 - \dfrac{Q_B}{C_T\,\Delta U_g}} \right). \qquad (525\,\text{a})$$

Für die Ermittlung der Koppelkapazität C_K kann man folgendermaßen vorgehen. Der dem Transistor T_B (mit bereits leitender Emitterdiode) nach der Sperrung des Transistors T_A über C_{KB}, R_{1B} zugeführte Basisstrom ist von der Form

$$i_B = i_{B\ddot{U}} \{ m + (\widehat{m} - m)\exp(-t/\tau_{KXB}) \} \qquad (526)$$

mit

m　Übersteuerungsfaktor für den stationären Zustand,
$\widehat{m}$　Übersteuerungsfaktor für den Fall C_K bzw. $\tau_{KXB} \to \infty$

und

$$i_{B\ddot{U}} = i_{CXB}/B_{N(B)}.$$

Für $\widehat{m}$ erhält man aus der Schaltung Abb. 226 bzw. 227

$$\widehat{m} = \frac{1}{i_{B\ddot{U}}} \left\{ \frac{U_{0LA}^* - U_{0EXA} + U_{BEYB} - U_{BEXB} - R_{LA}^*\, I_{3AF}}{R_{LA}^*} + \frac{U_{02} - U_{BEXB}}{R_{2B}} \right\} \qquad (527)$$

und näherungsweise

$$\widehat{m} \approx \frac{i_{0XA}}{i_{B\ddot{U}}} = B_{N(B)}\,\frac{i_{0XA}}{i_{CXB}}\,. \qquad (527\,\mathrm{a})$$

Mit Hilfe dieses Wertes kann man in zwei Spezialfällen eine strenge Lösung für die Zeit $t_{\ddot{U}}$ angeben. Wir betrachten den Fall $C_{Cs} = 0$, $m = 1$ (im stationären Zustand) und führen eine Zeitkonstante τ' ein

$$\tau' = \begin{cases} \tau_{1i} & \text{für} \quad \tau_C = R^{*}_{LB}\,C_{LB} \ll \tau_{1i}, \\ \tau_C & \text{für} \quad \tau_C \gg \tau_{1i}. \end{cases}$$

Unter diesen Voraussetzungen gilt (wir lassen im folgenden den Index B fort)

$$t_{\ddot{U}} = \frac{\tau'\,\tau_{KX}}{\tau' - \tau_{KX}}\,\ln\left\{\frac{(\widehat{m} - 1)\,\tau_{KX}}{\widehat{m}\,\tau_{KX} - \tau'}\right\}. \qquad (528)$$

Für $\widehat{m} \gg 1$, was wir hier annehmen können, ist $t_{\ddot{U}}$ in einem weiten Bereich für τ_{KX} unabhängig von τ_{KX} bzw. von C_K, und zwar ist dort

$$t_{\ddot{U}} = \frac{\tau'}{\widehat{m}} = t_{\ddot{U}\,\mathrm{opt}}\,. \qquad (528\,\mathrm{a})$$

Es ist $t_{\ddot{U}} \approx t_{\ddot{U}\,\mathrm{opt}}$ mit einem Fehler von weniger als 10%, wenn

$$\tau_{KX} > \frac{5.7}{\widehat{m} + 4{,}7}\,\tau'$$

gewählt wird. Bei einem Wert

$$\tau_{KX} = \frac{2{,}5}{\widehat{m} + 1{,}5}\,\tau'$$

wächst $t_{\ddot{U}}$ auf $t_{\ddot{U}} = 1{,}3\,t_{\ddot{U}\,\mathrm{opt}}$ an. Bei weiterer Verkleinerung von τ_{KX} (wenn also die angegebene Schranke unterschritten wird) steigt $t_{\ddot{U}}$ dann sehr rasch an. Da — wie wir noch sehen werden — die Schaltfrequenz des Multivibrators auch von τ_{KY} abhängt und τ_{KY} mit C_K wächst, wird man τ_{KX} so minimal wählen, daß unter ungünstigsten Bedingungen noch kein merkliches Anwachsen von $t_{\ddot{U}}$ erfolgt. Mit Gl. (517) und der zuletzt genannten Schranke ($t_{\ddot{U}} < 1{,}3\,t_{\ddot{U}\,\mathrm{opt}}$) finden wir

$$C_{K\,\mathrm{min}} \approx \left(\frac{R^{*}_{LA} + R_{1B}}{R^{*}_{LA}\,R_{1B}}\right)\frac{2{,}5}{\widehat{m}}\,\tau' \qquad (529\,\mathrm{a})$$

und die Zeit $t_{\ddot{U}}$ wird etwa

$$t_{\ddot{U}} \approx 1{,}3\,\frac{\tau'}{\widehat{m}}\,. \qquad (529\,\mathrm{b})$$

Für den bistabilen Multivibrator gelten die gleichen Überlegungen hinsichtlich der Speicherzeiten t_s und der Zeitkonstanten τ_{KX} und τ_{KY}, wie sie für die Reihenschaltung von Umkehrstufen auf S. 336 angestellt wurden. Es sei t_p die Impulsdauer des auf E_R gegebenen positiven Steuerimpulses, wobei selbstverständlich $t_p > t_{f\,ges\,A}$ sein muß und t_q der zeitliche Abstand zwischen der negativen Rückflanke des Impulses und der positiven Einschaltflanke des nachfolgenden, auf den Steuereingang E_S gegebenen Steuerimpulses ist. Beim periodischen, dualen Untersetzerbetrieb (E_S und E_R sind zu einem gemeinsamen binären Eingang vereinigt) ist dann ersichtlich $(t_p + t_q)$ gleich der Impulsperiodendauer T. Nach S. 356 sind dann beim bistabilen Multivibrator etwa folgende zwei Forderungen einzuhalten

1.
$$2\,(t_{f\,ges\,max} + 2{,}3\,\tau_{KX\,max}) < T \qquad (530\,\text{a})$$

mit

$$\tau_{KX} = \frac{R_L^* R_1}{R_L^* + R_1}\,C_K,$$

2.
$$t_{f\,ges\,max} + 2{,}3\,\tau_{KY} + t_U < T \qquad (530\,\text{b})$$

mit

$$\tau_{KY} = \frac{R_1 R_2}{R_1 + R_2}\,C_K.$$

Darüber hinaus ist noch an die Zeitkonstante der hier benutzten Steuereingänge eine dritte Forderung

3.
$$2{,}3\,R_T\,C_T < t_q \qquad (531)$$

zu stellen. In der Regel versucht man die Forderungen 1 und 2 möglichst aufeinander abzustimmen, damit die aus beiden sich ergebenden unteren Schranken für T nicht zu sehr auseinander liegen. Der größere dieser beiden T-Werte bestimmt die mögliche maximale Schaltfolgefrequenz $f = 1/T$. Aus der Forderung 3. bestimmt man dann den Dimensionierungswert für R_T, da der Wert für C_T unabhängig davon dimensioniert werden muß. Häufig fällt hierbei der nach Gl. (531) geforderte Wert R_T zu klein aus, so daß die Forderung $R_T \gg R_D + r_{BB'}$ nicht erfüllt wird. In solchen Fällen kann man, wie in Abb. 229 angegeben, eine weitere Diode D_S parallel zu R_T legen, wodurch die störende Aufladung des Kondensators C_T bei einer negativen Steuerimpulsflanke über die Diode D_S rasch beseitigt wird. Bei einer positiven Steuerspannungsänderung ist die gleiche Diode unwirksam. Durch diese Schaltungsmaßnahme kann man R_T beträchtlich vergrößern ohne Beeinträchtigung der maximalen Schaltfolgefrequenz.

Für die Dimensionierung der beiden Koppelkapazitäten C_K und C_T bei unserem praktischen Schaltungsbeispiel wollen wir annehmen, daß der gleiche Steuergenerator wie beim Umkehrstufenbeispiel Verwendung findet (vgl. S. 319 und 330). Es ist $R_g \lesssim 100\ \Omega$, $\Delta U_{g\,max} = 5{,}2$ V, $\Delta U_{g\,min} = 3{,}7$ V und $\Delta t_r = \Delta t_f = 0{,}4$ µs. Für die Dimensionierung von C_T müssen wir mit dem ungünstigsten Wert $\Delta U_{g\,\mathrm{min}}$ rechnen. Der für eine kleine Ausschaltzeit $t_{f\,\mathrm{ges}}$ kritischste Fall mit der größten zu transportierenden Ladungsmenge liegt bei der größtmöglichen Übersteuerung vor. Beim eingeschalteten Transistor T_A tritt dieser Zustand

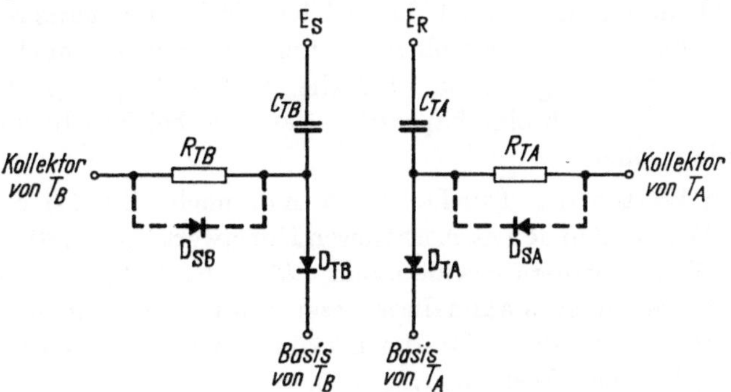

Abb. 229. Verbesserte Schaltung für die Steuerkreise E_R und E_S von Abb. 226

ein, wenn er nur mit der Grundlast R_{CA} bzw. nach Fall b) (S. 352) mit einer zusätzlichen Umkehrstufe belastet wird. Da man in beiden Fällen praktisch zum gleichen maximalen Übersteuerungsgrad gelangt, genügt es, wenn wir bei der Dimensionierung von C_T nur den Grundbelastungsfall beim Transistor T_A betrachten. In der nachfolgenden Tabelle ist

Größe	Einheit	I Ausschalten T_A	II Einschalten . T_B	Herkunft
ϑ	°C	60	60	vorgegeben
$-U_{v1}$	V	5,7	5,7	vorgegeben
U_{v2}	V	5,7	5,7	vorgegeben
R_1	kΩ	6,5	7,1	Abb. 228
R_2	kΩ	25,2	22,8	Abb. 228
R_C	kΩ	1,05	0,95	vorgegeben
$-U_{BEX}$	V	0,1	0,2	Datenblatt
U_{BEY}	V	—	1,2	Gl. (512c)
$-U_{CEY}$	V	4,9	4,9	Gl. (515a)
$-U_{CEX}$	V	0,2	0,2	Datenblatt
$-I_{CB0}$	μA	70	≈ 0	Datenblatt
$-I_{DT}$	μA	70	≈ 0	s. S. 351
B_N	—	90	45	Datenblatt
$-I_{CX}$	mA	5,24	5,8	Gl. (510)
I_{1X}	mA	0,73	0,64	Gl. (509a)
I_{2X}	mA	0,23	0,26	Gl. (509b)
$-I_{BX}$	mA	0,5	0,38	Gl. (509)
m	—	10	—	Gl. (474)
τ_{1t}	μs	3,3	3,3	Gl. (352a)
τ_s	μs	2,5	2,5	Datenblatt
Q_B	nAs	1,5	—	Gl. (499)

die hierfür ungünstigste Streuwertekombination in Spalte I zusammengestellt. Für die Dimensionierung von C_K legen wir bei dem einzuschaltenden Transistor T_B eine starke kapazitive Belastung nach Fall c) von S. 352 zugrunde. Die ungünstigste Wertekombination ist hierfür in Spalte II aufgeführt. Sie ist die gleiche wie bei der entsprechenden Grundbelastung allein. Wir wollen bei unserem Beispiel noch die einschränkende Forderung stellen, daß die beiden Ausgänge A und B nicht gleichzeitig durch eine kapazitive Last wie bei Fall b) und c) belastet werden sollen.

Mit den Werten der Tabelle erhält man nach Gl. (524) ein $C_{T\,\text{min}} \approx 640$ pF. Wir wählen den nächsthöheren Normwert $C_T = 680$ pF $\pm 5\%$. Für den Gesamtgeneratorwiderstand $R_g' = R_g + R_D$ können wir schätzungsweise einen Maximalwert von etwa $1\,\text{k}\Omega$ annehmen. Aus Gl. (525) erhält man dann für die maximale Gesamtausschaltzeit des Transistors T_A einen Wert $t_{f\,\text{ges max}} \approx 0{,}85\,\mu\text{s}$.

Zur Dimensionierung von C_K nehmen wir für den Transistor T_A den Grundbelastungsfall und für den einzuschaltenden Transistor T_B die sehr ungünstige kapazitive Belastung nach Belastungsfall c) an. In erster Näherung wollen wir aus den auf S. 356 dargelegten Gründen die kapazitive Belastung von T_B durch den Koppelkondensator C_{KA} vernachlässigen und nur die zusätzliche äußere kapazitive Belastung durch den Koppelkondensator C_T eines für einen positiven Steuerstrom durchlaßbereiten Steuereinganges E_R oder E_S der angeschlossenen zweiten bistabilen Multivibratorstufe berücksichtigen.

Mit $C_L \approx C_{T\,\text{max}} = 720\,\text{pF}$ und $R_{LB}^* = R_{CB} = 0{,}95\,\text{k}\Omega$ ist $\tau_C = 0{,}68\,\mu\text{s}$. Weiter ist mit $\tau_{1i} = 3{,}3\,\mu\text{s}$ daher noch $\tau_C \ll \tau_{1i}$ und wir können näherungsweise mit $\tau' = \tau_{1i} = 3{,}3\,\mu\text{s}$ rechnen. Der Übersteuerungsfaktor $\widehat{m}$ ist nach Gl. (527) $\widehat{m} = 26$. Aus Gl. (529a) folgt dann $C_{K\,\text{min}} = 345$ pF. Wir wählen den Normwert $C_K = 390$ pF $\pm 5\%$. Die Zeit t_U ist nach Gl. (529b) $t_U = 0{,}17\,\mu\text{s}$. Mit C_K liegt dann auch der Wert für die Zeitkonstante τ_{KY} fest, es ist $\tau_{KY\,\text{max}} = 2{,}3\,\mu\text{s}$.

Da der Transistor T_B den Stelleingang einer anderen Stufe schalten soll, muß geprüft werden, ob die hier gewählte Dimensionierung ausreicht, um mit dem gleichen Wert C_T den zugehörigen Transistor auszuschalten. Wir setzen in Gl. (525) für Δt_r näherungsweise $\Delta t_r = t_U = 0{,}17\,\mu\text{s}$, und wir erhalten für ungünstige Werte $Q_{B\,\text{max}} = 1{,}5$ nAs, $\Delta U_{g\,\text{min}} = -U_{CEYB} + U_{CEXA} = 4{,}7$ V, $R_g' \approx 1\,\text{k}\Omega$ eine Ausschaltzeit des auszuschaltenden Transistors von $t_{f\,\text{ges}} = 0{,}51\,\mu\text{s}$. Für den Transistor T_A hatten wir $0{,}85\,\mu\text{s}$ berechnet.

Mit den angegebenen Schaltzeiten sowie dem oben bereits angegebenen $\tau_{KY\,\text{max}}$-Wert von $2{,}3\,\mu\text{s}$ ergeben sich nach den Forderungen von Gln. (530a) und (530b) folgende untere Schranken für die Periodendauer T der Steuerimpulse

$$T > 3{,}5 \,\mu\text{s} \quad \text{nach Gl. (530a)},$$

bzw.

$$T > 6{,}3 \,\mu\text{s} \quad \text{nach Gl. (530b)}.$$

Hiernach könnte der bistabile Multivibrator unter allen vorkommenden Betriebsbedingungen mit einer maximalen Schaltfolgefrequenz von $f_{\max} \approx 160 \,\text{kHz}$ betrieben werden. Bei einem Tastverhältnis von $V_T = 0{,}5$ hätte t_q von Gl. (531) einen Wert von $3{,}1 \,\mu\text{s}$. Mit $C_{T\max} \approx 720 \,\text{pF}$ dürfte dann nach der Forderung dieser Gleichung R_T höchstens einen Wert von etwa $1{,}9 \,\text{k}\Omega$ haben. Dies ist gegenüber dem Durchlaßwiderstand der Diode R_D und dem Eingangswiderstand des eingeschalteten Transistors ein zu kleiner Wert. Will man daher die mögliche maximale Schaltfolgefrequenz von $160 \,\text{kHz}$ ausnutzen, so muß man die zusätzlichen Dioden nach Abb. 229 verwenden. In unserem Beispiel könnte dann ohne weiteres $R_T > 10 \,\text{k}\Omega$ gewählt werden. Verzichtet man auf diese Schaltungsmaßnahme und nimmt einen höheren R_T-Wert als $1{,}9 \,\text{k}\Omega$, dann wird die maximale Schaltfolgefrequenz nur noch durch die Zeitkonstante $R_T C_T$ bestimmt. Eine Herabsetzung des Tastverhältnisses V_T würde eine geringe Erhöhung von R_T ebenfalls zulassen. Nimmt man wegen der Forderung $t_p > t_s + t_{f0}$ eine Impulseinschaltdauer von $t_p = 1 \,\mu\text{s}$ an, so würde bei $T = 6{,}3 \,\mu\text{s}$ die Zeit $t_q = 5{,}3 \,\mu\text{s}$ werden. Aus Gl. (531) würde man dann $R_{T\max} \approx 3{,}2 \,\text{k}\Omega$ erhalten, was ebenfalls noch zu niedrig wäre.

Die Überlegungen über den erforderlichen Ladungstransport, die zur Dimensionierung von C_T geführt haben, sowie über den Einfluß der Steuerkreis-Zeitkonstante $R_T C_T$ auf die Schaltfolgefrequenz müssen in ähnlicher Form bei allen Steuerschaltungen mit kapazitivem Eingang angestellt werden. Eine kleine Zusammenstellung von Steuerschaltungen, die in der Praxis außer der von uns bisher benutzten Ausführungsform vielfach noch Verwendung finden, zeigt die Abb. 230. Die Schaltung a) ist wie unsere bisherige Steuerschaltung für positive Impulse vorgesehen, die den jeweils eingeschalteten Transistor ausschalten sollen. Bei der für negative Steuerimpulse vorgesehenen Schaltung b) geht in die Dimensionierung von C_T, da der jeweils gesperrte Transistor eingeschaltet werden soll, dessen Ausgangsbelastung stark ein, ähnlich wie bei der Dimensionierung von C_K in der Schaltung von Abb. 226. Bei Verwendung der Schaltung b) muß im übrigen der Koppelkondensator C_K so dimensioniert werden, daß über ihn die gesamte beim jeweils eingeschalteten (übersteuerten) Transistor gespeicherte Basisladung innerhalb der Zeit $(t_s + t_{f0})$ abgeführt werden kann. Eine besondere Steuerschaltung mit kapazitivem Eingang, durch die der jeweils gesperrte Transistor des bistabilen Multivibrators sehr rasch eingeschaltet

wird, zeigt die Abb. 230c (vgl. [*82*]). Das rasche Einschalten besorgt
hier ein besonderer n–p–n-Transistor. Die Schaltung arbeitet mit positiven Eingangsimpulsen. Die Anforderungen an den Steuergenerator
sind jedoch — sowohl im Hinblick auf die Anstiegszeit der Generatorspannung als auch mit Rücksicht auf die kapazitive Belastung durch
C_T — dank der Verwendung der Querinduktivität L im Basiskreis
nicht sehr hoch. Sobald durch den positiven Eingangsimpuls der Span-

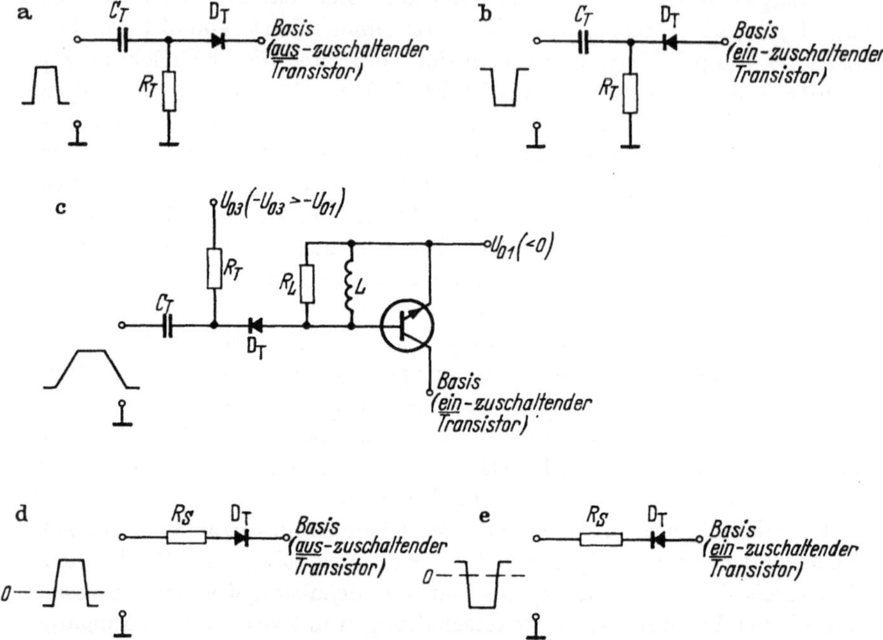

Abb. 230 a—e. Einige gebräuchliche Steuerschaltungen für bistabile Multivibratoren (s. Text)

nungsabfall über R_T soweit geändert wird, daß die Diode D_T sperrt,
wird über L eine Spannung induziert, die den n–p–n-Transistor sofort
einschaltet. Der Basis-Einschaltstrom ist im wesentlichen der exponentiell abklingende Strom durch L, dessen Spitzenwert gleich dem stationären Stromwert ist, der vor der Sperrung von D_T über den Spannungsteiler R_T, R_L in L eingespeist wurde. Die beiden Schaltungen d) und e)
sind in solchen Fällen nützlich, bei denen die Möglichkeit besteht,
Schaltspannungsniveaus in direkter galvanischer Kopplung für die
Steuerung zu benutzen. Wenn das eigentliche Steuerniveau nicht an-
liegt, müssen die Dioden durch ein entsprechendes Schaltniveau gesperrt werden, damit keine Rückwirkungen zwischen Steuergenerator
und Basiskreis des Transistors auftreten können. Wenn mehrere solcher
Steuereingänge vom gleichen Steuergenerator parallel betätigt werden

sollen, ist es ratsam, einen Serienwiderstand R_S zur Diode D_T einzuführen. Der Wert von R_S soll mindestens von der Größenordnung des Durchlaßwiderstandes der Diode sein, damit möglichst eine Gleichverteilung der Steuerströme auf alle parallel betriebenen Steuereingänge gewährleistet wird.

Die Belastbarkeit und Schaltfolgefrequenz der von uns behandelten Grundschaltung eines bistabilen Multivibrators ist im allgemeinen nicht besonders hoch. Diese Eigenschaften lassen sich wesentlich verbessern, wenn für den bistabilen Multivibrator an Stelle der Grundschaltung eine Kombination von jeweils zwei Umkehrstufen der auf S. 336 ff. beschriebenen speziellen Ausführungsformen verwendet werden. Besonders vorteilhaft sind die sehr häufig eingesetzte Festhaltediodenschaltung nach Abb. 216, die ohne Übersteuerung der Transistoren arbeitende Schaltung nach Abb. 219, die komplementäre Umkehrstufenschaltung nach Abb. 220 sowie Umkehrstufenschaltungen für den Stromschalterbetrieb.

Anhang

A. 1 Formelzeichen, Definitionen und Schreibweisen

Schaltungen, Ströme und Spannungen. Der Transistor läßt sich nach Abb. 1A als Verstärkerelement in drei Grundschaltungen verwenden.

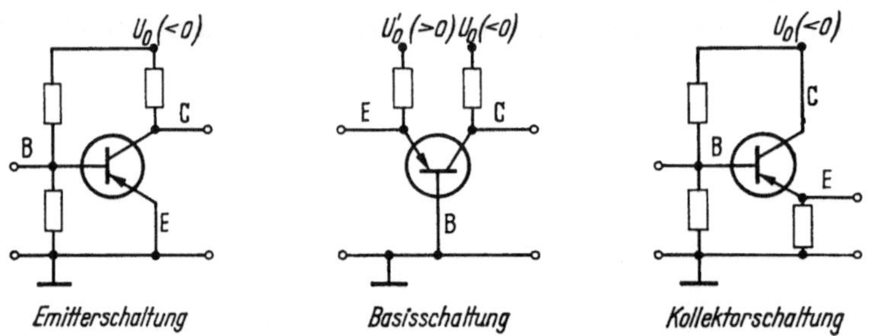

Abb. 1A. Grundschaltungen eines p–n–p-Transistors. Die vollen Kreise deuten die Gleichstromanschlüsse, die leeren Kreise die Wechselstromanschlüsse an

Emitterschaltung:	Eingang und Ausgang haben den Emitter als gemeinsame Anschlußelektrode.
Basisschaltung:	Eingang und Ausgang haben die Basis als gemeinsame Anschlußelektrode.
Kollektorschaltung:	Eingang und Ausgang haben den Kollektor als gemeinsame Anschlußelektrode.

Aus der Abb. 1A gehen die Elektrodenbezeichnungen hervor

B, b Basis,
E, e Emitter,
C, c Kollektor.

Die Elektrodenbezeichnungen erscheinen auch als Indizes für Ströme, Spannungen, Leitwerte usw. Im allgemeinen werden die großen Buchstaben B, E, C verwendet, wenn der Transistor gleichstrommäßig betrachtet wird (auch bei großen Signalen); kleine Buchstaben b, e, c werden verwendet, wenn es sich um Wechselstrombetrachtungen bei kleinen Signalen handelt.

Die in den Schaltungen eingezeichneten Zählpfeile für die Ströme sind Festlegungen mit der Maßgabe, daß die zu den Zählpfeilen gehörenden Ströme, z. B. I_B, I_C, I_1, I_2 ... positiv gezählt werden, wenn die Bewegung positiver Ladungsträger in der Pfeilrichtung (oder negativer Ladungsträger entgegen der Pfeilrichtung) erfolgt.

Die in den Schaltungen eingezeichneten Zählpfeile für die Spannungen sind Festlegungen mit der Maßgabe, daß die zu den Zählpfeilen gehörenden Spannungen, z. B. U_0, U_1 ... positiv gezählt werden, wenn das anliegende elektrische Potential an der Pfeilspitze höher ist als am Pfeilschaft. Da diese Festlegung in der Literatur unterschiedlich ist, werden überdies beim Transistor zwei Indizes verwendet. Dieses Spannungen werden positiv gezählt, wenn die mit dem ersten Index bezeichnete Elektrode eine gegenüber der mit dem zweiten Index bezeichneten Elektrode positive Potentialdifferenz hat.

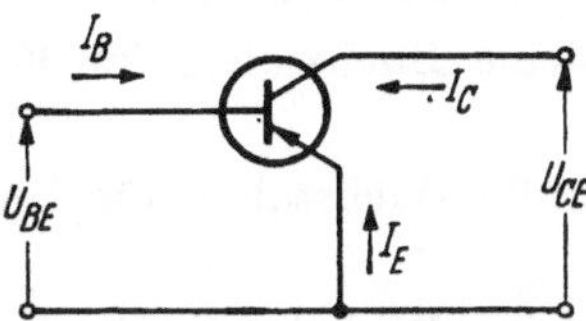

Abb. 2A. Zur Definition der Zählrichtungen von Strömen und Spannungen beim Transistor. Die Festlegung gilt sowohl für p–n–p- und n–p–n-Transistoren als auch für alle drei Grundschaltungen

Die Festlegung der so definierten Zählpfeile erfolgt für den Transistor und für Vierpoldarstellungen nach dem Muster der Abb. 2A und 3A.

Diese Festlegungen bleiben unabhängig von Grundschaltung, Transistortyp und Zonenfolge (p–n–p, n–p–n) gültig.

Für die Ströme erhält man notwendigerweise

$$I_E + I_B + I_C = 0. \tag{1A}$$

Für die Spannungen gilt

$$U_{CE} + U_{EB} + U_{BC} = 0. \tag{2A}$$

Da bei normalen Betriebseinstellungen bei p–n–p-Transistoren der Emitterstrom — als positiver Strom in den Transistor gelangend — sich in Basis- und Kollektorstrom aufteilt, ist

$$I_B < 0, \qquad I_C < 0.$$

Auch ist dann

$$U_{BE} < 0, \qquad U_{CE} < 0.$$

Prinzipiell ist es gleichgültig, ob z. B.

$$I_C = -3\,\text{mA} \quad \text{oder} \quad -I_C = 3\,\text{mA}$$

geschrieben wird. In Gleichungen wird man zu viele Minuszeichen zu vermeiden suchen, jedoch muß man bei Maximal- und Minimalangaben sinnvollerweise schreiben

$$-I_C = \text{max } 100 \text{ mA}$$

oder bei Ungleichungen

$$-I_{CB0} < -I_{CE0}.$$

Bei den Strömen und Spannungen werden allgemein große und kleine Buchstaben für Formelzeichen und auch für die Indizes verwendet:

große Buchstaben für Formelzeichen: zeitlich konstante Größen,

kleine Buchstaben für Formelzeichen: zeitlich veränderliche Größen (auch für komplexe Größen),

große Buchstaben für Indizes: Größen, die vom statischen Wert Null an gerechnet werden,

kleine Buchstaben für Indizes: Größen, die vom Gleichstromwert an gerechnet werden (gewöhnlich Wechselstromgrößen).

Zahlen als Indizes bei Vierpol-Ersatzschaltbildern bezeichnen ausschließlich Größen, die vom Gleichstromwert (Arbeitspunkt) an gerechnet werden.

Einige Beispiele

I_C Kollektorgleichstrom (Gleichstrom oder Gleichstromkomponente), auch statischer Kennlinienwert,

$I_{C\,\text{eff}}$ Effektivwert des gesamten Kollektorstromes,

i_C Augenblickswert des Kollektorstromes, vom Kollektorstrom Null an gerechnet (im allgemeinen Impulsgrößen),

i_{CM} Scheitelwert des Kollektorstromes, vom Kollektorstrom Null an gerechnet,

I_c Effektivwert des Kollektorwechselstromes, vom Gleichstromwert an gerechnet,

i_c Augenblickswert des Kollektorstromes, vom Gleichstromwert an gerechnet,

i_{cM} Scheitelwert des Kollektorwechselstromes, vom Gleichstromwert an gerechnet.

Statische Größen. *Restströme.* Restströme sind Ströme im Sperrbereich der Kollektor- und Emitterdiode.

I_{EB0} Emitterreststrom (bei offenem Kollektor),

I_{CB0} Kollektorreststrom (bei offenem Emitter),

I_{CE0} Kollektor-Emitter-Reststrom (bei offener Basis und gesperrter Kollektordiode) $[I_{CE0} = (1 + B_N)\,I_{CB0}]$,

I_{CBK} Kollektor-Kurzschlußreststrom (bei $U_{EB} = 0$).

Kollektorrestspannungen. Kollektorrestspannungen sind Spannungen zwischen Kollektor und Emitter im Kennliniengebiet, in dem die

Kollektordiode vom Durchlaß- in den Sperrbereich übergeht. Es sind folgende Festlegungen in Gebrauch:

a) U_{CE0} Kollektorrestspannung bei einem Strom I_C für eine Kennlinie, die bei gleichem Basisstrom durch einen Kennlinienpunkt $1,05 \cdots 1,1 I_C$ und (z. B.) $-U_{CE} = 1$ V geht,

b) U_{CER} Kollektorrestspannung bei einem Strom I_C für $U_{CB} = 0$.

In manchen Fällen wird auch U_{CE} angegeben für einen Kollektorstrom I_C und einen Basisstrom I_B, wobei der Kennlinienpunkt mit Sicherheit im Übersteuerungsbereich liegt.

Gleichstromverstärkungen. Gleichstromverstärkung, auch statische Stromverstärkung bzw. Großsignal-Stromverstärkung

in Basisschaltung

$$\text{normal (bei gesperrter Kollektordiode)} \quad A_N = \frac{-I_C + I_{CB0}}{I_E},$$

$$\text{invers (bei gesperrter Emitterdiode)} \quad A_I = \frac{-I_E + I_{EB0}}{I_C},$$

in Emitterschaltung

$$\text{normal (bei gesperrter Kollektordiode)} \quad B_N = \frac{I_C - I_{CB0}}{I_B + I_{CB0}},$$

$$\text{invers (bei gesperrter Emitterdiode)} \quad B_I = \frac{I_E - I_{EB0}}{I_B + I_{EB0}}.$$

Die Gleichstromverstärkungen hängen durch folgende Gleichungen zusammen (sinngemäß auch für A_I, B_I)

$$B_N = \frac{A_N}{1 - A_N} \quad \text{oder} \quad A_N = \frac{B_N}{1 + B_N} \quad \text{oder} \quad 1 - A_N = \frac{1}{1 + B_N}. \quad (3\,\text{A})$$

Der Index N wird nur verwendet, wenn Mißverständnisse möglich sind.

Dynamische Größen. *Stromverstärkungen des inneren Transistors* bei jeweils kurzgeschlossenem Ausgang für kleine Signale

in Basisschaltung

normal $\qquad\qquad\qquad\qquad\qquad\qquad\qquad\qquad \alpha_N = \dfrac{-i_c}{i_e}$

(bei $u_{cb'} = 0$ und annähernd auch bei $u_{cb} = 0$),

invers $\qquad\qquad\qquad\qquad\qquad\qquad\qquad\qquad \alpha_I = \dfrac{-i_e}{i_c}$

(bei $u_{eb'} = 0$ und annähernd auch bei $u_{eb} = 0$).

Beim Betrieb mit normaler Gleichstromeinstellung kann α_I nicht aus der Messung des Kurzschlußeingangsstromes gewonnen werden, da dann der Diffusionswiderstand r_e nicht groß gegenüber dem Basisbahnwiderstand $r_{bb'}$ wäre.

(Bei normalem Betrieb ist weiterhin $\alpha_I = \mu\, g_e/g_c$; μ ist die Spannungsrückwirkung des *inneren* Transistors $\mu = u_{eb'}/u_{cb'}$ bei $i_e = 0$),

Stromverstärkung in Emitterschaltung

normal
$$\beta_N = \frac{i_c}{i_b}$$

(bei $u_{ce} = 0$ und annähernd auch bei $u_{cb} = 0$).

Eine Stromverstärkung des inneren Transistors invers β_I hat nur Sinn bei einem Arbeitspunkt im invers aktiven Bereich des Transistors.

Wenn keine Mißverständnisse möglich sind, werden die Indizes N bzw. I weggelassen.

Wenn die Stromverstärkungen speziell für eine niedrige Frequenz (z. B. 1000 Hz) gekennzeichnet werden sollen, wird ein Index 0 verwendet, z. B. α_{N0}, β_0 usw.

Die Stromverstärkungen normal hängen näherungsweise durch folgende Gleichungen zusammen

$$\beta \approx \frac{\alpha}{1-\alpha} \quad \text{oder} \quad \alpha \approx \frac{\beta}{1+\beta} \quad \text{oder} \quad 1-\alpha \approx \frac{1}{1+\beta}. \qquad (4\,\mathrm{A})$$

Diese Beziehungen gelten auch für α_I, β_I, sofern bei inverser Betriebseinstellung gemessen wird.

Grenzfrequenzen. Die Grenzfrequenz der Stromverstärkung in Basisschaltung f_α bzw. in Emitterschaltung f_β ist die Frequenz, bei welcher der Betrag der Stromverstärkung für kleine Signale (α bzw. β) auf den Wert $1/\sqrt{2}$, bezogen auf den Wert bei einer niedrigen Frequenz (1000 Hz), abgesunken ist

$$|\alpha| = \frac{\alpha_0}{\sqrt{1+(f/f_\alpha)}} \quad \text{bzw.} \quad |\beta| = \frac{\beta_0}{\sqrt{1+(f/f_\beta)}}. \qquad (5\,\mathrm{A})$$

Es gilt annähernd
$$f_\alpha/f_\beta \approx \beta_0/\alpha_0. \qquad (6\,\mathrm{A})$$

Die „$\beta = 1$-Frequenz" f_1 ist die Frequenz, bei der der Betrag von β auf den Wert 1 abgesunken ist.

Vierpolgrößen und Betriebswerte

v_i	Stromverstärkung von Vierpolen,
v_u	Spannungsverstärkung von Vierpolen,
v_N	Leistungsverstärkung von Vierpolen,
v_c	Mischverstärkung (Leistungsverhältnis),
y_i	Eingangsadmittanz,
y_o	Ausgangsadmittanz.

Widerstände (sinngemäß Leitwerte)

r	innere Widerstände des Transistors,
r_E	Widerstand der Emitterdiode bei Großsignalbetrieb,

r_e	Widerstand der Emitterdiode bei Kleinsignalbetrieb,
$r_{BB'}$	Basisbahnwiderstand bei Großsignalbetrieb,
$r_{bb'}$	Basisbahnwiderstand bei Kleinsignalbetrieb,
R	äußere Widerstände der Schaltung,
R_g	Generatorwiderstand,
r_g	Generatorwiderstand als Teil eines anderen Vierpols,
R_L	Lastwiderstand,
r_L	Lastwiderstand als Teil eines anderen Vierpols.

Thermisch-elektrische Größen

N_C, N_{CE} Kollektorverlustleistung.

In Sonderfällen werden die zwischen den Elektroden in Transistoren verbrauchten Leistungen getrennt bezeichnet

(gesamte Leistung: $N_{CE} + N_{BE} = I_C\,U_{CE} + I_B\,U_{BE}$)

N_C, $\overline{N}_C$	mittlere Kollektorverlustleistung,
$N_=$, N_{bat}	aufgenommene (Gleichstrom-) Leistung einer Stufe,
T	Temperatur in °K,
ϑ	Temperatur in °C,
U_T	Temperaturspannung ($k\,T_j/q$),
T_j, ϑ_j	Sperrschichttemperatur,
T_{ugb}, ϑ_{ugb}	Umgebungstemperatur,
T_G, ϑ_G	(Transistor-) Gehäusetemperatur,
T_{Ch}, ϑ_{Ch}	Chassistemperatur,
K	Wärmewiderstand,
K_{Ch}	Wärmewiderstand des Chassis,
τ_w	Wärmezeitkonstante,
c_c	Temperaturkoeffizient für das Anwachsen des Kollektor- reststromes in Basisschaltung [$\mathrm{d}I_{CB0}/(I_{CB0}\,\mathrm{d}T_j)$],
c_E	Temperaturkoeffizient für die Abnahme der Basis-Emitter- Spannung ($\mathrm{d}U_{EB}/\mathrm{d}T_j) < 0$.

Formelzeichen verschiedener Größen

N_i	Eingangs-Wechselstromleistung,
N_o	Ausgangs-Wechselstromleistung,
U_0, U_{bat}	Batterie-, Speisespannung,
U_r	Rauschspannung,
I_r	Rauschstrom,
η	Wirkungsgrad (stets Leistungswirkungsgrad),
t_{av}	Integrationszeit (für Spannungen und Ströme),
f_p	Pulsfrequenz,
t_p	Impulsdauer,
V_T	Tastverhältnis (relative Einschaltdauer, duty cycle $t_p\,f_p$).

Komplexe Größen. Klein geschriebene Spannungen und Ströme u bzw. i können zugleich komplex sein, d. h. sie sollen nicht gesondert als Vektoren (bzw. Zeiger) gekennzeichnet werden. Es ist daher z. B.

$$u = |u| \exp [\mathrm{j}(\omega t + \varphi)] \tag{7A}$$

oder

$$u = \hat{u} \exp [\mathrm{j}(\omega t + \varphi)]. \tag{8A}$$

Komplexe Widerstände und Leitwerte (bzw. Impedanzen und Admittanzen) z und y sollen für

$$z = r + \mathrm{j}\,x \quad \text{bzw.} \quad \dot{y} = g + \mathrm{j}\,b \tag{9A}$$

stehen. Die Scheinwiderstände bzw. Scheinleitwerte werden in der Form geschrieben

$$|z| = \sqrt{r^2 + x^2} \quad \text{bzw.} \quad |y| = \sqrt{g^2 + b^2}. \tag{10A}$$

Über Vierpolgleichungen und deren Schreibweisen vgl. den folgenden Abschn. A. 2.

Bezeichnungsweisen für Halbleiter-Bauelemente. Bisher wurden in Deutschland verschiedene Bezeichnungsweisen für Transistoren verwendet. Inzwischen ist ein neues System vereinbart worden, das für alle neu auf dem Markt erscheinenden Typen wirksam werden wird. Es wird dabei unterschieden zwischen Typen, die vornehmlich für Rundfunk-, Fernseh- und ähnliche Anwendungen vorgesehen sind (Standardtypen), und denen, die speziell für industrielle Zwecke, z. B. in Rechenmaschinen, Verwendung finden sollen (professionelle Typen).

Die Bezeichnungsweise besteht
für Standardtypen aus zwei Buchstaben und drei Ziffern,
für professionelle Typen aus drei Buchstaben und zwei Ziffern.

Der *erste* Buchstabe bedeutet:
A   Ausgangsmaterial Germanium,
B   Ausgangsmaterial Silizium.

Der *zweite* Buchstabe bedeutet:
A   Diode,
C   NF-Transistor,
D   NF-Leistungstransistor ($K < 15\,°\mathrm{C/W}$),
E   Tunneldiode,
F   HF-Transistor,
L   HF-Leistungstransistor ($K < 15\,°\mathrm{C/W}$),
P   Fotohalbleiter (Fotodiode und -transistor),
S   Schalttransistor kleiner Leistung,
U   Schalttransistor hoher Leistung ($K < 15\,°\mathrm{C/W}$),
T   Steuerbarer Gleichrichter
Y   Gleichrichter,
Z   ZENER-Diode, Referenzdiode.

An *dritter* Stelle erscheint für professionelle Typen ein Buchstabe, der keine technische Bedeutung hat.

Die Ziffern haben für beide Typen nur den Charakter einer laufenden Kennzeichnung.

A. 2 Einige Vierpolgleichungen und ihre Transformationen

Für den als Vierpol betrachteten Transistor lassen sich grundsätzlich alle Beschreibungsarten der allgemeinen Vierpoltheorie verwenden. Lediglich für die Zählpfeile ist eine Vereinbarung erforderlich. Es wurde hier die Festlegung nach Abb. 3A gewählt[1]. Die Ströme i_1, i_2 bzw. die Spannungen u_1, u_2 stimmen stets in ihrem *Richtungssinn* mit i_e, i_c, i_b bzw. u_{eb}, u_{cb} usw. überein, gleichgültig, für welche Schaltung (Basisschaltung, Emitterschaltung, Kollektorschaltung) der Vierpol gelten soll.

Abb. 3A. Zur Definition der Zählrichtungen von Strömen und Spannungen bei den hier verwendeten Vierpolgleichungen

Die Vierpolkoeffizienten der Impedanzmatrix, Admittanzmatrix usw. sind von Schaltung zu Schaltung verschieden. Sie müssen — falls Mißverständnisse nicht ausgeschlossen sind — durch Indizes b, c, e für Basis-, Emitter- bzw. Kollektorschaltung zusätzlich gekennzeichnet werden. Außerdem gelten sie stets nur für einen bestimmten Arbeitspunkt und einen begrenzten Frequenzbereich.

In der Schaltungstechnik werden vorwiegend vier verschiedene Matrizen für die Vierpolgleichungen benötigt.

Impedanzmatrix

$$u_1 = z_{11} i_1 + z_{12} i_2,$$
$$u_2 = z_{21} i_1 + z_{22} i_2 \tag{11A}$$

bzw. in der Matrizenschreibweise

$$\begin{pmatrix} u_1 \\ u_2 \end{pmatrix} = (z) \begin{pmatrix} i_1 \\ i_2 \end{pmatrix}.$$

Admittanzmatrix

$$i_1 = y_{11} u_1 + y_{12} u_2,$$
$$i_2 = y_{21} u_1 + y_{22} u_2 \tag{12A}$$

---

[1] Eine umfassende, für den Ingenieur zugeschnittene Darstellung der Vierpoltheorie findet sich bei R. Feldtkeller: Einführung in die Vierpoltheorie der elektrischen Nachrichtentechnik, 6. Aufl. Stuttgart: S. Hirzel 1953. Die Zählrichtungen für Strom und Spannung sind dort teilweise anders festgelegt, jedoch lassen sich die Vierpolkoeffizienten leicht umrechnen. Wir wollen uns an die hier gewählte und in der internationalen Literatur überwiegend zu findende Festlegung halten.

374   Anhang

bzw.

$$\begin{pmatrix} i_1 \\ i_2 \end{pmatrix} = (y) \begin{pmatrix} u_1 \\ u_2 \end{pmatrix}.$$

h-Matrix

$$u_1 = h_{11}\,i_1 + h_{12}\,u_2,$$

$$i_2 = h_{21}\,i_1 + h_{22}\,u_2 \tag{13A}$$

bzw.

$$\begin{pmatrix} u_1 \\ i_2 \end{pmatrix} = (h) \begin{pmatrix} i_1 \\ u_2 \end{pmatrix}.$$

a-Matrix (*Kettenmatrix*)

$$u_1 = a_{11}\,u_2 - a_{12}\,i_2,$$

$$i_1 = a_{21}\,u_2 - a_{22}\,i_2 \tag{14A}$$

bzw.

$$\begin{pmatrix} u_1 \\ i_1 \end{pmatrix} = (a) \begin{pmatrix} u_2 \\ -i_2 \end{pmatrix}.$$

Hier wird zweckmäßig ein Minuszeichen für i_2 verwendet, damit bei einer Hintereinanderschaltung von Vierpolen mit $-i_{2(n)} = i_{1(n+1)}$ das Matrizenprodukt die a-Matrix der ganzen Schaltung ergibt.

Die z- und y-Matrix eignen sich besonders für Betrachtungen bei HF-Schaltungen mit selektiven Abschlüssen am Eingang und Ausgang. Die Verwendung der h-Matrix liefert recht übersichtliche Beziehungen zwischen den h-Koeffizienten und den elektrischen Eigenschaften des Transistors im NF-Bereich.

Die Umrechnungsbeziehungen gehen aus der folgenden Tabelle hervor, aus welcher die Transformationen von einer der vier Matrizen zu irgendeiner anderen abgelesen werden können.

	(z)	(y)	(h)	(a)
(z)	$\begin{matrix} z_{11} & z_{12} \\ z_{21} & z_{22} \end{matrix}$	$\dfrac{1}{\Delta_y}\begin{pmatrix} y_{22} & -y_{12} \\ -y_{21} & y_{11} \end{pmatrix}$	$\dfrac{1}{h_{22}}\begin{pmatrix} \Delta_h & h_{12} \\ -h_{21} & 1 \end{pmatrix}$	$\dfrac{1}{a_{21}}\begin{pmatrix} a_{11} & \Delta_a \\ 1 & a_{22} \end{pmatrix}$
(y)	$\dfrac{1}{\Delta_z}\begin{pmatrix} z_{22} & -z_{12} \\ -z_{21} & z_{11} \end{pmatrix}$	$\begin{matrix} y_{11} & y_{12} \\ y_{21} & y_{22} \end{matrix}$	$\dfrac{1}{h_{11}}\begin{pmatrix} 1 & -h_{12} \\ h_{21} & \Delta_h \end{pmatrix}$	$\dfrac{1}{a_{12}}\begin{pmatrix} a_{22} & -\Delta_a \\ -1 & a_{11} \end{pmatrix}$
(h)	$\dfrac{1}{z_{22}}\begin{pmatrix} \Delta_z & z_{12} \\ -z_{21} & 1 \end{pmatrix}$	$\dfrac{1}{y_{11}}\begin{pmatrix} 1 & -y_{12} \\ y_{21} & \Delta_y \end{pmatrix}$	$\begin{matrix} h_{11} & h_{12} \\ h_{21} & h_{22} \end{matrix}$	$\dfrac{1}{a_{22}}\begin{pmatrix} a_{12} & \Delta_a \\ -1 & a_{21} \end{pmatrix}$
(a)	$\dfrac{1}{z_{21}}\begin{pmatrix} z_{11} & \Delta_z \\ 1 & z_{22} \end{pmatrix}$	$\dfrac{1}{y_{21}}\begin{pmatrix} -y_{22} & -1 \\ -\Delta_y & -y_{11} \end{pmatrix}$	$\dfrac{1}{h_{21}}\begin{pmatrix} -\Delta_h & -h_{11} \\ -h_{22} & -1 \end{pmatrix}$	$\begin{matrix} a_{11} & a_{12} \\ a_{21} & a_{22} \end{matrix}$

(Es gilt $\Delta_x = x_{11}\,x_{22} - x_{12}\,x_{21}$.)

Die Determinanten berechnen sich wie folgt

$$\varDelta_z = \frac{1}{\varDelta_y} = \frac{h_{11}}{h_{22}} = \frac{a_{12}}{a_{21}},$$

$$\varDelta_y = \frac{1}{\varDelta_z} = \frac{h_{22}}{h_{11}} = \frac{a_{21}}{a_{12}},$$

$$\varDelta_h = \frac{z_{11}}{z_{22}} = \frac{y_{22}}{y_{11}} = \frac{a_{11}}{a_{22}},$$

$$\varDelta_a = \frac{z_{12}}{z_{21}} = \frac{y_{12}}{y_{21}} = -\frac{h_{12}}{h_{21}}.$$

Die Umrechnungen der Matrizen von Schaltung zu Schaltung gewinnt man allgemein aus den Gleichungen für die Spannungen und Ströme

Emitterschaltung ↔ Basisschaltung   Kollektorschaltung ↔ Basisschaltung

$$
\begin{aligned}
u_{1e} &= -u_{1b}, & u_{1c} &= -u_{2b}, \\
u_{2e} &= -u_{1b} + u_{2b}, & u_{2c} &= +u_{1b} - u_{2b}, \\
i_{1e} &= -i_{1b} - i_{2b}, & i_{1c} &= -i_{1b} - i_{2b}, \\
i_{2e} &= +i_{2b}, & i_{2c} &= +i_{1b}.
\end{aligned}
\tag{15A}
$$

Setzt man diese Beziehungen in die Vierpolgleichungen ein, dann erhält man unmittelbar die gewünschten Transformationen. Es ist z. B.

$$(y_{ike}) = \begin{pmatrix} (y_{11b} + y_{12b} + y_{21b} + y_{22b}) & -(y_{12b} + y_{22b}) \\ -(y_{21b} + y_{22b}) & y_{22b} \end{pmatrix} \tag{16A}$$

und für die h-Matrix

$$(h_{ike}) = \frac{1}{N} \begin{pmatrix} h_{11b} & \varDelta_{hb} - h_{12b} \\ -(h_{21b} + \varDelta_{hb}) & h_{22b} \end{pmatrix} \tag{17A}$$

mit

$$N = (1 + h_{21b})(1 - h_{12b}) + h_{11b} h_{22b},$$

$$\varDelta_{hb} = h_{11b} h_{22b} - h_{12b} h_{21b}.$$

Näherungsweise gilt mit $h_{11b} h_{22b} \ll (1 + h_{21b})$; $h_{12b} \ll 1$ sowie mit $h_{21b} = -\alpha$; $h_{21b}/(1 + h_{21b}) = -\beta$

$$(h_{ike}) \approx \begin{pmatrix} h_{11b}(1 + \beta) & h_{11b} h_{22b}(1 + \beta) - h_{12b} \\ \beta & h_{22b}(1 + \beta) \end{pmatrix}.$$

Die Matrixtransformationen (16A) und (17A) sind reziprok, d. h. es können die Indizes e und b gegeneinander vertauscht werden. [Für die Transformationen Emitterschaltung → Kollektorschaltung und Kollektorschaltung → Basisschaltung erhält man andere Gleichungen; sie können aus den Gln. (15A) gewonnen werden.]

In vielen Fällen ist es praktisch, die Vierpolindizes 11, 12, 21, 22 durch Buchstaben zu ersetzen (es kann dann ein Symbol gespart werden)

$$11 = i \qquad \text{(input)},$$
$$12 = r \qquad \text{(reverse)},$$
$$21 = f \qquad \text{(forward)},$$
$$22 = o \qquad \text{(output)},$$

z. B. ist

$$z_{11b} = z_{ib}, \qquad z_{12b} = z_{rb},$$
$$z_{21b} = z_{fb}, \qquad z_{22b} = z_{ob}.$$

A. 3 Herleitung einiger Gleichungen für den inneren Transistor

Die Erfahrung hat gezeigt, daß für den praktischen Transistor die Berechnung der Ströme und Spannungen an Hand eines relativ einfachen Modells erfolgen kann. Dieses Modell besteht aus den planparallelen Zonen für Emitter, Basis und Kollektor. Die Dicke der Basiszone sei w. Der Basisbahnwiderstand (auch die Bahnwiderstände der Emitter- und Kollektorzone) sowie die Sperrschichtkapazitäten sollen vorläufig unberücksichtigt bleiben. Dieses Modell wird gern mit „innerer Transistor" bezeichnet. Für die Berechnung der Stromdichten werden lediglich

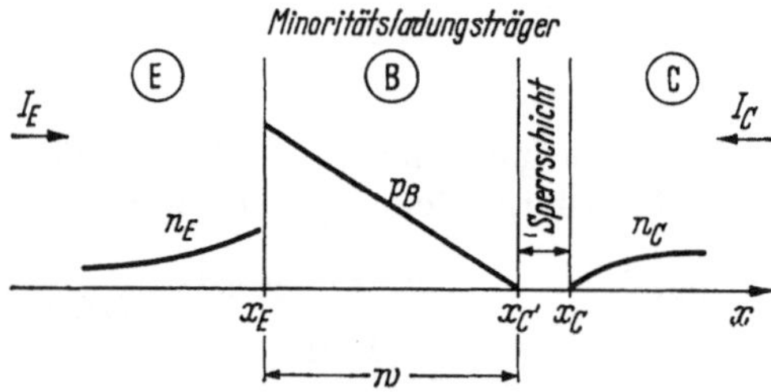

Abb. 4A. Skizze der Minoritätsdichten im Transistor für die Herleitung der Transistorgleichungen

die Minoritätsladungsträger herangezogen. (Dies kann man bei nicht zu hohen Stromdichten tun.) An Hand der Abb. 4A und in Verbindung mit den Gln. (27) und (28) auf S. 13 erhält man als Randbedingungen

$$n_E(x \rightarrow -\infty) = n_{E0},$$
$$n_E(x = x_E) = n_{E0}\, \exp(u_{EB'}/U_T),$$
$$p_B(x = x_E) = p_{B0}\, \exp(u_{EB'}/U_T),$$
$$p_B(x = x_{C'}) = p_{B0}\, \exp(u_{CB'}/U_T), \qquad \text{(18A)}$$
$$n_C(x = x_C) = n_{C0}\, \exp(u_{CB'}/U_T),$$
$$n_C(x \rightarrow +\infty) = n_{C0}$$

mit $U_T = k\,T_j/q$ ($= 26\,\text{mV}$ bei $25\,°\text{C}$).

Die zuständigen Differentialgleichungen für n- und p-Dichten sind

$$\frac{1}{D_n}\frac{\partial n}{\partial t} = \frac{\partial^2 n}{\partial x^2} - \frac{1}{L_n^2}(n - n_0); \qquad \frac{1}{D_p}\frac{\partial p}{\partial t} = \frac{\partial^2 p}{\partial x^2} - \frac{1}{L_p^2}(p - p_0). \qquad \text{(19A)}$$

Die Diffusionsströme folgen aus

$$I_n = -F\,q\,D_n\,\frac{\partial n}{\partial x}; \quad I_p = -F\,q\,D_p\,\frac{\partial p}{\partial x}.$$

Der EARLY-Effekt (vgl. S. 43ff.) wird dadurch berücksichtigt, daß der Ort $x_{C'}$ eine Funktion der Kollektor-Basis-Spannung ist. Und zwar ergibt sich [vgl. Gl. (44A) im nächsten Abschnitt]

$$x_{C'} = x_E + w$$

mit

$$w = x_C - x_E - \sqrt{(-u_{CB'})\,2\varepsilon\,\varepsilon_0\,\mu_n\,\varrho_B} \qquad (20\,\text{A})$$

für einen abrupten Störstellenübergang Kollektor-Basis.

Weiterhin sollen nur die Gleichstromkomponenten und die Wechselstromkomponenten kleiner Signale (Grundwelle) interessieren. Setzt man $u_{EB'} = U_{EB'} + u_{eb'}$ (vgl. Anhang A. 1) mit $|u_{eb'}| \ll U_{EB'}$ (entsprechend für $u_{CB'}$) sowie

$$w = w_0(U_{CB'}) + u_{cb'}\,\frac{\partial w}{\partial u_{CB'}}\bigg|_{(U_{CB'})},$$

dann erhält man mit Hilfe des allgemeinen Ansatzes

$$n = n_0\{1 + A\cosh(x/L_n) + B\sinh(x/L_n) +$$
$$+ [C\cosh(s\,x/L_n) + D\sinh(s\,x/L_n)]\exp(\text{j}\,\omega\,t)\} \qquad (21\,\text{A})$$

mit

$$s = \sqrt{1 + \text{j}(\omega\,L_n^2/D_n)}$$

und einem entsprechenden Ansatz mit p die folgenden Lösungen für Emitter- und Kollektorstrom (vgl. [*23*])

Gleichstrom

$$I_E = a_{11}[\exp(U_{EB'}/U_T) - 1] + a_{12}[\exp(U_{CB'}/U_T) - 1],$$
$$I_C = a_{21}[\exp(U_{EB'}/U_T) - 1] + a_{22}[\exp(U_{CB'}/U_T) - 1] \qquad (22\,\text{A})$$

mit

$$a_{11} = \frac{F\,q\,D_p}{w_0}\,p_{B0}\,\frac{w_0/L_p}{\tanh(w_0/L_p)}\left[1 + \frac{D_n\,n_{E0}\,L_p}{D_p\,p_{B0}\,L_n}\tanh(w_0/L_p)\right],$$

$$a_{12} = -\frac{F\,q\,D_p}{w_0}\,p_{B0}\,\frac{w_0/L_p}{\sinh(w_0/L_p)},$$

$$a_{21} = -\frac{F\,q\,D_p}{w_0}\,p_{B0}\,\frac{w_0/L_p}{\sinh(w_0/L_p)},$$

$$a_{22} = \frac{F\,q\,D_p}{w_0}\,p_{B0}\,\frac{w_0/L_p}{\tanh(w_0/L_p)}\left[1 + \frac{D_n\,n_{C0}\,L_p}{D_p\,p_{B0}\,L_n}\tanh(w_0/L_p)\right].$$

F ist die wirksame Fläche des Stromflusses, I_C ist definitionsgemäß der *zum* Kristall hin fließende Strom (vgl. Abb. 2A).

Bei Einführung der Restströme

$$I_{EB0} = I_E(I_C = 0;\ U_{EB'} \to -\infty),$$
$$I_{CB0} = I_C(I_E = 0;\ U_{CB'} \to -\infty) \qquad (23\,\text{A})$$

sowie der Gleichstromverstärkungen

$$A_N = -\frac{(I_C - I_{CBO})}{I_E} \qquad (U_{\dot{C}B'} \to -\infty),$$

$$A_I = -\frac{(I_E - I_{EBO})}{I_C} \qquad (U_{EB'} \to -\infty) \qquad\qquad (24\,\text{A})$$

$(N = \text{normal}; \; I = \text{invers})$

und schließlich bei gesperrter Kollektordiode $(U_{CB'} \to -\infty)$ und $a_{12} = a_{21}$ erhält man

$$I_E = -\frac{I_{EBO}}{(1 - A_N A_I)} \{\exp(U_{EB'}/U_T) - (1 - A_N)\}, \qquad (25\,\text{A})$$

$$I_C = -A_N I_E + I_{CBO}, \qquad\qquad (26\,\text{A})$$

$$A_N I_{EBO} = A_I I_{CBO}. \qquad\qquad (27\,\text{A})$$

Die Größen $a_{11} \dots a_{22}$ sind durch diese Umformung in die leicht meßbaren Größen A_N, A_I, I_{EBO}, I_{CBO} übergeführt. Die dritte Gleichung entspricht der Beziehung $a_{12} = a_{21}$.

Physikalisch bedeuten

$$A_N = \frac{1}{\cosh(w_0/L_p) + k_E \sinh(w_0/L_p)},$$

$$A_I = \frac{1}{\cosh(w_0/L_p) + k_C \sinh(w_0/L_p)} \qquad (28\,\text{A})$$

mit

$$k_E = \frac{D_n n_{E0} L_p}{D_p p_{B0} L_n} = \sqrt{\frac{\sigma_{nB}}{\sigma_{pE}}} = \sqrt{\frac{\varrho_{pE}}{\varrho_{nB}}},$$

$$k_C = \frac{D_n n_{C0} L_p}{D_p p_{B0} L_n} = \sqrt{\frac{\sigma_{nB}}{\sigma_{pC}}} = \sqrt{\frac{\varrho_{pC}}{\varrho_{nB}}}. \qquad (29\,\text{A})$$

(A_I ist meist kleiner als A_N, jedoch mehr aus Gründen vergrößerter Oberflächenrekombination als aus Gründen einer Verschiedenheit von k_E und k_C. k_E und k_C sind meist sehr klein gegen 1.)

Weiter ist

$$-I_{CBO} = F q \frac{D_p p_{B0}}{L_p} \left\{ \frac{\tanh(w_0/L_p)[1 + k_E k_C] + k_E + k_C}{1 + k_E \tanh(w_0/L_p)} \right\}$$

sowie mit $k_E \tanh(w_0/L_p) \ll 1$; $w_0/L_p \ll 1$

$$-I_{CBO} \approx \frac{F q D_p p_{B0}}{L_p} \left(\frac{w_0}{L_p} + k_E + k_C \right)$$

und schließlich mit $k_E \ll w_0/L_p$; $D_p = L_p^2 r n_{B0}$

$$-I_{CBO} \approx q \sqrt{r q \mu_p \mu_n U_T} \, F n_i^2 \frac{1}{L_p} (L_p \sqrt{\varrho_{pC}} + w_0 \sqrt{\varrho_{nB}}). \qquad (30\,\text{A})$$

Wechselstrom. Für kleine Änderungen in der Umgebung eines Arbeitspunktes sowie mit

$$\exp[U_{CB'}/U_T] \ll 1$$

(gesperrte Kollektordiode, d. h. etwa $-U_{CB'} > 100\,\text{mV}$) erhält man die „inneren Transistorgleichungen"

$$i_e = y_{11b'}\,u_{eb'} + y_{12b'}\,u_{cb'},$$
$$i_c = y_{21b'}\,u_{eb'} + y_{22b'}\,u_{cb'} \tag{31A}$$

mit

$$y_{11b'} = g\left\{\frac{\Theta}{\tanh\Theta} + \Theta\,k_E\right\},$$

$$y_{12b'} = -g\,\frac{\Theta}{\sinh\Theta}\,\frac{1}{K},$$

$$y_{21b'} = -g\,\frac{\Theta}{\sinh\Theta}, \tag{32A}$$

$$y_{22b'} = g\left\{\frac{\Theta}{\tanh\Theta}\,\frac{1}{K} + \Theta\,k_C\,\frac{\exp(U_{CB'}/U_T)}{\exp(U_{EB'}/U_T)}\right\}.$$

Hierin ist

$$g = \frac{F\,q\,D_p\,p_{B0}}{w_0\,U_T}\,\exp(U_{EB'}/U_T), \tag{33A}$$

$$\Theta = \sqrt{\left(\frac{w_0}{L_p}\right)^2 + \mathrm{j}\,2\,\frac{\omega}{\omega_\alpha}}\,; \qquad \omega_\alpha = 2\pi f_\alpha = 2D_p/w_0^2, \tag{34A}$$

$$k_E = \sqrt{\sigma_{nB}/\sigma_{pE}}\,; \qquad k_C = \sqrt{\sigma_{nB}/\sigma_{pC}}, \tag{35A}$$

$$\frac{1}{K} = \frac{\partial x_{C'}}{\partial u_{CB'}}\,\frac{U_T}{\sinh(w_0/L_p)}\,\frac{1}{L_p} \tag{36A}$$

und mit Verwendung von Gl. (20 A)

$$\frac{1}{K} = \frac{1}{2}\,\frac{U_T}{(-U_{CB})}\,\frac{d_1}{L_p}\,\frac{1}{\sinh(w_0/L_p)} \approx \frac{1}{2}\,\frac{U_T}{(-U_{CB})}\,\frac{d_1}{w_0}. \tag{37A}$$

Im allgemeinen sind Transistoren asymmetrisch aufgebaut, d. h. die Emitterfläche ist kleiner als die Kollektorfläche. Dadurch wird eine hohe Stromverstärkung α_N erreicht, während für die Rückwärtsrichtung (α_I) eine erhebliche Oberflächenrekombination ins Spiel kommt. Man kann diesen Verhältnissen dadurch Rechnung tragen, daß man in $y_{21b'}$ und $y_{12b'}$ Stromverstärkungsfaktoren α_{N0} und α_{I0} einführt. Es entsteht kein großer Fehler, wenn man auch noch die anderen Einflüsse auf die Abnahme von $-g_{12b'}$ und $-g_{21b'}$ in α_{N0} und α_{I0} einbezieht, z. B. die Faktoren k_E und k_C, das in Θ enthaltene Verhältnis $(w_0/L_p)^2$ sowie — wie erwähnt — die Oberflächenrekombination. Wir erhalten damit

$$y_{11b'} = g_e\,\frac{\Theta}{\tanh\Theta},$$

$$y_{12b'} = -\alpha_{I0}\,g_c\,\frac{\Theta}{\sinh\Theta},$$

$$y_{21b'} = -\alpha_{N0}\,g_e\,\frac{\Theta}{\sinh\Theta}, \tag{38A}$$

$$y_{22b'} = g_c\,\frac{\Theta}{\tanh\Theta}$$

mit

$$\Theta = \sqrt{\mathrm{j}\, 2\,(f/f_\alpha)} = \sqrt{f/f_\alpha}\,(1 + \mathrm{j})\,,$$

$$g_e \approx \frac{I_E}{U_T}\,,$$

$$g_c \approx \frac{1}{2}\,\frac{I_E}{w_0}\,\sqrt{\frac{2\,\varepsilon\,\varepsilon_0\,\mu_n\,\varrho_B}{-U_{CB}}}\,.$$

Bei Entwicklung der Admittanzen nach

$$x = f/f_\alpha$$

erhält man in zweiter Näherung

$$y_{11b'} = g_e\,\frac{1 + \mathrm{j}\,x - (x^2/6)}{1 + \mathrm{j}\,(x/3)}\,,$$

$$y_{12b'} = -\,\alpha_{I0}\,g_c\,\frac{1}{1 + \mathrm{j}\,(x/3)}\,,$$

$$y_{21b'} = -\,\alpha_{N0}\,g_e\,\frac{1}{1 + \mathrm{j}\,(x/3)}\,,$$

$$y_{22b'} = g_c\,\frac{1 + \mathrm{j}\,x - (x^2/6)}{1 + \mathrm{j}\,(x/3)}\,.$$

$$(39\,\mathrm{A})$$

Diese Näherungen gelten etwa bis $x \approx 1$. Für ein vollständiges Gleichungssystem müssen noch die Elemente des „äußeren Transistors" (z. B. $r_{bb'}$, C_{cs}, g_{ce}) eingeführt werden.

A. 4 Sperrschichtkapazität und Sperrschichtdicke

Bei einem abrupten Übergang der Störstellendichte und genügend großer Sperrspannung läßt sich eine einfache Abschätzung für die Ausdehnung der elektrischen Doppelschicht (Sperrschicht) und der statischen Kapazität durchführen. Aus genaueren Rechnungen weiß man, daß das Innere der Sperrschicht nahezu von Elektronen und Defektelektronen entblößt ist, so daß sich etwa die in Abb. 5A skizzierten Verhältnisse ergeben. Der Majoritätsstörstellendichte N_D^+ in der Basis (B) steht auf der Kollektorseite (C) eine höhere Majoritätsstörstellendichte N_A^- gegenüber. Nimmt man an, daß das Feld in der Sperrschicht nur von der POISSONschen Gleichung bestimmt wird

$$\frac{\partial E}{\partial x} = \frac{q}{\varepsilon\,\varepsilon_0}\,\{p - n - N_A^- + N_D^+\} = \frac{1}{\varepsilon\,\varepsilon_0}\,Q^*,\qquad (40\,\mathrm{A})$$

und integriert man die Gleichung für die beiden Abschnitte d_1 und d_2, dann ist mit

$$\frac{Q^*}{q} \approx \begin{cases} -p_{C0} & \text{für} \quad\ \ 0 < x < d_2, \\ n_{B0} & \text{für} \quad -d_1 < x < 0 \end{cases}$$

die Lösung für die Feldstärke E

$$E \approx \begin{cases} \dfrac{q}{\varepsilon\,\varepsilon_0}\,p_{C0}(d_2 - x) & \text{für} \qquad 0 < x < d_2, \\[2ex] \dfrac{q}{\varepsilon\,\varepsilon_0}\,n_{B0}(x + d_1) & \text{für} \quad -d_1 < x < 0. \end{cases}$$

Hieraus folgt für das Potential

$$\varphi_x = -\int E\,\mathrm{d}x$$

unter Berücksichtigung der Stetigkeit von φ

$$\varphi_x = \begin{cases} -\dfrac{q}{\varepsilon\,\varepsilon_0}\left[\dfrac{1}{2}\,(n_{B0}d_1^2 + p_{C0}d_2^2) - \dfrac{p_{C0}}{2}\,(x - d_2)^2\right] \text{für} \quad 0 < x < d_2, \\[2ex] -\dfrac{q}{\varepsilon\,\varepsilon_0}\,\dfrac{n_{B0}}{2}\,(x + d_1)^2 \hspace{4em} \text{für} \;\; -d_1 < x < 0. \end{cases}$$

Für die Feldstärke E und das Potential φ ergeben sich die Kurven in Abb. 5A (unterer Teil). Das Maximum der Feldstärke ist

$$E_{\max} = \frac{q}{\varepsilon\,\varepsilon_0}\,p_{C0}\,d_2$$
$$= \frac{q}{\varepsilon\,\varepsilon_0}\,n_{B0}\,d_1, \qquad (41\,\text{A})$$

woraus sich notwendig die Gleichheit der beiden Raumladungen pro Fläche

$$p_{C0}\,d_2 = n_{B0}\,d_1$$

ergibt.

Das Gesamtpotential φ_{CB} ist

$$\varphi_{CB} = \varphi_x(x = d_2)$$
$$= -\frac{q}{2\,\varepsilon\,\varepsilon_0}\,(n_{B0}\,d_1^2 + p_{C0}\,d_2^2)$$

oder auf die gesamte Dicke $d = d_1 + d_2$ bezogen und mit $\varphi_{CB} \approx U_{CB}$ (äußere Spannung groß gegenüber dem Diffusionspotential im stromlosen Zustand)

$$\varphi_{CB} = U_{CB} = -$$
$$-\frac{q}{2\,\varepsilon\,\varepsilon_0}\,d^2\left(\frac{n_{B0}\,p_{C0}}{n_{B0} + p_{C0}}\right). \qquad (42\,\text{A})$$

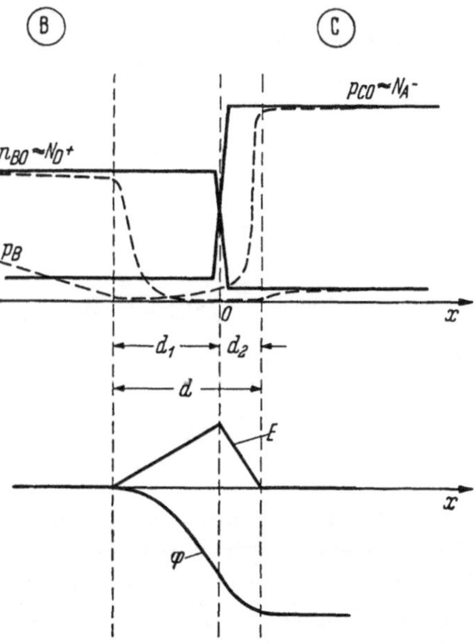

Abb. 5A. Zur Herleitung der Werte für die Ausdehnung der Kollektorsperrschicht und für die Kollektor-Sperrschichtkapazität. Es werden ein abrupter Störstellenübergang und eine von Ladungsträgern nahezu entblößte Sperrschicht angenommen

Für den praktischen Transistor sind vor allem die Größen d_1, d. h. das Hineinreichen der Sperrschicht in die Basiszone, und die

Sperrschichtkapazität wichtig. Es ist

$$d_1 = \sqrt{(-U_{CB})\,\frac{2\,\varepsilon\,\varepsilon_0\,p_{C0}}{q\,n_{B0}(p_{C0}+n_{B0})}} \qquad (43\,\mathrm{A})$$

sowie mit $p_{C0} \gg n_{B0}$ und mit dem spezifischen Widerstand des Basismaterials

$$\varrho_B \approx 1/(q\,\mu_n\,n_{B0}),$$

$$d_1 \approx \sqrt{(-U_{CB})\,2\,\varepsilon\,\varepsilon_0\,\mu_n\,\varrho_B}\,. \qquad (44\,\mathrm{A})$$

Die Sperrschichtkapazität berechnet sich aus

$$C_{cs} = \frac{\mathrm{d}Q^+}{\mathrm{d}(-U_{CB})}.$$

Hierin ist

$$Q^+ = q\,F\,d_1\,n_{B0} = F\sqrt{(-U_{CB})\,2\,\varepsilon\,\varepsilon_0\,q\,\frac{p_{C0}\,n_{B0}}{p_{C0}+n_{B0}}}$$

$F = $ Sperrschichtfläche

und daher

$$C_{cs} = F\,\frac{1}{2\sqrt{(-U_{CB})}}\sqrt{2\,\varepsilon\,\varepsilon_0\,q\,\frac{p_{C0}\,n_{B0}}{p_{C0}+n_{B0}}} \qquad (45\,\mathrm{A})$$

sowie mit $p_{C0} \gg n_{B0}$

$$C_{cs} = F\sqrt{\frac{\varepsilon\,\varepsilon_0}{2(-U_{CB})\,\mu_n\,\varrho_B}} = F\,\frac{\varepsilon\,\varepsilon_0}{d}\,, \qquad (46\,\mathrm{A})$$

mit $d = d(-U_{CB})$.

A. 5 Herleitung von Formeln für den Schalterbetrieb bei Widerstandslast

Wir gehen von einer Schaltung nach Abb. 6 A aus. Für den Transistor verwenden wir vorübergehend ein Ersatzschaltbild, in dem die Werte der Widerstände und der Kapazitäten noch nicht festgelegt sind. U_g ist die Steuerspannung, U_0 ist die Speisespannung, so daß die hergeleiteten Formeln für die Emitter- und Kollektorschaltung gelten werden. R_E ist in der Emitterschaltung ein Gegenkopplungswiderstand, in der Kollektorschaltung der Lastwiderstand. Für R_C gilt das Umgekehrte. In der Emitterschaltung wird in der Regel $R_E = 0$ sein, in der Kollektorschaltung entsprechend $R_C = 0$. Der Generatorwiderstand R_g und der Basisbahnwiderstand $r_{BB'}$ werden der Einfachheit halber zu R_B zusammengefaßt.

Die Formeln für die Basisschaltung erhält man, wenn man in den Gleichungen für die Spannungen und Ströme setzt:

Kollektor- und Emitterschaltung		Basisschaltung
U_g	$\rightarrow$	$-U_g$
U_0	$\rightarrow$	$U_0 - U_g$
R_B	$\rightarrow$	$r_{BB'}$
R_E	$\rightarrow$	R_g
R_C	$\rightarrow$	R_L

Es muß jedoch berücksichtigt werden, daß in der Basisschaltung andere Anfangsbedingungen für die einzelnen Zeitintervalle vorkommen

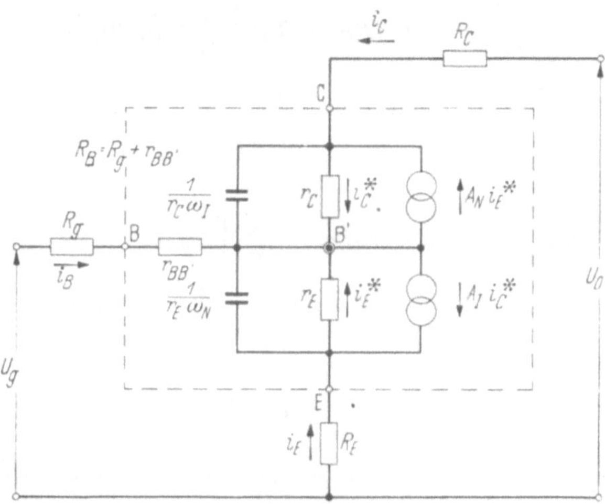

Abb. 6 A. Schaltung für die Herleitung von Formeln für den Schalterbetrieb. In der Emitter- und Kollektorschaltung ist U_g die Steuerspannung und U_0 die Speisespannung. In der Ersatzschaltung des Transistors haben die Schaltelemente in den verschiedenen Betriebsbereichen verschiedene Werte

können. Im folgenden wollen wir nur die Formeln für die Emitter- und Kollektorschaltung angeben. Die Nichtlinearität der Diodenkennlinie wird außer acht gelassen. Sie kann jedoch näherungsweise berücksichtigt werden, wenn überall an die Stelle von U_g die Spannung $U_g + U_D$ gesetzt wird (vgl. S. 269).

Für die Ermittlung der Zeitfunktionen müssen bei den Übergängen von einem zum anderen Betriebsbereich $u_{EB'}$ und $u_{CB'}$ stetig sein. Aus den Netzwerkgleichungen erhält man

$$u_{EB'}(t) = \frac{r_E}{N}\left\{M_E - \frac{1}{\tau_1 - \tau_2}\left[P_E \exp(-t/\tau_1) - Q_E \exp(-t/\tau_2)\right]\right\}, \quad (47\,\mathrm{A})$$

$$u_{CB'}(t) = \frac{r_C}{N}\left\{M_C - \frac{1}{\tau_1 - \tau_2}\left[P_C \exp(-t/\tau_1) - Q_C \exp(-t/\tau_2)\right]\right\}. \quad (48\,\mathrm{A})$$

Hierin bedeuten

$$N = K(1 - A_I A_N) + r_E r_C + r_E[R_C + R_B(1 - A_I)] +$$
$$+ r_C[R_E + R_B(1 - A_N)],$$
$$K = (R_E + R_C) R_B + R_E R_C,$$
$$M_E = -(R_C + A_I R_E + r_C) U_g + [A_I R_E - R_B(1 - A_I)] U_0,$$
$$M_C = -(R_E + A_N R_C + r_E) U_g + [R_E + R_B(1 - A_N) + r_E] U_0,$$
$$P_E = \left[-(R_C + A_I R_E + r_C) \tau_1 + \frac{R_C}{\omega_I} \right] U_g +$$
$$+ \left[(A_I R_E - R_B(1 - A_I)) \tau_1 + \frac{R_B}{\omega_I} \right] U_0 -$$
$$- \left[N \tau_1 - \frac{1}{\omega_I} (K + r_E(R_C + R_B)) \right] \frac{1}{r_E} u_{EB'}(0) -$$
$$- \frac{1}{\omega_I} (A_I K + r_C R_B) \frac{1}{r_C} u_{CB'}(0).$$

Q_E ergibt sich, wenn in P_E an Stelle von τ_1 die Zeitkonstante τ_2 gesetzt wird.

$$P_C = \left[-(R_E + A_N R_C + r_E) \tau_1 + \frac{R_E}{\omega_N} \right] U_g +$$
$$+ \left[(R_E + R_B(1 - A_N) + r_E) \tau_1 - \frac{(R_E + R_B)}{\omega_N} \right] U_0 -$$
$$- \frac{1}{\omega_N} (A_N K + r_E R_B) \frac{1}{r_E} u_{EB'}(0) -$$
$$- \left[N \tau_1 - \frac{1}{\omega_N} (K + r_C(R_E + R_B)) \right] \frac{1}{r_C} u_{CB'}(0).$$

Q_C ergibt sich, wenn in P_C an Stelle von τ_1 die Zeitkonstante τ_2 gesetzt wird.

Die beiden Zeitkonstanten des Netzwerkes sind

$$\tau_1 = \frac{F}{2} \left(1 + \sqrt{1 - \frac{4G}{F}} \right),$$
$$\tau_2 = \frac{F}{2} \left(1 - \sqrt{1 - \frac{4G}{F}} \right) \tag{49 A}$$

mit

$$F = \frac{1}{N} \left\{ \frac{1}{\omega_N} [K + r_C(R_E + R_B)] + \frac{1}{\omega_I} [K + r_E(R_C + R_B)] \right\},$$
$$G = \frac{K}{\omega_I \omega_N \left\{ \frac{1}{\omega_N} [K + r_C(R_E + R_B)] + \frac{1}{\omega_I} [K + r_E(R_C + R_B)] \right\}}.$$

Emitter- und Kollektorstrom folgen aus

$$i_E = \frac{1}{r_E} \left(u_{EB'} + \frac{1}{\omega_N} \frac{d u_{EB'}}{dt} \right) - A_I \frac{1}{r_C} u_{CB'}, \tag{50 A}$$
$$i_C = \frac{1}{r_C} \left(u_{CB'} + \frac{1}{\omega_I} \frac{d u_{CB'}}{dt} \right) - A_N \frac{1}{r_E} u_{EB'}. \tag{51 A}$$

Der Basisstrom schließlich ist

$$i_B = -i_E - i_C. \tag{52A}$$

Mit diesen Gleichungen können alle Schaltvorgänge beschrieben werden. Da wir den Betrieb in den verschiedenen Betriebsbereichen durch verschiedene und konstante Werte der Ersatzelemente beschreiben, ergibt sich für das angenommene Modell S. 70ff.

Sperrbereich:

$$\omega_N = \frac{1}{r_E\,C_{E_s}}; \qquad \omega_I = \frac{1}{r_C\,C_{C_s}}; \qquad r_E \to \infty; \qquad r_C \to \infty, \tag{53A}$$

aktiver Bereich normal

$$\omega_I = \frac{1}{r_C\,C_{C_s}}; \qquad \omega_N = \omega_{\alpha N}; \qquad r_C \to \infty. \tag{54A}$$

(der aktiv-inverse Bereich ist hier kaum von Bedeutung).

Übersteuerungsbereich (näherungsweise für genügend hohe Ströme)

$$\omega_N = \omega_{\alpha N}; \qquad \omega_I = \omega_{\alpha I}; \qquad r_E \to 0; \qquad r_C \to 0. \tag{55A}$$

Spezielle Gleichungen. Aus den angeschriebenen Gleichungen wollen wir im folgenden einige für den Schalterbetrieb wichtige Gleichungen gesondert zusammenstellen.

Beim Einschalten eines Transistors mit der Steuerspannung U_{gX} muß, wenn der Transistor zuvor mit einer Spannung U_{gY} ausgeschaltet

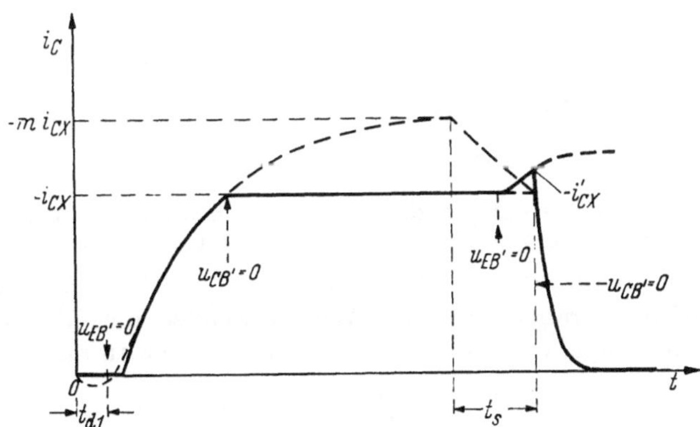

Abb. 7 A. Skizze eines Kollektorstromimpulses zur Erläuterung der Schalterformeln (vgl. Text)

war, die Kapazität C_{E_s} entladen werden. Der Kollektorstrom bleibt während der Entladung nahezu Null (er wird ein wenig positiv, vgl. den gestrichelten Verlauf in Abb. 7 A), und es ergibt sich eine *Verzögerungszeit* t_{d1}. Gesucht wird t_{d1} aus der Gleichung

$$u_{EB'}(t_{d1}) = 0,$$

wenn $u_{EB'}$ für den Sperrzustand mit den Annahmen (53 A) geschrieben wird. Die Anfangsbedingungen sind dabei

$$u_{EB'}(0) = -U_{gY}; \qquad u_{CB'}(0) = U_0 - U_{gY}.$$

Mit Einführung des Ausschaltfaktors k

$$k = \frac{U_{gY}}{-U_{gU}} = \frac{i_{BY}}{-i_{BU}} \qquad (k \geqq 0) \qquad (56\,\mathrm{A})$$

und des Übersteuerungsfaktors m

$$m = \frac{U_{gX}}{U_{gU}} = \frac{i_{BX}}{i_{BU}} \qquad (m \geqq 1) \qquad (57\,\mathrm{A})$$

erhält man aus Gl. (47 A)

$$\frac{m}{m+k} = \frac{1}{\tau_1 - \tau_2} \left[(\tau_1 - C_{Cs} R_C) \exp(-t_{d1}/\tau_1) - (\tau_2 - C_{Cs} R_C) \exp(-t_{d1}/\tau_2) \right]$$

mit

$$\tau_1 \approx F = C_{Es}(R_E + R_B) + C_{Cs}(R_C + R_B), \qquad (58\,\mathrm{A})$$

$$\tau_2 \approx G = \frac{K\, C_{Es}\, C_{Cs}}{C_{Es}(R_E + R_B) + C_{Cs}(R_C + R_B)}$$

(sofern $4G \ll F$ gilt).

Für t_{d1} lassen sich folgende Ungleichungen angeben

$$t_{d1} < [C_{Es}(R_E + R_B) + C_{Cs}(R_C + R_B)] \ln\left(1 + \frac{k}{m}\right)$$
$$\text{für} \quad R_E C_{Es} < R_C C_{Cs}, \qquad (59\,\mathrm{A})$$

$$t_{d1} < [C_{Es}(R_E + R_B) + C_{Cs}(R_C + R_B)] \ln\left\{\left(1 + \frac{k}{m}\right)\left(\frac{\tau_1 - C_{Cs} R_C}{\tau_1 - \tau_2}\right)\right\}$$
$$\text{für} \quad R_E C_{Es} > R_C C_{Cs}.$$

Der erste Fall trifft stets für $R_E = 0$ in der Emitterschaltung zu, der zweite Fall gilt stets für $R_C = 0$ in der Kollektorschaltung.

Für den anschließenden *Einschaltvorgang* (vgl. Abb. 7 A) interessiert der Verlauf der Transistorströme. Wir verwenden die Gln. (47 A) bis (52 A) mit den Annahmen (54 A) und erhalten mit der Anfangsbedingung

$$u_{EB'}(0) = 0 \quad \text{und} \quad u_{CB'}(0) = U_0$$

(die letzte Bedingung gilt nicht ganz streng)

$$i_C = i_{CM}\left\{1 - \frac{1}{\tau_1 - \tau_2}[A_C \exp(-t/\tau_1) - B_C \exp(-t/\tau_2)]\right\}, \quad (60\,\mathrm{A})$$

$$i_E = i_{EM}\left\{1 - \frac{1}{\tau_1 - \tau_2}[A_E \exp(-t/\tau_1) - B_E \exp(-t/\tau_2)]\right\}, \quad (61\,\mathrm{A})$$

$$i_B = i_{BM}\left\{1 - \frac{1}{\tau_1 - \tau_2}[A_B \exp(-t/\tau_1) - B_B \exp(-t/\tau_2)]\right\} \quad (62\,\mathrm{A})$$

mit

$$i_{CM} = \frac{A_N U_{gX}}{R_E + R_B(1 - A_N) + r_E} = \frac{A_N}{1 - A_N} i_{BX} \quad = m\, i_{CX},$$

$$i_{EM} = \frac{-U_{gX}}{R_E + R_B(1 - A_N) + r_E} = -\frac{1}{(1 - A_N)} i_{BX} = m\, i_{EX},$$

$$i_{BM} = \frac{(1 - A_N) U_{gX}}{R_E + R_B(1 - A_N) + r_E} = i_{BX} \qquad \left(m = \frac{U_{gX}}{U_{gU}} = \frac{i_{BX}}{i_{BU}}\right),$$

$$A_C = \left\{1 + \frac{R_E(R_E + R_B(1 - A_N) + r_E)}{A_N K}\right\}\tau_1 - \frac{R_E(R_E + R_B)}{\omega_{\alpha N} A_N K} + C_{Cs} r_E \frac{R_C R_B}{A_N K},$$

$$A_E = \left\{1 - \frac{R_C(R_E + R_B(1 - A_N) + r_E)}{K}\right\}\tau_1 - \frac{R_E R_B}{\omega_{\alpha N} K} + C_{Cs} r_E \frac{R_C(R_C + R_B)}{K},$$

$$A_B = \left\{1 - \frac{(R_E + R_C)(R_E + R_B(1 - A_N) + r_E)}{(1 - A_N) K}\right\}\tau_1 + \frac{R_E^2}{\omega_{\alpha N}(1 - A_N) K} +$$

$$+ C_{Cs} r_E \frac{R_C^2}{(1 - A_N) K},$$

$$0 < -i_C < -i_{CX}; \quad i_{CX} = \frac{U_0}{R_C + \dfrac{R_E + r_E}{A_N}};$$

$$0 < i_E < i_{EX}; \qquad i_{EX} = -\frac{1}{A_N} i_{CX}.$$

B_C, B_E, B_B erhält man, wenn man in A_C, A_E, A_B an Stelle von τ_1 die Zeitkonstante τ_2 setzt. Die Gültigkeitsgrenzen i_{CX} und i_{EX} für die Gleichungen gelten nicht streng für beliebige Werte R_E und R_C.

Mit U_{gU} ist die Spannung U_g an der Übersteuerungsgrenze bezeichnet. Liegt keine Übersteuerung vor, dann ist jeweils $U_{gU} = U_{gX}$ und $m = 1$. Für den Basisstrom hat es keinen Sinn, einen Übersteuerungsfaktor m in Gl. (62A) einzuführen, da $-i_B$ beim Einschalten abnimmt. Im Einschaltaugenblick ist

$$-i_B(t = 0) = -i_{BX}\left\{1 - \frac{A_B - B_B}{\tau_1 - \tau_2}\right\} \tag{63A}$$

$$= -i_{BX} \frac{(R_E + R_C)(R_E + R_B(1 - A_N) + r_E)}{(1 - A_N) K} = -U_{gX} \frac{1}{R_B + \dfrac{R_E R_C}{R_E + R_C}}.$$

Die Zeitkonstanten sind mit $4G \ll F$

$$\tau_1 \approx F = \frac{R_E + R_B}{\omega_{\alpha N}[R_E + R_B(1 - A_N) + r_E]} \times$$

$$\times \left[1 + \omega_{\alpha N} C_{Cs}\left(R_C + \frac{R_E R_B}{R_E + R_B} + r_E \frac{R_C + R_B}{R_E + R_B}\right)\right], \tag{64A}$$

$$\tau_2 \approx G = C_{Cs}\left(R_C + \frac{R_E R_B}{R_E + R_B}\right) \times$$

$$\times \frac{1}{\left[1 + \omega_{\alpha N} C_{Cs}\left(R_C + \dfrac{R_E R_B}{R_E + R_B} + r_E \dfrac{R_C + R_B}{R_E + R_B}\right)\right]}.$$

Wird ein übersteuerter Transistor mit einer Steuerspannung U_{gY} ausgeschaltet, dann muß zuerst die Kapazität $C_{Cd} = 1/(\omega_{\alpha I}\, r_C)$ entladen werden. Dabei kann es vorkommen, daß die Emitterdiffusionskapazität C_{Ed} früher entladen wird als C_{Cd}. Dann wird der Transistor zeitweilig invers betrieben. Für die Berechnung der *Speicherzeit* t_s (vgl. Abb. 7A) benötigen wir wieder die Gln. (47A) und (48A) mit den Annahmen (55A). Die Anfangsbedingungen des betrachteten Zeitintervalls sind

$$\frac{u_{EB'}(0)}{r_E} = \frac{-(R_C + A_I R_E)\, U_{gX} + [A_I R_E - R_B(1 - A_I)]\, U_0}{(1 - A_I A_N)\, K}$$

und

$$\frac{u_{CB'}(0)}{r_C} = \frac{-(R_E + A_N R_C)\, U_{gX} + [R_E + R_B(1 - A_N)]\, U_0}{(1 - A_I A_N)\, K}.$$

Wir führen noch an Stelle von U_0 die Spannung U_{gU} ein in folgender Weise. Im stationären Zustand gilt für die Übersteuerungsgrenze in Gl. (48 A) $u_{CB'} = r_C M_C/N = 0$, wenn in $M_C = 0$ für U_{gX} der Wert U_{gU} eingesetzt wird

$$\frac{U_0}{R_C + \dfrac{R_E + r_E}{A_N}} = \frac{A_N U_{gX}}{m(R_E + R_B(1 - A_N) + r_E)}. \qquad (65\,\mathrm{A})$$

Wir erhalten dann näherungsweise mit $r_E \approx 0$

$$\frac{u_{CB'}}{r_C} = \frac{-U_{gY}(R_E + A_N R_C)}{(1 - A_I A_N)\, K}\left\{\left(1 + \frac{1}{k}\right) - \frac{1}{(\tau_1 - \tau_2)}\left(1 + \frac{m}{k}\right) \times\right.$$

$$\times \left[\left(\tau_1 - \frac{R_E}{\omega_{\alpha N}(R_E + A_N R_C)}\right)\exp(-t/\tau_1) - \right.$$

$$\left.\left. - \left(\tau_2 - \frac{R_E}{\omega_{\alpha N}(R_E + A_N R_C)}\right)\exp(-t/\tau_2)\right]\right\},$$

$$\frac{u_{EB'}}{r_E} = \frac{-U_{gY}(R_C + A_I R_E)}{(1 - A_I A_N)\, K}\left\{\left(1 + \frac{1}{k}\right) - \frac{1}{k}\frac{(1 - A_I A_N)\, K}{(R_E + R_B(1 - A_N))\,(R_C + A_I R_E)} - \right.$$

$$- \frac{1}{(\tau_1 - \tau_2)}\left(1 + \frac{m}{k}\right)\left[\left(\tau_1 - \frac{R_C}{\omega_{\alpha I}(R_C + A_I R_E)}\right)\exp(-t/\tau_1) - \right.$$

$$\left.\left. - \left(\tau_2 - \frac{R_C}{\omega_{\alpha I}(R_C + A_I R_E)}\right)\exp(-t/\tau_2)\right]\right\}.$$

Wir suchen die Zeiten, bei denen $u_{CB'}$ und $u_{EB'}$ das Vorzeichen wechseln. Es ist $u_{CB'} = 0$ für

$$\frac{k + 1}{k + m} = \frac{1}{(\tau_1 - \tau_2)}\left[\left(\tau_1 - \frac{R_E}{\omega_{\alpha N}(R_E + A_N R_C)}\right)\exp(-t/\tau_1) - \right.$$

$$\left. - \left(\tau_2 - \frac{R_E}{\omega_{\alpha N}(R_E + A_N R_C)}\right)\exp(-t/\tau_2)\right], \qquad (66\,\mathrm{A})$$

und es wird $u_{EB'} = 0$ für

$$\frac{k+1-\zeta}{k+m} = \frac{1}{(\tau_1 - \tau_2)} \left[\left(\tau_1 - \frac{R_C}{\omega_{\alpha I}(R_C + A_I R_E)} \right) \exp(-t/\tau_1) - \right.$$

$$\left. - \left(\tau_2 - \frac{R_C}{\omega_{\alpha I}(R_C + A_I R_E)} \right) \exp(-t/\tau_2) \right] \qquad (67\,\mathrm{A})$$

mit

$$\zeta = \frac{(1 - A_I A_N)\,K}{[R_E + R_B(1 - A_N)]\,(R_C + A_I R_E)}\,.$$

Die Zeitkonstanten sind mit $4G \ll F$

$$\tau_1 \approx F = \left(\frac{1}{\omega_{\alpha N}} + \frac{1}{\omega_{\alpha I}} \right) \frac{1}{(1 - A_I A_N)}\,,$$

$$\tau_2 \approx G = \frac{1}{(\omega_{\alpha N} + \omega_{\alpha I})}\,. \qquad (68\,\mathrm{A})$$

Wir betrachten nun einige Grenzfälle. Nimmt man an, daß bei den betrachteten Zeitpunkten die Exponentialfunktion mit der Zeitkonstante τ_2 schon abgeklungen ist, dann erhält man nach Auflösung der Gln. (66 A) und (67 A) die Bedingung, bei der $u_{EB'} = 0$ früher eintritt als $u_{CB'} = 0$

$$k[\omega_{\alpha N} R_C(R_E + A_N R_C) - \omega_{\alpha I} R_E(R_C + A_I R_E)] > \frac{(R_E + A_N R_C)}{(R_E + R_B(1 - A_N))} \times$$

$$\times\,[\omega_{\alpha N} R_B(R_E + A_N R_C) + \omega_{\alpha I}(R_E + R_B)(R_C + A_I R_E)]\,.$$

In der Kollektorschaltung für $R_C = 0$ gibt es keinen Wert $k > 0$, der die Bedingung erfüllen könnte, in der Emitterschaltung für $R_E = 0$ gibt es bei hohen Werten von k

$$k > \frac{A_N}{1 - A_N} \left(1 + \frac{\omega_{\alpha I}}{A_N \omega_{\alpha N}} \right) \qquad (69\,\mathrm{A})$$

zwischenzeitlich einen Betrieb als *invers aktiver* Transistor. Dabei kann trotz Übersteuerung ein Anwachsen des Kollektorstromes (vgl. Abb. 7 A) erfolgen. Dieser Kollektorstrom ist kleiner als der stationäre Wert im invers aktiven Bereich. Wir verwenden die Gln. (47 A), (48 A) und (51 A) und setzen

$$\omega_N = \frac{1}{r_E C_{E_s}}\,; \qquad \omega_I = \omega_{\alpha I}\,; \qquad r_E \to \infty\,.$$

Dann ist

$$-i'_{CX} < \frac{U_{gY} - U_0}{R_C + R_B(1 - A_I) + r_C}\,.$$

Die Überhöhung ist für $R_E = 0$

$$\frac{\Delta i_C}{i_{CX}} = \frac{i'_{CX} - i_{CX}}{i_{CX}} < \frac{R_B}{R_C + R_B(1 - A_I)} \left(\frac{1 - A_N}{A_N} \right) \times$$

$$\times \left[k - \left(\frac{A_N}{1 - A_N} \right)(1 - A_I) \right]\,. \qquad (70\,\mathrm{A})$$

Die normale *Speicherzeit* t_s ergibt sich aus Gl. (66 A) als Ungleichung für die Kollektorschaltung ($R_C = 0$):

$$t_s < \left(\frac{1}{\omega_{\alpha N}} + \frac{1}{\omega_{\alpha I}}\right) \frac{1}{(1 - A_I A_N)} \ln\left(\frac{m+k}{1+k}\right), \qquad (71\,\mathrm{A})$$

für die Emitterschaltung ($R_E = 0$):

$$t_s < \left(\frac{1}{\omega_{\alpha N}} + \frac{1}{\omega_{\alpha I}}\right) \frac{1}{(1 - A_I A_N)} \ln\left\{\left(\frac{m+k}{1+k}\right) \frac{\tau_1}{\tau_1 - \tau_2}\right\}.$$

A. 6 Ersatzwerte für die Sperrschichtkapazitäten

Die Sperrschichtkapazität eines p–n-Überganges ist spannungsabhängig. Bei Schaltvorgängen folgen daher Strom und Spannung nicht einer Exponentialfunktion. Es gibt zwei praktische Wege für eine Abschätzung der für solche Schaltvorgänge wirksamen „effektiven" Kapazität. Um die hier auftretenden vielen Minuszeichen der Sperrspannung zu vermeiden, zählen wir im folgenden der Einfachheit halber die Sperrspannungen und zugehörigen Ladeströme positiv.

Wir gehen aus von einem abrupten p–n-Übergang mit hoher p-Dotierung. Für die Dicke der Sperrschicht gilt

$$d = \sqrt{2\,\varepsilon\,\varepsilon_0\,\mu_n\,\varrho_B}\,\sqrt{U},$$

und die zugehörige Ladung ist

$$Q = q\,F\,n_{B0}\,d = F\,\sqrt{\frac{2\,\varepsilon\,\varepsilon_0}{\mu_n\,\varrho_B}}\,\sqrt{U}. \qquad (72\,\mathrm{A})$$

Bei der Aufladung der Sperrschichtkapazität von einer Spannung U_1 auf eine Spannung U_2 mit konstantem Strom wird eine Zeit Δt benötigt

$$\Delta t = \frac{\Delta Q}{I} = \frac{F}{I}\,\sqrt{\frac{2\,\varepsilon\,\varepsilon_0}{\mu_n\,\varrho_B}}\,(\sqrt{U_2} - \sqrt{U_1}). \qquad (73\,\mathrm{A})$$

Die Sperrschichtkapazität (z. B. die Kollektor-Sperrschichtkapazität) bei kleinen Änderungen der Spannung, d. h. die Kleinsignalkapazität, ist

$$C_{cs} = \frac{\mathrm{d}Q}{\mathrm{d}U} = F\,\sqrt{\frac{\varepsilon\,\varepsilon_0}{2\mu_n\,\varrho_B}}\,\frac{1}{\sqrt{U}}$$

und bei der Spannung U_2

$$C_{cs}(U_2) = F\,\sqrt{\frac{\varepsilon\,\varepsilon_0}{2\mu_n\,\varrho_B}}\,\frac{1}{\sqrt{U_2}}. \qquad (74\,\mathrm{A})$$

Denkt man sich den gleichen Ladevorgang mit einer konstanten Kapazität C_{Cs} durchgeführt, dann ist

$$\Delta t = \frac{C_{Cs}\,\Delta U}{I} = \frac{C_{Cs}\,(U_2 - U_1)}{I}, \qquad (75\,\mathrm{A})$$

und wir erhalten durch Vergleich von (73 A) und (75 A) mit Verwendung von Gl. (74 A)

$$C_{Cs} = C_{cs}(U_2)\,\frac{2\sqrt{U_2}}{\sqrt{U_2} + \sqrt{U_1}}. \tag{76 A}$$

Im Grenzfall $U_1 = 0$ ist daher im vorliegenden Modell die Großsignalkapazität doppelt so groß wie die Kleinsignalkapazität bei der Endspannung U_2.

Die hier angegebene Herleitung kann auch in integraler Form geschrieben werden. Es ist mit den Gln. (73 A) und (75 A) offenbar

$$C_{Cs}(U_2 - U_1) = \Delta Q = Q_2 - Q_1$$

und wegen $dQ = C_{cs}\,dU$

$$Q_2 = \int_0^{U_2} C_{cs}(U)\,dU; \qquad Q_1 = \int_0^{U_1} C_{cs}(U)\,dU$$

sowie

$$C_{Cs} = \frac{1}{U_2 - U_1} \int_{U_1}^{U_2} C_{cs}(U)\,dU. \tag{77 A}$$

Aus diesem Integral folgt notwendigerweise im Fall des abrupten Störstellenüberganges wieder die Formel (76 A). Das Integral kann jedoch auch für andere Spannungsabhängigkeiten verwendet werden. Für einen linear übergehenden Störstellenübergang („graded" junction) ist z. B.

$$C_{cs} \sim \frac{1}{U^{1/3}} \quad \text{bzw.} \quad C_{cs}(U) = C_{cs}(U_2)\left(\frac{U_2}{U}\right)^{1/3}, \tag{78 A}$$

und wir erhalten aus dem Integral (77 A)

$$C_{Cs} = C_{cs}(U_2)\,\frac{3}{2}\,\frac{1 - \left(\dfrac{U_1}{U_2}\right)^{2/3}}{1 - \left(\dfrac{U_1}{U_2}\right)}. \tag{79 A}$$

Hier ist für den Grenzfall $U_1 = 0$

$$C_{Cs} = 1{,}5\,C_{cs}(U_2).$$

In einer weiteren Abschätzung vergleichen wir den Einschaltvorgang bei einer konstanten Kapazität C_{Cs}, die über einen Widerstand R aufgeladen wird, mit dem gleichen Einschaltvorgang bei spannungsabhängiger Kapazität. Wird die Generatorspannung mit U_2 bezeichnet und die Anfangsspannung der konstanten Kapazität mit U_1, dann ist die Kondensatorspannung u

$$u = U_2 + (U_1 - U_2)\exp(-t/\tau) \tag{80 A}$$

mit

$$\tau = R\,C_{Cs}.$$

Bei einem abrupten Störstellenübergang lautet die Differentialgleichung

$$U_2 = u + R\,\frac{\mathrm{d}Q}{\mathrm{d}t} = u + R\,C_{cs}(U_2)\,\sqrt{\frac{U_2}{u}}\,\frac{\mathrm{d}u}{\mathrm{d}t}. \qquad (81\,\mathrm{A})$$

Diese Gleichung läßt sich geschlossen auswerten. Die Lösung für $u(0) = U_1$ ist

$$u = U_2\left(1 - 4\,\frac{a\exp(-t/T)}{(1 + a\exp(-t/T))^2}\right) \qquad (82\,\mathrm{A})$$

mit

$$a = \frac{\sqrt{U_2}-\sqrt{U_1}}{\sqrt{U_2}+\sqrt{U_1}};\qquad T = R\,C_{cs}(U_2).$$

Wir vergleichen nun in beiden Fällen die Kapazitäten C_{Cs} und $C_{cs}(U_2)$ bzw. τ und T, indem wir die Spannungen über diesen Kapazitäten an der Stelle $t = \tau$ gleichsetzen. Wir erhalten

$$C_{Cs} = C_{cs}(U_2)\,\ln\left\{\left(\frac{\sqrt{U_2}-\sqrt{U_1}}{\sqrt{U_2}+\sqrt{U_1}}\right)\left(\frac{\sqrt{e}+\sqrt{e-1+(U_1/U_2)}}{\sqrt{e}-\sqrt{e-1+(U_1/U_2)}}\right)\right\}$$

$(e = 2{,}718)$.

Dies läßt sich noch umformen in

$$C_{Cs} = C_{cs}(U_2)\,2\ln\left(\frac{\sqrt{e}+\sqrt{e-1+(U_1/U_2)}}{1+\sqrt{U_1/U_2}}\right). \qquad (83\,\mathrm{A})$$

Für $U_1 = 0$ ist hier

$$C_{Cs} = C_{cs}(U_2)\,2\ln(\sqrt{e}+\sqrt{e-1}) = 2{,}17\,C_{cs}(U_2).$$

Die relative Abweichung von dem Wert (76 A) für $U_1 = 0$ ist nur 8,5 %. Mit wachsenden Werten von U_1/U_2 werden die relativen Abweichungen von der Funktion (76 A) kleiner; man kann sich daher sicher mit der Näherung (76 A) begnügen.

A. 7 Kenndatenübersicht eines HF-Schalt-Transistors

(Germanium p-n-p-Transistor vom Legierungstyp)

Grenzwerte:

$-U_{CB} = \text{max}\ \ 25\,\text{V},\qquad -U_{CE}\ \ = \text{max}\ 20\,\text{V}\ \ \text{bei}\ \ U_{BEY} \geqq 0{,}2\,\text{V},$

$-U_{EB} = \text{max}\ \ 15\,\text{V},\qquad -U_{CEpt} = \text{min}\ \ \ 25\,\text{V},$

$-I_C\ \ \ = \text{max}\ 100\,\text{mA},\qquad -i_{CM}\ \ = \text{max}\ 100\,\text{mA},$

$+I_E\ \ \ = \text{max}\ 100\,\text{mA},\qquad +i_{EM}\ \ = \text{max}\ 100\,\text{mA},$

$-I_B\ \ \ = \text{max}\ \ 20\,\text{mA},\qquad -i_{BM}\ \ = \text{max}\ 100\,\text{mA},$

$$\vartheta_j = \begin{cases} \text{max} + 75\ ^\circ\text{C} \\ \text{min} - 50\ ^\circ\text{C} \end{cases} \qquad K \leqq 500\ ^\circ\text{C/W}.$$

Statische Kennwerte:

bei $\vartheta_j = +25\ °C$

$$B_N = \begin{cases} \max 70 \\ \min 35 \end{cases} \text{bei} \quad \begin{cases} U_{CB} = 0\ \text{V}, \\ -I_C = 7,5\ \text{mA}. \end{cases}$$

Änderung von B_N in Abhängigkeit von der Temperatur:

$$\frac{\Delta B_N}{B_N\,\Delta T}\,100 \leqq 0,7\%\quad °C^{-1}.$$

Änderung von U_{EB} in Abhängigkeit von der Temperatur:

$$\frac{\Delta U_{EB}}{\Delta T} = -2,4\ \text{mV}\ °C^{-1}.$$

$$\left.\begin{array}{l} -U_{CEX} \leqq 0,2\ \text{V} \\ -U_{BEX} \leqq 0,25\ \text{V} \end{array}\right\} \quad \text{bei} \quad -I_C = 7,5\ \text{mA} \quad \text{und} \quad -I_B = 2,4\ \text{mA},$$

$$\begin{array}{lll} -I_{CB0} \leqq 6\ \mu\text{A} & \text{bei} & \vartheta_j = +25\ °C \\ -I_{CB0} \leqq 70\ \mu\text{A} & \text{bei} & \vartheta_j = +60\ °C \end{array}\left.\right\} \quad \text{und} \quad -U_{CB} = 6\ \text{V}.$$

$$-U_{EBF} \leqq 0,2\ \text{V} \quad \text{bei} \quad \begin{cases} -U_{CB} = 6\ \text{V} \\ \vartheta_j = +60\ °C. \end{cases}$$

Dynamische Kennwerte:

$$\begin{array}{lll} \tau_{1i} \leqq 2,5\ \mu\text{s} & \text{bei} & -i_{CM} = 7,5\ \text{mA} \\ (f_{1N} \geqq 4\quad \text{MHz}) & & \\ \tau_{1u} \leqq 0,25\ \mu\text{s} & \text{bei} & -i_{CM} = 1\quad \text{mA} \end{array}\left.\right\} \quad \text{für}\ \omega_{aN}\,C_{Cs}\,R_C \ll 1,$$

$$\begin{array}{lll} \tau_s \leqq 2,5\ \mu\text{s} & & \\ C_{cs} \leqq 10\ \text{pF} & \text{bei} & -U_{CB} = 6\ \text{V}, \\ C_{es} \leqq 20\ \text{pF} & \text{bei} & -U_{EB} = 1\ \text{V}. \end{array}$$

Alle angegebenen Grenzwerte und Toleranzen verstehen sich einschließlich der Alterungstoleranzen.

Literaturverzeichnis

A. Zeitschriften

[1] BARDEEN, J.: Halbleiterforschung auf dem Wege zum Spitzenkontakt-Transistor. Nobelvortrag 1956. Phys. Blätter 13 (1957) S. 436—456.

[2] BRATTAIN, W. H.: Oberflächeneigenschaften von Halbleitern. Nobelvortrag 1956. Phys. Blätter 13 (1957) S. 457—463.

[3] SHOCKLEY, W.: Transistor-Technologie führt zu neuer Art Physik. Nobelvortrag 1956. Phys. Blätter 14 (1958) S. 246—258, 297—309.

[4] BARDEEN, J., u. W. H. BRATTAIN: The Transistor, a Semiconductor Triode. Phys. Rev. 74 (1948) S. 230/231.

[5] SHOCKLEY, W.: The Theory of p–n Junctions in Semiconductors and p–n Junction Transistors. Bell Syst. Techn. J. 28 (1949) S. 435—489.

[6] PEARSON, G. L., u. W. H. BRATTAIN: History of Semiconductor Research. Proc. I. R. E. 43 (1955) S. 1794—1806 (mit ausführlichem Literaturverzeichnis).

[7] PRITCHARD, R. L.: Advances in the Understanding of the p–n-Junction Triode. Proc. I. R. E. 46 (1958) S. 1130—1141 (mit ausführlichem Literaturverzeichnis).

[8] MEYER-BRÖTZ, G.: Über Möglichkeiten und Probleme der Anwendung von Flächentransistoren. Telefunken-Ztg. 31 (1958) S. 162—174 (mit ausführlichem Literaturverzeichnis).

[9] STIELTJES, F. H., u. L. J. TUMMERS: Einfache Theorie des Schichttransistors. Philips' Techn. Rundschau 17 (1956) S. 241—255.

[10] BEIJERSBERGEN, J. P., M. BEUN u. J. TE WINKEL: Der Flächentransistor als Netzwerkelement bei niedrigen Frequenzen. Philips' Techn. Rundschau (1956/57) S. 321—333 und (1957/58) S. 26—33 sowie (1958/59) S. 92—105.

[11] WEITZSCH, F.: p–n–p-Flächentransistoren-Kompendium. Valvo Berichte 3 (1957) S. 1—52, 89—148.

[12] EINSTEIN, A.: Über die von der molekularkinetischen Theorie der Wärme geforderte Bewegung von in ruhenden Flüssigkeiten suspendierten Teilchen. Annalen der Physik 17 (1905) S. 549—560.

[13] WEBSTER, W. M.: On the Variation of Junction-Transistor Current-Amplification with Emitter Current. Proc. I. R. E. 42 (1954) S. 914—921.

[14] KAUFMANN, P. K.: Der statische Stromverstärkungsfaktor als Funktion des Emitterstromes für Transistoren mit diffundierter und homogener Basisschicht. A. E. Ü. 13 (1959) S. 141—151.

[15] SHOCKLEY, W.: Hot Electrons in Germanium and Ohm's Law. Bell Syst. Techn. J. 30 (1951) S. 990—1034.

[16] MCKAY, K. G., u. K. B. MCAFFEE: Electron Multiplication in Silicon and Germanium. Phys. Rev. 91 (1953) S. 1079—1084.

[17] MILLER, S. L.: Avalanche Breakdown in Germanium. Phys. Rev. 99 (1955) S. 1234—1241.

[18] GROSCHWITZ, E.: Zur Stoßionisation in Silizium und Germanium. Ztschr. f. Physik 143 (1956) S. 632—636.

[19] KIDD, M. C., W. HASENBERG u. W. M. WEBSTER: Delayed Collector Conduction, a new Effect in Junction Transistors. RCA-Rev. 16' (1955) S. 16—33.

[20] THORNTON, C. G., u. C. D. SIMMONS: A New High Current Mode of Transistor Operation. IRE-Transact. on Electron Dev. 5 (Januar 1958) S. 6—10.

[21] GOLD, L.: Solutions for the Static Junction. Journal of electronis and control. 5 (1958) S. 427—431.

[22] EARLY, J. M.: Effects of Space-Charge Layer Widening in Junction Transistors. Proc. I. R. E. 40 (1952) S. 1401—1406.

[23] EARLY, J. M.: Design Theory of Junction Transistors. Bell Syst. Techn. J. 32 (1953) S. 1271—1312.

[24] GIACOLETTO, L. J.: Terminology and Equations for linear active fourterminal Networks including Transistors. RCA-Rev. 14 (1953) S. 28—46.

[25] GIACOLETTO, L. J.: Study of p–n–p Junction Transistor from d–c through medium frequencies. RCA-Rev. 15 (1954) S. 506—561.

[26] ZAWELS, J.: Physical Theory New Circuit Representation for Junction Transistors. Journal of appl. Physics 25 (1954) S. 976—981.

[27] ZAWELS, J.: The natural equivalent circuit of Junction Transistors. RCA-Rev. 16 (1955) S. 360—378.

[28] EBERS, J. J., u. J. L. MOLL: Large-Signal Behavior of Junction Transistors. Proc. I. R. E. 42 (1954) S. 1761—1772.

[29] MOLL, J. L.: Large-Signal Transient Response of Junction Transistors. Proc. I. R. E. 42 (1954) S. 1773—1784.

[30] SEUROT, J.-P. M.: Sur les problèmes de refroidissement des éléménts semiconducteurs, ... L'Onde Electrique 40 (Februar 1960) S. 164—182.

[31] MORTENSON, K. E.: Transistor Junction Temperature as a Function of Time Proc. I. R. E. 45 (1957) S. 504—513.

[32] DIEBOLD, E. J.: Temperature Rise of Solid Junctions under Pulse Load. Trans. AIEE, Comm. u. Electronics I 76 (1957) S. 593—598.

[33] STRICKLAND, P. R.: The Thermal Equivalent Circuit of a Transistor. IBM-Journal (Januar 1959) S. 35—45.

[34] GRANNEMANN, W. W., u. J. D. REESE: Transient Junction Temperatures in Power Transistors. Electr. Engng. 79 (Januar 1960) S. 53—57.

[35] WEITZSCH, F.: Zur Belastbarkeit von Transistoren bei intermittierendem Betrieb. Valvo Berichte 6 (1960) S. 1—34.

[36] BENEKING, H.: Zur Messung der Betriebstemperatur von Transistoren. A. E. Ü. 11 (1957) S. 504—508.

[37] GUGGENBÜHL, W., u. B. SCHNEIDER: Zur Stabilisierung des Gleichstromarbeitspunktes von Flächentransistoren. A. E. Ü. 10 (1956) S. 361—375.

[38] JOHNSON, L. B., u. P. VERMES: D. C. Stabilisation of Junction Transistors. Electr. Appl. Bull. 17 (1956/57) S. 151—177.

[39] WEITZSCH, F.: Die thermische Stabilität von Transistoren unter dynamischen Bedingungen. A. E. Ü. 13 (1959) S. 185—198.

[40] SCHUBERT, J.: Transistorrauschen im Niederfrequenzgebiet. A. E. Ü. 11 (1957) S. 331—340, 379—385 und 416—423.

[41] LUNZE, K.: Rechenmethoden bei Rauschvorgängen. Nachrichtentechnik 8 (1958) S. 530—537.

[42] V. D. ZIEL, A., u. A. G. T. BECKING: Theory of Junction Diode and Junction Transistor Noise. Proc. I. R. E. 46 (1958) S. 589—594.

[43] VAN VLIET, K. M.: Noise in Semiconductors and Photoconductors. Proc. I. R. E. 46 (1958) S. 1004—1008 (mit ausführlichem Literaturverzeichnis).

[44] v. d. Ziel, A.: Noise in Junction Transistors. Proc. I. R. E. 46 (1958) S. 1019 bis 1038 (mit ausführlichem Literaturverzeichnis).

[45] Mataré, H. F.: Theory of Diode and Transistor Noise. Proc. I. R. E. 46 (1958) S. 1964/65.

[46] Ebbinge, W.: Temperaturstabile Transistorschaltung nach dem Prinzip der halben Speisespannung (Teil II). Valvo Berichte 5 (1959) S. 113—126.

[47] N. N.: Compensated Transistor preamplifier. Transitron Electr. Corp. Application Notes A-3-56.

[48] Darlington, S.: USA-Patent Nr. 2663806.

[49] Bachmann, A. E.: Rauscharmer Transistorverstärker mit hoher Eingangsimpedanz. A. E. Ü. 12 (1958) S. 331—334.

[50] Spescha, G. A., u. M. J. O. Strutt: Theoretische und experimentelle Untersuchungen der Verzerrungen in Niederfrequenz-Flächentransistor-Vierpolen. A. E. Ü. 11 (1957) S. 307—320.

[51] van Abbe, H. H., u. J. J. Rongen: On the Correct Application of Feedback in Amplifiers. Electr. Applic. Bull. 15 (1954) S. 125—135.

[52] Benz, W.: Grundlagen für die rechnerische Behandlung von Transistorverstärkern mit Reihen- und Parallelrückkopplung. Telefunken-Ztg. 28 (1955) S. 95—107.

[53] Lunze, K.: Berechnungsmethoden zur Stabilisierung von Transistorschaltungen bei veränderlicher Temperatur. Nachrichtentechnik 8 (1958) S. 98—108.

[54] Langsdorff, W., u. W. Heberle: Transistoren in Niederfrequenzverstärkern. Frequenz 12 (1958) S. 337—348.

[55] Evans, A. D.: Increasing the Input Impedance in Transistor Amplifiers. Electronic Industr. 18, 3 (1959) S. 84—86.

[56] Lo, Endres u. a.: Transistor Electronics, S. 217 ff. Englewood Cliffs: Prentice-Hall 1955.

[57] Sauer, K., u. W. Moortgat-Pick: Gegentakt-Endstufen mit Leistungstransistoren. Telefunken-Röhrenmitteilungen für die Industrie Nr. 560608 (nicht öffentlich).

[58] Krömer, H.: Zur Theorie des Diffusions- und Drifttransistors. A. E. Ü. 8 (1954) S. 223—228.

[59] Jochems, P. J. W., O. W. Memelink u. L. J. Tummers: Construction and electrical properties of a germanium alloy-diffused transistor. Proc. I. R. E. 46 (1958) S. 1161—1165.

[60] Weitzsch, F.: Einige theoretische Untersuchungen zur Leistungsübertragung und Stabilität in transistorbestückten ZF-Verstärkern bei Verwendung von Bandfiltern. Nachr. Techn. Fachber. 18 (1960) S. A 23—A 37.

[61] Carstaedt, J., H. Schoen u. F. Weitzsch: Nichtneutralisierte und teilneutralisierte ZF-Verstärker in AM/FM-Empfängern mit Transistoren. Valvo Berichte 6 (1960) S. 81—105.

[62] Beneking, H.: Ein Transistor-Mischer-Ersatzschaltbild. A. E. Ü. 13 (1959) S. 313—319.

[63] Schoen, H.: Additive Mischung mit Transistoren. (In Vorbereitung, erscheint in Valvo Berichte.)

[64] Mataré, H.: Empfangsprobleme im Ultrahochfrequenzgebiet, S. 168 ff. München: R. Oldenbourg 1951.

[65] Rothe, H., u. W. Kleen: Elektronenröhren als Schwingungserzeuger und Gleichrichter, S. 85 ff. 2. Aufl. Leipzig: Akadem. Verlagsges. Geest & Portig 1948.

[66] Akgün, M., u. M. J. O. Strutt: Nichtlineare Verzerrungen einschließlich Kreuzmodulation in Hochfrequenz-Transistorstufen. A. E. Ü. 13 (1959) S. 227—242.

67] Lotsch, H.: Untersuchungen des Kreuzmodulationsverhaltens von HF-Transistoren. Elektr. Rundschau 13 (1959) S. 290—294.

[*68*] Wagner, R.: Bemerkungen zum Entwurf eines volltransistorisierten AM-FM-Empfängers. Elektr. Rundschau 14 (1960) S. 237—239.

[*69*] Bikker, P., A. Cense u. A. Niveen van Dijkum: Parasitic Oscillations in I. F. Stages and Frequency Changers of A. M. Receivers. Electr. Applic. 20 (1959/60) S. 41—55.

[*70*] Guggenbühl, W.: Der Spannungsdurchbruch der Flächentransistoren in einer allgemeinen Schaltung. A. E. Ü. 13 (1959) S. 451—461.

[*71*] Le Can, C.: Transient Behaviour and Fundamental Transistor Parameters. Electr. Applic. 20 (1959/60) S. 56—83 und Valvo Berichte 7 (1961) S. 55—76.

[*72*] Wagner, K.: Die grundlegenden Eigenschaften des Flächentransistors im Impuls- und Schalterbetrieb. Nachr. Techn. Fachber. 18 (1960) S. A 1—A 12.

[*73*] Sparkes, J. J.: A Study of the Charge Control Parameters of Transistors. Proc. I. R. E. 48 (1960) S. 1696—1705 (mit ausführlichem Literaturverzeichnis).

[*74*] Thuy, J.: Messung der Kenngrößen. Nachr. Techn. Fachber. 18 (1960) S. 73 bis 76.

[*75*] Easley, J. W.: The Effect of Collector Capacity on the Transient Response of Junction Transistors. Trans. I. R. E. Electron Devices ED 4 (1957) S. 6—14.

[*76*] Hunter, L. P.: Handbook of Semiconductor Electronics, Abschn. 15, S. 36. New York: McGraw-Hill 1956.

[*77*] Newell, A. F.: An Introduction to the Use of Transistors in Inductive Circuits. Mullard Technical Communications 4 (1958) 35, S. 157—160 (nicht öffentlich).

[*78*] Weitzsch, F.: Maximum Junction Temperature of Transistors for periodic pulse operation. Direct Current 6 (1961) S. 48—52.

[*79*] Richards, R. K.: Digital Computer Components and Circuits. Princeton: D. van Nostrand 1957.

[*80*] Henle, R. A., u. J. L. Walsh: The Application of Transistors to Computers. Proc. I. R. E. 46 (1958) S. 1240—1254.

[*81*] Pressman, A. I.: Design of Transistorized Circuits for Digital Computers. New York: John F. Rider 1959.

[*82*] Schwartz, S.: Selected Semiconductor Circuits Handbook. New York: J. Wiley & Sons 1960.

[*83*] Younker, E. L.: A Transistor Driven Magnetic Core Memory. Trans. I. R. E. Electronic Computers 14 (März 1957).

[*84*] Haas, G.: Transistoren für Treiberstufen in Magnetkernspeichern. Nachr. Techn. Fachber. 18 (1960) S. A 13—21.

[*85*] Baker, R. H.: Boosting Transistor Switching Speed. Electronics 30 (1957) 3, S. 190—193.

[*86*] Yourke, H. S.: Millimicrosecond Transistor Current-Switching Circuits. Trans. I. R. E. Circuit Theory 4 (1957) 3, S. 236.

[*87*] Hull, J. E.: Flip-Flop Circuit Using Saturated Transistors. Electronic Ind. (September 1959) S. 88—91 und (Oktober 1959) S. 103—106.

B. Bücher

(nach Jahreszahlen geordnet)

Shockley, W.: Electrons and Holes in Semiconductors. New York: D. van Nostrand 1950.

Schottky, W.: Halbleiterprobleme, Bd. I bis IV; F. Sauter: Halbleiterprobleme, Bd. V. Braunschweig: F. Vieweg & Sohn 1954, 1955, 1956, 1958, 1959.

STRUTT, M. J. O.: Transistoren. Zürich: S. Hirzel 1954.

COBLENZ, A., u. H. OWENS: Transistors, Theory and Applications. New York: McGraw-Hill 1955.

LO, ENDERS u. a.: Transistor Electronics. Englewood Cliffs: Prentice Hall 1955.

SCOTT, T. R.: Transistors and other Crystal Valves, 2. Aufl. New York: J. Wiley & Sons 1955.

SHEA, R. F.: Transistor Audio Amplifiers, 2. Aufl. New York: J. Wiley & Sons 1955.

BEVITT, W. D.: Transistors Handbook. Englewood Cliffs: Prentice Hall 1956.

HUNTER, L. P.: Handbook of Semiconductor Electronics. New York: McGraw-Hill 1956.

RCA-Laboratories: Transistors I. RCA, Princeton, N. J. 1956.

ROST, R.: Kristalloden Technik, 2. Aufl. Berlin: W. Ernst & Sohn 1956.

SPENKE, E.: Elektronische Halbleiter, 2. Aufl. Berlin/Göttingen/Heidelberg: Springer 1956.

CARROLL, J. M.: Transistor Circuits and Application. New York: McGraw-Hill 1957.

DEWITT, D., u. L. ROSSOFF: Transistor Electronics. New York: McGraw-Hill 1957.

DUNLAP, W. C. JR.: An Introduction to Semiconductors. New York: J. Wiley & Sons 1957.

EVANS, J.: Fundamental Principles of Transistors. London: Heywood 1957.

GOUDET, G., u. C. MEULEAU: Semiconductors, their Theory and Practice. London: MacDonald & Evans 1957.

HENISCH, H. K.: Rectifying Semi-Conductors Contacts. Oxford: At the Clarendon Press 1957.

MIDDLEBROOK, R. D.: An Introduction to Junction Transistor Theory. New York: J. Wiley & Sons 1957.

AIGRAIN, P., u. F. ENGLERT: Les Semiconducteurs. Paris: Dunod 1958.

FALTER, M.: Dioden- und Transistortechnik. Berlin: VEB Technik 1958.

HURLEY, B.: Junction Transistor Electronics. New York: J. Wiley & Sons 1958.

JOFFÉ, A. F.: Physik der Halbleiter. Berlin: Akademie-Verlag 1958. (Aus dem Russischen ins Deutsche übertragen von J. AUTH.)

RIDDLE, R. L., u. M. P. RISTENBATT: Transistor Physics and Circuits. Englewood Cliffs: Prentice Hall 1958.

SHEA, R. F.: Transistor Circuit Engineering, 4. Aufl. New York: J. Wiley & Sons 1958.

SHEPHERD, A. A.: An Introduction to the Theory and Practice of Semiconductors. London: Constable 1958.

VASSEUR, J. P.: Propriétés et Applications des Transistors. Paris: Soc. Francaise de Doc. Electr. 1958.

WOLFENDALE, E.: The Junction Transistor and its Applications. London: Heywood 1958.

AMOS, S. W.: Principles of Transistor Circuits. London: Iliffle & Sons 1959.

DOSSE, J.: Der Transistor, ein neues Verstärkerelement, 3. Aufl. München: R. Oldenbourg 1959.

HANNAY, N. B.: Semiconductors. New York: Reinhold 1959.

KAMMERLOHER, J.: Transistoren, Grundlagen und Niederfrequenzverstärker. Füssen: C. F. Wintersche Verlagsbuchhandlung 1959.

MENDE, H. G.: Leitfaden der Transistortechnik, 2. Aufl. München: Franzis-Verlag 1959.

PRESSMAN, A. I.: Design of Transistorized Circuits for Digital Computers. New York: John F. Rider 1959.

ROSCHER, H. G.: Der Transistor. Halbleitermechanismus, Kenngrößen und Schaltungsaufbau. Frankfurt a. Main/Berlin: Dr. A. Tetzlaff-Verlag 1959.

SCHLEGEL, H. R.: Der Transistor. Allgemeine Grundlagen. Hannover: Fachbuchverlag S. Schütz 1959.

SMITH, R. A.: Semiconductors. Cambridge: At the University Press 1959.

WARSCHAUER, D. M.: Semiconductors and Transistors. New York: McGraw-Hill 1959.

FITCHEN, F. C.: Transistor Circuit Analysis and Design. Princeton, N. J.: D. van Nostrand 1960.

GÄRTNER, W. W.: Transistors, Principles, Design and Applications. New York: D. van Nostrand 1960.

KRUGMAN, L. M.: Transistoren. Stuttgart: Berliner Union 1960. (Aus dem Englischen ins Deutsche übertragen von H. MICHAELIS.)

MOERDER, C.: Transistortechnik, Wirkungsweise, Entwurf von Schaltungen, Anwendungen. Stuttgart: B. G. Teubner 1960.

MÜSER, H. A.: Einführung in die Halbleiterphysik. Darmstadt: Steinkopff 1960.

NEETESON, P. A.: Flächentransistoren in der Impulstechnik. Eindhoven: Philips' Techn. Bibliothek 1960. (Aus dem Niederländischen ins Deutsche übertragen von B. DONATI.)

N. N.: Progress in Semiconductors, Bd. I bis IV; Bd. IV. London: Heywood 1960.

SCHWARTZ, S. (Hrsgb.): Selected Semiconductor Circuits Handbook. New York: J. Wiley & Sons 1960.

SHEA, R. F.: Transistortechnik. Stuttgart: Berliner Union 1960. (Aus dem Englischen ins Deutsche übertragen von E. BRÜCKNER, H. MAIER, W. REUSER.)

Telefunken GmbH (Hrsgb.): Der Transistor, Grundlagen und Kennlinien. Ulm/Donau 1960.

SJOBBEMA, D. J. W.: Kleine Transistorlehre. Eindhoven: Philips' Techn. Bibliothek 1961. (Aus dem Niederländischen ins Deutsche übertragen und bearbeitet von W. WESTENDORF.)

Sachverzeichnis

Abfallzeit 281
Aktiver Bereich 25, 26ff.
Akzeptor 7
Alterung 84ff., 121
Anpassung, Fehl- 153
Anstiegszeit 272
Arbeitspunkt-einstellung (Schalter-
    betrieb) 249ff.
— — (Verstärker) 121ff.
— -stabilisierung 101, 125ff., 249ff.
— -verschiebungen 83, 99ff.
Ausgangs-admittanz (von Vierpolen)
    69
— -impedanz 144
Ausschalt-faktor 270, 280, 386
— en, — -verlauf, — -vorgang
    (induktive Last) 304ff.
    (innerer Transistor) 76
    (kapazitive Last) 293ff., 300ff.
    (Widerstandslast) 280ff., 286
— -zeit (s. Abfallzeit)
available power gain 69
avalanche-break-down 38
A-Verstärker 168ff.

Bahn-gebiet 13
— -widerstand 21
Bandabstand 5
Bandbreite 192, 194, 197, 200
Bandfilter 194ff.
Basis 18
— -bahnwiderstand 65, 79, 266
— -dicke 44
— -ladung 266, 278
— -schaltung 27, 147, 260, 366
— -zone 18
B-Betrieb 175ff.
Belastbarkeit 84
Belastungsfragen 310ff.
Betriebsbereiche 24ff.
Bezeichnungsweisen für Halbleiterbau-
    elemente 372

break-down 38
—, ($\alpha = 1$)- 41

Chassisbleche (Wärmewiderstand) 88
current switching mode 341

Darlington-Schaltung 155
Defektelektron 4
Diffusion 9
Diffusions-kapazität 55, 64, 72
— -konstante 9
— -länge 16
— -legierter Transistor 185
— -leitwert 49, 72
— -potential 12, 17
— -stromgleichungen 9, 15
Diode 16ff.
Diodenkennlinie 17
Donator 6
Doppelschicht, elektrische 11ff., 16
Drift-feld 65
— -transistor 185
Duale Frequenzuntersetzerstufe 357
Durchbruch 38ff.
—, ($\alpha = 1$)- 41
— -spannung 38ff.
Durchbruchsgebiet 256ff.
Durchlaßkurve 197, 207ff.

Early-Effekt 43ff., 48
Eigenleitung 4ff.
Eigenschwingungen (ZF) 245
Eingangs-admittanz
— — (eines Vierpols) 69
— — (Frequenzabhängigkeit) 62
— -charakteristik 28
— — (Temperaturabhängigkeit) 83
— -impedanz 119, 143
Einschalt-en, -verlauf, -vorgang
    (induktive Last) 303ff.
    (innerer Transistor) 75
    (kapazitive Last) 288ff., 296ff.

(Widerstandslast) 270ff., 283ff., 386ff.
Einschnüreffekt 42, 258
Einschwingvorgang (Kollektor-
    schaltung) 297
Einstellung des Arbeitspunktes 121ff., 249ff.
Emitter 18
—-Basisspannung (Temperaturabhän-
    gigkeit) 82, 123
—-diffusionskapazität 55, 64, 79
— — (Temperaturabhängigkeit) 84
—-diffusionsleitwert 78
— — (Temperaturabhängigkeit) 84
—-diode 18, 269
—-Flußpotential 27, 42ff.
—-flußspannung 27, 255
—-folger 260
—-follower 260
—-kapazität 269
—-schaltung 27, 52, 147, 260, 270, 288, 366
—-sperrschichtkapazität 269
—-reststrom 21
—-widerstand 269
—-wirkungsgrad 35
Endverstärker 167ff.
Energieband 4
Energie, Übergangs- 313
Ersatzschaltbild
— (für Niederfrequenz) 47, 53
— (für Hochfrequenz) 58ff.
— für Schalteranwendungen 70ff.
— im Durchbruchsgebiet 40
— (rauschender Vierpol) 111
—-, statisches — 24
Erwärmungsfunktion 92

fall-time 281
Fehlanpassung 153
Feld-emission 38
—-strom 15
— und Diffusionsstrom 9
Festhaltediode 309, 337, 339
Flächentransistor 18
flip-flop 346
floatingpotential 43
Flußpotential, Emitter- 27, 42ff.
Flußspannung, Emitter- 27, 255
Frequenzuntersetzerstufe 357
Funkelrauschen 111, 115

gain, transducer- 69
—, available power- 69

Gegenkopplung (Gleichstrom)
    127, 131, 134, 136
— (Wechselstrom) 161ff., 166
Gegentakt-A-Endstufe 174
—-B-Verstärker ohne Ausgangsüber-
    trager 181
— Klasse B-Betrieb 175ff.
Generation 4
GIACOLETTO, Schaltbild nach — 60, 61, 188
Gleichstromverstärkung 21, 28
Grenzfrequenz 62ff., 79, 141, 266
Grenzwerte 84
Große Signale (Störeffekte) 240ff.
Grundschaltung 142, 184, 260, 366
Grundwellenmischung 218

Haltediode 309, 337, 339
HF-Transistoren 185
HF-Verstärker (Störerscheinungen)
    240ff.
h-Koeffizienten 50
Hochfrequenzverstärker 182ff.
hole (s. Defektelektron) 4

Impedanzwandler 260
Impuls- und Schalterbetrieb 248ff.
Impulsverstärker 316ff.
—-schaltungen
    (komplementäre Stufe) 340
    (mit Beschleunigungsinduktivität)
    338
    (mit Festhaltediode) 337
    (ohne Übersteuerung) 339
Induktive Last (Schalterbetrieb)
    301ff.
Instabilität, thermische — 102ff.
„Integrierte" Sperrschichtkapazitäten
    72
intrinsic-density 5
Invers, aktiver Bereich — 25
Inverser Betrieb 23
Inversionsdichte 5
inverter (s. Umkehrstufe) 316

junction-transistor (s. Flächentransi-
    stor) 18

Kapazitive Last (Schalterbetrieb) 287ff.
Klasse-A-Betrieb 168ff.
—-B-Betrieb 175ff.
Klirrfaktor 158ff., 171

Kollektor 18
—-diffusionskapazität 55, 72
—-diode 18
—-Emitter-Reststrom 28, 30
—-Kurzschluß-Reststrom 30
—-leitwert 78
—-restspannung 33
—-reststrom 21, 30, 32
— —, minimaler — 31
— — (Temperaturabhängigkeit) 22, 81, 123
—-schaltung 54, 147, 260, 282, 295, 366
—-sperrschicht 44
— — kapazität 56, 79, 268, 390ff.
—-verlustleistung 87
Kompensation, Temperatur- 137ff., 172
Kontaktpotential 17
Kontinuitätsgleichungen 8
Kopplung, Betriebs- 196
—, kritische — 196, 199
—, unterkritische — 201
Kreuzmodulation 240ff.
Kurzwellen, Mischstufe für — 232ff.

Ladung, Basis- 266, 278
Lawineneffekte 38ff.
Leistungsverstärkung 146
— (eines Vierpols) 68ff.
— (HF-Verstärker) 211ff.
Leitungsband 4, 6
Loch (s. Defektelektron) 4

Majoritätsladungsträger 7
Matrix (Impedanz- usw.) 373ff.
—-darstellungen 66
Matrizen, Transformationen von — 374ff.
Minoritätsladungsträger 7
Mischsteilheit 216, 218
Mischstufen 214ff.
— mit fremdem Oszillator 215ff.
—, selbstschwingende — 224ff.
Mischung 214
—, Grundwellen- 218, 235
—, Oberwellen- 218, 235
Mittelwellen, Mischstufe für — 225ff.
Mitzieheffekt 232
Modulationsverzerrungen 240
Multiplikation, Strom- 38
Multivibrator, bistabiler — 346ff.
—, Steuerschaltungen für — 363ff.

Neutralisierte Verstärker 187ff.
Neutralisierung 187
Neutralitätsbedingung 10
Niederfrequenzverstärker 141ff.
Normal, aktiver Bereich — 25
n-Zone 10

Oberflächeneffekte 122
Oberwellenmischung 218, 235
Oszillator 215, 224ff., 229

Paargeneration, zusätzliche — 38
pinch-in-effect 42
p-n-Übergang 10ff.
Poissonsche Gleichung 10
punch-through-voltage 45
p-Zone 10

Raumladungskapazität 56
  (s. Sperrschichtkapazität)
Rauschdiode 113
Rauschen 110ff.
Rauschzahl 112
— (Frequenzabhängigkeit) 115ff.
RC-Kopplung 148ff.
Regelschaltung mit Dämpfungsdiode 243
Regelung, Verstärkungs- 240ff.
Rekombination 4
Rekombinationszeit 15
Resonanzkurve (Verformung) 208, 209, 245
rise-time 272
Rückkopplung 224ff.
Rückmisch-admittanz 216
—-steilheit 222
Rückmischung 221ff.
Rückwirkung, Spannungs- 47ff., 51, 79
—, Verstärker mit — 201ff.
Ruhestrom (B-Verstärker) 178

Sättigungsstrom einer Diode 17
Schalteranwendungen, Ersatzschaltbild für — 70ff.
Schalterbetrieb 248ff., 382ff.
Schwingbedingung (Oszillator) 226ff.
Schwingeffekt (Großsignal-) 246
Schwingsicherheit 202ff., 211ff.
Selbsterregung (s. Schwingsicherheit) 202
Selbstschwingende Mischstufe 224ff.
Selbststabilisierung (Oszillator) 224

Selektivität 192, 194, 197, 200
Signal-Rauschabstand 114
Spannungsbegrenzung 307ff.
Spannungs-rückwirkung 47ff., 51, 79
—-verstärkung 145
— — (eines Vierpols) 69
Speicherzeit 78, 276ff., 390
—-konstante 268, 277
Sperrbedingung 254
Sperrbereich 25, 29ff., 254ff.
Sperrschicht 16
—-berührung 43ff.
—-dicke 380ff.
—-kapazität 72, 380ff., 390ff.
—-temperatur 86ff.
— — (zeitliches Verhalten) 93ff.,
    311ff.
Sperrstrom einer Diode 17
Stabilisierung des Arbeitspunktes
    125ff., 249ff.
Stabilisierungsschaltungen 125ff.
Stabilitätsbedingung
    (s. Schwingsicherheit) 205
Stabilität, thermische — 102ff., 173,
    182
Steilheit (Frequenzabhängigkeit) 62
Störstellenleitung 6ff.
storage-time 78, 276
Stoßionisation 38
Streuwerte 119ff., 251ff.
Stromdichte 8, 13ff.
—, Verhalten bei hohen —n 35ff.
Strommultiplikation 38
Stromschalterbetrieb 341ff.
Stromverstärkung 145, 266
—, Abnahme der — 37, 79
— (dynamische) 47
— (eines Vierpols) 69
— (Frequenzabhängigkeit) 62
—, Gleich- 21
—, Streuung der — 120
— (Temperaturabhängigkeit) 84, 123
Symmetrischer Aufbau, — Transistor
    26, 31, 49, 278

Temperaturabhängigkeit (allgemein)
    118
— der Emitter-Basisspannung 123
— der Kennwerte 80ff.
— der Stromverstärkung 123
— des Kollektorreststromes 22, 123
Temperaturkoeffizient der Emitter-
    Basisspannung 82

Temperaturkompensation (Basis-
    Emitterspannung) 138, 172
Temperaturspannung 12, 80
Temperatur, Sperrschicht- 86ff.,
    93ff., 311ff.
thermal runaway 102
Thermische Instabilität 102ff.
— „Rückkopplung" 98, 102
— Stabilität 102, 173, 182
transducer gain 69
Transformatorkopplung 156ff.
Transformatorlose Gegentaktstufe 174
Transportgleichungen 8
Treiberstufe 167
— (für Ferritschaltkerne) 345

Übergangs-energie 313
—-verluste 311ff.
Überschwingen (Oszillator) 230ff.
Übersteuerung 34, 78, 262
Übersteuerungs-grad 251, 262, 287,
    386
—-bedingung 251, 253
—-bereich 25, 32ff., 250ff.
Übertragungs-verlust 191, 198, 200
—-wirkungsgrad 191, 197
UKW-Vorverstärker 214
Umkehrstufe 316
—, komplementäre — 340
—, Reihenschaltung von —n 332

Valenzband 4, 6
Verformung der Durchlaßkurve
    207ff.
Verluste, Übergangs- 311
—, Übertragungs- 191, 198, 200
Verlustleistung 86ff., 310
Verstärker, A- 168ff.
—, B- 175ff.
—, End- 167ff.
— für große Signale 167ff.
— für kleine Signale 142ff.
—, Hochfrequenz- 182ff.
—, Impuls- 316ff.
— mit Rückwirkung 201ff.
—, neutralisierte — 187ff.
—, Niederfrequenz- 141ff.
Verstärkung eines selektiven Verstär-
    kers 211ff.
Verstärkungsregelung 240ff.
Verzerrungen 158ff., 171, 179
—, Modulations- 240

Verzögerungszeit 74, 270, 272, 322,
   385 ff.
Vierpol-darstellungen 65 ff.
—-gleichungen 373
—-koeffizienten 65
Vorverstärker, UKW- 214

Wärme-kapazität 87, 91
—-transport 89, 98
—-widerstand 86 ff., 98
— — (Chassis) 88
—-zeitkonstante 89, 94, 97

Widerstandslast (Schalterbetrieb)
   260 ff., 382 ff.
Wirkungsgrad, Emitter- 35
—, Übertragungs- 191, 197

Zählpfeile 367
Zeitkonstante (Schalterbetrieb)
— (induktive Last) 303
— (kapazitive Last) 289 ff., 296 ff.
—, Speicher- 268, 277
— (Widerstandslast) 78, 260 ff., 384
Zeitkonstante, Wärme- 89, 94, 97
ZENER-Effekt 38